全華科技圖書

CHWA
TECHNOLOGY

全華科技圖書

提供技術新知．促進工業升級
為台灣競爭力再創新猷

資訊蓬勃發展的今日，全華本著「全是精華」的出版理念，
以專業化精神，提供優良科技圖書，滿足您求知的權利；
更期以精益求精的完美品質，為科技領域更奉獻一份心力。

投影幾何學（修訂版）

王照明　編著

全華科技圖書股份有限公司　印行

自序

一、編著「投影幾何學(Descriptive Geometry)」一書，因前些日子剛完成高工專業科目之「投影幾何 I」及「投影幾何 II」兩本書，內容爲基本之第一象限及第三象限投影，藉於國內少有專爲投影理論編輯成書者，故撰寫較深奧之投影幾何學，內容除了深入探討空間四個象限外，並涵蓋無限大平面之平面跡，且增加投影幾何應用在實体投影之交線及展開，更深入研究不屬於正投影之陰影。

二、投影幾何爲工程圖學投影理論之基礎，其主要目的爲增進學生點、線及面三度空間之想像能力，瞭解正投影之過程及原理，並培養繪製及表達物體各種圖形之能力，以奠定工程製圖之基礎。

三、本書所用之名詞，悉依照教育部公佈頒行之標準名詞，必要時並附以原文俾便參考。

四、本書每章所附之習題，除作圖題外尙包括選擇、塡空或問答題，並注重其應用性，內容有淺有深，無深奧冷僻之問題，適合教師選用及學生自行練習之用。

五、本書每章並附有工作單，內有作圖說明及評量標準，工作單數量配合該章節之重點，適合教師選用做爲學生實習上課演練之用。

六、爲了使學生能充分瞭解書中之敘述，配合各主題皆附有立體示意圖，以茲對照，增進學習效果。且全書採套色及灰階印刷，書中圖例附和 CNS3 標準，務求無缺陷，例題求解過程分條說明，並以箭頭及彩色線條加註求作過程，以提高學生研讀之興趣及自行閱讀的方便。

七、本書雖經細心編輯校訂，但難免仍有疏漏之處，盼各位教師及先進能不吝批評指正，是所至幸。

王照明　　謹誌

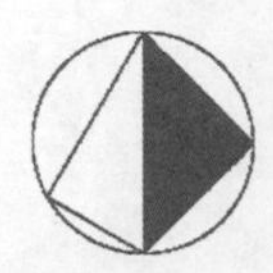

編輯部序

「系統編輯」是我們的編輯方針，我們所提供給您的，絕不只是一本書，而是關於這門學問的所有知識，它們由淺入深，循序漸進。

本書內容包含無限大平面之平面跡、交線、展開與陰影，內容解說詳盡，由淺至深，可訓練讀者 3 度空間的想像及繪製交線展開圖的能力。每章後並附有習題及工作單，習題有選擇、填空、簡答題或作圖題供讀者自我評量；工作單則是摘錄該章節之重點，非常適合教師選用做為學生課堂練習之用，書中圖例用詞一律符合 CNS 工程製圖標準及工程圖學名詞。不論是想學習投影幾何這類科的學生或是對投影幾何學有興趣的人，此書將是一本讓您學習快速且獲益良多的好書。

本書適用機械科五專四年級、二專二年級、大學機械系及工業設計系選修課程。

同時，為了使您能有系統且循序漸進研習相關方面的叢書，我們列出各有關圖書的閱讀順序，以減少您研習此門學問的摸索時間，並能對這門學問有完整的知識。若您在這方面有任何問題，歡迎來函連繫，我們將竭誠為您服務。

相關叢書介紹

書號：05903007
書名：工程圖學－與電腦製圖之關聯(附教學光碟片)
編著：王輔春.楊永然.朱鳳傳.康鳳梅.詹世良
16K/608 頁/750 元

書號：038577
書名：機械設計製造手冊(精裝本)
編著：朱鳳傳.康鳳梅.黃泰翔.施議訓.劉紀嘉.許榮添.簡慶郎.詹世良
32K/464 頁/400 元

書號：05591007
書名：Pro/E Wildfire 進階(附範例光碟片)
編著：何益川.陳　星
16K/440 頁/450 元

書號：05398007
書名：電腦輔助製圖實務與應用 AutoCAD 2004(附範例光碟片)
編著：謝文欽.蕭國崇.江家宏
16K/328 頁/400 元

書號：05590007
書名：Pro/E Wildfire 入門(附範例光碟片)
編著：何益川.陳　星
16K/440 頁/500 元

書號：05746007
書名：Autodesk Inventor 10 特訓教材基礎篇(附動態影音教學光碟片及試用版光碟片)
編著：黃穎豐.陳明鈺.林仁德.廖倉祥.何建霖.林柏村
16K/496 頁/500 元

◎上列書價若有變動，請以
最新定價為準。

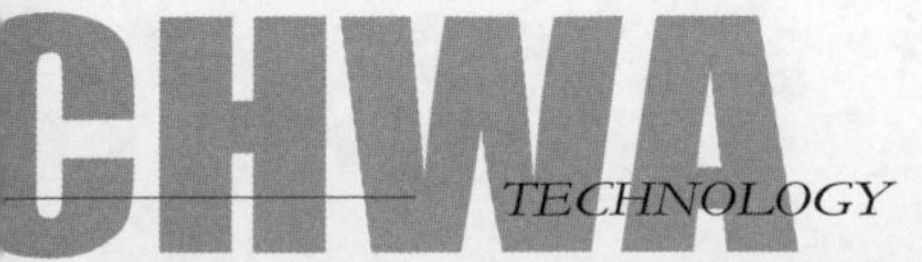

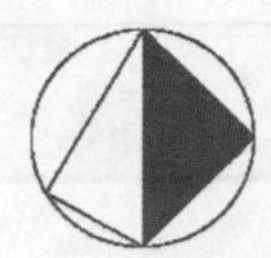

目錄

第 1 章 概 論

第 2 章 點之投影

第 3 章 直線之投影

第 4 章 側面投影

第 5 章　輔助投影

第 6 章　平面之投影

第 7 章 旋　轉

第 8 章 點線面之關係

第 9 章 平面跡

第 10 章 立　體

第 11 章 交　線

第 12 章 展　開

第 13 章 陰 影

附錄 A 交線與展開試題解析

概 論

1.1 投　影

投影(Projection)就如我們日常生活中常見的一個現象：『利用光線將物體的影子投射在牆壁上』。如圖 1.1 所示，蠟燭的光線將球的影子投射在牆壁上。這時把蠟燭的光源當成人的眼睛，即為視點(Sight Point)，簡稱 SP；把球當成被投影的物體(Object)；把蠟燭的光線當成投影線(Projection Lines)；把平的牆壁當成投影面(Projection Plane)；最後牆壁上的影子就成了畫面(Picture)了，畫面在工程圖中則稱為視圖(View)。

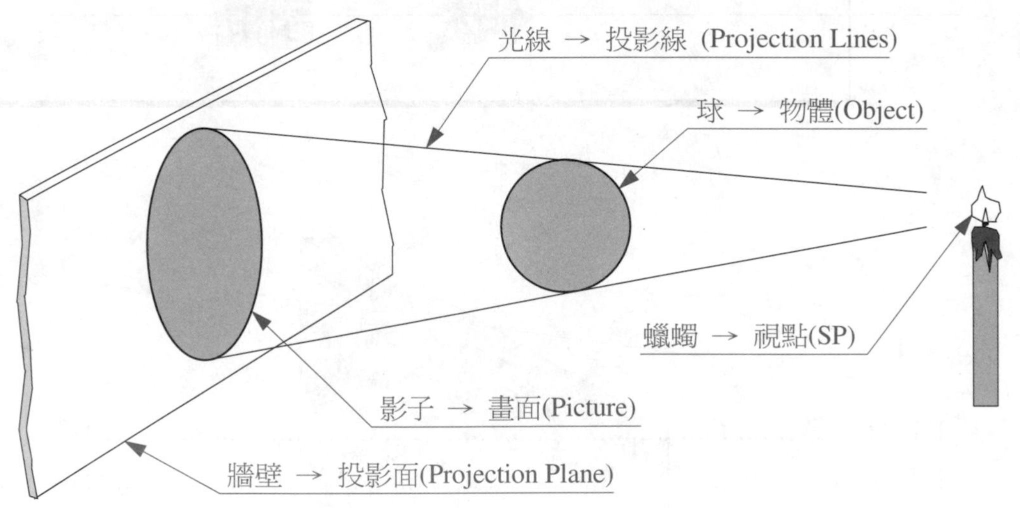

圖 1.1 投　影

圖是將實際的物體畫在平面的圖紙上，亦即將三度空間物體畫在二度空間的圖紙上，所以在投影面上的畫面，就是我們所要畫的圖，它是以特定的投影原理所投影而成的畫面，因此有一定的繪製方法及過程，不像藝術家或畫家所畫之圖，可隨興依個人的技巧或感覺來畫。

1.1.1 投影的要素

在投影的整個過程中，有五個要素即：視點、物體、投影面、投影線、和畫面等。在這五個要素當中，畫面是由其他四個要素相互關係變化投影而成的。也就是說當此四個要素之相互關係有變化時，則將產生不同的畫面。舉例說明如下：

(a) 如果將物體左右移動時，則在投影面上的畫面，將變小或變大，如圖 1.2 所示。

(b) 如果將視點的位置移至無窮遠處，則所有的投影線將變成互相平行，如圖 1.3 所示，此時儘管將物體左右移動，投影面上之畫面尺度將保持不變，且與物體同樣大小。

除了畫面之外，其餘四個要素相互關係的變化情況，將不止如以上說明，它將演變出各種不同的投影方法以及不同的畫面。

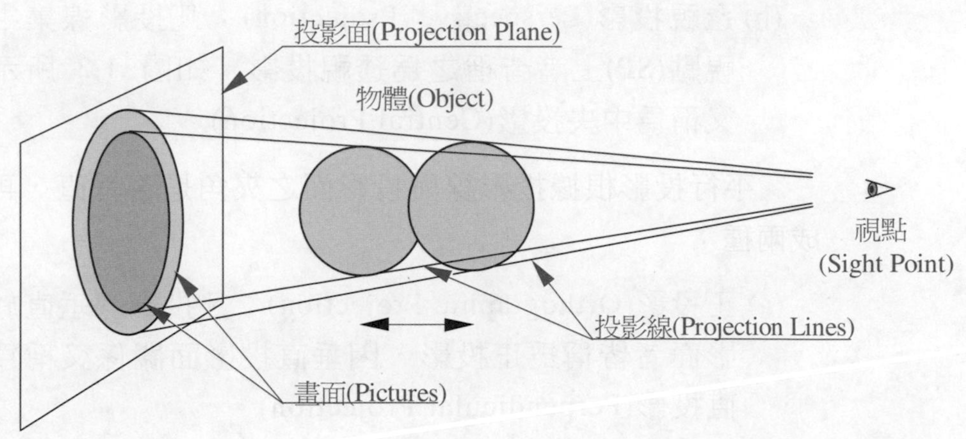

圖 1.2 物體左右移動，畫面將變小或變大

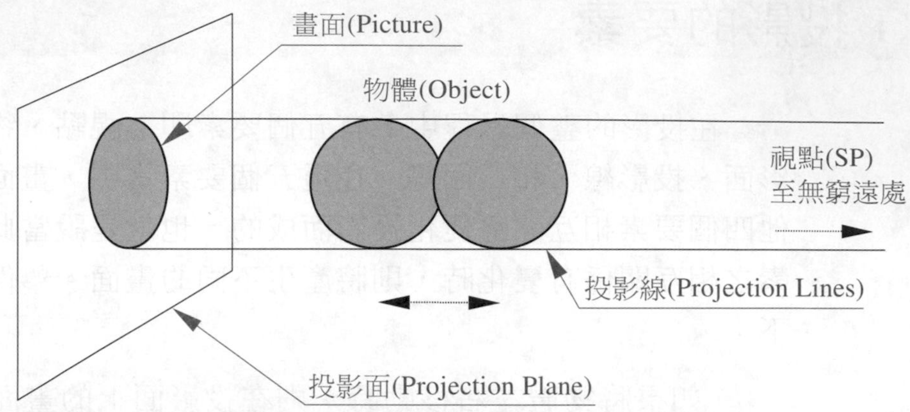

圖 1.3 物體左右移動，畫面不變

1.2 投影之分類

投影方法的分類，如圖 1.4 所示。首先是依據投影線是否互相平行，而分成兩大類：

(a) 平行投影(Parallel Projection)：凡投影線互相平行者皆稱之爲平行投影，如圖 1.3 所示。

(b) 透視投影(Perspective Projection)：凡投影線集中在視點(SP)上者皆稱之爲透視投影，如圖 1.2 所示，又稱爲中央投影(Central Projection)。

平行投影根據投影線與投影面之夾角是否垂直，再區分成兩種：

(a) 正投影(Orthographic Projection)：凡投影線垂直於投影面者皆稱爲正投影，因垂直投影面關係又稱爲垂直投影(Perpendicular Projection)。

(b) 斜投影(Oblique Projection)：其餘凡投影線非垂直於投影面者皆稱之爲斜投影。

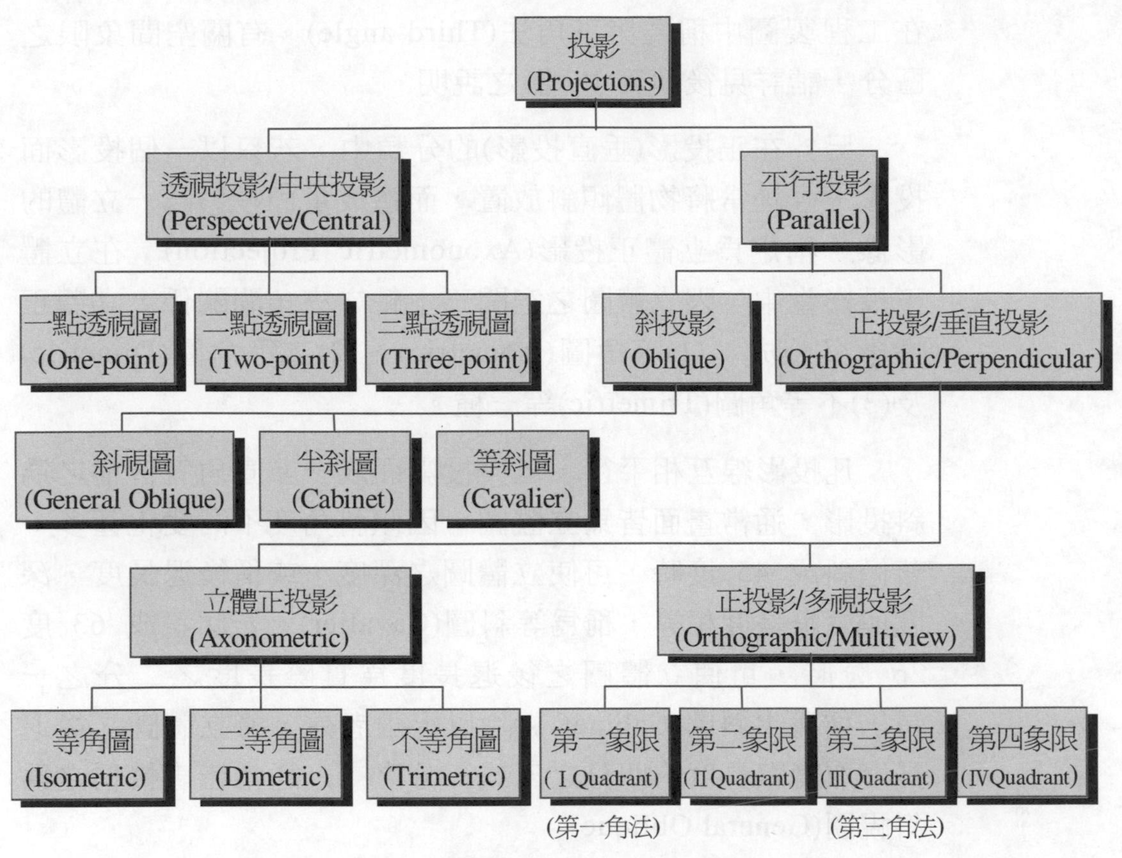

圖 1.4 投影之分類

在正投影當中，以互相垂直的多個投影面，投影多個畫面(視圖)來繪製時，稱爲多視投影(Multiview Projection)。此投影法可清晰及細膩的描述物體的形狀，爲工程設計製造時常用的投影方法，因它屬於正投影，有時則直接以正投影(Orthographic Projection)稱之。

在多視投影中可將物體放置在第一象限(I Quadrant)，第二象限(II Quadrant)，第三象限(III Quadrant)及第四(IV Quadrant)象限中投影，其中物體在第一象限中投影時，在工程製圖中稱爲第一角法(First-angle)，在第三象限中投影時，在工程製圖中稱為第三角法(Third-angle)。有關空間象限之區分，請詳見後面第 1.7 節之說明。

另外在正投影(垂直投影)的分類中，若只以一個投影面投影，且經常將物體傾斜放置，而造成畫面投影為一立體的影像，稱之為立體正投影(Axonometric Projection)。在立體正投影當中，因立體圖之空間三主軸之夾角間關係，立體正投影又分成：(1)等角圖(Isometric)、(2)二等角圖(Dimetric)及(3)不等角圖(Trimetric)等三種。

凡投影線互相平行，但與投影面成一非直角者皆稱之為斜投影，通常畫面皆為立體圖。因傾斜角度不同變化甚多，若傾斜成 45 度時，可使立體圖之深度，或稱後退長度，深度與實際長度相等，稱為等斜圖(Cavalier)。若傾斜成 63 度 26 分時，可使立體圖之後退長度為實際長度之二分之一長，稱為半斜圖(Cabinet)。除以上兩者外，將立體圖之後退長度取實際長度的四分之三或三分之二，通常皆直接稱之為斜視圖(General Oblique)。

在透視投影中，依其主軸上消失點的多寡分成：(1)一點透視圖(One-point Perspective)、(2)二點透視圖(Two-point Perspective)及(3)三點透視圖(Three-point Perspective)等三種。透視投影法因與照片的圖像相同，故其畫面與人眼所見最為相近，常用於商業看板、產品說明書及工業設計外型畫法等。

在投影之分類當中，除了正投影中的(平面)多視投影(Multiview Projection)所屬的第一、第二、第三以及第四象限投影，使用多個投影面投影多個畫面外，其餘皆為單一投影面投影單一畫面，且皆為立體圖。以一正立方體為例，各種投影方法所投影之畫面比較，如圖 1.5 所示。

投影法	正方體	視圖名稱	物體與投影面	投影線	投影線與投影面
正投影	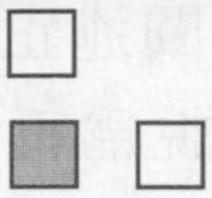	多視投影視圖 (正投影視圖)	平行	平行	垂直
立體正投影	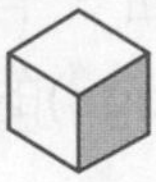	等角圖	傾斜 三軸與投影面 皆成等角	平行	垂直
		二等角圖	傾斜 只二軸與投影面 成等角	平行	垂直
		不等角圖	傾斜 各軸與投影面 均成不等角	平行	垂直
斜投影		等斜圖	一面平行	平行	傾斜 45 度
		斜視圖	一面平行	平行	傾斜各種角度
		半斜圖	一面平行	平行	傾斜 63 度 26 分
透視投影		一點透視圖	一面平行	集中一點	各種角度
		兩點透視圖	傾斜 垂直線平行於 投影面	集中一點	各種角度
		三點透視圖	傾斜 三軸均與投影面 傾斜	集中一點	各種角度

圖 1.5 各種投影法之比較

1.3 投影幾何

投影幾何(Descriptive Geometry)為一門闡述正投影理論的科學，稱為投影幾何學，正投影簡單來說為垂直投影之意，即在各種情況下，投影線必須垂直投影面。有關投影幾何學的最早論文，乃由名叫蒙奇(Gaspard Monge)的法國工程家兼數學家，於十八世紀末葉約 1795 年發表。

投影幾何系利用兩個互相垂直的投影面，如圖 1.6 所示，來投影簡單的點、線及面等物體，並研討各物體間在三度空間(3D)之關係，包括：實長、實形、夾角、斜度、平行、垂直、距離及相交等等，其結果最後則皆必須表現在二度空間(2D)的平面上。

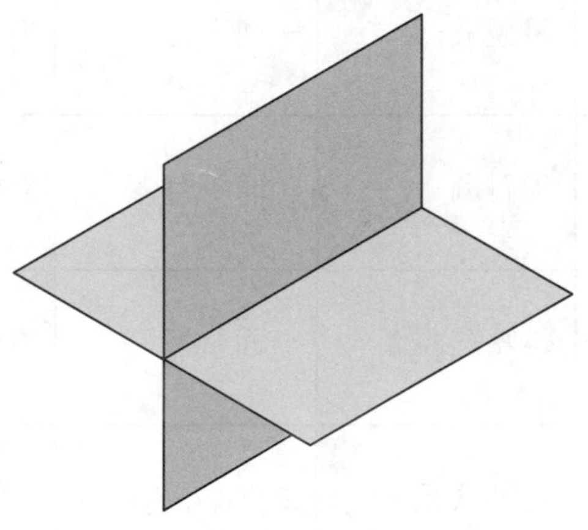

圖 1.6 投影幾何兩個互相垂直的投影面

1.4 投影幾何與工程製圖之關係

工程製圖(Engineering Drawing)為工業之基本技能，工業產品之設計與製造，必須經由工程圖之繪製，因此工程製圖是工業技術教育中一門重要的基礎課程，凡從事工業有關之行業者，皆必須學習的重要技能。工程製圖係利用正投影原理將實體(產品零件)繪製於圖紙上，來描述零件的形狀及特徵，作為製造生產之用。而投影幾何乃利用正投影原理描述物體(點線面)在空間的情況，其目的為訓練學生在三度空間的想像能力，以達成描述實體(產品零件)形狀之目的，而奠定工程製圖的投影基礎，所以在學習工程製圖的同時，若能對投影幾何有所認識，除能了解工程圖投影的來源與原理，對工程圖的識圖與製圖能力必有所助益。

投影幾何屬於正投影之理論課程，其所繪製之物體，點、線及面皆無厚度非為實體，當繪製自然界之實體時須應用投影幾何中的點、線及面之投影，自然界之實體繪製則屬工程製圖範圍，尤其在學習較複雜投影的交線與展開之前，投影幾何是必先學習的基本課程。

1.5 投影幾何術語釋義

投影幾何將空間分成四個象限(Quadrants)，如圖 1.7 所示，第一象限簡寫為ⅠQ、第二為ⅡQ、第三為ⅢQ、第四為ⅣQ，此四個象限由直立投影面(Vertical Plane)，簡稱 V 面或 VP，以及水平投影面(Horizontal Plane)，簡稱 H 面或 HP，等兩個主投影面所分割。直立投影面以大寫字母 V 表之，水平投影面則以 H 表之。V 面與 H 面相交之直線，稱為基線(Ground Line)，簡稱 GL，有時則稱為 H/V 線，即 H

面與 V 面之相交線。可將物體放置在任何空間象限中，然後必須以正投影的投影原理，即投影線互相平行且垂直於投影面的方法，投影物體的畫家至各投影面上。

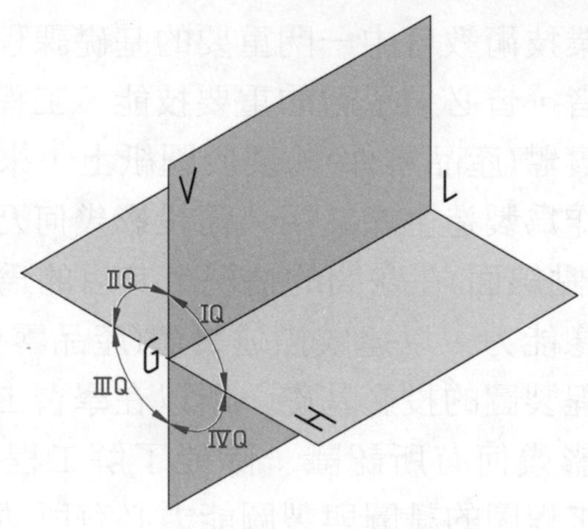

圖 1.7 直立投影面 V 與水平投影面 H 將空間分成四個象限

空間的四個象限由正面觀之，即前視之方向投影時，必須依固定之順序：將第一象限(ⅠQ)設在前面上方位置，將第二象限(ⅡQ)設在後面上方位置，將第三象限(ⅢQ)設在後面下方位置，將第四象限(ⅣQ)設在前面下方位置。因此由前視之方向投影時，第一及第四象限恆分別位於前面上方及下方位置，如圖 1.8 所示，其中(a)圖之前視投影方向在右側，(b)圖之前視投影方向在左側，本書中將統一採用(a)圖之方式說明。

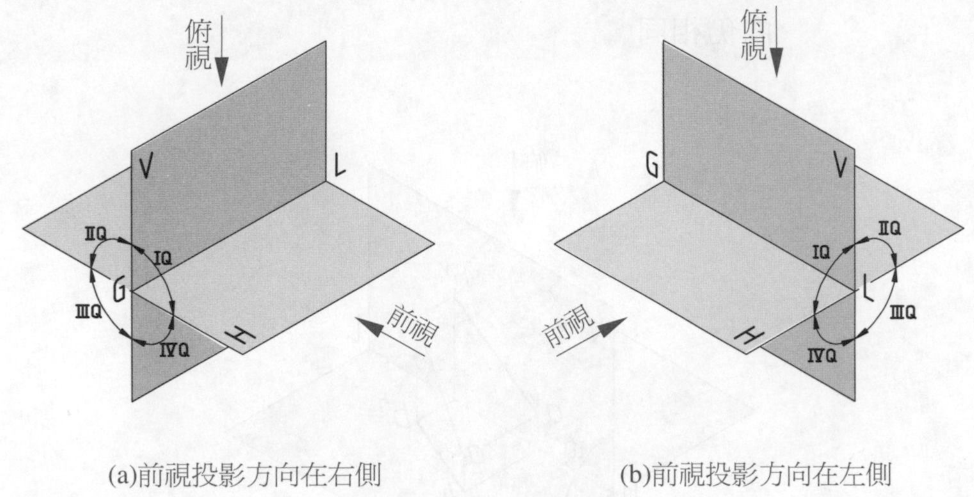

(a)前視投影方向在右側　　(b)前視投影方向在左側

圖 1.8 第一象限恆位於前面上方位置

1.6 物體之投影

設物體在第一象限任意位置時，以直線 ab 爲例，按多視投影的正投影方法，前視和俯視投影過程以及投影面之旋轉方式說明如下：

(a) 前視投影過程：位於無窮遠處之視點必須由前視之箭頭方向投影，如圖 1.9 所示，使得投影線能垂直於直立投影面 V，將物體(直線 ab)之畫面投影在 V 面上，得物體之直立投影直線 $a^v b^v$。

(b) 俯視投影過程：位於無窮遠處之視點必須由俯視之箭頭方向投影，使得投影線能垂直於水平投影面 H，將物體(直線 ab)之畫面投影在 H 面上，得物體之水平投影直線 $a^h b^h$。

(c) 注意：當物體在其他象限時，前視及俯視之投影方向仍相同。

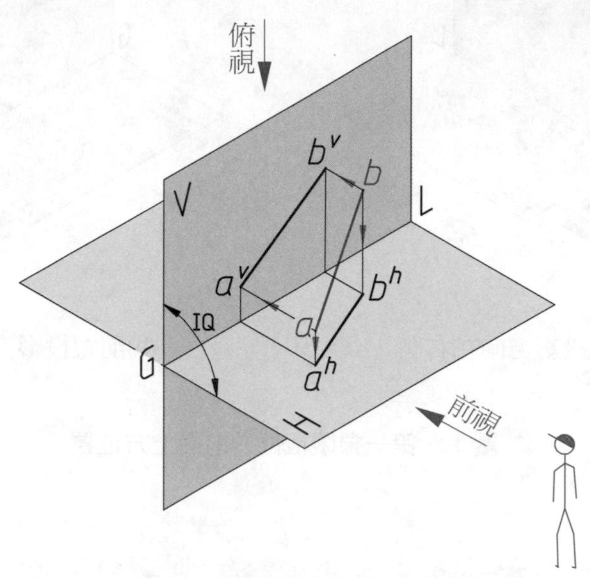

圖 1.9 前視及俯視投影過程

(d) 投影面之旋轉：物體之畫面投影至直立投影面 V 及水平投影面 H 後，水平投影面 H 必須旋轉，旋轉方式只有一種，如圖 1.10 所示，將第一及第三象限張開，以基線 GL(H/V 線)為軸，將 H 面轉成與 V 面同一平面。

(e) 注意：無論物體位於那一象限，水平投影面 H 之旋轉方式皆相同，有關側投影面 P 及其旋轉方式，請參閱後面第四章所述。

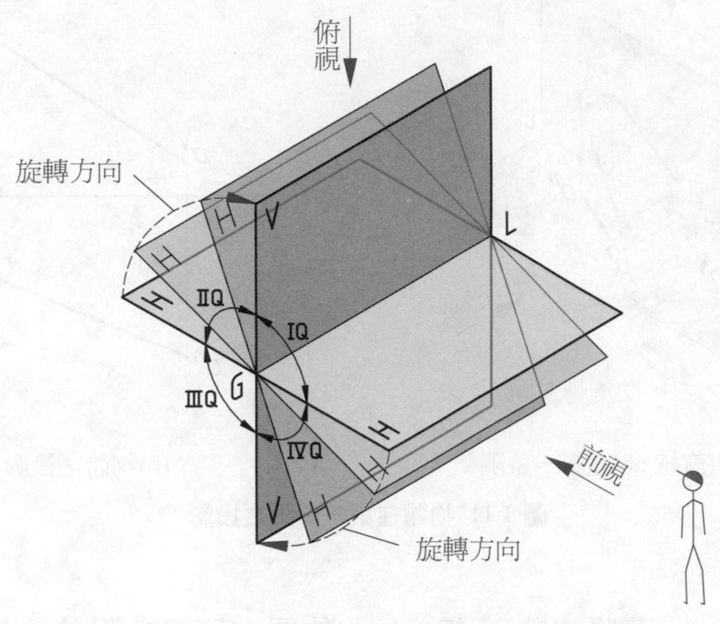

圖 1.10 投影面之旋轉

第一象限之物體投影在兩投影面上之後，如圖 1.11(a)所示，水平投影面 H 依前面所述之旋轉方式，使 H 面與 V 面重疊於 V 面之位置，當人站立於前視方向觀之，物體在 V 面之投影(直線 a^vb^v)位基線 GL(H/V 線)之上方，物體在 H 面之投影(直線 a^hb^h)位基線 GL(H/V 線)之下方。此時物體在第一象限之投影，則應畫成如圖 1.11(b)所示，從物體之直立投影與水平投影的情況，可想像出物體在空間之實際位置。

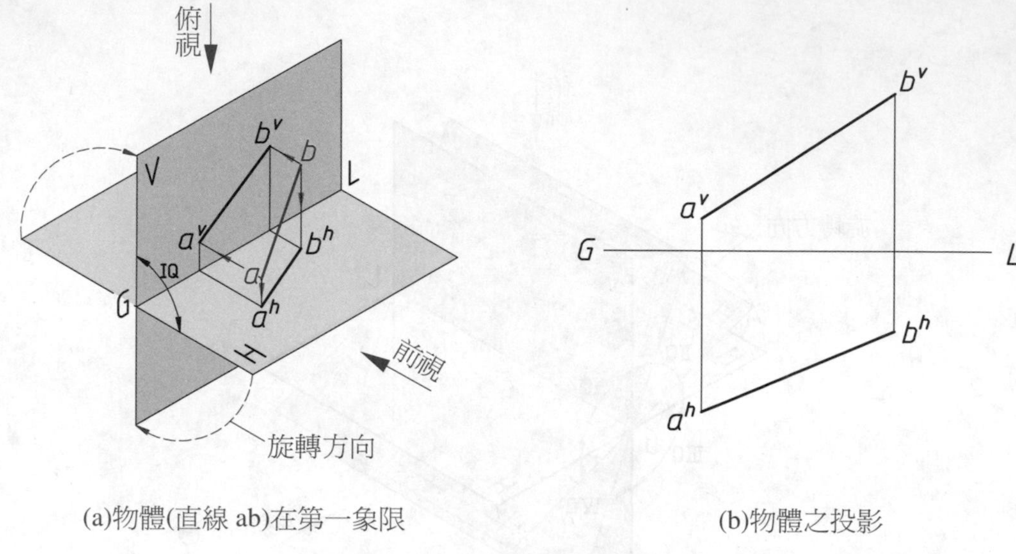

(a)物體(直線 ab)在第一象限　　　　(b)物體之投影

圖 1.11 物體在第一象限之投影

若將物體(直線 ab)改放置在第二象限時，如圖 1.12 所示，兩個投影過程中之前視投影及俯視投影方向不變，前視投影仍必須將物體投影在 V 面上，俯視投影亦必須將物體投影在 H 面上。在投影面 H 之旋轉方式保持不變之情況下，物體在第二象限之投影將重疊在 GL 上方，如圖 1.13 所示。

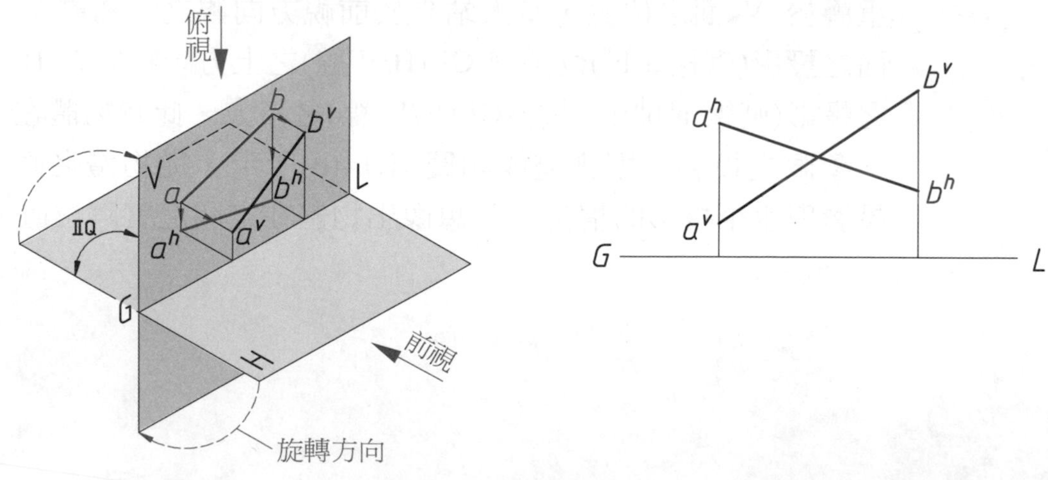

圖 1.12 物體(直線 ab)位第二象限　　　　圖 1.13 物體在第二象限之投影

物體無論放置在那一個象限，或空間中之任何方位，兩個投影過程中之前視投影方向及俯視投影方向不變，以及在投影面 H 之旋轉方式保持不變之下，投影面 H 恆必須轉至與投影面 V 同一平面，即物體在 H 面上之投影恆必須轉至與物體在 V 面上之投影同一平面。

如圖 1.14 所示，當物體位在第三象限時，投影面 H 旋轉後，如圖 1.15 所示，物體在 H 面上之投影(a^hb^h)位 GL(H/V 線)上方，物體在 V 面上之投影(a^vb^v)位 GL(H/V 線)下方。請與圖 1.11(b)物體位在第一象限時作比較。

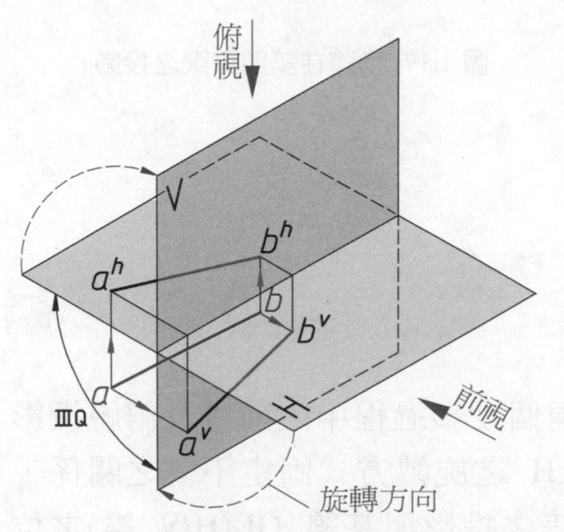

圖 1.14 物體(直線 ab)位第三象限

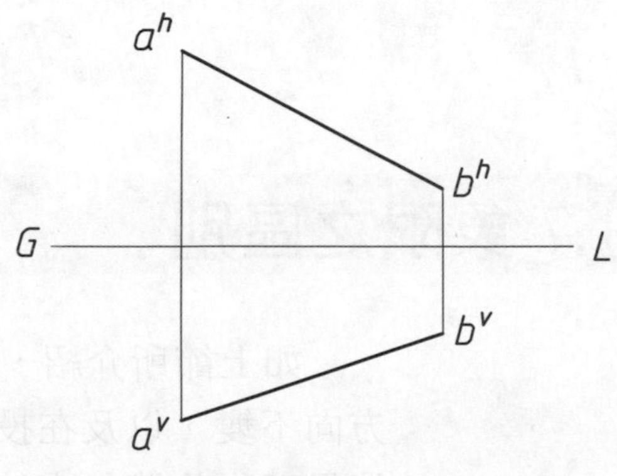

圖 1.15 物體在第三象限之投影

如圖 1.16 所示，當物體位在第四象限時，投影面 H 旋轉後，如圖 1.17 所示，物體在 H 面上之投影(a^hb^h)位 GL 下方，物體在 V 面上之投影(a^vb^v)亦位在 GL 下方。請與圖 1.13 物體位在第二象限時作比較。

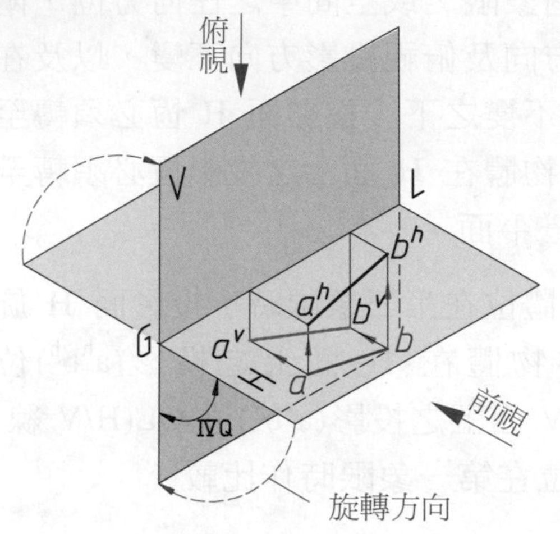

圖 1.16 物體(直線 ab)位第四象限

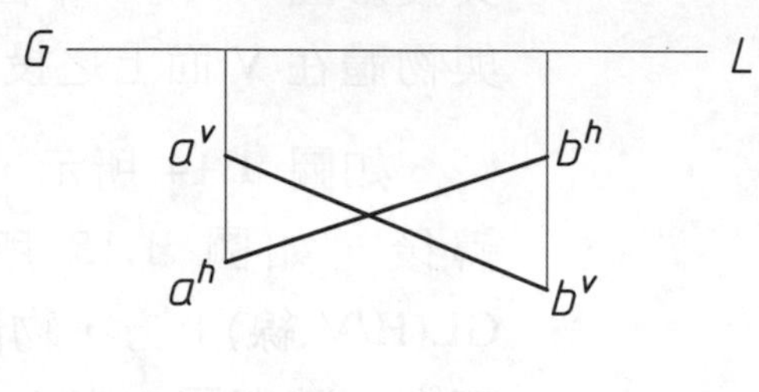

圖 1.17 物體在第四象限之投影

1.7 象限之區別

如上節所介紹，由於兩個投影過程中之前視及俯視投影方向不變，以及在投影面 H 之旋轉方式固定不變之關係，使得可從物體如直線或點等之投影與基線 GL(H/V 線)之位置關係，得知該物體所在之象限，從前面第 1.6 節中之各圖判斷得結論如下：

(a) 當物體之水平投影在 GL(H/V 線)之下方，直立投影在 GL(H/V 線)之上方，得知物體在第一象限。

(b) 當物體之水平投影及直立投影皆在 GL(H/V 線)之上方時，得知物體在第二象限。

(c) 當物體之水平投影在 GL(H/V 線)之上方，直立投影在 GL(H/V 線)之下方，得知物體在第三象限。

(d) 當物體之水平投影及直立投影皆在 GL(H/V 線)之下方時，得知物體在第四象限。

另外以投影面、物體與視點的位置關係區分時，第二象限之投影面 V 在前，投影面 H 在後，第四象限之投影面 V 在後，投影面 H 在前，無規則可尋。但當物體被放置在第一象限時，投影面 V 及 H 恆在物體之後，即物體位於投影面與視點之間，如圖 1.18 所示，此投影法應用在工程圖中時稱爲第一角法。

當物體被放置在第三象限時，投影面 V 及 H 恆在物體之前，即投影面位於物體與視點之間，如圖 1.19 所示，此投影法應用在工程圖中時則稱爲第三角法。

當物體在第二及第四象限時，由於 H 面旋轉後，使得物體在 H 面上之畫面與在 V 面上之畫面重疊，因此在實際工程圖繪製時此兩種投影法不適用，在工程圖中只使用第一角法(第一象限投影法)及第三角法(第三象限投影法)。

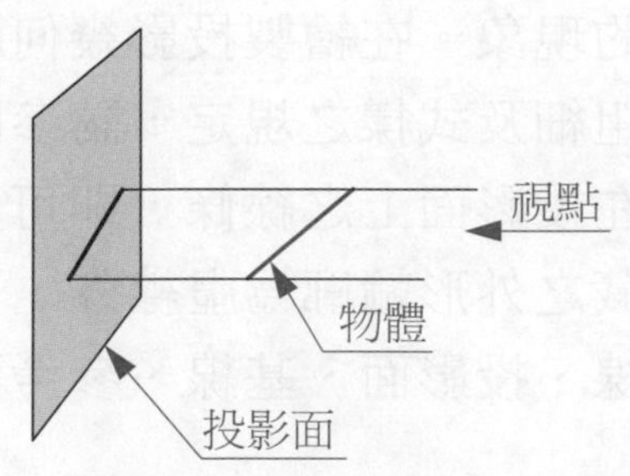

(物體位於投影面與視點之間)

圖 1.18 第一象限投影(第一角法)

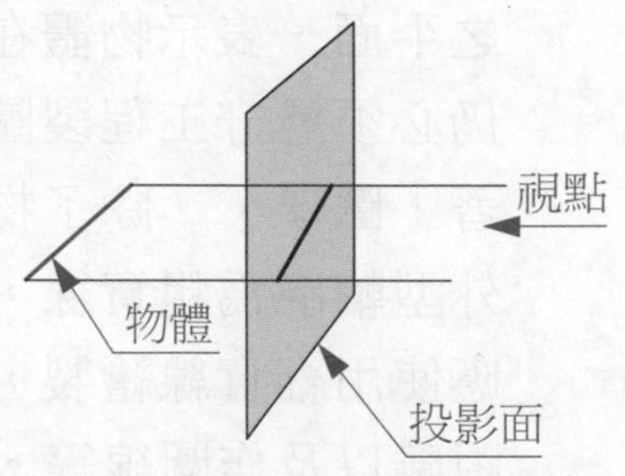

(投影面位於物體與視點之間)

圖 1.19 第三象限投影(第三角法)

投影法在工程圖中可以用符號表之，如圖 1.20 及圖 1.21 所示，分別為第一角法投影符號及第三角法投影符號，投影法符號通常標註在圖框右下角之標題欄中，使用投影法符號可代替註明圖面中之投影係屬於何種投影法，唯兩種投影法在同一張圖中不可混用。

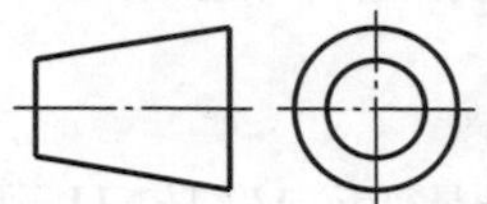

圖 1.20 第一角法符號

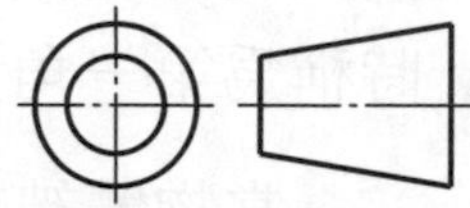

圖 1.21 第三角法符號

1.8 投影幾何之畫法

圖紙為一平面的二度空間，投影幾何將學習如何以二度之平面，表示物體在三度空間的現象。在繪製投影幾何時，仍必須遵守工程製圖中對線條粗細及式樣之規定，請參閱拙著『圖學』。除了物體所投影在投影面上之線條，即可見之外型輪廓為粗實線，以及其隱藏之外形輪廓為虛線外，其餘應使用細實線繪製，包括投影線、投影面、基線、參考面、距離以及作圖線等。

投影幾何中之點、線、面、基線以及各種代號標示方式等分別說明如下：

(a) 點之繪製：因點無大小，為了標註點的存在，可以用直徑約 1mm 之細線小圓圈，或以直徑約 1mm 之塗黑點表示，如圖 1.22 所示，或以細線之小十字，長約 2.5mm 左右。在本書中之圖例將一律以細線小圓圈表示點之位置。

(b) 直線上之點：如圖 1.23 所示，爲直線 ab 及其線上一點 c 之繪製，直線 ab 之兩端點，點 a 及 b 無需如以上(a)項之表示法，但線上之一點 c 仍需以點之繪製方式表示其在直線上之位置。

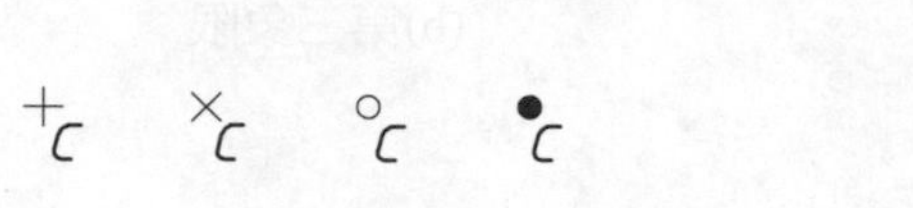

圖 1.22 點 c 之表示方式

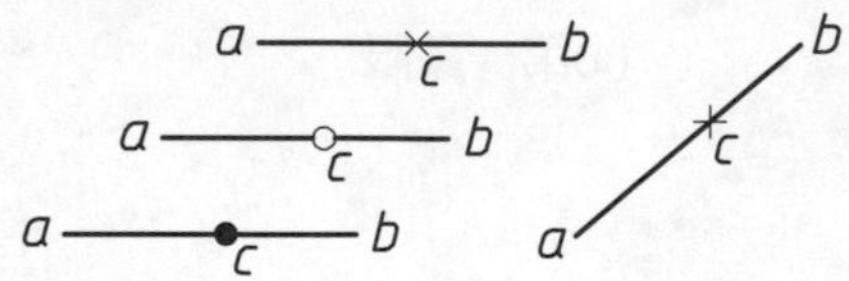

圖 1.23 點 c 在直線 ab 上之各種表示方式

(c) 基線以 G 及 L 代號標示：在基線兩端加註大寫英文字母 G 及 L 代號，如圖 1.24 所示，物體在 V 面及 H 面上之投影(點代號)，必須分別加註上標小寫字母 v 及 h 代號，以茲區別所在象限，不可省略。如(a)圖所示得知直線 ab 位第一象限。(b)圖所示得知直線 ab 位第三象限。(c)圖所示得知直線 ab 之點 a 位第四象限，點 b 位第一象限。(d)圖所示得知直線 ab 之點 a 位第三象限，點 b 位第二象限。基線長度必須超出物體之投影範圍大約 10mm 左右。

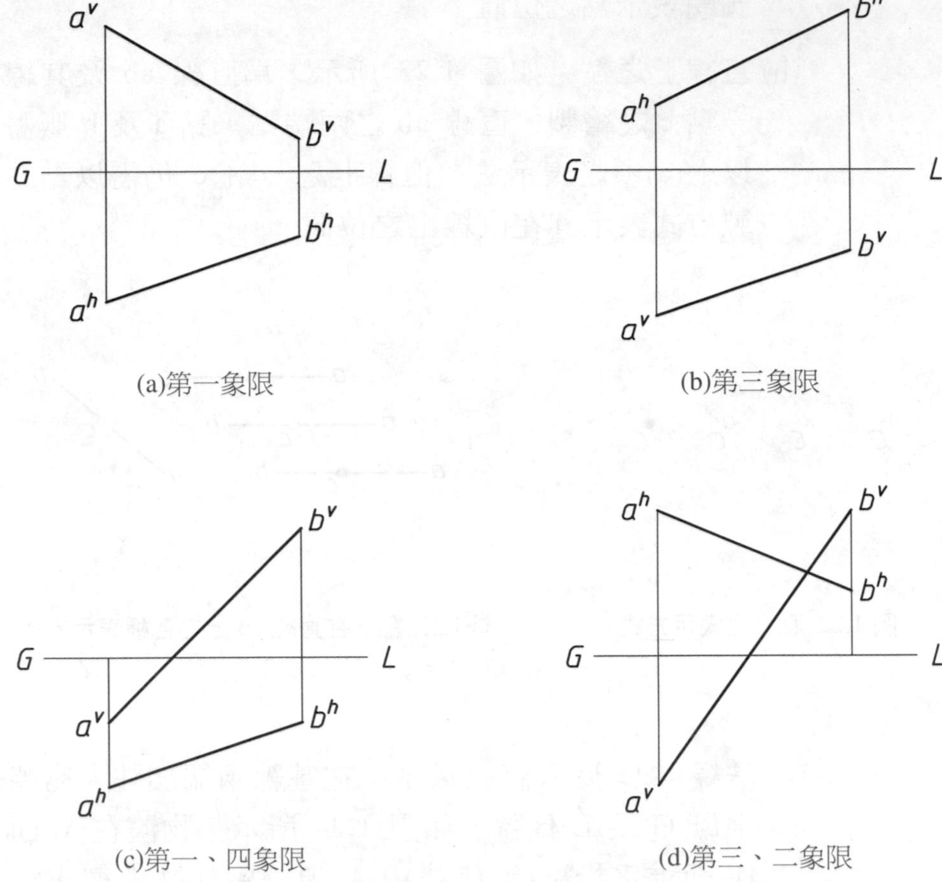

圖 1.24 基線以 G 及 L 代號標示，點必須加註上標 v 及 h 代號

(d) 基線以 H/V 代號標示：在基線上下兩側靠近基線端點附近，通常配合物體所在象限，加註大寫英文字母 V 及 H 代號，如圖 1.25 所示，物體在 V 面及 H 面上之投影(點代號)，通常亦分別加註上標小寫字母 v 及 h 代號，以茲區別所在象限。如(a)圖所示得知直線 ab 位第一象限。(b)圖所示得知直線 ab 位第三象限。(c)圖所示得知直線 ab 之點 a 位第一象限，點 b 位第二象限。(d)圖從 H/V 線得知直線 ab

位第三象限，點代號省略上標小寫字母，此表示法只能用在物體全部位第一或第三象限。

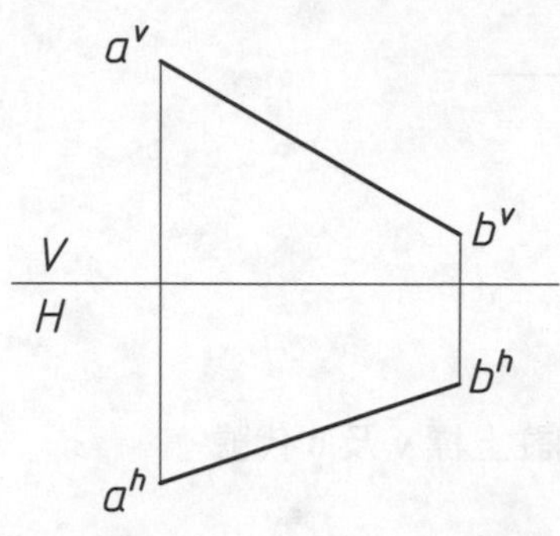

(a)H/V 配合直線 ab 位第一象限

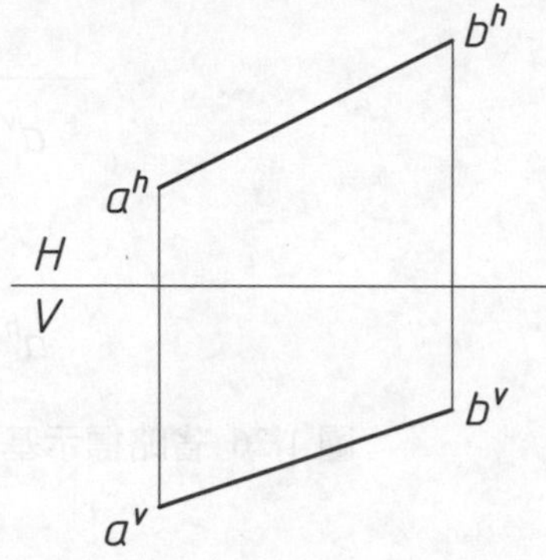

(b)H/V 配合直線 ab 位第三象限

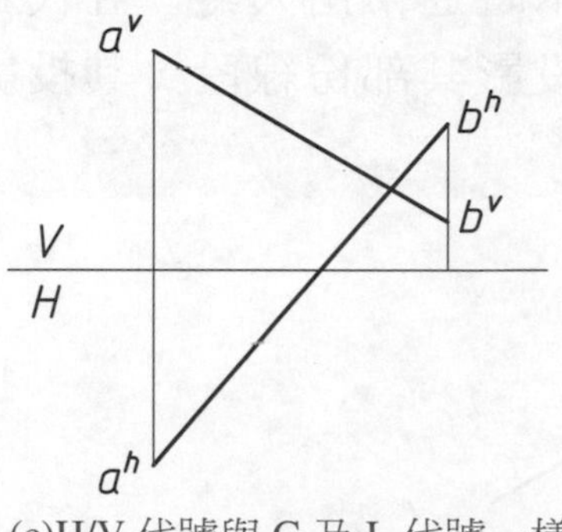

(c)H/V 代號與 G 及 L 代號一樣

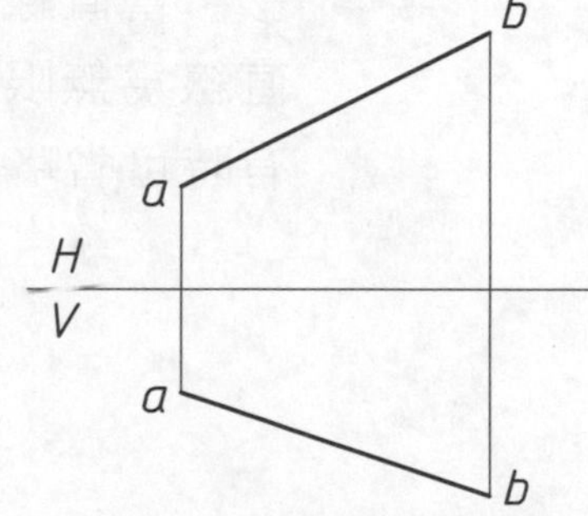

(d)直線 ab 上標省略，從 H/V 得知直線 ab 位第三象限

圖 1.25 基線以 H/V 代號標示，通常配合物體所在象限

(e) 省略標示基線代號：如圖 1.26 所示，基線代號可省略，但物體在 V 面及 H 面上之投影(點代號)，必須分別加註上標小寫字母 v 及 h 代號，以茲區別所在象限，不可省略，爲物體投影之簡單表示法。

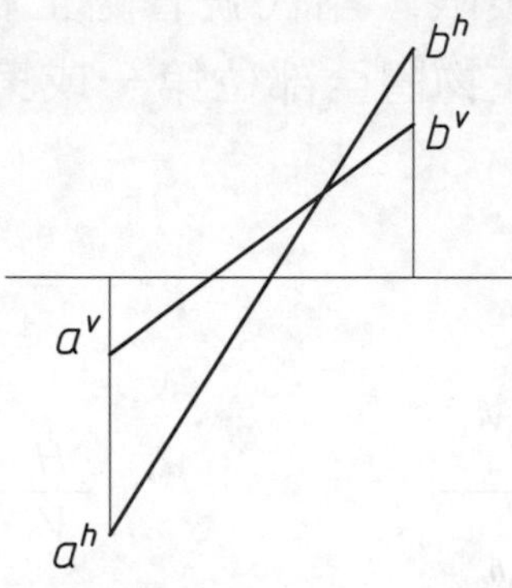

圖 1.26 省略標示基線代號，點必須加註上標 v 及 h 代號

(f) 無限長直線之投影：如圖 1.27 所示，爲直線 A 之投影，當直線以一字母表示時通常用大寫，且代表該直線爲無限長，通常只投影其部份線段，其投影線有時可省略。

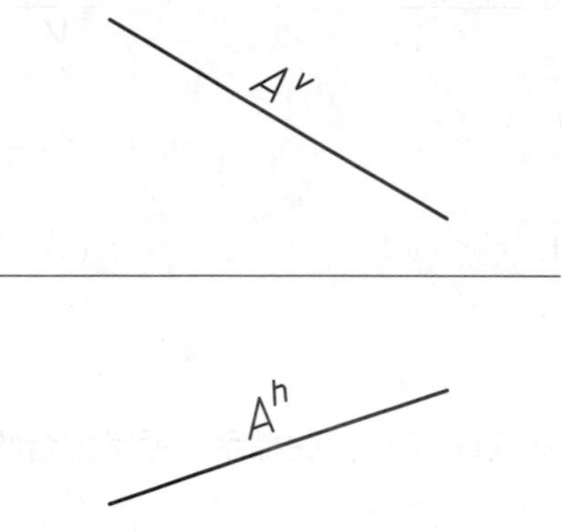

圖 1.27 無限長直線 A 之投影

(g) 無限大平面之投影：無限大平面只能以無限大平面與投影面相交之跡(Trace)表示，稱爲平面跡。如圖 1.28 所示，無限大平面 Q 以水平跡 HQ 及直立跡 VQ 方式投影，請參閱第九章所述。

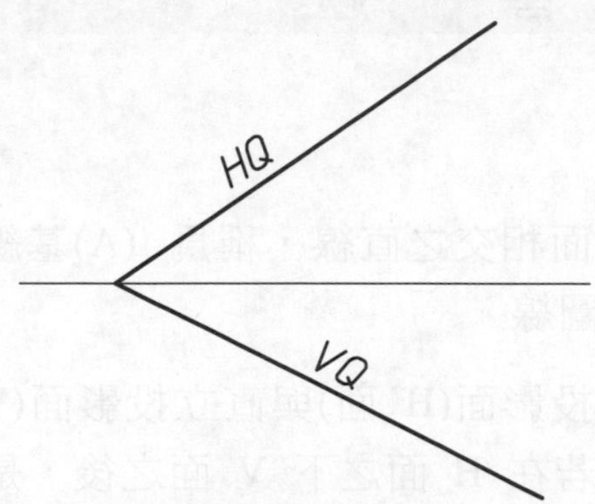

圖 1.28 平面跡之投影

(h) 其他代號標示法：兩直線上標註有傾斜平行兩小線段者，如圖 1.29 所示，代表所指的兩直線平行，直角代號“⌐”表示所指的兩線垂直，以及 TL 表示該線爲實長(True Length)。另如圖 1.30 所示，爲直線 ab 由點 p 貫穿三角形平面 123，點 p 穿過平面之後，因被平面遮蓋，必須以虛線繪製，TS 表示三角形爲實形(True Size)。其中平行及直角代號可省略，TL 及 TS 代號如爲求解之目的時不可省略。

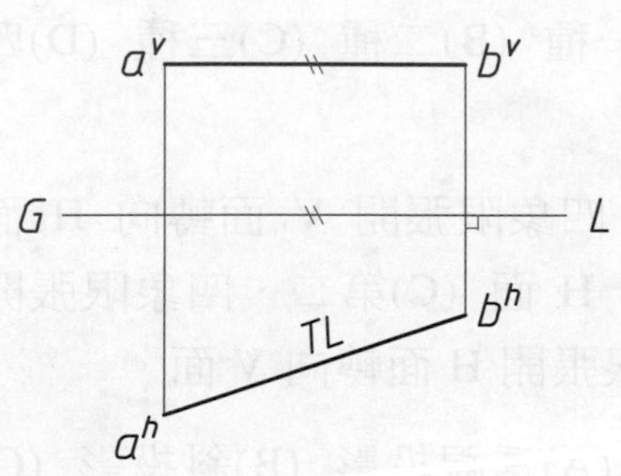

圖 1.29 平行，垂直及實長(TL)代號

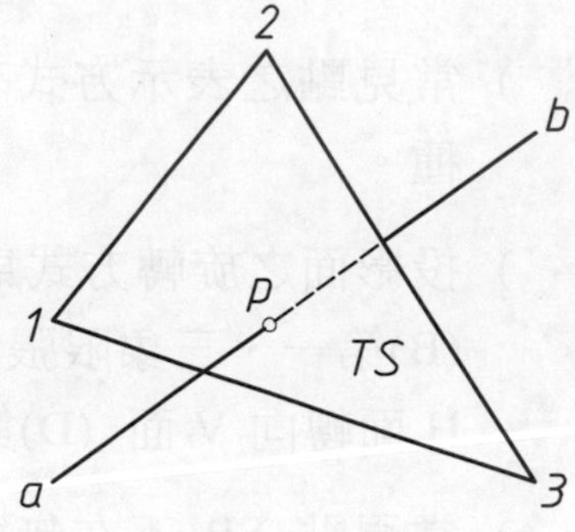

圖 1.30 虛線及實形(TS)代號

❖ 習　題　一 ❖

一、選擇題

1.(　　) 投影面與投影面相交之直線，稱為 (A)基線 (B)投影線 (C)投射線 (D)作圖線。

2.(　　) 象限是由水平投影面(H 面)與直立投影面(V 面)垂直相交分成四個象限，若在 H 面之下 V 面之後，是為 (A)第三象限 (B)第四象限 (C)第二象限 (D)第一象限。

3.(　　) 若投影線與投影面所成之角為 90°，則所成之投影為 (A)斜投影 (B)等角投影 (C)斜投影 (D)正投影。

4.(　　) 正投影中，若物體離投影面愈遠，則其視圖 (A)不一定 (B)愈大 (C)愈小 (D)大小不變。

5.(　　) ◎ ⏢ 左邊符號是表示投影為 (A)第二角法 (B)第四角法 (C)第一角法 (D)第三角法。

6.(　　) 基線 GL 又稱為 (A)投影線 (B)H/V 線 (C)副基線 (D)投射線。

7.(　　) 物體在投影面與視點之間，其投影稱為 (A)第一角法 (B)第二角法 (C)第三角法 (D)第四角法。

8.(　　) 常見點之表示方式有幾種 (A)一種 (B)二種 (C)三種 (D)四種。

9.(　　) 投影面之旋轉方式為 (A)第二、四象限張開 V 面轉向 H 面 (B)第一、三象限張開 V 面轉向 H 面 (C)第二、四象限張開 H 面轉向 V 面 (D)第一、三象限張開 H 面轉向 V 面。

10.(　　) 當視點 SP 不在無窮遠處時為 (A)透視投影 (B)斜投影 (C)正投影 (D)平行投影。

二、填空題

1. 空間由________投影面及________投影面分成____個象限。

2. 投影的整個過程中，有________、________、________、________及________等五個要素。

3. 投影方法中依據投影線是否互相平行，而分成______________及______________兩大類。

4. 當__________被放置在________與________之間，爲第一象限之投影；當________被放置在_________與________之間時，則爲第三象限之投影。

三、問答題

1. 何謂投影？
2. 投影可分爲那兩大類？
3. 總和投影法所畫的畫面(視圖)共有幾種？請寫出。
4. 學習投影幾何之目的爲何？
5. 投影的要素有幾個？請寫出。
6. 描述投影的前視及俯視兩個過程。
7. 投影面如何旋轉？
8. 說明第一象限及第三象限之投影面、物體及視點等三者位置之關係有何區別？
9. 何謂第一角法及第三角法，有何區別？
10. 何謂正投影？何謂多視投影？有何區別？
11. 點的表示法有幾種？請畫出。

12. 下列各題符號或字母代表之意義爲何？

(1) TL (2) SP (3) a^v (4) A^v (5) GL

(6) H/V (7) H (8) V (9) v (10) h

(11) ⅠQ (12) ⅡQ (13) ⅢQ (14) ⅣQ (15) \\

(16) TS (17) HT (18) VT (19) b^h (20) B^h

13. 說明下列各題直線 ab 所在之象限。

(1) a^v 在 GL 之上方，b^v 在 GL 之上方。
a^h 在 GL 之下方，b^h 在 GL 之下方。

(2) a^v 在 GL 之上方，b^v 在 GL 之下方。
a^h 在 GL 之下方，b^h 在 GL 之上方。

(3) a^v 在 GL 之下方，b^v 在 GL 之下方。
a^h 在 GL 之上方，b^h 在 GL 之上方。

(4) a^v 在 GL 之下方，b^v 在 GL 之上方。
a^h 在 GL 之下方，b^h 在 GL 之下方。

(5) a^v 在 GL 之上方，b^v 在 GL 之下方。
a^h 在 GL 之上方，b^h 在 GL 之下方。

(6) a^v 在 GL 之上方，b^v 在 GL 之上方。
a^h 在 GL 之上方，b^h 在 GL 之下方。

概　論『工作單』

工作名稱	認識投影幾何	使用圖紙	A3	工作編號	DG0101
學習目標	了解投影種類，及投影幾何內涵	參閱章節	第一章各節	操作時間	1-2 小時
				題目比例	-

說明：1. 回答下列各題。
2. 需要時繪圖補助說明。

評量重點：1. 回答是否正確。
2. 繪圖說明是否正確。
3. 點是否以直徑約 1mm 之細線小圓圈繪製。
4. 佈置是否適當。

題目：

1. 總和投影法所繪的畫面(視圖)共有幾種？請寫出。
2. 何謂正投影原理？
3. 描述投影幾何的前視及俯視兩個過程。
4. 投影面 H 及 V 如何旋轉？(繪圖說明)
5. 說明第一象限及第三象限之投影面、物體及視點等三者位置之關係有何區別？(繪圖說明)
6. 點的表示法有幾種？請畫出。
7. 下列符號或字母代表之意義爲何？

   a^v，a^h，GL，H/V，H，V，Ⅰ Q，Ⅲ Q

   TL，TS，A^h
8. 說明下列各題直線 ab 所在之象限。

   (a) a^v 在 GL 之上方，b^v 在 GL 之上方。
   a^h 在 GL 之上方，b^h 在 GL 之下方。

   (b) a^v 在 GL 之上方，b^v 在 GL 之下方。
   a^h 在 GL 之下方，b^h 在 GL 之上方。

單位	mm	數量		比例	1 : 1	
材料		日期	yy - mm - dd			
班級	&&	座號	**	(學校名稱)	課程	投影幾何學
姓名	-					
教師	-	圖名	概　論		圖號	yy##&&**
得分						

心得小記：

年　月

那個立體十字架是什麼東東？還可以旋轉！

2 點之投影

2.1 概　說

點是最小的基本幾何元素，連續之點構成線，然後由線構成面，再推到體等。點之投影為一切物體投影之基本，初學者理應熟悉點在空間各投影面間投影的規則，以了解投影之過程及標註方法，以奠定投影之基礎。點之投影在任何投影面上仍為點，點無大小它只是空間的某個座標位置而已。

2.2 點之投影

設有一點 a 在空間之任意位置，當它在水平投影面 H 之投影，稱為點 a 之水平投影，以 a^h 表之；當它在垂直投影面 V 之投影，稱為點 a 之直立投影，以 a^v 表之。習慣上點的代號均以小寫字母為之，包括代表直線兩端的點也是。以下將分別介紹點 a 在各象限空間之投影：

(a) 第一象限：點 a 在空間任意位置，如圖 2.1 所示，其中 a^h 為由俯視之投影方向，將點 a 投影在 H 面上之投影點，a^v 則由前視之投影方向，將點 a 投影在 V 面上之投影點。其投影方法如前面第一章所介紹，皆必須為正投影，即『投影線互相平行，且垂直於投影面』，圖中點 a 距 V 面之距離為 l，點 a 距 H 面之距離為 h。

欲繪製點 a 之投影，如圖 2.2 及圖 2.3 所示，首先須將 H 面以基線 GL 為軸旋轉，使第一及第三象限張開，轉成 H 面與 V 面合而為一，請參閱前面第 1.6 節所述。其中 a^v 及 a^h 距 GL 之距離分別為 h 及 l，即前面圖 2.1 中之 h 及 l，而 a^v 與 a^h 必須上下對齊投影，其投影線必須以細實線連之，且與基線 GL(或稱 H/V 線)垂直，圖中 h 及 l 距離不用繪製。

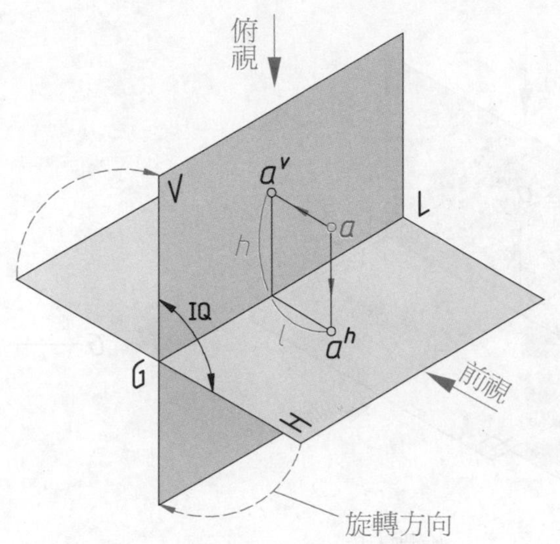

圖 2.1 點 a 在第一象限空間任意位置

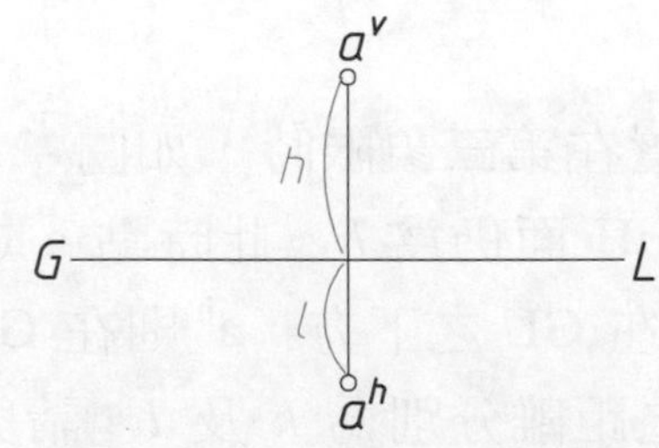

圖 2.2 點 a 在第一象限之投影(一)

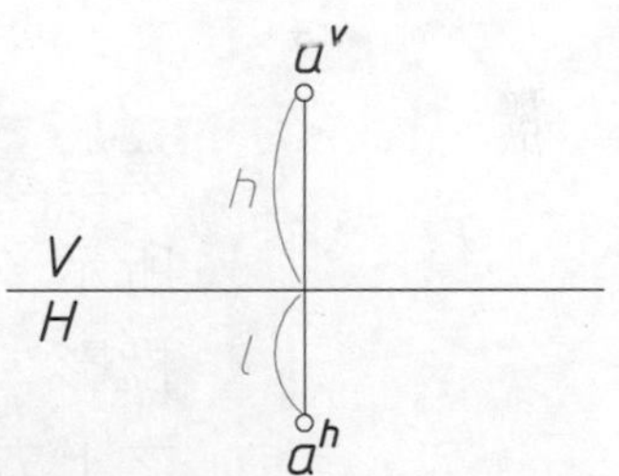

圖 2.3 點 a 在第一象限之投影(二)
H/V 代號須配合第一象限

(b) 第二象限：若將點 a 改放置在第二象限時，如圖 2.4 所示，距 V 面仍爲 l，距 H 面仍爲 h。在投影面旋轉方式固定的情況下，此時 H 面與 V 面上之畫面會重疊，點 a 在第二象限之投影，如圖 2.5 所示，a^v 在 GL 之上方，a^h 則仍在 GL 之上方同一線上，a^v 與 a^h 距 GL 之距離分別爲 h 及 l。

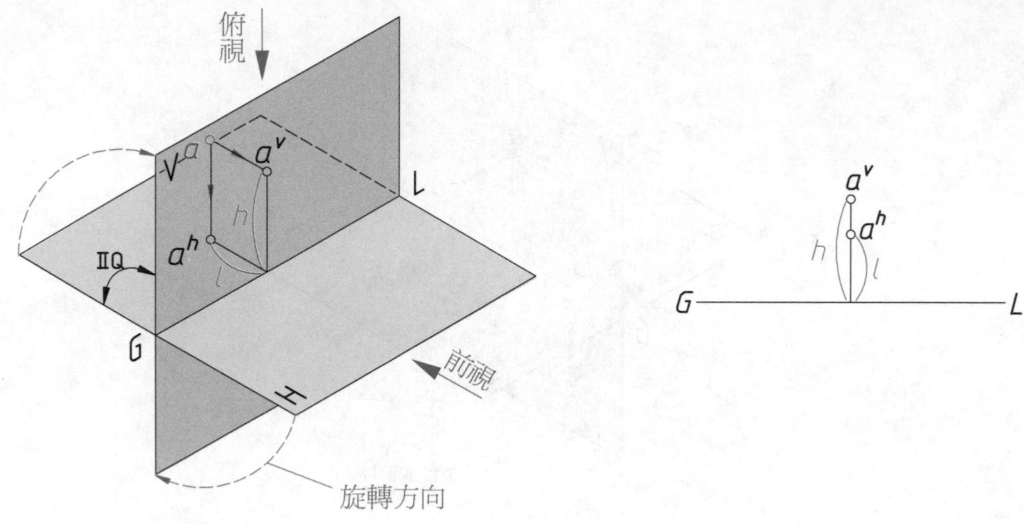

圖 2.4 點 a 在第二象限空間任意位置

圖 2.5 點 a 在第二象限之投影

(c) 第三象限：若將點 a 放置在第三象限時，如圖 2.6 所示，距 V 面仍為 l，距 H 面仍為 h。此時點 a 之投影，如圖 2.7 所示，a^v 在 GL 之下方，a^h 則在 GL 之上方，a^v 與 a^h 距 GL 之距離分別為 h 及 l。請與圖 2.1 做比較，其情況將與第一象限類似，從圖 2.1 及圖 2.6 得知，a^h 距基線 GL 之距離 l，即為點 a 距直立投影面 V 之距離，a^v 距基線 GL 之距離 h，即為點 a 距水平投影面 H 之距離。

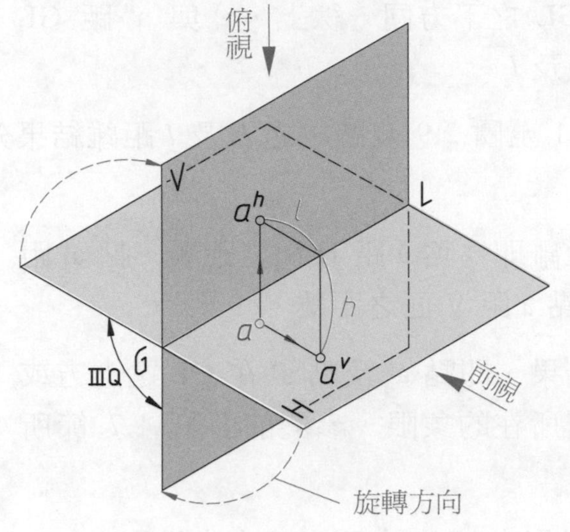

圖 2.6 點 a 在第三象限空間任意位置

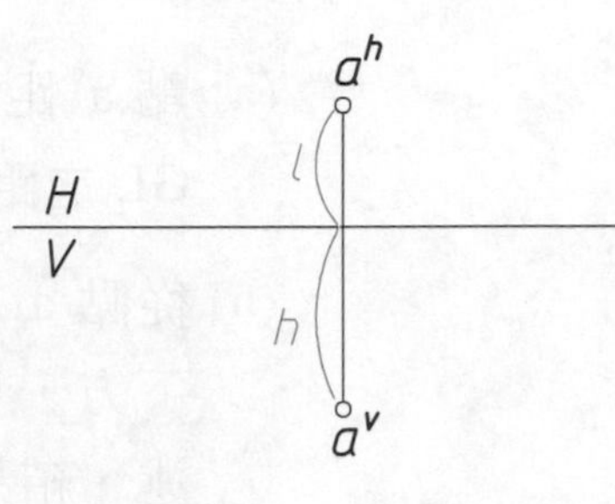

圖 2.7 點 a 在第三象限之投影

(d) 第四象限：若將點 a 改放置在第四象限時，如圖 2.8 所示，距 V 面仍為 l，距 H 面仍為 h。其情況將與第二象限類似，H 面與 V 面上之畫面會重疊，點 a 在第四象限之投影，如圖 2.9 所示，a^v 在 GL 之下

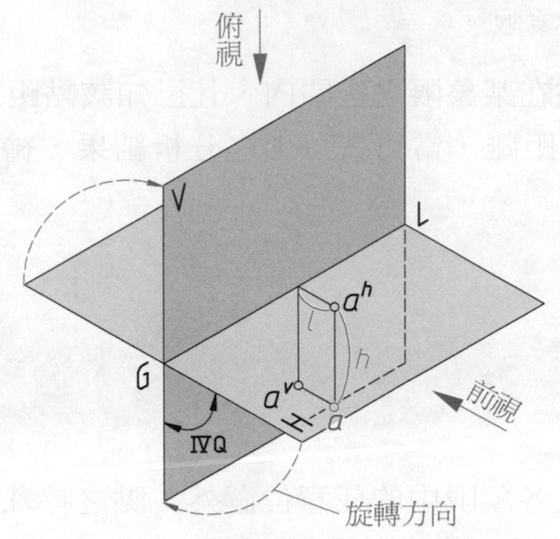

圖 2.8 點 a 在第四象限空間任意位置

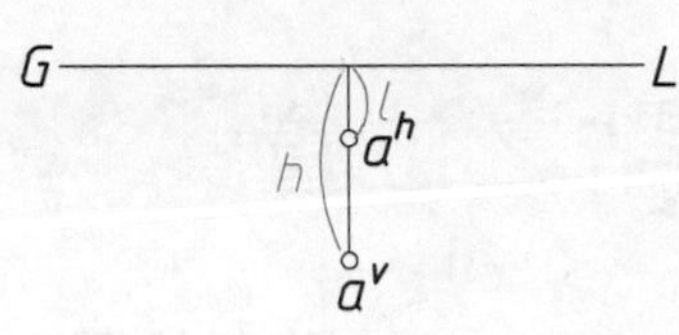

圖 2.9 點 a 在第四象限之投影

方，a^h 則仍在 GL 之下方同一線上，a^v 與 a^h 距 GL 之距離分別爲 h 及 l。

從以上各圖(圖 2.1 至圖 2.9)及圖中之 h 及 l 距離結果分析得知：

(a) 點 a^v 距 GL 之距離即爲點 a 距 H 面之距離，點 a^h 距 GL 之距離即爲點 a 距 V 面之距離。

(b) 從點 a 之投影結果，即點 a^h 及點 a^v 在 GL 之上方或下方，可判斷其所在的象限，參閱前面第 1.7 節所述，結果如下：

(1) 當物體之水平投影在 GL 之下方，直立投影在 GL 之上方，得知物體在第一象限。

(2) 當物體之水平投影及直立投影皆在 GL 之上方時，得知物體在第二象限。

(3) 當物體之水平投影在 GL 之上方，直立投影在 GL 之下方，得知物體在第三象限。

(4) 當物體之水平投影及直立投影皆在 GL 之下方時，得知物體在第四象限。

現在如果已知某點在某象限之空間內，且已知該點距 V 面之距離及距 H 面之距離，當可按以上之分析結果，繪出該點之投影。

2.3 點之位置

點之位置，除了在各象限中的任意位置外，點之特殊位置有多種，如圖 2.10 所示，茲分別說明如下：

(a) 點 a 在 H 面上方之 V 面上。

(b) 點 b 在 H 面下方之 V 面上。

(c) 點 c 在 V 面前方之 H 面上。

(d) 點 d 在 V 面後方之 H 面上。

(e) 點 e 則在基線 GL 上。

以上各點之投影，如圖 2.11 所示。

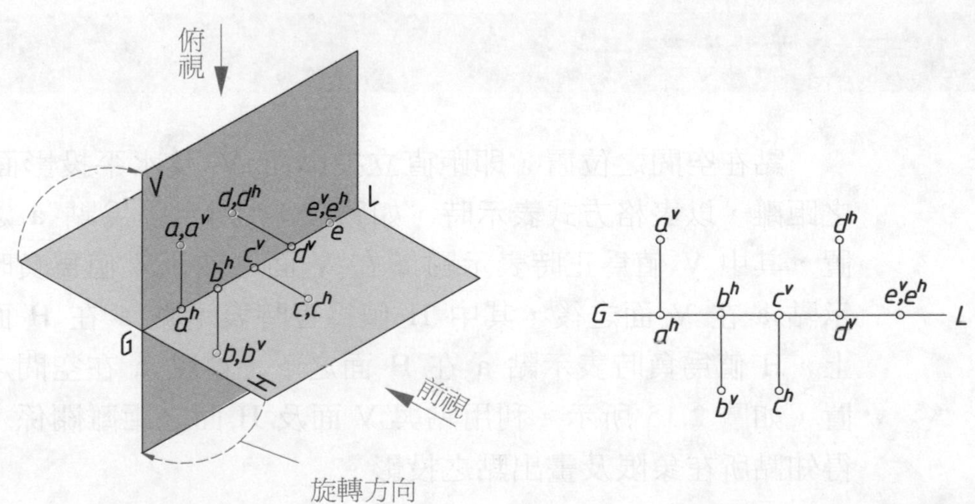

圖 2.10 點在空間之特殊位置　　　圖 2.11 點特殊位置之投影

此外當點 a 在第二或第四象限，距 V 面與 H 面之距離恰相等時，分別如圖 2.12 及圖 2.13 所示，即 l 與 h 之長度恰好一樣時，點 a 在 V 面與 H 面之投影，即點 a^v 及點 a^h 將會重疊成一點。

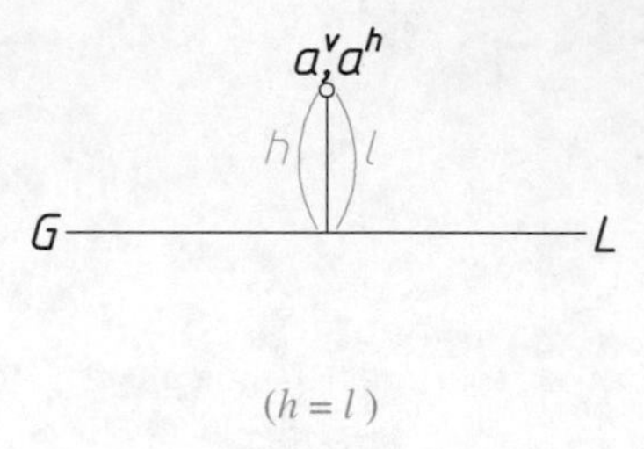

圖 2.12 點 a 在第二象限之投影重疊

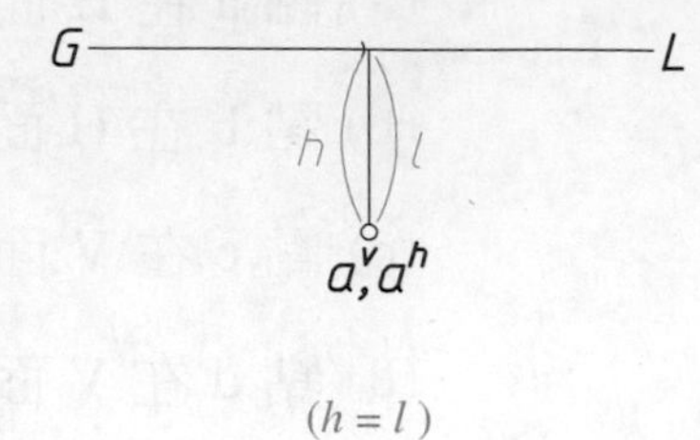

圖 2.13 點 a 在第四象限之投影重疊

2.3.1 表格方式表示

點在空間之位置，即距直立投影面 V 及水平投影面 H 之距離，以表格方式表示時，如圖 2.14 所示，爲點 a 之位置，其中 V 值爲正時表示點 a 在 V 面之前，V 值爲負時表示點 a 在 V 面之後，其中 H 值爲正時表示點 a 在 H 面之上，H 值爲負時表示點 a 在 H 面之下，得點 a 在空間之位置，如圖 2.15 所示。利用點與 V 面及 H 面之距離關係，可得知點所在象限及畫出點之投影。

點 a 之投影，根據圖 2.14 中之表格及配合投影面之旋轉，如圖 2.16 所示，V 值爲正 20mm 時，由基線(H/V 線)往下取 20mm，得點 a^h，如(a)圖；H 值爲正 30mm 時，由基線(H/V 線)往上取 30mm，得點 a^v，如(b)圖；最後完成點 a 之投影，如(c)圖。因點 a 之 H 面投影在下 V 面投影在上，得知點 a 位在第一象限。

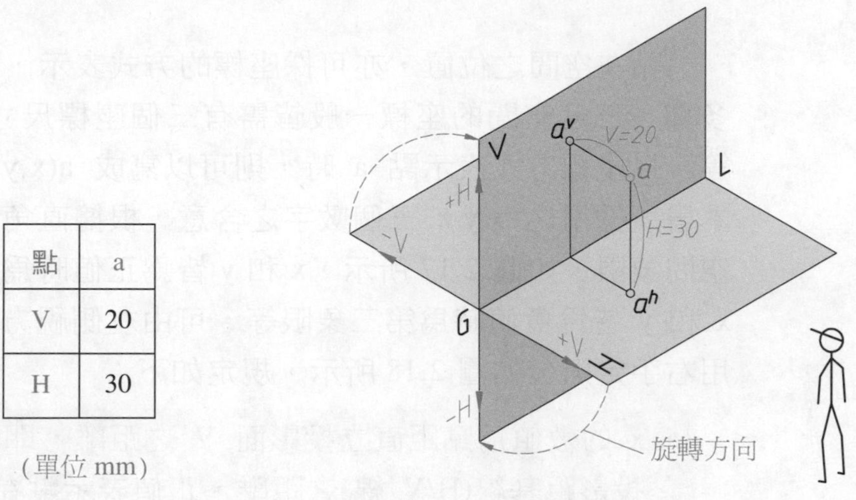

點	a
V	20
H	30

(單位 mm)

圖 2.14 點 a 之位置以表格方式表示　　圖 2.15 點 a 在空間之位置

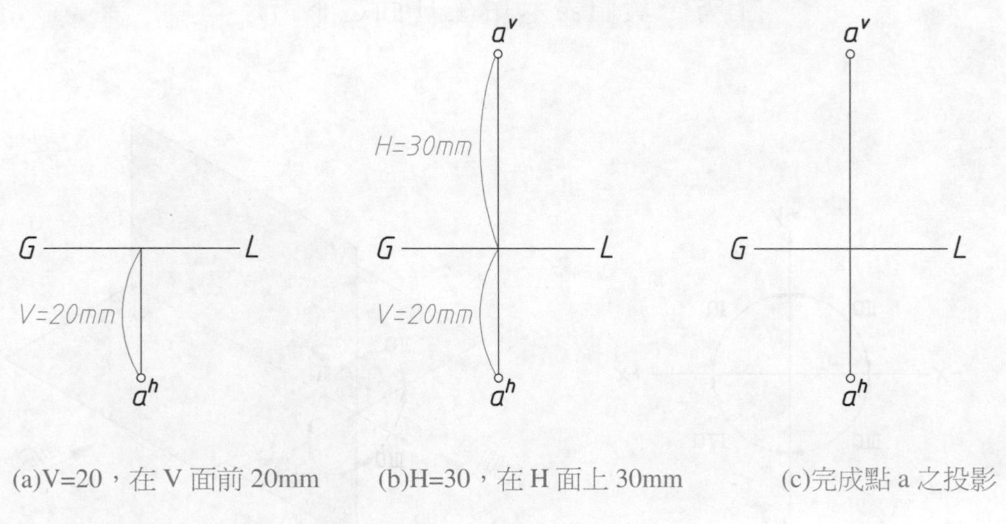

(a)V=20，在 V 面前 20mm　(b)H=30，在 H 面上 30mm　(c)完成點 a 之投影

圖 2.16 點 a 之投影過程

2.4 點之座標

點在空間之位置，亦可採座標的方式表示，表示方法有多種。三度空間的座標一般皆需有三個座標尺寸，即 x,y,z 等，以座標方式表示點 a 時，則可以寫成 a(x,y,z)的形式。本書所採用之 x,y,z 三個數字之含意，根據直角座標之四個空間象限，如圖 2.17 所示，x 和 y 皆為正值時為第一象限，x 和 y 皆為負值時為第三象限等。可由左側視方向觀之，採用右手定則，如圖 2.18 所示，規定如下：

(a) x 的數值為點距直立投影面 V 之距離，即點之水平投影距基線(H/V 線)之距離，正值表示點在 V 面之前方，負值表示點在 V 面之後方。

(b) y 的數值為點距水平投影面 H 之距離，即點之直立投影距基線(H/V 線)之距離，正值表示點在 H 面之上方，負值表示點在 H 面之下方。

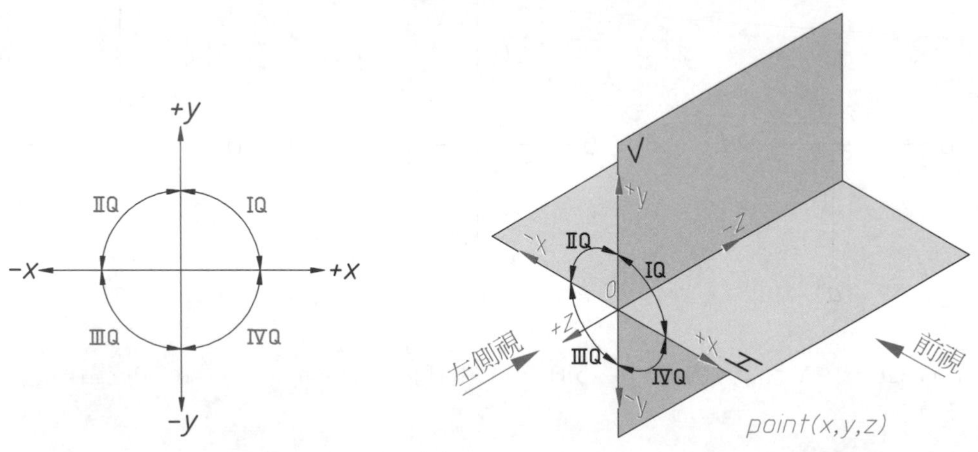

圖 2.17 直角座標之四個空間象限

圖 2.18 點以座標(x,y,z)的方式表示

(c) z 的數值則爲點距原點 o 之距離，原點 o 可位在基線(H/V 線)上之任意位置，正值表示點在原點 o 之左側，負值表示點在原點 o 之右側。當有側投影面 P 時，原點即側投影面 P 之位置，側投影面 P 請參閱第四章所述。

綜合以上點之座標(x,y,z)，以前視方向觀之時，x 值爲點位置之前後方向，y 值爲點位置之上下方向，z 值爲點位置之左右方向。點之座標(x,y,z)，即點分別距 V 面、H 面及 P 面之距離，當有 P 面時點 a 之座標亦可表爲 a(V,H,P)。

假設點 a 以座標方式表示時爲 a(4,5,-3)，x 和 y 皆爲正值，得知點 a 在第一象限，即 H 面投影在下 V 面投影在上，設單位爲 5mm，其投影如圖 2.19 所示。先取基線(H/V 線)上任意點爲 a^o，因 x 爲水平投影距基線(H/V 線)之距離，x 爲正值 4，故由 a^o 向下取 4 個單位，即 20mm 得 a^h。因 y 爲直立投影距基線(H/V 線)之距離，y 爲正值 5，故由 a^o 垂直向上取 25mm 得 a^v。最後因 z 值爲負值 3，故由 a^o 垂直向左取 3 個單位，即 15mm 得原點 o。結果得知點 a(4,5,-3)距 V 面前 20mm(4 個單位)，距 H 面上 25mm(5 個單位)，距原點 o 右 15mm(3 個單位)，位在第一象限。

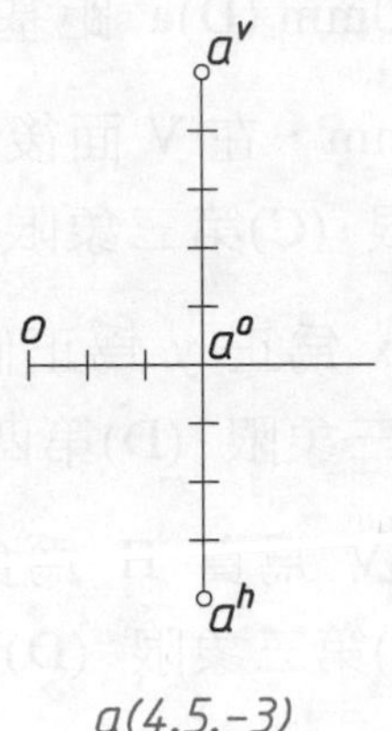

圖 2.19 點 a 依座標方式表示在 H 面及 V 面之投影

❖ 習 題 二 ❖

一、選擇題

1. ( ) 點的直立投影在基線(H/V 線)之上方，水平投影在基線(H/V 線)之下方，則此點位在 (A)第二象限 (B)第四象限 (C)第三象限 (D)第一象限。

2. ( ) 點 a 之座標為(4,3,-2)，則點 a 是在 (A)第一象限 (B)第二象限 (C)第三象限 (D)第四象限。

3. ( ) 點 b 之座標為(-4,-3,-2)，則點 b 是在 (A)第一象限 (B)第二象限 (C)第三象限 (D)第四象限。

4. ( ) 點 a^v 距 H/V 線 10mm 時，則點 a 距 (A)H 面 10mm (B)V 面 10mm (C)基線 10mm (D)H/V 線 10mm。

5. ( ) 點 a^h 在基線之上方，點 a^v 在基線之下方，則點 a 位在 (A)第四象限 (B)第三象限 (C)第二象限 (D)第一象限。

6. ( ) 當點 m 在投影面 A 上之投影表為 (A)M^A (B)m_a (C)m^A (D)m^a。

7. ( ) 點 a 距 H 面 5mm，距 V 面 10mm，則 (A)a^v 距基線 10mm，a^h 距基線 5mm (B)a^h 距基線 10mm，a^v 距基線 5mm (C)a^v 距基線 10mm，a^h 距基線 10mm (D)a^v 距基線 5mm，a^h 距基線 5mm。

8. ( ) 點 a 在 H 面下方 5mm，在 V 面後方 10mm，則點 a 位在 (A)第一象限 (B)第二象限 (C)第三象限 (D)第四象限。

9. ( ) 座標方式表示中當 x 為正 y 為正值時，點位在 (A)第一象限 (B)第二象限 (C)第三象限 (D)第四象限。

10. ( ) 表格方式表示中當 V 為負 H 為負值時，點位在 (A)第一象限 (B)第二象限 (C)第三象限 (D)第四象限。

二、作圖題

1. 求下列各點之直立及水平投影，同一基線各點相距 25mm。

   (1) 點 a 在 I Q，距 V 面 25mm，距 H 面 35mm。

   (2) 點 b 在ⅢQ，距 V 面 30mm，距 H 面 20mm。

   (3) 點 c 在 V 面上，在 H 面之上方 30mm。

   (4) 點 d 在 V 面上，在 H 面之下方 25mm。

   (5) 點 e 在 H 面上，在 V 面之前方 20mm。

   (6) 點 f 在 H 面上，在 V 面之後方 15mm。

   (7) 點 g 在 H 面上，且在 V 面上。

   (8) 點 h 在 IIQ，距 V 面 35mm，距 H 面 25mm。

2. 依點之座標(x,y,z)，求下列各點之直立及水平投影，單位 5mm，各題基線長 25mm，並於點之下方標註點之座標及寫出點所在象限。

   a(5,4,-3)　b(-6,-4,-5)　c(-4,-5,-3)

   d(7,6,-5)　e(5,0,-3)　f(-5,-4,-4)

   g(0,5,-4)　h(-6,-4,-4)　i(-6,-6,-4)

   j(4,5,-6)　k(-5,-4,-3)　l(-6,-4,-2)

   m(4,-5,-5)　n(2,-6,-3)　o(-8,5,-4)

3. 依點之位置，求下列各點之直立及水平投影，同一基線各點相距 20mm，並於各點之下方寫出點所在象限。

(單位 mm)

點	a	b	c	d	e	f	g	h	i	j	k	l
V	15	0	-20	40	-35	-25	30	0	45	-20	20	-40
H	35	30	-40	0	-15	0	25	-35	-15	40	-30	30

點之投影『工作單一』

工作名稱	點之投影練習	使用圖紙	A3	工作編號	DG0201
學習目標	能繪製點、投影線及了解點之投影過程	參閱章節	第 2.2 節 第 2.3 節	操作時間	1-2 小時
				題目比例	-

說明：
1. 抄繪下列各題。
2. 網格免畫。
3. 以每小格 5 mm 比例繪製。
4. 須標註點及基線之代號。
5. 於各題下方寫出點所在象限及距 V 面及 H 面之距離。

評量重點：
1. 點畫法是否正確。
2. 所在象限及點距 V 面及 H 面之距離是否正確。
3. 點、投影線是否以細線繪製。
4. 尺度是否正確。
5. 點及基線代號是否遺漏。
6. 佈圖是否適當。

題目：

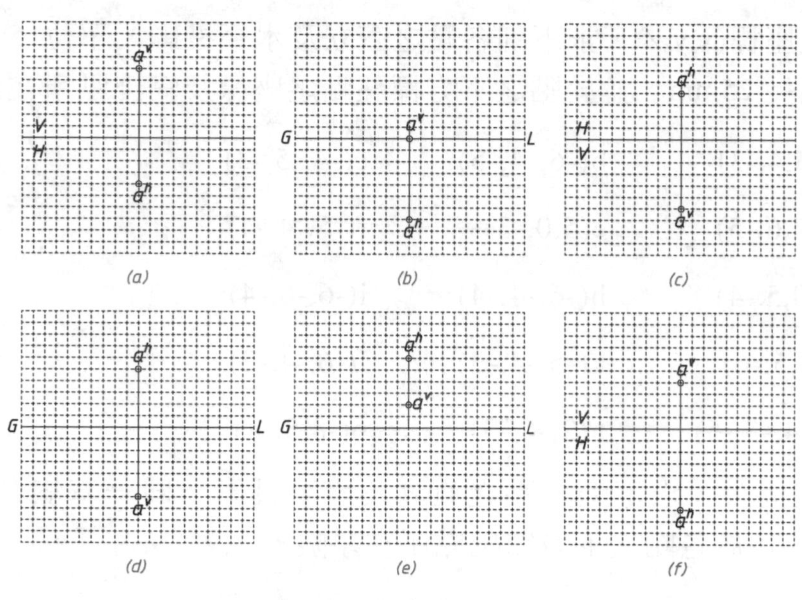

單位	mm	數量		比例	1：1	
材料		日期	yy - mm - dd			
班級	&&	座號	**	(學校名稱)	課程	投影幾何學
姓名	-					
教師	-			圖名：點之投影練習	圖號	yy##&&**
得分						

點之投影『工作單二』

工作名稱	點之投影	使用圖紙	A3	工作編號	DG0202
學習目標	能依點在空間的位置及象限，繪製點之投影	參閱章節	第 2.2 節， 第 2.3 節	操作時間	1-2 小時
				題目比例	-

說明：
1. 依照各題之敘述。
2. 以 1 : 1 比例繪製點之投影。
3. 各題基線(GL)長 30mm。
4. 各題下方，寫出點所在象限。
5. 須標註點及基線代號。

評量重點：
1. 點之畫法是否正確。
2. 點所在象限是否正確。
3. 點、投影線是否以細線繪製。
4. 尺度是否正確。
5. 點及基線代號是否遺漏。
6. 多餘線條是否擦拭乾淨。
7. 佈圖是否適當。

題目：

(a) 點 a 在ⅠQ，距 V 面 30mm，距 H 面 40mm。

(b) 點 b 在ⅢQ，距 V 面 40mm，距 H 面 30mm。

(c) 點 c 在 V 面上，在 H 面之上方 35mm。

(d) 點 d 在 V 面上，在 H 面之下方 30mm。

(e) 點 e 在 H 面上，在 V 面之前方 40mm。

(f) 點 f 在 H 面上，在 V 面之後方 45mm。

(g) 點 g 在 H 面上，且在 V 面上。

(h) 點 h 在 IIQ，距 V 面 40mm，距 H 面 30mm。

單位	mm	數量		比例	1 : 1	
材料		日期	yy - mm - dd			
班級	&&	座號	**	(學校名稱)	課程	投影幾何學
姓名	-					
教師	-	圖名	點之投影		圖號	yy##&&**
得分						

點之投影『工作單三』

工作名稱	點之座標練習	使用圖紙	A3	工作編號	DG0203
學習目標	能以點的座標位置，繪製點在空間之投影	參閱章節	第 2.4 節	操作時間	1-2 小時
				題目比例	-

說明：
1. 依點的座標繪製點在 V 面及 H 面之投影。
2. 以每單位 5 mm 比例繪製。
3. 繪製方式參閱圖 2.19。
4. 須標註原點 o 及點之代號。
5. 在每題下方須標註點之座標。

評量重點：
1. 點之畫法是否正確。
2. 是否參閱圖 2.19 之畫法。
3. 點、投影線是否以細線繪製。
4. 尺度是否正確。
5. 原點 o 及點代號是否遺漏。
6. 點座標是否標註。
7. 多餘線條是否擦拭乾淨。
8. 佈圖是否適當。

題目：

a(5,3,-2)　　b(-5,-4,3)　　c(-4,-3,-5)

d(7,6,-4)　　e(5,0,-3)　　f(-6,-5,-4)

g(0,5,-4)　　h(-3,4,-5)　　i(-6,-5,-2)

j(-4,5,-6)　　k(-3,-4,-5)　　l(0,-5,-2)

單位	mm	數量		比例	1 : 1	
材料		日期	yy - mm - dd			
班級	&&　座號 **		(學校名稱)		課程	投影幾何學
姓名	-					
教師	-	圖名	點之座標		圖號	yy##&&**
得分						

點之投影『工作單四』

工作名稱	點之位置練習	使用圖紙	A3	工作編號	DG0204
學習目標	能以點距 V 面及 H 面之距離，了解點在空間的位置	參閱章節	第 2.3 節	操作時間	1-2 小時
				題目比例	-

說明：

1. 依點之位置繪製點之投影。
2. 以 1：1 比例繪製。
3. 各題基線(GL)長 40mm。
4. 各題下方，寫出點所在象限。
5. 須標註點及基線代號。

評量重點：

1. 點之畫法是否正確。
2. 點所在象限是否正確。
3. 基線(GL)長是否正確。
4. 點、投影線是否以細線繪製。
5. 尺度是否正確。
6. 點及基線代號是否遺漏。
7. 多餘線條是否擦拭乾淨。
8. 佈圖是否適當。

題目：

(單位 mm)

點	a	b	c	d	e	f	g	h	i	j	k	l
V	25	20	-30	0	-45	15	30	-25	-35	-20	35	0
H	35	0	-50	45	-25	35	15	0	15	35	-20	-30

單位	mm			數量		比例	1:1	
材料				日期	yy - mm - dd			
班級	&&	座號	**	(學校名稱)			課程	投影幾何學
姓名	-							
教師	-			圖名	點之位置		圖號	yy##&&**
得分								

點之投影『工作單五』

工作名稱	點特殊位置之投影	使用圖紙	A3	工作編號	DG0205
學習目標	能以點之投影，了解點在空間的特殊位置	參閱章節	第 2.3 節	操作時間	1-2 小時
				題目比例	-

說明：
1. 抄繪下列題目。
2. 點以 1mm 直徑之細線小圓繪製。
3. 網格免畫。
4. 以每小格 5 mm 比例繪製。
5. 依點之投影，寫出各點所在象限及距 V 面及 H 面之距離。

評量重點：
1. 點之畫法是否正確。
2. 所在象限及點距 V 面及 H 面之距離是否正確。
3. 投影線之畫法是否正確。
4. 點、投影線是否以細線繪製。
5. 尺度是否正確。
6. 點及基線代號是否遺漏。
7. 多餘線條是否擦拭乾淨。
8. 佈圖是否適當。

題目：

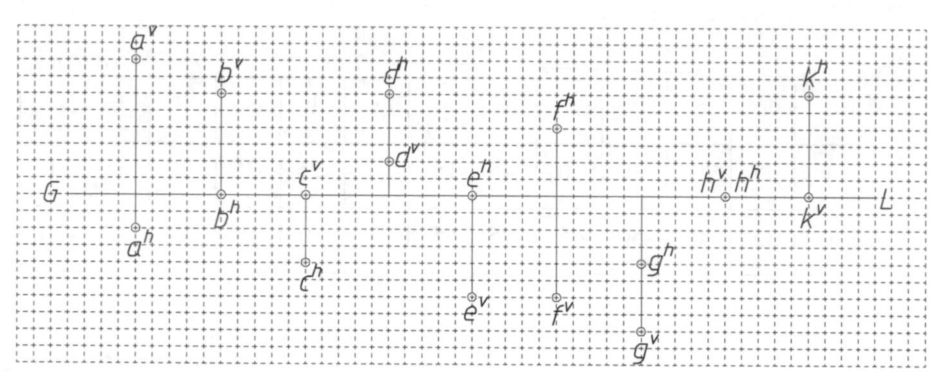

單位	mm	數量		比例	1：1	
材料		日期	yy - mm - dd			
班級	&& 座號 **	(學校名稱)			課程	投影幾何學
姓名	-					
教師	-	圖名	點特殊位置之投影		圖號	yy##&&**
得分						

直線之投影

3.1 概　說

點之集合為線，線則為構成圖形之基本要素，線分為直線(Line)與曲線(Curve)兩種，直線只有一種，曲線在平面上形成者稱為平面曲線，屬於三度空間之曲線則稱為空間曲線，線之詳細分類及定義，請參閱拙著『圖學』。本章所述者為直線在三度空間之投影。直線可定義為：『點循一定方向所移動之路逕』。直線在空間只是一條連續的路逕座標而已，無所謂線的寬度和體積。

3.2 直線在空間之分類

直線雖只有一種，直線在空間之分類，即根據直線與投影面之關係可分為正垂線、單斜線及複斜線等三類，分別說明如下：

(a) 正垂線(Normal Line)：凡垂直主投影面之直線，包括與兩主投影面平行而垂直第三主投影面者，皆稱為正垂線，如圖 3.1 所示，圖中之側投影面 P 請參閱後面第四章所述。

(b) 單斜線(Single Angled Line)：凡與主投影面平行，而與其他主投影面傾斜之直線，皆稱為單斜線或斜線，如圖 3.2 所示，在單斜線中，當直線與水平投影面 H 平行時，稱為水平線(Horizonal Line)，當直線與直立投影面 V 平行時，稱為前平線(Frontal Line)，當直線與側投影面 P 平行時，稱為側平線(Profile Line)。

(c) 複斜線(Oblique Line)：凡與任何主投影面皆傾斜之直線，皆稱為複斜線或歪線。本書中所謂空間之任意直線即為複斜線，如圖 3.3 所示。

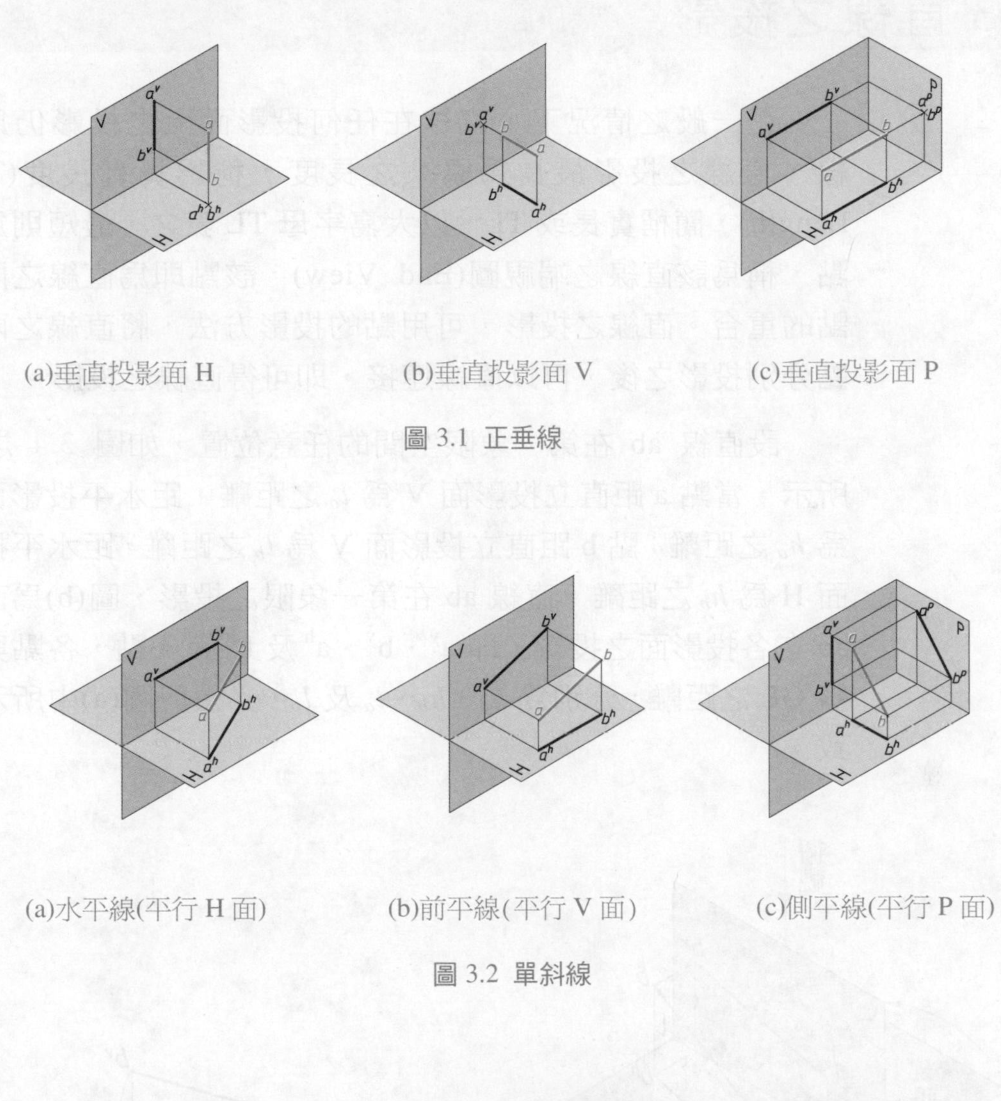

(a)垂直投影面 H　　(b)垂直投影面 V　　(c)垂直投影面 P

圖 3.1 正垂線

(a)水平線(平行 H 面)　　(b)前平線(平行 V 面)　　(c)側平線(平行 P 面)

圖 3.2 單斜線

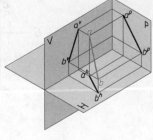

圖 3.3 複斜線(空間之任意直線)

3.3 直線之投影

在一般之情況下，直線在任何投影面上之投影仍為直線，直線之投影最長為原來之長度，稱為真實長度(True Length)，簡稱實長或 TL，以大寫字母 TL 表之，最短則為一點，稱為該直線之端視圖(End View)，該點即為直線之兩端點的重合。直線之投影，可用點的投影方法，將直線之兩端點分別投影之後，再以直線連接，即可得直線之投影。

設直線 ab 在第一象限空間的任意位置，如圖 3.4 之(a)所示，當點 a 距直立投影面 V 為 l_a 之距離，距水平投影面 H 為 h_a 之距離；點 b 距直立投影面 V 為 l_b 之距離，距水平投影面 H 為 h_b 之距離。直線 ab 在第一象限之投影，圖(b)為直線 ab 在各投影面之投影，即 a^v、b^v、a^h 及 b^h 等 4 點，各點與基線 GL 之距離，分別為 h_a、h_b、l_a 及 l_b，必須與圖(a)中所示一致。

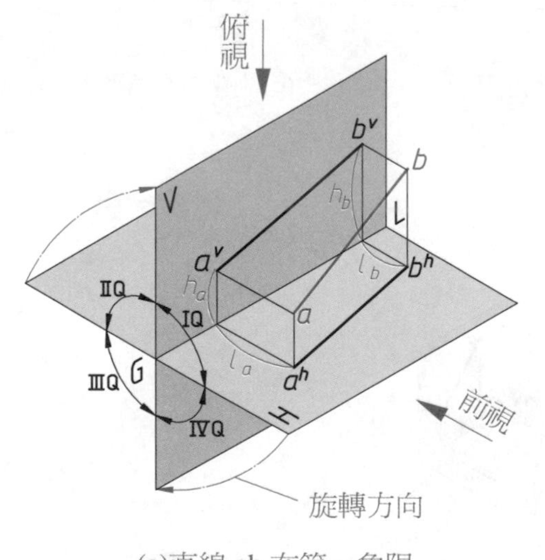

(a)直線 ab 在第一象限

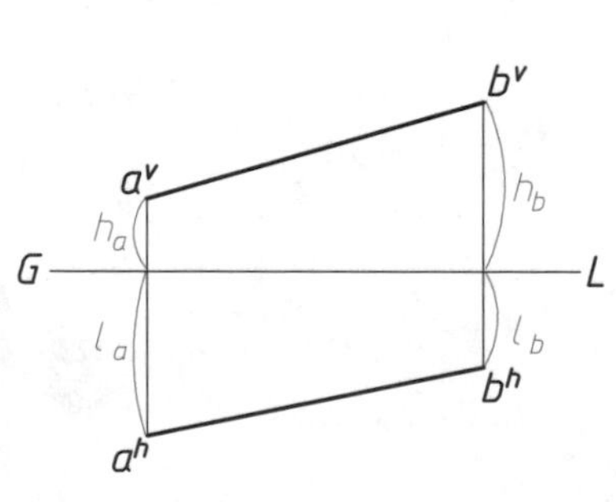

(b)直線 ab 之投影

圖 3.4 直線 ab 在第一象限之投影

又如圖 3.5 所示，則爲直線 ab 在第三象限的投影，注意(a)圖中之點 a 距 V 面爲 l_a，距 H 面爲 h_a 之距離，點 b 距 V 面爲 l_b，距 H 面爲 h_b 之距離，須與(b)圖一致。

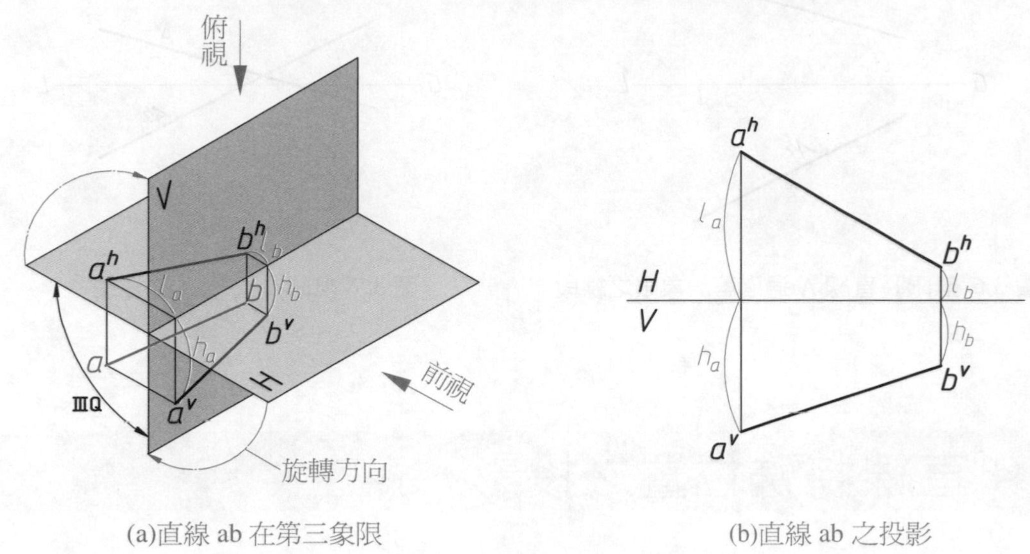

(a)直線 ab 在第三象限　　(b)直線 ab 之投影

圖 3.5　直線 ab 在第三象限之投影

直線 ab 爲從點 a 至點 b 間之有限直線，又稱爲線段 ab，若將直線 ab 兩端皆延長至無限長時，通常改用單一大寫字母表之，如直線 A 等，其在 V 面之投影以 A^v 表之；在 H 面之投影則以 A^h 表之，因直線無限長若不平行投影面時，將可通過多個象限，無限長直線可只投影在某象限內之線段，如圖 3.6 所示，爲直線 A 通過第一象限之部份線段的投影，若將直線延長將可通過多個象限，如圖 3.7 所示。

無限長直線投影之應用，通常與無限大平面之投影一起探討，請參閱後面第九章平面跡。

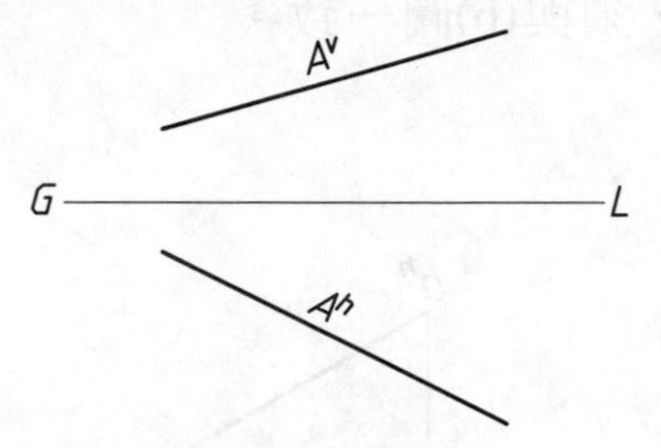

圖 3.6 無限長直線 A 通過第一象限之線段

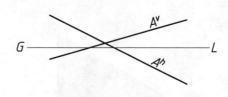

圖 3.7 無限長直線 A 之投影

3.4 直線特殊位置之投影

直線在一個象限內時，除了在空間之任意位置外，直線在空間的特殊位置情況有多種，包括平行或垂直於某投影面、直線在某投影面上、直線與基線之特殊關係、以及直線在第二及第四象限等，茲分別說明如下：

(a) 直線平行於基線：當直線與基線平行時，其在兩投影面上之投影必仍平行於基線 GL。

設直線 ab 在第一象限且平行於基線時，如圖 3.8 之(a)所示。直線 ab 之投影，如圖 3.8 之(b)所示，此時直線 a^vb^v 及 a^hb^h 則必平行於基線 GL。

當直線 ab 改在第三象限且仍與基線平行時，直線 ab 之投影，如圖 3.9 所示，此時直線 a^vb^v 及 a^hb^h 亦必平行於基線 GL。

又如圖 3.10 所示，則為當直線 ab 剛好在 GL 線上時，其在 V 面及 H 面之投影則皆重疊在 GL 線上。

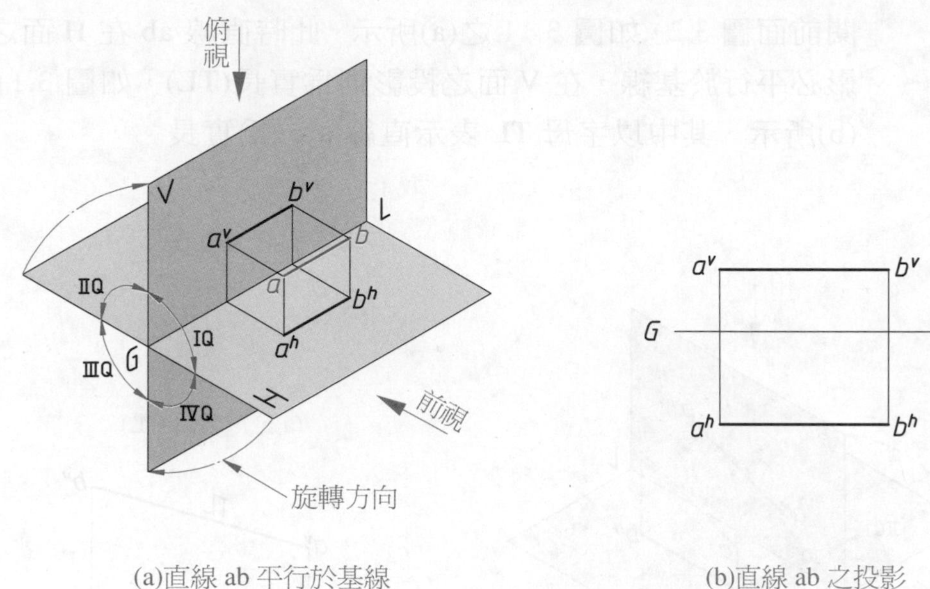

(a)直線 ab 平行於基線　　(b)直線 ab 之投影

圖 3.8 直線 ab 在第一象限且平行於基線

圖 3.9 直線 ab 在第三象限且平行於基線　　圖 3.10 直線 ab 剛好在 GL 線

(b) 直線平行於投影面：當直線平行於某投影面時，其在該投影面之投影爲直線之實長(TL)，而在另一投影面之投影則必平行於基線。

設直線 ab 平行於直立投影面 V 時，爲一種單斜線，請參閱前面圖 3.2，如圖 3.11 之(a)所示。此時直線 ab 在 H 面之投影必平行於基線，在 V 面之投影則爲實長(TL)，如圖 3.11 之(b)所示，其中以字母 TL 表示直線 a^vb^v 爲實長。

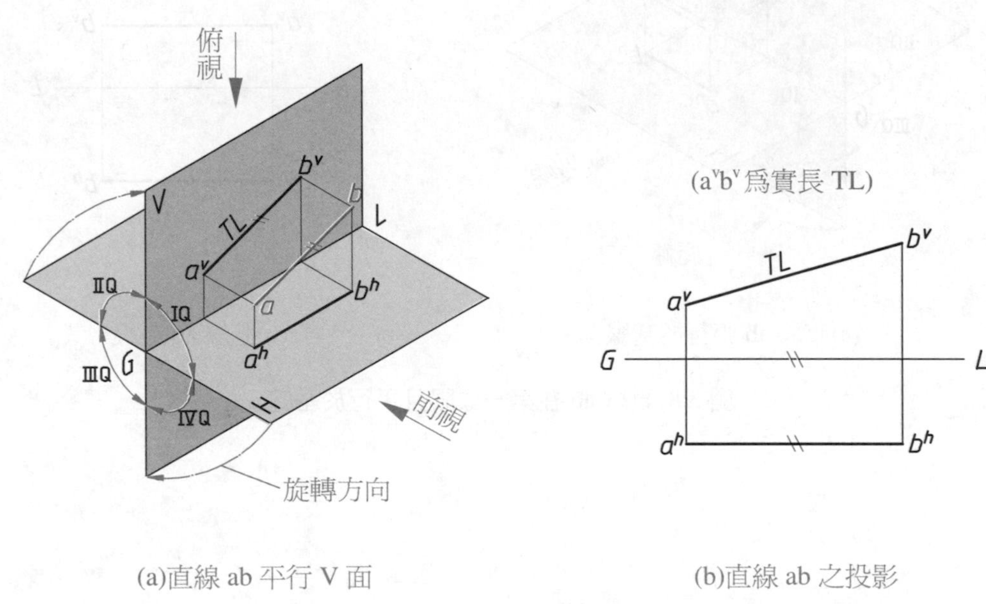

(a)直線 ab 平行 V 面　　(b)直線 ab 之投影

圖 3.11 直線 ab 平行 V 面之投影

由以上直線 ab 之情況得知：『當直線之投影平行於基線時，凡以該基線對映之另一投影面之投影則必為實長(TL)』，即如當直線之水平投影 a^hb^h 平行於基線時，其直立投影 a^vb^v 應爲實長(TL)。

又如圖 3.12 所示，爲直線 ab 平行於水平投影面 H 之投影，直線 ab 在 H 面之投影爲實長(TL)，在 V 面之投影則必平行於基線，其中以字母 TL 表示直線 a^hb^h 爲實長。

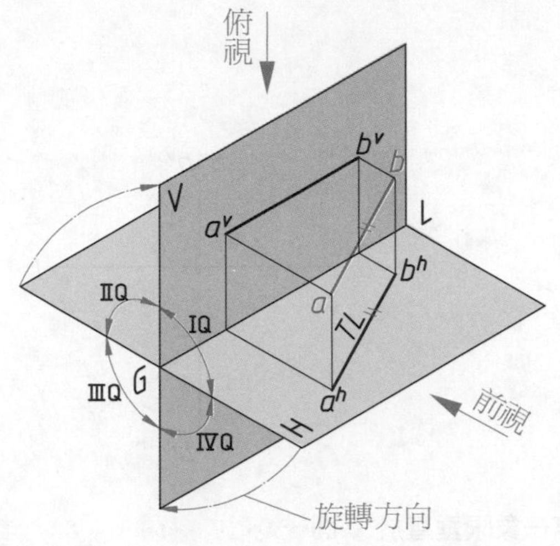

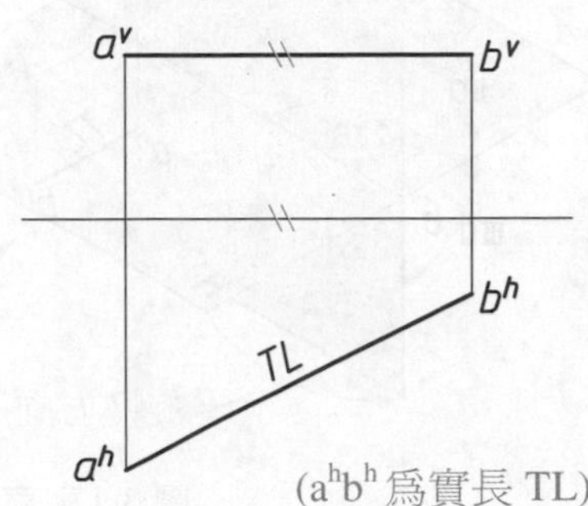

(a^hb^h 為實長 TL)

圖 3.12　直線 ab 平行 H 面之投影

(c) 直線垂直於投影面：當直線垂直於某投影面時，在該投影面之投影為最短，即兩端點投影重疊成為一點，稱為該直線之端視圖(End View)。

設直線 ab 在第一象限垂直於 V 面，如圖 3.13 所示，直線 ab 在 V 面之投影 a^vb^v 重疊成一點，此時其在 H 面之投影為 TL，因直線 ab 亦平行 H 面之故。

又如圖 3.14 所示，為直線 ab 在第一象限垂直於 H 面之投影，此時其在 V 面之投影為 TL，在 H 面之投影 a^hb^h 重疊成一點。

當直線垂直於 V 面、H 面、或 P 面之任一主投影面時，稱為正垂線，請參閱前面圖 3.1 所示。

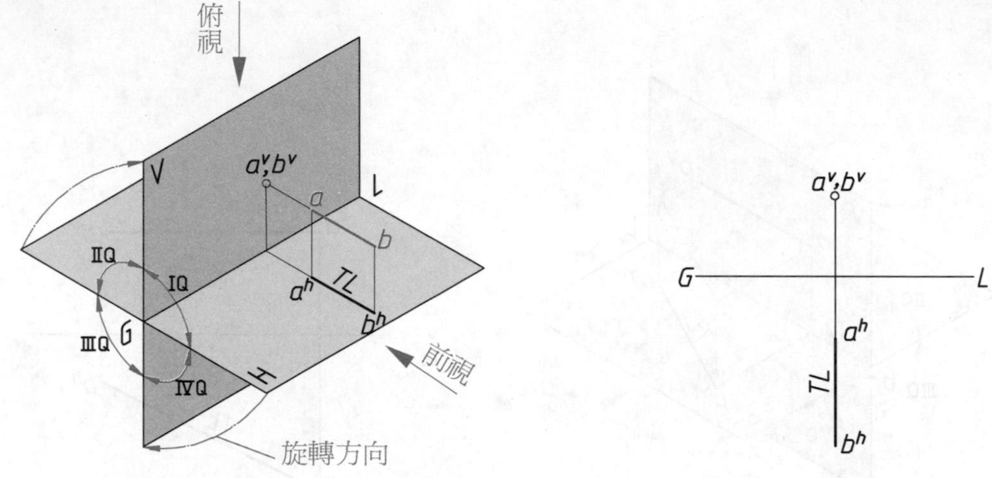

圖 3.13 直線 ab 在第一象限垂直於 V 面

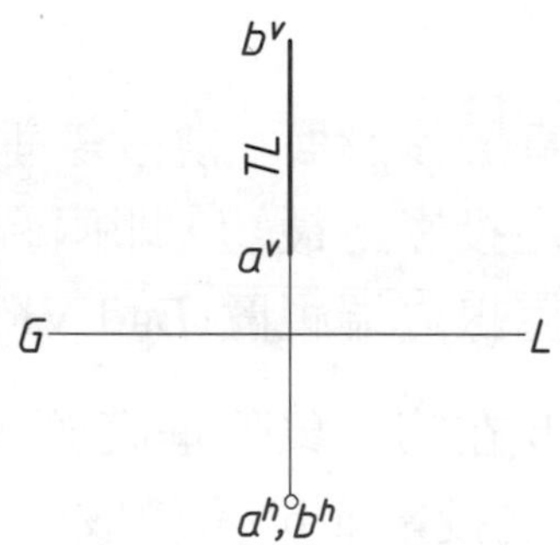

圖 3.14 直線 ab 在第一象限垂直於 H 面

(d) 直線在投影面上：當直線剛好在某投影面上時，其在該投影面之投影當然為 TL，但在其他投影面上之投影則與基線重疊。

設直線 ab 在直立投影面上時，如圖 3.15 所示，其投影 a^vb^v 為實長，a^hb^h 則在基線上，因此時直線 ab 距 V 面之距離為零。如圖 3.16 所示，為直線 ab 在 H 面上之投影。

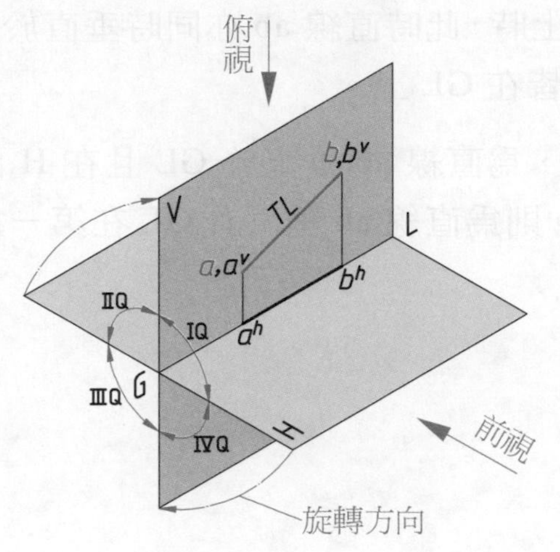

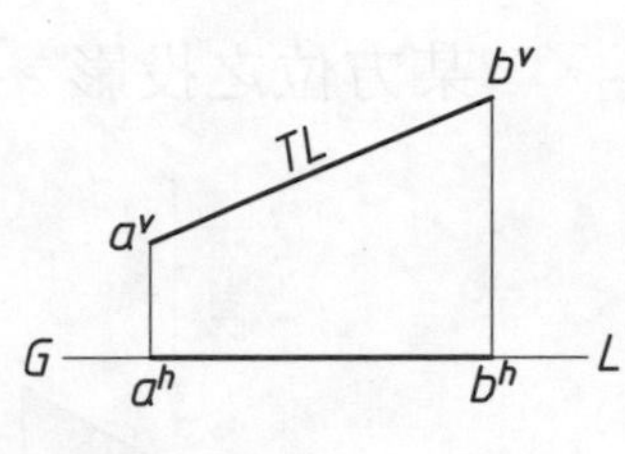

圖 3.15 直線 ab 在 V 面上(a^vb^v 為實長 TL)

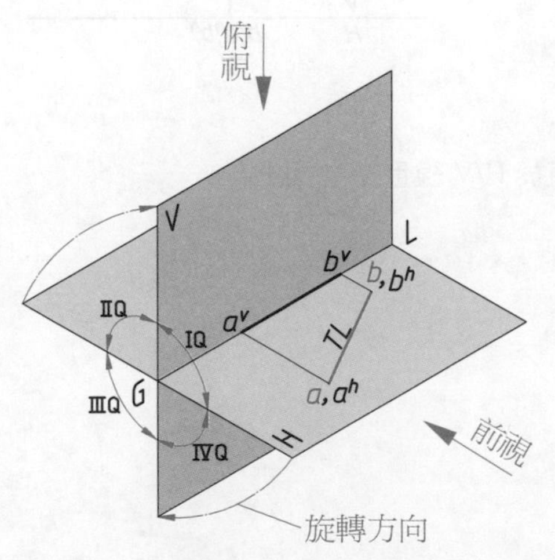

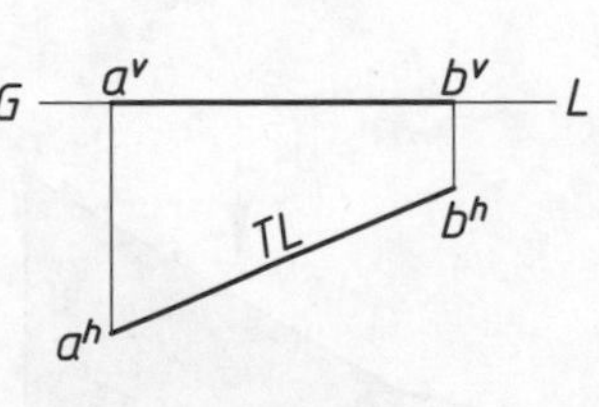

圖 3.16 直線 ab 在 H 面上(a^hb^h 為實長 TL)

(e) 直線垂直於基線：直線垂直於 GL，在空間之位置有剛好在某投影面上及在空間某象限等兩種情況。

設直線 ab 垂直於 GL 且在 V 面上時，如圖 3.17 所示，直線 ab 之點 b 在 GL 上時，此時直線 ab 亦同時垂直於 H 面，其投影點 a^h、b^h 及 b^v 皆在 GL 上。

又如圖 3.18 所示，為直線 ab 垂直於 GL 且在 H 面上之投影。如圖 3.19 所示，則為直線 ab 垂直於 GL 在第一象限內某方位之投影。

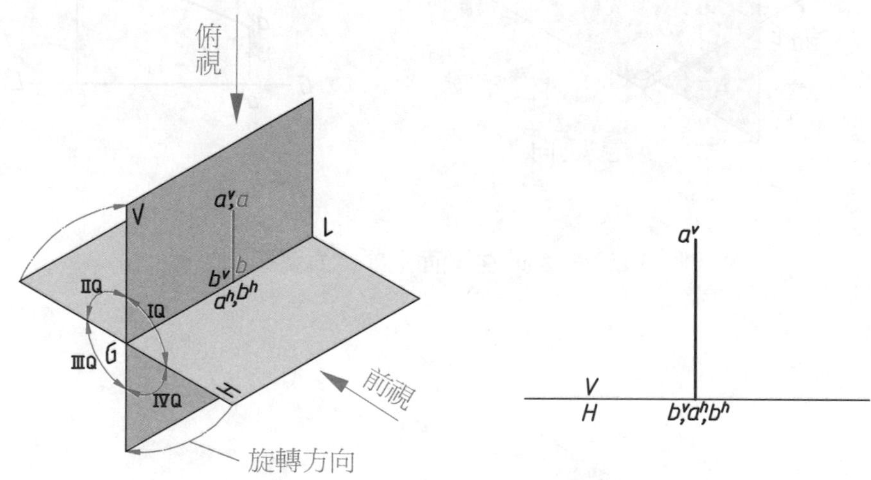

圖 3.17 直線 ab 垂直於 H/V 線且在 V 面上

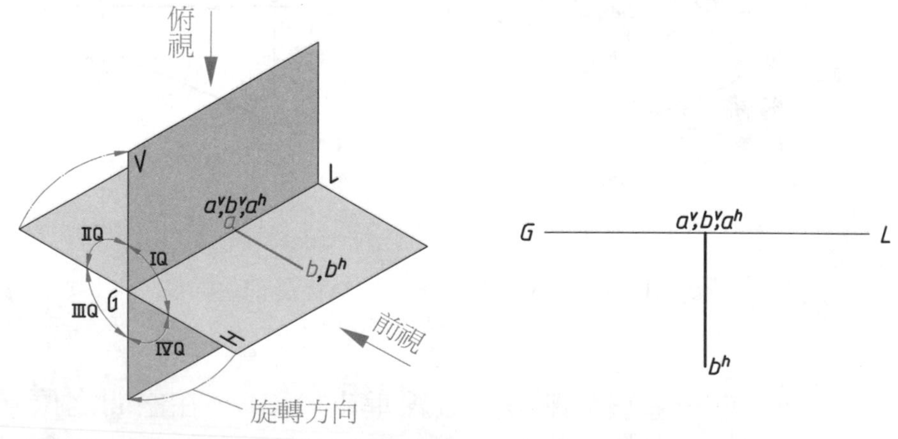

圖 3.18 直線 ab 垂直於 GL 且在 H 面上

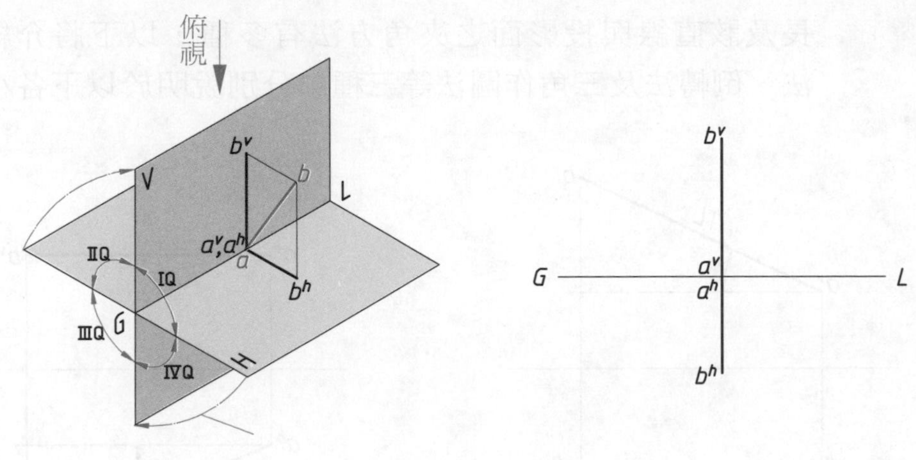

圖 3.19　直線 ab 垂直於 GL 在 IQ 內

3.5 直線之實長與夾角

當直線在某投影面之投影與該直線之實際長度(True Length)一致時，簡稱爲實長或 TL，並以字母 TL 標註在該投影線旁，請參閱前面圖 3.11 所示。所謂夾角即直線與投影面之實際夾角，有時稱爲實角，通常以羅馬字母 α 代表其與 H 面之夾角，以 β 代表其與 V 面之夾角，及以 γ 代表其與 P 面之夾角，P 面請參閱第四章所述。

直線平行於投影面時，可直接由其投影得到直線之 TL 及直線與另一投影面之夾角。如圖 3.20 所示，爲直線 ab 平行於 V 面時，直線 a^hb^h 平行基線直線 a^vb^v 爲原直線 ab 之 TL，圖中之 α 角即爲直線 ab 與 H 面之夾角。同理當直線 ab 平行於 H 面時，如圖 3.21 所示，可直接得 a^hb^h 爲 TL 及 ab 與 V 面之夾角 β。

直線在空間之任意位置，即爲複斜線時，求該直線之實長及該直線與投影面之夾角方法有多種，以下將介紹旋轉法、倒轉法及三角作圖法等三種，分別說明於以下各小節。

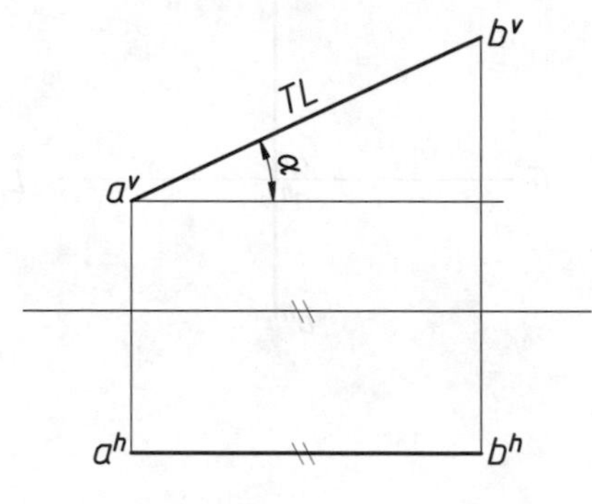

圖 3.20 直線 ab 平行 V 面，a^vb^v 為 TL
α為 ab 與 H 面之夾角

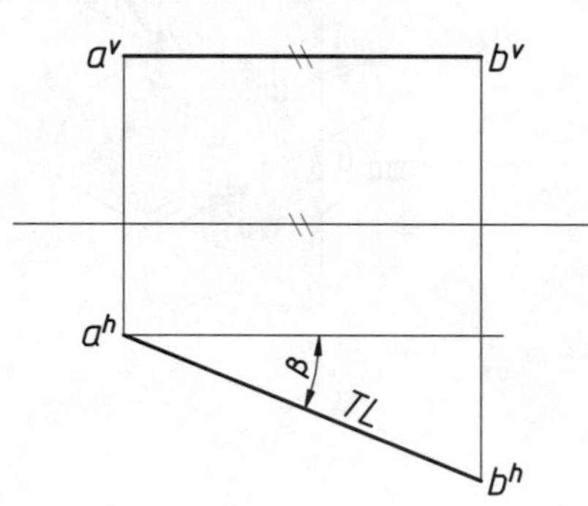

圖 3.21 直線 ab 平行 H 面，a^hb^h 為 TL
β為 ab 與 V 面之夾角

3.5.1 旋轉法

當直線在空間之任意位置，即爲複斜線時，將直線旋轉至與原來投影面平行，再從新投影該直線，可使直線之投影如前面圖 3.20 及圖 3.21 所示之情況，以得直線之實長(TL)及夾角，稱爲旋轉法。旋轉法作圖時，因直線旋轉後須投回原來的投影面，將與原來的畫面重疊，故直線旋轉後之投影理應以細線或假想線(中心線式樣)繪製爲宜。物體旋轉之詳細過程，請參閱第七章所述。

設直線 ab 在空間任意位置，如圖 3.22 所示，點 b 恰在 H 面上時，以直線 aa^h 爲軸，將直線 ab 轉至與 V 面平行，即點 b 轉至點 b_1^h 位置，如圖中灰色直線 ab_1^h，在 V 面上之投影 $a^vb_1^v$ 可投影得實長(TL)，因點 a 與 b 在 H 面上之高度保持不變，故直線 $a^v b_1{}^v$ 與 GL 之夾角即爲原直線 ab 與 H 面之夾角 α。

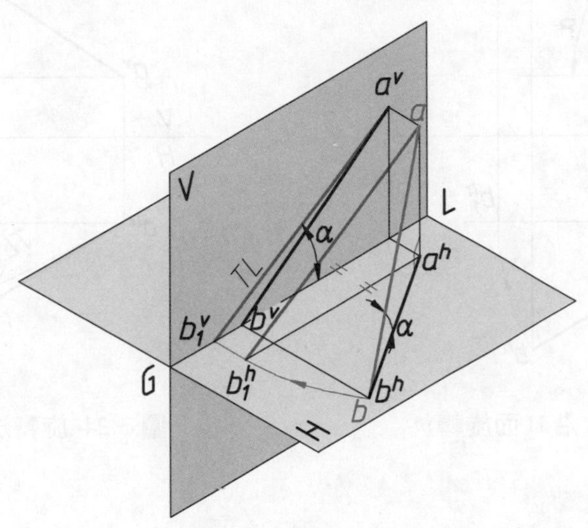

圖 3.22　旋轉法(直線 ab 沿 H 面旋轉)

以上直線 ab 之旋轉過程乃以點 a 爲基準點，將直線 ab 沿(平行)H 面旋轉至與 V 面平行，若直線 ab 之點 b 不在 H 面上時，沿 H 面旋轉之投影過程，如圖 3.23 所示，步驟如下：

(1) 以點 a^h 爲基準，將點 b^h 旋轉至點 $b_1{}^h$ 位置，使直線 $a^h b_1{}^h$ 平行於 GL。

(2) 將點 b^h 投影至點 $b_1{}^v$ 位置，使直線 $b^v b_1^v$ 平行 GL。

(3) 以假想線(中心線式樣)連接點 a^v 及 $b_1{}^v$ 即爲直線 ab 之 TL，α爲直線 ab 與 H 面夾角。

(4) 本題直線 ab 亦可沿 V 面旋轉，仍以點 a 爲基準點，過程與上述相似，如圖 3.24 所示，直線 $a^h b_1{}^h$ 爲 TL，其中之夾角 β 爲直線 ab 與 V 面之夾角。

(5) 比較圖 3.24 之 $a^h b_1{}^h$ 理應與圖 3.23 之 $a^v b_1{}^v$ 同長。

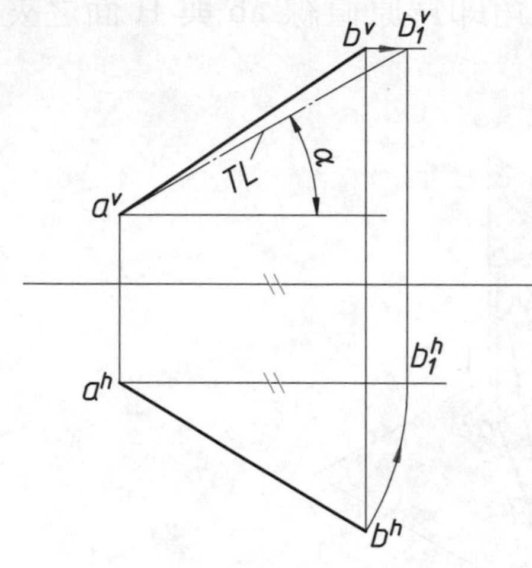

圖 3.23 旋轉法(沿 H 面旋轉)

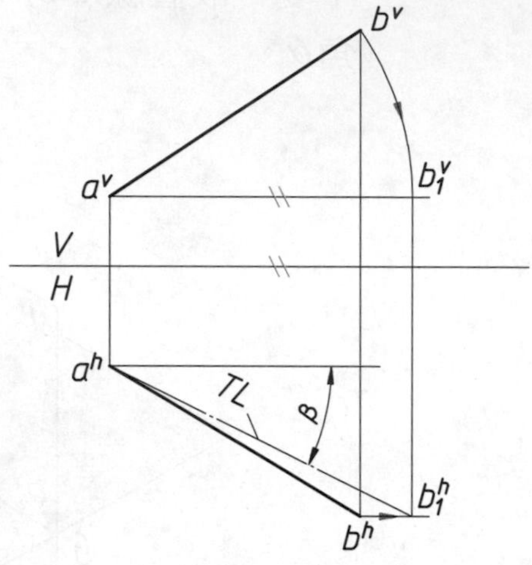

圖 3.24 旋轉法(沿 V 面旋轉)

3.5.2 倒轉法

當直線爲複斜線時，以直線爲斜邊將直線之兩端點針對投影面之相對高度差所形成之直角三角形，以直線在 H 面或 V 面之投影爲軸，倒轉在與投影面平行之平面上或投影面上之方法，稱爲倒轉法。

設直線 ab 之點 a 恰在 H 面上，點 b 恰在 V 面上時，如圖 3.25 所示，投影使得 a 及 a^h 爲同一點，b 及 b^v 亦爲同一點，圖中三角形 a^hbb^h 爲一直角三角形，α 爲直線 ab 與 H 面之夾角，β 爲直線 ab 與 V 面之夾角，若以直線 a^hb^h 爲軸，將直角三角形 a^hbb^h 倒轉在 H 面上，如圖 3.26 所示，以 b^h 爲圓心 b^h 至 b^v 爲半徑作圓弧，目的取點 a^v 至 b^v 之高度差，且使 $b_1^hb^h$ 垂直 a^hb^h 得點 b_1^h，此時三角形 $a^hb^hb_1^h$ 即爲倒轉在 H 面上之該直角三角形，可得 a^h b_1^h 爲 TL，以假想線(中心線式樣)表之，α 爲直線 ab 與 H 面之夾角。

若欲求直線 ab 與 V 面之夾角 β 時，可以相同之方法將圖 3.25 中之另一直角三角形 a^vab^v，以 a^vb^v 爲軸倒轉在 V 面上，作圖法與上述相同，求得點 $a_1{}^v$ 之後，即可得 β 角與另一實長 $a_1{}^vb^v$，此時比較直線 $a^hb_1{}^h$ 與 $a_1{}^vb^v$ 之長度理應相同。

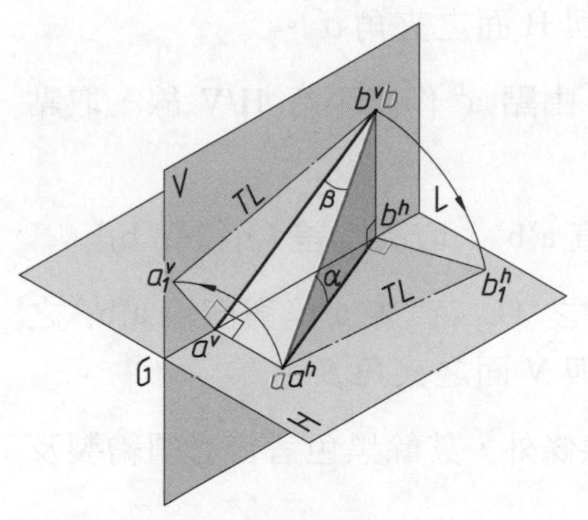

圖 3.25　倒轉法

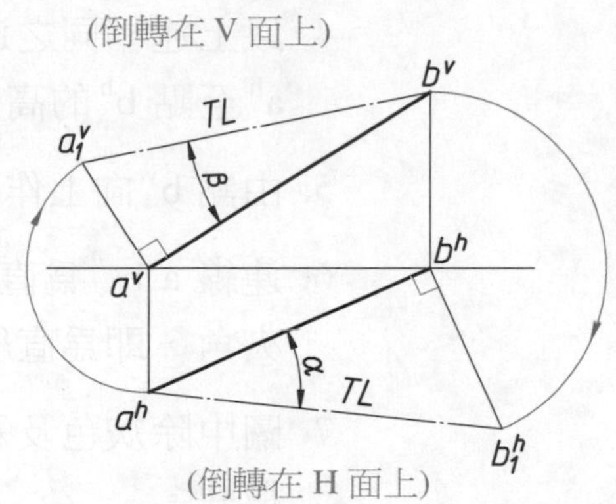

圖 3.26　直線 ab 可倒轉在 H 面上或 V 面上

例題 1：已知直線 ab 在 H 面及 V 面之投影，以倒轉法求直線 ab 與 H 面及 V 面之夾角。(圖 3.27)

分析：

1. 直線倒轉在 H 面上可得直線與 H 面之夾角 α，倒轉在 V 面上可得直線與 V 面之夾角 β。

2. 取直線 a^vb^v 之高度差與直線 a^hb^h 爲直角三角形之兩直角邊，斜邊即爲實長，夾角即爲 α 角。

3. 取直線 a^hb^h 之高度差與直線 a^vb^v 爲直角三角形之兩直角邊，斜邊即爲實長，夾角即爲 β 角。

作圖：(圖 3.28)

1. 由點 a^v 作線平行 H/V 線，取點 a^v 至點 b^v 的高度差 h。
2. 由點 b^h 向下作線垂直 a^hb^h，取高度差 h，得點 $b_1{}^h$。
3. 連線 $a^hb_1{}^h$ 爲直線 ab 之 TL，直線 a^hb^h 與直線 $a^hb_1{}^h$ 之夾角，即爲直線 ab 與 H 面之夾角 α。
4. 以上述相同之過程，由點 a^h 作線平行 H/V 線，取點 a^h 至點 b^h 的高度差 l。
5. 由點 b^v 向上作線垂直 a^vb^v，取高度差 l，得點 $b_1{}^v$。
6. 連線 $a^vb_1{}^v$ 爲直線 ab 之 TL，直線 a^vb^v 與直線 $a^vb_1{}^v$ 之夾角，即爲直線 ab 與 V 面之夾角 β。
7. 圖中除灰色及彩色線條外，其餘黑色者皆必須繪製及標註。

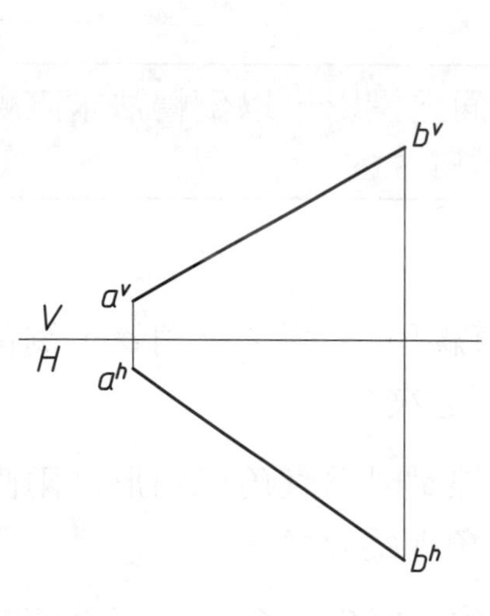

圖 3.27 已知直線 ab 在 H 面及 V 面之投影

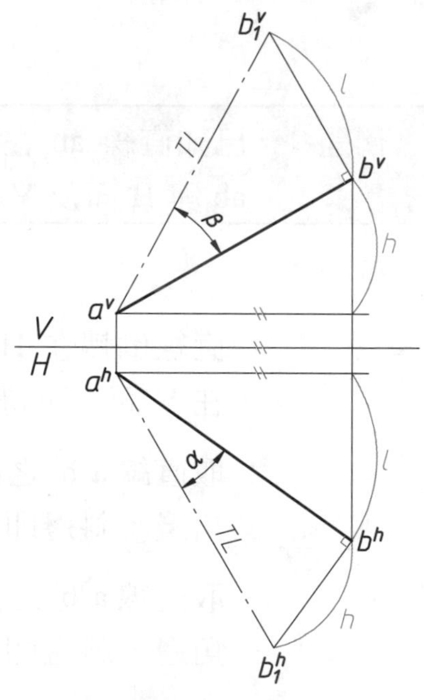

圖 3.28 以倒轉法求 α 角及 β 角

3.5.3 三角作圖法

即將上面倒轉法中圖 3.25 中所介紹之直角三角形，以另外作圖之方式，畫出該直角三角形，以求得 TL 及夾角，因另外作圖故稱為三角作圖法，其所作之圖稱為『實長圖』，實長圖全部以細實線繪製。

如圖 3.29 所示，取直線 a^vb^v 之高度為直角邊及直線 a^hb^h 之長度為直角邊作直角三角形，得其斜邊為 TL 及夾角 α，此直角三角形即為圖 3.25 中之直角三角形 a^hbb^h。

若欲求 β 角時，如圖 3.30 所示，取直線 a^hb^h 之高度為直角邊，及直線 a^vb^v 之長度為另一直角邊作直角三角形，得斜邊為另一 TL 及夾角 β，此直角三角形即為圖 3.25 中之直角三角形 a^vab^v。

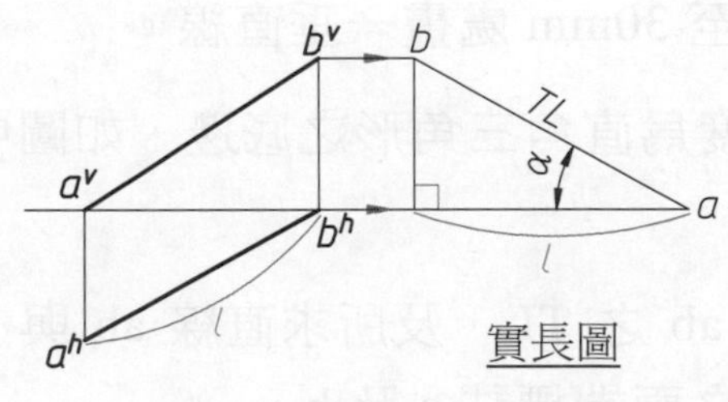

圖 3.29　三角作圖法(一)

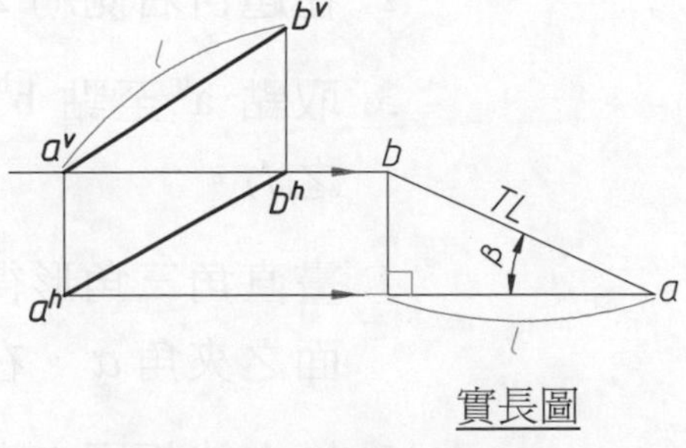

圖 3.30　三角作圖法(二)

三角作圖法適用於同時求多條直線之實長，各直線之實長圖通常畫在一起，H 面之投影長為底邊時為 α 角，V 面之投影長為底邊時為 β 角，實長圖可畫在視圖的側邊適當距離，但通常皆習慣畫在右側，此法常被用於板金展開圖中求實長之方法。

例題 2：已知直線 ab 在 H 面及 V 面之投影，以三角作圖法求直線 ab 與 H 面及 V 面之夾角。(圖 3.29)

分析：

1. 直角三角形之高由 H 面或 V 面之投影直接畫出，底邊長取該直線在對映視圖之投影長。
2. 實長圖中以 H 面之投影長爲底邊時，可得直線與 H 面之夾角 α，即由 V 面投影畫出之實長線。
3. 實長圖中以 V 面之投影長爲底邊時，可得直線與 V 面之夾角 β，即由 H 面投影畫出之實長線。
4. 以自己容易記的方法，決定所求爲 α 角或 β 角。
5. 實長圖通常畫在一起，且習慣畫在右側。

作圖：(圖 3.31)

1. 由 V 面投影向右側畫出，以取點 a^v 至點 b^v 的高度差。
2. 在題目右側約 20mm 至 30mm 處畫一垂直線。
3. 取點 a^h 至點 b^h 的長度爲直角三角形之底邊，如圖中之 l_1。
4. 畫直角三角形得直線 ab 之 TL，及所求直線 ab 與 H 面之夾角 α。在斜邊之兩端標註 a 及 b。
5. 以上述相同之過程，由 H 面投影向右側畫出，以取點 a^h 至點 b^h 的高度差。
6. 取點 a^v 至點 b^v 的長度爲直角三角形之底邊，如圖中之 l_2。
7. 畫直角三角形得直線 ab 之 TL，及所求直線 ab 與 V 面之夾角 β。在斜邊之兩端標註 a 及 b。

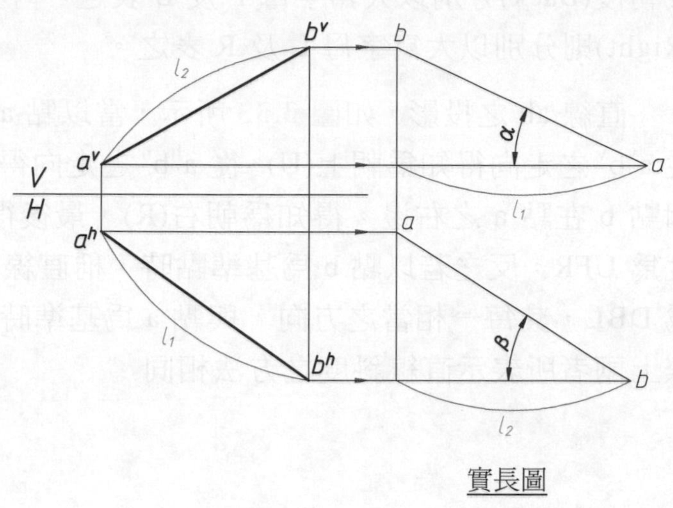

圖 3.31　以三角作圖法求α角及β角

3.6 直線之斜度、坡度與方位

直線在空間之走向，以直線之任一端點爲基準點，由基準點判斷直線之走向，直線 ab 表爲點 a 至點 b 之走向，直線 ba 表爲點 b 至點 a 之走向。空間走向之表示方式有斜度、坡度與方位等三種，分別說明於以下各小節。

3.6.1 直線之斜度

直線在空間之走向，其順序爲朝上下、朝前後、及朝左右之方向時，稱爲直線之斜度，有時稱爲方向。因此由直線之直立投影可以判斷爲朝上或朝下；由水平投影可以判斷爲朝前或朝後；至於朝左或朝右則可直接由直線之 V 面或 H 面投影得知。如圖 3.32 所示，設直線 ab 在空間任意位置，朝上(Up)或朝下(Down)分別以大寫字母 U 及 D 表之，朝前(Front)

或朝後(Back)分別以大寫字母 F 及 B 表之，朝左(Left)或朝右(Right)則分別以大寫字母 L 及 R 表之。

直線 ab 之投影，如圖 3.33 所示，當以點 a 爲基準點時，從 a^vb^v 之走向得知爲朝上(U)，從 a^hb^h 之走向得知爲朝前(F)，因點 b 在點 a 之右邊，得知爲朝右(R)，最後得直線 ab 之斜度爲 UFR。反之若以點 b 爲基準點時，稱直線 ba，其斜度應爲 DBL，其每一相當之方向，與點 a 爲基準時正好相反，實際上兩者所表示直線斜度之方法相同。

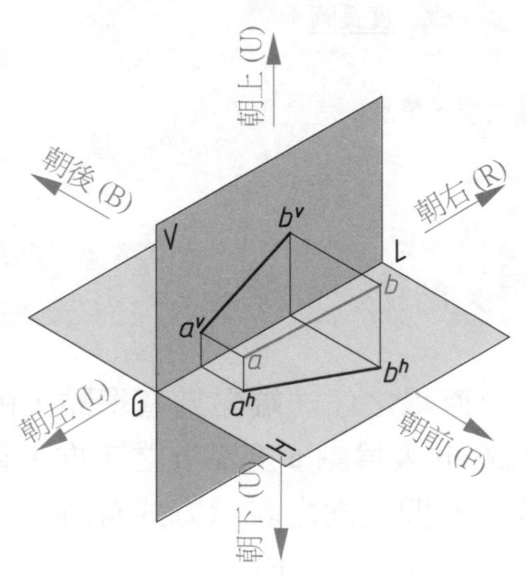

圖 3.32 判斷直線斜度之走向

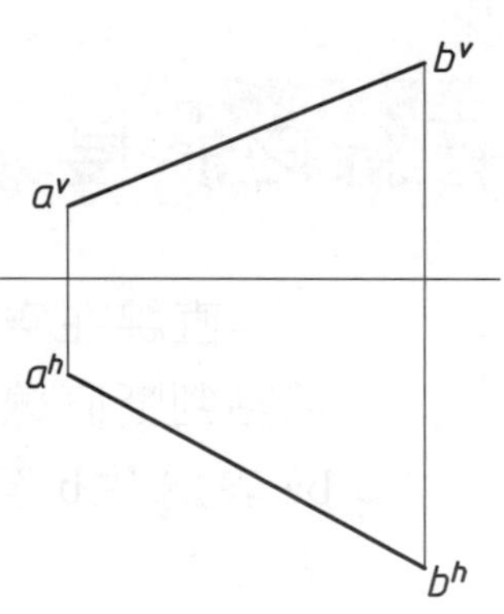

圖 3.33 直線 ab 之斜度為 UFR

當直線與 V 面平行時，則其斜度無前後，只有上下及左右；與 H 面平行時，其斜度無上下，只有前後和左右；與基線平行時，則其斜度只剩左右而已。如圖 3.34 至圖 3.36 所示，分別爲直線 ab 平行 V 面斜度爲 UR、平行 H 面斜度爲 BR、及平行 GL 斜度爲 R。

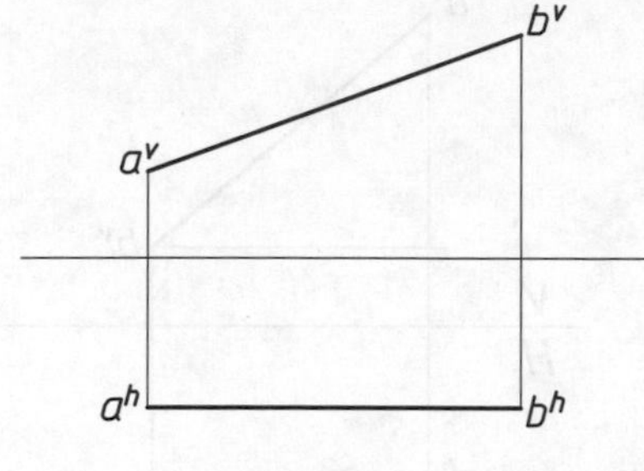

圖 3.34 直線 ab 平行 V 面斜度為 UR

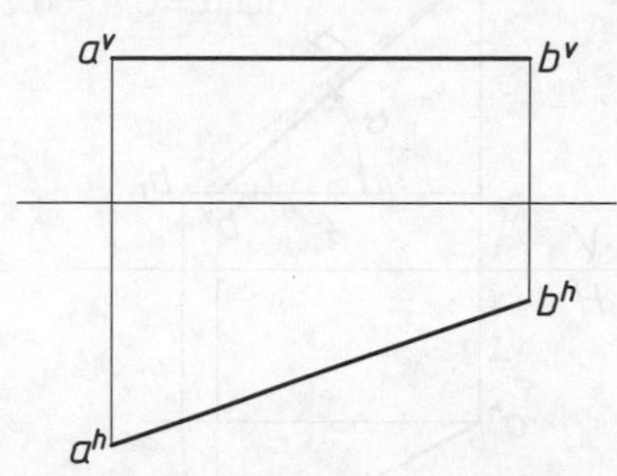

圖 3.35 直線 ab 平行 H 面斜度為 BR

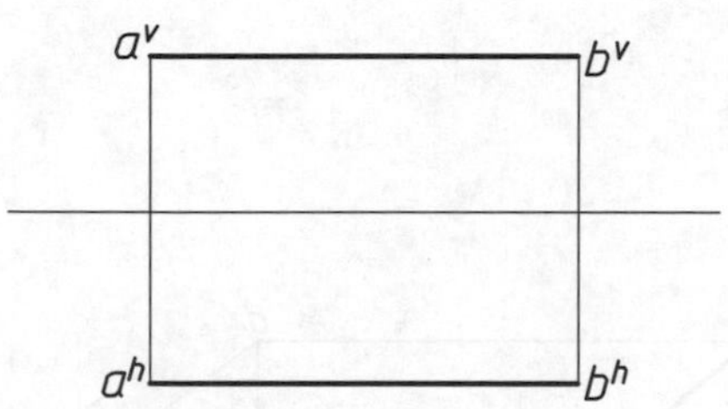

圖 3.36 直線 ab 平行 GL 斜度為 R

3.6.2 直線之坡度

坡度或稱爲斜率，即直線與水平投影面 H 之坡度，即該直線與 H 面之夾角 α 的直立距與水平距的比值，與 V 面之夾角 β 無關。可採用各種求實長之方法，請參閱第 3.5 節所述，得有 α 角的實長線後，取 $\tan\alpha$ 的值，即垂直單位除以水平單位的比值。如圖 3.37 所示，分別爲直線以旋轉法、倒轉法及三角作圖法求有 α 角的實長(TL)線，所得之坡度。

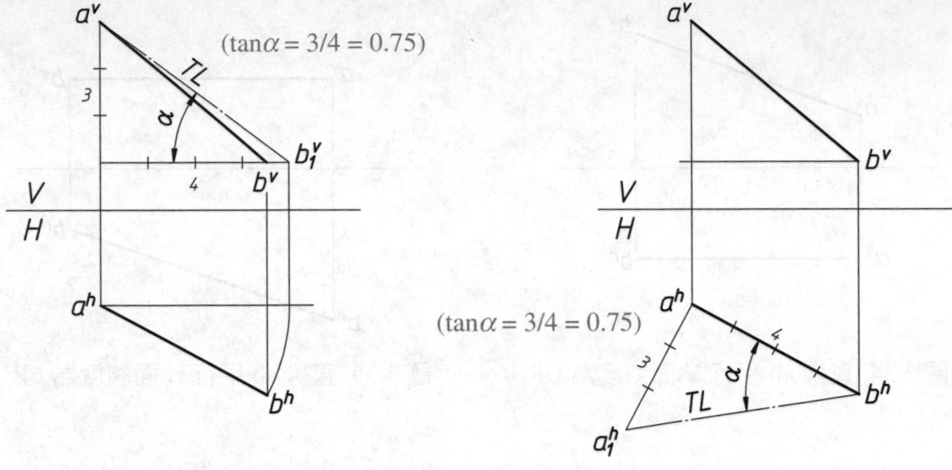

(a)直線 ab 坡度 0.75(旋轉法)　　(b)直線 ab 坡度 0.75(倒轉法)

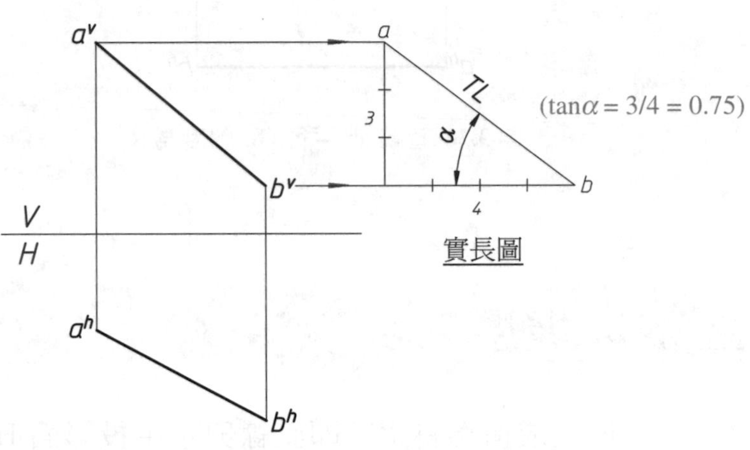

(c)直線 ab 坡度 0.75(三角作圖法)

圖 3.37 直線 ab 之坡度

3.6.3 直線之方位

方位在此謂之直線朝向的方向和偏位，以地球表面的東西南北方向表之，東(East)以大寫 E 表之；西(West)以大寫 W 表之；北(North)以大寫 N 表之；南(South)以大寫 S 表之。地球表面爲水平，因此僅以前視方向爲北邊，從直線之水平投影表其方位即可，與直線之直立投影無關。若直線方位爲 Nθ°E 時，釋爲朝北(N)偏東(E)θ度之意，通常偏度以不超過 45°爲宜。

設有一直線 ab，如圖 3.38 所示，直線 ab 的方位以南北向爲基準時爲 Nθ°E；以東西向爲基準時則寫成 E(90°-θ°)N。同一直線若稱之爲直線 ba 時，如圖 3.39 所示，直線 ba 的方位爲 Sθ°W 或爲 W(90°-θ°)S。當直線平行 V 面時其方位爲 E 或 W，當直線平行側投影面 P 時其方位爲 N 或 S。

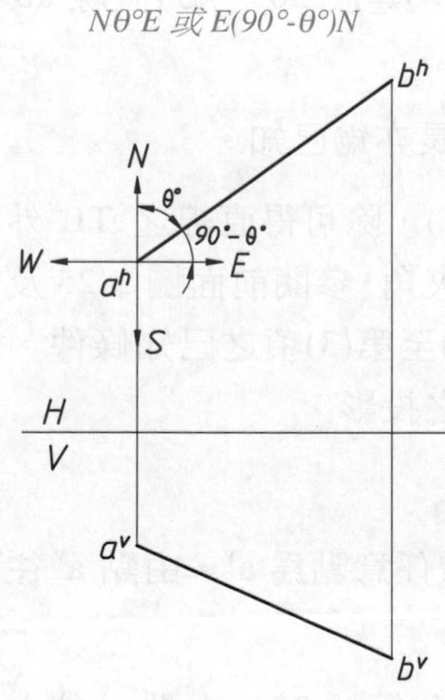

圖 3.38 直線 ab 的方位

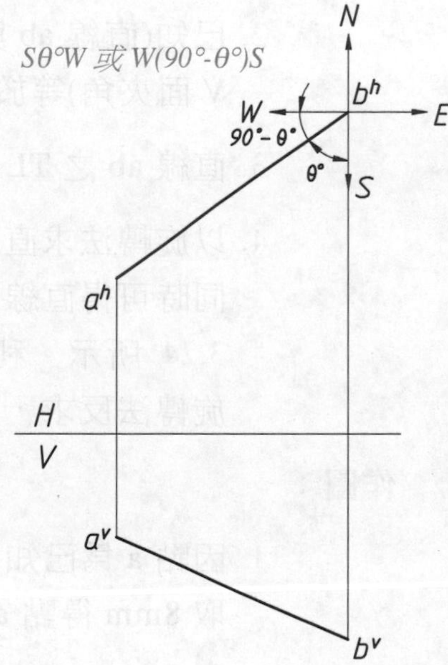

圖 3.39 直線 ba 的方位

3.7 直線求作

按已知的某些條件，利用實長及夾角求作方法的過程及原理，可求出直線的投影或三角形之實形(TS)。茲分別以例題說明如下：

例題 3：直線 ab 在第一象限，點 a 在 H 面上距 V 面 8mm，ab 實長爲 40mm，直線 ab 與 H 面成 30° 與 V 面成 40°，求直線 ab 之投影。(圖 3.40)

分析：

1. 點 a 位第一象限，在 H 面上距 V 面 8mm，即點 a 之投影 a^v 及 a^h 爲已知。
2. 已知(直線 ab 與 H 面夾角 α)等於 30°，β (直線 ab 與 V 面夾角)等於 40°。
3. 直線 ab 之 TL 等於 40mm 長亦爲已知。
4. 以旋轉法求直線之實長(TL)，除可得直線之 TL 外亦同時可得直線與投影面之夾角，參閱前面圖 3.23 及圖 3.24 所示。利用前面第(1)至第(3)項之已知條件，以旋轉法反求，應可得點 b 之投影。

作圖：

1. 因點 a 爲已知，在 GL 上取任意點爲 a^v，由點 a^v 往下取 8mm 得點 a^h。(圖 3.40)
2. 已知 α (直線 ab 與 H 面夾角)等於 30°，由點 a^v 往上畫夾角 30° 長 40mm 之直線，得實長線 $a^v b_1^v$。(圖 3.40)

3. 已知 β (直線 ab 與 V 面夾角)等於 40°，由點 a^h 往下畫夾角 40° 長 40mm 之直線，得另一實長線 b_1^h。(圖 3.40)

4. 旋轉法反求之作圖，如圖 3.41 之(a)圖所示之箭頭，由點 b_1^h 作線垂直 GL，以點 a^v 為圓心接著畫弧，與由點 b_1^v 所畫之水平線相交得點 b^v。

5. 此時點 b^h 應在點 b_1^h 同高之線上及點 b^v 之投影位置上。

6. 分別連接點 a^v、b^v 及點 a^h、b^h，即得直線 ab 之投影。

7. 本題亦可由點 b_1^v 開始作垂線，與第 4 及 5 項相同求作，可求得點 b^h，如圖 3.41 之(b)圖所示之箭頭，此時點 b^h 應在點 b^v 之投影位置上，可印證點 b 之求作是否正確。

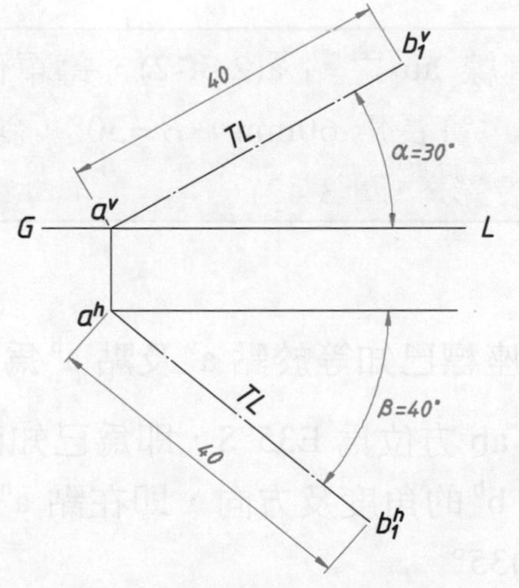

圖 3.40　已知點 a、TL、角 α 及 β

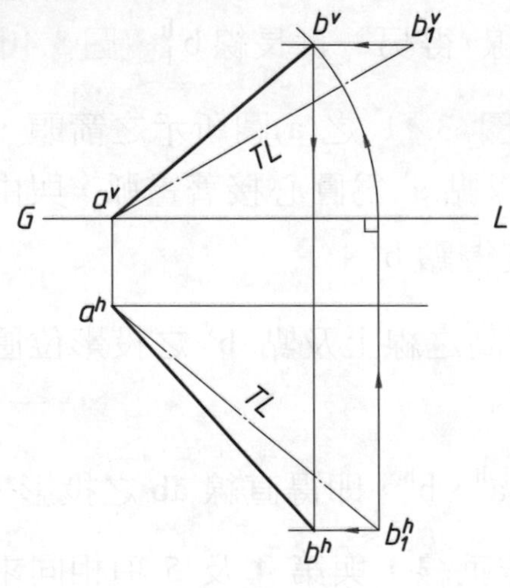

(a)點 $b_1{}^h$ 開始作圖

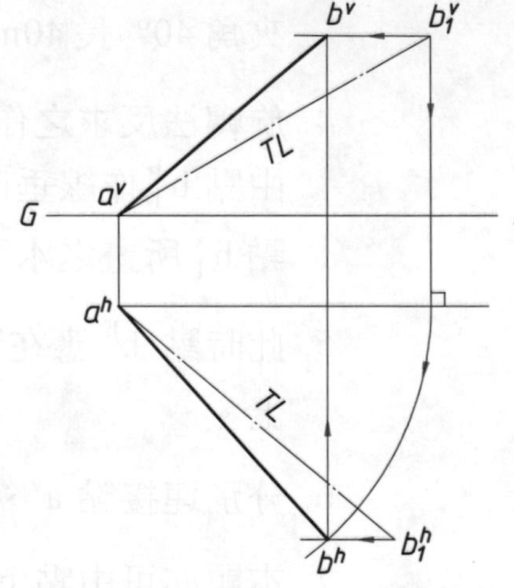

(b)由點 $b_1{}^v$ 開始作圖

圖 3.41 求直線 ab 之投影(旋轉法反求)

> 例題 4：已知直線 ab 之點 a(2,3,-2)，每單位 5mm，ab 方位為 E35°S，實長為 60mm，β =30°，斜度為 UFR，求直線 ab 之投影。(圖 3.42)

分析：

1. 點 a 座標已知等於點 a^v 及點 a^h 為已知。
2. 直線 ab 方位為 E35°S，即為已知直線 ab 在 H 面投影之點 b^h 的角度及方向，即在點 a^h 之右下，往東(E)偏南(S)35°。
3. 已知實長 60mm 及 β =30°，利用旋轉法反求，可確定點 b^h 的投影位置。
4. 利用已知的斜度 UFR，可知點 b^v 應在點 a^v 之右上，配合點 b^h 及旋轉法反求，可確定點 b^v 的投影位置。

作圖：

1. 依點 a(2,3,-2)，每單位 5mm，於距 o 原點 10mm 處 a^o，畫出點 a^v 往上距 H/V 線 15mm；點 a^h 往下距 H/V 線 10mm。

2. 從點 a^h 往右下畫 30°長 60mm，得點 b_1^h。

3. 從點 a^h 往右下畫 35°與經點 b_1^h 之水平線相交得點 b^h。

4. 從點 b^h 投向 V 面與點 b_1^h 之旋轉法反求，可得上下兩交點，取上者，如圖中箭頭所示，得點 b^v。

5. 連線 a^vb^v 即完成直線 ab 之投影。

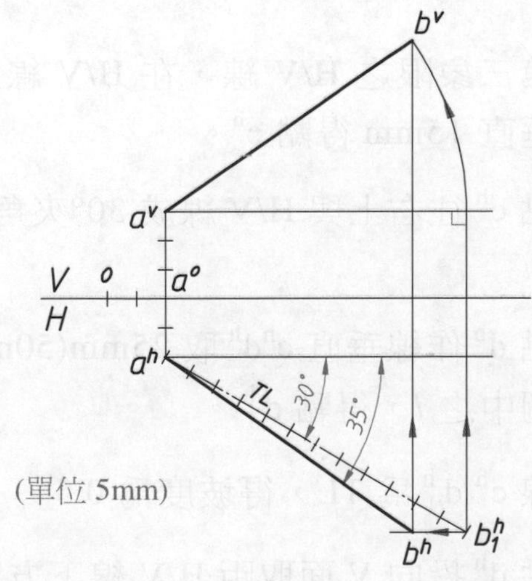

圖 3.42　已知點 a(2,3,-2)、方位 E35° S、TL=60mm、β=30°及 UFR，求直線 ab 之投影

例題 5：直線 cd 在第三象限，已知點 c 在 H 面上距 V 面 15mm，直線 cd 之斜度為 DBR、坡度為 0.5 及在 H 面之投影與 H/V 線成 30°夾角長 50mm，求直線 cd 之投影。(圖 3.43)

分析：

1. 從直線 cd 在第三象限，得知點 c^v 在 H/V 線上及點 c^h 距 H/V 線上方 15mm。
2. 從直線 cd 斜度為 DBR，得知直線 c^hd^h 為朝右上與 H/V 線成 30°夾角長 50mm。
3. 直線 cd 坡度為 0.5，可利用倒轉法反求，得點 d^v 的投影位置。

作圖：

1. 畫第三象限之 H/V 線，在 H/V 線上取任意點 c^v，往上垂直 15mm 得點 c^h。
2. 從點 c^h 往右上與 H/V 線成 30°夾角畫 50mm 長，得點 d^h。
3. 經點 d^h 作線垂直 c^hd^h 取 25mm(50mm×0.5=25mm)長，如圖中之 l，得點 d_1^h。
4. 連線 $c^h\,d_1^h$ 為 TL，得坡度為 0.5。
5. 從點 d^h 投向 V 面取距 H/V 線下方 l 長，得點 d^v。
6. 連線 $c^v\,d^v$ 即完成直線 cd 之投影。

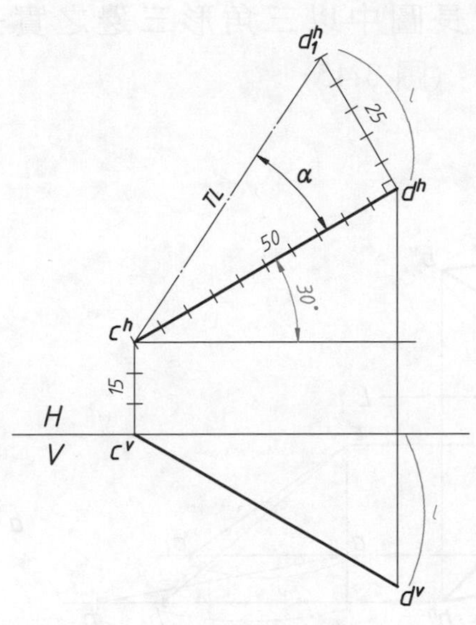

圖 3.43　已知點 c、斜度 DBR、坡度 0.5 及 H 面之投影，求直線 cd 之投影

例題 6：以三角作圖法求三角形 abc 之實形(TS)。(圖 3.44)

分析：

1. 求三角形 abc 之實形(TS)，必須先求三角形各邊之實長(TL)。
2. 以三角形各邊之實長，可圍成三角形之實形。
3. 另有其他多種求作三角形實形之方法，如輔助投影法等。

作圖：

1. 以三角作圖法求三角形各邊之實長(TL)，選 H 面投影或 V 面投影皆可，由 H 面投影求實長圖。(圖 3.44)
2. 在圖 3.44 中，*d1* 爲直線 ac 在 V 面的投影長度，*d2* 爲直線 bc 在 V 面的投影長度，*d3* 爲直線 ab 在 V 面的投影長度。

3. 從實長圖中以三角形三邊之實長畫三角形之實形(TS)。(圖 3.45)

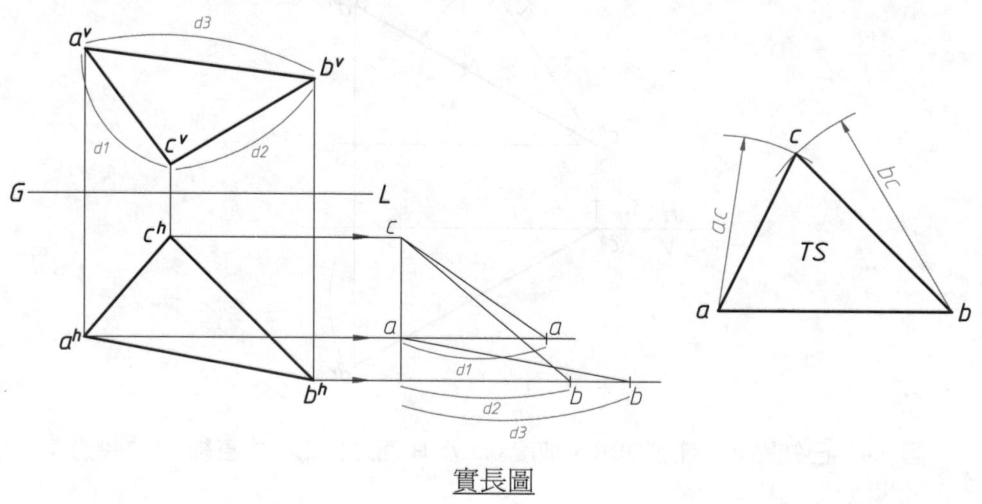

圖 3.44 以三角作圖法求三角形各邊之實長

圖 3.45 以各邊實長畫三角形之實形(TS)

3.8 直線之跡

當直線無限延長時，通常會穿過投影面，其貫穿投影面之點稱為跡(Trace)，當直線穿過水平投影面 H 之點，稱為水平跡(Horizontal Trace)，穿過直立投影面 V 之點，稱為直立跡(Vertical Trace)，穿過側投影面 P 之點(請參閱第四章所述)，則稱為側面跡(Profile Trace)。

設直線 ab 之點 a 在第三象限，點 b 在第一象限時，如圖 3.46 所示，設直線 ab 穿過 H 面之點為 c，點 c 即稱為直線 ab 之水平跡；設直線 ab 穿過 V 面之點為 d，點 d 即稱為直線 ab 之直立跡。因點 c 為水平跡，由圖中得知點 c 在 V 面之投影

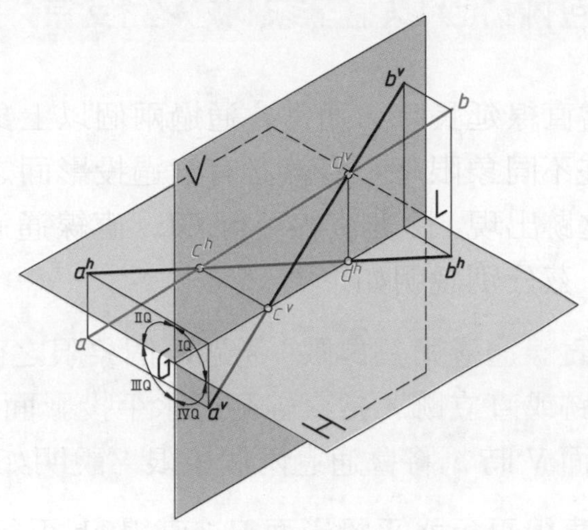

圖 3.46　直線貫穿投影面之點稱為跡
(圖中之點 c 及點 d)

c^v 理應在 GL 線上，同理因點 d 爲直立跡，得知點 d 在 H 面之投影 d^h 亦應在 GL 線上。

由以上結果得知：

(a) 當直線上某點之 V 面投影剛好在 GL 線上時，該點即爲直線貫穿 H 面之點，亦即爲該直線之水平跡。

(b) 當直線上某點之 H 面投影剛好在 GL 線上時，該點即爲直線貫穿 V 面之點，亦即爲該直線之直立跡。

(c) 當直線剛好通過 GL 線上時，其通過點同時爲直線之水平跡及直立跡。

3.9 直線通過兩個以上象限之投影

當直線延長時，通常會通過兩個以上象限，若直線之兩端點在不同象限時，直線必有穿過投影面之情況，亦即有該直線之跡出現，除非直線平行 GL。直線通過兩個以上象限之情況，茲分別說明如下：

(a) 直線通過兩個象限：通過兩個象限之直線，必有水平跡或直立跡。當直線平行水平投影面 H 或直立投影面 V 時，將會通過兩個象限，說明如下：

(1) 直線平行水平投影面 H：直線 ab 平行 H 面，位於第一、二象限，如圖 3.47 所示，從圖(b)中直線 a^hb^h 與 GL 之交點 m^h，可得直線 ab 之直立跡點 m，當點 a 之投影 a^v 及 a^h 皆在基線之上方時，得知點 a 位於第二象限。

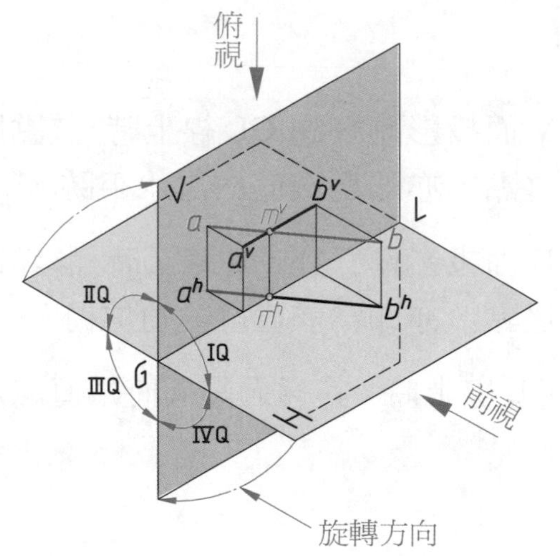

(a)直線 ab 平行 H 面穿過 V 面

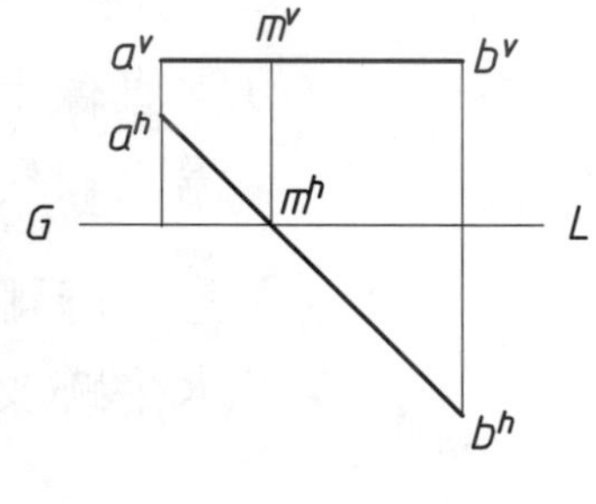

(b)直線 ab 之投影

圖 3.47 直線 ab 平行 H 面，有一直立跡點 m

(2) 直線平行直立投影面 V：直線 ab 平行 V 面，位於第一、四象限，如圖 3.48 所示，從圖(b)中直線 a^vb^v 與 GL 之交點 n^v，可得直線 ab 之水平跡點 n，當點 a 之投影 a^v 及 a^h 皆在基線之下方時，得知點 a 位於第四象限。

(3) 直線通過 GL：直線 ab 通過 GL，位於第一、三象限，如圖 3.49 所示，從圖(b)中直線 ab 之投影與 GL 之交點 o^v 或 o^h，可得直線 ab 之水平跡及直立跡在同一點 o，當直線 ab 通過 GL 時，ab 之投影 a^vb^v 及 a^hb^h 必相交於 GL 上。

(b) 直線通過三個象限：通過三個象限之直線，必有水平跡及直立跡。空間任意位置之直線即複斜線，將會通過三個象限。設直線 ab 之點 a 在第四象限，點 b 在第二象限，如圖 3.50 之(a)圖所示，此時直線 ab 通過第四、一、二象限，點 n 爲直線 ab 之直立跡，點 m 爲水平跡。直線 ab 之投影，如(b)圖所示，直立跡之水平投影 n^h，及水平跡之直立投影 m^v，則應皆在基線上。當點 a 之投影 a^v 及 a^h 皆在基線之下方時，得知點 a 位於第四象限；當點 b 之投影 b^v 及 b^h 皆在基線之上方時，得知點 b 位於第二象限。

(c) 特殊位置：空間被 H 面及 V 面分爲四個象限，H 面、V 面、及 GL 皆在象限之界線上，通常定義成不屬於任何象限，若直線剛好在 H 面、V 面或 GL 上時，直線通過之象限理應爲零個，但直線既在空間不可能通過象限爲零個，因此只能任選其一，直線在特殊位置通過之象限數說明如下：

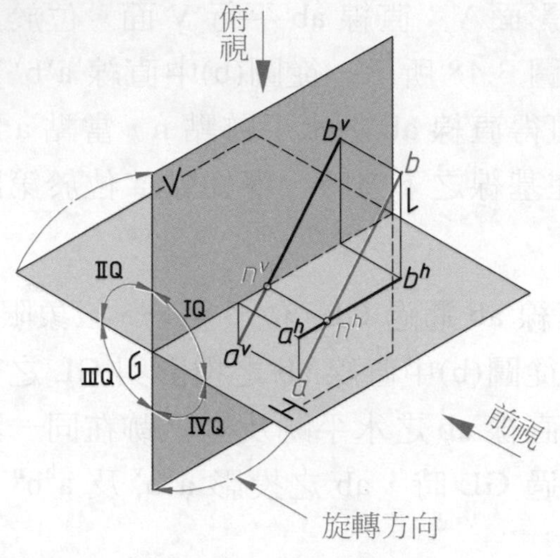

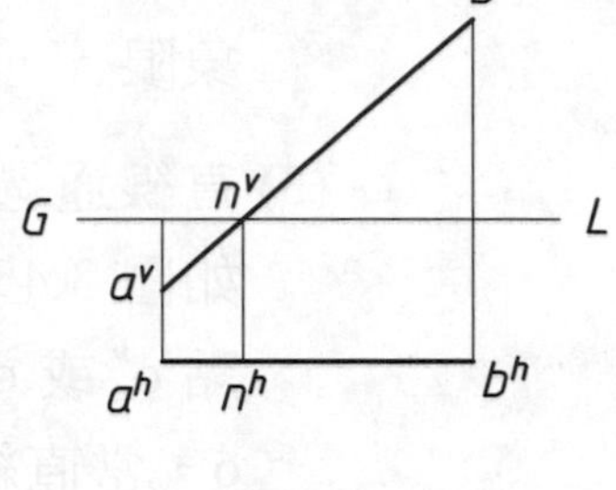

(a)直線 ab 平行 V 面穿過 H 面

(b)直線 ab 之投影

圖 3.48 直線 ab 平行 V 面，有一水平跡點 n

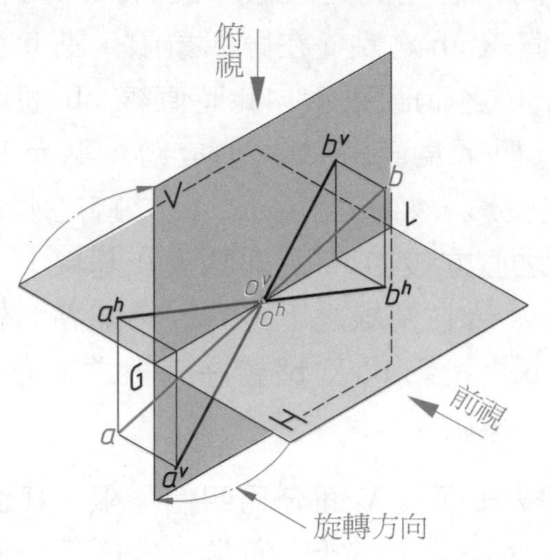

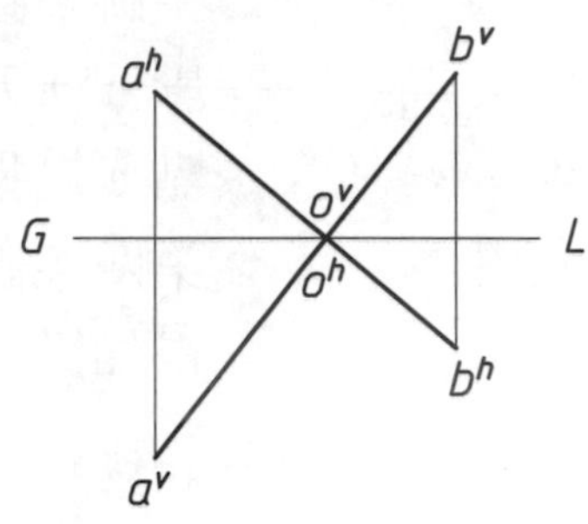

(a)直線 ab 經點 o 穿過 GL

(b)直線 ab 之投影

圖 3.49 直線 ab 通過 GL，直立跡與水平跡同一點 o

(1) 直線在水平投影面 H 上：通過之象限爲兩個，可爲 I Q及II Q或爲III Q及IV Q。

(2) 直線在直立投影面 V 上：通過之象限爲兩個，可爲 I Q及III Q或爲II Q及IV Q。

(3) 直線剛好通過 GL：通過之象限爲兩個(圖 3.49)，可爲I Q及III Q或爲II Q及IV Q。

(4) 直線剛好與 GL 重疊：通過之象限應爲一個，可以爲 I Q、II Q、III Q或IV Q。

因此直線通過之象限最多爲三個，最少爲一個。

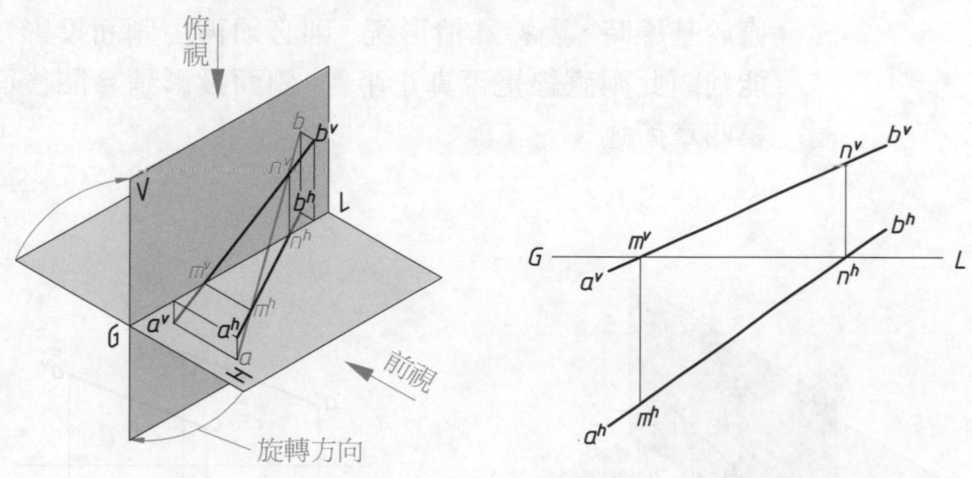

(a)直線 ab 通過三個象限　　(b)直線 ab 有兩個跡點 m 及 n

圖 3.50 直線 ab 通過第四、一、二象限

3.10 兩直線之投影

兩直線在空間之相互關係，可分為平行、相交及垂直等三種情況，兩直線在空間是否平行、相交或垂直等，茲分別說明如下：

(a) 兩直線平行：凡互相平行之兩直線，其在任何投影面上之投影仍應互相平行。因此若兩直線在 V 面及 H 面之投影皆互相平行時，得知此兩直線在空間應互相平行。如圖 3.51 及圖 3.52 所示，兩直線 ab 及 cd 在空間互相平行，其在 V 面及 H 面之投影仍應互相平行。但若兩直線在 V 面及 H 面之投影互相平行且垂直於基線時，屬特殊情形況，則必須再由側面投影才能判斷此兩直線是否真正平行，側面投影請參閱後面第四章所述。

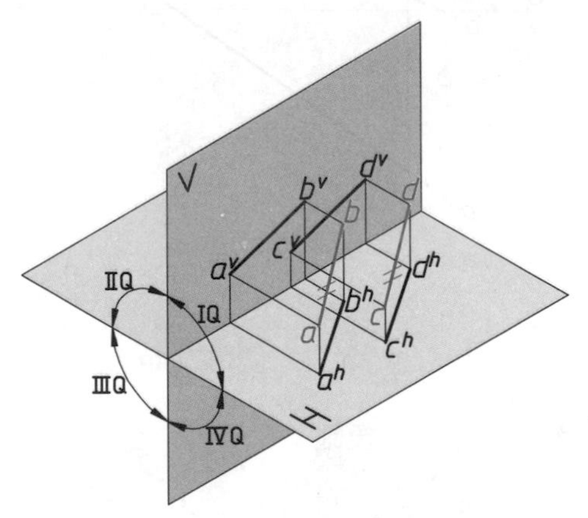

圖 3.51 直線 ab 及 cd 互相平行

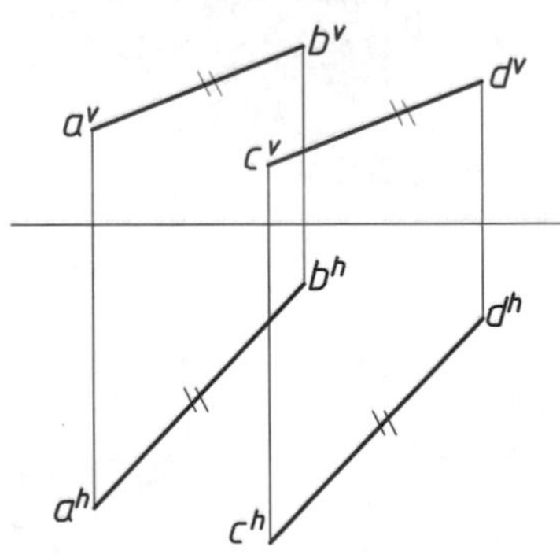

圖 3.52 直線 ab 及 cd 之投影必互相平行

(b) 兩直線相交：凡兩直線在空間相交時，其交點在各投影面上之投影點必須能符合點投影之規則，請參閱前面第 2.2 節所述。設兩直線 ab 及 cd 在空間相交，交點為 o，如圖 3.53 所示，點 o 在各投影面上之投影點必能互相投影之，若點 o 在各投影面上之投影點無法互相投影時，如圖 3.54 所示，o^v 與 o^h 無法互相投影(無法上下對齊)，則直線 ab 與 cd 看起來(投影)相交，實際上在空間並不相交。

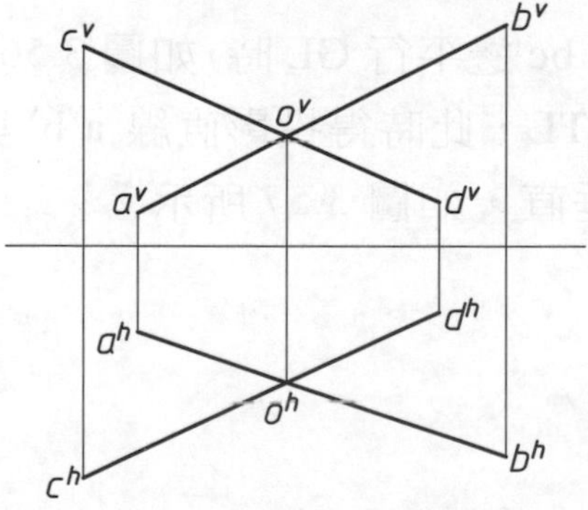

圖 3.53 直線 ab 及 cd 相交
點 o^v 與 o^h 對齊

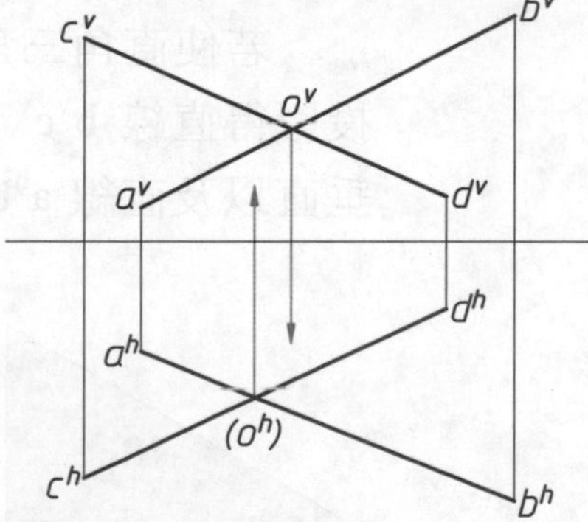

圖 3.54 直線 ab 及 cd 不相交
點 o^v 與 o^h 不對齊

當兩直線在 H 面及 V 面之投影其中之一垂直 GL(H/V 線)時，為特殊情況，必須由另一投影面判斷是否真正相交，如側面投影等，請參閱後面第 4.5 節(d)所述。

(c) 兩直線垂直：空間之任意兩直線垂直時，其投影通常皆不垂直。設兩直線 ab 及 bc 垂直，連線 ac 得一直角三角形 abc，若使三角形 abc 平行 V 面時，則三角形 abc 在 V 面之投影為實形(TS)，如圖 3.55 所示，得投影直線 a^vb^v 及 b^vc^v 為垂直。

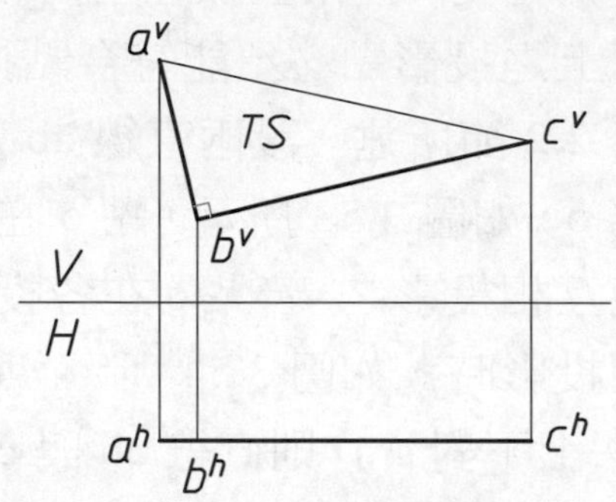

圖 3.55 三角形 $a^vb^vc^v$ 為 TS，得直線 a^vb^v 與 b^vc^v 垂直

若使直角三角形 abc 之 bc 邊平行 GL 時，如圖 3.56 所示，投影得直線 b^vc^v 及 b^hc^h 爲 TL，此時得投影直線 a^vb^v 與 b^vc^v 垂直以及直線 a^hb^h 與 b^hc^h 垂直，如圖 3.57 所示。

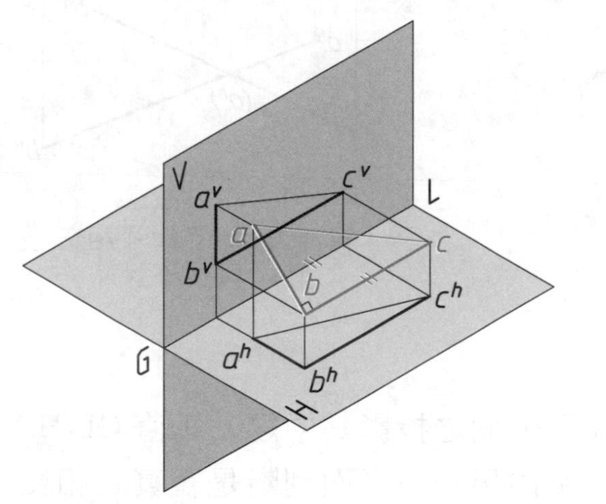

圖 3.56 直角三角形 abc 之 bc 邊平行 GL

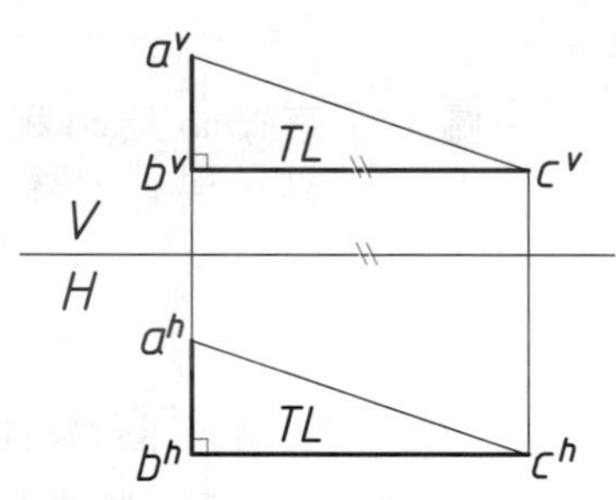

圖 3.57 得直線 a^vb^v 與 b^vc^v 垂直及直線 a^hb^h 與 b^hc^h 垂直

若使直角三角形之 bc 邊只平行 H 面時，如圖 3.58 所示，投影得直線 b^hc^h 爲 TL，此時得投影直線 a^hb^h 與 b^hc^h 垂直，如圖 3.59 所示。

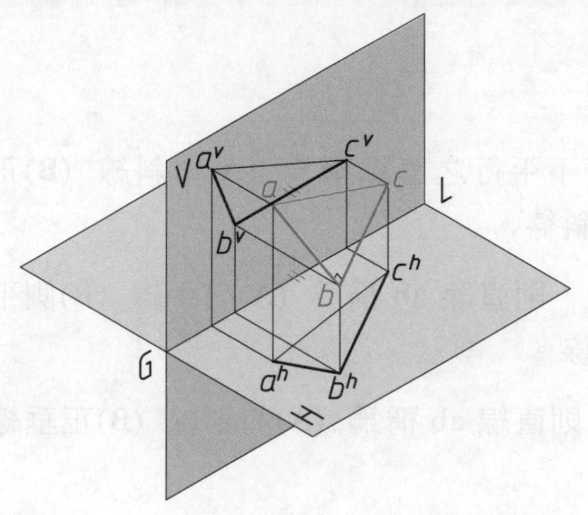

圖 3.58 直角三角形 abc 之 bc 邊平行 H 面

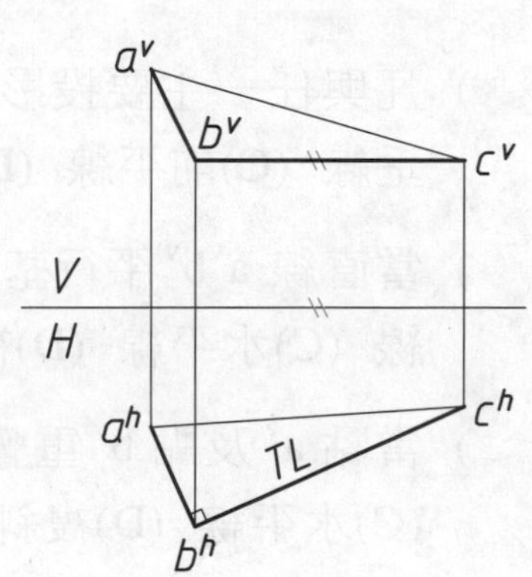

圖 3.59 得直線 a^hb^h 與 b^hc^h 垂直

分析以上圖 3.55 至圖 3.59 結果得知：『空間之任意兩直線垂直，若能投影得其中任一直線為 TL 時，則兩直線之投影仍為 90 度』。

❖ 習　　題　　三 ❖

一、選擇題

1. (　　) 凡與任一主要投影面皆不平行之直線稱爲 (A)單斜線 (B)正垂線 (C)前平線 (D)複斜線。

2. (　　) 當直線 a^vb^v 平行基線時，則直線 ab 稱爲 (A)前平線 (B)側平線 (C)水平線 (D)複斜線。

3. (　　) 當點 a^v 及點 b^v 重疊時，則直線 ab 稱爲 (A)前平線 (B)正垂線 (C)水平線 (D)複斜線。

4. (　　) 當直線 a^vb^v 平行基線時，則 (A)直線 a^vb^v 爲 TL (B)直線 ab 爲 TL (C)直線 a^hb^h 爲 TL (D)直線 ab 爲複斜線。

5. (　　) 當直線 a^vb^v 爲 TL 時，則 (A)直線 ab 平行 H 面 (B)直線 ab 平行 V 面 (C)直線 a^vb^v 平行基線 (D)直線 ab 爲複斜線。

6. (　　) 當直線 a^vb^v 平行基線時，則 (A)直線 ab 平行 H 面 (B)直線 ab 平行 V 面 (C)直線 ab 必平行基線 (D)直線 ab 爲複斜線。

7. (　　) 當直線 a^hb^h 在基線上時，則 (A)直線 ab 平行 H 面 (B)直線 ab 垂直 V 面 (C)直線 ab 在 H 面上 (D)直線 ab 在 V 面上。

8. (　　) 點 o 爲直線 ab 穿過投影面 V 之點，點 o 稱爲直線 ab 之 (A)直立跡 (B)直線跡 (C)水平跡 (D)平面跡。

9. (　　) 直線剛好與 GL 重疊，通過之象限爲 (A)一個 (B)兩個 (C)三個 (D)四個。

10. (　　) 直線在投影面 V 上，通過之象限數最多爲 (A)一個 (B)兩個 (C)三個 (D)四個。

11. (　　) 複斜線沿 V 面旋轉時，可重新投影得 (A)實長及 α 角 (B)實長及 β 角 (C)只有實長 (D)只有 α 角或 β 角。

12.(　　) 複斜線倒轉在 V 面時，可得 (A)實長及α角 (B)實長及β角 (C)只有實長 (D)只有α角或β角。

13.(　　) 三角作圖法由 V 面向右畫出時，可求得 (A)實長及α角 (B)實長及β角 (C)只有α角 (D)只有β角。

二、填空題

1. 根據直線與投影面之關係，直線在空間可分為____________、____________及____________等三類。
2. 單斜線可分為____________、____________及____________等三種。
3. 直線垂直主投影面時稱為____________，平行主投影面時稱為____________。
4. 直線穿過投影面之點稱為______，穿過投影面 H 之點稱為____________，穿過投影面 V 之點稱為____________。
5. 直線通過之象限最多為______個，最少為______個。
6. 坡度又稱為________，直線的坡度求法，是先求有____角的實長線後，取________的值而得。
7. 直線 ab 的方位朝南偏東 30 度時，應寫成____________，或寫成____________。

三、作圖題

1. 求以下各直線之 V 面、H 面之投影，每單位 5mm。

    (1) a(-3,-7,-4), b(-6,-2,-12)

    (2) c(4,6,-3), d(8,3,-10)

    (3) e(-3,-8,-12), f(-8,-4,-5)

(4) g(2,-7,-1), h(6,5,-9)

(5) i(-4,-6,-3), j(-7,-3,-12)

(6) k(7,5,-6), l(-8,-4,-12)

2. 已知直線 ab 之點 a(5,3,-2)，每單位 5mm，V 面之投影長度為 50mm，按以下各題之斜度凡投影與基線 GL(H/V 線)不平行時夾角皆為 30°，求直線 ab V 面、H 面之投影。

(1)UBL	(2)UFR	(3)DBR	(4)UBR	(5)DFR
(6)DFL	(7)DBL	(8)UFL	(9)UB	(10)DR
(11)UF	(12)DB	(13)UR	(14)UL	(15)DL
(16)DF	(17)BL	(18)FL	(19)FR	(20)BR

3. 直線 ab 在第一象限，已知點 a 距 H 面 25mm 距 V 面 5mm，直線 ab 之斜度為 DFR、坡度為 0.4 及在 H 面之投影與 H/V 線成 10°夾角，投影長 50mm，求直線 ab 之投影。

4. 直線 ab 與 V 面平行，已知點 a(2,4,-3)，每單位 5mm，α=25°，實長為 60mm，求直線 ab V 面、H 面之投影。

5. 設直線 ab 與投影面之穿點為 o，已知點 a(-4,2,-1)及 b(-2,-4,-8)，每單位 5mm，求直線之投影及水平跡或直立跡。

6. 直線 ab 在第一象限，點 a 在 H 面上距 V 面 10mm，ab 實長為 60mm，與 H 面成 30°，與 V 面成 45°，求直線 ab 之投影。

7. 直線 ab，已知點 a(-3,-2,-2)，每單位 5mm，直線 ab 之方位為 N40°E、斜度為 DBR、α=10°及實長為 70mm，求直線 ab V 面、H 面之投影。

8. 直線 ab 在第三象限，已知點 a 距 H 面 V 面皆為 10mm，直線 ab 之方位為 E35°N、斜度為 DBR、β=30°及實長為 60mm，求直線 ab 之投影。

9. 以旋轉法、倒轉法及三角作圖法，求下列各題直線 ab 之實長(TL)、α 及 β 角。(每格 5mm，網格免畫)

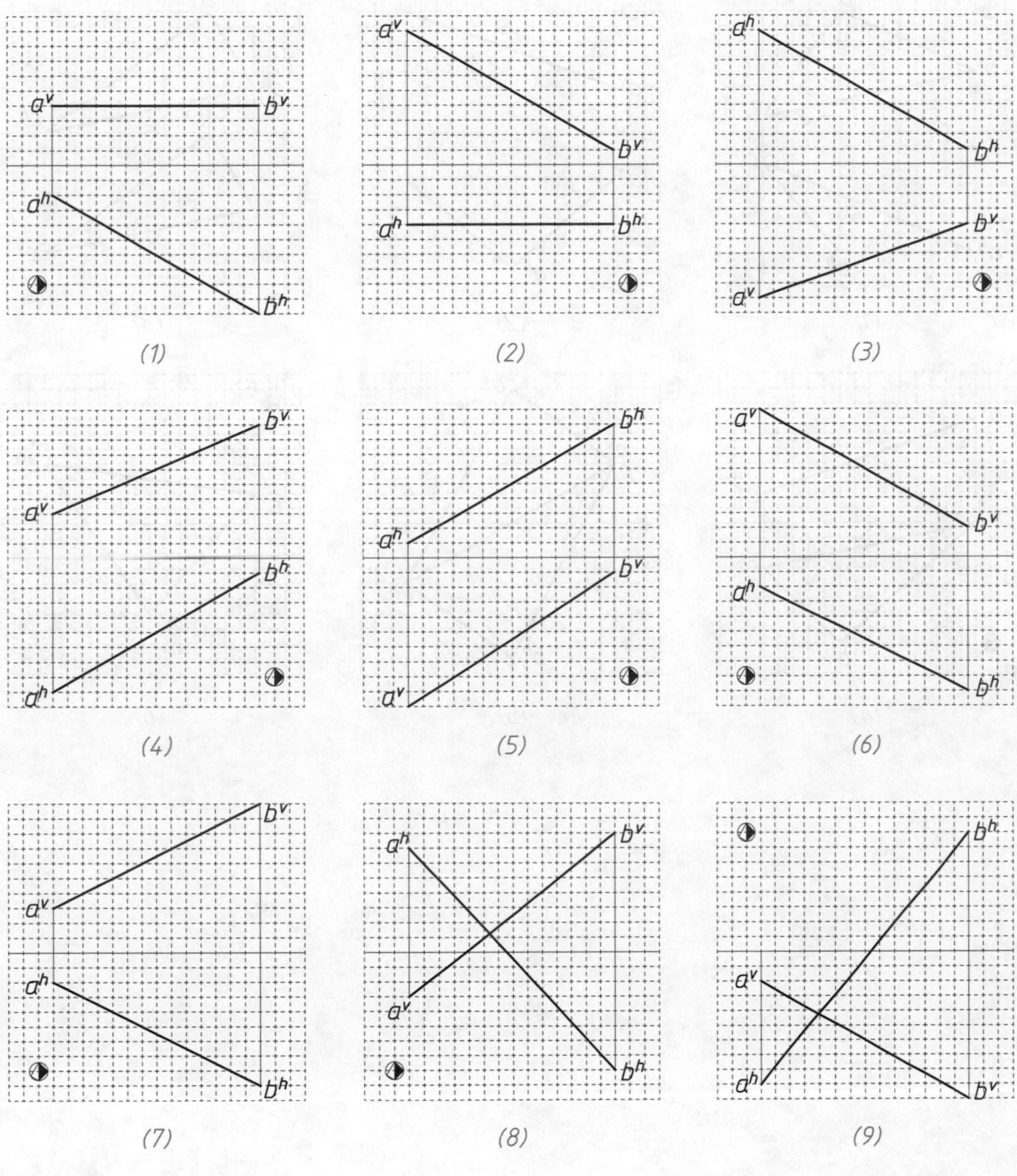

10. 以三角作圖法求下列各題三角形 abc 之實際形狀大小(TS)。
(每格 5mm，網格免畫)

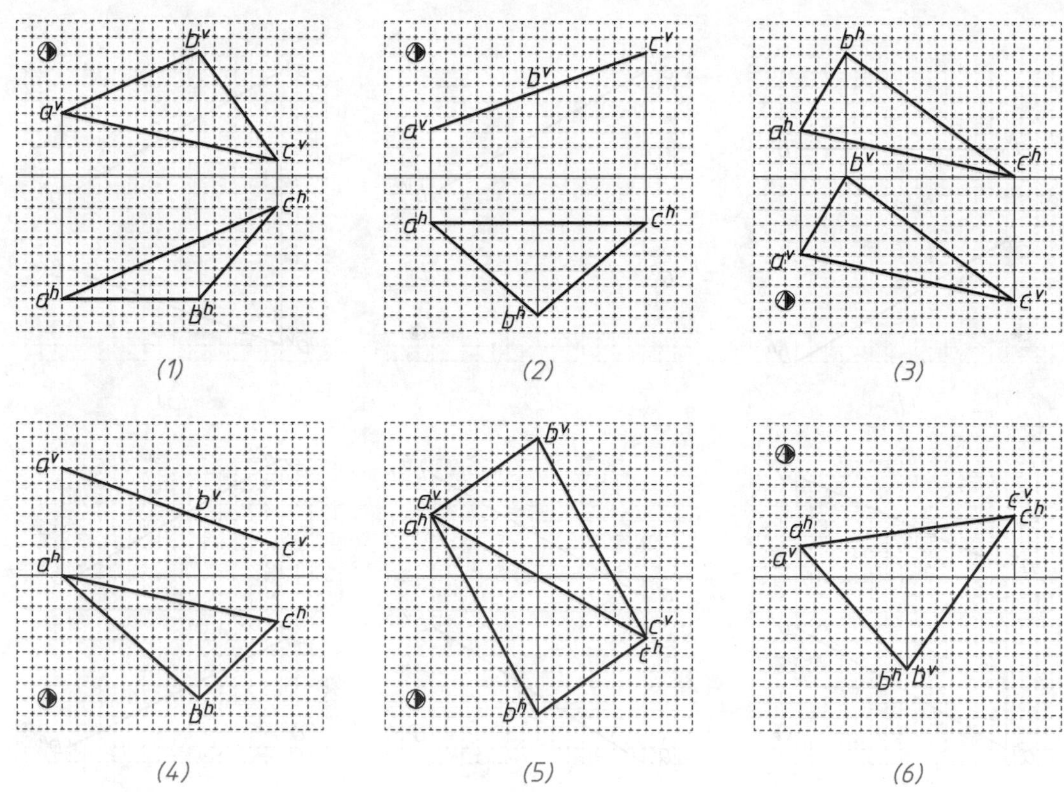

直線之投影『工作單一』

工作名稱	求直線之實長及α角	使用圖紙	A3	工作編號	DG0301
學習目標	從求直線之實長及α角，練習旋轉法、倒轉法及三角作圖法之求作	參閱章節	第 3.7 節	操作時間	1-2 小時
				題目比例	-

說明：
1. 分別以旋轉法、倒轉法及三角作圖法等三種方法作圖。
2. 求直線 ab 之實長(TL)及直線 ab 與 H 面之夾角α。
3. 網格免畫。
4. 以每小格 5 mm 比例繪製。
5. 投影線剛好即可。
6. 須標註點、基線、α角及 TL 代號。

評量重點：
1. 各種作圖法是否正確。
2. 所求是否爲α角。
3. 直線是否以粗線繪製。
4. 實長線是否以假想線繪製。
5. 基線、投影線及作圖線是否以細線繪製。
6. 尺度、角度是否正確。
7. 點、基線、α角及 TL 代號是否遺漏。
8. 投影線是否超出範圍。
9. 佈圖是否適當。

題目：

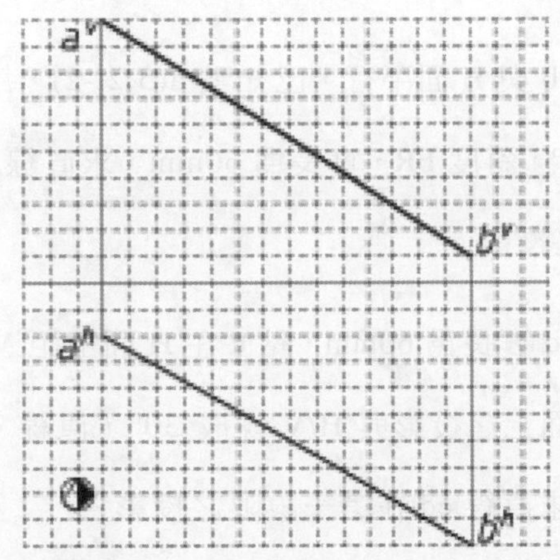

單位	mm	數量		比例	1:1
材料		日期	yy - mm - dd		
班級	&&	座號	**	(學校名稱)	課程 投影幾何學
姓名	-				
教師	-	圖名	求直線之實長及α角		圖號 yy##&&**
得分					

直線之投影『工作單二』

<table>
<tr><td>工作名稱</td><td>直線旋轉法之應用</td><td>使用圖紙</td><td>A3</td><td>工作編號</td><td>DG0302</td></tr>
<tr><td rowspan="2">學習目標</td><td rowspan="2">從已知條件反求直線之投影，了解旋轉法之應用</td><td rowspan="2">參閱章節</td><td rowspan="2">第 3.7 節至
第 3.9 節</td><td>操作時間</td><td>1-2 小時</td></tr>
<tr><td>題目比例</td><td>-</td></tr>
</table>

說明：
1. 按已知條件求作(a)及(b)。
2. 按尺度以 1:1 比例繪製。
3. 以旋轉法反求直線 ab 及 cd 在 H 面及 V 面之完整投影。
4. 投影線剛好即可。
5. 須標註點、基線、β 角及 TL 代號。

評量重點：
1. 直線 ab 及 cd 在 H 面及 V 面之完整投影是否正確。
2. 直線是否以粗線繪製。
3. 實長線是否以假想線繪製。
4. 基線、投影線及作圖線是否以細線繪製。
5. 投影線是否超出範圍。
6. 尺度、角度是否正確。
7. 點、基線、β 角及 TL 代號是否遺漏。
8. 佈圖是否適當。

題目：

(a) 直線 ab 與 H 面平行，已知點 a(5,2,-2)，每單位 5mm，β =30°，斜度 FR，實長為 60mm，求直線 ab 在 H 面及 V 面之投影。

(b) 直線 cd 實長為 60mm，點 c 在 H 面上距 V 面 5mm，cd 在 V 面上之投影與 H/V 線成 30°，直線 cd 與 V 面成 45°，求直線 cd 在第一象限之投影。

<table>
<tr><td>單　位</td><td>mm</td><td>數量</td><td></td><td rowspan="2">比例</td><td rowspan="2">1：1</td><td colspan="2"></td></tr>
<tr><td>材　料</td><td></td><td>日期</td><td>yy - mm - dd</td><td colspan="2"></td></tr>
<tr><td>班　級</td><td>&&</td><td>座號</td><td>**</td><td colspan="2" rowspan="2">(學校名稱)</td><td rowspan="2">課程</td><td rowspan="2">投影幾何學</td></tr>
<tr><td>姓　名</td><td colspan="3">-</td></tr>
<tr><td>教　師</td><td colspan="3">-</td><td rowspan="2">圖名</td><td rowspan="2">旋轉法之應用</td><td rowspan="2">圖號</td><td rowspan="2">yy##&&**</td></tr>
<tr><td>得　分</td><td colspan="3"></td></tr>
</table>

直線之投影『工作單三』

工作名稱	倒轉法之應用	使用圖紙	A3	工作編號	DG0303
學習目標	從已知條件反求直線之投影，了解倒轉法之應用	參閱章節	第 3.7 節至第 3.9 節	操作時間	1-2 小時
				題目比例	-

說明：
1. 按已知條件求作(a)及(b)。
2. 按尺度以 1：1 比例繪製。
3. 以倒轉法反求直線 ab 及 cd 在 H 面及 V 面之完整投影。
4. 投影線剛好即可。
5. 須標註點、基線、α 角及 TL 代號。

評量重點：
1. 直線 ab 及 cd 在 H 面及 V 面之完整投影是否正確。
2. 直線是否以粗線繪製。
3. 實長線是否以假想線繪製。
4. 基線、投影線及作圖線是否以細線繪製。
5. 投影線是否超出範圍。
6. 尺度、角度是否正確。
7. 點、基線、α 角及 TL 代號是否遺漏。
8. 佈圖是否適當。

題目：

(a) 直線 ab 在第一象限，已知點 a 距 H 面 10mm 距 V 面 5mm，直線 ab 之斜度爲 UFR、坡度爲 0.75 及在 H 面之投影與 H/V 線成 15°夾角，長 55mm，求直線 ab 之投影。

(b) 直線 cd 在第三象限，已知點 c 距 H 面 10mm 距 V 面 15mm，直線 cd 之方位爲 E15°N、斜度爲 DBR、α =20° 及實長爲 60mm，求直線 cd 之投影。

單位	mm	數量		比例	1：1	
材料		日期	yy - mm - dd			
班級	&&	座號	**	(學校名稱)	課程	投影幾何學
姓名	-					
教師	-			圖名 倒轉法之應用	圖號	yy##&&**
得分						

直線之投影『工作單四』

工作名稱	三角作圖法	使用圖紙	A3	工作編號	DG0304
學習目標	從求三角形之實形(TS)，了解三角作圖法之應用	參閱章節	第 3.8 節，第 3.9 節	操作時間	1-2 小時
				題目比例	-

說明：
1. 抄繪下列題目(a)及(b)。
2. 以每格 4mm 比例繪製。
3. 網格免畫。
4. 以三角作圖法畫三角形 abc 各邊之實長(實長圖)後求三角形 abc 之實形(TS)。
5. 投影線剛好即可。
6. 須標註點、基線及 TS 代號。

評量重點：
1. 三角形 abc 之實形是否正確。
2. 三角形是否以粗線繪製。
3. 實長圖之各直線是否集中以細線繪製，代號是否遺漏。
4. 基線、投影線及作圖線是否以細線繪製。
5. 投影線是否超出範圍。
6. 尺度、角度是否正確。
7. 點、基線及 TS 代號是否遺漏。
8. 佈圖是否適當。

題目：

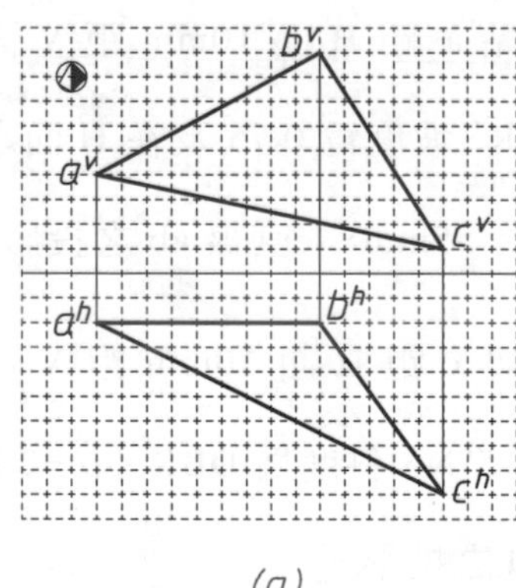

(a)

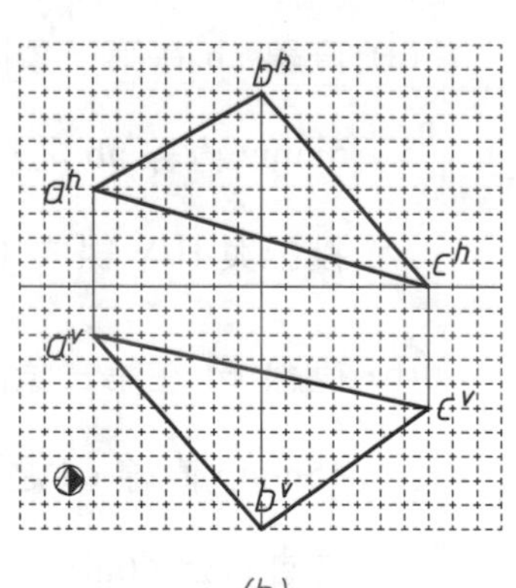

(b)

單 位	mm	數 量		比 例	1:1	
材 料		日 期	yy - mm - dd			
班 級	&&	座號	**	(學校名稱)	課程	投影幾何學
姓 名	-					
教 師	-		圖名	三角作圖法	圖號	yy##&&**
得 分						

4 側面投影

4.1 側面投影

空間由直立投影面 V 與水平投影面 H，兩個主投影面分隔成四個象限，在空間之物體經由 V 面及 H 面上之投影，通常皆可得知物體在空間之位置及相互關係，但在較特殊之情況下，則需由另一軸向之投影面，即與 V 面和 H 面皆垂直之投影面，來判斷物體的特徵，此投影面稱爲側投影面(Profile Plane of Projection)，如圖 4.1 所示，簡稱 P 面或 PP。側投影面 P 可與 V 面及 H 面組成三度空間之投影方向，故又稱爲第三主投影面。

側投影面 P 只要垂直 V 面且垂直 H 面即可，沒有固定的位置，因此根據投影幾何之正投影原理，第一象限(第一角法)和第三象限(第三角法)中物體投影的規則(請參閱前面第 1.7 節所述)，說明如下：

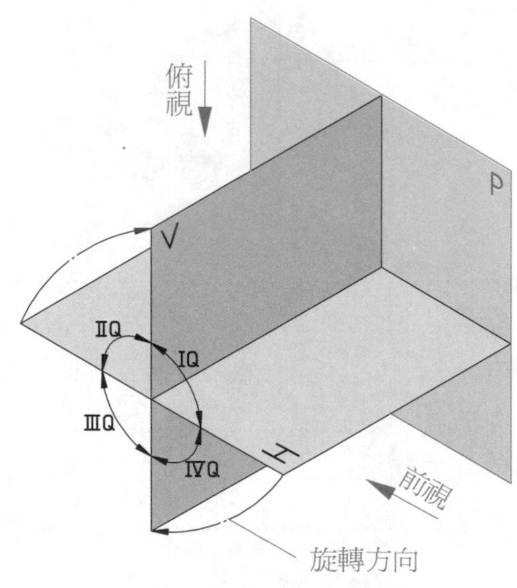

圖 4.1 側投影面 P

(a) 第一象限投影法規則：即第一角法，物體必須放置在投影面與視點之間，即投影面必須放置在物體之後，當物體只位於第一象限時，由左側視方向投影之 P 面，必須放在右側，如圖 4.2 所示。反之若改由右側視方向投影之 P 面，必須放在左側，如圖 4.3 所示。

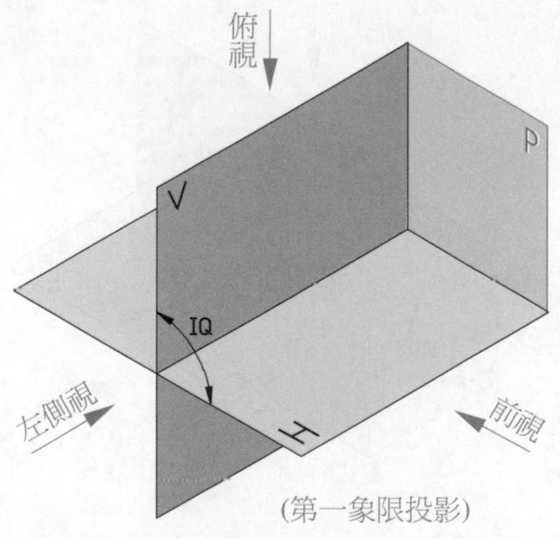

圖 4.2 左側視方向之 P 面必須在右側

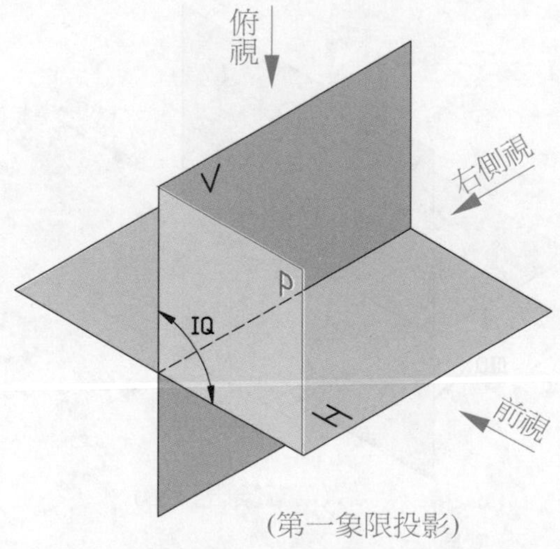

圖 4.3 右側視方向之 P 面必須在左側

(b) 第三象限投影法規則：即第三角法，投影面必須放置在物體與視點之間，即投影面必須放置在物體之前，當物體只位於第三象限時，由左側視方向投影之 P 面，必須放在左側，如圖 4.4 所示。反之若改由右側視方向投影之 P 面，必須放在右側，如圖 4.5 所示。

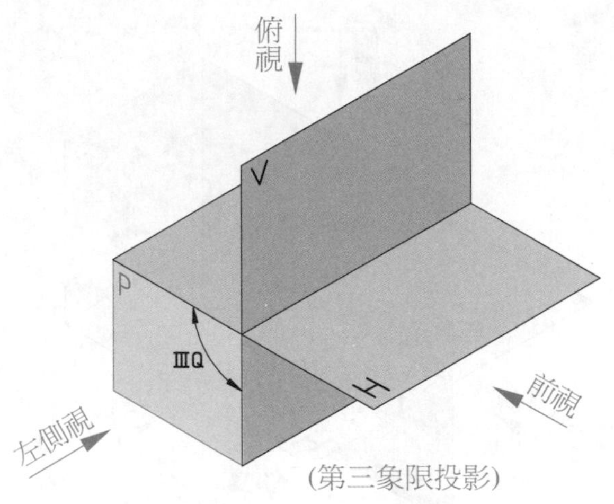

圖 4.4 左側視方向之 P 面必須在左側

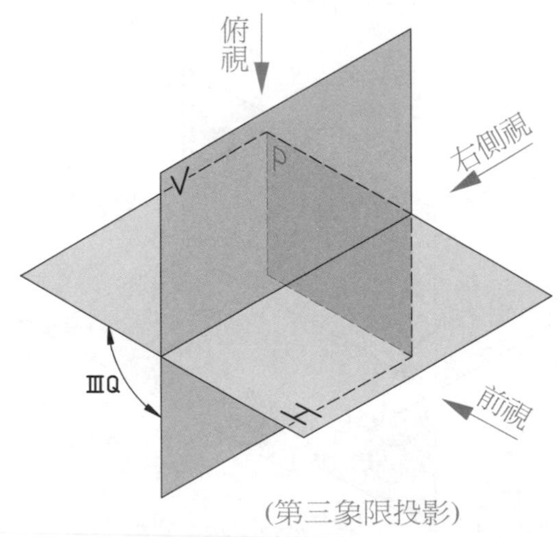

圖 4.5 右側視方向之 P 面必須在右側

若物體同時存在不同象限時，側面投影才可選用第一象限投影法規則或第三象限投影法規則繪製。爲避免畫面重疊，若物體只在第二象限時，其側面投影應採第三象限投影法規則繪製爲宜。同理若物體只在第四象限時，則其側面投影應採第一象限投影法規則繪製爲宜。

4.1.1 側投影面之旋轉

側投影面 P 雖與 V 面及 H 面皆垂直，根據 V 面與 H 面旋轉之結果，必須與 V 面同一平面，故側投影面通常直接以 P 面和 V 面之相交線爲軸，必須以向外張開方式轉成與 V 面同一平面，因此物體之 P 面投影通常與 V 面投影同高，即在同一水平線上。側投影面 P 與直立投影面 V 之相交線，稱爲側基線(Secondary Ground Line)，以 G_pL_p 表之，側基線又稱爲 V/P 線，即 V 面與 P 面之相交線。

如圖 4.6 及圖 4.7 所示，分別爲第一象限投影法及第三象限投影法規則之左側視投影，以側基線爲軸，側投影面 P 之旋轉方向，皆向外張開。

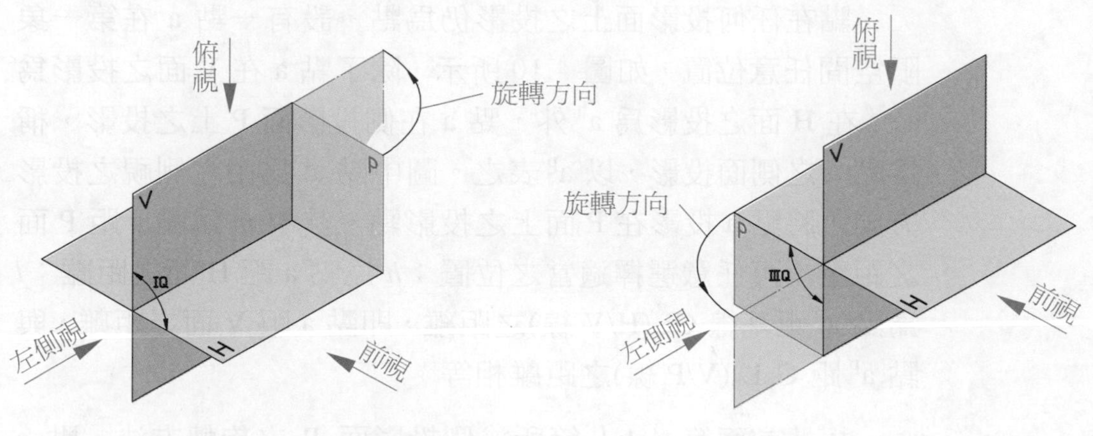

圖 4.6 第一象限投影左側視之 P 面　　圖 4.7 第三象限投影左側視之 P 面

第一象限投影法及第三象限投影法規則之右側視投影，以側基線為軸，側投影面 P 之旋轉方向，則分別如圖 4.8 及圖 4.9 所示，亦皆向外張開。

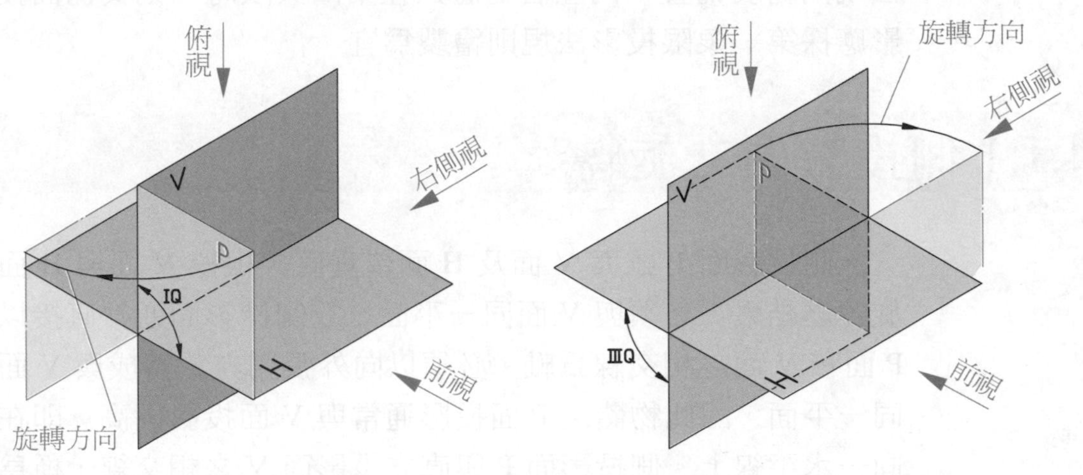

圖 4.8 第一象限投影右側視之 P 面　　圖 4.9 第三象限投影右側視之 P 面

4.2 點之側面投影

點在任何投影面上之投影仍為點，設有一點 a 在第一象限空間任意位置，如圖 4.10 所示，除了點 a 在 V 面之投影為 a^v，在 H 面之投影為 a^h 外，點 a 在側投影面 P 上之投影，稱為點 a 之側面投影，以 a^p 表之。圖中點 a^p 為由左側視之投影方向，將點 a 投影在 P 面上之投影點。其中 m 為點 a 距 P 面之距離，可任意選擇適當之位置；h 為點 a 距 H 面之距離；l 為點 a^h 距基線 GL(H/V 線)之距離，即點 a 距 V 面之距離，與點 a^p 距 G_pL_p(V/P 線)之距離相等。

根據前面第 4.1.1 節所述側投影面 P 之旋轉方法，點 a 之投影，如圖 4.11 所示，點 a 之側面投影 a^p，可由點 a^h 開始

畫水平線至側基線 G_pL_p(V/P 線)， 以圓規取相同距離 l 爲半徑，畫四分之一圓弧，再畫垂直投影線與點 a^v 之水平線相交，即可得點 a^p 之位置。另一作圖法，如圖 4.12 所示，不用圓規改以 45°線之兩直角邊相等之原理，亦可投影得點 a 之側面投影 a^p，如圖中箭頭所示。

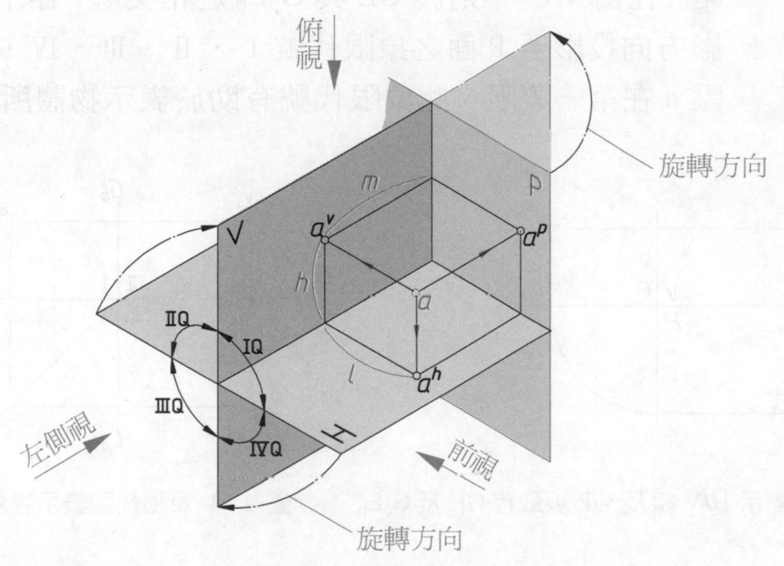

圖 4.10 點 a 在第一象限之左側視投影

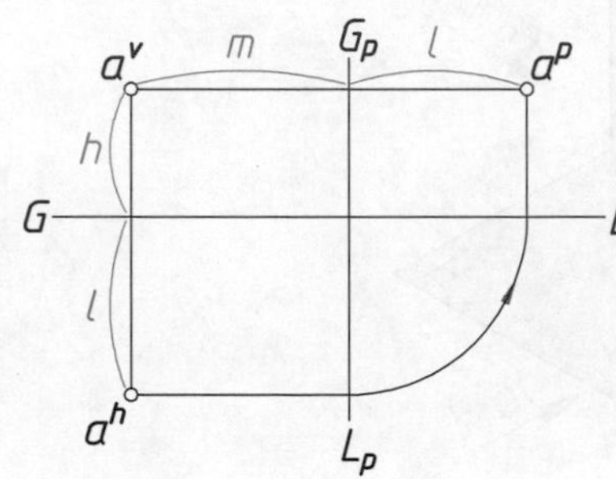

圖 4.11 點 a 之左側投影(一)

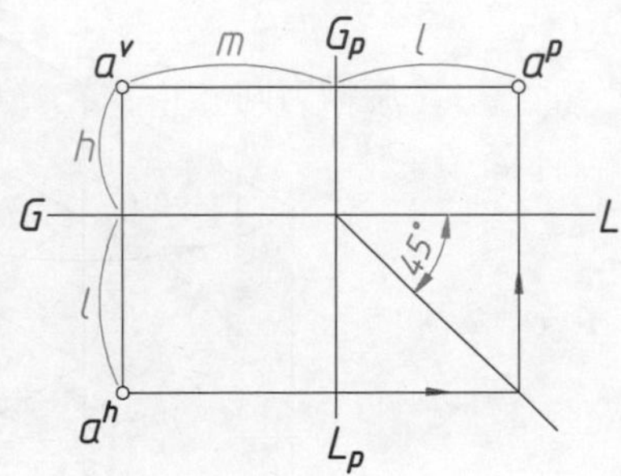

圖 4.12 點 a 之左側投影(二)

側面投影之另兩種表示方式，以相同之點 a 由左側視之投影方向爲例，分別如圖 4.13 及圖 4.14 所示，在 4.13 圖中，於原 GL 與 G_pL_p 之相交處，可直接標示 V/H/P 大寫字母，代表該範圍爲 V 面、H 面及 P 面張開之投影面範圍，即標示 H/V 線及 V/P 線之意，圖中基線 GL 及側基線 G_pL_p 代號可省略。在圖 4.14 中則於 GL 與 G_pL_p 之相交處，標示由左側視投影方向投影至 P 面之象限代號 I、II、III、IV，可清晰看出點 a 在第一象限，此象限代號有助於表示物體所在之象限。

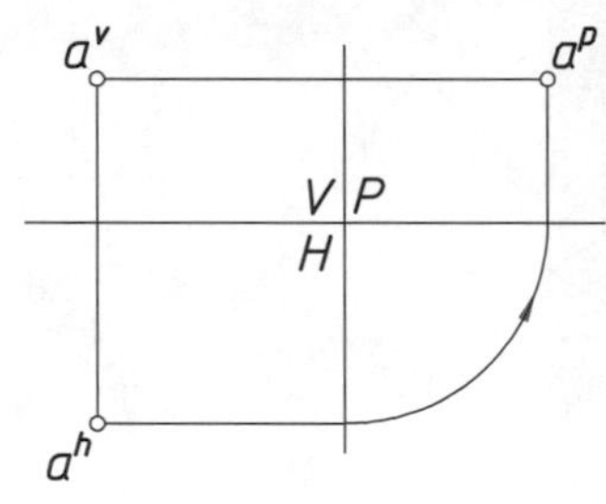

圖 4.13 標示 H/V 線及 V/P 線取代 GL 及 G_pL_p

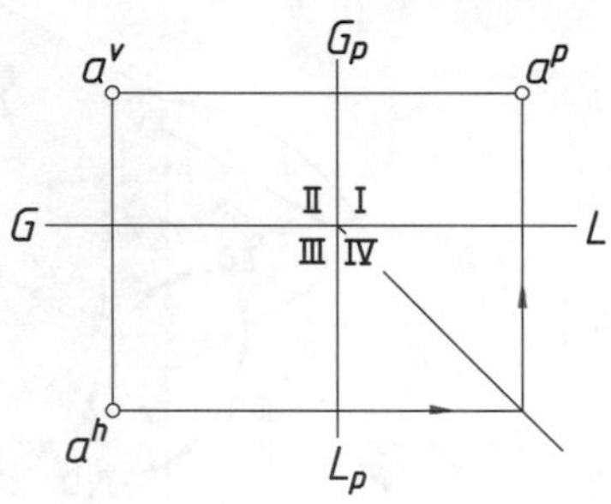

圖 4.14 象限代號表示物體所在之象限

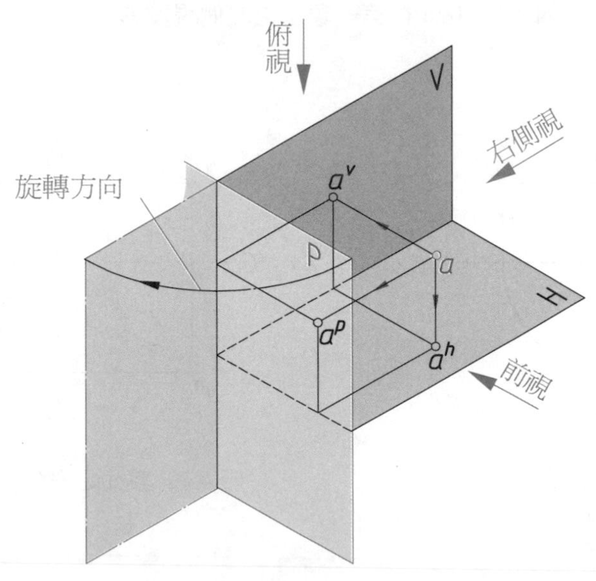

圖 4.15 點 a 在第一象限之右側視投影

另外當點 a 由右側視之投影方向投影時，如圖 4.15 所示，因點 a 在第一象限，故側投影面 P 必須放左側且張開至左側，點 a 之右側視投影，分別如圖 4.16 及圖 4.17 所示，圖中之 V/H/P 及象限代號Ⅰ、Ⅱ、Ⅲ、Ⅳ，因點 a 在第一象限，只能採用第一象限投影法規則，故可省略。

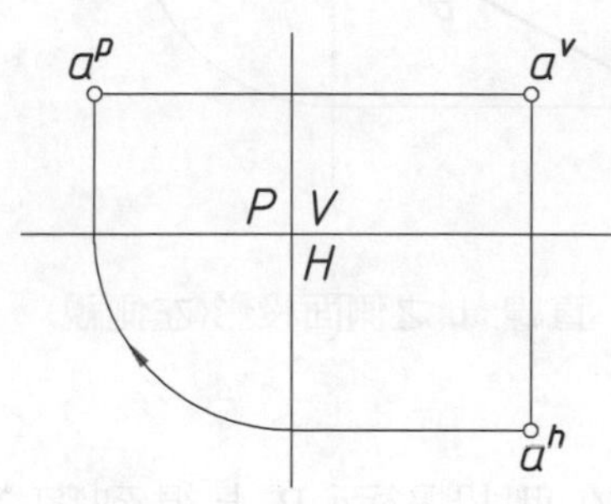

圖 4.16 點 a 之右側投影(一)

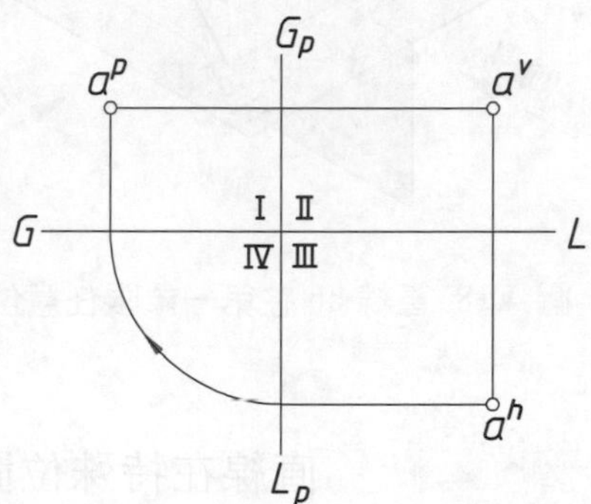

圖 4.17 點 a 之右側投影(二)

4.3 直線之側面投影

直線之投影，通常皆仍為直線，直線之側面投影，可依點之投影方法，將直線之兩個端點分別投影至側投影面上，再以直線連接即可。

設有一直線 ab 在第一象限空間之任意位置(複斜線)，如圖 4.18 所示。將直線 ab 當成兩個點，點 a 及點 b 之投影，依前面所述，只能採用第一象限投影法規則，左側視必須採用右側之 P 面，可得點 a 及點 b 在 P 面上之投影點 a^p 及點 b^p，如圖 4.19 所示，連接 a^p 及 b^p，即為直線 ab 左側視方向之側面投影。

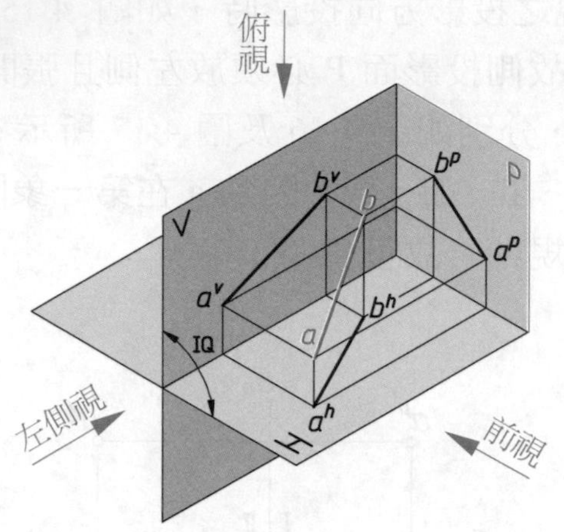

圖 4.18 直線 ab 在第一象限任意位置

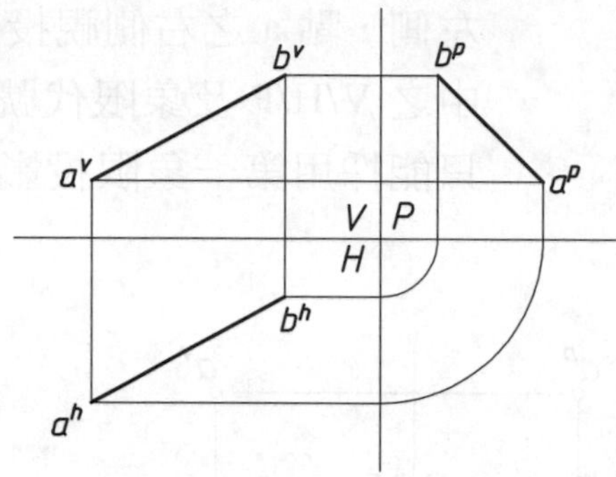

圖 4.19 直線 ab 之側面投影(左側視)

直線在特殊位置情況下，可在側投影面 P 上得到與 V 面和 H 面不同之特殊結果，分別說明如下：

(a) 直線與 GL 平行：如圖 4.20 所示，直線 ab 在 V 面與 H 面上之投影皆平行於 GL 時，因直線 ab 必垂直於 P 面，故在 P 面之投影爲直線 ab 之端視圖，即該直線之兩端點 a 及 b 重疊成一點。

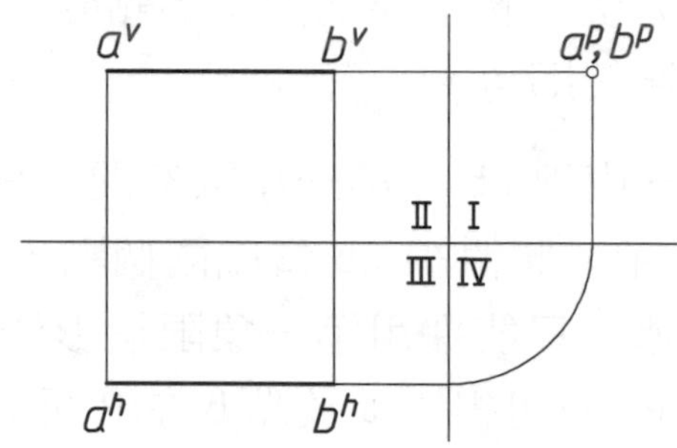

圖 4.20 側面投影得直線之端視圖

(b) 直線與 P 面平行：如圖 4.21 所示，直線 ab 在 V 面與 H 面上之投影皆垂直於 GL 時，因直線 ab 平行於 P 面，故在 P 面之投影為直線 ab 之實長，即 a^pb^p 為 TL。

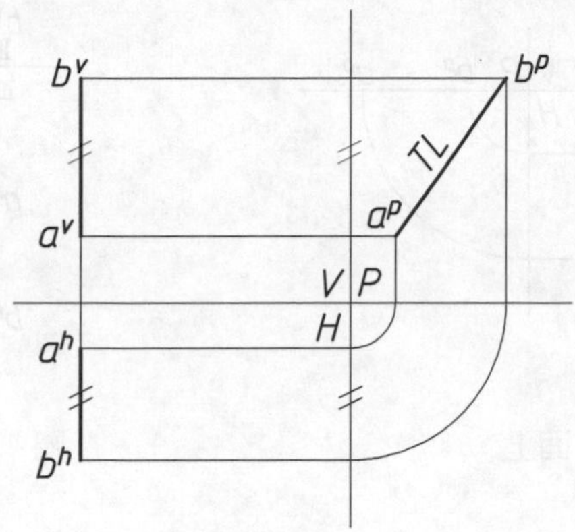

圖 4.21 側面投影得直線之實長

(c) 直線在投影面上：如圖 4.22 所示，直線 ab 在 V 面上時，其投影 a^vb^v 為實長 TL，a^hb^h 及 a^pb^p 則分別在基線 GL 及側基線 G_pL_p 上，因此時直線 ab 距 V 面之距離為零。圖 4.23 及圖 4.24 所示，則分別為直線在 H 面及 P 面上之投影。

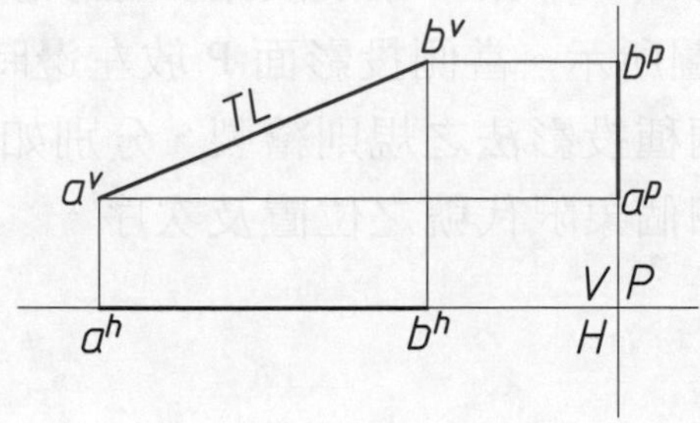

圖 4.22 直線在 V 面上

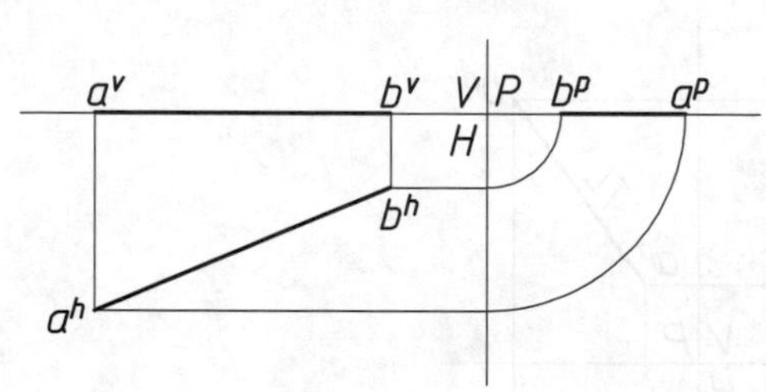

圖 4.23 直線在 H 面上

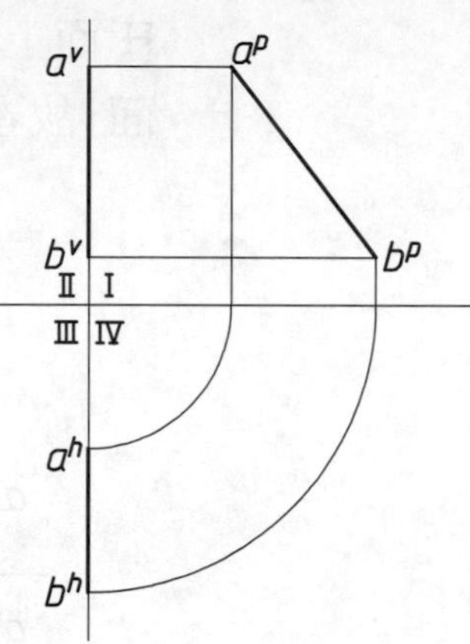

圖 4.24 直線在 P 面上

(d) 直線通過兩個以上之象限：因直線位於兩個以上之象限，側投影面 P 之位置，仍須根據第一象限投影法或第三象限投影法之規則放置及張開，請參閱前面第 4.1.1 節所述，即 P 面放左邊或右邊皆可以及 P 面向右或向左張開皆可，但必須標示象限代號。

如圖 4.25 所示，直線 ab 之點 a 在第一象限，點 b 在第三象限，側投影面 P 放右邊，直線通過第一、四、三象限，有兩種張開方式，即第一象限及第三象限投影法之規則，分別如(a)及(b)圖所示。當側投影面 P 放左邊時，如圖 4.26 所示，亦可採用兩種投影法之規則繪製，分別如(a)及(b)圖所示。注意各圖中四個象限代號之位置及次序。

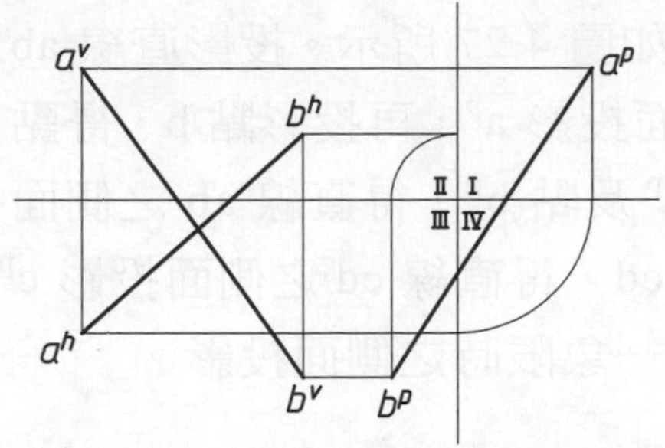

(a)第一象限投影法規則之左側投影

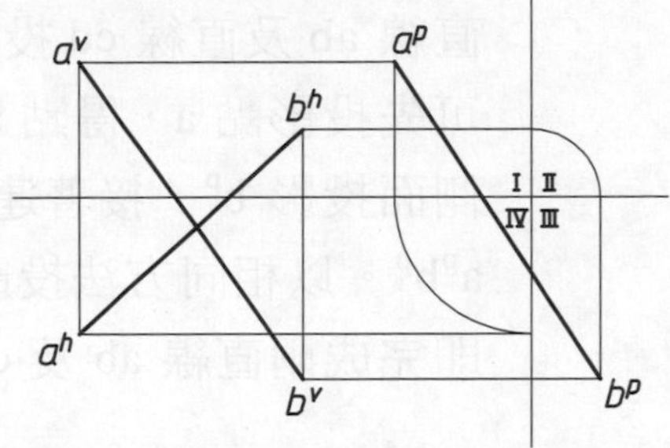

(b)第三象限投影法規則之右側投影

圖 4.25 側投影面 P 放右邊

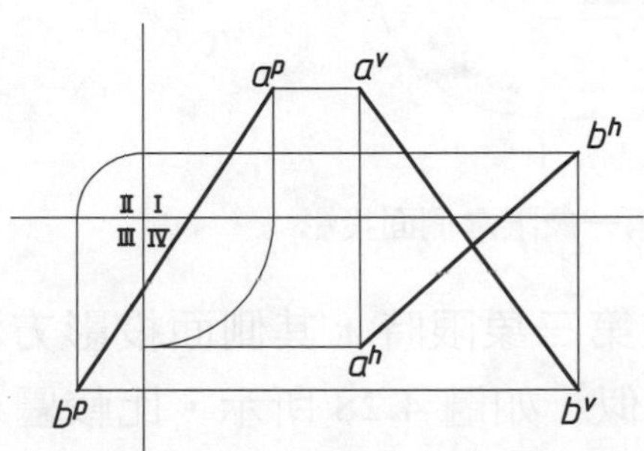

(a)第三象限投影法規則之左側投影

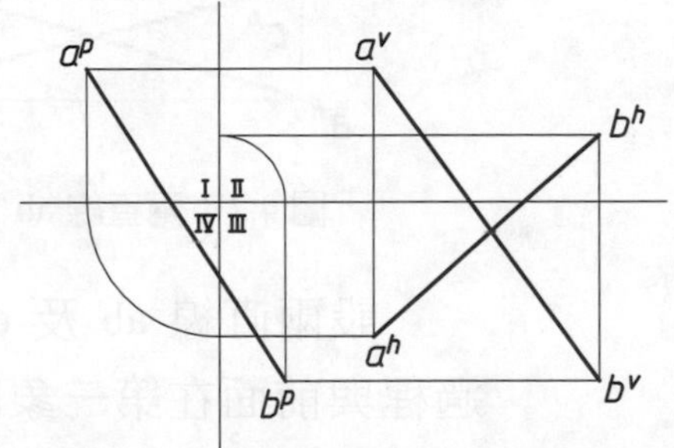

(b)第一象限投影法規則之右側投影

圖 4.26 側投影面 P 放左邊

4.4 兩直線之側面投影

兩直線之側面投影，仍依點之投影方法，將兩直線之各兩個端點分別投影至側投影面 P 上，再以直線分別連接即可，即兩直線在空間時，分別投影其中一直線之側面投影，即得兩直線之側面投影。

設兩直線 ab 及 cd 在第一象限時，其側面投影可分別依直線 ab 及直線 cd 投影之，如圖 4.27 所示。投影直線 ab 時，可先投影點 a，得點 a 之側面投影 a^p，再投影點 b，得點 b 之側面投影 b^p，接著連接點 a^p 及點 b^p，得直線 ab 之側面投影 a^pb^p。以相同方法投影直線 cd，得直線 cd 之側面投影 c^pd^p。即完成兩直線 ab 及 cd 在第一象限時之側面投影。

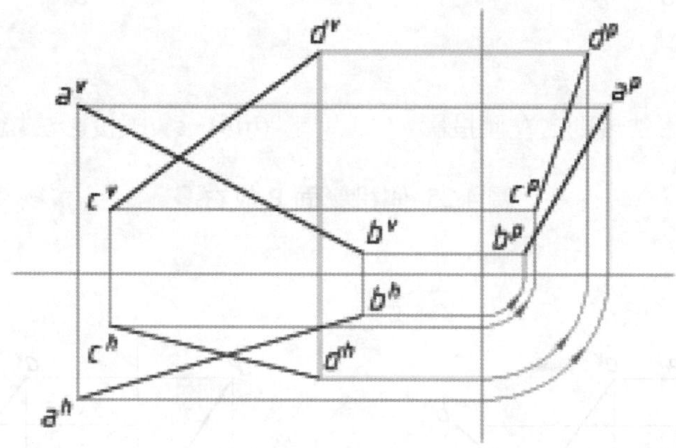

圖 4.27 兩直線 ab 及 cd 在第一象限之側面投影

設兩直線 ab 及 cd 改在第三象限時，其側面投影方法及過程與前面在第一象限時類似，如圖 4.28 所示。比較圖 4.27 及圖 4.28 中側投影面之方法及過程有何不同之處，圖中箭頭所示，爲物體從 H 面投影至 P 面時之旋轉過程。

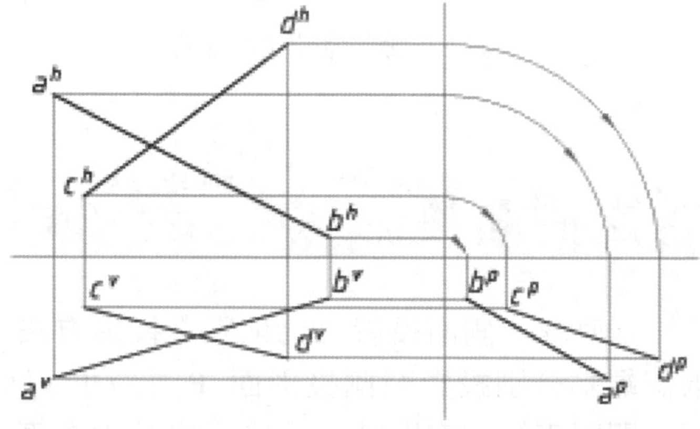

圖 4.28 兩直線 ab 及 cd 在第三象限之側面投影

從物體之側面投影可看出所在的象限位置，為側面投影重要優點之一。當兩直線在空間之象限位置不同時，如圖 4.29 所示，兩直線 ab 及 cd 在不同象限，以第三象限投影法之右側視所畫之側面投影，從其側投影面上之象限代號可清楚看出，直線 ab 位第一象限及直線 cd 位第三象限。

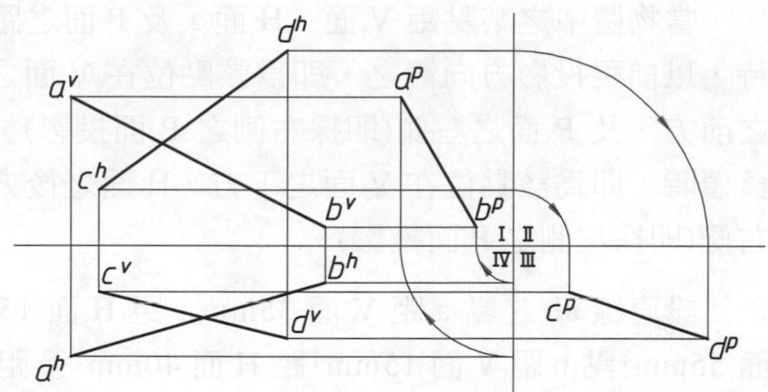

圖 4.29　兩直線之側面投影(第三象限投影法之右側視)

若改以第一象限投影法之左側視所畫之側面投影，相同直線 ab 及 cd 之側面投影，則如圖 4.30 所示。比較圖 4.29 及圖 4.30 中側投影面上象限代號順序有何不同之處，圖中箭頭所示為物體從 H 面投影至 P 面時配合所在象限之旋轉過程。

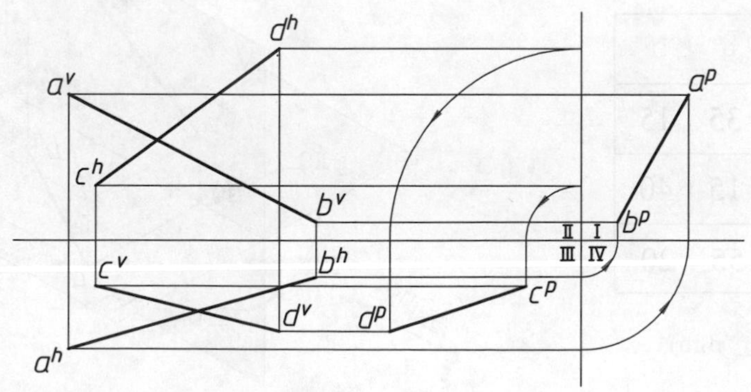

圖 4.30　兩直線之側面投影(第一象限投影法之左側視)

4.5 物體之位置及座標

物體在空間之位置，即物體距 V 面，H 面，及 P 面之距離，物體中之點可採用表格方式以及座標方式表示在空間之位置，參閱前面第 2.3 節及第 2.4 節所述，兩者之內涵相同。

當物體中之某點距 V 面，H 面，及 P 面之距離皆爲正値時，以前視投影方向觀之，即爲該點位在 V 面之上方，H 面之前方，及 P 面之左側(即採右側之 P 面投影)，反之當皆爲負値時，即爲該點位在 V 面之下方，H 面之後方，及 P 面之右側(即採左側之 P 面投影)。

設直線 ab 之點 a 距 V 面 35mm，距 H 面 15mm，及距 P 面 55mm，點 b 距 V 面 15mm，距 H 面 40mm，及距 P 面 20mm，直線 ab 以表格方式表示時，如圖 4.31 所示，此時直線 ab 在空間之位置，如圖 4.32 所示，得知直線 ab 位在第一象限，取左視側投影，即採右側之 P 面。

點	a	b
V	35	15
H	15	40
P	55	20

(單位 mm)

圖 4.31 直線 ab 之位置以表格方式表示

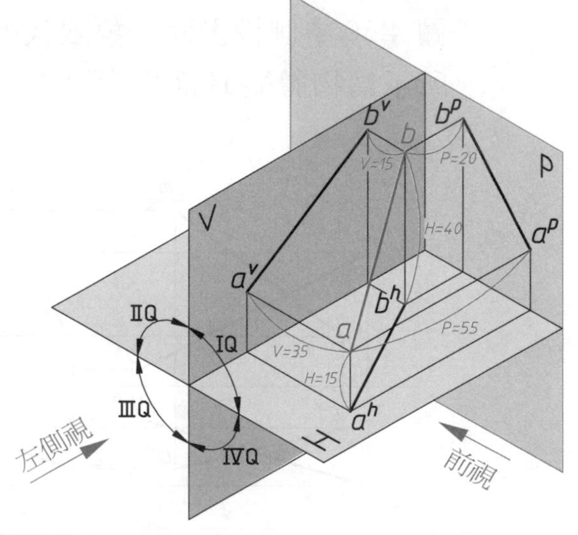

圖 4.32 直線 ab 在空間之位置

當直線 ab 改採座標(x,y,z)方式，以單位為 1mm 時，點 a 表為 a(35,15,55)，點 b 表為 b(15,40,20)。若以單位為 5mm 時，則點 a 表為 a(7,3,11)，點 b 表為 b(3,8,4)。如圖 4.33 所示，為直線 ab 依點座標(x,y,z)位置，單位為 5mm 時之投影，其中側投影面 P 位置即為原點 o 之位置。若將表格方式轉成座標方式表示時，可表為點 a(V,H,P)及點 b(V,H,P)。

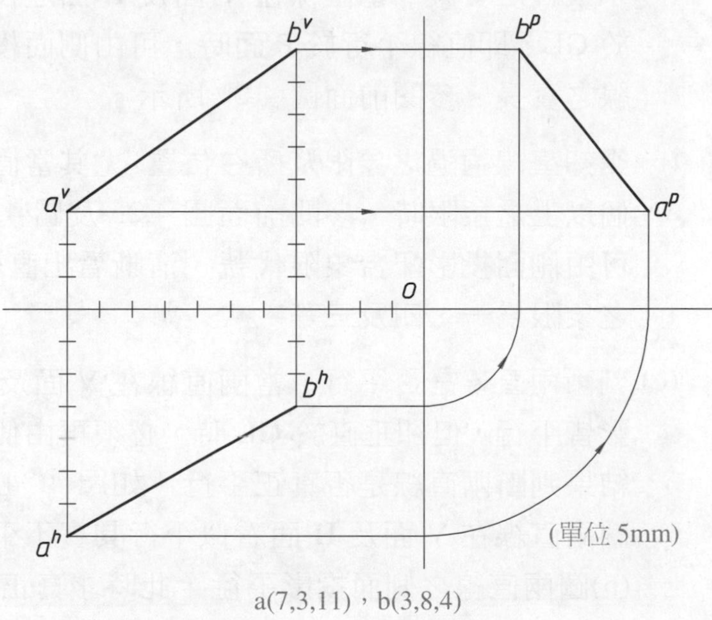

圖 4.33　直線 ab 依點 a(7,3,11)及點 b(3,8,4)座標之投影

因第一象限投影法與第三象限投影法規則所採用之側投影面不同之關係，在以表格方式或座標方式表示中，當 P 或 z 為正值時，第一象限投影法為左側視投影，第三象限投影法為右側視投影，其側投影面 P 皆在右側。反之當 P 或 z 為負值時，第一象限投影法為右側視投影，第三象限投影法為左側視投影，其側投影面 P 皆在左側。

另同一物體上各點之 P 或 z 值，必須同時為正或同時為負，即採用同一邊的側投影面。

4.6 側面投影之應用

投影幾何中物體在空間之位置及相互關係，通常由 V 面及 H 面之投影即可得知，但較特殊之情況，必須由側投影面 P 才可得知，常見需使用側投影面 P 之情況，說明如下：

(a) 求直線之實長：當直線在 V 面及 H 面之投影皆垂直於 GL，即直線平行於 P 面時，可由側面投影求出直線之實長。參閱前面圖 4.21 所示。

(b) 得知直線通過之象限及所在位置：尤其當直線通過兩個以上之象限時，參閱前面圖 4.25 及圖 4.26 所示，可由側面投影配合象限代號，清晰看出直線 ab 通過之象限爲一、四及三等。

(c) 判斷兩直線是否平行：當兩直線在 V 面及 H 面之投影皆平行，但卻垂直於 GL 時，必須再由側面投影之結果判斷兩直線是否真正平行。如圖 4.34 所示，(a)圖兩直線在 V 面及 H 面看似平行其實不平行；反之(b)圖兩直線之側面投影平行，此時才真正平行。

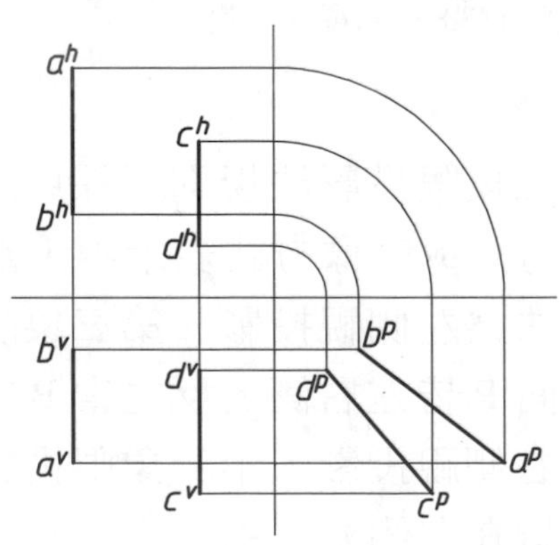

(a)兩直線不平行

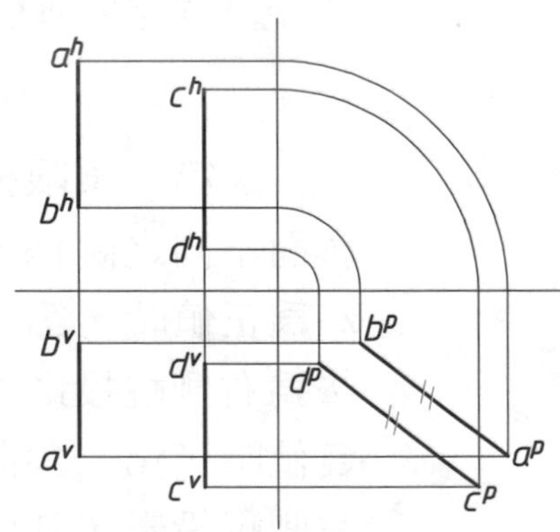

(b)兩直線平行

圖 4.34 由側面投影判斷兩直線是否平行

(d) 判斷兩直線是否相交：當兩直線在 V 面及 H 面之投影相交，但其中某一直線之 V 面及 H 面投影皆垂直 GL 時，如圖 4.35 所示，雖然直線 ab 及 cd 之交點，能互相投影(即上下對齊)，參閱前面第 3.10 節所述，但必須再由側面投影之結果判斷兩直線之交點，是否仍可互相投影。(a)圖之交點 o，在側投影面上無法互相投影，得知兩直線其實不相交，反之如(b)圖兩直線之交點 o，在側投影面上仍可互相投影，得知直線 ab 及 cd 真正相交。

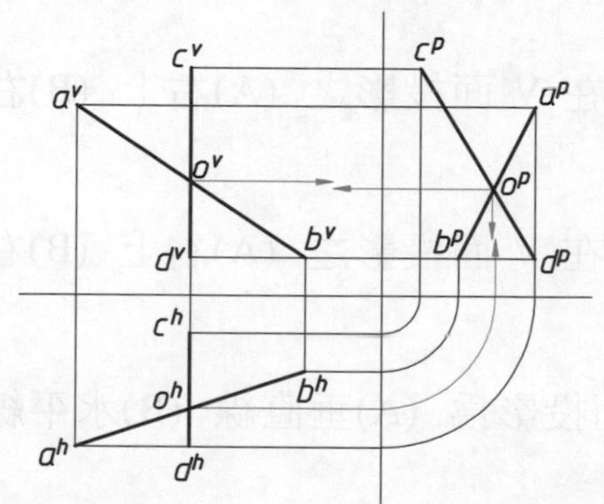

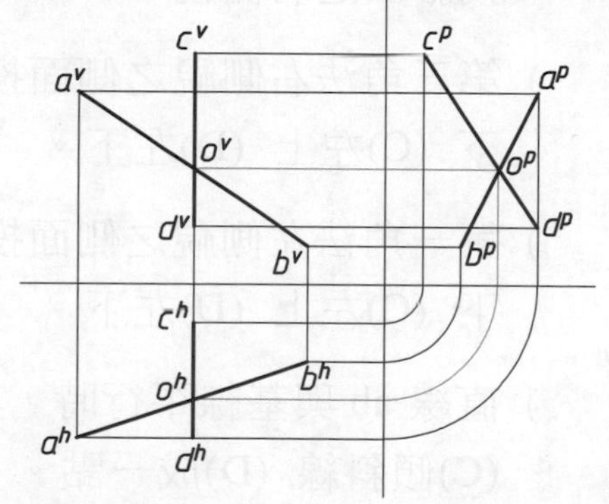

(a)兩直線不相交，交點 o 無法投影對齊　　(b)兩直線相交，交點 o 投影對齊

圖 4.35　由側面投影判斷兩直線是否相交

❖ 習 題 四 ❖

一、選擇題

1. (　　) 第一象限投影法規則之右側視圖應在 V 面投影之 (A)左邊 (B)右邊 (C)上邊 (D)下邊。

2. (　　) 當側投影面 P 在右邊屬於 (A)第一象限投影法之左側視或第三象限投影法之左側視 (B)第一象限投影法之右側視或第三象限投影法之左側視 (C)第一象限投影法之左側視或第三象限投影法之右側視 (D)第一象限投影法之右側視或第三象限投影法之右側視。

3. (　　) 第三角法右側視之側面投影應在 V 面投影之 (A)右上 (B)右下 (C)左上 (D)左下。

4. (　　) 第一角法左側視之側面投影應在 V 面投影之 (A)右上 (B)右下 (C)左上 (D)左下。

5. (　　) 直線 ab 與基線平行時，其側面投影爲 (A)垂直線 (B)水平線 (C)傾斜線 (D)成一點。

6. (　　) 當直線 $a^v b^v$ 爲 TL 時，其側面投影爲 (A)垂直線 (B)水平線 (C)傾斜線 (D)成一點。

7. (　　) 直線在 H 面及 V 面之投影皆與基線傾斜時，其側面投影爲 (A)垂直線 (B)水平線 (C)傾斜線 (D)成一點。

8. (　　) 物體位第二象限時，其側面投影應採何種規則繪製爲宜 (A)第一象限投影法 (B)第二象限投影法 (C)第三象限投影法 (D)第四象限投影法。

9. (　　) 物體位第四象限時，側面投影應採何種規則繪製爲宜 (A) 第一象限 (B)第二象限 (C)第三象限 (D)第四象限投影法。

10.(　　) 側投影面 P 又稱爲 (A)第三主投影面 (B)右投影面 (C)左投影面 (D)左右投影面。

11.(　　) 表格方式表示中當 P 爲正值時 (A)側投影面 P 在右側 (B)側投影面 P 在左側(C) 側投影面 P 在左右側皆可 (D)免畫側投影面 P。

12.(　　) 座標方式表示中當 z 爲負值時 (A)側投影面 P 在右側 (B)側投影面 P 在左側(C) 側投影面 P 在左右側皆可 (D)免畫側投影面 P。

13.(　　) 座標方式表示中當 x 爲正 y 爲負值時，點位在 (A)第一象限 (B)第二象限 (C)第三象限 (D)第四象限。

14.(　　) 表格方式表示中當 V 爲負 H 爲正值時，點位在 (A)第一象限 (B)第二象限 (C)第三象限 (D)第四象限。

二、填空題

1. 側面投影的選擇只能根據正投影原理中的________象限及________象限的規則投影。
2. 第三角法的左側視，側面投影應畫在______邊。
3. 第一角法的右側視，側面投影應畫在______邊。
4. 側投影面 P 之旋轉，應轉成與________投影面同一平面。
5. 側投影面之應用常見有__________________、______________、__________________及__________________等四種。
6. 某點之座標當 x 爲負 y 爲負 z 爲正值時，點位在第______象限。其側面投影應在______側，屬於______側視投影。
7. 表格方式表示中當 H 爲正 V 爲正 P 爲負值時，點位在第______象限。其側面投影應在______側，屬於______側視投影。

三、作圖題

1. 求下列各點之水平、直立及左側(或右側)投影。
   (1) 點 a 在 IQ，距 H 面 35mm，距 V 面 40mm，距 P 面 25mm。
   (2) 點 c 在ⅢQ，距 H 面 40mm，距 V 面 30mm，距 P 面 20mm。
   (3) 點 c 在 V 面上，在 H 面之上方 30mm，距 P 面 15mm。
   (4) 點 d 在 V 面上，在 H 面之下方 35mm，距 P 面 20mm。
   (5) 點 e 在 H 面上，在 V 面之前方 35mm，距 P 面 15mm。
   (6) 點 f 在 H 面上，在 V 面之後方 30mm，距 P 面 25mm。
   (7) 點 g 在 V 面上，且在 H 面上，距 P 面 25mm。
   (8) 點 h 在ⅡQ，距 H 面 25mm，距 V 面 30mm，距 P 面 20mm。

2. 依點之座標，求下列各題直線之水平、直立、及側面投影，單位 5mm。
   (1) a(5,4,-2)，b(8,3,-10)　　(2) c(7,3,-2)，d(2,2,-10)
   (3) e(-7,-2,-2)，f(-2,-4,-10)　　(4) g(-5,-4,-2)，h(-7,-1,-10)
   (5) i(7,2,-10)，j(1,4,-2)　　(6) k(5,-3,-2)，l(3,5,-10)

3. 依點之位置，以比例 1:1 求下列各題直線之水平、直立、及側面投影。

	(1)		(2)		(3)		(4)		(5)		(6)	
點	a	b	c	d	e	f	g	h	i	j	k	l
V	15	0	-20	40	-35	-15	30	0	45	-20	20	-40
H	35	25	-40	0	-15	0	15	-35	-15	40	-30	30
P	45	10	-40	-10	55	15	-15	-55	55	20	-50	-10

(單位 mm)

4. 已知點之水平及直立投影，求下列各題點之側面投影。(每格 5mm)

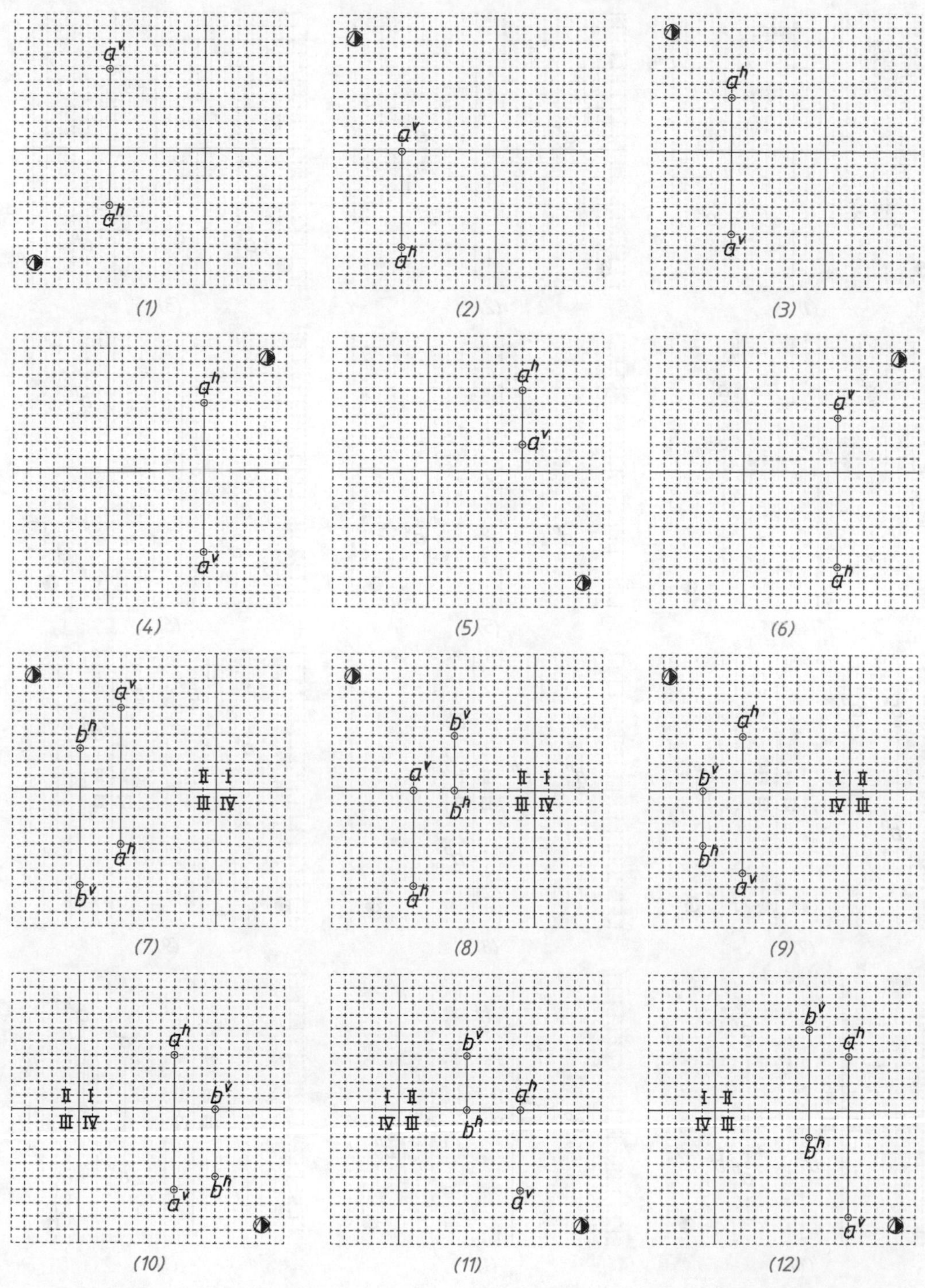

5. 從已知點條件中，補全各題中點之水平、直立及側面投影。(每格 5mm)

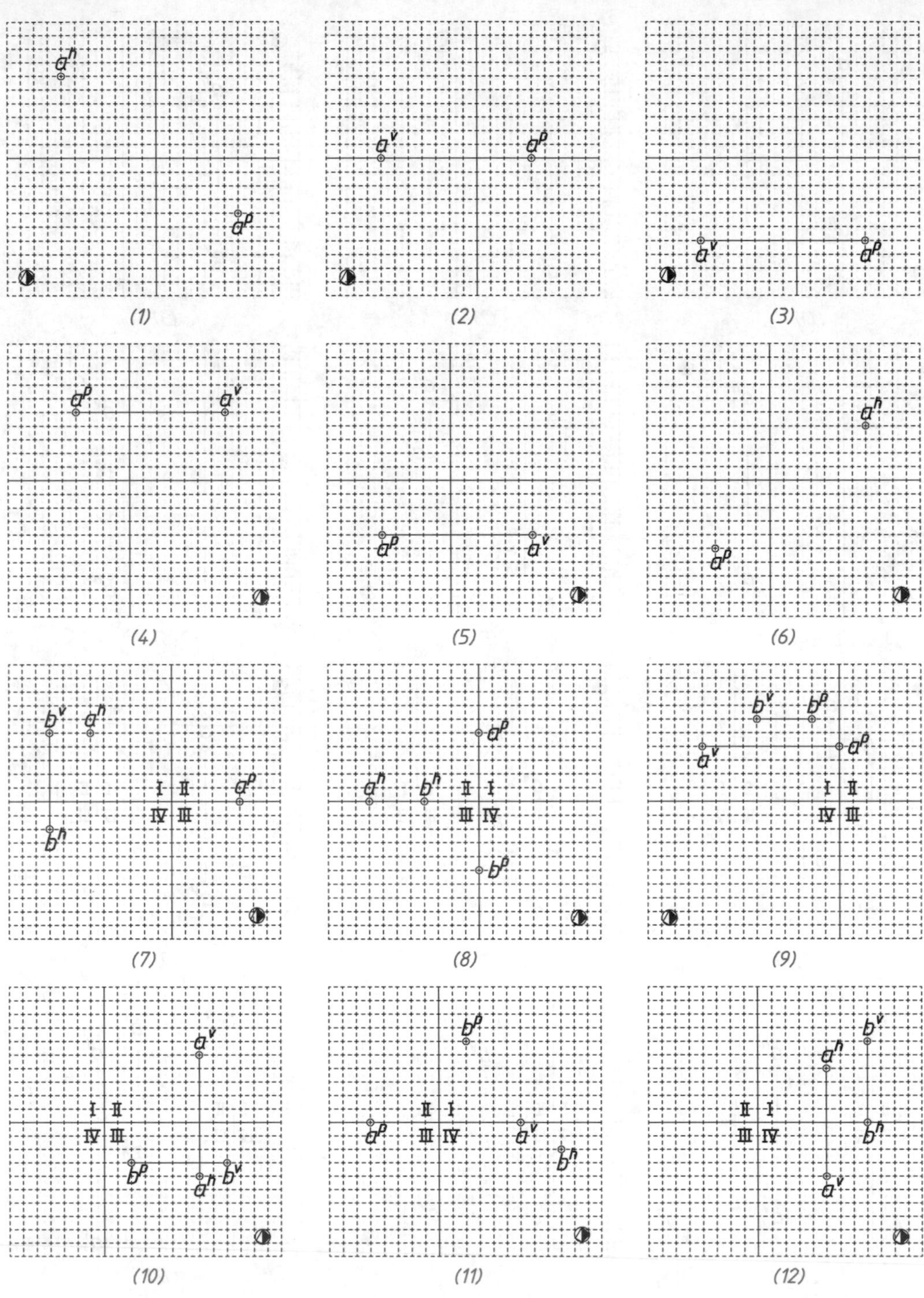

6. 已知直線之水平、直立投影及側基線位置，求其側面投影。(每格 5mm)

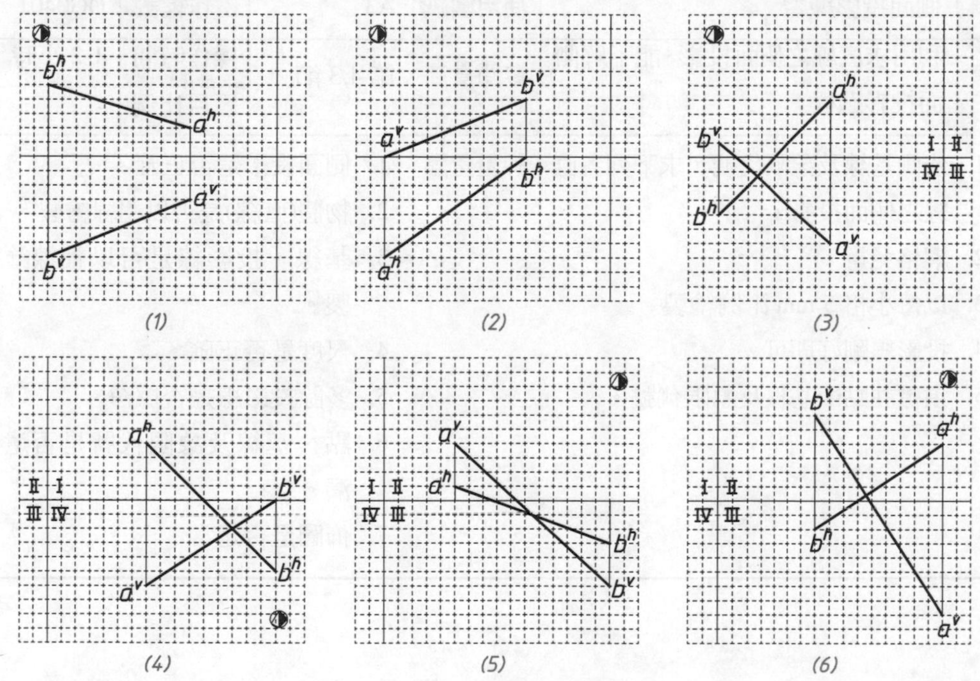

7. 已知兩直線之水平、直立投影及側基線位置，求側面投影。(每格 5mm)

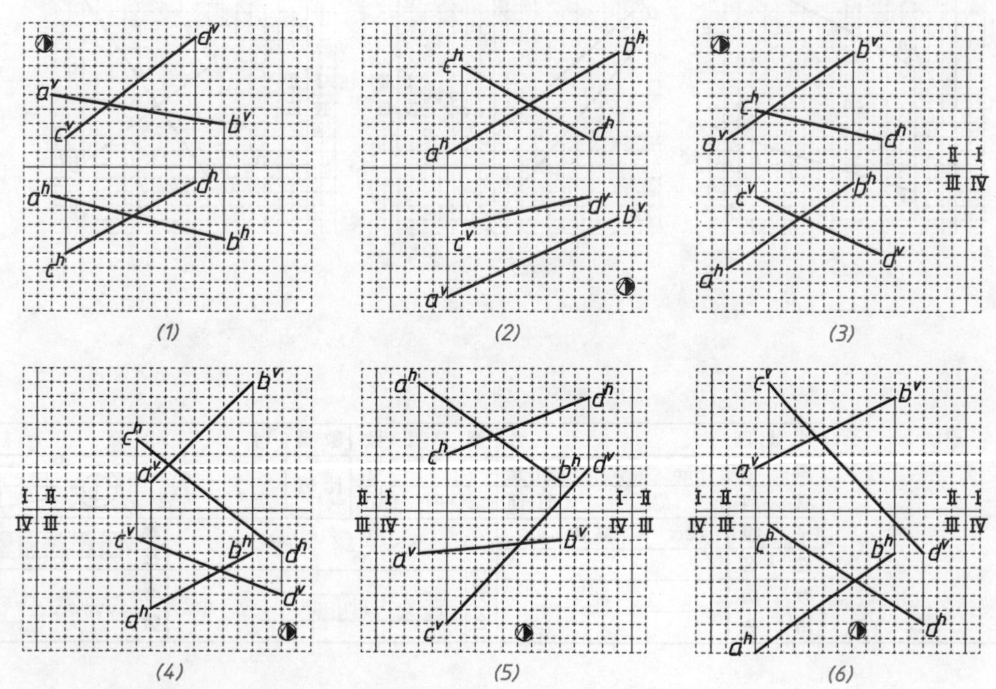

側面投影『工作單一』

工作名稱	側面投影練習	使用圖紙	A3	工作編號	DG0401
學習目標	利用求直線之側面投影、能了解側面投影過程	參閱章節	第 4.3 節	操作時間	1-2 小時
				題目比例	-

說明：
1. 依側基線及象限代號，求下列各直線之側面投影。
2. 網格免畫。
3. 以每小格 5 mm 比例繪製。
4. 投影線剛好即可。
5. 須標註點、基線及象限代號。

評量重點：
1. 側面投影是否正確。
2. 物體(直線)是否以粗線繪製。
3. 基線、投影線是否以細線繪製。
4. 尺度是否正確。
5. 多餘投影線是否擦淨。
6. 點、基線及象限代號是否遺漏。
7. 佈圖是否適當。

題目：

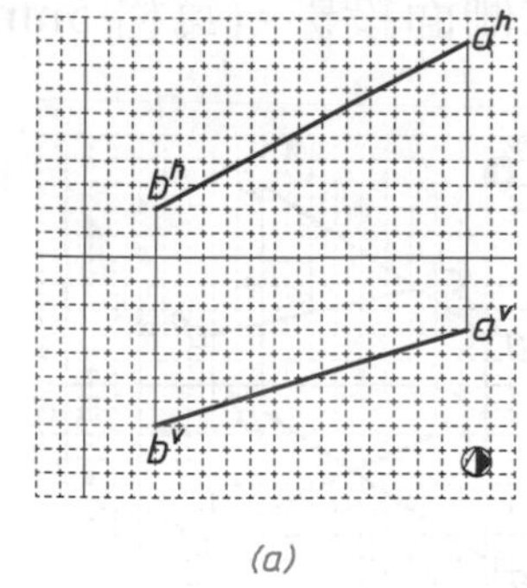

(a)

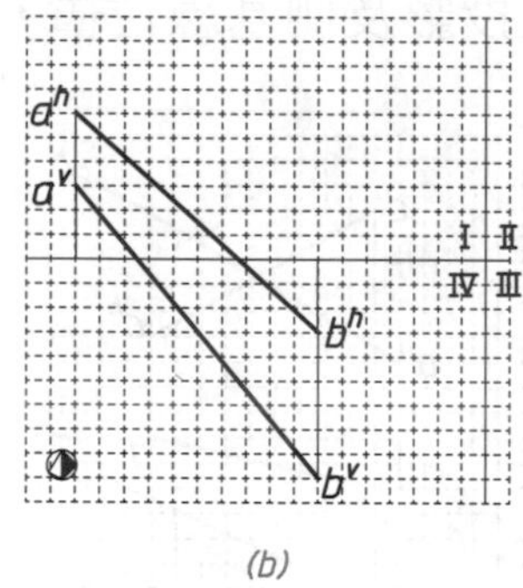

(b)

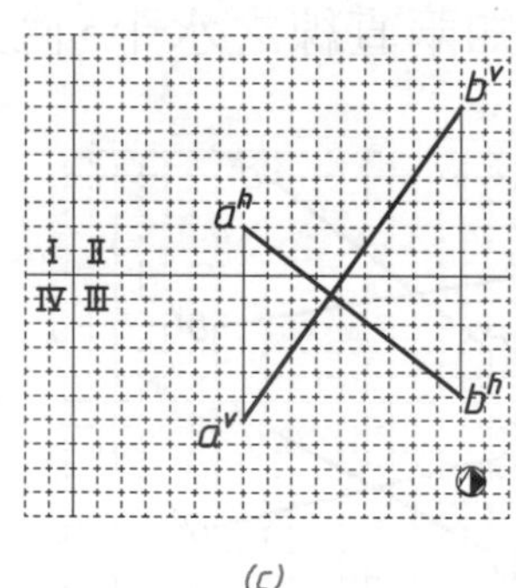

(c)

件號	圖名			圖號	數量	材料	備註
單位	mm	數量		比例	1:1		
材料		日期	yy - mm - dd				
班級	&&	座號	**	(學校名稱)		課程	投影幾何學
姓名							
教師				圖名	直線之側面投影	圖號	yy##&&**
得分							

側面投影『工作單二』

工作名稱	兩直線之側面投影	使用圖紙	A3	工作編號	DG0402
學習目標	利用求兩直線之側面投影、能了解側面投影之用途	參閱章節	第 4.4 節	操作時間	1-2 小時
				題目比例	-

說明：
1. 依側基線及象限代號，求下列各兩直線之側面投影。
2. 網格免畫。
3. 以每小格 5 mm 比例繪製。
4. 投影線剛好即可。
5. 須標註點、基線及象限代號。

評量重點：
1. 側面投影是否正確。
2. 物體(直線)是否以粗線繪製。
3. 基線、投影線是否以細線繪製。
4. 尺度是否正確。
5. 點、基線及象限代號是否遺漏。
6. 多餘投影線是否擦淨。
7. 佈圖是否適當。

題目：

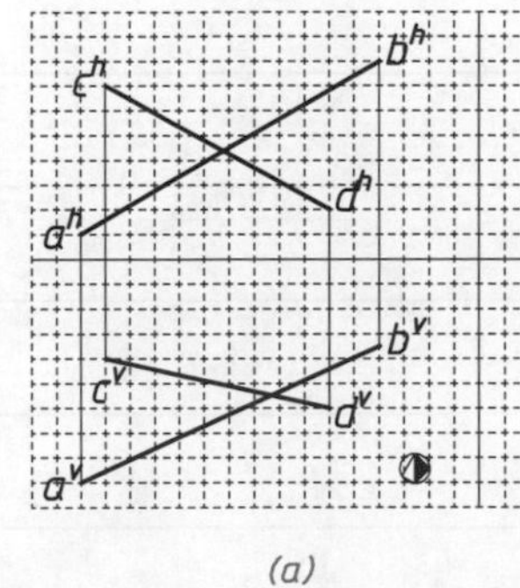

(a)

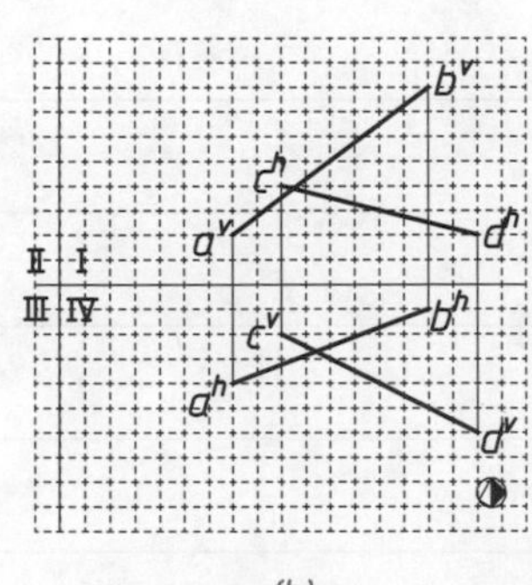

(b)

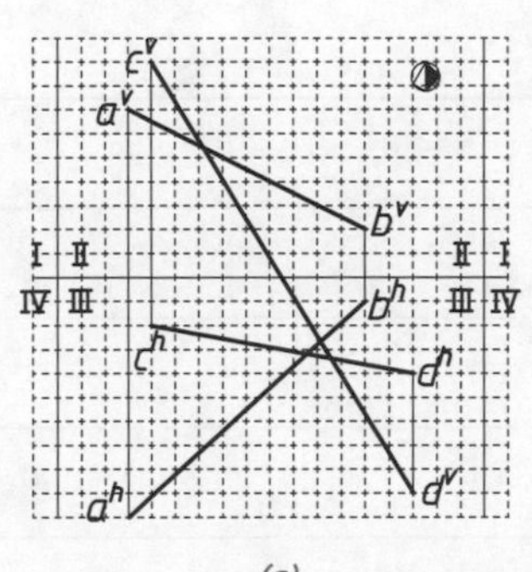

(c)

件號	圖　　名	圖　　號	數量	材　　料	備　　註

單　位	mm	數　量		比　例	1：1	
材　料		日　期	yy - mm - dd			
班　級	&&	座號	**	(學校名稱)	課程	投影幾何學
姓　名						
教　師				圖名 兩直線之側面投影	圖號	yy##&&**
得　分						

心得小記：　　　　年　月

那個立體十字架是什麼東東？還可以旋轉！

5

輔助投影

5.1 概　說

除了直立投影面 V 與水平投影面 H 兩個主投影面，以及第 4 章所述之側投影面 P 外，繪圖者需要時亦可自行設立投影面，稱爲輔助投影面(Auxiliary Plane of Projection)，其設立條件必須與某一投影面垂直。輔助投影面當與 V 面垂直時則必須與 H 面傾斜，可視爲另一個 H 面，將以 H1 面等稱之；當與 H 面垂直時亦必須與 V 面傾斜，可視爲另一個 V 面，則以 V1 面等稱之。

此種以自行設立投影面投影的投影方法，稱爲輔助投影法。輔助投影法在工程圖中所投影之視圖稱爲輔助視圖。輔助投影面與其相互垂直之投影面的相交線，稱爲輔助基線，通常以 G_1L_1 表之，或表爲 H/V1 線及 V/H1 線等。

5.2 點之輔助投影

點作輔助投影時，因輔助投影面可自行設立，故設一輔助投影面 V1 垂直於 H 面之任意位置，如圖 5.1 所示，點 a 仍必須以正投影的方法將影像投影至 V1 面上，即投影線須垂直 V1 面，點 a 在 V1 面上之投影以 a^{v1} 表之。因 V1 面垂直於 H 面，故必須先以輔助基線 G_1L_1 爲軸旋轉，使其與 H 面同一平面後，再跟 H 面一起旋轉至與 V 面同一平面。點 a 之輔助投影，如圖 5.2 所示，此時點 a^h 至點 a^{v1} 之投影線必須垂直於輔助基線 G_1L_1，G_1L_1 距點 a^h 之距離可任意取適當之距離，但點 a^{v1} 距輔助基線 G_1L_1 之距離 h，則必須與點 a^v 距基線 GL 之距離 h 相同。

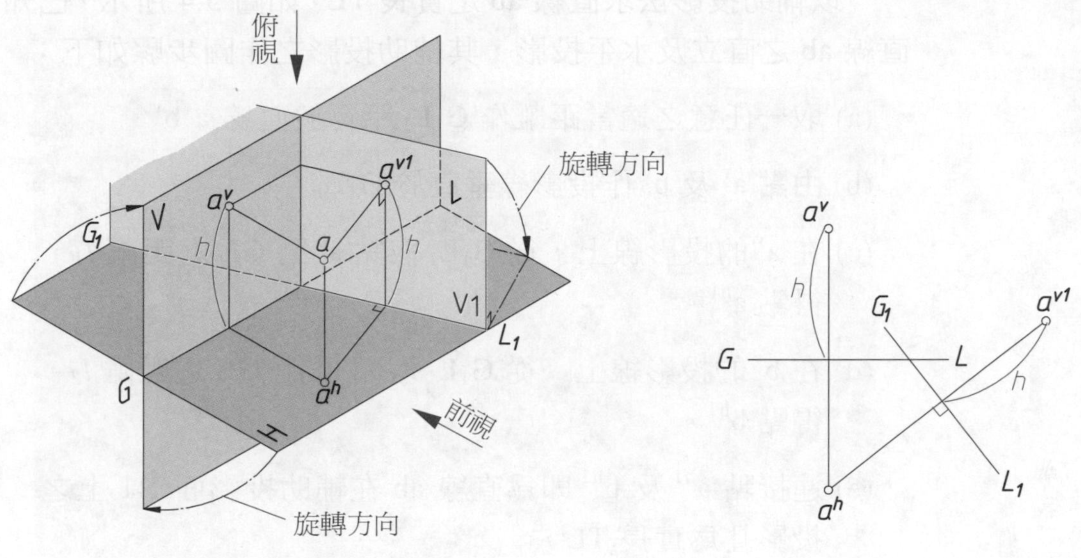

圖 5.1　點 a 作輔助投影　　圖 5.2　點 a 之輔助投影

純粹點作輔助投影雖無目的，但點之輔助投影其過程與方法，爲直線、平面、甚至體投影之基本，尤其圖中之距離 h，量取的方法及過程極爲重要，初學者必須熟記量取的規則，以免往後圖形或作圖過程複雜時，發生錯誤。

5.3 直線之輔助投影

設有一直線 ab 在第一象限，如圖 5.3 所示，設立輔助投影面 H1 垂直於 V 面且平行於直線 ab，圖中 $a^{h1}b^{h1}$ 爲直線 ab 在 H1 面上之投影，因 H1 面平行於直線 ab，故 $a^{h1}b^{h1}$ 爲直線 ab 之實長 TL，其中 β 角則爲直線 ab 與 V 面之夾角。輔助投影面 H1 因與 V 面垂直，以輔助基線 G_1L_1 爲軸時，可以直接旋轉至與 V 面同一平面。

以輔助投影法求直線 ab 之實長 TL，如圖 5.4 所示，已知直線 ab 之直立及水平投影，其輔助投影之作圖步驟如下：

(a) 取一任意之適當距離作 G_1L_1 平行於直線 a^vb^v。

(b) 由點 a^v 及 b^v 作投影線垂直於 G_1L_1。

(c) 在 a^v 的投影線上，從 G_1L_1 取點 a^h 距 GL 之距離 l_1，得點 a^{h1}。

(d) 在 b^v 的投影線上，從 G_1L_1 取點 b^h 距 GL 之距離 l_2，得點 b^{h1}。

(e) 連接點 a^{h1} 及 b^{h1} 即爲直線 ab 在輔助投影面 H1 上之投影且爲實長 TL。

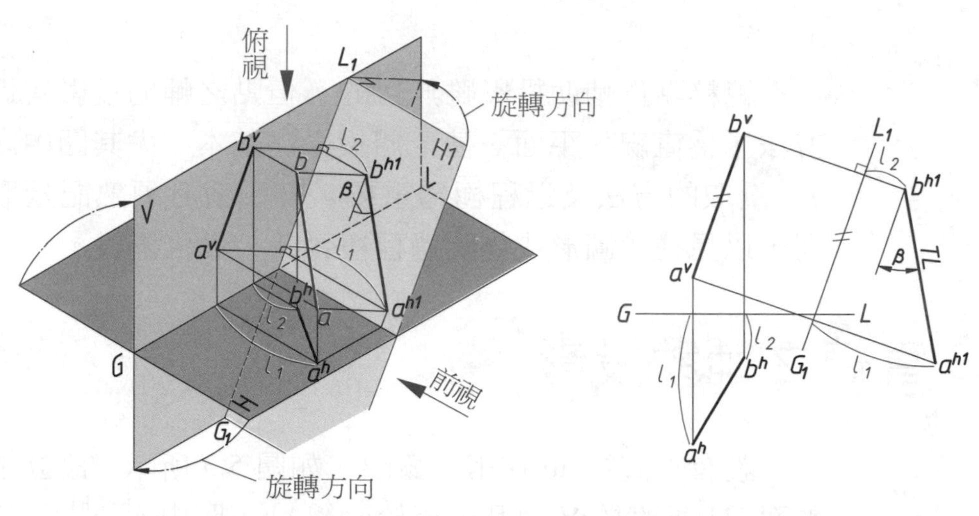

圖 5.3 輔助投影面 H1 平行於直線 ab　　圖 5.4 輔助投影法求直線 ab 之實長(TL)

例題 1：已知直線 ab 在第一象限之投影，求 γ 角。(輔助投影法)

分析：

1. γ 角爲直線 ab 與側投影面 P 之夾角。
2. 當直線在某投影面上之投影爲 TL 時，即可得與該投影面垂直之投影面的交角，如圖 5.5 所示。
3. 先求直線 ab 在側投影面 P 之投影 a^pb^p。
4. 再以 a^pb^p 作輔助投影 $a^{v1}b^{v1}$ 即得直線 ab 之 TL 及 γ 角。

作圖：(圖 5.6)

1. 投影直線 ab 在側投影面 P 之投影 a^pb^p。
2. 作輔助投影 G_1L_1 平行於 a^pb^p，求直線 ab 在 V1 面之投影 $a^{v1}b^{v1}$，得 $a^{v1}b^{v1}$ 爲 TL 及與側投影面 P 之夾角 γ。

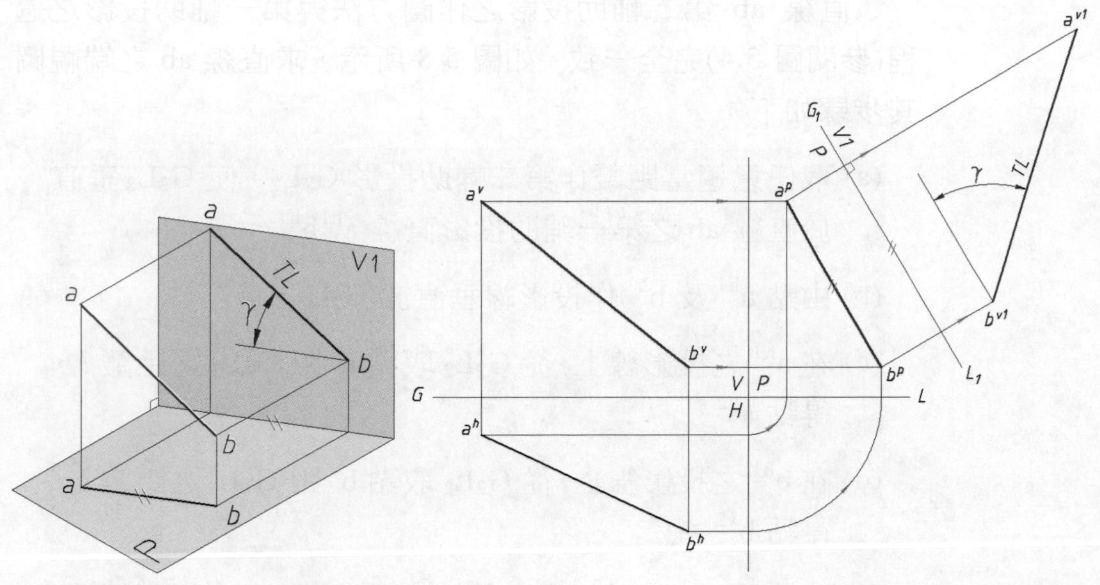

圖 5.5 直線 ab 與 P 面之夾角 γ　圖 5.6 已知直線 ab 在第一象限之投影，求 γ 角(輔助投影法)

5.4 複輔助投影

設立輔助投影面時必須與某投影面垂直外，通常是爲了達到某種目的，以符合該目的之投影條件而設立之，如前面 5.3 節中之圖 5.3 及圖 5.4 所示。若欲求得直線 ab 之端視圖，則必須在第一輔助投影面 H1 上，再設立與直線 ab 垂直之第二輔助投影面 V2，才可投影得直線 ab 之端視圖。如圖 5.7 所示，第二輔助投影面 V2 必須垂直第一輔助投影面 H1 且與直線 ab 垂直，稱爲複輔助投影或二次副投影，V2 面與 H1 面之相交線稱爲第二輔助基線，通常以 G_2L_2 表之或可表爲 H1/V2 線。V2 面須先以第二輔助基線 G_2L_2 爲軸旋轉，使其與 H1 面同一平面後，再跟 H1 面一起旋轉至與 V 面同一平面。直線 ab 在 V2 面上之投影可得直線 ab 之端視圖，即使點 a^{v2} 及 b^{v2} 重合。

直線 ab 第二輔助投影之作圖方法與第一輔助投影之過程(參閱圖 5.4)完全一致。如圖 5.8 所示，求直線 ab 之端視圖其步驟如下：

(a) 取任意適當距離作第二輔助投影 G_2L_2，使 G_2L_2 垂直於直線 ab 之第一輔助投影直線 $a^{h1}b^{h1}$。

(b) 由點 a^{h1} 及 b^{h1} 作投影線垂直於 G_2L_2。

(c) 在 a^{h1} 之投影線上，從 G_2L_2 取點 a^v 距 G_1L_1 之距離 l_1，得點 a^{v2}。

(d) 在 b^{h1} 之投影線上，從 G_2L_2 取點 b^v 距 G_1L_1 之距離 l_2，得點 b^{v2}。

(e) 連接點 a^{v2} 及 b^{v2}(兩點重合)，得直線 ab 之端視圖。

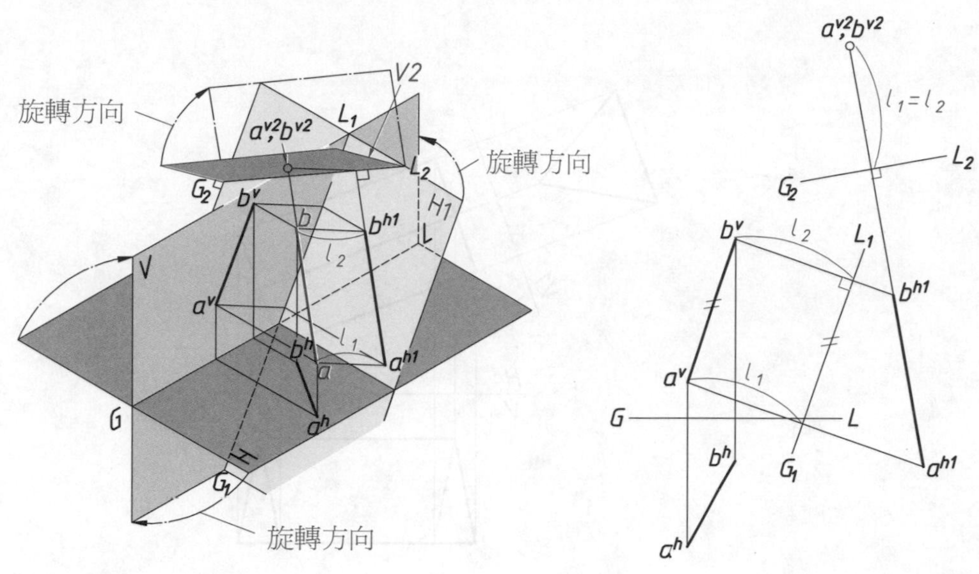

圖 5.7 第二輔助投影面 V2 必須垂直第一輔助投影面 H1 且與直線 ab 垂直

圖 5.8 求直線 ab 之端視圖

5.5 輔助投影之應用

輔助投影無論在投影幾何及工程圖中爲常用之投影方法，故甚爲重要，初學者理應熟悉其投影原理及作圖過程，並分析了解其原因。設立輔助投影面求解之情況通常有二：

(a) 設立輔助投影面，使其與某直線或某平面平行，其目的爲投影該直線之實長(TL)或該平面之實形(TS)等。

(b) 設立輔助投影面，使其與某直線或某物體中之直線垂直，其目的爲投影該直線之端視圖或進而使物體之投影簡化，如圖 5.9 所示，可將一傾斜放置之正三角柱，投影簡化成一正三角形。

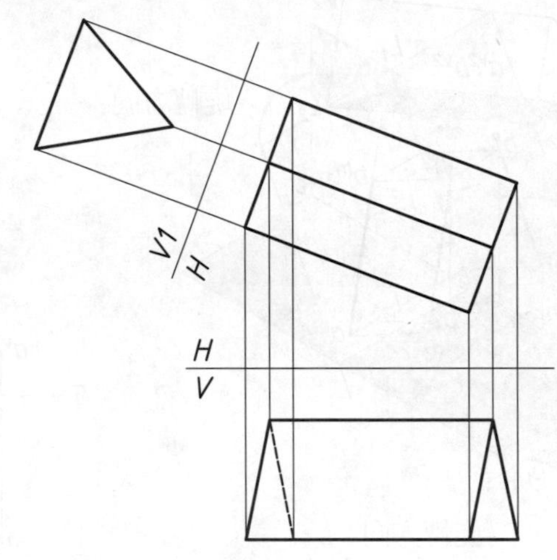

圖 5.9 輔助投影可使物體之視圖簡化

以輔助投影面方法求解時，可先分析得到解答之必須投影方向，即最後輔助投影之設立位置，然後逐步退回至已知的條件，看是否需再設立另一輔助投影面。通常設立輔助投影面之情況，不外乎以上所介紹之平行或垂直某直線及平面等兩種方式。理論上設立輔助投影面之數量沒有限制，但通常以二次的輔助投影面的設立，已經可以將空間任意位置之直線或平面簡化，故很少有需設立第三輔助投影面才能解決的問題。

輔助投影在工程圖中常被應用於繪製物體傾斜面之實形，在交線與展開圖中常被應用於使物體之投影簡化，在投影幾何作圖中則爲傳統的解題方法，又稱爲副投影。輔助投影在是一種極爲實用且重要的投影觀念，初學者應熟練輔助投影之作圖過程及了解其投影原理，以奠定圖學之基礎。以下小節將再以求兩直線之最短距離爲例，介紹兩種以輔助投影方法求解之過程。輔助投影方法求解將在後續之章節中繼續介紹。

5.6 兩直線之最短距離

兩直線之最短距離，即同時垂直兩直線間之距離，稱爲公垂線。兩直線間之公垂線，因空間位置關係，有可能會在直線之延長線上。求解時通常包括最短距離之 TL 及其投影，兩直線之最短距離因非爲投影之物體，其投影以細實線表之即可。兩直線之最短距離，常見有兩種求解方法：

(a) 端視圖法：當投影得任一直線之端視圖時，從端視圖作垂線至另一直線，即爲兩直線最短距離之 TL，稱爲端視圖法。

(b) 假想平面法：作一假想平面包含任意一直線，且平行於另一直線，則另一直線至該假想平面之垂直距離，即爲兩直線之最短距離，稱爲假想平面法。

兩者皆以輔助投影法求作，以下以例題介紹此兩種方法求解之過程。例題 1 爲完全採用輔助投影法，先求直線之端視圖，再求最短距離之投影；例題 2 則先作一假想平面(非投影面)作圖，再以輔助投影方法求解，最後再求最短距離之投影。

例題 2：已知直線 ab 及 cd 求其公垂線及其投影。(端視圖法)

分析：

1. 公垂線為兩直線之最短距離，即為同時垂直兩直線之線。
2. 當兩直線互相垂直，投影其中之一為 TL 時，兩直線投影之交角仍為 90 度。
3. 當不相交兩直線將其中之一直線投影成一點時，即可得其公垂線且為 TL，如圖 5.10 所示。
4. 求任意直線之端視圖，必須由直線之 TL 做輔助投影垂直 TL。
5. 已知直線 cd 在 V 面之投影 c^vd^v 為 TL，因 c^hd^h 平行於 GL。

作圖：(圖 5.11)

1. 作輔助投影 H1/V 垂直於 c^vd^v，得兩直線在 H1 面之投影 $a^{h1}b^{h1}$ 及 $c^{h1}d^{h1}$，使 $c^{h1}d^{h1}$ 為重疊成一點，得直線 cd 之端視圖。
2. 由重疊點 $c^{h1}d^{h1}$ 向直線 $a^{h1}b^{h1}$ 作垂線，交 $a^{h1}b^{h1}$ 於點 p^{h1}，即為所求兩直線之公垂線的 TL。
3. 從點 p^{h1} 投回 V 面，交直線 a^vb^v 於點 p^v，如圖中箭頭所示。
4. 由點 p^v 向直線 c^vd^v 作垂線，交 c^vd^v 於點 q^v，此時 p^vq^v 理應平行於 H1/V。
5. 將點 p^v 及 q^v 分別按其在各線上之位置投回 H 面，並連線點 p 及 q，即得公垂線直線 pq 之投影。

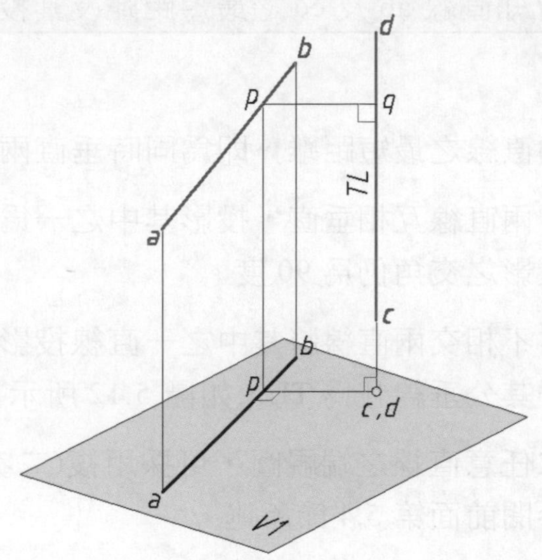

圖 5.10 兩直線其中之一投影成一點可得公垂線

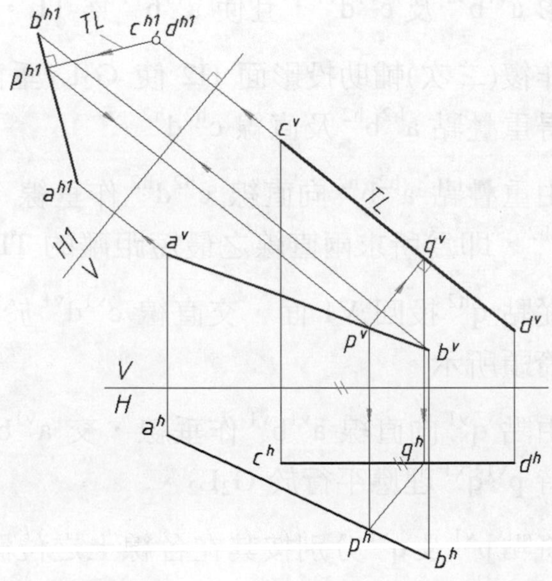

圖 5.11 已知直線 ab 及 cd 求其公垂線及其投影(端視圖法)

例題 3：求已知直線 ab 及 cd 之最短距離及其投影。(端視圖法)

分析：

1. 兩直線之最短距離，即為同時垂直兩直線之公垂線。
2. 當兩直線互相垂直，投影其中之一為 TL 時，兩直線投影之交角仍為 90 度。
3. 當不相交兩直線將其中之一直線投影成一點時，即可得其公垂線且為 TL，如圖 5.12 所示。
4. 求任意直線之端視圖，可採用複(二次)輔助投影，請參閱前面第 5.4 節所述。
5. 已知兩直線 ab 及 cd 之投影皆無 TL，須先求 TL。

作圖：(圖 5.13)

1. 作輔助投影 G_1L_1 平行於 a^hb^h，得兩直線在 V1 面之投影 $a^{v1}b^{v1}$ 及 $c^{v1}d^{v1}$，且使 $a^{v1}b^{v1}$ 為 TL。
2. 作複(二次)輔助投影面 H2 使 G_2L_2 垂直 $a^{v1}b^{v1}$，投影得重疊點 $a^{h2}b^{h2}$ 及直線 $c^{h2}d^{h2}$。
3. 由重疊點 $a^{h2}b^{h2}$ 向直線 $c^{h2}d^{h2}$ 作垂線，交 $c^{h2}d^{h2}$ 於點 q^{h2}，即為所求兩直線之最短距離的 TL。
4. 從點 q^{h2} 投回 V1 面，交直線 $c^{v1}d^{v1}$ 於點 q^{v1}，如圖中箭頭所示。
5. 由點 q^{v1} 向直線 $a^{v1}b^{v1}$ 作垂線，交 $a^{v1}b^{v1}$ 於點 p^{v1}，此時 $p^{v1}q^{v1}$ 理應平行於 G_2L_2。
6. 將點 p^{v1} 及 q^{v1} 分別按其在各線上之位置投回 H 面及 V 面，並連線點 p 及 q，即得最短距離直線 pq 之投影。

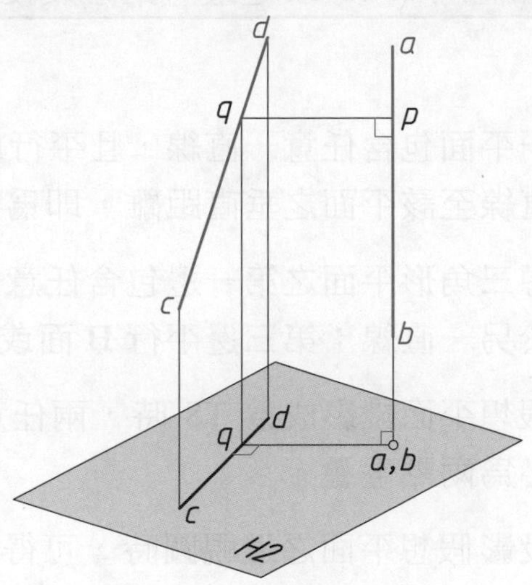

圖 5.12 兩直線其中之一投影成一點可得最短距離

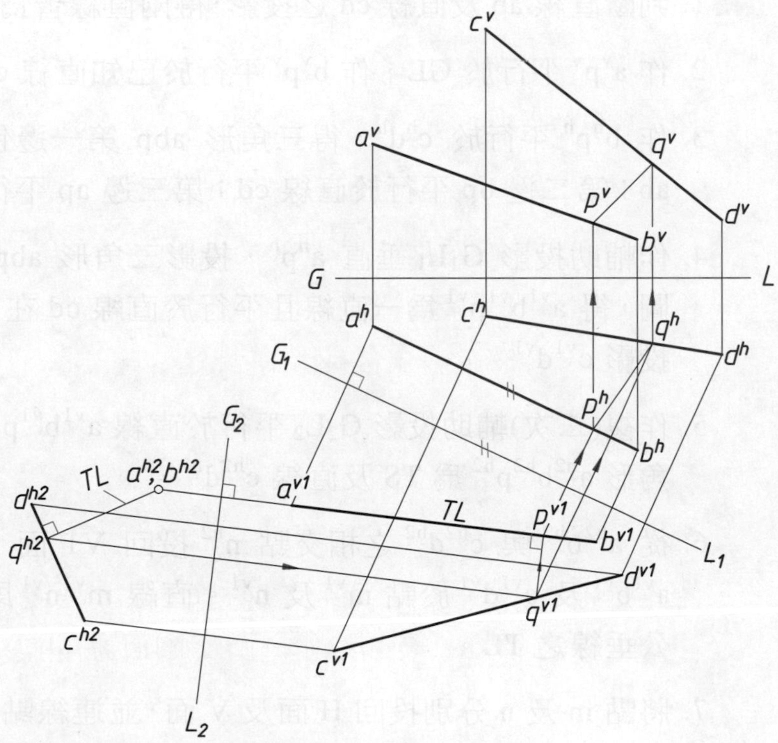

圖 5.13 求已知直線 ab 及 cd 之最短距離及其投影(端視圖法)

例題 4：求已知直線 ab 及 cd 之最短距離及投影。(假想平面法)

分析：

1. 若一平面包含任意一直線，且平行於另一直線，則另一直線至該平面之垂直距離，即爲兩直線之公垂線。
2. 假想三角形平面之第一邊包含任意一直線；第二邊平行於另一直線；第三邊平行 H 面或 V 面。
3. 當假想平面投影成爲 TS 時，兩任意直線公垂線之投影必爲兩點重疊。
4. 當投影假想平面之邊視圖時，可得該公垂線之 TL，如圖 5.14 所示。

作圖：(圖 5.15)

1. 判斷直線 ab 及直線 cd 之投影，得兩直線皆爲複斜線。
2. 作 a^vp^v 平行於 GL，作 b^vp^v 平行於已知直線 c^vd^v。
3. 作 b^hp^h 平行於 c^hd^h，得三角形 abp 第一邊包含直線 ab；第二邊 bp 平行於直線 cd；第三邊 ap 平行 H 面。
4. 作輔助投影 G_1L_1 垂直 a^hp^h，投影三角形 abp 之邊視圖，得 $a^{v1}b^{v1}p^{v1}$ 爲一直線且平行於直線 cd 在 V1 面之投影 $c^{v1}d^{v1}$。
5. 作複(二次)輔助投影 G_2L_2 平行於直線 $a^{v1}b^{v1}p^{v1}$，得三角形 $a^{h2}b^{h2}p^{h2}$ 爲 TS 及直線 $c^{h2}d^{h2}$。
6. 從 $a^{h2}b^{h2}$ 與 $c^{h2}d^{h2}$ 之相交點 n^{h2} 投回 V1 面，分別交 $a^{v1}b^{v1}$ 及 $c^{v1}d^{v1}$ 於點 m^{v1} 及 n^{v1}。直線 $m^{v1}n^{v1}$ 即爲所求公垂線之 TL。
7. 將點 m 及 n 分別投回 H 面及 V 面，並連線點 m 及 n，即爲所求最短距離之投影。

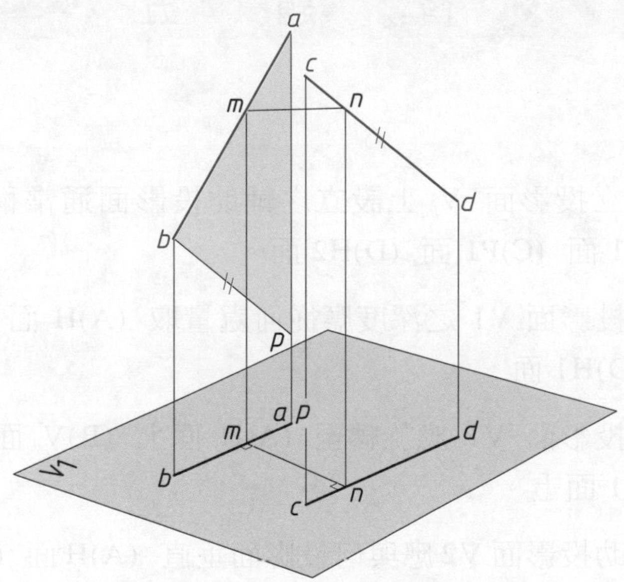

圖 5.14 投影平面之邊視圖可得公垂線 mn 之 TL(假想平面法)

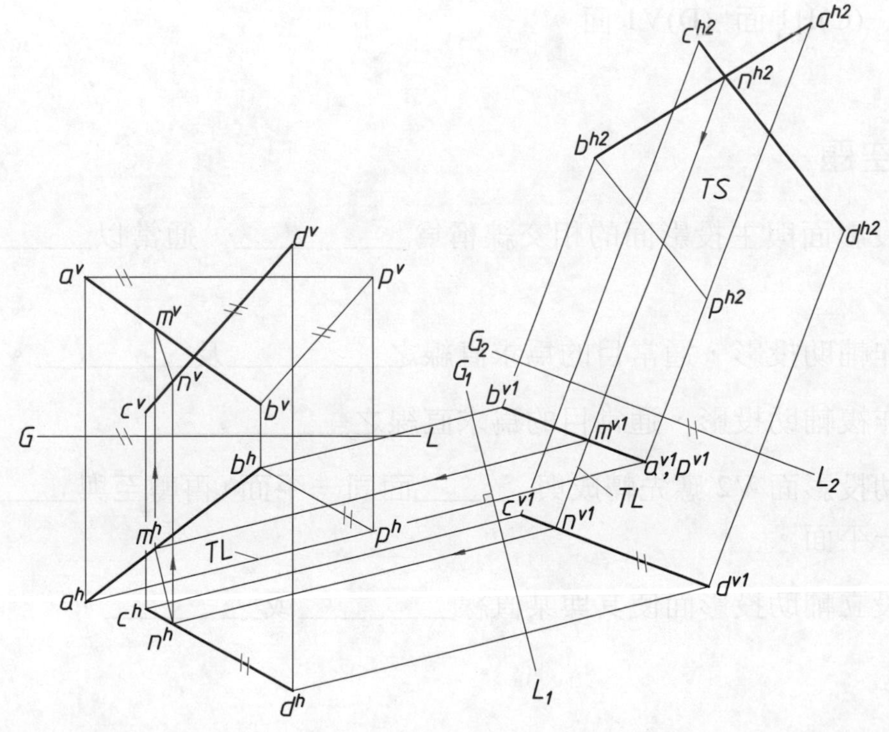

圖 5.15 求已知直線 ab 及 cd 之最短距離 mn 及投影(假想平面法)

❖ 習　題　五 ❖

一、選擇題

1. (　　) 在直立投影面 V 上設立之輔助投影面通常稱為 (A)V1 面 (B)H1 面 (C)P1 面 (D)H2 面。

2. (　　) 輔助投影面 V1 之深度應從何處量取 (A)H 面 (B)V 面 (C)P 面 (D)H1 面。

3. (　　) 輔助投影面 V1 應旋轉至 (A)H 面上 (B)V 面上 (C)P 面上 (D)H1 面上。

4. (　　) 複輔助投影面 V2 應與何投影面垂直 (A)H 面 (B)V 面 (C)H1 面 (D)V1 面。

5. (　　) 複輔助投影面 H2 之深度應從何處量取 (A)H 面 (B)V 面 (C)H1 面 (D)V1 面。

二、填空題

1. 輔助投影面與主投影面的相交線稱為__________，通常以________表之。

2. 直線作輔助投影，通常目的為求直線之_________及_________。

3. 直線作複輔助投影，通常目的為求直線之___________。

4. 複輔助投影面 V2 應先轉成與_______面同一平面，再轉至與_______面同一平面。

5. 通常設立輔助投影面使其與某直線_________或_________。

三、作圖題

1. 以輔助投影法，求下列各題中直線 ab 之實長(TL)。(每格 5mm)

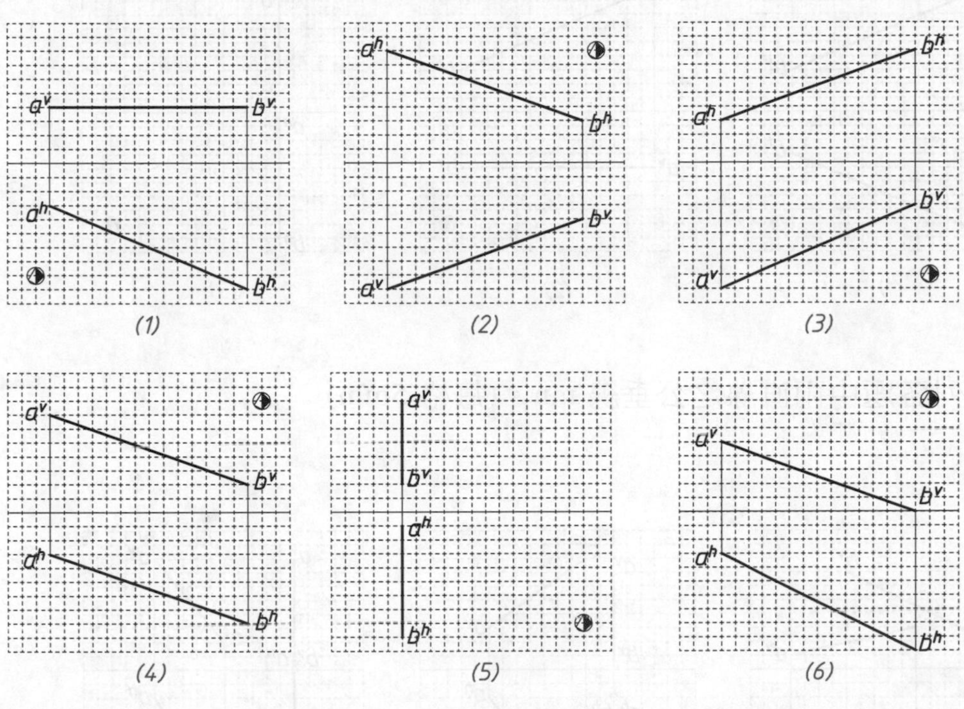

2. 求下列各題中直線 ab 與 H 面之夾角(α 角)。(每格 5mm)

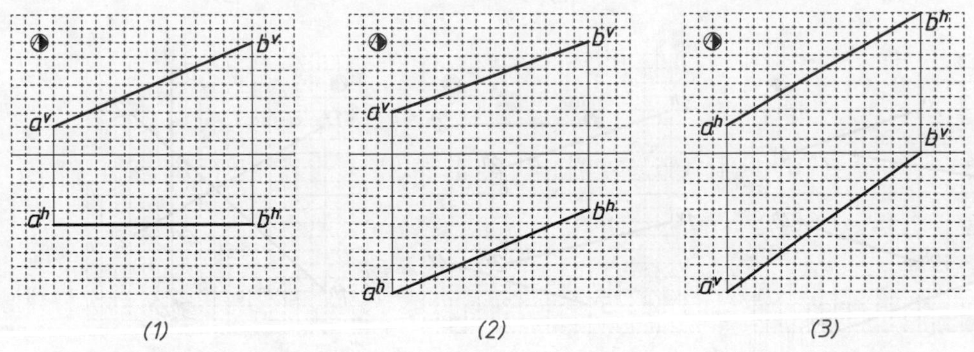

3. 求上列各題中直線 ab 與 V 面之夾角(β 角)。(每格 5mm)

4. 求下列各題中直線 ab 之端視圖。(每格 5mm)

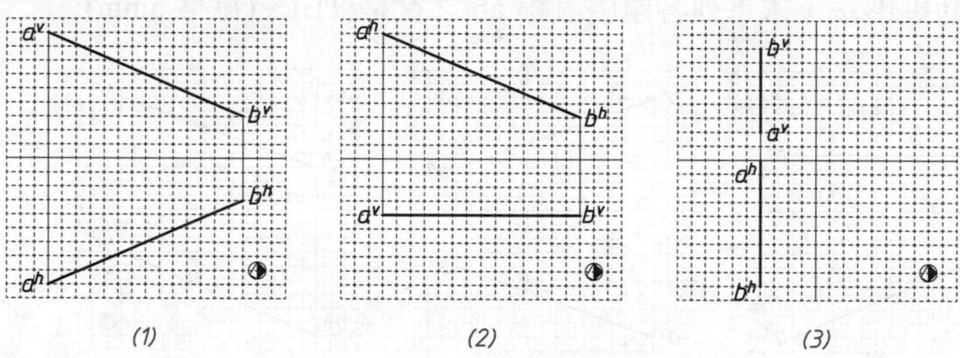

(1) (2) (3)

5. 求下列各題中兩直線之公垂線 mn。(每格 5mm)

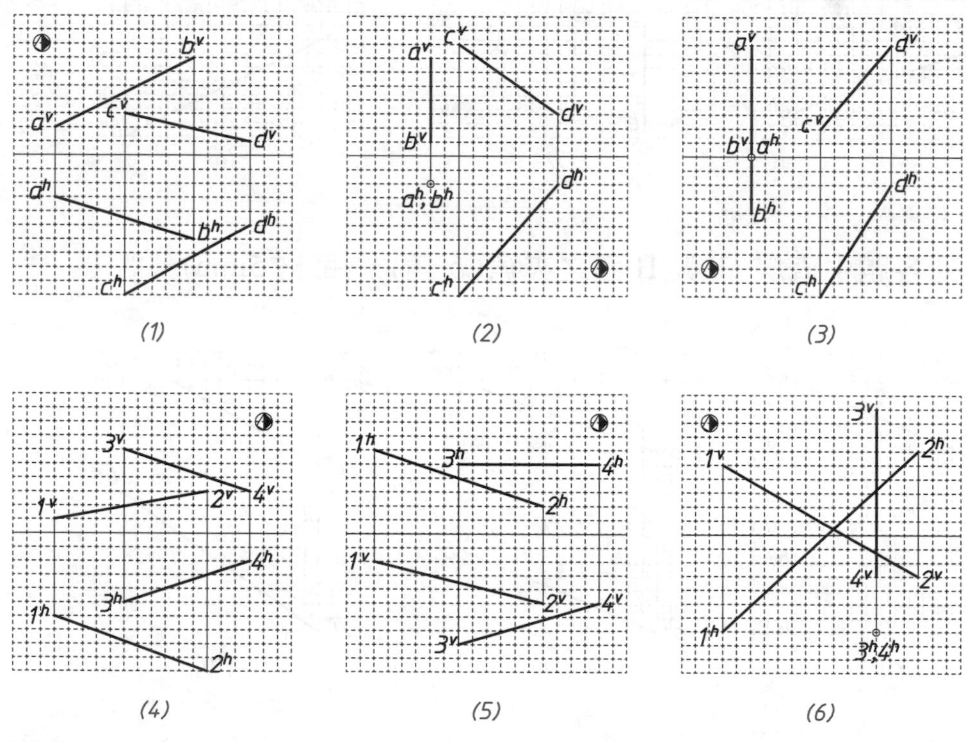

(1) (2) (3)

(4) (5) (6)

6. 已知兩直線 ab 及 bc 互相垂直，求直線 a^hb^h。(每格 5mm)

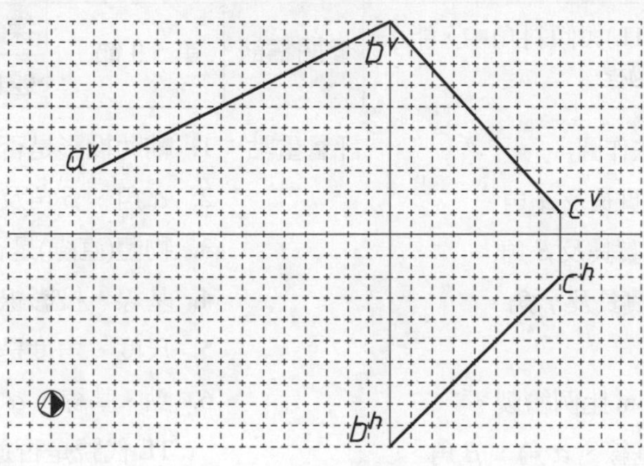

7. 已知點 c 及直線 ab，設有一點 d 在直線 ab 上，使 cd 與 ab 之夾角為 90 度，求點 d。(每格 5mm)

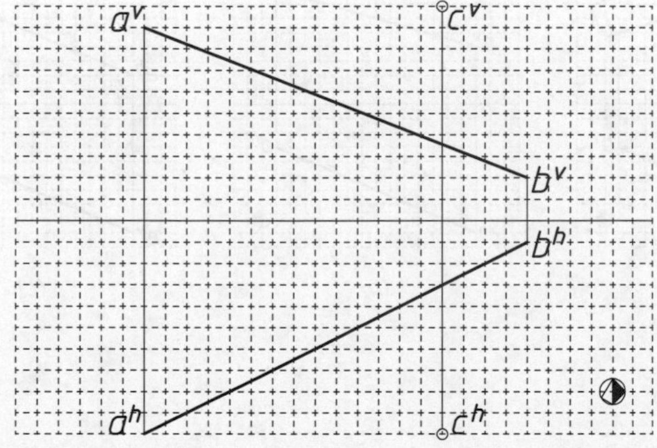

輔助投影『工作單一』

工作名稱	輔助投影練習	使用圖紙	A3	工作編號	DG0501
學習目標	利用求實長(TL)與傾斜角中，能了解輔助投影過程	參閱章節	第 5.3 節	操作時間	1-2 小時
				題目比例	-

說明：
1. 以輔助投影法作圖。
2. (a)求直線 ab 實長及 α 角。
3. (b)求直線 cd 實長及 β 角。
4. (c)求直線 ef 實長及 γ 角。
5. 網格免畫。
6. 以每小格 5 mm 比例繪製。
7. 須標註點、基線、α 角、β 角、γ 角及 TL 代號。
8. 投影線剛好即可。

評量重點：
1. 輔助投影是否正確。
2. α 角、β 角及 γ 角是否正確。
3. 物體(直線)是否以粗線繪製。
4. 基線、投影線是否爲細線。
5. 尺度、角度是否正確。
6. 點、基線、α 角、β 角、γ 角及 TL 代號是否遺漏。
7. 多餘線條是否擦淨。
8. 佈圖是否適當。

題目：

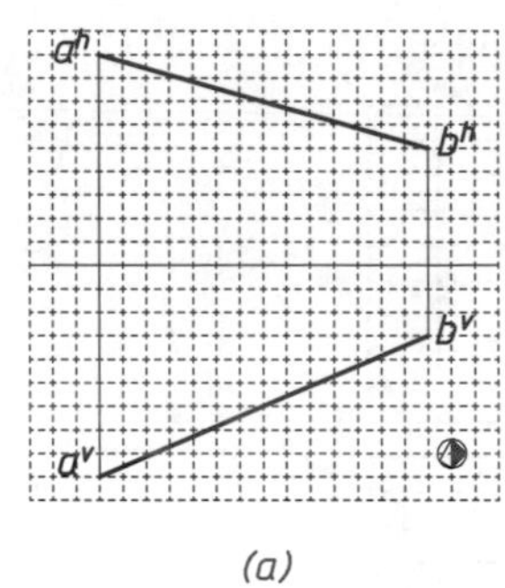

(a)

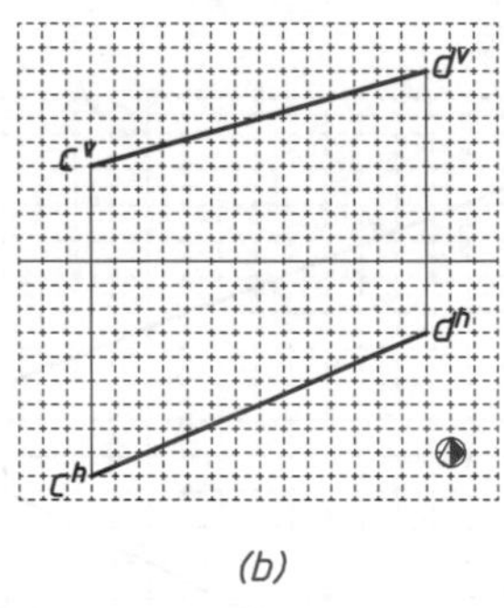

(b)

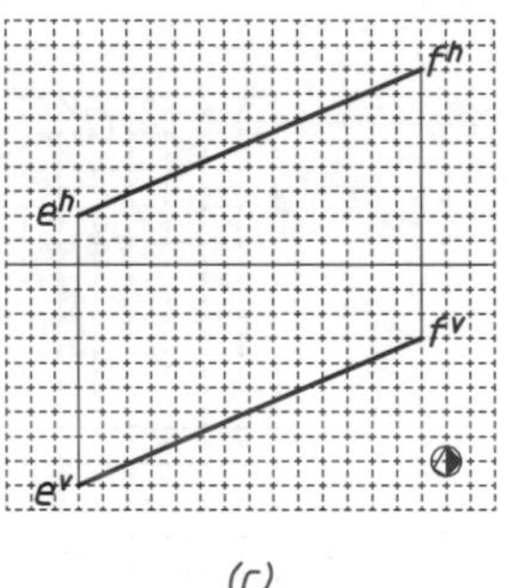

(c)

件號	圖 名	圖 號	數量	材 料	備 註

單 位	mm	數 量		比例	1 : 1	
材 料		日 期	yy - mm - dd			
班 級	&&	座號	**	(學校名稱)	課程	投影幾何學
姓 名	-					
教 師	-			圖名 輔助投影練習	圖號	yy##&&**
得 分						

輔助投影『工作單二』

工作名稱	複輔助投影	使用圖紙	A3	工作編號	DG0502
學習目標	從求直線端視圖中，了解複輔助投影之過程	參閱章節	第 5.4 節至 第 5.5 節	操作時間	1-2 小時
				題目比例	-

說明：
1. 以複(二次)輔助投影法作圖。
2. (a)求直線 ab 之端視圖。
3. (b)求直線 cd 之端視圖。
4. 網格免畫。
5. 以每小格 5 mm 比例繪製。
6. 須標註點、基線及 TL 代號。
7. 投影線剛好即可。

評量重點：
1. 二次輔助投影是否正確。
2. 物體(直線)是否以粗線繪製。
3. 基線、投影線是否以細線繪製。
4. 尺度、角度是否正確。
5. 點、基線及 TL 代號是否遺漏。
6. 多餘線條是否擦淨。
7. 佈圖是否適當。

題目：

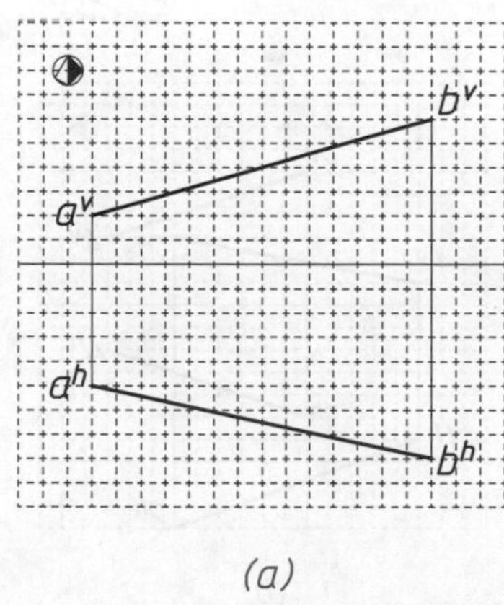

(a)

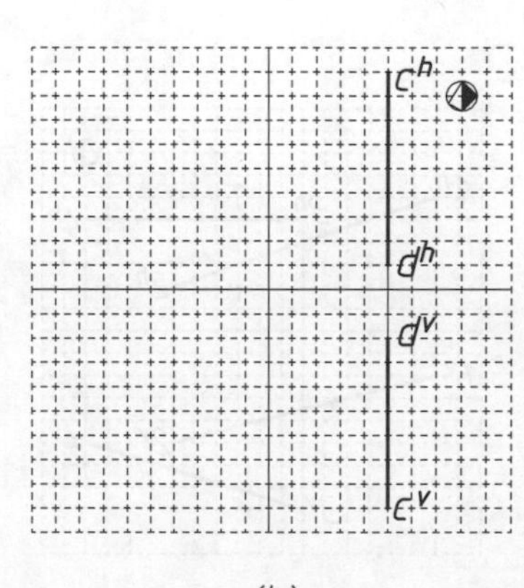

(b)

件號	圖名	圖號	數量	材料	備註
單位	mm	數量		比例	1：1
材料		日期	yy - mm - dd		
班級	&&　座號 **	(學校名稱)		課程	投影幾何學
姓名	-				
教師	-	圖名	複輔助投影	圖號	yy##&&**
得分					

輔助投影『工作單三』

工作名稱	兩直線之公垂線	使用圖紙	A3	工作編號	DG0503
學習目標	利用求兩直線之公垂線，以了解物體之垂直關係及輔助投影之應用	參閱章節	第 5.4 節至第 5.6 節	操作時間	1-2 小時
				題目比例	-

說明：
1. 求兩直線之公垂線，即兩直線間之最短距離。
2. (a)以端視圖法求兩直線 12 及 34 最短距離 mn 之 TL 及其投影。
3. (b)以假想平面法求直線 12 及 34 最短距離 mn 之 TL 及其投影。
4. 網格免畫。
5. 以每小格 3 mm 比例繪製。
6. 須標註點、基線及 TL 代號。
7. 投影線剛好即可。

評量重點：
1. 複輔助投影是否正確。
2. 公垂線及其投影是否遺漏。
3. 物體(直線)是否以粗線繪製。
4. 基線、投影線及公垂線是否以細線繪製。
5. 尺度、角度是否正確。
6. 點、基線及 TL 代號是否遺漏。
7. 多餘線條是否擦淨。
8. 佈圖是否適當。

題目：

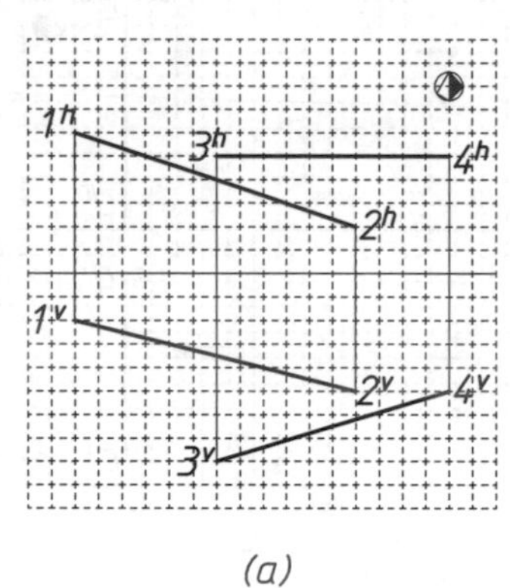

(a)

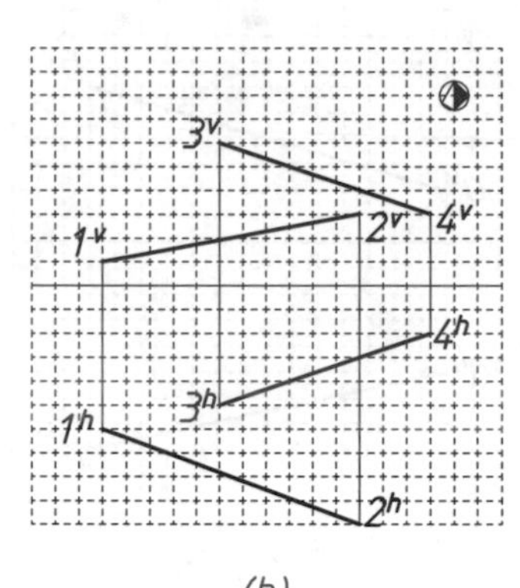

(b)

件號	圖名	圖號	數量	材料	備註

單位	mm		數量		比例	1：1	
材料			日期	yy - mm - dd			
班級	&&	座號	**	(學校名稱)		課程	投影幾何學
姓名	-						
教師	-			圖名	兩直線之公垂線	圖號	yy##&&**
得分							

6 平面之投影

6.1 概　說

線由點所組成，平面(Plane)則由線所組成，一個具有二度空間的平面區域應是無限大，無限大平面之投影請參閱第九章平面跡所述，本章所介紹之平面為一般有限平面，即以一封閉之幾何圖形所包圍之平整區域，與無限大平面的表示方式平面跡不相同。

以幾何圖形所包圍之有限平面，在投影時可視為多條直線在空間相連接在一起的投影，故其投影方法與前面各章節所述有關點及直線之投影方法相同。

並非所有相連接在一起封閉的多條直線皆為平面，必須在空間仍為平整區域才為平面，決定一個平面存在的條件有四種，如圖 6.1 所示，說明如下：

(a) 不在同一直線上之三點。

(b) 一直線與線外一點。

(c) 相交之兩直線。

(d) 平行之兩直線。

6.2 平面之投影

在正投影中平面之投影通常仍為平面，當平面與投影面平行時為最大，將與原來平面之實際形狀大小(True Size)一致，簡稱為該平面之實形(TS)，通常在該實形平面內標註 TS 字樣；當平面與投影面垂直時為最小，成為一直線，稱為該平面之邊視圖(Edge View)。平面之投影為實形(TS)或邊視圖時屬特殊情況。

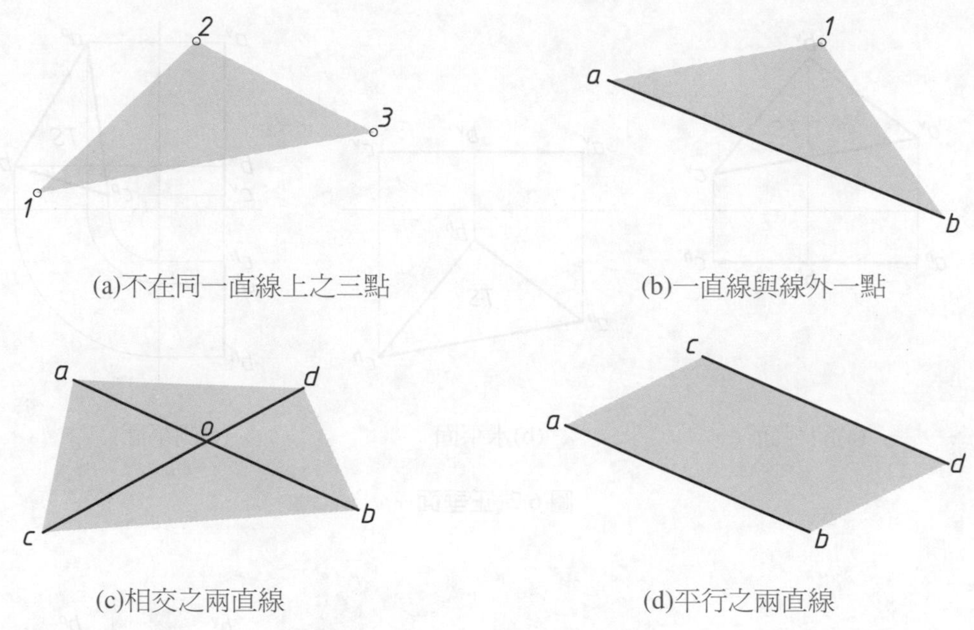

(a)不在同一直線上之三點　(b)一直線與線外一點

(c)相交之兩直線　(d)平行之兩直線

圖 6.1　決定平面的條件

平面在空間的方位，即平面與投影面之位置關係，其投影結果變化甚多，可分為正垂面、單斜面、及複斜面等三種，分別說明如下：

(a) 正垂面(Parallel Plane of Projection Plane)：凡平面與直立投影面 V、水平投影面 H、及側投影面 P，其中任一投影面平行者，皆稱為正垂面。如圖 6.2 所示，為三角形平面 abc，其中與 V 面平行者，稱為前平面(Frontal Plane)或直立面(Vertical Plane)，與 H 面平行者，稱為水平面(Horizontal Plane)，而與 P 面平行者，則稱為側平面(Profile Plane)。

(b) 單斜面(Inclined Plane)：凡平面與 V 面、H 面及 P 面其中任一投影面垂直而與其他兩投影面傾斜者，皆稱為單斜面或稱為斜面，如圖 6.3 所示。

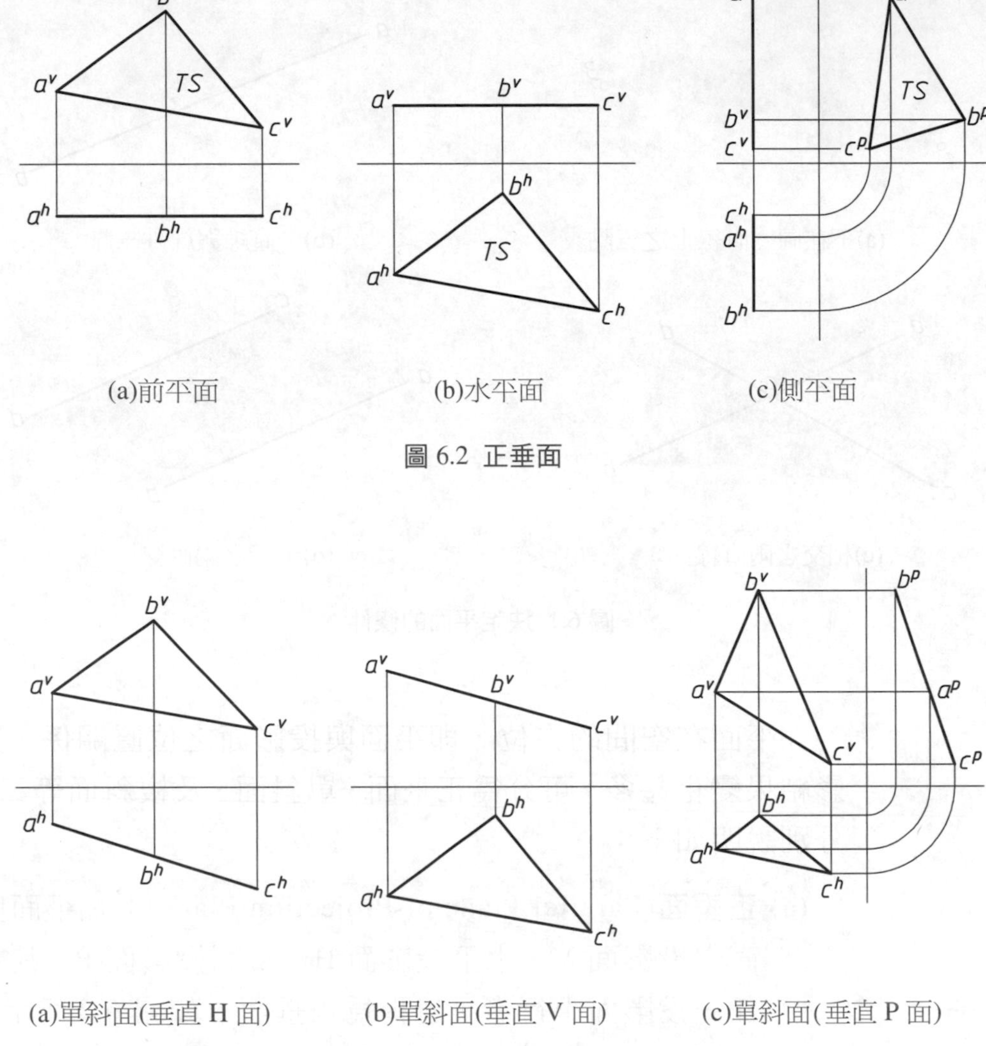

(a)前平面　(b)水平面　(c)側平面

圖 6.2 正垂面

(a)單斜面(垂直 H 面)　(b)單斜面(垂直 V 面)　(c)單斜面(垂直 P 面)

圖 6.3 單斜面

(c) 複斜面(Oblique Plane)：凡平面與三個投影面 V、H 及 P 皆傾斜者，即本書中所謂空間之任意平面，則稱爲複斜面(Oblique Plane)或稱爲歪面(Skew Plane)，如圖 6.4 所示。

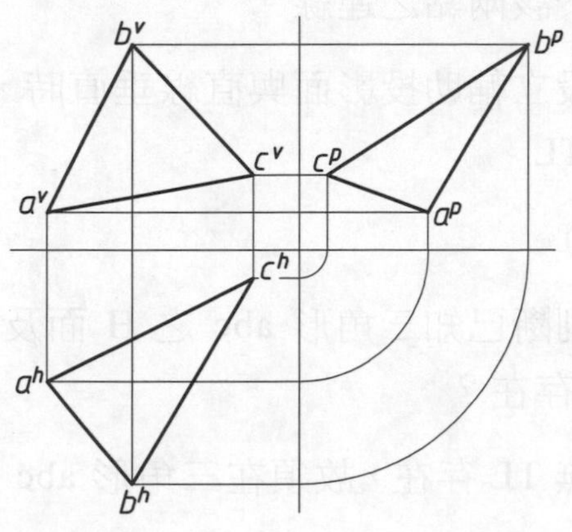

圖 6.4　空間之任意平面(複斜面)

6.3 平面之邊視圖

如前面所述，凡平面被投影成一直線時，皆稱爲該平面之邊視圖。欲投影平面之邊視圖，只要使平面上之任意兩點能重疊之投影，或設立輔助投影面垂直於平面，即可使平面之投影成爲一直線。平面邊視圖之求作，以例題說明如下。

例題 1：已知三角形 abc 之直立及水平投影，求其邊視圖。

分析：

1. 當平面被投影成爲一直線時，即稱爲邊視圖。
2. 只要使三角形 abc 上之任意兩點能重疊之投影，即可使三角形 abc 之投影成爲一直線，如圖 6.5 所示。

3. 爲求得空間兩點投影能重疊，必須設立輔助投影面垂直於該兩點之連線。

4. 要設立輔助投影面與直線垂直時，必須先找到該直線之 TL。

作圖：(圖 6.6)

1. 先判斷已知三角形 abc 之 H 面及 V 面之投影是否有 TL 存在？

2. 因無 TL 存在，故須在三角形 abc 上自行找一 TL 線。

3. TL 線之作法：在直線 a^vb^v 上找一 d^v 點，使 c^vd^v 平行於 GL，投影點 d^v 至 d^h，d^h 理應在 a^hb^h 線上之某點，連接 c^hd^h 爲三角形 abc 平面上之直線且爲 TL。

4. 作輔助投影 G_1L_1 垂直 TL 線 c^hd^h，可使點 c 及 d 重疊在 V1 面上，而使三角形 abc 投影成爲一直線。

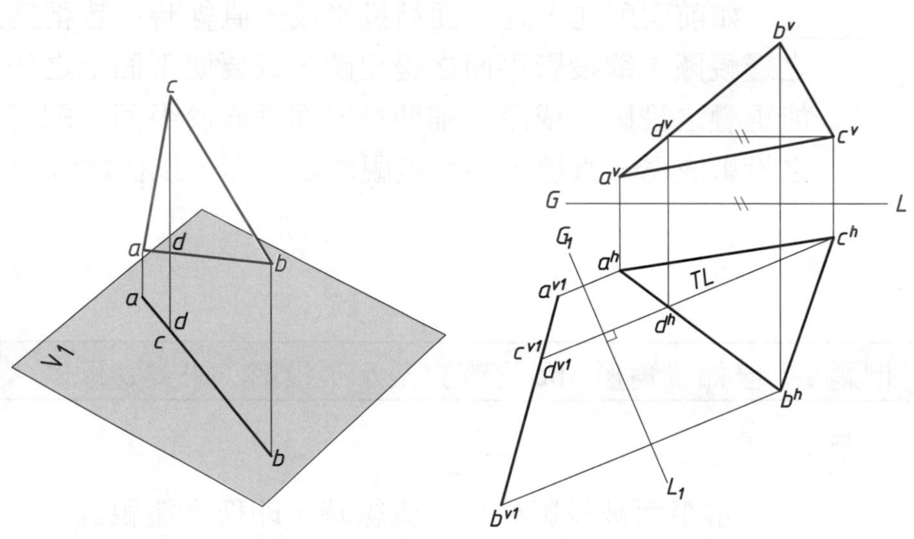

圖 6.5 使三角形 abc 上之任意兩點重疊即可使三角形 abc 成為一直線

圖 6.6 求三角形 abc 之邊視圖

6.4 平面之實形

當平面與投影面平行時，其在該投影面上之畫面將與平面之實際形狀及大小一致，即投影得平面之實形(TS)，且通常在平面內標註實形之代號 TS，請參閱前面圖 6.2 所示之正垂面。

當平面為單斜面時，平面與某主投影面垂直與另一主投影面傾斜，請參閱前面圖 6.3 所示之單斜面。當平面與投影面垂直時，其在該投影面上之畫面將可得邊視圖。此時若設立一輔助投影面與邊視圖平行且垂直該投影面，即可投影得平面之實形(TS)。如圖 6.7 所示，三角形 abc 垂直 V 面，設立輔助投影面 H1 與三角形邊視圖平行且垂直 V 面，可投影

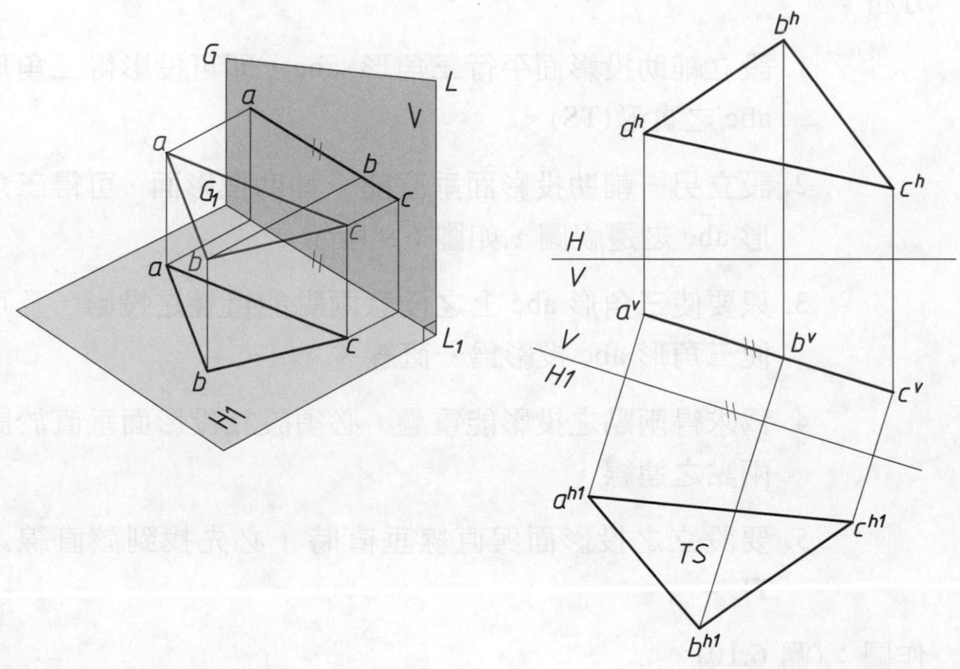

圖 6.7 輔助投影面 H1 與邊視圖平行可投影得平面之實形(TS)

圖 6.8 單斜面求其實形(TS)

得平面之 TS。以輔助投影法求作，如圖 6.8 所示，作輔助投影面 V/H1 線平行三角形邊視圖 $a^v b^v c^v$，得 H1 面上之投影 $a^{h1} b^{h1} c^{h1}$ 為三角形 abc 之實形(TS)。

空間之任意平面，即平面爲複斜面時，其在 H 面、V 面及 P 面上之投影仍爲平面，請參閱前面圖 6.4 所示之複斜面。根據平面之實形求作結果，首先須找到平面之邊視圖，才能投影得平面之實形。因此可先採用前面第 6.4 節所述，求平面之邊視圖，再求平面之實形。複斜面實形之求作，以例題說明如下。

例題 2：已知三角形 abc，求其實形(TS)。

分析：

1. 設立輔助投影面平行三角形 abc，即可投影得三角形 abc 之實形(TS)。
2. 設立另一輔助投影面垂直前一輔助投影面，可得三角形 abc 之邊視圖，如圖 6.9 所示。
3. 只要使三角形 abc 上之任意兩點能重疊之投影，及可使三角形 abc 投影爲一直線。
4. 爲求得兩點之投影能重疊，必須設立投影面垂直於該兩點之連線。
5. 要設立之投影面與直線垂直時，必先找到該直線之 TL。

作圖：(圖 6.10)

1. 先判斷已知三角形 abc 之投影是否有 TL 存在？因直

線 a^vb^v 平行 GL 故得知直線 a^hb^h 為 TL。

2. 作第一輔助投影 G_1L_1 垂直 a^hb^h，投影得點 a^{v1} 與 b^{v1} 重合，即使三角形 abc 之投影為一直線。

3. 作第二輔助投影 G_2L_2 平行於直線 $a^{v1}b^{v1}c^{v1}$，投影得三點 a^{h2}、b^{h2} 及 b^{h2}，連接三點即為三角形 abc 之實形(TS)。

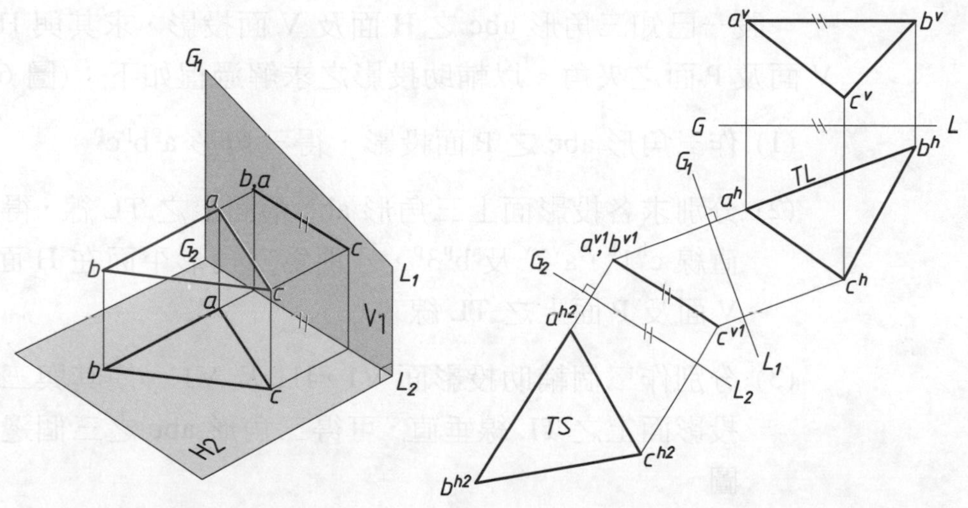

圖 6.9　輔助投影面平行三角形 abc 可投影得其實形(TS)

圖 6.10　已知三角形 abc 求其實形(TS)

分析以上平面之實形(TS)求解過程結果得知：

(a) 必須先找到平面上之實長(TL)線。

(b) 設立輔助投影面垂直 TL 線，投影得平面之邊視圖。

(c) 再設立輔助投影面平行平面之邊視圖，即可投影得平面之實形(TS)。

6.5 平面與投影面之夾角

平面與投影面之實際夾角又稱平面之傾斜角。空間之任意平面，即複斜面，與 H 面、V 面及側投影面 P 之夾角，通常分別以α、β及γ角表之，與前面第 3.7 節直線夾角之表示法相同。以輔助投影法，使輔助投影面垂直平面上之 TL 線，可將平面投影成邊視圖，請參閱前面第 6.4 節所述，此平面的邊視圖與輔助基線之夾角，即為平面與投影面之夾角。

設一已知三角形 abc 之 H 面及 V 面投影，求其與 H 面、V 面及 P 面之夾角。以輔助投影之求解過程如下：(圖 6.11)

(1) 作三角形 abc 之 P 面投影，得三角形 $a^pb^pc^p$。

(2) 分別求各投影面上三角形 abc 平面上之 TL 線，得三直線 c^h1^h，a^v2^v 及 b^p3^p，分別為三角形平面在 H 面、V 面及 P 面上之 TL 線。

(3) 分別作三個輔助投影面 V1，H1 及 V1'，使其與三個投影面上之 TL 線垂直，可得三角形 abc 之三個邊視圖。

(4) 由 H 面上之 TL 線(直線 c^h1^h)所求得之邊視圖(直線 $a^{v1}c^{v1}b^{v1}$)與輔助基線(H/V1 線)之夾角即為三角形平面 abc 與 H 面之夾角α。

(5) 分別由 V 面上及 P 面上之 TL 線，以相同求作過程，可得三角形平面 abc 與 V 面之夾角β以及與 P 面之夾角γ。

(6) 圖中 H1 面之深度尺度由 H 面量取；圖中 V1 面之深度尺度由 V 面量取；圖中 V1'面之深度尺度亦由 V 面量取。

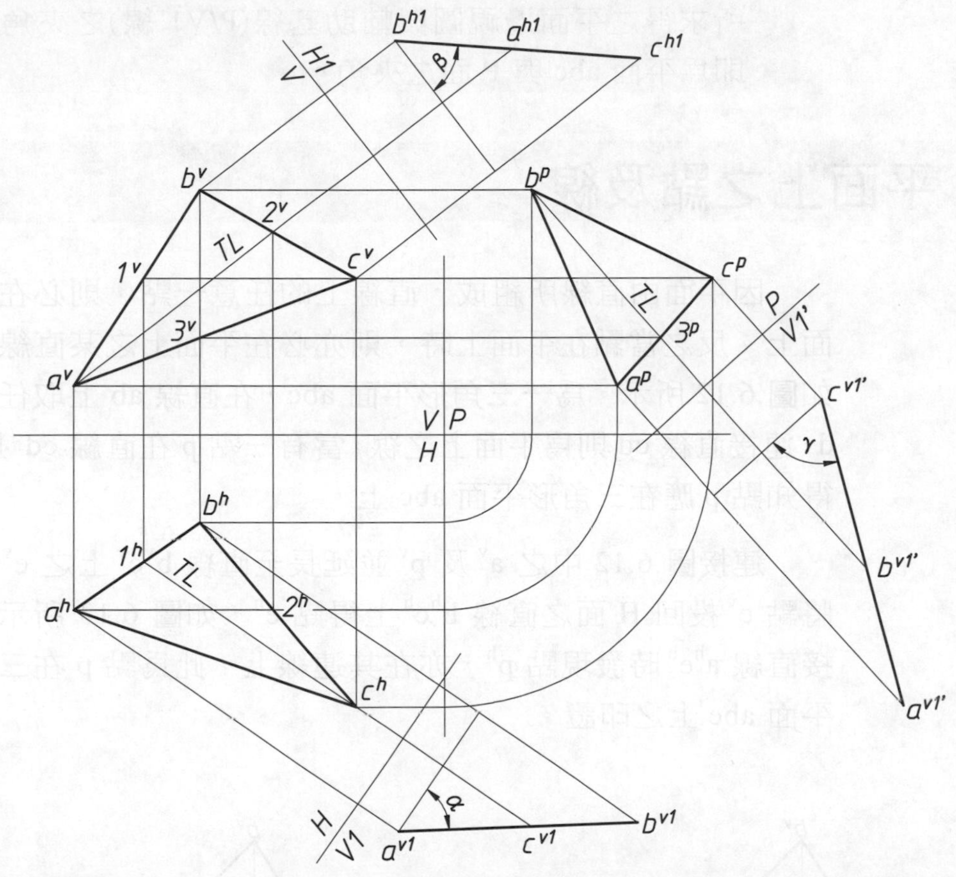

圖 6.11 求三角形 abc 與 H 面、V 面及 P 面之夾角(輔助投影法)

由以上平面 abc 與投影面 H、V 及 P 之傾斜角作圖結果分析得知：

(a) 從 H 面作輔助投影面，稱爲 V1 面，深度取 V 面，所求得之平面邊視圖與輔助基線(H/V1 線)之夾角，即爲平面 abc 與 H 面之夾角 α。

(b) 從 V 面作輔助投影面，稱爲 H1 面，深度取 H 面，所求得之平面邊視圖與輔助基線(V/H1 線)之夾角，即爲平面 abc 與 V 面之夾角 β。

(c) 從 P 面作輔助投影面，稱爲 V1’面，深度取 V 面，所求得之平面邊視圖與輔助基線(P/V1’線)之夾角，即爲平面 abc 與 P 面之夾角 γ。

6.6 平面上之點及線

因平面由直線所組成，直線上的任意一點，則必在該平面上。反之當點在平面上時，則亦必在平面上之某直線上。如圖 6.12 所示，爲一三角形平面 abc，在直線 ab 上取任意點 d，連接直線 cd 則爲平面上之線，當有一點 p 在直線 cd 上時，得知點 p 應在三角形平面 abc 上。

連接圖 6.12 中之 a^v 及 p^v 並延長至直線 b^vc^v 上之 e^v 點，將點 e^v 投回 H 面之直線 b^hc^h 上得點 e^h，如圖 6.13 所示，連接直線 a^he^h 時發現點 p^h，亦在其連線上，此爲點 p 在三角形平面 abc 上之印證。

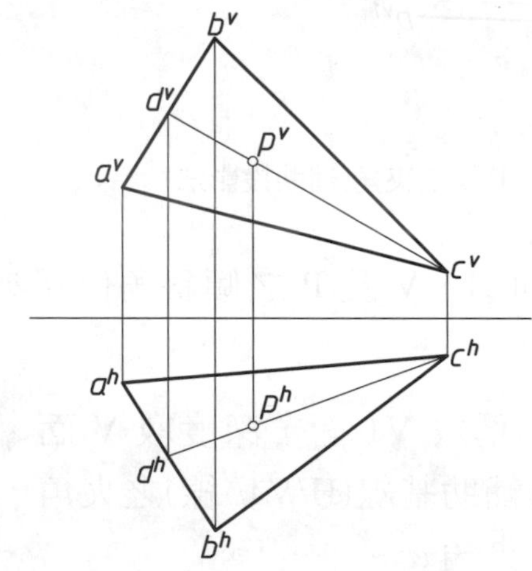

圖 6.12 點 P 在三角形平面 abc 上

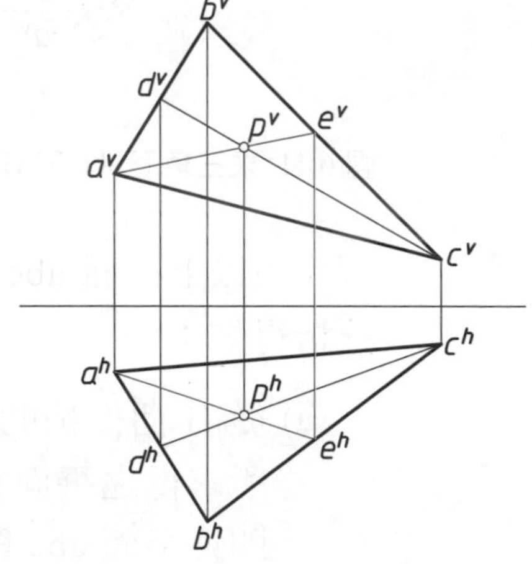

圖 6.13 點 P 在三角形平面 abc 上之印證

凡平面上之線與直立投影面 V 平行時，皆稱爲直立主線 (Vertical Principle Lines)，與水平投影面 H 平行時，則皆稱爲水平主線(Horizontial Principle Lines)。因此只要平面上之某直線在 H 面之投影平行基線時，該直線即爲平面之直立主線，在 V 面之投影平行基線時，該直線即爲平面之水平主線。

直立主線因在 H 面之投影平行基線，故在 V 面之投影爲實長(TL)；水平主線因在 V 面之投影平行基線，故在 H 面之投影爲實長(TL)。

平面爲投影之物體須以粗實線繪製，平面上之直立主線與水平主線爲求解所須之作圖線須以細實線繪製，相同三角形 abc 之水平主線及直立主線求作，分別以例題說明如下：

例題 3：在已知三角形 abc 上作水平主線。

分析：

1. 水平主線在 V 面之投影必平行 GL，在 H 面之投影必爲 TL。
2. 平面上可作無數條水平主線。

作圖：(圖 6.14)

1. 由點 a^v 作直線 a^vd^v 平行於 GL，且使點 d^v 在直線 b^vc^v 上，如圖中箭頭所示。
2. 將點 d^v 投回 H 面之直線 b^hc^h 上得點 d^h。
3. 連接 a^hd^h 爲 TL，直線 ad 即爲所求三角形 abc 上之水平主線之一。
4. 圖中灰色線所示爲另一水平主線 mn 求作過程。

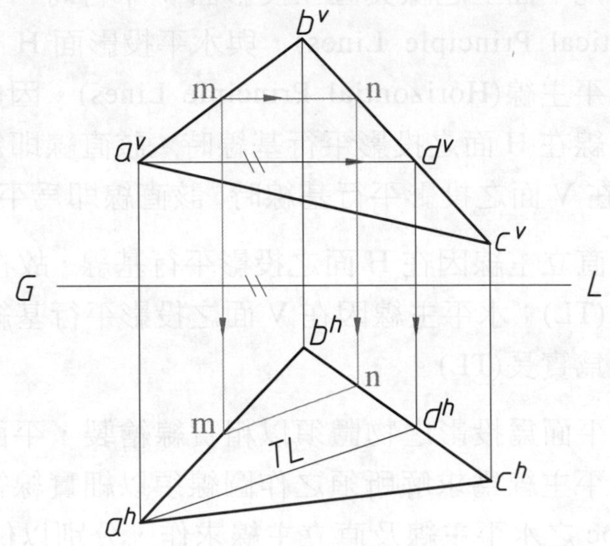

圖 6.14 在三角形 abc 上作水平主線 ad 或 mn

例題 4：在已知三角形 abc 上作直立主線。

分析：

1. 直立主線在 H 面之投影必平行 GL，在 V 面之投影必爲 TL。
2. 平面上可作無數條直立主線。

作圖：(圖 6.15)

1. 與上題相同之三角形 abc，由點 c^h 作直線 c^hd^h 平行於 GL，且使點 d^h 在直線 a^hb^h 上，如圖中箭頭所示。
2. 將點 d^h 投回 V 面之直線 a^vb^v 上得點 d^v。
3. 連接 c^vd^v 爲 TL，直線 cd 即爲所求三角形 abc 上之直立主線之一。

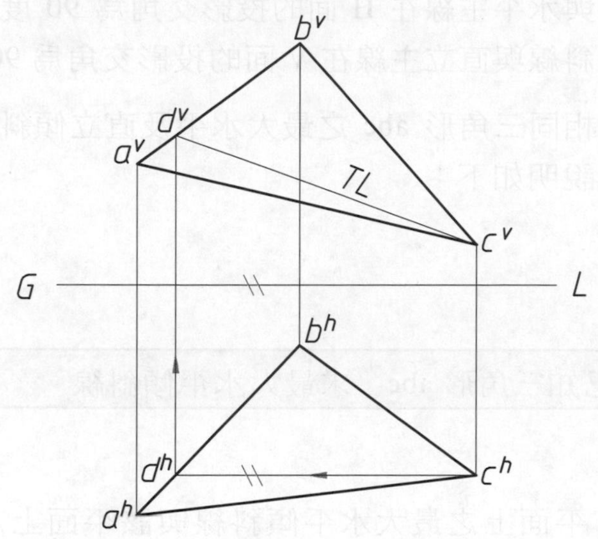

圖 6.15　在三角形 abc 上作直立主線 cd

6.7 最大傾斜線

凡平面上之線與主投影面 H 或 V 成最大角度者，皆稱爲平面之最大傾斜線(Lines of Maximum Inclination)，有無數多條。其中凡與 H 面成最大角度者，皆稱爲最大水平傾斜線(Lines of Maximum Inclination to H)；凡與 V 面成最大角度者，皆稱爲最大直立傾斜線(Lines of Maximum Inclination to V)，皆有無數多條。

最大水平傾斜線與 H 面的夾角即爲平面與 H 面的夾角 α，且與平面之水平主線垂直；最大直立傾斜線與 V 面的夾角即爲平面與 V 面的夾角 β，且與平面之直立主線垂直。因兩直線在空間垂直，投影任一直線爲 TL 時，可得其交角爲

90 度，又因水平主線在 H 面的投影爲 TL，故得最大水平傾斜線與水平主線在 H 面的投影交角爲 90 度。同理得最大直立傾斜線與直立主線在 V 面的投影交角爲 90 度。

相同三角形 abc 之最大水平及直立傾斜線求作，分別以例題說明如下：

例題 5：已知三角形 abc，求最大水平傾斜線。

分析：

1. 平面上之最大水平傾斜線與該平面上之水平主線垂直。
2. 互相垂直兩直線，當投影任一直線爲 TL 時，其交角仍爲 90 度。
3. 水平主線之求法參閱前面之例題 3。

作圖：(圖 6.16)

1. 作直線 $a^v d^v$ 平行 GL，使點 d^v 在直線 $b^v c^v$ 上。
2. 將點 d^v 投回 H 面上之直線 $b^h c^h$，得點 d^h。
3. 連接 $a^h d^h$，即爲三角形 abc 之水平主線 ad 且爲 TL。
4. 由點 b^h 向直線 $a^h d^h$ 作垂線，交直線 $a^h c^h$ 於點 f^h。
5. 將點 f^h 投回 V 面上之直線 $a^v c^v$，得點 f^v。如圖中箭頭所示。
6. 連接 $b^v f^v$，即完成直線 bf 爲三角形 abc 之最大水平傾斜線之一。
7. 注意：最大水平傾斜線有無數多條。

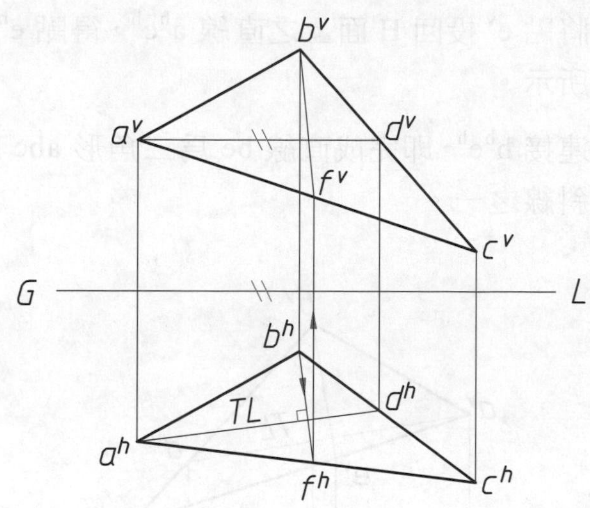

圖 6.16　求三角形 abc 之最大水平傾斜線 bf

例題 6：已知三角形 abc，求最大直立傾斜線。

分析：

1. 最大直立傾斜線與該平面上之直立主線垂直。
2. 互相垂直兩直線，當投影任一直線爲 TL 時，其交角仍爲 90 度。
3. 直立主線之求法參閱前面之例題 4。

作圖：(圖 6.17)

1. 作直線 a^hd^h 平行 GL，使點 d^h 在直線 b^hc^h 上。
2. 將點 d^h 投回 V 面上之直線 b^vc^v，得點 d^v。
3. 連接 a^vd^v，即爲三角形 abc 之直立主線 ad 且爲 TL。

4. 由點 b^v 向直線 a^vd^v 作垂線，交直線 a^vc^v 於點 e^v。

5. 將點 e^v 投回 H 面上之直線 a^hc^h，得點 e^h，如圖中箭頭所示。

6. 連接 b^he^h，即完成直線 be 為三角形 abc 之最大直立傾斜線之一。

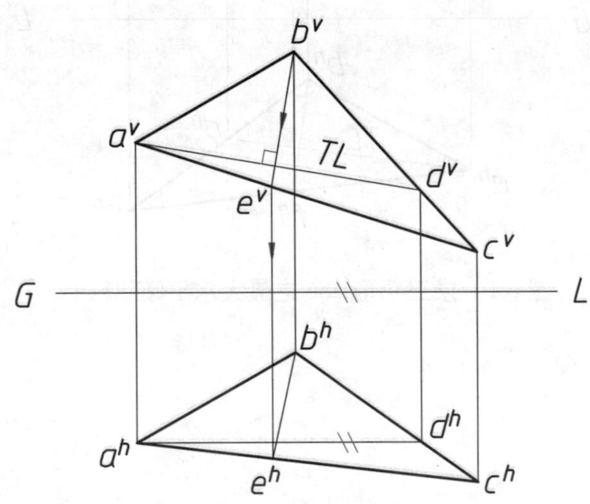

圖 6.17 求三角形 abc 之最大直立傾斜線 be

6.8 平面迴轉法

可將任意平面以水平主線或直立主線為軸，將平面迴轉至與水平投影面 H 或直立投影面 V 平行，而得平面之實形(TS)，稱為平面迴轉法。此法須配合求直線實長之倒轉法求平面上某一端點的實際高度。

設三角形 abc 為空間任意平面，即複斜面，如圖 6.18 所示，以平面迴轉法求三角形 abc 之實形(TS)，作圖過程說明如下：

(1) 爲避免迴轉後圖形重疊，作三角形 abc 外的水平主線 ad，延長直線 b^vc^v 至點 d^v，使直線 a^vd^v 平行基線 GL，得直線 a^hd^h 爲 TL。

(2) 準備以 a^hd^h 爲軸將三角形 $a^hb^hc^h$ 迴轉在水平面上，可得三角形 $a^hb_1{}^hc_1{}^h$ 爲三角形 abc 之 TS。

(3) 分別由點 b^h 及 c^h 向 TL 線 a^hd^h 作垂線。

(4) 設點 c^v 至直線 a^vd^v 之垂直高度爲 l。

(5) 以倒轉法求 l 之 TL，得點 $c_1{}^h$，如圖中箭頭所示，倒轉法求實長，請參閱前面第 3.7 節(b)項所示。

(6) 點 $b_1{}^h$ 可在直線 $d^hc_1{}^h$ 之延長線上找到。

(7) 連線點 a^h、$b_1{}^h$ 及 $c_1{}^h$ 爲三角形，即爲所求三角形 abc 之實形(TS)。

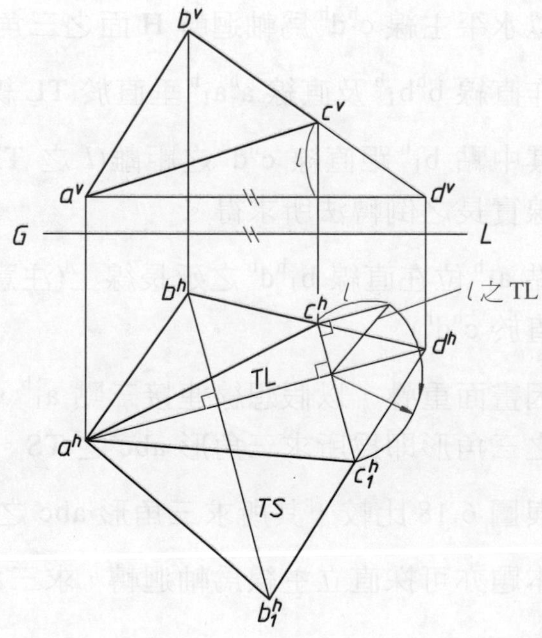

圖 6.18 平面迴轉法求三角形 abc 之 TS
(以水平主線 a^hd^h 為軸)

(8) 注意：作圖時須使直線 $b^hb_1{}^h$ 及 $c^hc_1{}^h$ 垂直於直線 a^hd^h。

例題 7：求三角形 abc 之 TS。(平面迴轉法)

分析：

1. 本題三角形 abc 與圖 6.18 相同，改採三角形內之水平主線為軸迴轉。
2. 得三角形之 TS 將與三角形在 H 面之投影重疊，以假想線表之。

作圖：(圖 6.19)

1. 作水平主線 cd，使點 d 在直線 ab 上，得直線 c^hd^h 為 TL。
2. 以水平主線 c^hd^h 為軸迴轉 H 面之三角形 $a^hb^hc^h$。
3. 作直線 $b^hb_1{}^h$ 及直線 $a^ha_1{}^h$ 垂直於 TL 線 c^hd^h。
4. 其中點 $b_1{}^h$ 距直線 c^hd^h 之距離(l 之 TL)，是利用求直線實長之倒轉法所求得。
5. 點 $a_1{}^h$ 位在直線 $b_1{}^hd^h$ 之延長線上(注意直線 $a^ha_1{}^h$ 須垂直於 c^hd^h)。
6. 因畫面重疊，以假想線連接三點 $a_1{}^h$、c^h 及 $b_1{}^h$，所得之三角形即為所求三角形 abc 之 TS。
7. 與圖 6.18 比較，其所求三角形 abc 之 TS 理應相同。
8. 本題亦可採直立主線為軸迴轉，求三角形 abc 之 TS。

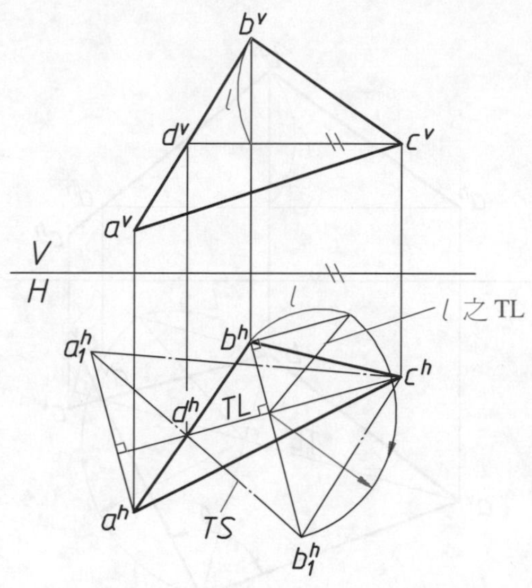

圖 6.19　平面迴轉法求三角形 abc 之 TS
(以水平主線 c^hd^h 為軸)

例題 8：求兩直線 ab 及 bc 之夾角。(平面迴轉法)

分析：

1. 求兩相交直線之夾角與求三角形 TS 之方法相同。
2. 得三角形之 TS 即得兩直線之實際夾角。

作圖：(圖 6.20)

1. 作直立主線 ad，使點 d 在直線 bc 上，得直線 a^vd^v 爲 TL。
2. 作直線 $b^vb_1^v$ 垂直於 a^vd^v，其中點 b_1^v 距直線 a^vd^v 之距離(l 之實長 TL)，是利用求直線實長之倒轉法所求得。
3. 連接直線 $a^vb_1^v$ 以及 $b_1^vc_1^v$（經點 d^v），其夾角 θ 即爲所求兩直線之實際夾角。

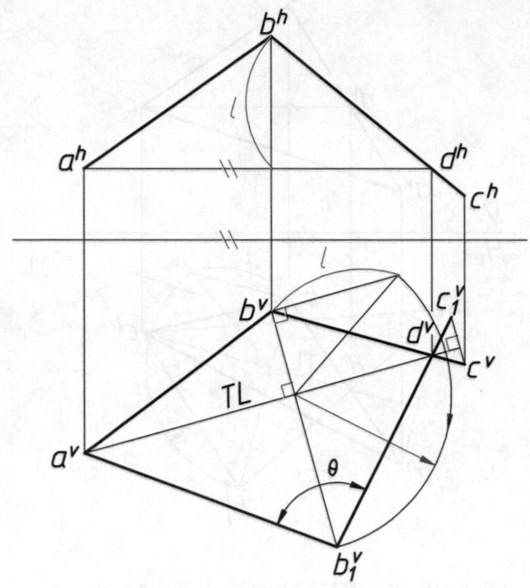

圖 6.20 平面迴轉法求直線 ab 及 bc 之夾角
(以直立主線 $a^v d^v$ 為軸)

❖ 習　　題　　六 ❖

一、選擇題

1. (　　) 無限大平面須以何種方式投影 (A)影 (B)平面跡 (C)點 (D)邊視圖。

2. (　　) 平面投影成一直線時，稱爲該平面之 (A)側視圖 (B)端視圖 (C)邊視圖 (D)線視圖。

3. (　　) 平面與直立投影面平行時，稱爲 (A)前平面 (B)水平面 (C)單斜面 (D)複斜面。

4. (　　) 平面垂直水平投影面時，不可能稱 (A)前平面 (B)側平面 (C)單斜面 (D)複斜面。

5. (　　) 平面與 V 面之夾角稱爲 (A) α 角 (B) β 角 (C) γ 角 (D) θ 角。

6. (　　) 平面與直立投影面垂直時，不可能爲 (A)前平面 (B)水平面 (C)側平面 (D)正垂面。

7. (　　) 三角形平面在 V 面投影成一直線時，可能爲 (A)前平面 (B)單斜面 (C)複斜面 (D)投影面。

8. (　　) 三角形平面在 V 面投影成一直線，且平行基線時，稱爲 (A)前平面 (B)單斜面 (C)複斜面 (D)正垂面。

二、填空題

1. 決定一平面存在的條件有＿＿＿＿＿＿＿＿、＿＿＿＿＿＿＿＿、＿＿＿＿＿＿＿＿及＿＿＿＿＿＿＿＿等四種。

2. 平面之投影與原來之實際形狀大小一致時，稱爲＿＿＿＿＿＿，簡稱＿＿＿＿。

3. 平面之投影成爲一直線時，稱爲該平面之＿＿＿＿＿＿。

4. 與直立投影面 V 平行之平面稱爲＿＿＿＿＿＿＿面；與水平投影面 H 平

行之平面稱爲____________面；與側投影面 P 平行之平面稱爲____________面。

5. 平面與 H 面之夾角稱爲______角；與 V 面之夾角稱爲______角；與 P 面之夾角稱爲______角。

三、作圖題

1. 求下列各平面之實形(TS)。(每格 5mm)

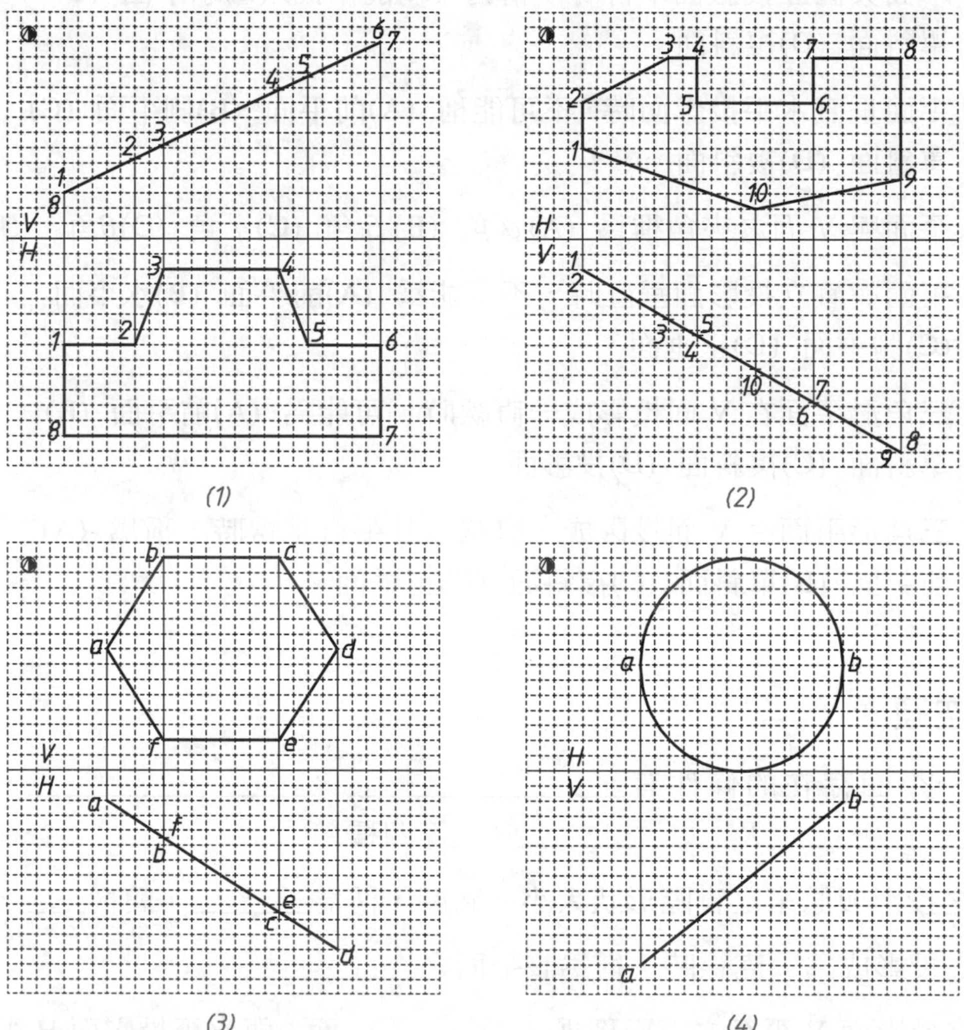

2. 求下列各題中三角形 abc 之 α 角。(每格 5mm)

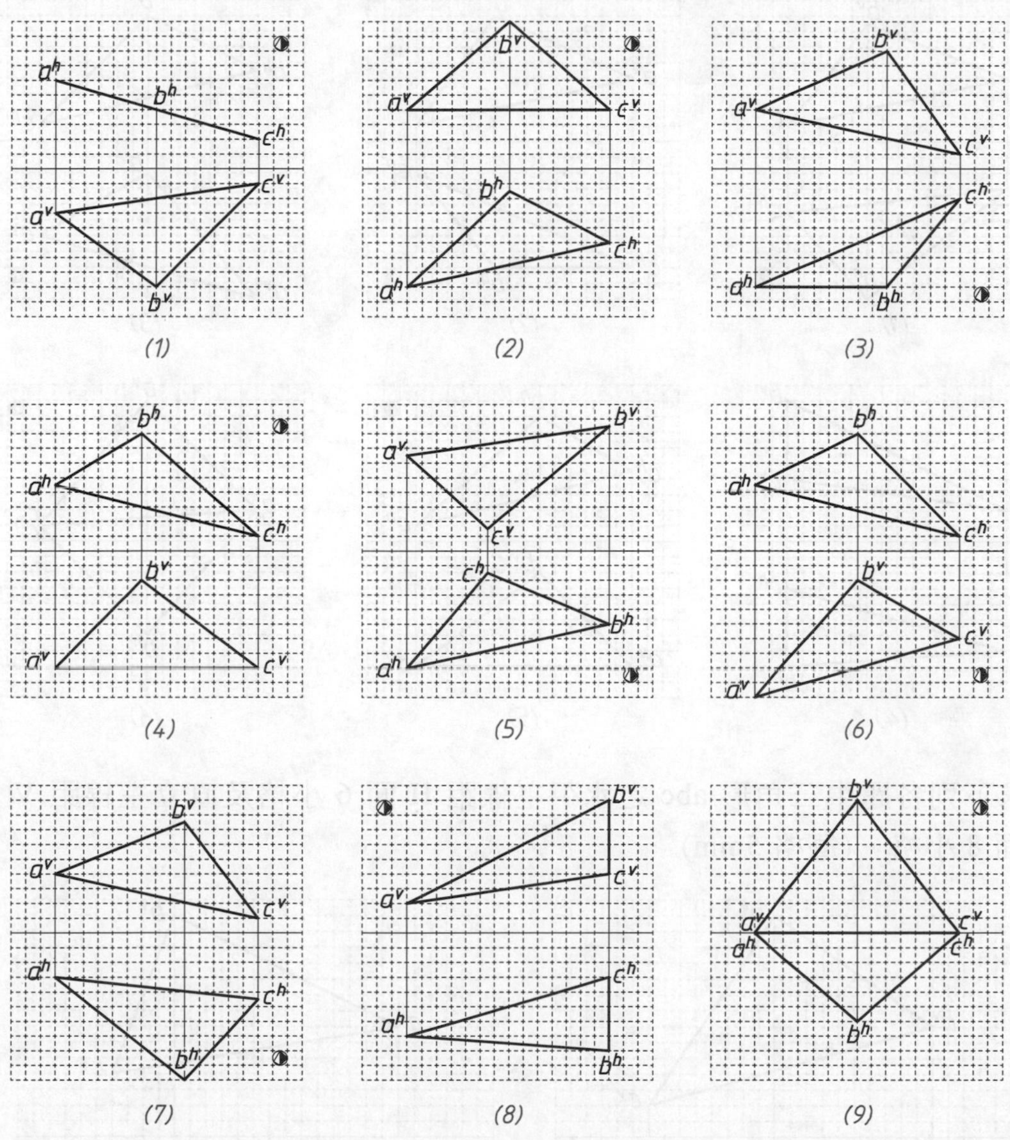

3. 求上列各題中三角形 abc 之 β 角。(每格 5mm)

4. 求上列各題中三角形 abc 之 γ 角。(每格 5mm)

5. 以輔助投影法求上列各題中三角形 abc 之實形(TS)。(每格 5mm)

6. 求下列各題中三角形 abc 之最大水平及最大直立傾斜線。(每格 5mm)

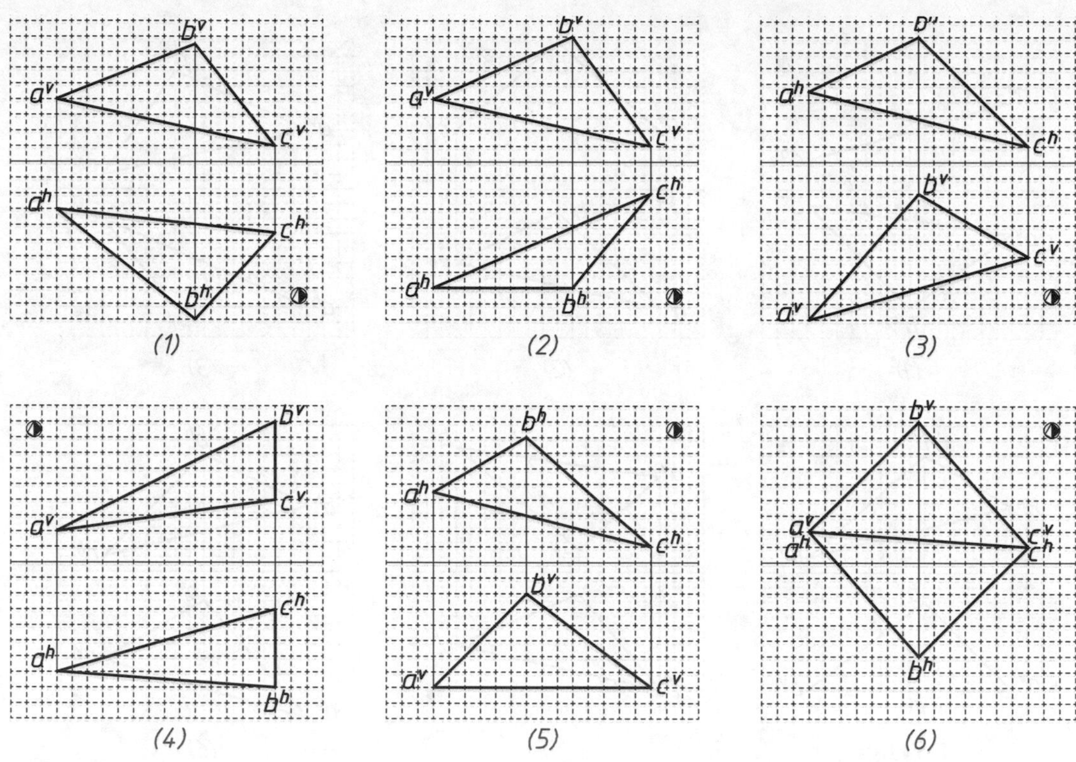

7. 求下列各題中三角形 abc 之水平主線距 H 面 6 小格及直立主線距 V 面 8 小格。(每格 5mm)

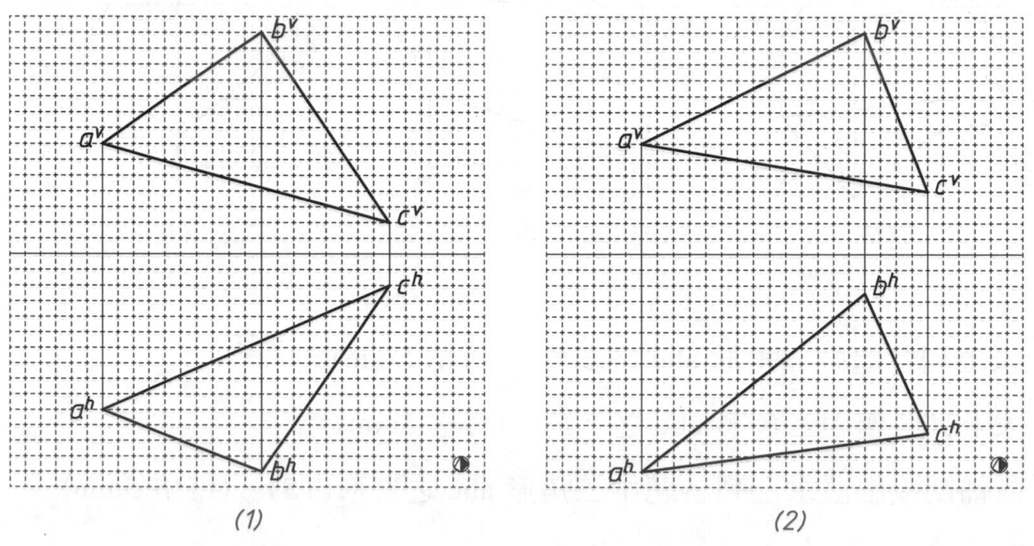

8. 以平面迴轉法求下列各題中三角形 abc 之 TS。(每格 5mm)

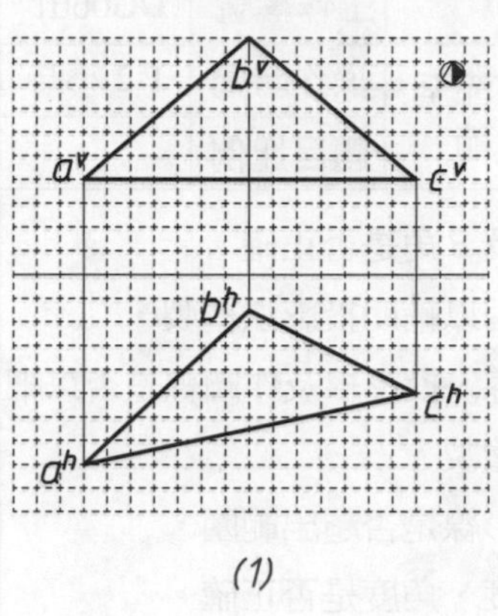

(1)

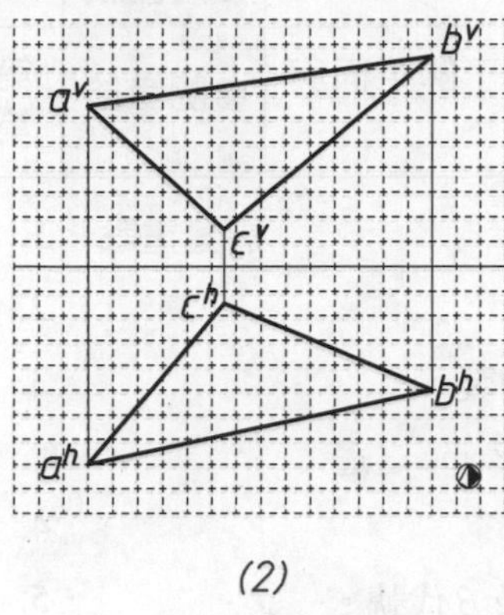

(2)

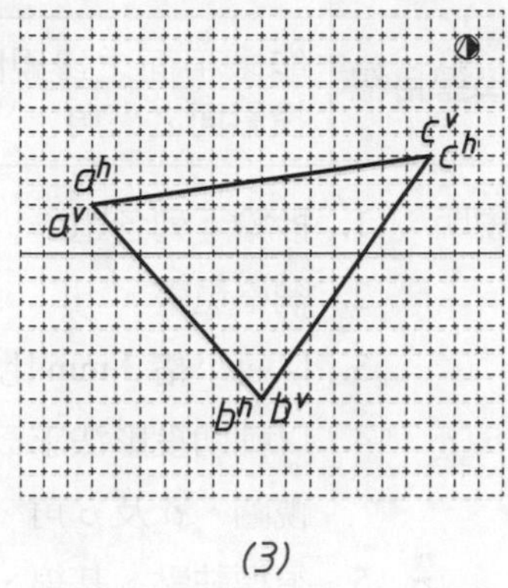

(3)

9. 求下圖斜三角柱之展開(連接各平面之 TS)。(每格 5mm)

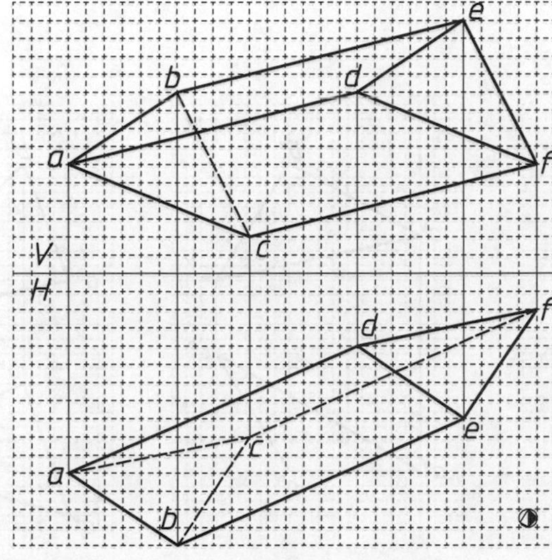

平面之投影『工作單一』

工作名稱	平面之邊視圖	使用圖紙	A3	工作編號	DG0601
學習目標	能求平面之邊視圖及了解平面與投影面之夾角	參閱章節	第 6.4 節至第 6.6 節	操作時間	1-2 小時
				題目比例	-

說明：
1. 抄繪下列各題。
2. 網格免畫。
3. 以每小格 3 mm 比例繪製。
4. 以輔助投影法求三角形 abc 之邊視圖、α 及 β 角。
5. 須標註點、基線、α 及 β 代號。
6. 投影線剛好即可。

評量重點：
1. α 及 β 角是否正確。
2. 是否以輔助投影法繪製。
3. 基線、投影線及作圖線是否以細線繪製。
4. 投影線是否超出範圍。
5. 尺度、角度是否正確。
6. 點、基線、α 及 β 代號是否遺漏。
7. 佈圖是否適當。

題目：

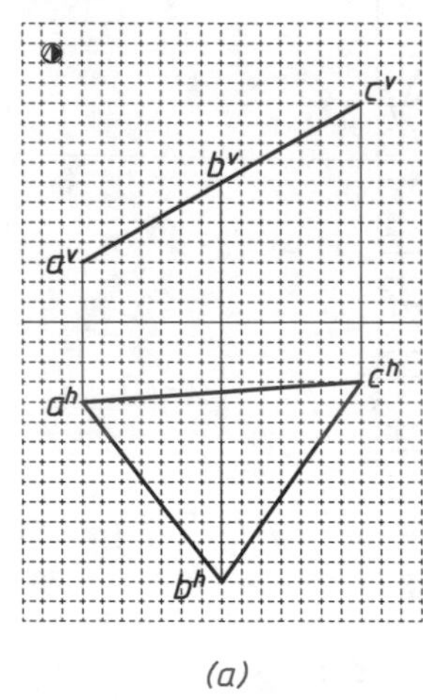

(a)

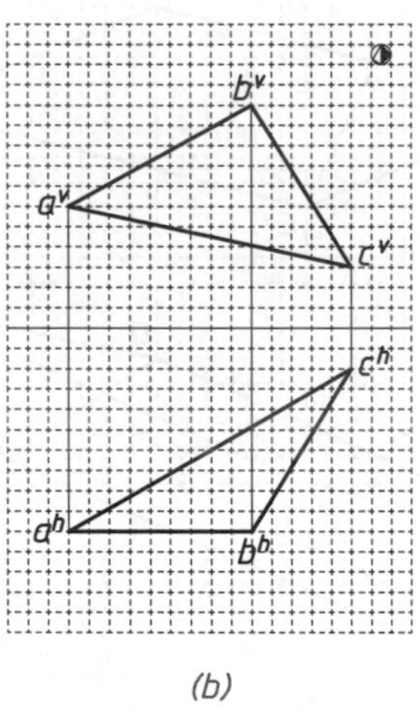

(b)

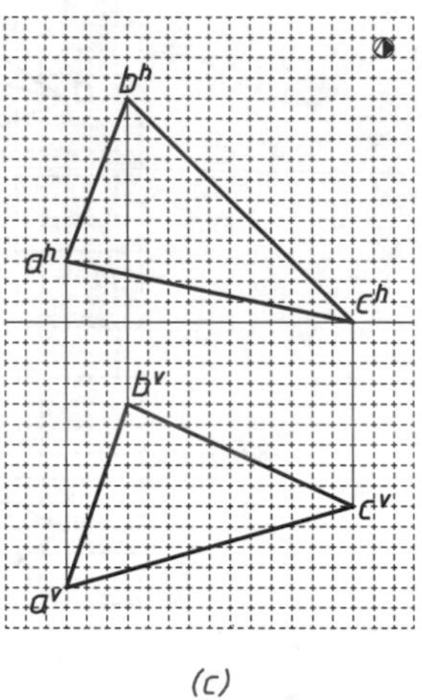

(c)

單位	mm	數量		比例	1：1	
材料		日期	yy - mm - dd			
班級	&&	座號	**	(學校名稱)	課程	投影幾何學
姓名	-					
教師	-			圖名 平面之邊視圖	圖號	yy##&&**
得分						

平面之投影『工作單二』

工作名稱	平面之實形	使用圖紙	A3	工作編號	DG0602
學習目標	能求平面之實形及了解輔助投影法之應用	參閱章節	第 6.4 節至 第 6.5 節	操作時間	1-2 小時
				題目比例	-

說明：
1. 抄繪下列各題。
2. 網格免畫。
3. 以每小格 4mm 比例繪製。
4. 以輔助投影法求下列三角形 abc 之實形(TS)。
5. 須標註點、基線及 TS 代號。
6. 投影線剛好即可。

評量重點：
1. 實形(TS)之求作是否正確。
2. 三角形是否以粗線繪製。
3. 基線、投影線是否以細線繪製。
4. 尺度、角度是否正確。
5. 點、基線及 TS 代號是否遺漏。
6. 多餘線條是否擦拭乾淨。
7. 佈圖是否適當。

題目：

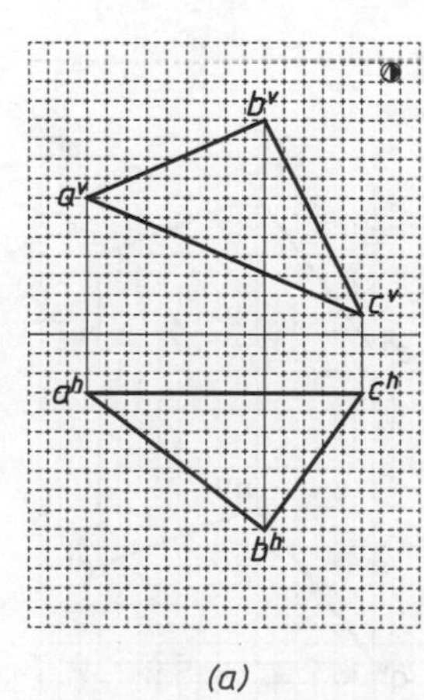

(a)

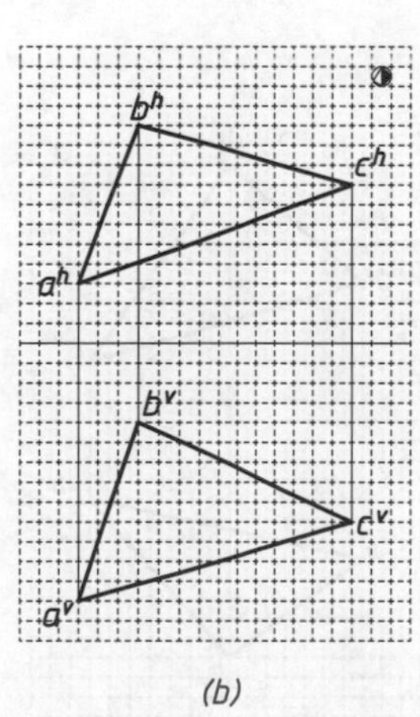

(b)

單位	mm	數量		比例	1:1		
材料		日期	yy - mm - dd				
班級	&&	座號	**	(學校名稱)		課程	投影幾何學
姓名	-						
教師	-			圖名	平面之實形	圖號	yy##&&**
得分							

平面之投影『工作單三』

工作名稱	平面迴轉法	使用圖紙	A3	工作編號	DG0603
學習目標	能求平面之實形及兩直線之夾角以了解平面迴轉法之求作過程	參閱章節	第 6.6 節至第 6.8 節	操作時間	1-2 小時
				題目比例	-

說明：
1. 抄繪下列各題。
2. 網格免畫。
3. 以每小格 5 mm 比例繪製。
4. (a)以平面迴轉法求三角形 abc 之實形(TS)。
5. (b)以平面迴轉法求兩直線之實際夾角θ。
6. 須標註點、基線、θ及 TS 代號。
7. 投影線剛好即可。

評量重點：
1. 實形及θ角之求作是否正確。
2. 物體(三角形及直線)是否以粗線繪製。
3. 基線、投影線是否以細線繪製。
4. 若實形重疊是否以假想線繪製。
5. 尺度、角度是否正確。
6. 各代號是否遺漏。
7. 多餘線條是否擦拭乾淨。
8. 佈圖是否適當。

題目：

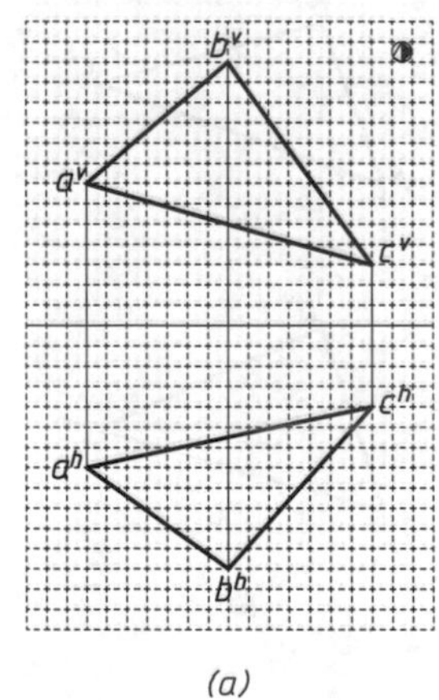

(a)

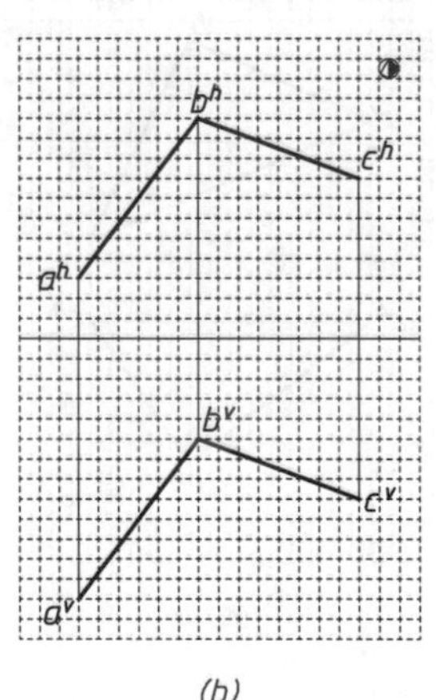

(b)

單位	mm	數量		比例	1 : 1		
材料		日期	yy - mm - dd				
班級	&&	座號	**	(學校名稱)		課程	投影幾何學
姓名	-						
教師	-			圖名	平面迴轉法	圖號	yy##&&**
得分							

7 旋 轉

7.1 概　說

當物體在空間之任意位置時，爲求解問題時，常採用前面第五章所述之輔助投影方法設立輔助投影面平行或垂直物體，可簡化物體的投影，以達求解之目的。另外一種方法爲旋轉法，即將物體旋轉至與原來投影面平行或垂直，再從新投影該物體，亦可使物體的投影簡化，以達求解之目的。旋轉法求作的目的與輔助投影法相同，但作法剛好相反。輔助投影法須設立一投影面來投影物體，旋轉法乃將物旋轉後投回原來的投影面，在問題求解時可視情況選用輔助投影法或旋轉法，然在工程圖繪製時，因旋轉法需將物體投回原來的投影面，常使視圖重疊，因而不被廣泛的採用，但在求解時旋轉法仍有其方便性。

7.2 旋轉之求法

物體旋轉時必須沿著(平行)投影面旋轉，即以某一垂直投影面之直線爲軸旋轉，通常旋轉至與另一相對映之投影面平行或垂直，以達簡化視圖的目的。以一直線爲例，當直線 ab 在空間任意位置，如圖 7.1 所示，點 b 恰在 H 面上時，以直線 aa^h 爲軸，將直線 ab 轉至與 V 面平行，即點 b 轉至 b_1^h 位置，如圖中箭頭所示，在 V 面上之投影 $a^vb_1^v$ 可投影得實長(TL)，及可得直線 ab 與 H 面之實角α，此即前面第 3.7.1 節所述，直線求實長與實角之旋轉法。

如同複輔助投影一樣，旋轉法亦有複旋轉或稱二次旋轉等情況。旋轉法作圖時，因物體旋轉後須投回原來的投影面，將與原來的視圖重疊，故旋轉後投影之視圖理應以細線或假想線(中心線式樣)繪製爲宜。即將旋轉法當作一種作圖方法，不同於輔助投影法之設立投影面投影物體。本書中點的代號，第一次旋轉以加下標 1 表之，如點 a^v 旋轉後表爲 $a_1{}^v$，第二次旋轉以改加下標 2 表之，如點 $a_1{}^v$ 旋轉後表爲 $a_2{}^v$。

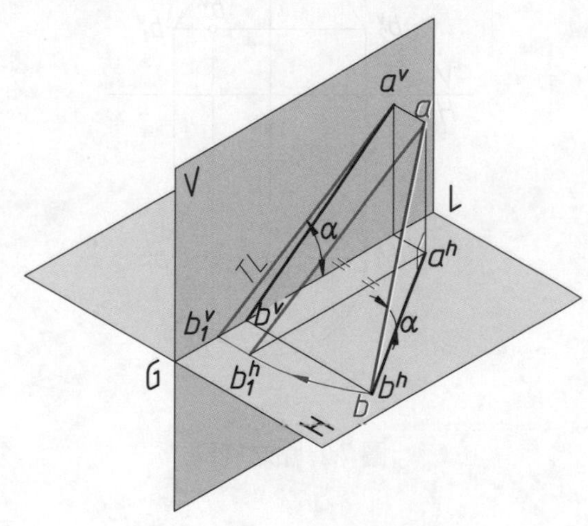

圖 7.1 旋轉之求法

7.3 點之旋轉

依旋轉法之規則，必須以垂直投影面之直線爲軸旋轉，設有點 a 及點 b 在空間任意位置，如圖 7.2 所示，可採用旋轉法求兩點間之實際距離 d，作圖過程如下：

(a) 以點 a^h 垂直 H 面之直線爲軸，將點 b 沿 H 面旋轉。

(b) 當點 b 沿 H 面旋轉一週時，點 b 在 V 面上之投影，仍應保持在平行基線(H/V 線)之直線 $b_1{}^v b_2{}^v$ 上。

(c) 若將點 b^h 旋轉至點 $b_1{}^h$ 或點 $b_2{}^h$ 時，V 面上點 a^v 至 $b_1{}^v$ 或 $b_2{}^v$ 之距離 d，即爲點 a 至 b 距離之實長(TL)。

點之旋轉通常使用在點與其他物體之關係作圖上，其應用請參閱後續各章節中所述。

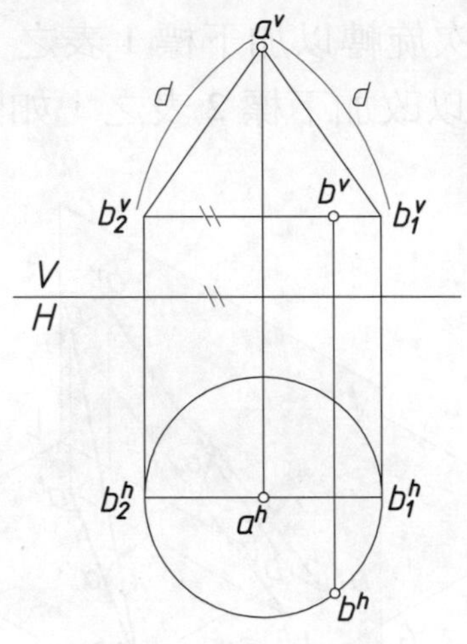

圖 7.2 點之旋轉

7.4 直線之旋轉

利用旋轉法可求得直線之實長(TL)及直線與投影面之夾角，參閱前面圖 7.1 所示。空間任意直線沿某投影面旋轉，在對映之投影面上可投影得實長(TL)及該直線與某投影面之夾角。即沿 H 面旋轉可得直線 TL 與 α 角；沿 V 面旋轉可得直線 TL 與 β 角；及沿 P 面旋轉可得直線 TL 及 γ 角。

設直線 ab 在空間任意位置，以點 a 爲基準分別沿 H 面、V 面及 P 面旋轉，求作過程說明如下：

(a) 沿 H 面旋轉：如圖 7.3 所示，以點 a^h 垂直 H 面之直線爲軸旋轉，將點 b^h 轉至 b_1^h 位置，使 $a^hb_1^h$ 平行 H/V 線。將點 b_1^h 投回 V 面，在點 b 距 H 面高度保持不變情形下，得點 b_1^v，即使 $b^vb_1^v$ 平行 H/V 線。連接 $a^vb_1^v$ 即爲直線 ab 之 TL，圖中 α 爲直線 ab 與 H 面之夾角。

(b) 沿 V 面旋轉：如圖 7.4 所示，作法與上述相同，以點 b^v 垂直 V 面之直線為軸旋轉，將點 a^v 轉至點 $a_1{}^v$ 位置，將點 $a_1{}^v$ 投回 H 面得點 $a_1{}^h$。連接 $a_1{}^h b^h$，即為直線 ab 之 TL，圖中 β 角為直線 ab 與 V 面之夾角。

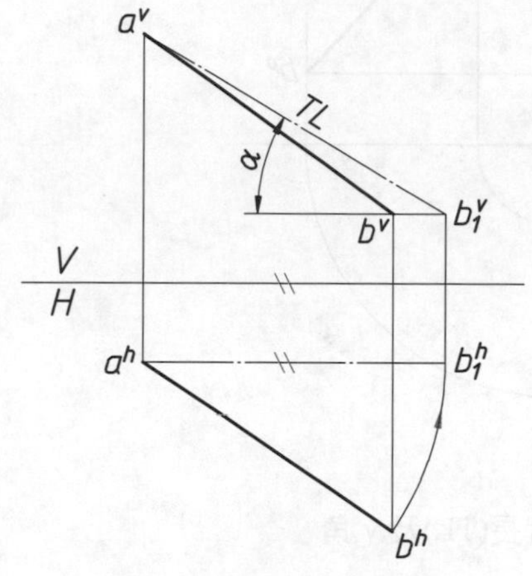

圖 7.3 沿 H 面旋轉得實長(TL)及 α 角

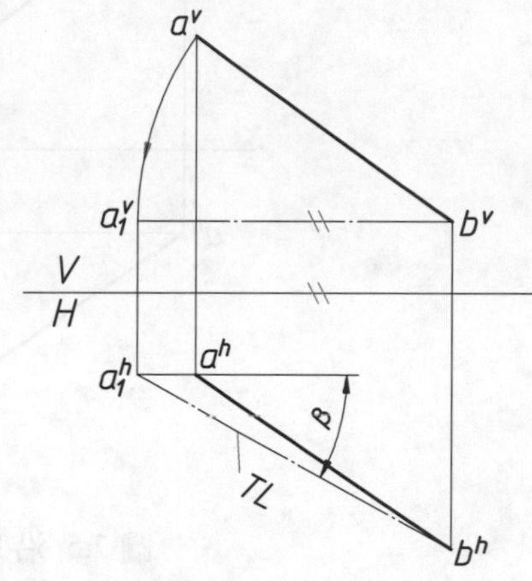

圖 7.4 沿 V 面旋轉得實長(TL)及 β 角

(c) 沿 P 面旋轉：先求直線 ab 之側面投影，如圖 7.5 所示，以點 b^p 垂直 P 面之直線為軸，沿 P 面旋轉，將點 a^p 轉至點 $a_1{}^p$ 位置，使 $b^p a_1{}^p$ 平行 V/P 線，將點 $a_1{}^p$ 投回 V 面，得點 $a_1{}^v$，使 $a^v a_1{}^v$ 平行 V/P 線，連接 $b^v a_1{}^v$ 即為直線之 TL，圖中 γ 角為直線 ab 與 P 面之夾角。

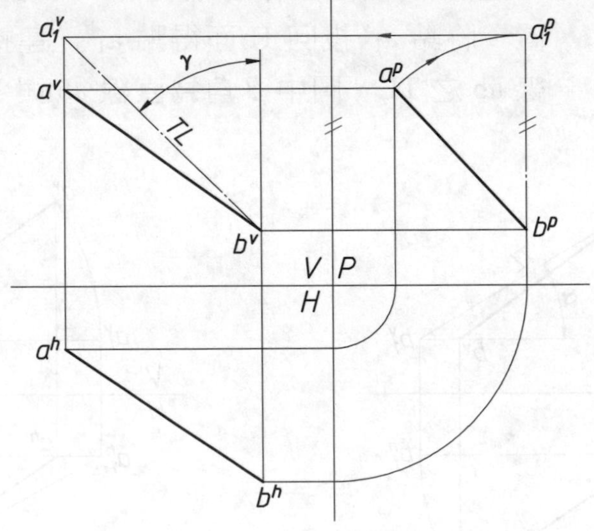

圖 7.5 沿 P 面旋轉得實長(TL)及 γ 角

7.5 平面之旋轉

平面之旋轉與前面求直線 **TL** 之旋轉法原理相同。平面之旋轉通常沿水平及直立投影面而轉之，即以垂直 H 面或 V 面之某直線為軸旋轉，其目的亦為了簡化在另一投影面上之畫面。空間的任意平面通常可沿 H 面或 V 面旋轉至某特定位置，所謂特定位置，即使平面上某實長線垂直基線(GL)，使然後再投影，即可簡化平面成邊視圖。

設三角形 **abc** 為任意平面，如圖 7.6 所示，以旋轉法求平面之邊視圖，過程說明如下：

(1) 先作三角形 abc 之水平主線 ad，使點 d 在直線 bc 上，得 a^hd^h 為 TL。

(2) 再將三角形 abc 沿 H 面旋轉，即以點 a^h 為基準點，將 H 面之三角形連同點 d^h 轉至 $a^hb_1{}^hc_1{}^h$ 之位置，並使水平主線轉至 $a^hd_1{}^h$ 之位置，且使直線(實長線)$a^hd_1{}^h$ 垂直 GL。

(3) 此時必須將三角形再投回 V 面，因三角形沿 H 面旋轉，故三角形上各點距 H 面之距離，以及三角形與 H 面之夾角應保持不變，又因直線 $a^hd_1{}^h$ 為 TL 且垂直 GL，以致可使三角形在 V 面之投影 $a^vb_1{}^vc_1{}^v$ 將變成一直線。

(4) 圖中之 α 角即為三角形與 H 面之實際夾角。

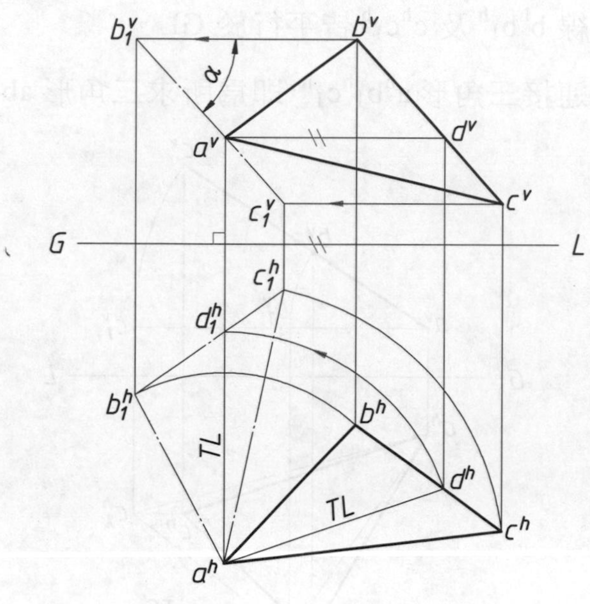

圖 7.6 旋轉法求三角形之邊視圖

例題 1：已知三角形 abc，求其實形(TS)。

分析：

1. 因三角形 abc 之直立投影為一直線，得知其為單斜面，且垂直 V 面。
2. 適合沿 V 面旋轉。
3. 因沿 V 面旋轉，三角形 abc 上各點與 V 面之距離將保持不變。

作圖：(圖 7.7)

1. 以點 a^v 為基準將點 b^v 及 c^v 分別轉至 $b_1{}^v$ 及 $c_1{}^v$ 位置，使直線 $a^vb_1{}^vc_1{}^v$ 平行 GL。
2. 將 $b_1{}^v$ 及 $c_1{}^v$ 分別投回 H 面，得點 $b_1{}^h$ 及 $c_1{}^h$，並使直線 $b^hb_1{}^h$ 及 $c^hc_1{}^h$ 皆平行於 GL。
3. 連接三角形 $a^hb_1{}^hc_1{}^h$，即為所求三角形 abc 之實形(TS)。

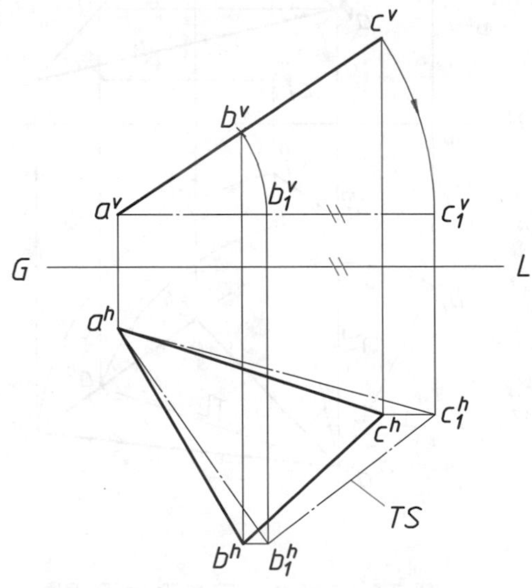

圖 7.7 旋轉法求三角形 abc 之實形(TS)

7.5.1 平面之二次旋轉

當平面作旋轉投影之後仍未能達到求解之目的，可再做第二次旋轉，如同第 5.4 節所述之複(二次)輔助投影一樣。第二次旋轉通常沿另一主投影面轉之，且常將平面之邊視圖轉成與基線(GL)平行，而再投影即可得平面之 TS。其旋轉之過程與投影之方式與第一次旋轉完全類似。

設三角形 abc 為任意平面，如圖 7.8 所示，過程說明如下：

(1) 先沿 V 面作一次旋轉，過程參閱上節所述，可得三角形 abc 在 H 面之投影 $a_1^hb_1^hc^h$ 為邊視圖。

(2) 作二次旋轉時，改沿 H 面轉之，為避免圖形重疊，故以點 b_1^h 為基準，將第一次旋轉所求得之邊視圖轉至與 GL 平行，得另一邊視圖 $a_2^hb_1^hc_2^h$。

(3) 然後再投回 V 面，即可得 $a_2^vb_1^vc_2^v$ 為三角形 abc 之實形(TS)。

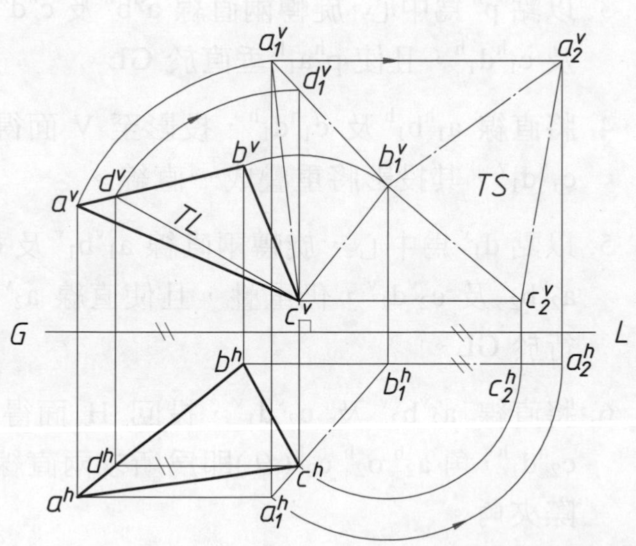

圖 7.8 平面之二次旋轉求複斜面之實形(TS)

例題 2：兩直線 ab 及 cd 交於點 0，求角 aoc 之實際夾角 θ。

分析：

1. 當兩相交直線之投影皆爲 TL 時，其夾角即爲兩直線之實際夾角，如圖 7.9 所示。
2. 以旋轉法投影兩相交直線成一直線且平行 H/V 線時，其在另一投影面上之投影將皆爲 TL。
3. 在兩相交直線之間做一直線可得一三角形，以旋轉法可得三角形之邊視圖。
4. 以旋轉法將邊視圖旋轉使與 H/V 線平行，即可求角 aoc 之實際夾角 θ。

作圖：(圖 7.10)

1. 由點 a^v 作水平線(平行 GL)交直線 c^vd^v 於點 p^v，投影至 H 面得點 p^h。
2. 連線點 a^h 及 p^h 爲 TL。
3. 以點 p^h 爲中心，旋轉兩直線 a^hb^h 及 c^hd^h，得直線 $a_1^hb_1^h$ 及 $c_1^hd_1^h$，且使 $p^ha_1^h$ 垂直於 GL。
4. 將直線 $a_1^hb_1^h$ 及 $c_1^hd_1^h$，投影至 V 面得直線 $a_1^vb_1^v$ 及 $c_1^vd_1^v$，其投影將重疊成一直線。
5. 以點 d_1^v 爲中心，旋轉兩直線 $a_1^vb_1^v$ 及 $c_1^vd_1^v$，得直線 $a_2^vb_2^v$ 及 $c_2^vd_1^v$，仍重疊，且使直線 $a_2^vb_2^v$ 及 $c_2^vd_1^v$ 平行於 GL。
6. 將直線 $a_2^vb_2^v$ 及 $c_2^vd_1^v$，投回 H 面得直線 $a_2^hb_2^h$ 及 $c_2^hd_1^h$，角 $a_2^h\ o_2^h\ c_2^h(\theta)$即爲所求兩直線 ab 及 cd 之實際夾角。

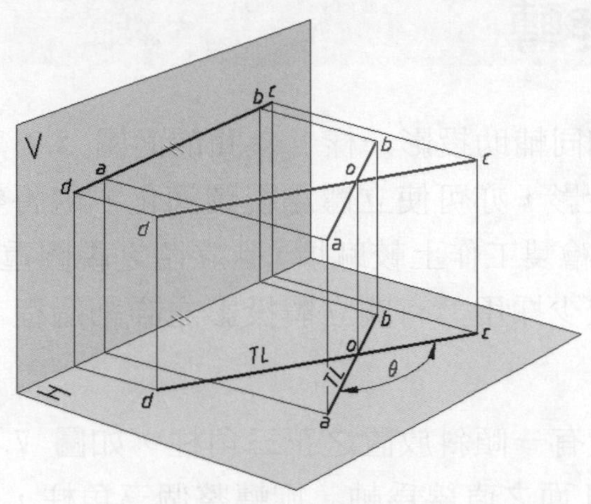

圖 7.9 兩相交直線皆為 TL 時，其夾角為實際夾角

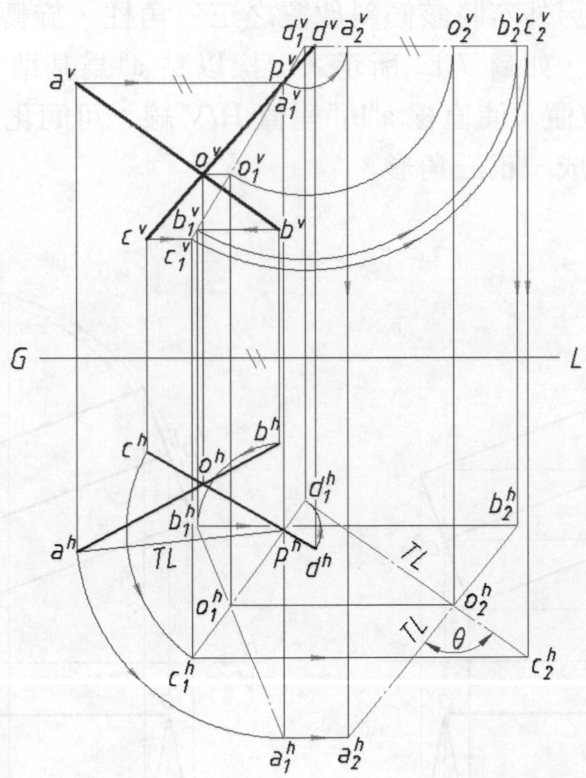

圖 7.10 兩直線 ab 及 cd 交於點 0，求角 aoc 之實際夾角 θ

7.6 立體之旋轉

如同輔助投影一樣，參閱前面圖 5.9 所示，將立體旋轉後再投影，亦可使立體之視圖簡化。欲將整個立體之視圖旋轉，在繪製工作上較麻煩，且立體之視圖重疊後畫面不清晰，因此較少採用。有關立體投影之詳細過程，請參閱第十章所述。

設有一傾斜放置之正三角柱，如圖 7.11 所示，以點 a^h 垂直 H 面之直線為軸，旋轉整個三角柱，將點 b^h 轉至點 $b_1{}^h$ 位置，使直線 $a^hb_1{}^h$ 平行 H/V 線，將旋轉後之三角柱投影時，可簡化在 V 面的投影成一矩形。

另外若將該傾斜放置之正三角柱，旋轉整個視圖至另一方向，如圖 7.12 所示，一樣以點 a^h 為基準，將點 b^h 轉至點 $b_1{}^h$ 位置，使直線 $a^hb_1{}^h$ 垂直 H/V 線，可簡化三角柱在 V 面之投影成一正三角形。

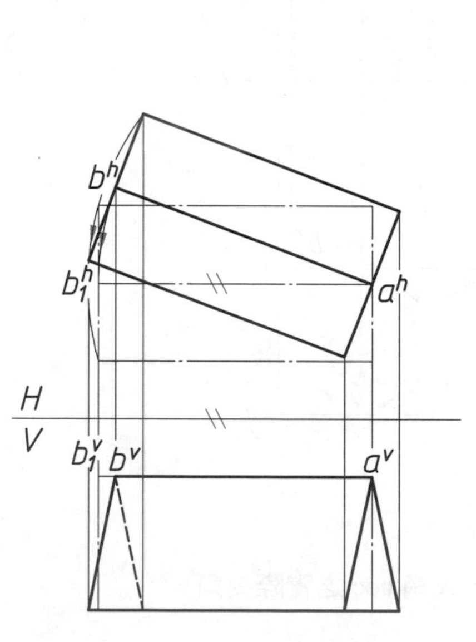

圖 7.11 立體之旋轉(一)

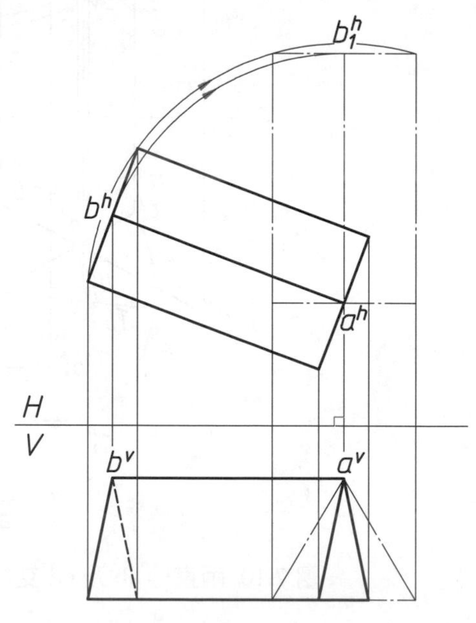

圖 7.12 立體之旋轉(二)

7.7 旋轉之應用

採用旋轉法作圖與輔助投影法之目的相同，因此可在適當的時機，自行選擇使用旋轉法代替輔助投影法求作，可省去設立輔助投影面之過程。旋轉之應用通常只旋轉點及直線，當平面需旋轉時亦在投影成邊視圖時旋轉。以下將以例題介紹旋轉法在求解過程中之應用。

例題 3：已知點 a 在圓錐面上及點 a 在 V 面之投影，求點 a 在 H 面上之投影。(圖 7.13)

分析：

1. 垂直正圓錐中心軸之斷面為圓。
2. 利用點之旋轉求圓錐面上點之位置。

作圖：(圖 7.14)

1. 以 V 面上點 s 為圓心，至點 a 為半徑畫一圓。
2. 將所畫之圓投向 H 面，在圓錐上得直線 mn，直線 mn 理應平行 H/V 線。
3. 由 V 面上之點 a 投向 H 面，與直線 mn 相交，即得 H 面上點 a 在圓錐面上之投影。

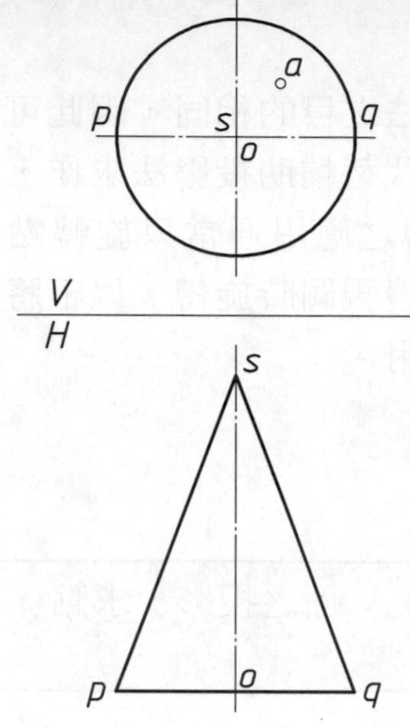

圖 7.13 已知點 a 在圓錐面上

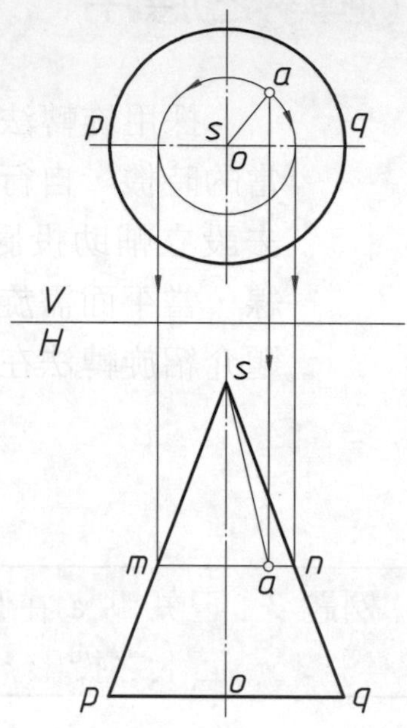

圖 7.14 求點 a 在 H 面上之投影
(旋轉之應用)

例題 4：求三角形 abc 之實形(TS)。(圖 7.15)

分析：

1. 判斷三角形 abc 在空間之位置，得三角形 abc 為複斜面。
2. 可採用複(二次)輔助投影求解，參閱前面第 5.4 節所述。
3. 本題亦可採用二次旋轉法求解，參閱前面第 7.5.1 節所述。
4. 本題之第二次輔助投影將改以旋轉法求解，因直線(邊視圖)之旋轉較易作圖。

作圖：

1. 作三角形 abc 之水平主線 ad，使點 d 在直線 bc 上，得 H 面上之直線 ad 為 TL。
2. 作輔助投影 H/V1 線垂直 H 面上之 ad，得 V1 平面上三角形 abc 之投影為一直線。
3. 以 V1 面上之點 c 為圓心，將三角形 abc 之邊視圖轉至與 H/V1 線平行，得旋轉後之邊視圖 a_1b_1c。
4. 將旋轉後之邊視圖投回 H 面，得三角形 a_1b_1c，即為三角形 abc 之實形(TS)。

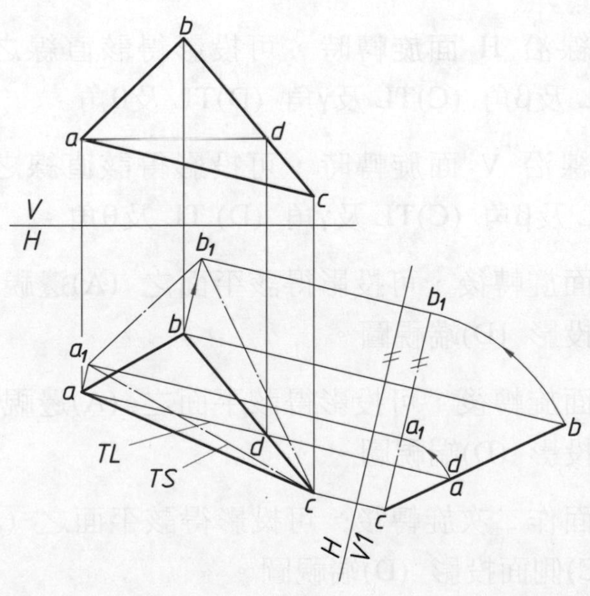

圖 7.15　求三角形 abc 之實形(旋轉之應用)

❖ 習 題 七 ❖

一、選擇題

1. (　　) 旋轉之目的，與何者相同但作法相反 (A)倒轉法 (B)迴轉法 (C)假想平面切割法 (D)輔助投影。

2. (　　) 物體旋轉時，必須沿著什麼旋轉 (A)某直線 (B)某平面 (C)某投影面 (D)任意直線。

3. (　　) 物體旋轉時，必須以什麼爲軸旋轉 (A)任意直線 (B)某直線垂直投影面 (C)某直線平行基線 (D)單斜線。

4. (　　) 旋轉後之物體，通常以何種式樣的線條表之 (A)粗實線 (B)細鏈線 (C)粗鏈線 (D)細虛線。

5. (　　) 複斜線沿 H 面旋轉時，可投影得該直線之 (A)TL 及α角 (B)TL 及β角 (C)TL 及γ角 (D)TL 及θ角。

6. (　　) 複斜線沿 V 面旋轉時，可投影得該直線之 (A)TL 及α角 (B)TL 及β角 (C)TL 及γ角 (D) TL 及θ角。

7. (　　) 單斜面旋轉後，可投影得該平面之 (A)邊視圖 (B)實形 (C)側面投影 (D)端視圖。

8. (　　) 複斜面旋轉後，可投影得該平面之 (A)邊視圖 (B)實形 (C)側面投影 (D)端視圖。

9. (　　) 複斜面作二次旋轉後，可投影得該平面之 (A)邊視圖 (B)實形 (C)側面投影 (D)端視圖。

10. (　　) 旋轉之應用，通常配合輔助投影，只在何種情況下作旋轉 (A)實形 (B)實長 (C)邊視圖 (D)端視圖。

二、作圖題

1. 以旋轉法求下列直線 ab 之實長(TL)及 α 角。(每格 5mm)

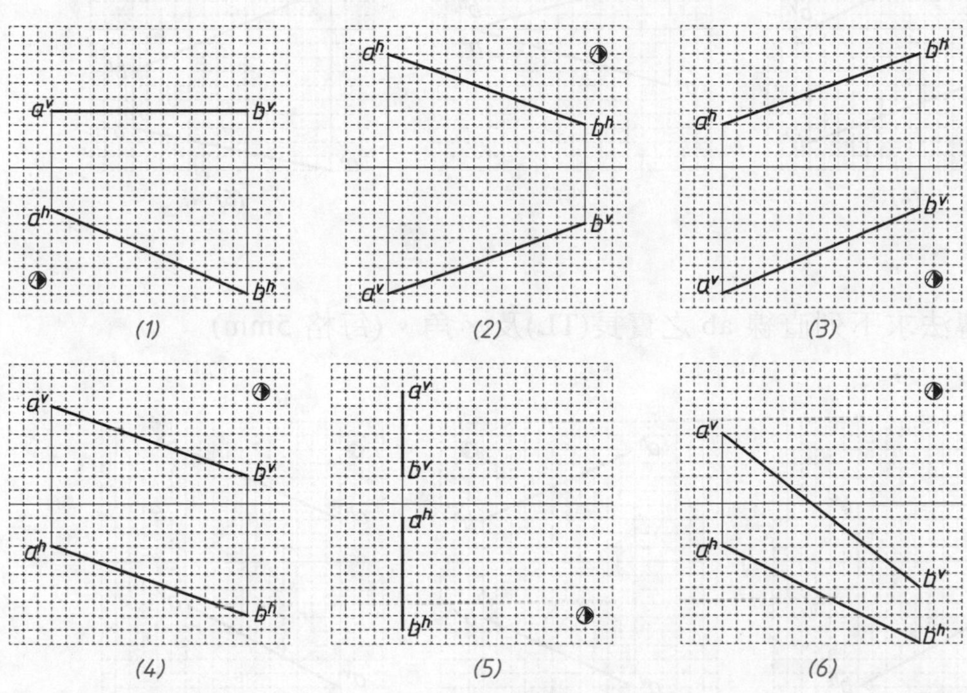

2. 以旋轉法求下列直線 ab 之實長(TL)及 β 角。(每格 5mm)

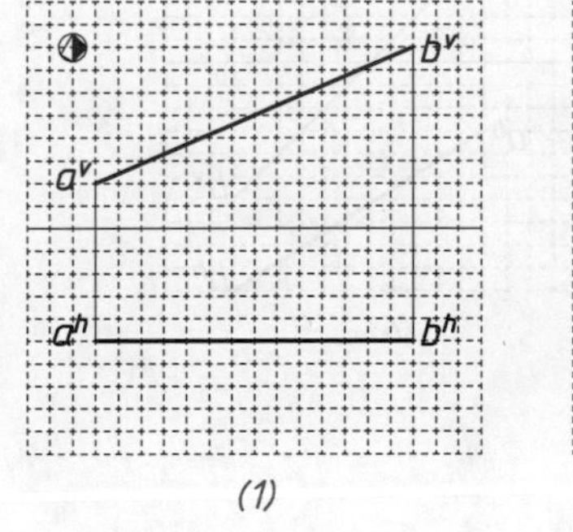

(1)

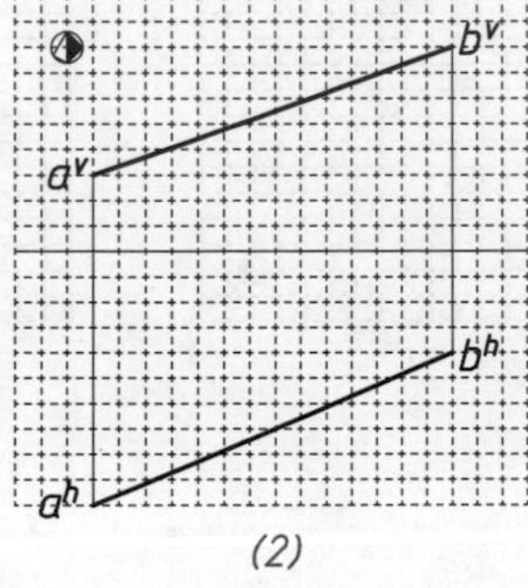

(2)

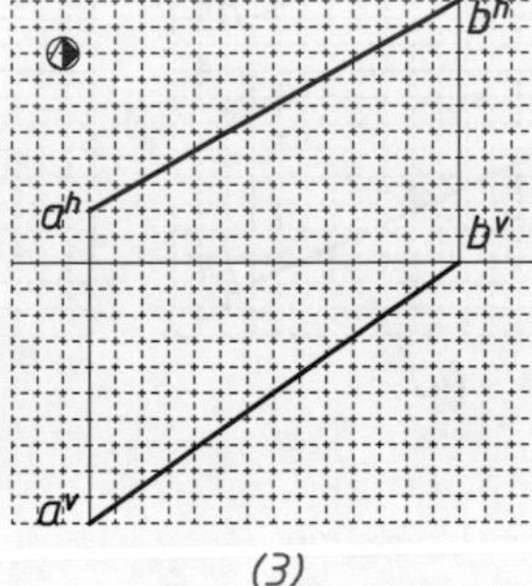

(3)

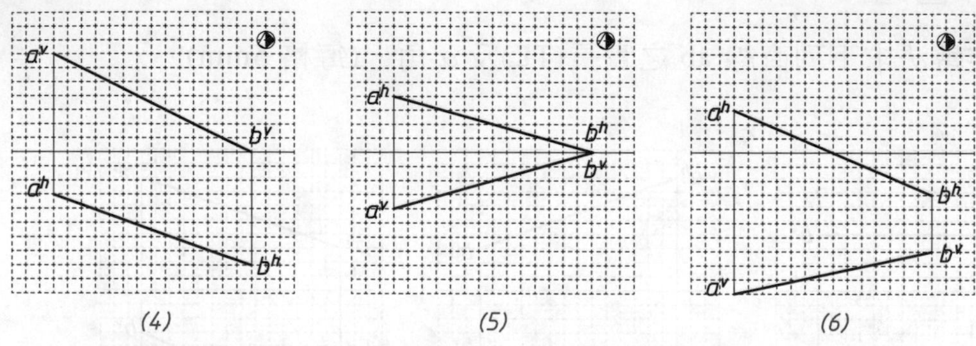

(4) (5) (6)

3. 以旋轉法求下列直線 ab 之實長(TL)及 γ 角。(每格 5mm)

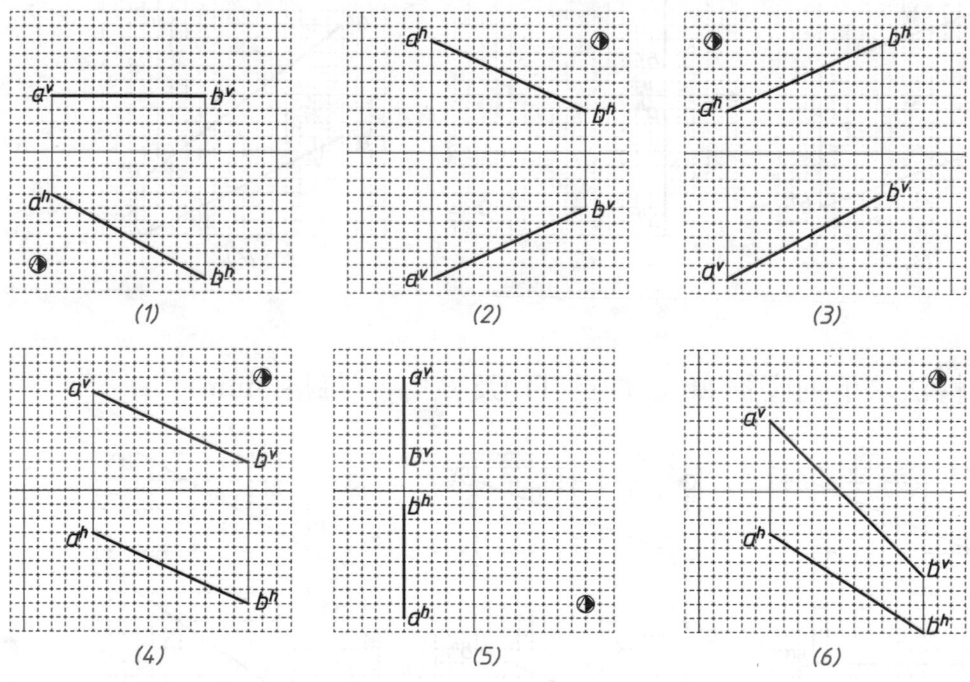

(1) (2) (3)

(4) (5) (6)

4. 以旋轉法求下列三角形 abc 之實形(TS)。(每格 5mm)

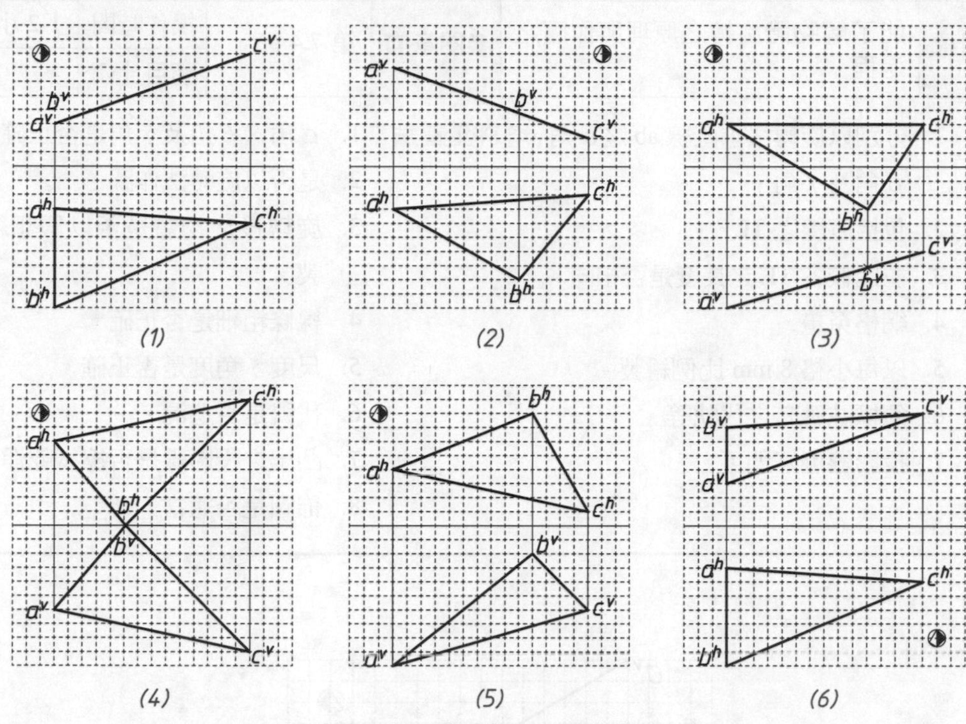

5. 以旋轉法求下列兩平面之夾角θ。(每格 5mm)

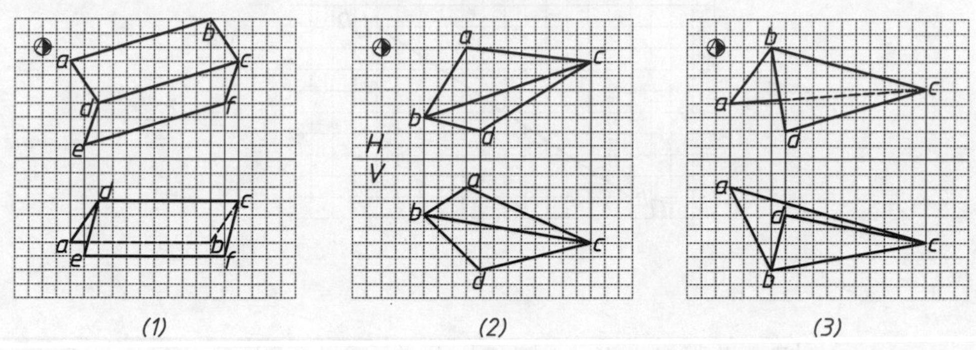

旋　轉『工作單一』

工作名稱	直線之旋轉	使用圖紙	A3	工作編號	DG0701
學習目標	能了解物體旋轉之原理與作圖之過程	參閱章節	第 7.4 節	操作時間	1-2 小時
				題目比例	-

說明：
1. 分別以旋轉法求直線 ab 之 α 角、β 角及 γ 角。
2. 包括直線之 TL。
3. 並比較各 TL 之長度是否相同。
4. 網格免畫。
5. 以每小格 8 mm 比例繪製。
6. 須標註應有之代號等。
7. 投影線剛好即可。

評量重點：
1. α 角、β 角及 γ 角是否正確。
2. 是否以旋轉法作圖。
3. 旋轉後之物體是否以假想線繪製。
4. 線條粗細是否正確。
5. 尺度、角度是否正確。
6. 代號是否遺漏。
7. 凸出之投影線是否擦拭乾淨。
8. 佈圖是否適當。

題目：

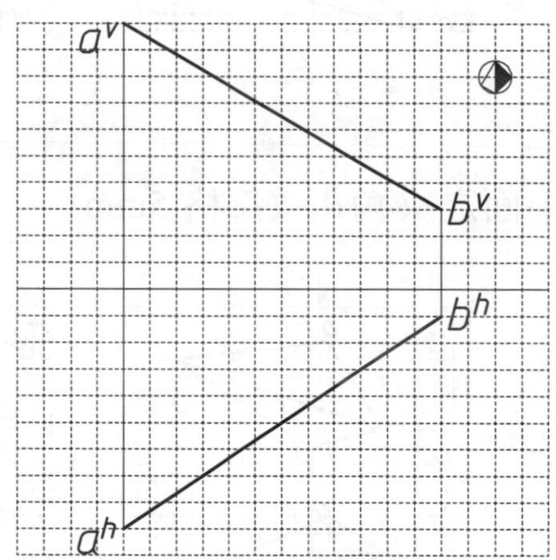

單　位	mm	數 量		比 例	1 : 1	
材　料		日 期	yy - mm - dd			
班　級	&&	座號	**	(學校名稱)	課程	投影幾何學
姓　名	-					
教　師	-			圖名 直線之旋轉	圖號	yy##&&**
得　分						

旋　轉『工作單二』

工作名稱	平面之旋轉	使用圖紙	A3	工作編號	DG0702
學習目標	能了解物體旋轉之原理與旋轉之應用	參閱章節	第 7.5，7.7 節	操作時間	1-2 小時
				題目比例	-

說明：
1. 求下列三角形平面之實形(TS)。
2. (a)全部以旋轉法求解。
3. (b)以輔助投影法求邊視圖，以旋轉法求實形(TS)。
4. 網格免畫。
5. 以每小格 5 mm 比例繪製。
6. 須標註應有之代號等。
7. 投影線剛好即可。

評量重點：
1. 平面之實形是否正確。
2. 是否按規定方法作圖。
3. 旋轉後之物體是否以假想線繪製。
4. 線條粗細是否正確。
5. 尺度、角度之精確度。
6. 代號是否遺漏。
7. 凸出之投影線是否擦拭乾淨。
8. 佈圖是否適當。

題目：

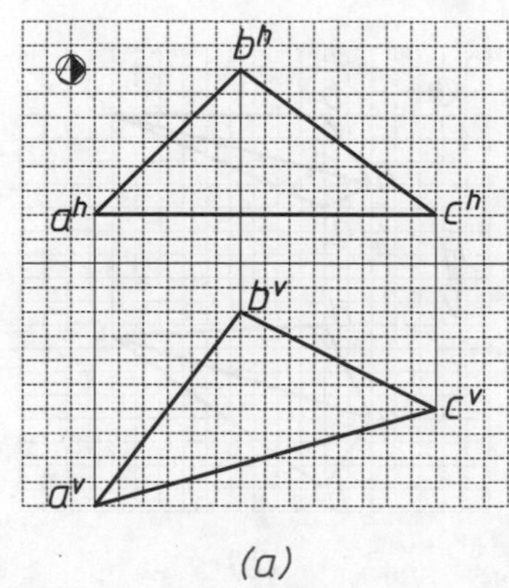

(a)

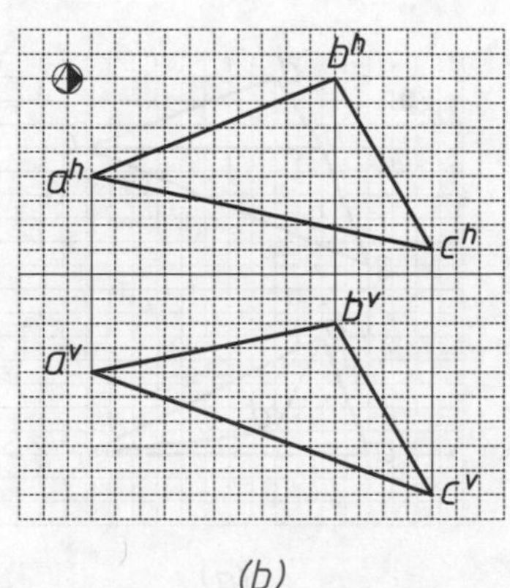

(b)

單　位	mm	數 量		比例	1 : 1		
材　料		日期	yy - mm - dd				
班　級	&&　座號　**			(學校名稱)		課程	投影幾何學
姓　名	-						
教　師	-	圖名	平面之旋轉			圖號	yy##&&**
得　分							

旋　轉『工作單三』

工作名稱	旋轉之應用	使用圖紙	A3	工作編號	DG0703
學習目標	求平面之夾角，以了解旋轉在作圖中之應用	參閱章節	第 7.5，7.7 節	操作時間	1-2 小時
				題目比例	-

說明：
1. 以旋轉法求解。
2. 求下列兩相交三角形平面之夾角 θ。
3. 網格免畫。
4. 以每小格 5 mm 比例繪製。
5. 須標註應有之代號等。
6. 投影線剛好即可。

評量重點：
1. 平面之夾角θ是否正確。
2. 是否以旋轉法作圖。
3. 旋轉後之物體是否以假想線繪製。
4. 線條粗細是否正確。
5. 尺度、角度是否正確。
6. 代號是否遺漏。
7. 凸出之投影線是否擦拭乾淨。
8. 佈圖是否適當。

題目：

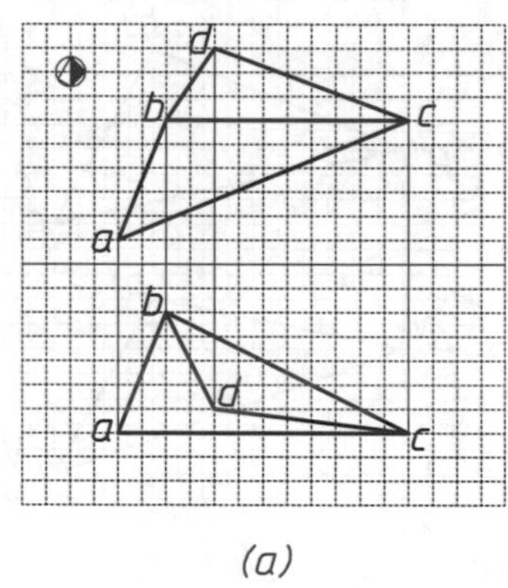

(a)

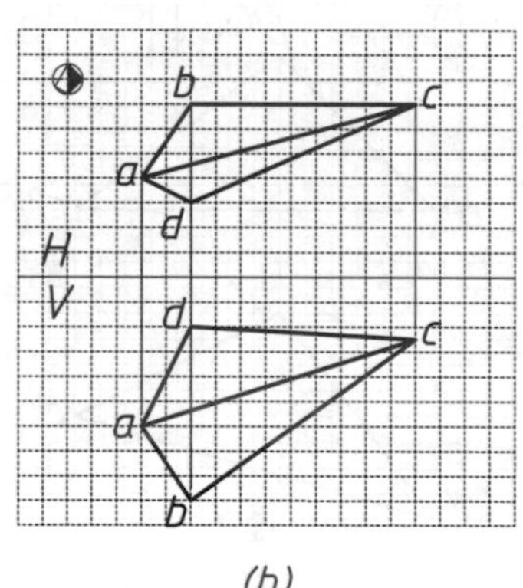

(b)

單　位	mm	數 量		比 例	1 : 1	
材　料		日 期	yy - mm - dd			
班　級	&&	座號	**	(學校名稱)	課程	投影幾何學
姓　名	-					
教　師	-			圖名 旋轉之應用	圖號	yy##&&**
得　分						

8

點線面之關係

8.1 概　說

點、直線與平面在空間之幾何關係，常見爲最短距離、平行、垂直、夾角、相交與最短連線等。以點、線及面之投影方法爲基礎，配合前面各章所述之求解方法，如輔助投影法、旋轉法、倒轉法以及平面切割法等，來進一步研討點、線及面三者在空間之關係。

8.2 點與直線之最短距離

點與直線之最短距離，也就是點至直線之垂直距離，通常當直線被投影成兩點重疊之端視圖時，即可求得點至直線之最短距離，如圖 8.1 所示。最短距離之求作，必須包括最短距離之實長(TL)及其投影，因距離之長度非爲物體，以細實線表之。求任意直線之端視圖，可利用複輔助投影方法求之，參閱前面第 5.4 節所述。

設已知任意直線 ab 及點 p 之 H 面及 V 面投影，如圖 8.2 所示，以輔助投影法求作點 p 至直線 ab 最短距離之 TL 及其投影，過程如下：

(1) 判斷已知直線 ab 之投影是否有 TL 線，得直線 ab 爲複斜線。

(2) 求直線 ab 之 TL，作輔助投影 H/V1 線平行 a^hb^h，得 ab 之 TL 線 $a^{v1}b^{v1}$ 及點 p^{v1}。

(3) 求直線 ab 之端視圖，作複(二次)輔助投影 V1/H2 線垂直 $a^{v1}b^{v1}$，得重疊點 $a^{h2}b^{h2}$ 及點 p^{h2}，連接兩點即爲所求最短距離之 TL。

(4) 由點 p^{v1} 向直線 $a^{v1}b^{v1}$ 作垂線，與 $a^{v1}b^{v1}$ 交於點 q^{v1}。

(5) 將點 q^{v1} 投回 H 面及 V 面，並連接直線 pq 在 H 面及 V 面之投影。

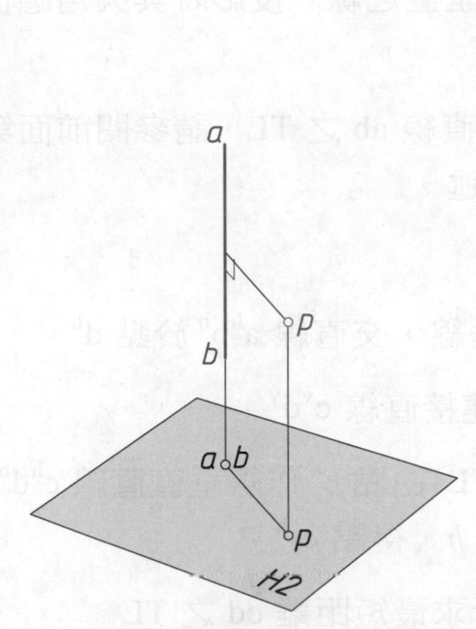

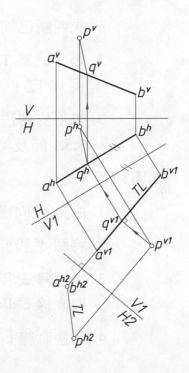

圖 8.1 當直線被投影成兩點重疊時即可求得點至直線之最短距離

圖 8.2 點 p 至直線 ab 之最短距離及其投影(輔助投影法)

在點至直線之最短距離求作過程，當已知直線之投影中有 TL 線時，可直接由點向該 TL 線作垂線，即為點至直線之最短距離，但最短距離之實長(TL)則必須另外求作，可採用各種求直線實長的方法求之。下面例題以倒轉法求實長為例，介紹點至直線最短距離之求作過程。

例題 1：求點 c 至直線 ab 之最短距離 cd。

分析：

1. 先判斷已知直線 ab 之投影是否有 TL，得 a^hb^h 爲 TL。
2. 因 a^hb^h 爲 TL，故與 ab 垂直之線，投影時其夾角應仍爲 90 度。
3. 可用旋轉法或倒轉法求直線 ab 之 TL，請參閱前面第 3.5.1 節及第 3.5.2 節所述。

作圖：(圖 8.3)

1. 由點 c^h 向直線 a^hb^h 作垂線，交直線 a^hb^h 於點 d^h。
2. 將點 d^h 投回 V 面，並連接直線 c^vd^v。
3. 以倒轉法求直線 ab 之 TL，由點 c^h 作線垂直直線 c^hd^h，取直線 c^vd^v 之垂直高度 h，得點 $c_1{}^h$。
4. 連接直線 $c_1{}^hd^h$，即爲所求最短距離 cd 之 TL。

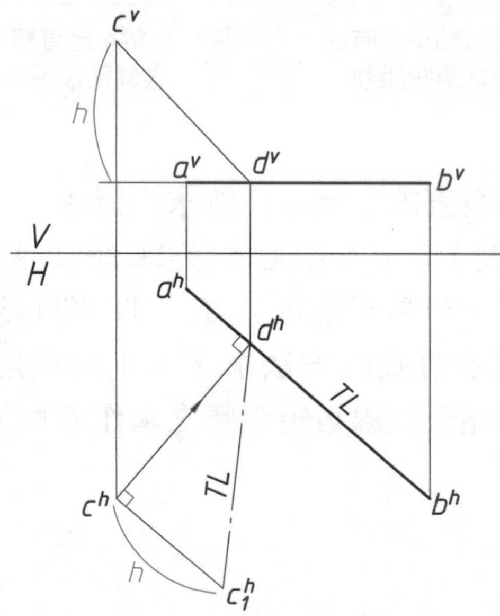

圖 8.3 點 c 至直線 ab 之最短距離 cd(倒轉法求 TL)

8.3 兩直線之夾角

求作空間兩直線之實際夾角，根據兩直線是否相交，方法不同。兩直線相交時，可連線另兩端點成一三角形，求三角形之實形(TS)，即可得兩直線之實際夾角。當兩直線不相交時，必須投影得兩直線皆爲實長(TL)，才可得兩直線之實際夾角，兩直線之夾角，通常取較小角度之夾角表之。分別以例題介紹兩直線在相交與不相交等兩種不同情況下，求兩直線夾角之方法。

例題 2：已知直線 ab 及 bc，求其夾角θ。

分析：

1. 已知兩直線相交，再連接一直線 cd，使直線 cd 平行 H 面且使點 d 在直線 ab 上，可得三角形 bcd。
2. 設立輔助投影面平行三角形 bcd，可投影得三角形 bcd 之 TS，即可得直線 ab 及 bc 之夾角θ。
3. 設立另一輔助投影面垂直前一輔助投影面，可得三角形 bcd 之邊視圖，如圖 8.4 所示。
4. 只要使三角形 bcd 上之任意兩點能重疊之投影，即可得三角形 bcd 之投影爲一直線。
5. 爲求得兩點之投影能重疊，必須設立輔助投影面垂直於該兩點之連線。
6. 要設立輔助投影面與直線垂直時，必先找到該直線之 TL。

作圖：(圖 8.5)

1. 先判斷已知直線 ab 及 bc 之投影是否有 TL 存在？得直線 ab 及 bc 爲複斜線。
2. 作直線 cd 使點 d 在直線 ab 上，且使 d^vc^v 平行 H/V 線，可得三角形 bcd 及直線 c^hd^h 爲 TL。
3. 作(一次)輔助投影 H/V1 線垂直 c^hd^h，投影得點 c^{v1} 與 d^{v1} 重合，即使三角形 bcd 之投影爲一直線。
4. 作複(二次)輔助投影 V1/H2 線平行於直線 $b^{v1}c^{v1}d^{v1}$，投影得四點 a^{h2}、b^{h2}、c^{h2} 及 d^{h2}，連接三點 b^{h2}、c^{h2} 及 d^{h2}，即爲三角形 bcd 之實形(TS)，並延長 $b^{h2}c^{h2}$ 至點 a^{h2}。
5. 得直線 $a^{h2}b^{h2}$ 及直線 $b^{h2}c^{h2}$ 之夾角θ，即爲所求直線 ab 及 bc 之實際夾角。

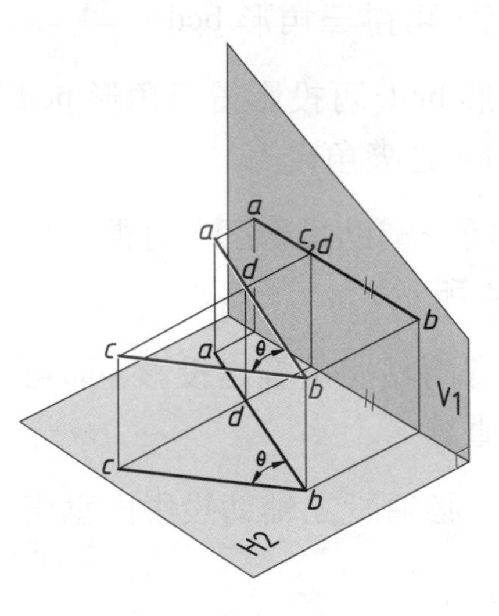

圖 8.4 輔助投影面平行三角形 bcd 可投影得其實形(TS)

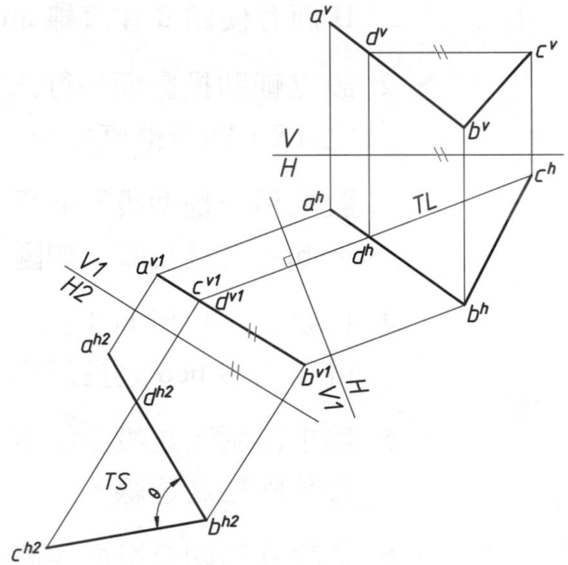

圖 8.5 已知直線 ab 及 bc，求其夾角θ

例題 3：已知不相交兩直線 ab 及 cd，求其夾角θ。

分析：

1. 已知兩直線不相交時，須設立輔助投影面同時平行兩直線，同時投影得兩直線之 TL，才可得兩直線之實際夾角θ，如圖 8.6 所示。
2. 欲同時投影得兩直線之 TL，須先設立輔助投影面求任一直線之端視圖，再設立另一輔助投影面平行另一直線。
3. 若兩直線皆爲複斜線時，求任一直線之端視圖，必須以複輔助投影法求得，即必須設立兩次的輔助投影面，請參閱前面第 5.4 節所述，因此本題共需作三次的輔助投影面。
4. 爲求得直線之兩端點投影能重疊，必須設立輔助投影面垂直該直線之 TL。
5. 欲求直線之 TL，必須設立輔助投影面與直線平行。

作圖：(圖 8.7)

1. 先判斷已知直線 ab 及 cd 之投影是否有 TL 存在？得直線 ab 及 cd 爲複斜線。
2. 作(一次)輔助投影 V/H1 線平行 a^vb^v，投影得直線 $a^{h1}b^{h1}$ 爲 TL。
3. 作複(二次)輔助投影 H1/V2 線垂直於直線 $a^{h1}b^{h1}$，投影得點 a^{v2} 及點 b^{v2} 重疊。
4. 再作(三次)輔助投影 V2/H3 線平行於直線 $c^{v2}d^{v2}$，投影得直線 $a^{h3}b^{h3}$ 及直線 $c^{h3}d^{h3}$ 皆爲 TL。
5. 得直線 $a^{h3}b^{h3}$ 及直線 $c^{h3}d^{h3}$ 之夾角θ爲所求。

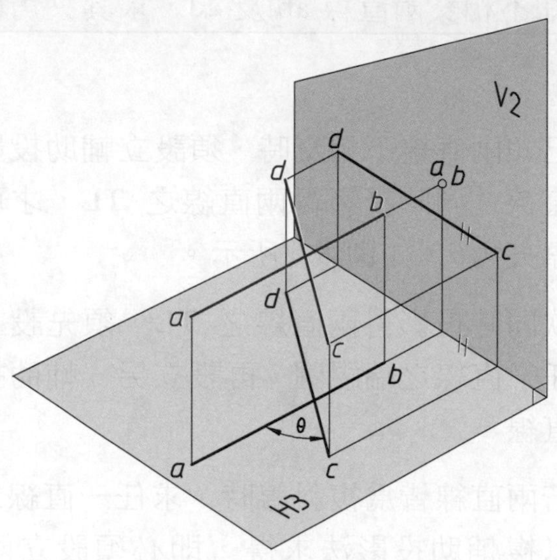

圖 8.6 設立輔助投影面(H3)同時平行兩直線投影兩直線之 TL 才可得夾角θ

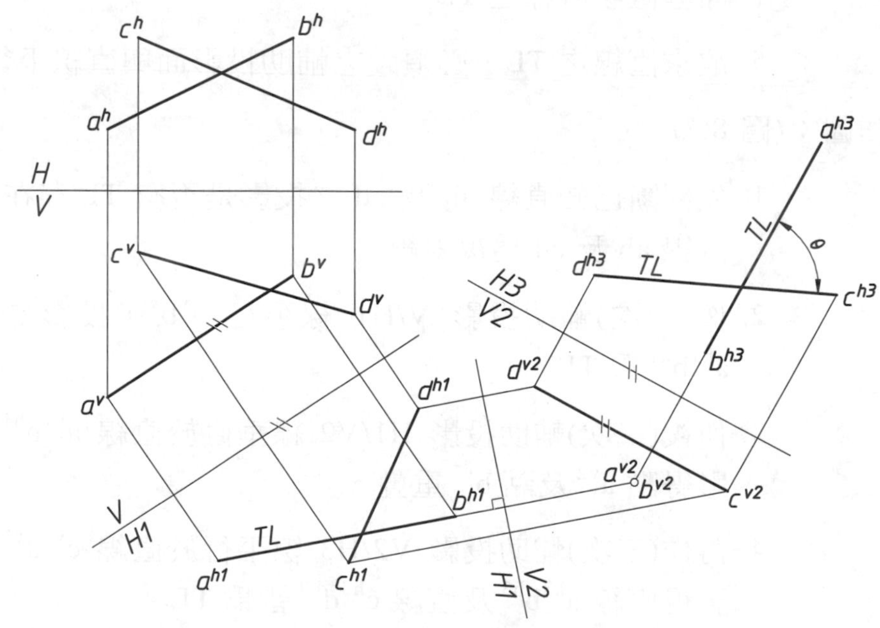

圖 8.7 已知不相交兩直線 ab 及 cd，求其夾角θ

8.4 兩直線之連線

空間任意兩直線之連線雖有無數條，但可求其最短距離、最短水平連線及最短直立連線等三種。兩直線之最短距離即爲其公垂線，求作方法請參閱第 5.6 節之例題 2 至 4 所述。兩直線之最短水平連線即爲兩直線間之所有與 H 面平行之連線中最短者，最短直立連線則爲所有與 V 面平行之連線中最短者，如圖 8.8 所示，直線 mn 爲所有與 H 面(或 V 面)平行之連線中最短者。

以假想平面法，作假想平面包含任一直線，使一邊平行另一直線，另一邊爲水平主線或直立主線，可得平面之邊視圖與另一直線平行(參閱第 5.6 節例題 2 之圖 5.11)。再作二次輔助投影，使 G_2L_2 與 G_1L_1 垂直，即可分別求得兩任意直線之最短水平或最短直立連線。

設已知兩任意直線 ab 及 cd，如圖 8.9 所示，以假想平面法，求作兩直線之最短直立連線，過程如下：

(1) 先作一平面包含直線 cd，且與直線 ab 平行，作三角形 cde 包含直線 cd，使 de 平行直線 ab，且使直線 ce 成爲三角形 cde 之直立主線，即直線 c^he^h 平行 GL，得直線 c^ve^v 爲 TL。

(2) 作輔助投影 G_1L_1 垂直 c^ve^v，得三角形 cde 之邊視圖(直線 $c^{h1}d^{h1}$)與直線 ab 在 H1 面之投影 $a^{h1}b^{h1}$ 平行。

(3) 作二次輔助投影 G_2L_2 與 G_1L_1 垂直，得直線 $a^{v2}b^{v2}$ 與 $c^{v2}d^{v2}$ 之交點(重疊點)$m^{v2}n^{v2}$。

(4) 將重疊點 $m^{v2}n^{v2}$ 投回第一輔助投影面 H1，得點 m^{h1} 及 n^{h1}。

(5) 將點 m^{h1} 及 n^{h1} 分別投回 V 面及 H 面，此時直線 m^vn^v 即為最短直立連線之 TL，直線 m^hn^h 則必平行於 GL。

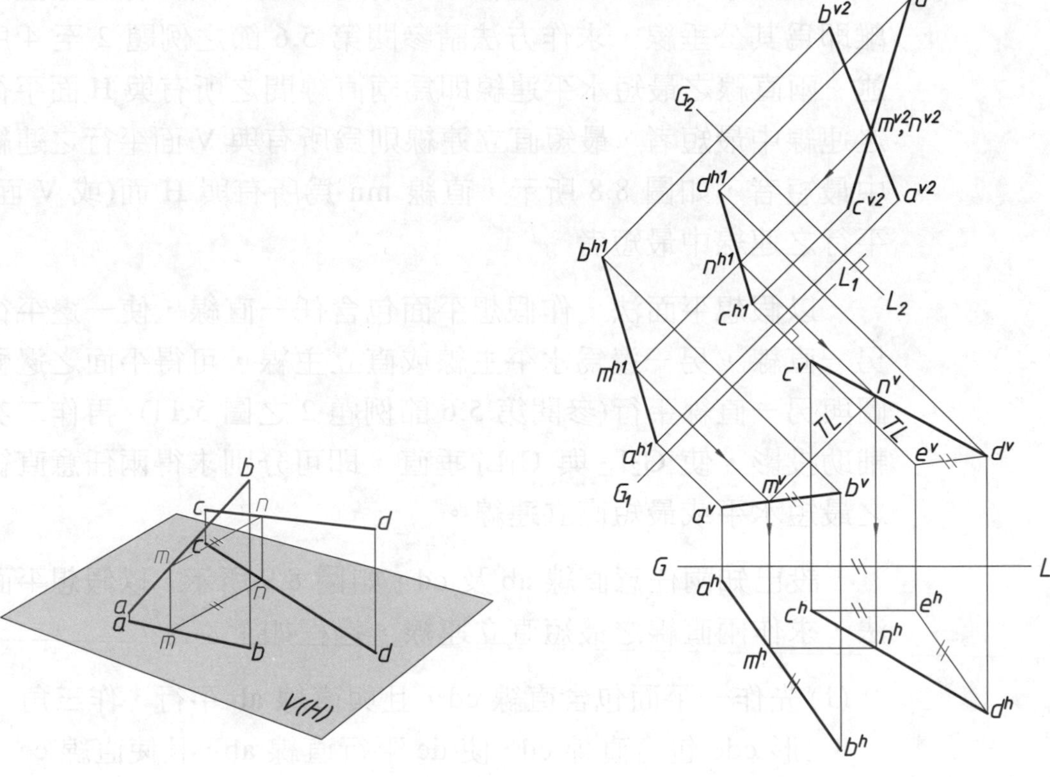

圖 8.8 最短直立或水平連線 (圖中直線 mn)

圖 8.9 直線 ab 及 cd 之最短直立連線 mn

分析以上最短直立連線求作過程結果得知：

(a) 由於二次(複)輔助投影之 G_2L_2 垂直於 G_1L_1，故可直接作一次輔助投影 G_1L_1 平行 TL 線 c^ve^v，亦可得到直線 ab 與 cd 投影之交點 $m^{h1}n^{h1}$，如圖 8.10 所示，此法為求最短直立或最短水平連線之快捷方法。

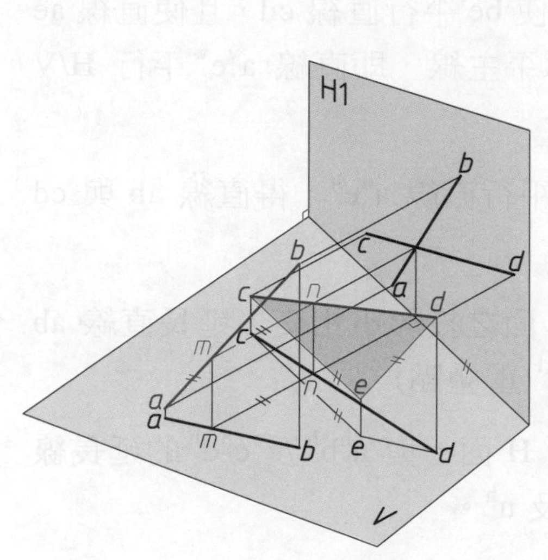

(a)作 H1 面平行直立主線(TL)ce

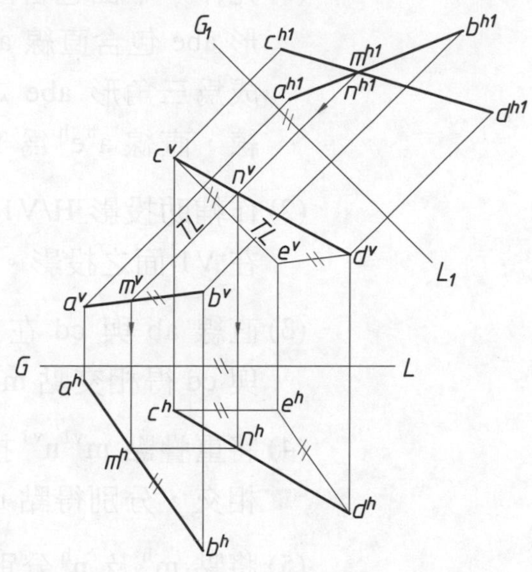

(b)由 H1 面兩直線交點投回得最短直立連線

圖 8.10　直線 ab 及 cd 之最短直立連線 mn(快捷方法)

(b) 在求作假想平面時必須使一邊包括任一直線，一邊平行另一直線，剩餘一邊則必須爲直立主線或水平主線，當求最短直立連線時爲直立主線，求最短水平連線時爲水平主線。

(c) 相同的假想平面法，比較圖 8.9 與圖 5.11 求作過程有何不同之處。

(d) 在求最短直立連線或最短水平連線時，包括最短距離連線，有可能所求得之連線會在直線之延長線上。

利用與圖 8.10 相同之已知兩任意直線 ab 及 cd，以假想平面法，改求作兩直線之最短水平連線，如圖 8.11 所示，其所求得之最短水平連線 mn 在兩直線之延長線上，求作過程說明如下：

(1) 先作一平面包含直線 ab，且與直線 cd 平行，作三角形 abe 包含直線 ab，使 be 平行直線 cd，且使直線 ae 成為三角形 abe 之水平主線，即直線 a^ve^v 平行 H/V 線，直線 a^he^h 為 TL。

(2) 作輔助投影 H/V1 線平行直線 a^he^h，得直線 ab 與 cd 在 V1 面之投影。

(3) 直線 ab 與 cd 在 V1 面之投影不相交，延長直線 ab 與 cd 得相交點 $m^{v1}n^{v1}$(重疊點)。

(4) 將重疊點 $m^{v1}n^{v1}$ 投回 H 面，與 a^hb^h 及 c^hd^h 的延長線相交，分別得點 m^h 及 n^h。

(5) 將點 m^h 及 n^h 分別投回 V 面，與 a^vb^v 及 c^vd^v 的延長線相交，分別得點 m^v 及 n^v，此時直線 m^hn^h 即為所求最短水平連線之 TL，直線 m^vn^v 則必平行於 H/V 線。

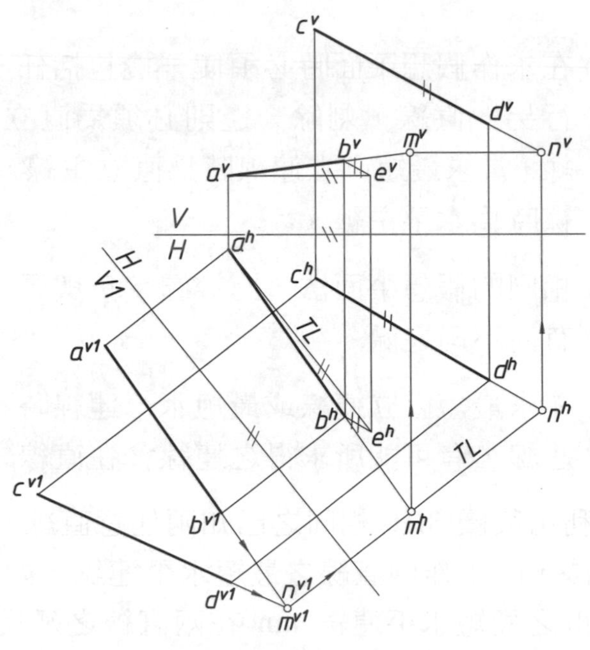

圖 8.11 直線 ab 及 cd 之最短水平連線 mn

8.5 點與平面之最短距離

點與平面之最短距離，即由點向平面作垂線之距離，求作通常須包括最短距離之實長(TL)及其投影，因距離之長度非為物体，以細實線表之即可。由投影平面之邊視圖即可得點至平面之最短距離且為 TL，如圖 8.12 所示。

設已知三角形 abc 及任意點 p，求點 p 至三角形 abc 之最短距離及其投影。可用輔助投影方法求之，請參閱前面第五章所述，其求作過程如下：(圖 8.13)

(1) 先判斷三角形 abc 之投影是否有 TL 存在，得直線 a^hc^h 為 TL。

(2) 作輔助投影 G_1L_1 垂直直線 a^hc^h，得三角形之邊視圖 $a^{v1}b^{v1}c^{v1}$ 及點 p^{v1}。

(3) 由 p^{v1} 向邊視圖作垂線，得直線 $p^{v1}q^{v1}$ 即為所求最短距離之 TL。

(4) 將點 q^{v1} 投回 H 面得點 q^h，如圖中箭頭所示，使直線 p^hq^h 與 G_1L_1 平行，因 $p^{v1}q^{v1}$ 為 TL。

(5) 將點 q^h 投回 H 面，如圖中箭頭所示，使 q^v 距 GL 之距離 h 等於 q^{v1} 距 G_1L_1 之距離 h，以細實線連接 p^vq^v，即完成最短距離之投影。

(6) 圖中之直線 pq 為點 p 至三角形 abc 之距離，非物體之投影，以細實線表之。

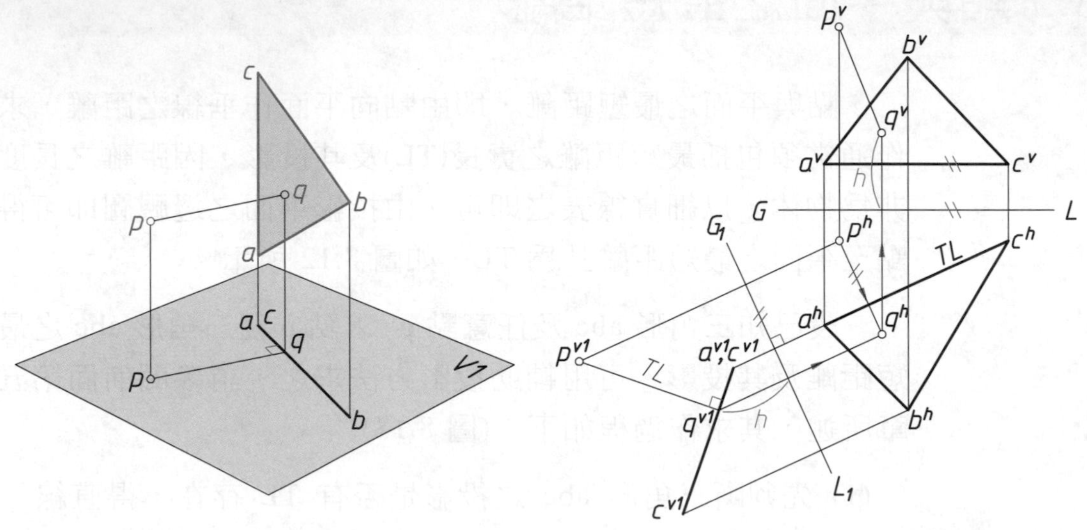

圖 8.12 由投影平面之邊視圖可得點至平面之最短距離且為 TL

圖 8.13 點 p 至三角形 abc 之最短距離及其投影(圖中直線 pq)

8.6 求作直線平行或垂直平面

已知直線之某端點與平面，求作某直線平行平面及該直線與平面之最短距離。另外亦可求作某直線垂直平面，分別說明如下：

(a) 求作直線平行平面：當某直線不在平面上但與平面平行時，因平面上可有無數多條之直線，則某直線必與平面上的許多直線平行。在這許多條直線當中，只有一條與某直線之距離爲最短，此距離即爲某直線與平面之距離。直線與平面之距離，即直線上之任意點與平面之最短距離，只要投影得平面之邊視圖，即可得直線(點)與平面之最短距離。

設已知三角形平面 abc 與直線 de 之點 d，如圖 8.14 所示，求作直線 de 與三角形 abc 平行及其距離。求解過程，如圖 8.15 所示，說明如下：

(1) 在直線 ac 上取任意點 o，連線 b^vo^v 及 b^ho^h。

(2) 經點 d^v 作直線 d^ve^v 平行 b^vo^v；經點 d^h 作直線 d^he^h 平行 b^ho^h，直線 de 之長度適當即可。

(3) 經點 a 作水平主線 ap，得 a^hp^h 為 TL。

(4) 作輔助投影 H/V1 線，在 V1 面上得三角形之邊視圖 $a^{v1}b^{v1}c^{v1}$ 與直線 $d^{v1}e^{v1}$ 平行。

(5) 從點 d^{v1} 作線垂直三角形之邊視圖 $a^{v1}b^{v1}c^{v1}$，即為直線 de 與三角形平面 abc 最短距離之 TL。

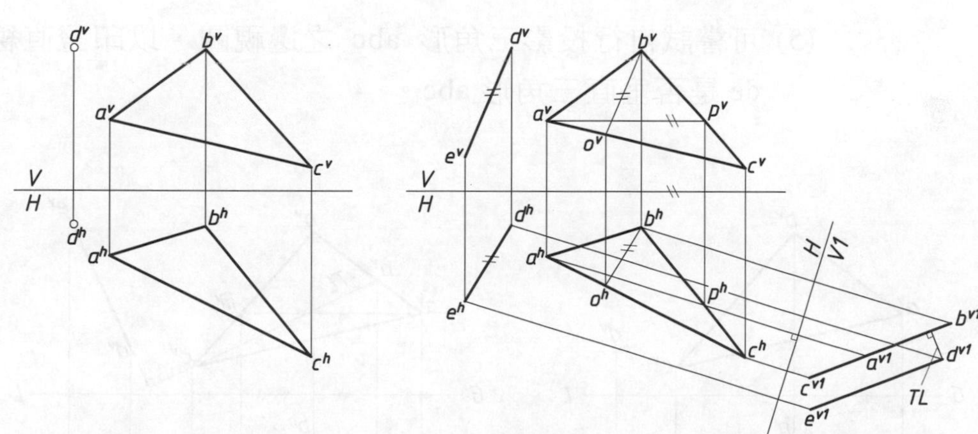

圖 8.14　已知三角形 abc 及點 d　　　圖 8.15　求 de 與三角形 abc 平行及其距離

(b) 求作直線垂直平面：當直線與平面上之兩任意不平行直線皆垂直時，則直線與平面垂直。又當空間之任意兩直線垂直時，若能投影得其中任一直線為 TL，則兩直線之投影仍為 90 度，請參閱前面第 3.10 節(c)

所述。因此使直線在 H 面上之投影垂直平面上之水平主線，且使直線在 V 面上之投影垂直平面上之直立主線，則直線必垂直於平面。

設已知三角形平面 abc 與直線 de 之點 d，如圖 8.16 所示，求作直線 de 垂直三角形 abc。求解過程，如圖 8.17 所示，說明如下：

(1) 經點 a 作三角形之水平主線 am，得直線 $a^h m^h$ 爲 TL。

(2) 經點 d^h 作線與直線 $a^h m^h$ 垂直，並延長所作之直線至點 e^h，得直線 $d^h e^h$。

(3) 經點 c 作三角形之直立主線 cn，得直線 $c^v n^v$ 爲 TL。

(4) 經點 d^v 作線與直線 $c^v n^v$ 垂直，並延長所作之直線至點 e^v，得直線 $d^v e^v$，直線 de 之長度適當即可。

(5) 可嘗試自行投影三角形 abc 之邊視圖，以印證直線 de 是否垂直三角形 abc。

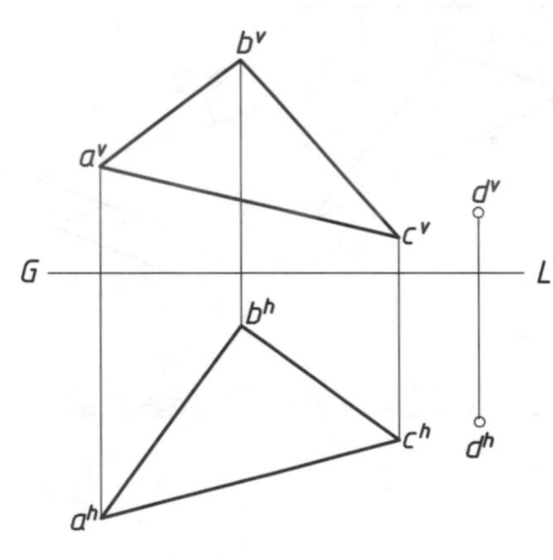

圖 8.16 已知三角形 abc 與點 d

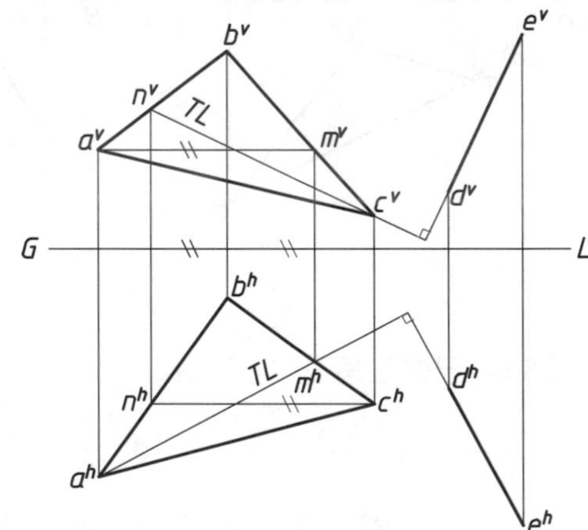

圖 8.17 求直線 de 垂直三角形 abc

8.7 直線與平面相交

當直線與平面不平行時則必相交，其交點必在直線上及平面上，若直線與平面投影不相交時，可將直線延長或將平面擴張，則仍必相交於某處。直線與平面之交點稱爲貫穿點，可用傳統的輔助投影法求平面之邊視圖，即可得直線與平面之貫穿點。

另一快捷之方法爲平面切割法，以平面切割原理，可迅速求得直線與平面之貫穿點，平面切割法請參閱後面第 8.8 節所述。直線貫穿平面之後，直線被遮蓋部份必須以虛線繪製，故仍需求其可見性之判別，請參閱後面第 8.8.1 節所述，可見性之判別只要利用物體在第一象限或第三象限投影法之投影方向規則即可求得。

以下例題先介紹傳統的輔助投影法解直線與平面相交之求作過程。

例題 4：已知三角形 123 及直線 ab，求其貫穿點。(輔助投影法)

分析：

1. 以輔助投影法投影平面之邊視圖，即可得直線與平面之貫穿點，如圖 8.18 所示。
2. 將貫穿點投回 H 面及 V 面上之直線，即完成貫穿點之投影。

作圖：(圖 8.19)

1. 作三角形 123 上之水平主線 14，得直線 1^h4^h 爲 TL。
2. 作輔助投影 H/V1 線，得三角形之邊視圖 $1^{v1}2^{v1}3^{v1}$，與直線 $a^{v1}b^{v1}$ 交於點 o^{v1}。
3. 將點 o^{v1} 投回 H 面上之直線 a^hb^h，得點 o^h。
4. 將點 o^h 投回 V 面上之直線 a^vb^v，得點 o^v，點 o 即爲所求直線與平面之貫穿點，如圖中箭頭所示。
5. 直線 ab 被三角形 123 遮蓋部份須以虛線繪製，在此暫不討論，其可見性判別請參閱後面第 8.8.1 節所述。

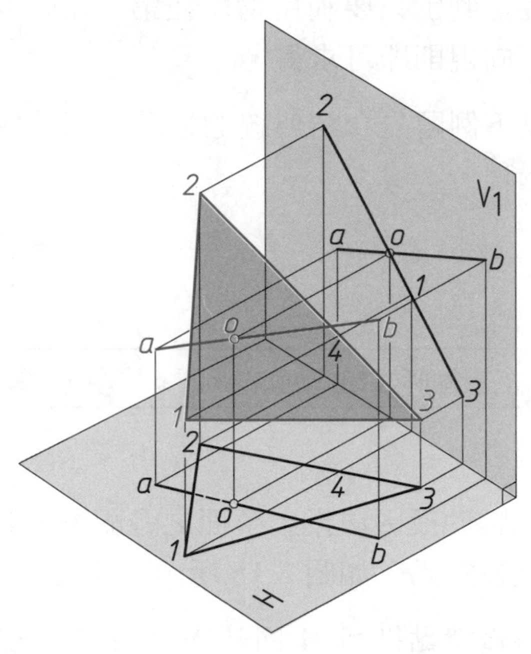

圖 8.18 投影平面之邊視圖，得直線與平面之貫穿點

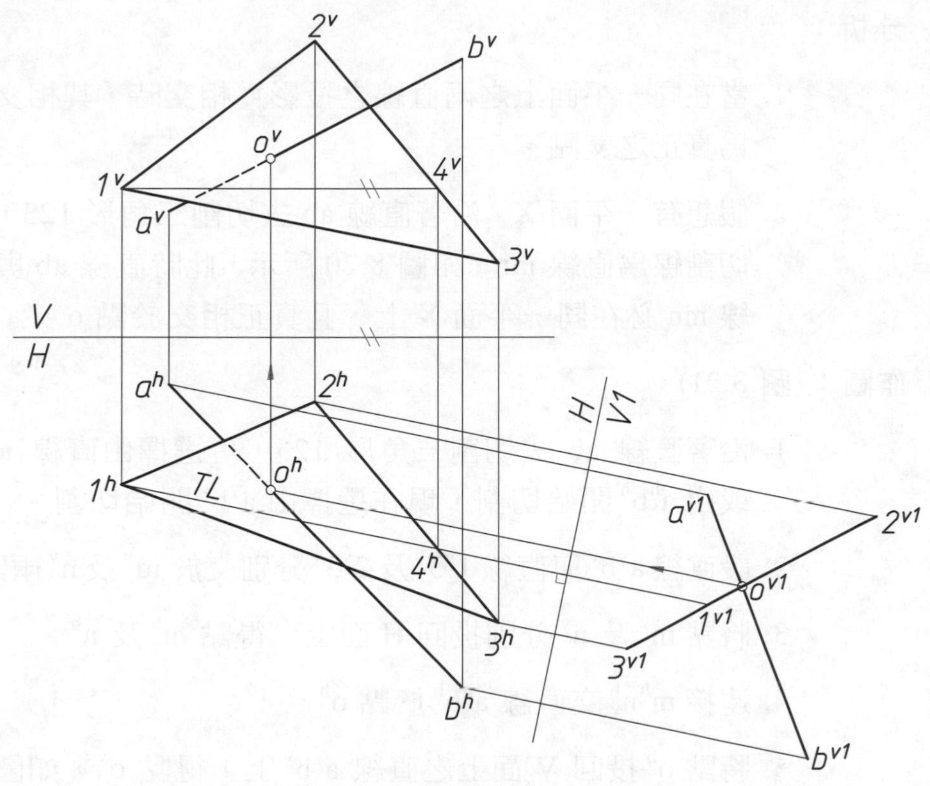

圖 8.19 求三角形 123 及直線 ab 之貫穿點 o (輔助投影法)

8.8 平面切割法

平面切割法乃以一假想平面，同時去切割兩物體之方法，因爲在同一平面上之線條相交時，爲真正之相交，此法假想平面通常沿(即包含)直線或平面之直線邊去切割另一相交物體。此原理常被用在求物體之交線(Intersections)，請參閱第十一章所述。以下將採用與例題 6 相同之題目說明平面切割法之原理及其求作過程。

例題 5：已知三角形 123 及直線 ab，求其貫穿點。(平面切割法)

分析：

1. 當在同一平面上之兩直線之投影為相交時，其相交點為真正之交點。
2. 假想有一平面 X，沿著直線 ab 去切割三角形 123，得切割線為直線 mn，如圖 8.20 所示，此時直線 ab 與直線 mn 必在同一平面 X 上，且真正相交於點 o。

作圖：(圖 8.21)

1. 沿著直線 ab 去切割三角形 123，可選擇由直線 a^vb^v 或由 a^hb^h 開始切割，現在選擇由 a^vb^v 開始切割。
2. 設直線 a^vb^v 與直線 1^v3^v 及 2^v3^v 分別交於 m^v 及 n^v 兩點。
3. 將點 m^v 及 n^v 分別投回 H 面上，得點 m^h 及 n^h。
4. 連接 m^hn^h 交直線 a^hb^h 於點 o^h。
5. 將點 o^h 投回 V 面上之直線 a^vb^v 上，得點 o^v，如圖中箭頭所示，點 o 即為所求直線與平面之貫穿點。
6. 直線 ab 被三角形 123 遮蓋部份須以虛線繪製，在此暫不討論，其可見性判別請參閱下節所述。
7. 本題亦可選擇由直線 a^hb^h 開始切割，與前面第 2 至 5 項過程相同，如圖中灰色投影線所示，可印證所求貫穿點是否在同一位置上。

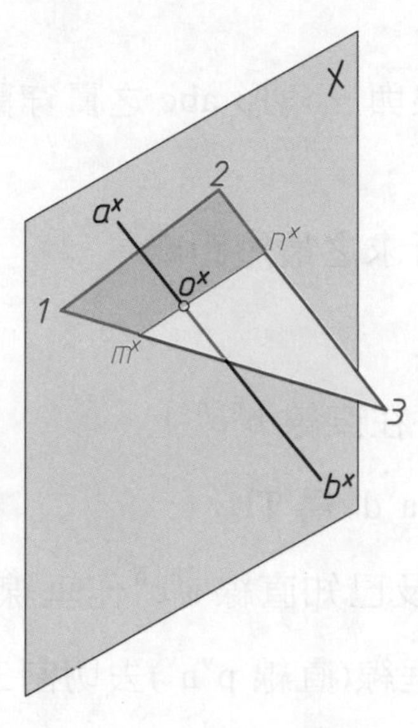

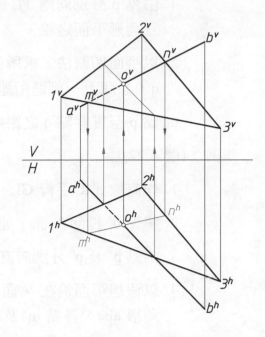

圖 8.20 假想平面 X 沿著直線 ab 去切割三角形 123

圖 8.21 求三角形 123 及直線 ab 之貫穿點 o (沿直線 a^vb^v 或 a^hb^h 切割)

例題 6：已知三角形 abc 及任意點 p，求點 p 距三角形 abc 之最短距離及其投影。(平面切割法)

分析：

1. 最短距離即垂直距離，點至平面之垂直線必與平面上之任何直線垂直。
2. 空間之任意兩直線垂直，若能投影得其中任一直線爲 TL 時，則兩直線之投影仍爲 90 度。
3. 判斷三角形 abc 之 V 面投影是否各有 TL 線。得 H 面之 a^hb^h 爲 TL，另作 V 面之 TL 線，得 a^vd^v 爲 TL 線。

4. 由點 p 分別向兩 TL 線作垂線，此垂線即爲點 p 垂直三角形平面之線。

5. 以平面切割法，求所作之垂線與三角形 abc 之貫穿點 q，參閱上一例題所述。

6. 點 p 至貫穿點 q 之距離即爲所求之最短距離。

作圖：(圖 8.22)

1. 作直線 a^hd^h 平行 GL，使點 d^h 在直線 b^hc^h 上。

2. 將點 d^h 投回 V 面，連接直線 a^vd^v 爲 TL。

3. 由點 p^v 及 p^h 分別向直線 a^vd^v 及已知直線 a^hc^h 作垂線。

4. 以假想平面沿在 V 面所作之垂線(直線 p^vn^v)去切割三角形 abc，得點 m^v 及 n^v。

5. 將點 m^v 及 n^v 分別投回 H 面，得點 m^h 及 n^h。

6. 連線點 m^h 及 n^h，相交由點 p^h 所作之垂線於點 q^h。

7. 將 q^h 投回 V 面，與直線 p^vn^v 相交得點 q^v。

8. 點 p 至點 q 之直線即爲所求，點 p 距三角形 abc 之最短距離。

9. 以旋轉法求直線 pq 之 TL，得直線 $p^vq_1{}^v$，即爲所求點 p 距三角形 abc 最短距離之 TL。

10. 比較第 8.5 節(圖 8.13)所述之輔助投影法，求點至平面之最短距離。

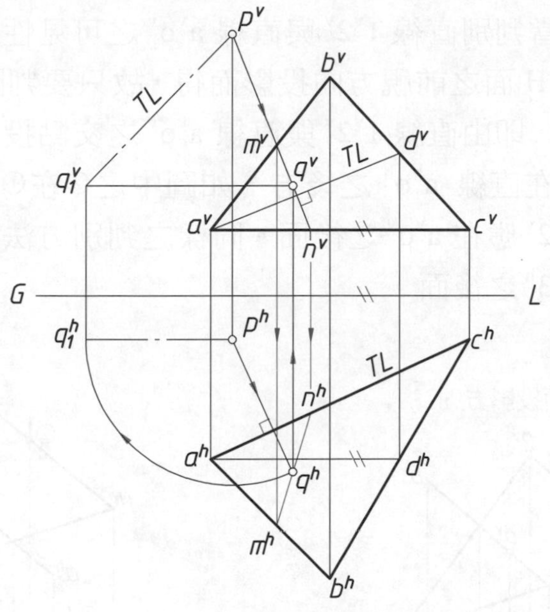

圖 8.22 求點 p 距三角形 abc 之最短距離
(平面切割法，旋轉法求 TL)

8.8.1 可見性判別

當物體相交時，除了求其交點或交線外，仍必須判別其可見性才能決定應該繪製實線或虛線，可見性判別必須根據物體所在之象限來決定。

當物體在第一象限時，如圖 8.23 所示，若已知直線 ab 在點 o 貫穿三角形 123，當判別直線 1^h2^h 與直線 a^ho^h 之可見性時，因水平投影是由直立投影上之上視方向投影所得，故只要判斷兩直線在 V 面之投影，即由直線 1^h2^h 與直線 a^ho^h 之交點投向 V 面，得知直線 1^v2^v 在直線 a^vo^v 之上方，如圖中之①在②之上，即可得直線 1^h2^h 應在直線 a^ho^h 之上面。同樣之判別方法可得直線 a^vo^v 在直線 1^v3^v 之上面。

同樣的投影假設物體被放置在第三象限時，如圖 8.24 所示，當判別直線 1^v2^v 與直線 a^vo^v 之可見性時，因 V 面之投影是由 H 面之前視方向投影而得，故只要判斷兩直線在 H 面之投影，即由直線 1^v2^v 與直線 a^vo^v 之交點投向 H 面，得知直線 1^h2^h 在直線 a^ho^h 之後方，如圖中之②在①之後，即可得知直線 1^v2^v 應在 a^vo^v 之後面。同樣之判別方法可得直線 a^ho^h 在直線 1^h3^h 之後面。

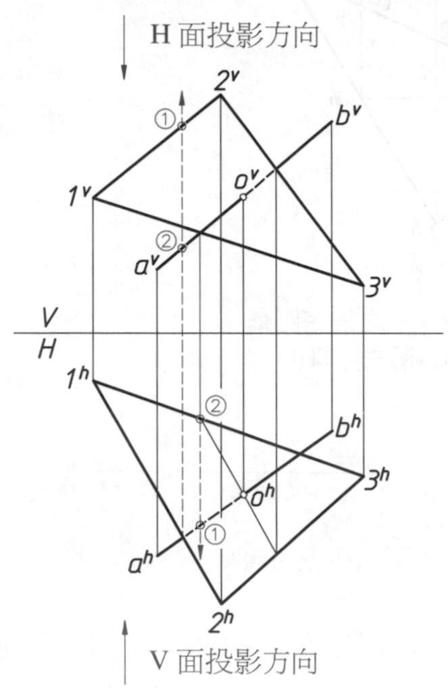

圖 8.23 第一象限可見性判別

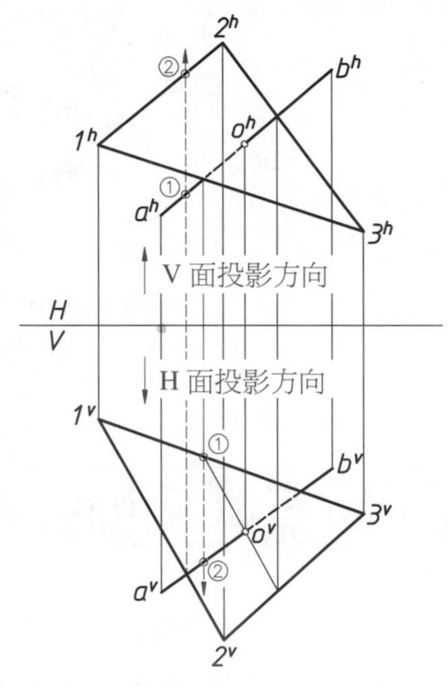

圖 8.24 第三象限可見性判別

比較圖 8.23 及圖 8.24 結果發現，相同之投影，當物體在第一及第三象限時，判別可見性之方法一致，但因投影方向位置不同，得其結果剛好相反。直線貫穿時通常只須判別一端之可見性即可，因直線之另一端必然相反，即當一端在上方時直線之另一端理應在下方。

8.9 直線與平面之夾角

求直線與平面之夾角，可採用直角三角形法以及輔助投影法等兩種方法求解，以傳統的輔助投影法求解時，須作輔助投影面，同時投影得平面之邊視圖及直線之實長(TL)，其夾角即為直線與平面之實際夾角，如圖 8.25 所示。當直線與平面相交時，求其夾角，可順便得其貫穿點；當直線與平面之投影不相交時，有時需延長直線之 TL 及平面之邊視圖得其夾角。

以直角三角形法求解時，須由直線任一端點向平面作垂線，若垂線無法落在平面上或夾角甚小時，須縮小直角三角形較麻煩，或改以輔助投影法求解。直角三角形法求作過程，請參閱例題 7 所述。

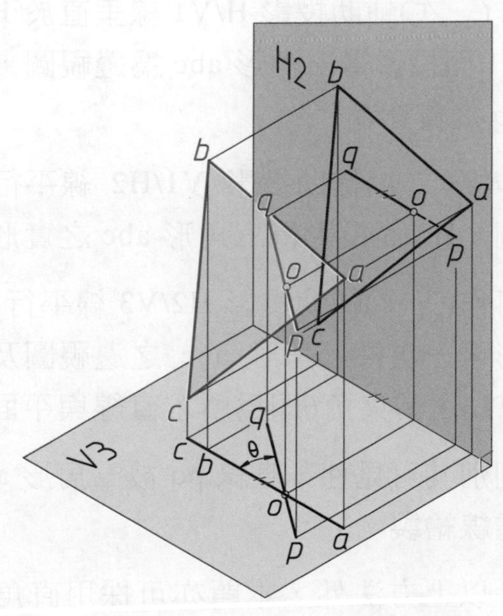

圖 8.25　H2 平面投影得三角形 abc 之實形及直線 pq
V3 投影得三角形邊視圖及直線 TL，得夾角θ

設已知三角形平面 abc 及直線 pq 在 H 面及 V 面之投影，求其夾角，以傳統的輔助投影法求解，如圖 8.26 所示，想同時投影平面之邊視圖及直線之 TL，必須先設立輔助投影面求三角形 abc 之實形，再設立另一輔助投影面平行直線，才可同時投影得平面之邊視圖及直線之 TL。若三角形平面爲複斜面時，求三角形 abc 之實形，必須以複輔助投影法求得，即必須設立兩次的輔助投影面，因此本題共需作三次的輔助投影面，與前面圖 8.6 及圖 8.7 所示求兩直線之夾角情況類似，求解過程說明如下：

(1) 先判斷已知三角形平面 abc 各邊在 H 面及 V 面之投影是否有 TL 存在？得三角形 abc 爲複斜面。

(2) 作三角形 abc 平面上之水平主線 ad，投影得 H 面上之直線 ad 爲 TL。

(3) 作(一次)輔助投影 H/V1 線垂直於 H 面上之直線 ad，V1 面投影得三角形 abc 爲邊視圖，圖中點 o 爲直線 pq 之貫穿點。

(4) 作複(二次)輔助投影 V1/H2 線平行於三角形之邊視圖，H2 面投影得三角形 abc 之實形(TS)及直線 pq。

(5) 再作(三次)輔助投影 H2/V3 線平行直線 pq，V3 面投影再一次得三角形 abc 之邊視圖及直線 pq 之實長(TL)。其夾角θ即爲所求直線與平面之實際夾角。

(6) 判別其可見性，直線 pq 被三角形 abc 遮蓋部份須以虛線繪製。

(7) 除以上方法外，本題亦可採用直角三角形法求解，請參閱下一例題所述。

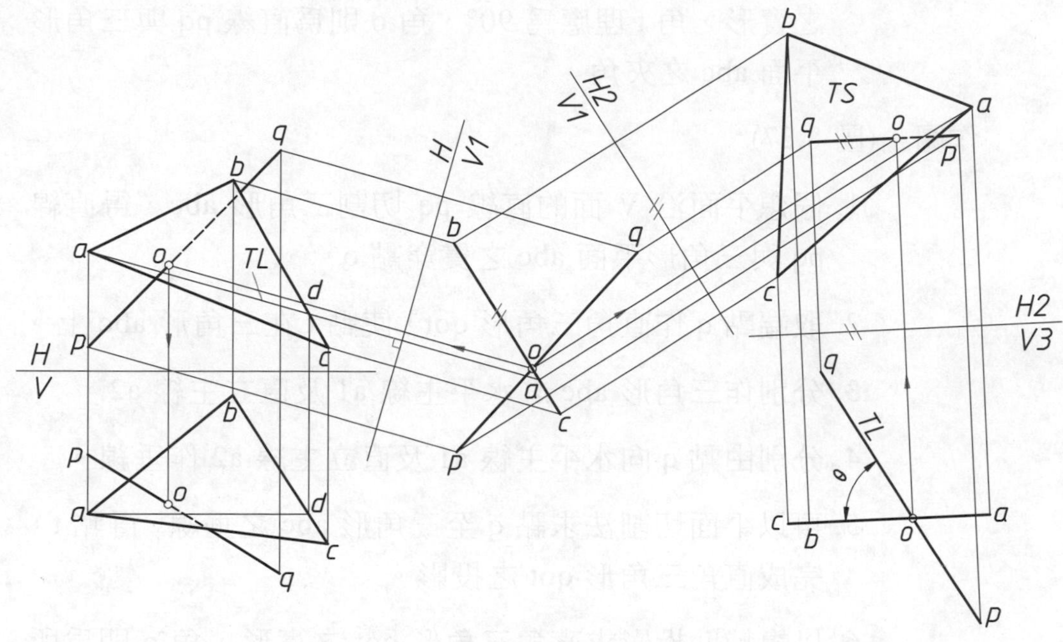

圖 8.26 求直線 pq 與三角形平面 abc 之夾角θ

> 例題 7：已知三角形平面 abc 及直線 pq 在 H 面及 V 面之投影，求其夾角θ。(直角三角形法，圖 8.27)

分析：

1. 先以平面切割法求直線 pq 與三角形 abc 之貫穿點 o。
2. 作一直角三角形，以直線 pq 的任一端點至貫穿點 o 爲直角三角形之斜邊，使直角三角形之直角點 t 在三角形平面 abc 上。
3. 以點至平面的垂直線必與平面上之任意直線垂直，以及兩直線垂直若投影其中任一直線爲 TL 時，其夾角仍爲 90°的幾何觀念求該直角三角形。
4. 若直角三角形爲 qot，以輔助投影法求直角三角形 qot

之實形，角 t 理應爲 90°，角 o 則爲直線 pq 與三角形平面 abc 之夾角。

作圖：(圖 8.27)

1. 假想平面沿 V 面的直線 pq 切割三角形 abc，得直線 pq 與三角形平面 abc 之貫穿點 o。
2. 取端點 q 作直角三角形 qot，使點 t 在三角形 abc 上。
3. 分別作三角形 abc 之水平主線 a1 及直立主線 a2。
4. 分別由點 q 向水平主線 a1 及直立主線 a2 作垂線。
5. 再以平面切割法求點 q 至三角形 abc 之垂線，得點 t，完成直角三角形 qot 之投影。
6. 以複輔助投影求直角三角形 qot 之實形，角 o 即爲所求直線 pq 與三角形平面 abc 之夾角θ。(比較圖 8.26)

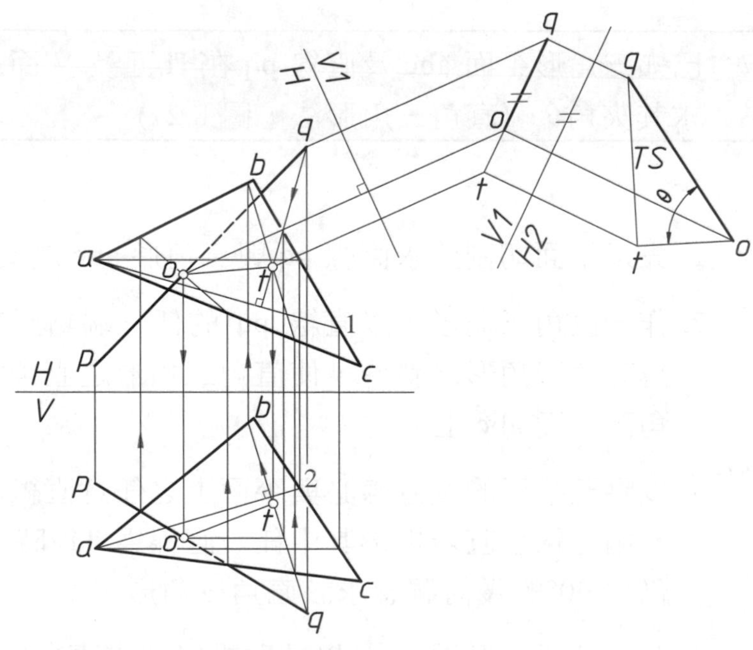

圖 8.27 已知三角形平面 abc 及直線 pq，求其夾角θ(直角三角形法)

8.10 平面之求作

決定一平面的條件有四種，參閱前面第 6.2 節所述。但本節所述爲從已知之條件關係中求作某平面。如求作平面平行已知直線以及垂直已知直線等，說明如下：

(a) 求作平面平行已知直線：兩直線平行，投影在任何投影面上皆仍平行，只要使平面上的某一直線能與已知直線平行時，則平面理應與已知直線平行。通常只要求作平面之任一邊平行已知直線，即可得平面平行已知直線。因限制條件少故所求平面可有無數多個。設已知直線 pq 及點 a，如圖 8.28 所示，求作三角形平面 abc 經點 a 平行直線 pq。過程說明如下：(圖 8.29)

(1) 經點 a^h 作線平行直線 p^hq^h，長度任意。

(2) 經點 a^v 作線平行直線 p^vq^v，點 b 位置任意，得直線 a^vb^v 及直線 a^hb^h。

(3) 取任意點 c 連線點 a 及點 b，得三角形平面 abc 平行直線 pq，圖中點 b 及點 c 位置任意適當即可。

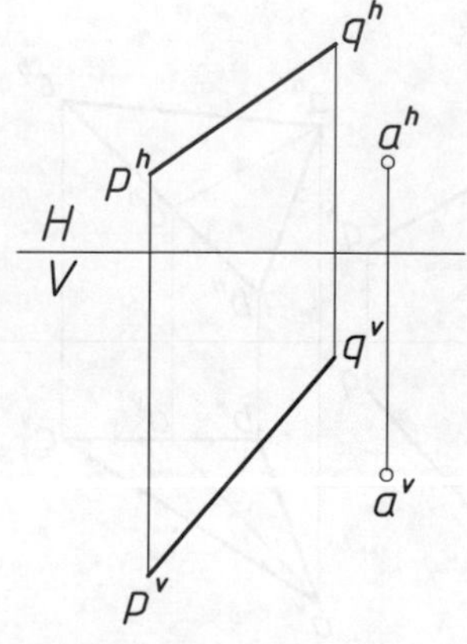

圖 8.28 已知直線 pq 及點 a

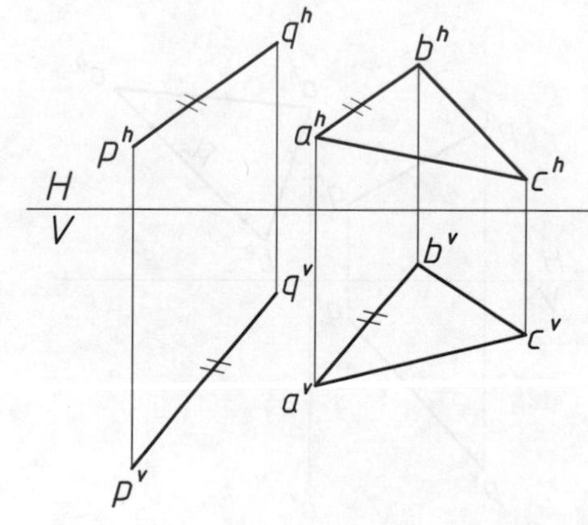

圖 8.29 求作平面 abc 經點 a 平行直線 pq (點 b 及點 c 位置任意)

例題 8：已知直線 pq、點 a 及三角形 abc 在 H 面之投影，b^hc^h 為 TL，如圖 8.30 所示，求作三角形 abc 與直線 pq 平行之投影。

分析：

1. 當兩直線平行，在任何投影面上皆仍平行。
2. 作平面上任意直線與已知直線 pq 平行。
3. 利用所作之平面上直線與其他已知條件，求作三角形平面。

作圖：(圖 8.31)

1. 經點 a^h 作直線 a^hd^h 平行直線 p^hq^h，使點 d^h 在直線 b^hc^h 上。
2. 經點 a^v 作直線 a^vd^v 平行直線 p^vq^v。
3. 作直線 b^vc^v，使 b^vc^v 平行基線(H/V)且經點 d^v。
4. 連接點 a^vb^v 及 b^vc^v，即得三角形 abc 在 V 面之投影。
5. 可嘗試自行投影三角形 abc 之邊視圖，以印證三角形 abc 是否平行直線 pq。

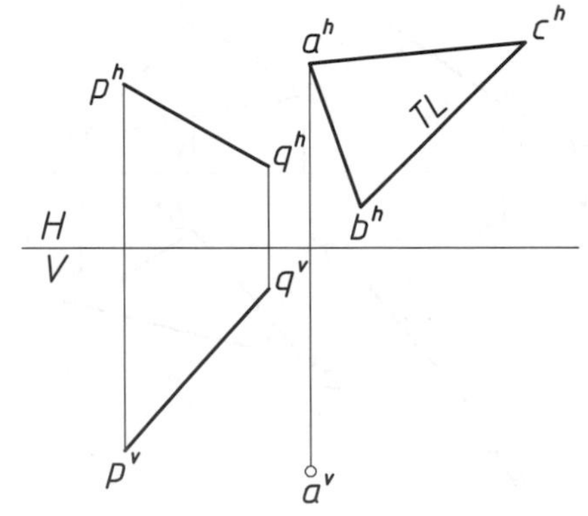

圖 8.30 已知投影及 b^hc^h 為 TL

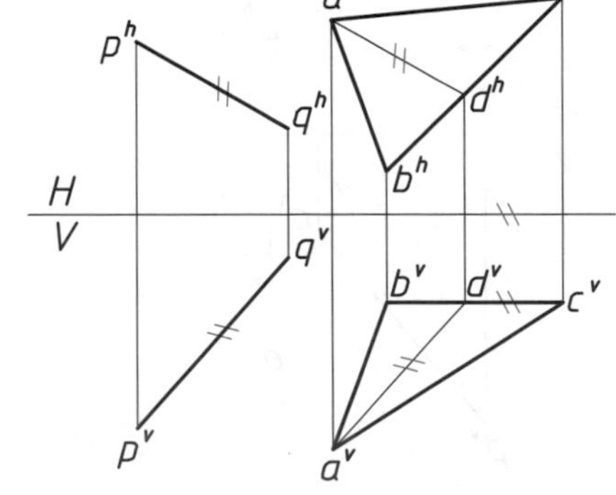

圖 8.31 求作三角形 abc 與直線 pq 平行

(b) 求作平面垂直已知直線：從前面第 8.6 節(b)得知，當直線與平面上之兩任意不平行直線皆垂直時，則直線與平面垂直，因此該兩相交直線所決定之平面即爲所求；又空間之兩直線垂直時，若能投影得其中任一直線爲 TL 時，則兩直線之投影仍爲 90 度。綜合以上結果，只要使平面上之任意兩實長(TL)線與直線垂直，則平面理應與直線垂直。

設已知直線 pq 及點 a，如圖 8.32 所示，求作三角形平面 abc 經點 a 垂直於直線 pq。通常可直接求作三角形平面 abc 之任兩邊爲實長且垂直 pq，即可使三角形與直線 pq 垂直。因限制條件少故所求平面可有無數多個。求作過程說明如下：(圖 8.33)

(1) 經點 a^h 作直線 a^hb^h 垂直於直線 p^hq^h。

(2) 經點 a^v 作直線 a^vb^v 平行基線(H/V 線)，直線 ab 長度任意。

(3) 經點 a^v 作直線 a^vc^v 垂直於直線 p^vq^v。

(4) 經點 a^h 作直線 a^hc^h 平行基線(H/V 線)，直線 ac 長度任意。

(5) 連接直線 bc，即爲所求三角形平面 abc。

(6) 圖中直線 a^hb^h 及直線 a^vc^v 爲實長(TL)。

(7) 可嘗試自行投影三角形 abc 之邊視圖，以印證三角形 abc 是否垂直於直線 pq。

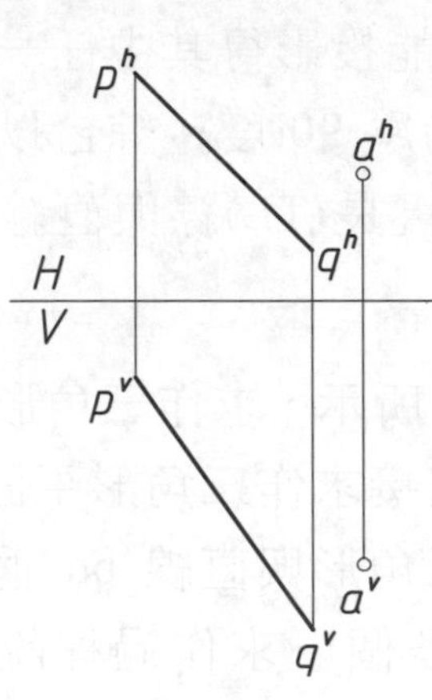

圖 8.32 已知直線 pq 及點 a

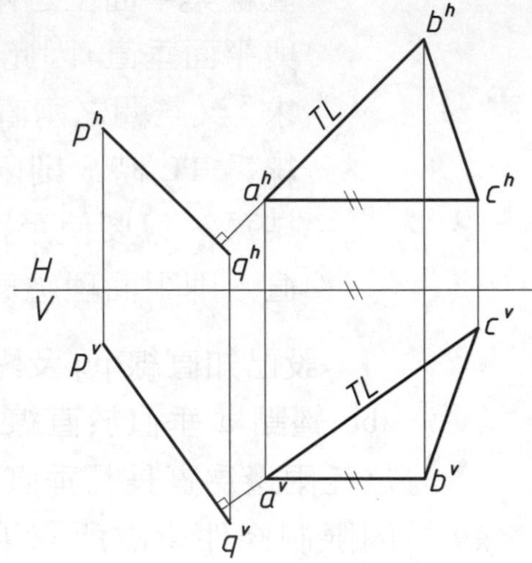

圖 8.33 求作平面 abc 經點 a 與直線 pq 垂直

8.11 兩平面間之關係

本節將探討兩平面在空間相交之投影以及兩平面在空間相交之實際夾角。兩平面相交可採用傳統的輔助投影法以及快捷之平面切割法等兩種方法求交線。而兩平面之夾角必須先找到兩平面之相交線，再求相交線之端視圖而得，可採用傳統的輔助投影法以及快捷之旋轉法等兩種方法求解。

(a) 兩平面相交：兩無限平面除互相平行外，則必相交，其交線為直線，但在有限平面則有相交、部份相交及不相交等三種情況，如圖 8.34 所示。當兩平面在空間投影時，被遮蓋部份必須以虛線繪製。以兩三角形相交為例，把其中任一三角形平面視為一組三條相連在一起的直線，然後先求出各直線與另一三角形之相交情況，連續找出各三角形之邊線與另一三角形之相交情況。通常只可能找到兩個貫穿點，接著將兩點連線，最後才判斷三角形各邊線之可見性。

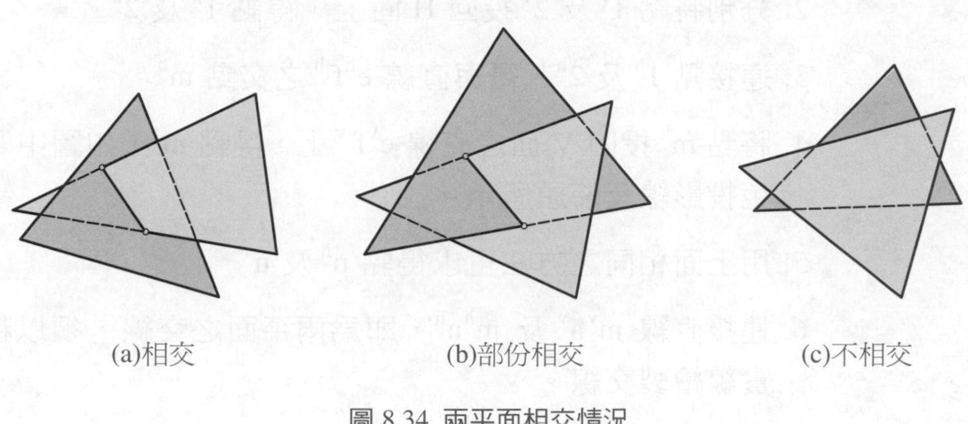

(a)相交　(b)部份相交　(c)不相交

圖 8.34 兩平面相交情況

以下將以求兩三角形 abc 與 def 之相交投影為例，介紹快捷之平面切割法以及傳統的輔助投影法等兩種求解的方法，例題 9 以第 8.8 節所述之平面切割法求解，例題 10 以前面第五章所述之輔助投影法求解。

例題 9：求兩三角形 abc 與 def 之相交投影。(平面切割法)

分析：

1. 當直線與三角形之投影不相交時，即無貫穿點。
2. 當以平面切割法求直線與平面相交情況時，若同在一平面上之兩直線不相交時，即表直線與平面不相交。
3. 連接所求之兩貫穿點，即為兩平面之交線。
4. 判別可見性，被遮蓋部份必須以虛線繪製。

作圖：(圖 8.35)

1. 設直線 e^vf^v 與 a^vc^v 之交點為 1^v，與 a^vb^v 之交點為 2^v。
2. 分別將點 1^v 及 2^v 投回 H 面上，得點 1^h 及 2^h。
3. 連接點 1^h 及 2^h，得與直線 e^hf^h 之交點 m^h。
4. 將點 m^h 投回 V 面之直線 e^vf^v 上，得點 m^v，如圖中彩色投影線及箭頭所示。
5. 用上面相同之方法可求得點 n^h 及 n^v。
6. 連接直線 m^vn^v 及 m^hn^h，即為兩平面之交線，須以粗實線繪製交線。
7. 判別兩平面相交之可見性，遮蓋部份須以虛線繪製。
8. 本題亦可由 H 面切割，如圖中之灰色投影線所示，可印證所求交點是否正確。

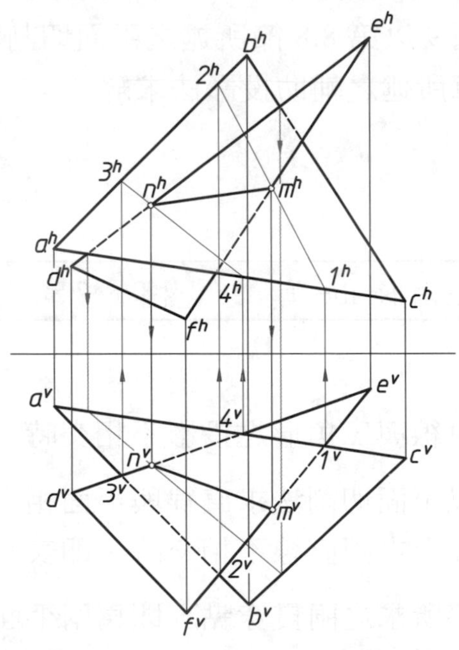

圖 8.35 求三角形 abc 與 def 之相交投影(平面切割法)

例題 10：求兩三角形 abc 與 def 之相交投影。(輔助投影法)

分析：

1. 當任一平面被投影成一直線時，即可得兩平面之交線。
2. 欲求平面之邊視圖時，須先找到該平面之水平主線或直立主線。
3. 以輔助投影法求平面之邊視圖，參閱前面第 6.3 節之例題。

作圖：(圖 8.36)

1. 作直線 $c^v p^v$ 平行 GL，點 p 在直線 ab 上。
2. 將點 p^v 投回 H 面，得直線 $c^h p^h$ 爲 TL。
3. 作輔助投影 G_1L_1 垂直 $c^h p^h$，得三角形 $a^{v1}b^{v1}c^{v1}$ 爲一直線，及三角形 $d^{v1}e^{v1}f^{v1}$ 仍爲一三角形。
4. 設其交線爲 $m^{v1}n^{v1}$，點 m 在直線 ef 上，點 n 在直線 ed 上。
5. 分別將點 m^{v1} 及 n^{v1} 投回 H 面及 V 面上，如圖中箭頭所示，並連線 mn 即得兩平面之交線。
6. 判別兩平面相交時之可見性，被遮蓋部份必須以虛線繪製。

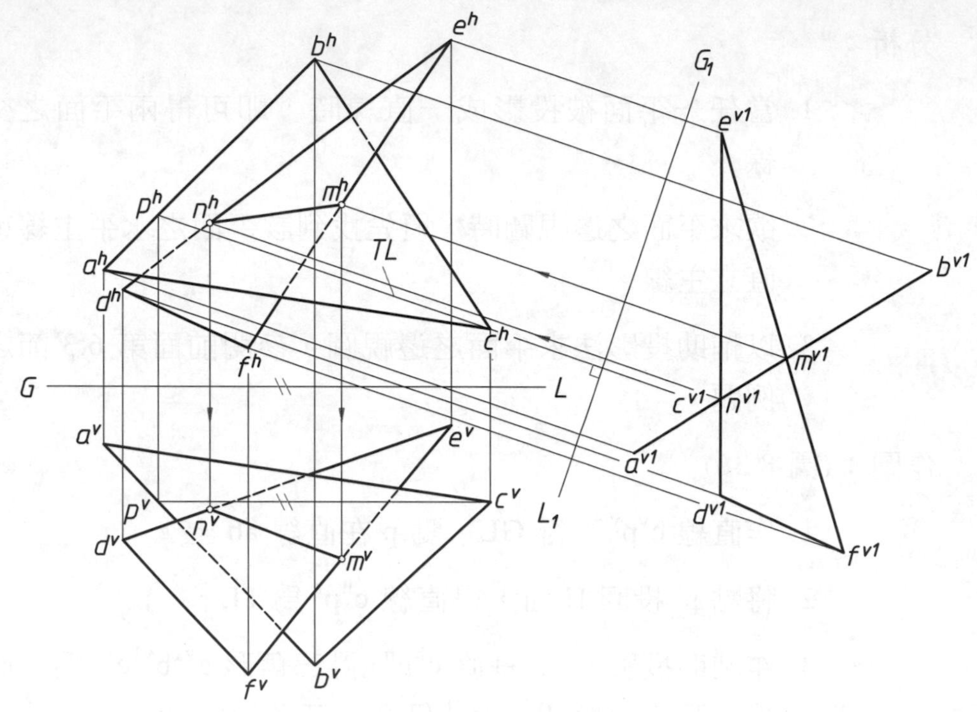

圖 8.36 求三角形 abc 與 def 之相交投影(輔助投影法)

(b) 兩平面之夾角：凡不平行之兩平面必有夾角，實際夾角之大小可從投影兩平面交線之端視圖得之。因此求兩平面之夾角，通常先找或求其相交線，相交線求作參閱本節(a)項所述。

以下將以求兩三角形 abc 及 bcd 之夾角爲例，介紹傳統的輔助投影法以及旋轉法等兩種求解的方法，例題 11 以前面第五章所述之輔助投影法求解，例題 12 以前面第七章所述之旋轉法求解。

例題 11：求兩三角形平面 abc 及 bcd 之夾角θ。(輔助投影法)

分析：

1. 已知兩三角形平面之交線為直線 bc。
2. 判斷兩平面所在之象限，得兩平面在第一象限。
3. 以複(二次)輔助投影法，求交線 bc 之端視圖即可得兩平面之實際夾角。
4. 複(二次)輔助投影求作請參閱前面第 5.4 節所述。

作圖：(圖 8.37)

1. 判斷交線 bc 之投影是否有 TL 存在？得直線 bc 為複斜線。
2. 作輔助投影 V/H1 線平行於 V 面上之直線 bc，得 H1 面上之直線 bc 為 TL。
3. 作複(二次)輔助投影 H1/V2 線，與直線 bc 之 TL 線(H1 面上)垂直，在 V2 面上得兩平面之邊視圖及其夾角θ，此θ角即為所求兩平面之實際夾角。
4. 注意作圖投影過程必須為第一象限投影法之規則。

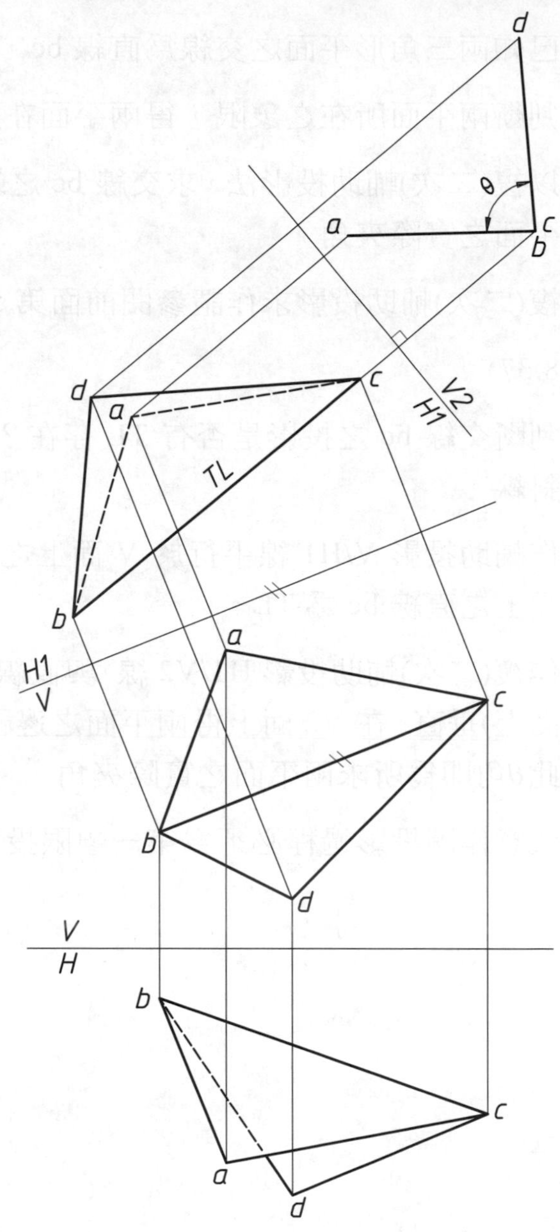

圖 8.37 已知三角形平面 abc 及 bcd 求其夾角θ(輔助投影法)

例題 12：求兩三角形平面 abc 及 bcd 之夾角θ。(旋轉法)

分析：

1. 已知兩平面之交線為直線 bc。
2. 以點 b 為基準，先沿 V 面旋轉，可得交線 bc 為 TL。
3. 仍以點 b 為基準，再沿 H 面旋轉，可得交線 bc 為端視圖，此時可投影兩平面成為兩直線，其夾角即為兩平面之實際夾角。

作圖：(圖 8.38)

1. 先沿 V 面旋轉，如圖中之彩色線及箭頭所示，以 V 面點 b 為基準，旋轉整個畫面(形狀大小不變)，使直線 bc_1 平行 H/V 線。
2. 將旋轉後的畫面，即圖中 V 面上之 $a_1bc_1d_1$，再投影回 H 面，得 H 面上之直線 bc_1 為 TL。
3. 沿 H 面旋轉，如圖中之灰色箭頭所示，以 H 面上之點 b 為基準，旋轉整個畫面(形狀大小不變)，使直線 bc_1 轉至 bc_2，且使 bc_2 垂直 H/V 線。
4. 將旋轉後的畫面，即圖中 H 面上之 $a_2bc_2d_2$，再投影回 V 面，此時直線 bc_2 在 V 面上會重疊成一點，投影得兩平面 abc 及 bcd 之邊視圖及其夾角θ，θ角即為所求兩平面之實際夾角。

以平面旋轉法求解，其目的與輔助投影雖一樣，但旋轉時常會造成視圖重疊情況，而且整個圖形旋轉作圖較麻煩，因此在工程圖中較少被採用。在投影幾何中以旋轉法求解時，通常選擇視圖較不會重疊之方向旋轉，以盡量使圖面清晰。

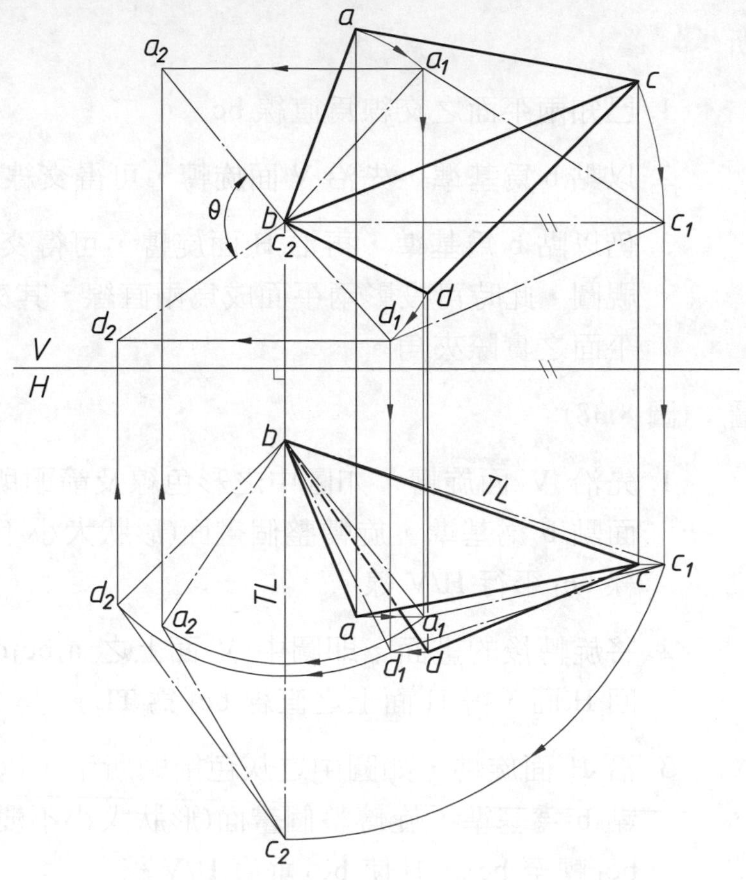

圖 8.38 已知兩三角形平面 abc 及 bcd，求其夾角θ(旋轉法)

❖ 習　題　八 ❖

一、選擇題

1. (　　) 點與直線之最短距離，可從何處求得 (A)輔助投影面上 (B)側投影面上 (C)投影直線之端視圖面上 (D)投影直線之實長面上。

2. (　　) 點與平面之最短距離，可從何處求得 (A)側投影面上 (B)投影平面之實形面上 (C)投影平面之邊視圖面上 (D)輔助投影面上。

3. (　　) 當兩直線平行時 (A)在任何投影面上皆爲平行 (B)在側投影面上爲平行 (C)在側投影面上爲兩直線之距離 (D)在側投影面上爲兩直線重疊。

4. (　　) 當兩直線垂直時 (A)在側投影面上爲垂直 (B)在任何投影面上爲垂直 (C)投影任一直線爲 TL 時，兩直線爲垂直 (D)在輔助投影面上爲垂直。

5. (　　) 當兩直線之投影相交時，兩直線 (A)必相交 (B)在側投影面上必相交 (C)在輔助投影面上必相交 (D)交點能互相投影時，必相交。

6. (　　) 兩不相交直線之最短距離，可從何處求得 (A)投影兩直線之實長 (B)投影任一直線之端視圖 (C)投影任一直線之 TL (D)側投影面上。

7. (　　) 直線 ab 在平面上且平行 H 面時，直線 ab 稱爲該平面之 (A)水平線 (B)視平線 (C)水平主線 (D)水平傾斜線。

8. (　　) 直線在 V 面之投影剛好垂直平面之直立主線，則 (A)直線與平面平行 (B)直線與平面垂直 (C)直線與平面在側投影面上爲平行 (D)直線與平面在側投影面上爲垂直。

9. (　　) 直線與平面之貫穿點，可從何處求得 (A)投影平面之邊視圖面上 (B)投影平面之實形面上 (C)投影直線之實長面上 (D)同時投影直線之實長及平面之實形面上。

10. (　　) 兩平面之相交投影，可從何處求得其貫穿點 (A)投影任一平面之邊視圖面上 (B)投影任一平面之實形面上 (C)同時投影兩平面之邊視圖面上 (D)同時投影兩平面之實形面上。

11. (　　) 當直線與平面垂直時，則直線 (A)只與水平主線垂直 (B)只與直立主線垂直 (C) 只與水平主線或直立主線垂直 (D)與平面上之任意不平行兩直線垂直。

二、填空題

1. 當兩直線平行時，其在＿＿＿＿＿＿投影面上必為平行。

2. 兩直線垂直，當投影＿＿＿＿＿＿＿＿＿＿時，其夾角仍為 90 度。

3. 求兩不相交直線之公垂線，常見有＿＿＿＿＿＿＿法及＿＿＿＿＿＿＿法等兩種方法。

4. 兩平面之相交情況，可分為＿＿＿＿＿＿＿＿、＿＿＿＿＿＿＿＿及＿＿＿＿＿＿＿＿等三種。

5. 求兩平面之相交投影，可採用傳統之＿＿＿＿＿＿＿＿法，或快捷之＿＿＿＿＿＿＿＿＿法等求解。

6. 兩直線間之連線常見有＿＿＿＿＿＿＿＿＿、＿＿＿＿＿＿＿＿＿及＿＿＿＿＿＿＿＿＿等三種。

7. 求直線與平面之夾角，可採用傳統之＿＿＿＿＿＿＿＿法，或＿＿＿＿＿＿＿＿法等兩種方法求解。

三、作圖題

1. 求下列各題點 c 至直線 ab 之最短距離 cd。(每格 5mm)

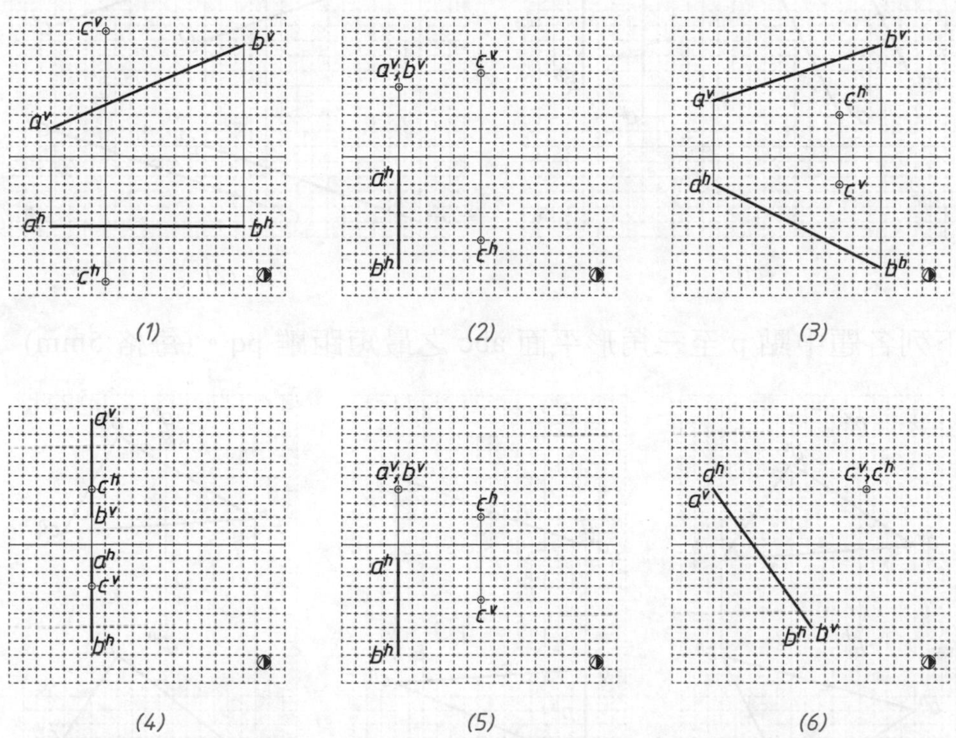

(1)　(2)　(3)　(4)　(5)　(6)

2. 求下列各題中直線 ab 及 cd 之公垂線 mn。(每格 5mm)

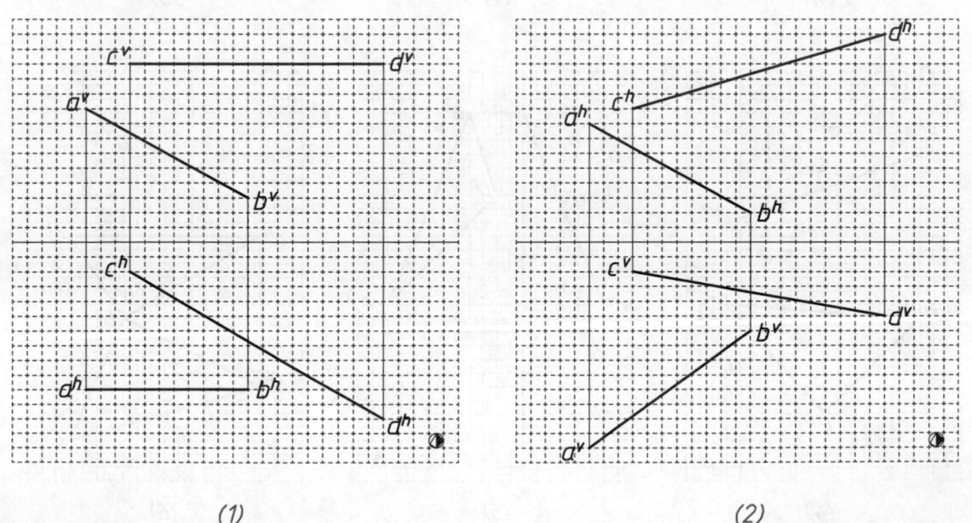

(1)　(2)

3. 求下列各題中兩平行線 ab 及 cd 之最短距離 mn。(每格 5mm)

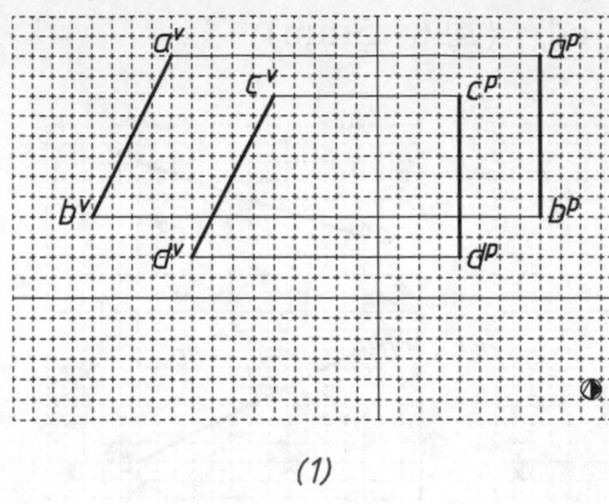

(1)

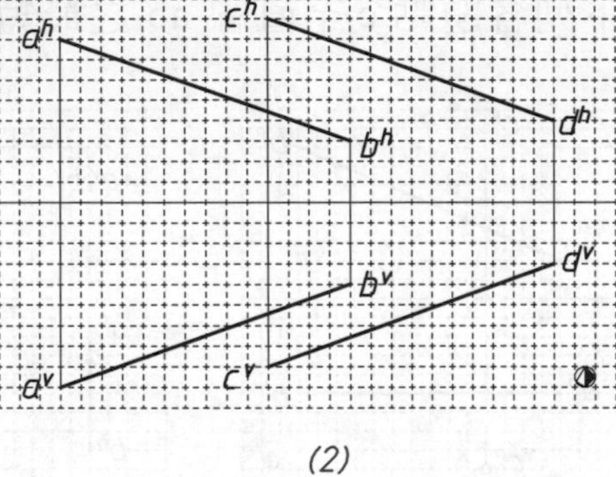

(2)

4. 求下列各題中點 p 至三角形平面 abc 之最短距離 pq。(每格 5mm)

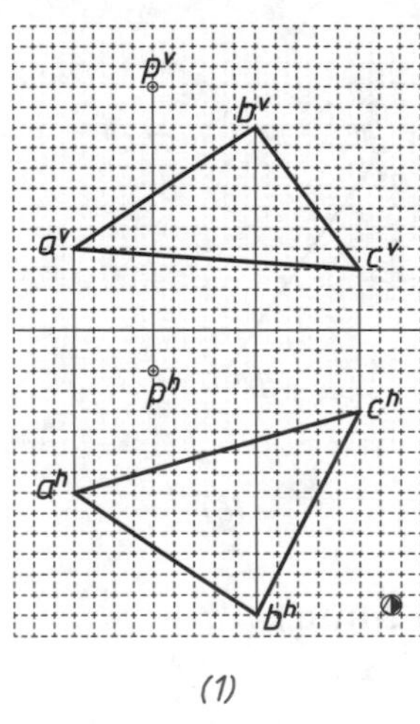

(1)

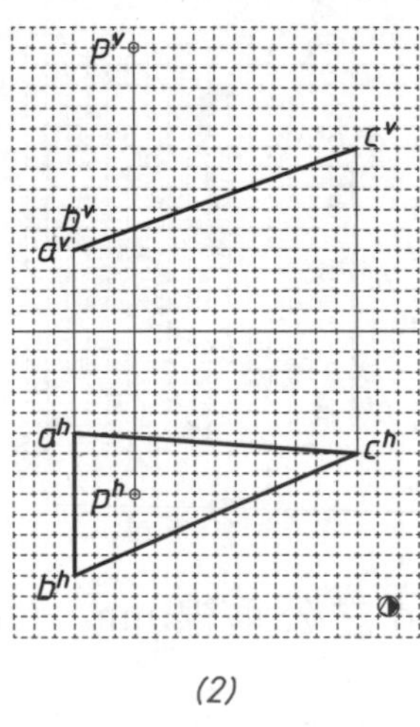

(2)

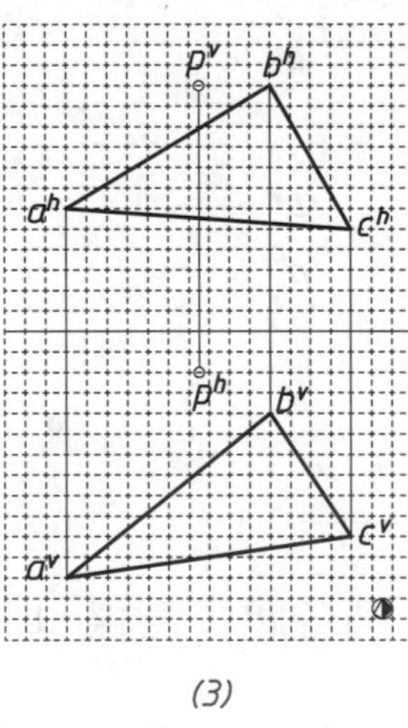

(3)

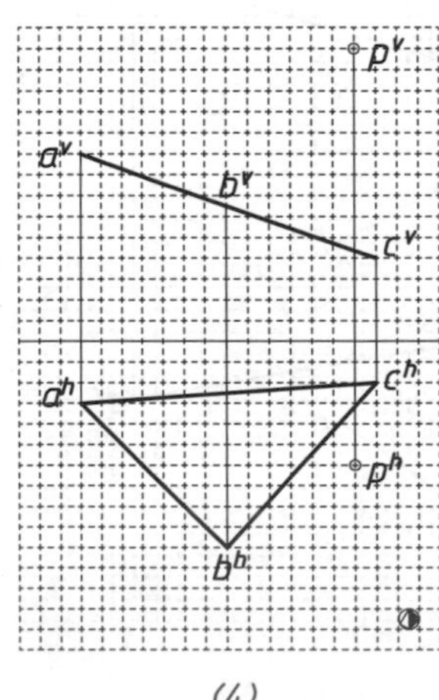

(4)

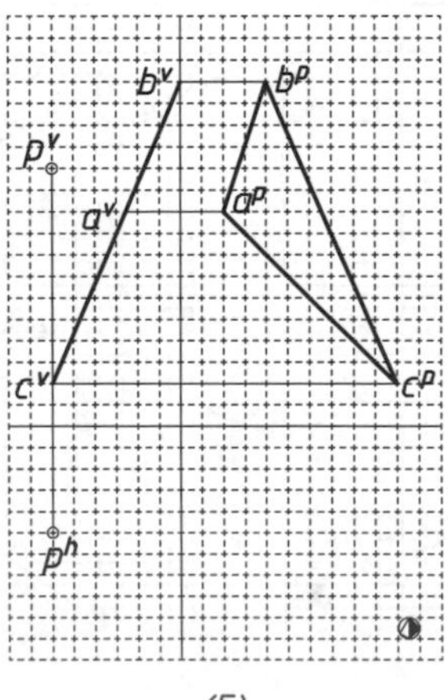

(5)

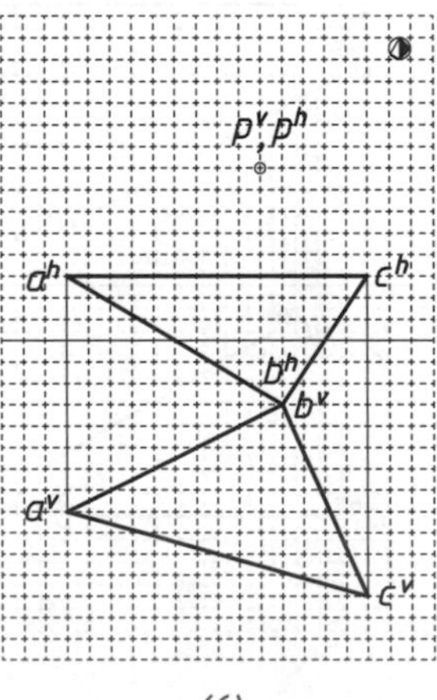

(6)

5. 求下列直線 pq 與三角形平面 abc 之相交投影，貫穿點為 o。(每格 5mm)

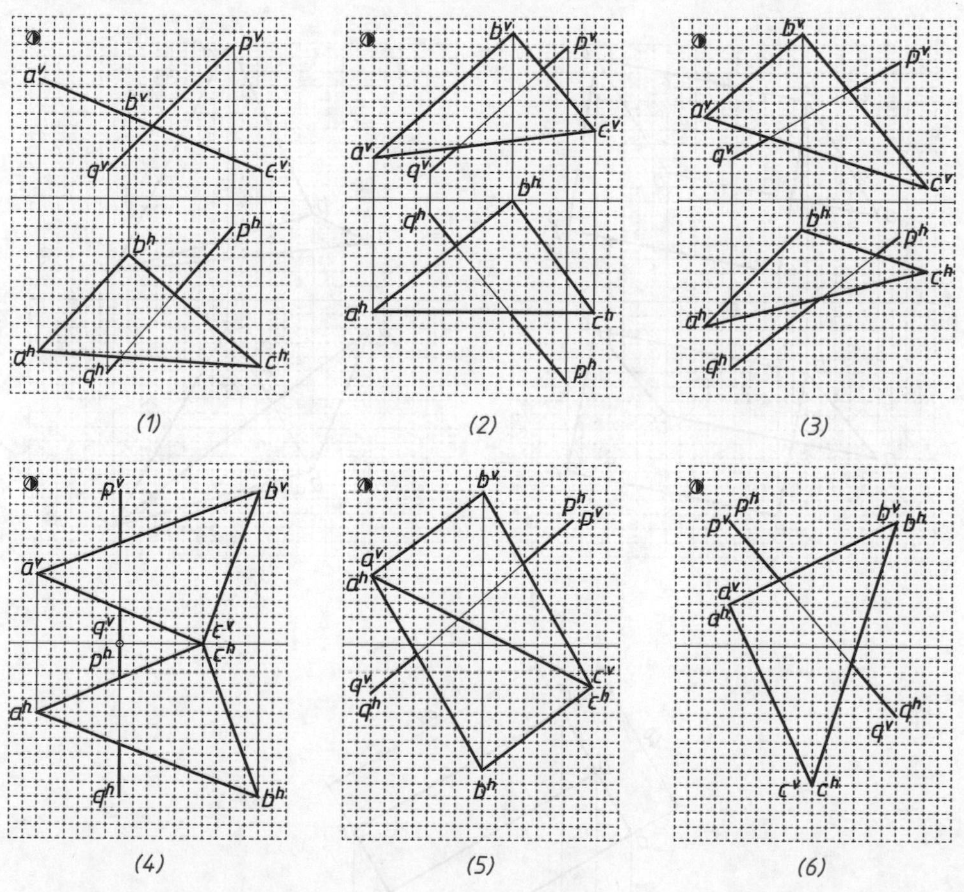

6. 求上題中直線 pq 與三角形平面 abc 之夾角 θ。(每格 5mm)

7. 求作下列各題中兩直線之夾角 θ。(每格 5mm)

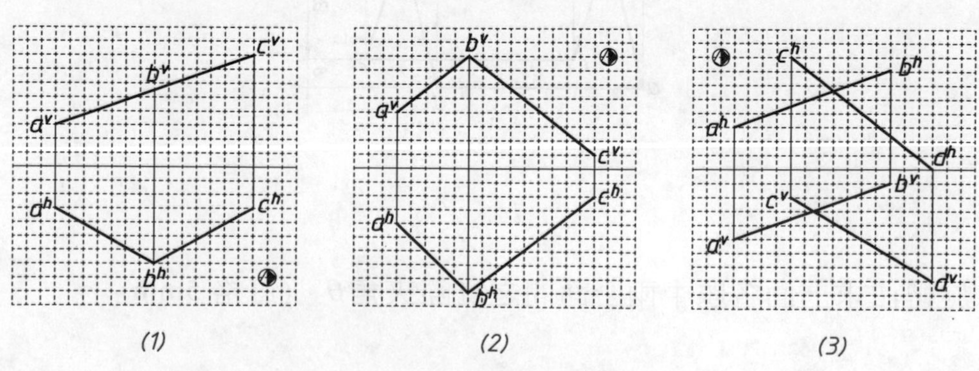

8. 以輔助投影法求下列各題中兩平面間之實際夾角θ。(每格 5mm)

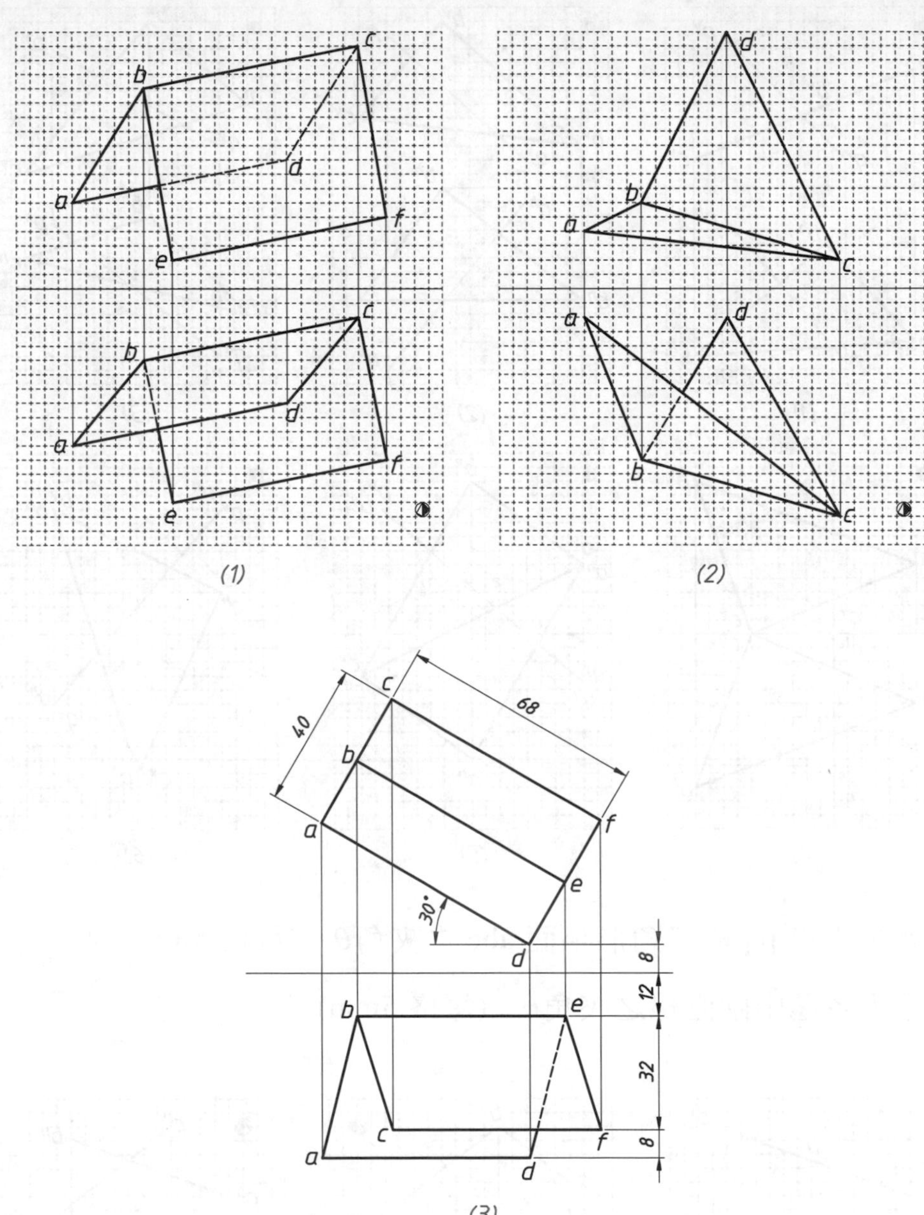

(1) (2) (3)

9. 以旋轉法求上面各題中兩平面間之實際夾角θ。(每格 5mm)

10. 求下列各題中兩三角形平面 abc 及 def 之相交投影，交線爲 pq。(每格 5mm)

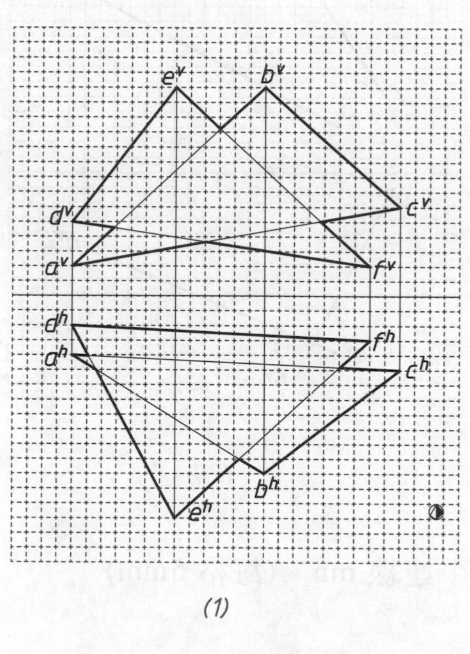

(1)

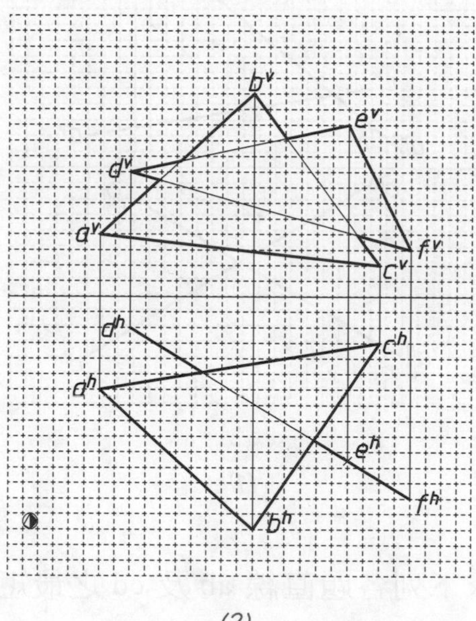

(2)

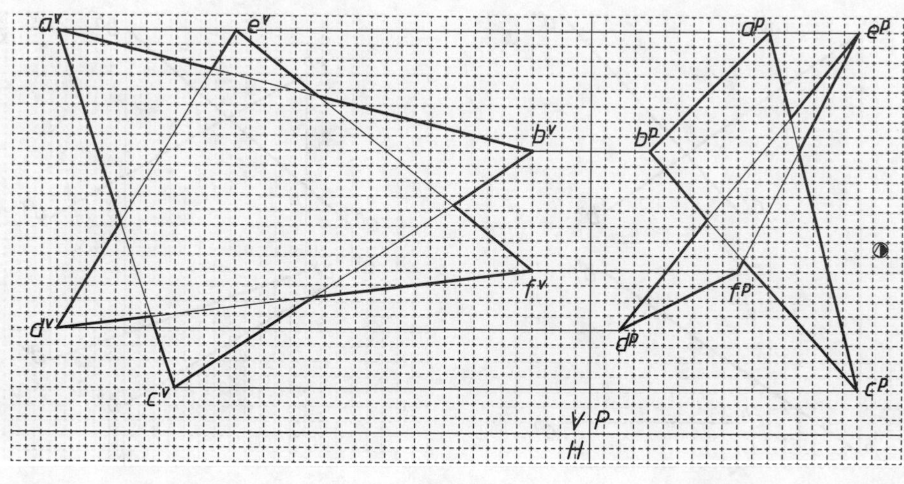

(3)

11.求下列各題直線 ab 及 cd 之最短直立連線 mn。(每格 5mm)

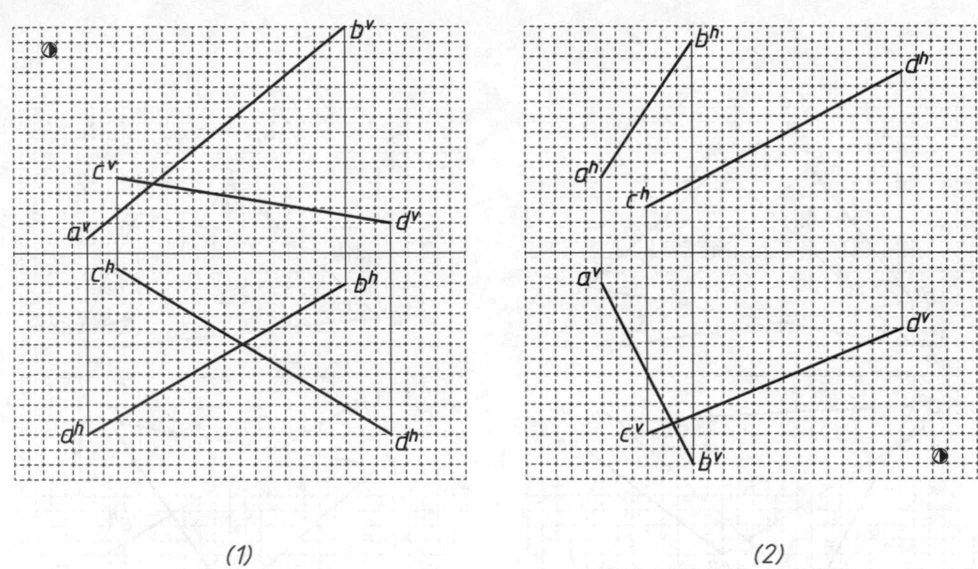

(1) (2)

12.求下列各題直線 ab 及 cd 之最短水平連線 mn。(每格 5mm)

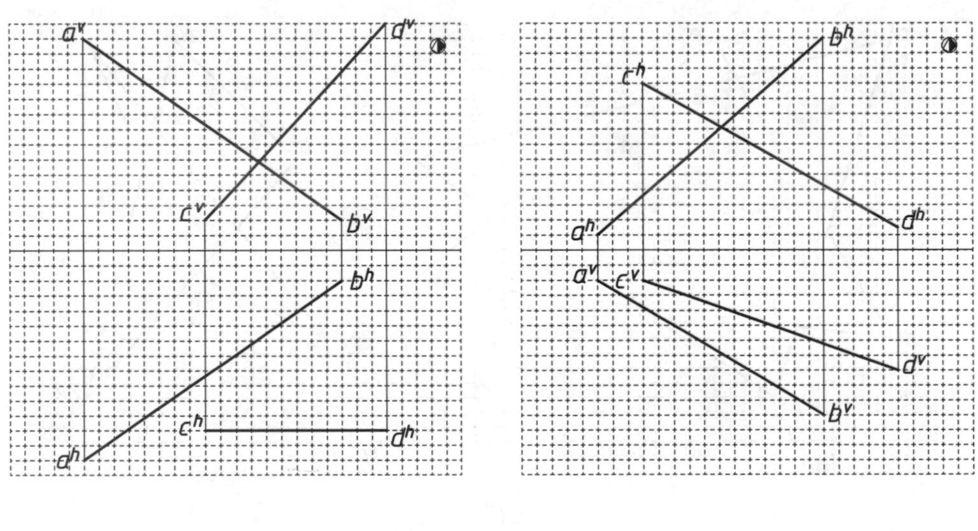

(1) (2)

13.求作下列各題中之三角形平面 abc 與直線 pq 平行。(每格 5mm)

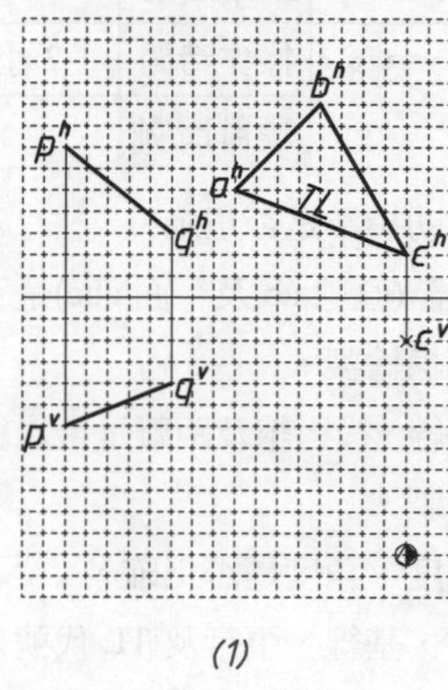

(1)

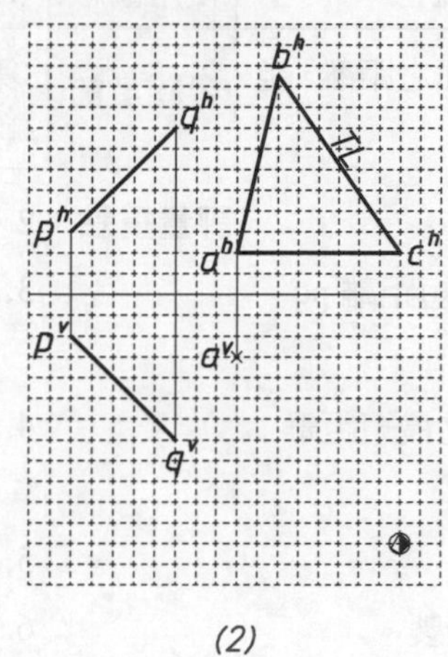

(2)

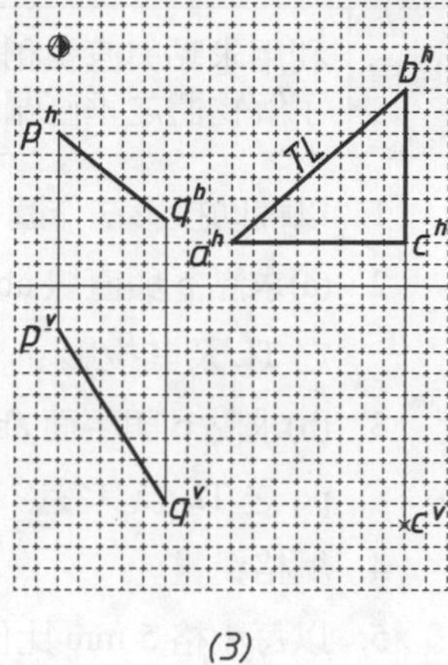

(3)

14.求作下列各題中之三角形平面 abc 與直線 pq 垂直。(每格 5mm)

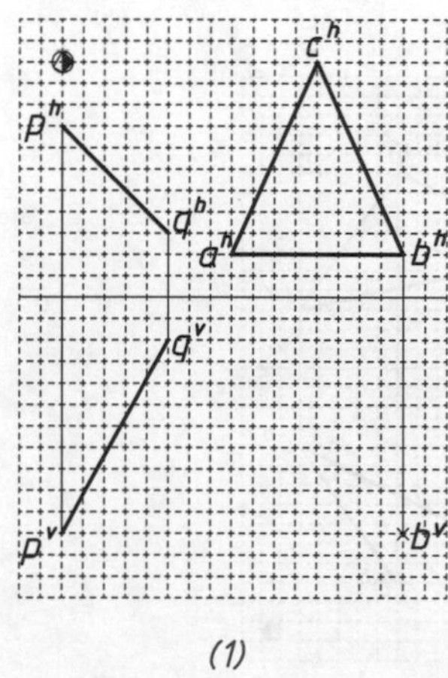

(1)

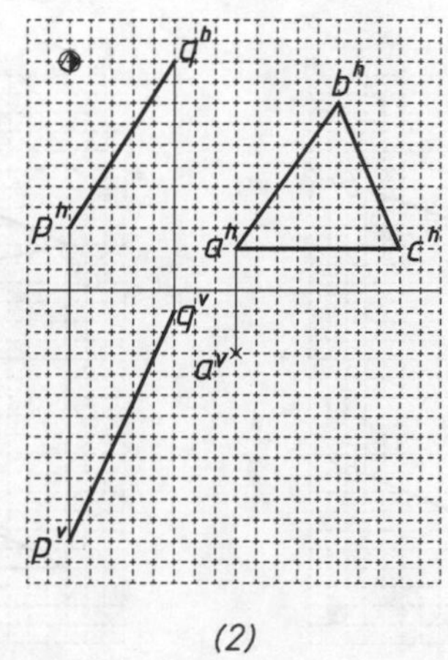

(2)

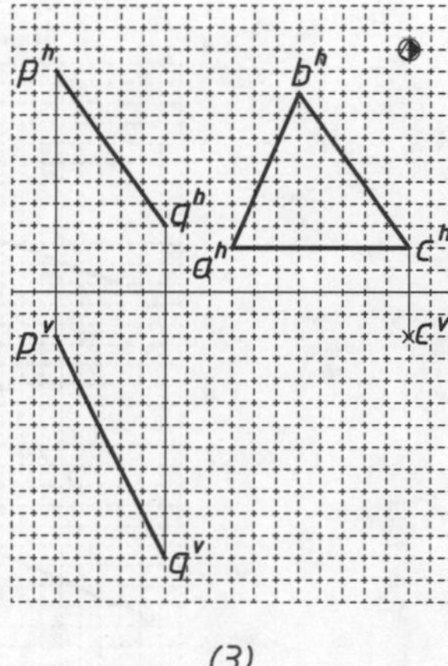

(3)

點線面之關係『工作單一』

工作名稱	點與直線及平面之距離	使用圖紙	A3	工作編號	DG0801
學習目標	利用求點與直線和平面之距離，能了解物體之垂直關係	參閱章節	第 8.2 及 8.5 節	操作時間	1-2 小時
				題目比例	-

說明：
1. 以輔助投影法作圖。
2. (a)求點 p 與直線 ab 最短距離 pq 之 TL 及其投影。
3. (b)求點 p 與平面 abc 之最短距離 pq 之 TL 及其投影。
4. 網格免畫。
5. 以每小格 5 mm 比例繪製。
6. 須標註點、基線、平行及 TL 代號。

評量重點：
2. 輔助投影是否正確。
3. 物體(直線 ab 及平面 abc)是否以粗線繪製。
4. 基線、投影線及距離是否以細線繪製。
5. 尺度、角度是否正確。
6. 點、基線、平行及 TL 代號是否遺漏。
7. 佈圖是否適當。

題目：

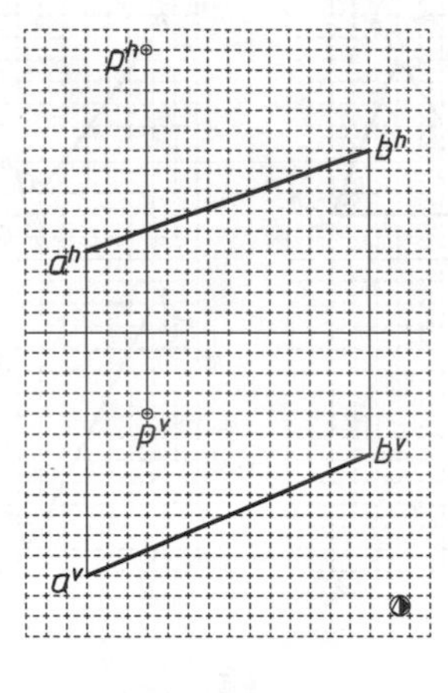

(a)

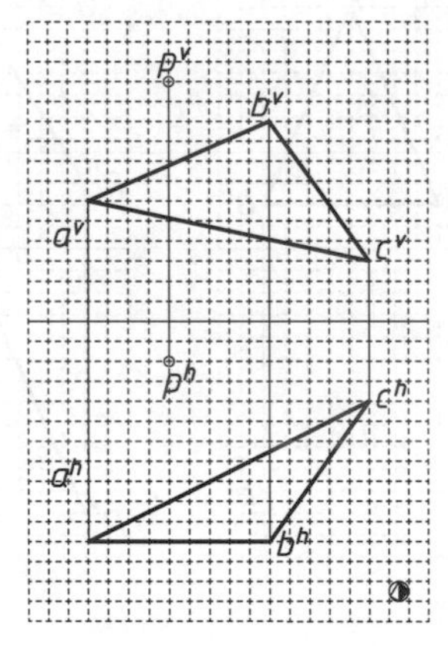

(b)

件號	圖 名			圖 號	數量	材 料	備 註
單 位	mm	數 量		比 例	1:1		
材 料		日 期	yy - mm - dd				
班 級	&&	座號	**	(學校名稱)		課程	投影幾何學
姓 名	-						
教 師	-			圖名	點與直線及平面之距離	圖號	yy##&&**
得 分							

點線面之關係『工作單二』

工作名稱	兩直線之最短連線	使用圖紙	A3	工作編號	DG0802
學習目標	利用求兩直線之連線，能了解物體之平行關係及假想平面法之應用	參閱章節	第 8.4 節	操作時間	1-2 小時
				題目比例	-

說明：

1. (a)求兩直線 ab 及 cd 之最短直立連線 mn 之 TL 及其投影。
2. (b)求兩直線 ab 及 cd 之最短水平連線 mn 之 TL 及其投影。
3. 網格免畫。
4. 以每小格 3 mm 比例繪製。
5. 須標註點、基線、平行及 TL 代號。

評量重點：

1. 直立及水平連線是否正確。
2. 直線 ab 及 cd 是否以粗線繪製。
3. 基線、投影線及連線是否以細線繪製。
4. 尺度、角度是否正確。
5. 點、基線、平行及 TL 代號是否遺漏。
6. 佈圖是否適當。

題目：

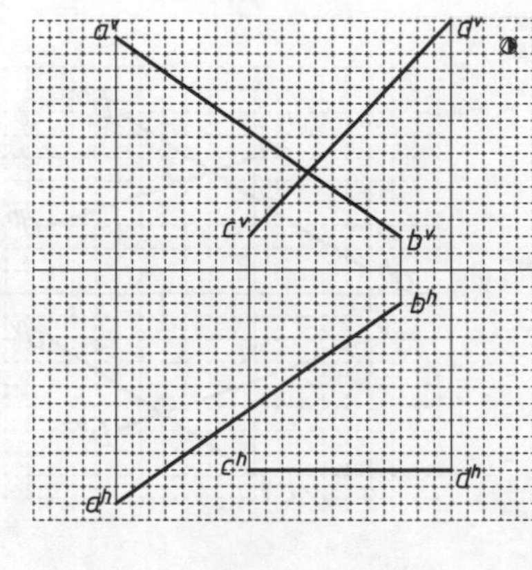

(a)

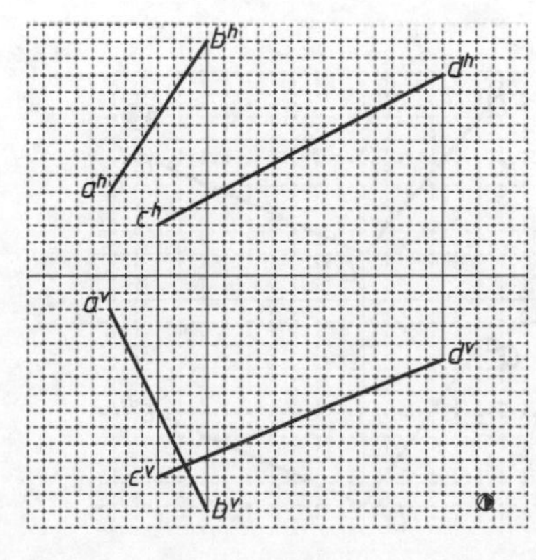

(b)

件號	圖名	圖號	數量	材料	備註
單位	mm	數量		比例	1：1
材料		日期	yy - mm - dd		
班級	&&　座號 **	(學校名稱)		課程	投影幾何學
姓名	-				
教師	-	圖名	兩直線之最短連線	圖號	yy##&&**
得分					

點線面之關係『工作單三』

工作名稱	兩直線之夾角	使用圖紙	A3	工作編號	DG0803
學習目標	利用求兩直線之夾角，能了解輔助投影之應用	參閱章節	第 8.3 節	操作時間	1-2 小時
				題目比例	-

說明：
1. 以輔助投影法求解。
2. (a)求兩相交直線之夾角θ。
3. (b)求兩不相交直線之夾角θ。
4. 網格免畫。
5. 以每小格 3 mm 比例繪製。
6. 須標註點、基線、輔助基線、平行、TL 及夾角θ代號等。

評量重點：
1. 輔助投影及夾角θ是否正確。
2. 物體(兩直線)是否以粗線繪製。
3. 基線及投影線是否以細線繪製。
4. 尺度、角度是否正確。
5. 點、基線、輔助基線、平行、TL 及夾角θ等代號是否遺漏。
6. 佈圖是否適當。

題目：

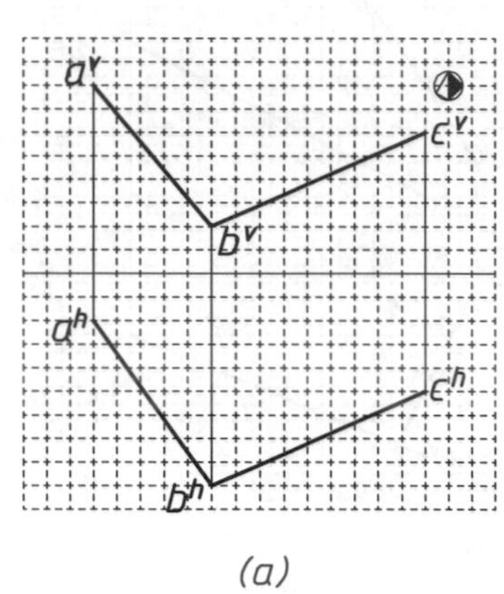

(a)

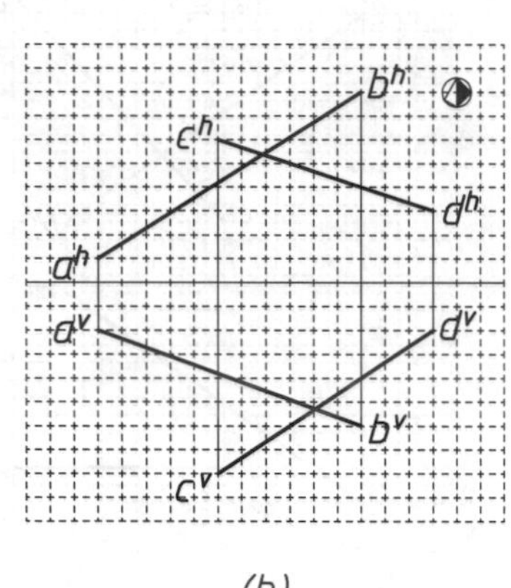

(b)

件號	圖 名	圖 號	數量	材 料	備 註

單 位	mm		數量		比例	1：1	
材 料			日期	yy - mm - dd			
班 級	&&	座號	**	(學校名稱)		課程	投影幾何學
姓 名	-						
教 師	-			圖名	兩直線之夾角	圖號	yy##&&**
得 分							

點線面之關係『工作單四』

工作名稱	直線與平面相交	使用圖紙	A3	工作編號	DG0804
學習目標	能了解可見性判別，輔助投影及平面切割法之求作過程	參閱章節	第 8.7 至 8.9 節	操作時間	1-2 小時
				題目比例	-

說明：

1. (a)以平面切割法求直線與平面之相交投影，包括貫穿點 o 及可見性判別。
2. (b)以輔助投影法求直線與平面之夾角θ，包括貫穿點 o 及可見性判別。
3. 網格免畫。
4. 以每小格 4 mm 比例繪製。
5. 須標註點、基線、輔助基線、平行、TL 及夾角θ代號等。

評量重點：

1. 相交投影及夾角θ是否正確。
2. 可見性判別之實、虛線是否正確。
3. 物體是否以粗線繪製。
4. 虛線是否以中線繪製及式樣是否正確。
5. 尺度、角度是否正確。
6. 點、基線、輔助基線、平行、TL 及夾角θ等代號是否遺漏。
7. 佈圖是否適當。

題目：

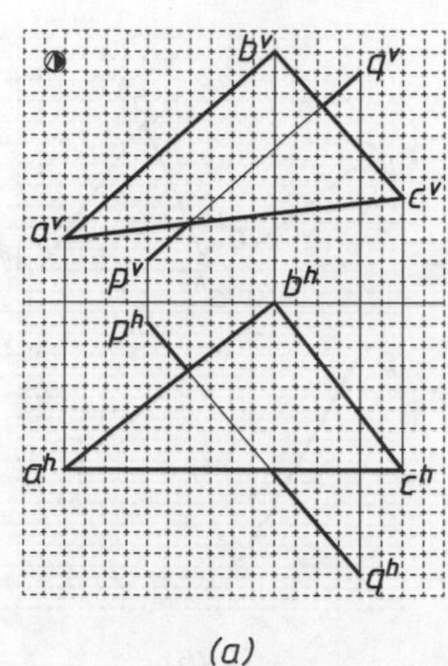

(a)

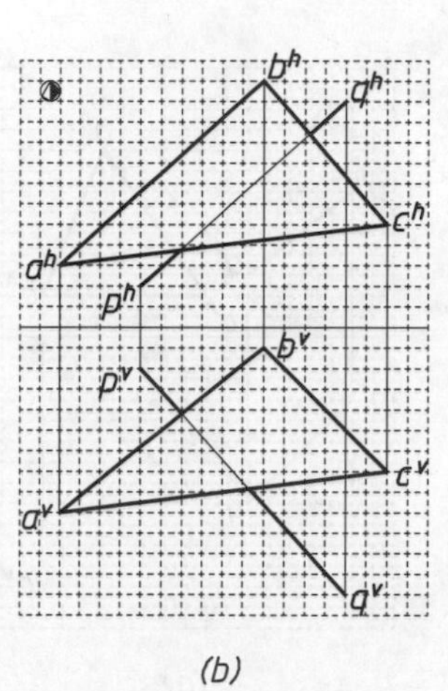

(b)

件號	圖　名	圖　號	數量	材　料	備　註
單位	mm	數量		比例	1:1
材料		日期	yy - mm - dd		
班級	&&	座號	**	(學校名稱)	課程：投影幾何學
姓名	-				
教師	-	圖名	直線與平面相交	圖號	yy##&&**
得分					

點線面之關係『工作單五』

工作名稱	平面求作	使用圖紙	A3	工作編號	DG0805
學習目標	利用求作平面中，了解直線與平面之平行與垂直關係	參閱章節	第 8.10 節	操作時間	1-2 小時
				題目比例	-

說明：
1. 從題目中之已知條件件，完成三角形 abc 在 V 面之投影。
2. (a)求作三角形平面 abc 與直線 pq 平行。
3. (b)求作三角形平面 abc 與直線 pq 垂直。
4. 網格免畫。
5. 以每小格 8 mm 比例繪製。
6. 須標註應有之代號等。

評量重點：
1. 三角形 abc 之投影是否正確。
2. 物體是否以粗線繪製。
3. 基線及投影線是否以細線繪製。
4. 尺度、角度是否正確。
5. 代號是否遺漏。
6. 佈圖是否適當。

題目：

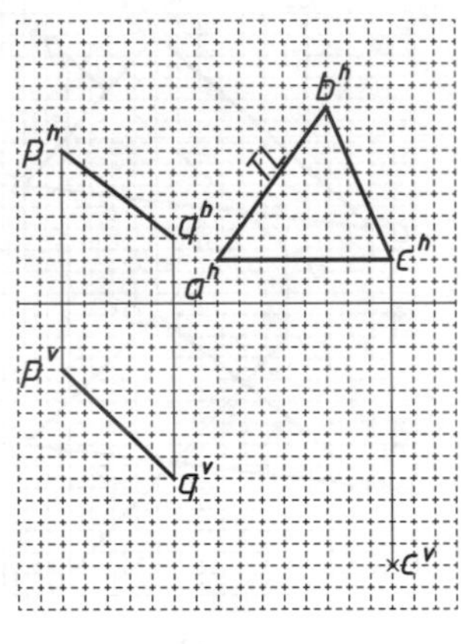

(a)

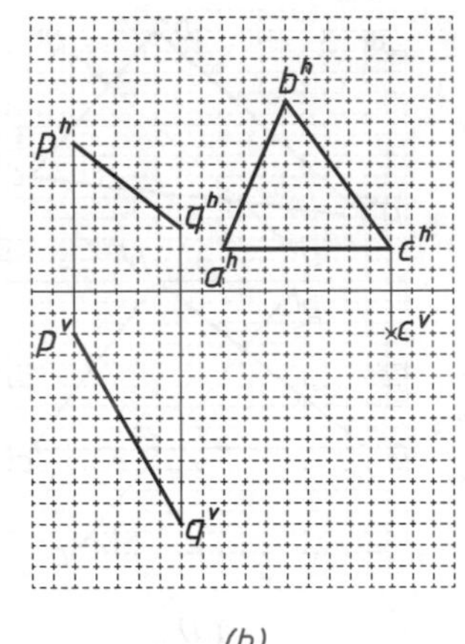

(b)

件號	圖名	圖號	數量	材料	備註
單位	mm	數量		比例	1:1
材料		日期	yy - mm - dd		
班級	&&	座號	**	(學校名稱)	課程 投影幾何學
姓名	-				
教師	-			圖名 平面求作	圖號 yy##&&**
得分					

點線面之關係『工作單六』

工作名稱	兩平面相交	使用圖紙	A3	工作編號	DG0806
學習目標	能了解平面切割法與輔助投影法之應用	參閱章節	第 8.11 節	操作時間	1-2 小時
				題目比例	-

說明：
1. 分別以平面切割法及輔助投影法等求兩三角形平面之相交投影。
2. 包括交線 mn 及可見性之判別。
3. 並比較兩種方法其答案是否相同。
4. 網格免畫。
5. 以每小格 4 mm 比例繪製。
6. 須標註應有之代號等。

評量重點：
1. 三角形之相交投影是否正確。
2. 可見性判別之實、虛線是否正確。
3. 物體及交線是否以粗線繪製。
4. 虛線是否以中線繪製及式樣是否正確。
5. 尺度、角度是否正確。
6. 代號是否遺漏。
7. 佈圖是否適當。

題目：

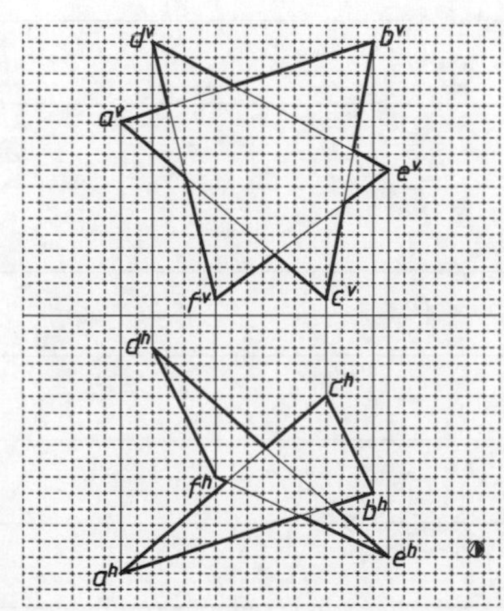

件號	圖名	圖號	數量	材料	備註

單位	mm	數量		比例	1：1
材料		日期	yy - mm - dd		
班級	&&	座號	**	(學校名稱)	課程：投影幾何學
姓名	-				
教師	-	圖名	兩平面相交	圖號	yy##&&**
得分					

心得小記：　　　　年　月　日

兩直線間之最短連線有幾種您知道嗎？您會那一種？@#&%!

9

平面跡

9.1 概　說

當平面為無限大時，無法如前面介紹之點、線及面的投影方式來表達一個在空間的平面，只能以平面與投影面相交情形，來表示一個平面的存在及其方位。無限大平面與投影面之交線，稱為跡(Trace)，或稱為平面跡，其與水平投影面 H 之交線，稱為水平跡(Horizontal Trace)；與直立投影面 V 之交線，稱為直立跡(Vertical Trace)；與側投影面 P 之交線，稱為側面跡(Profile Trace)。

設有一平面 Q 在空間某方位，如圖 9.1 所示，平面 Q 與 H 面之交線為水平跡，以大寫英文字母 HQ 表之；其與 V 面之交線為直立跡，以 VQ 表之；其與 P 面之交線為側面跡，以 PQ 表之。當 H 面及 P 面旋轉與 V 面合一時，平面 Q 之投影，如圖 9.2 所示，無限大平面以平面跡之投影，來表達其在空間之方位。通常可以只投影無限大平面在某象限之部份，如圖 9.3 及圖 9.4 所示，分別為平面 Q 在第一象限部份及第三象限部份之投影。

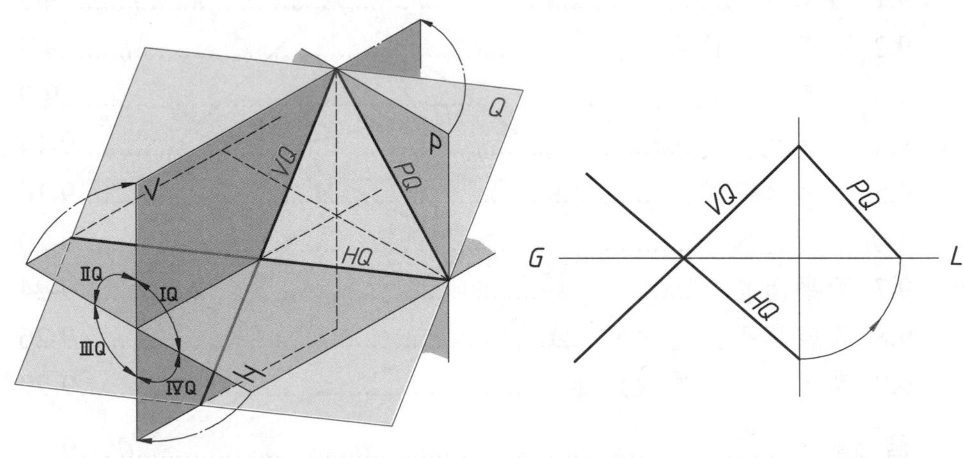

圖 9.1 無限大平面 Q 在空間某方位　　　圖 9.2 平面 Q 之投影以跡的方式表示

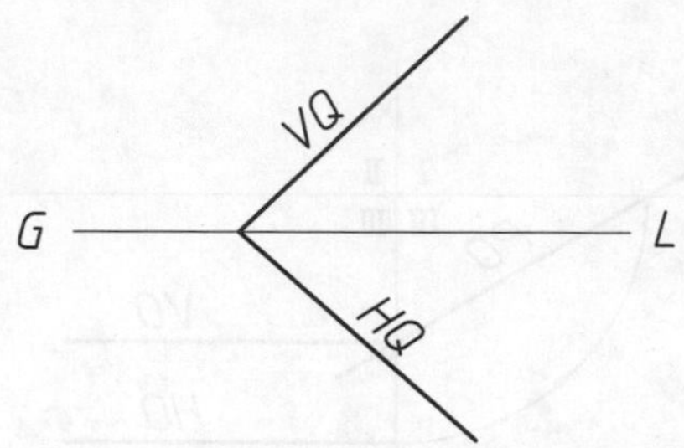

圖 9.3 平面 Q 在第一象限部份之投影

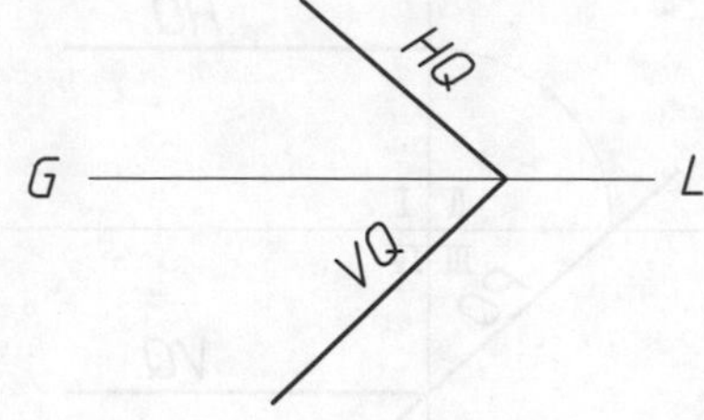

圖 9.4 平面 Q 在第三象限部份之投影

9.2 平面特殊位置之投影

平面除了在空間之任意位置外，其特殊位置包括有與投影面及基線平行、垂直以及在投影面上或基線上等，茲分別以平面 Q 爲圖例說明如下：

(a) 平面 Q 平行基線：通常加繪其側面投影即側面跡 PQ 較清晰，如圖 9.5 至圖 9.8 所示，分別爲平面 Q 在第一象限，第二象限，第三象限及第四象限之投影，根據側投影面 P 之旋轉，側面跡 PQ 可由水平跡 HQ 轉 90 度而得，如圖中箭頭所示。

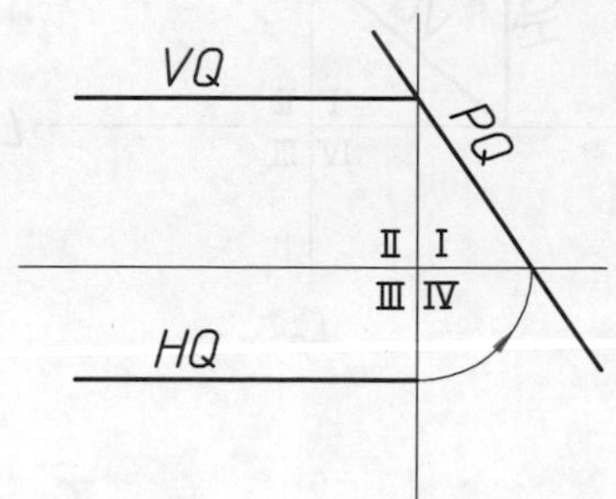

圖 9.5 平面 Q 平行 GL 在第一象限

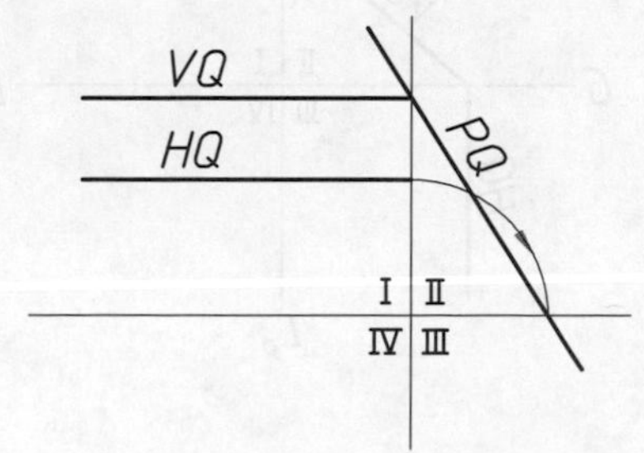

圖 9.6 平面 Q 平行 GL 在第二象限

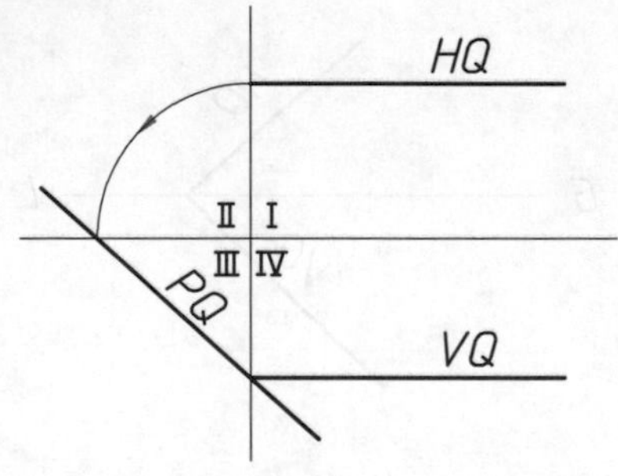

圖 9.7 平面 Q 平行 GL 在第三象限

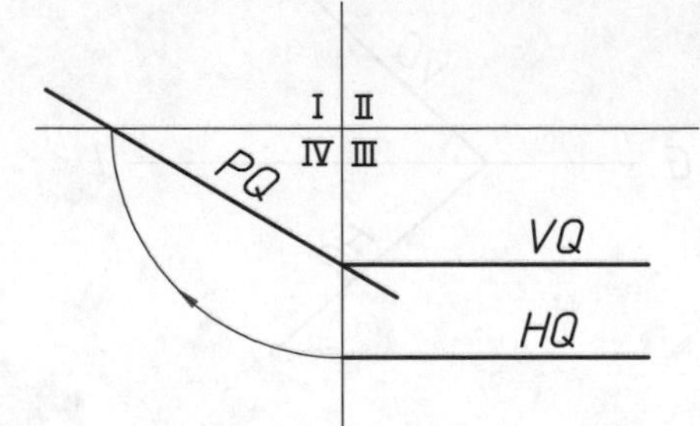

圖 9.8 平面 Q 平行 GL 在第四象限

(b) 平面 Q 垂直 V 面：其水平跡 HQ 必垂直 GL，側面跡 PQ 必垂直側基線 G_pL_p(V/P 線)，根據側投影面 P 之旋轉，側面跡 PQ 可由直立跡 VQ 與側基線 G_pL_p(V/P 線)相交而得，如圖 9.9 至圖 9.12 所示，分別爲平面 Q 在第一象限，第二象限，第三象限及第四象限部份之投影。因平面 Q 的方位關係，在某象限之直立跡 VQ 必須與側基線 G_pL_p(V/P 線)相交，在該象限才有側面跡 PQ 存在。

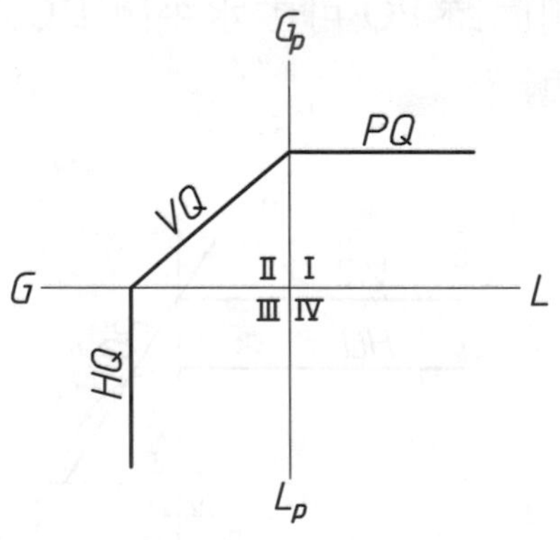

圖 9.9 平面 Q 垂直 V 面在第一象限之投影

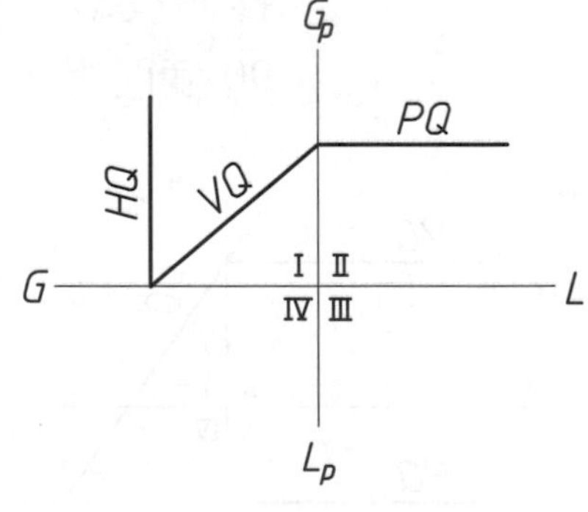

圖 9.10 平面 Q 垂直 V 面在第二象限之投影

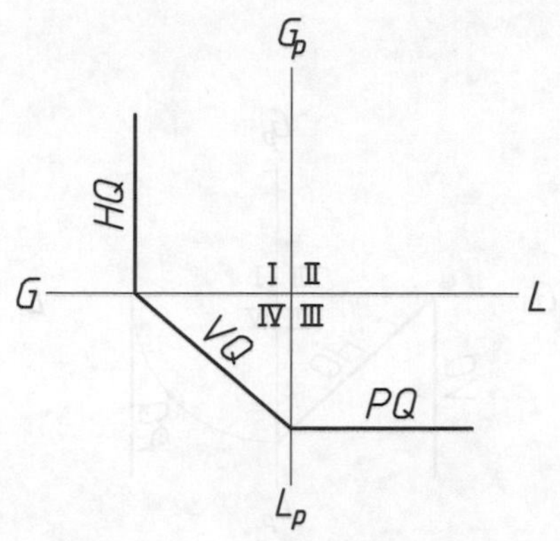

圖 9.11 平面 Q 垂直 V 面在第三象限之投影

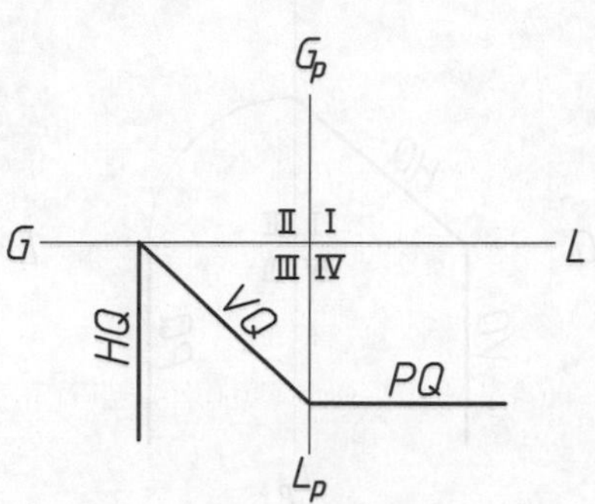

圖 9.12 平面 Q 垂直 V 面在第四象限之投影

(c) 平面 Q 垂直 H 面：其直立跡 VQ 必垂直基線 GL，側面跡 PQ 必與直立跡 VQ 平行，即亦垂直 GL，如圖 9.13 至圖 9.16 所示，分別為平面 Q 在第一象限，第二象限，第三象限及第四象限部份之投影。根據側投影面 P 之旋轉，側面跡 PQ 可由水平跡 HQ 於側基線 G_pL_p 轉 90 度而得，如圖中箭頭所示。因平面 Q 的延伸方向關係，在某象限之水平跡 HQ 必須與側基線 G_pL_p 相交，在該象限才有側面跡 PQ 存在。

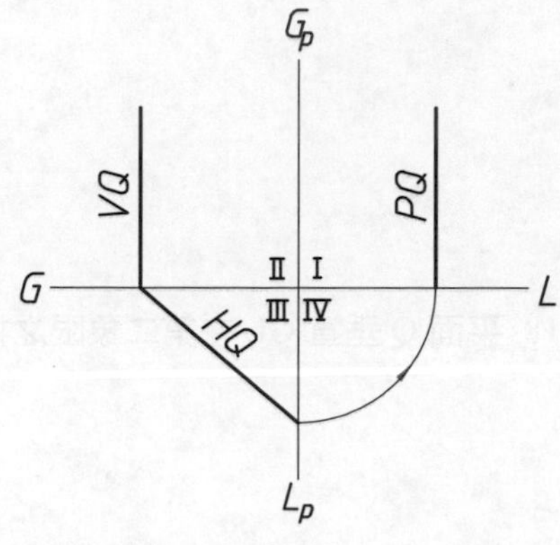

圖 9.13 平面 Q 垂直 H 面在第一象限之投影

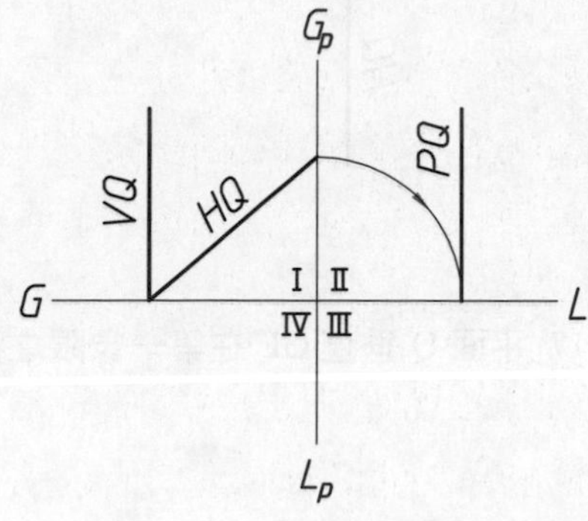

圖 9.14 平面 Q 垂直 H 面在第二象限之投影

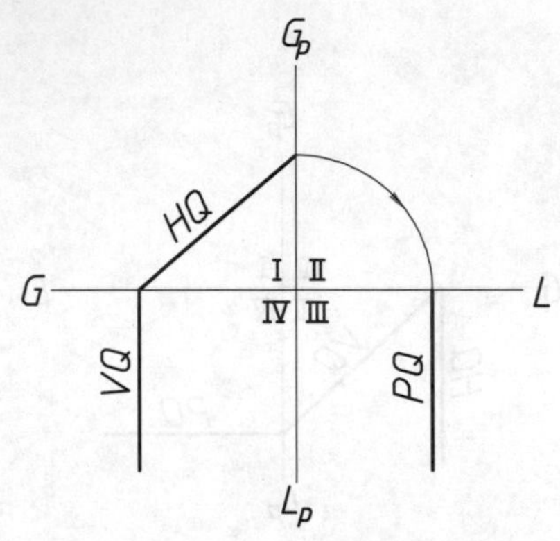

圖 9.15 平面 Q 垂直 V 面在第三象限之投影

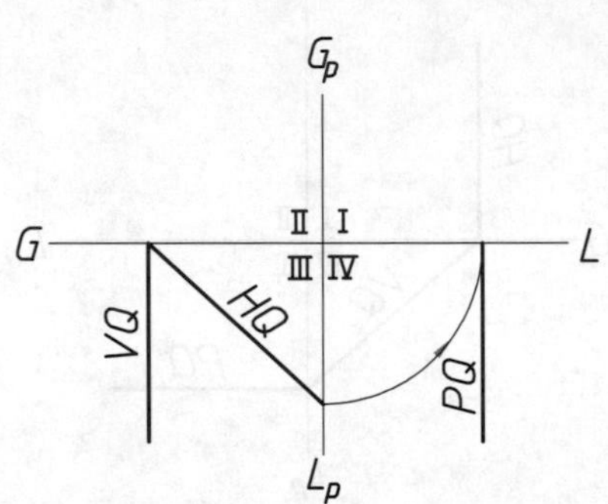

圖 9.16 平面 Q 垂直 V 面在第四象限之投影

(d) 平面 Q 垂直 GL：其 HQ 與 VQ 皆垂直基線 GL，即 HQ 與 VQ 重合成一直線，因平面 Q 平行側投影面 P，與 P 面永不相交，故無側面跡 PQ。如圖 9.17 至圖 9.20 所示，分別為平面 Q 在第一、第二、第三及第四象限部份之投影。

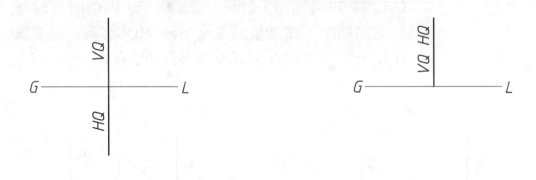

圖 9.17 平面 Q 垂直 GL 在第一象限之投影

圖 9.18 平面 Q 垂直 GL 在第二象限之投影

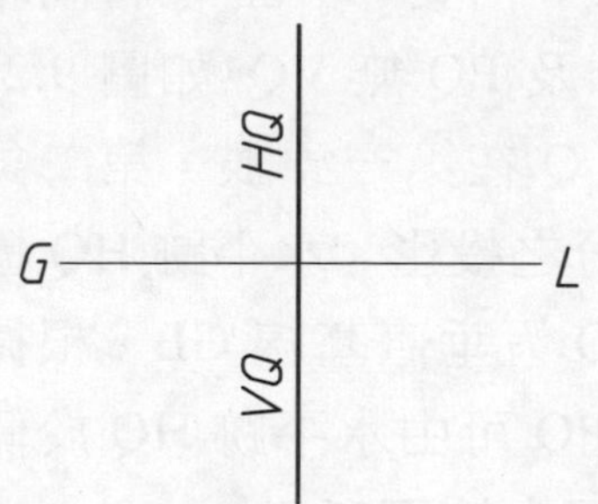

圖 9.19 平面 Q 垂直 GL 在第三象限之投影

圖 9.20 平面 Q 垂直 GL 在第四象限之投影

(e) 平面 Q 通過 GL：其 HQ 與 VQ 皆與基線 GL 重疊，須由側面跡 PQ，才能確定平面 Q 之方位。如圖 9.21 及圖 9.22 所示，分別爲平面 Q 在第一象限、第三象限，以及第二象限、第四象限之方位，其中圖 9.21 之側面跡 PQ 爲第一象限投影法規則之左側視投影，圖 9.22 之側面跡 PQ 爲第三象限投影法規則之右側視投影。

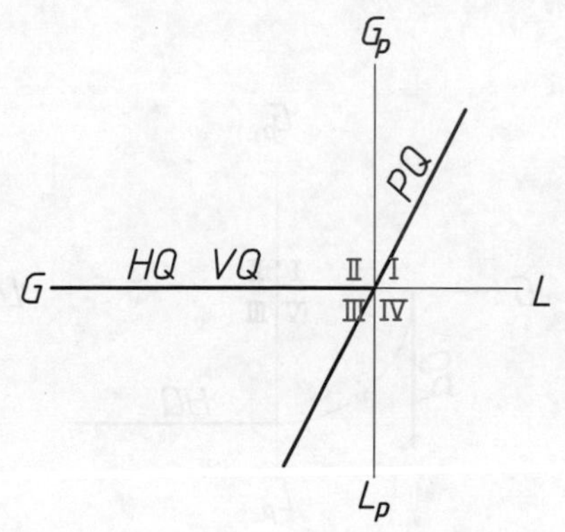

圖 9.21 平面 Q 通過 GL 存在第一、第三象限
(第一象限投影法規則之左側視)

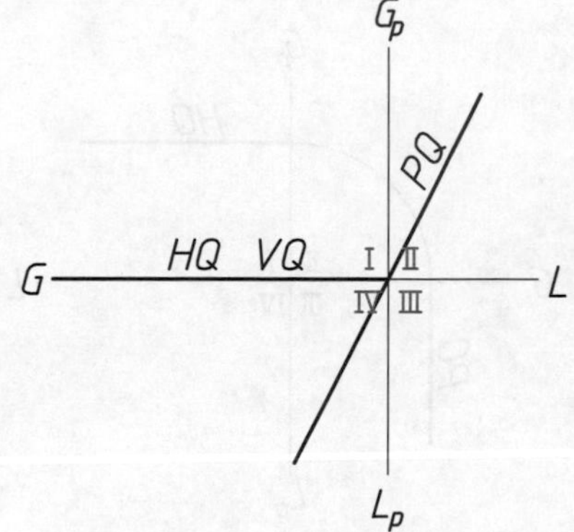

圖 9.22 平面 Q 通過 GL 存在第二、第四象限
(第三象限投影法規則之右側視)

(f) 平面 Q 平行 V 面：與 V 面永不相交，平面 Q 將同時垂直 H 面及 P 面，故只有 HQ 及 PQ 無 VQ，如圖 9.23 至圖 9.26 所示，分別爲平面 Q 在第一象限，第二象限，第三象限及第四象限部份之投影。水平跡 HQ 恆垂直側基線 G_pL_p，側面跡 PQ 恆垂直基線 GL，根據側投影面 P 之旋轉，側面跡 PQ 可由水平跡 HQ 於側基線 G_pL_p 轉 90 度而得，如圖中箭頭所示。

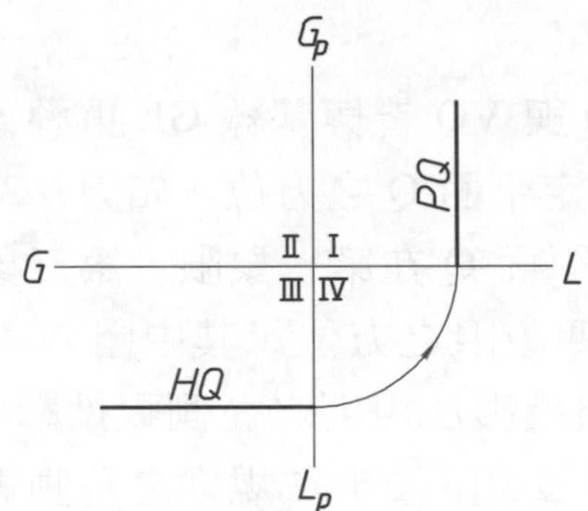

圖 9.23 平面 Q 平行 V 面在第一象限之投影
(第一象限投影法規則之左側視)

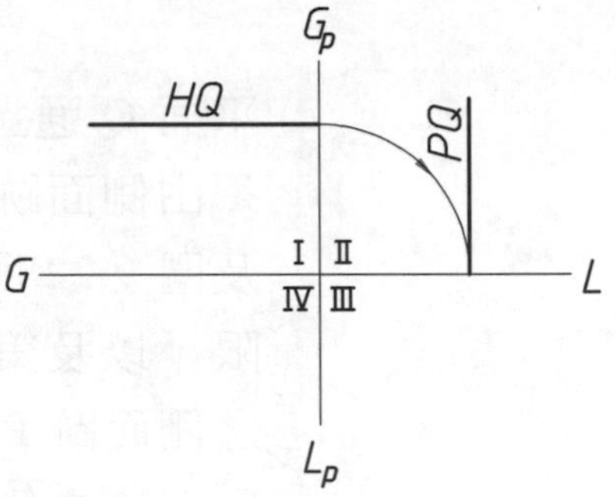

圖 9.24 平面 Q 平行 V 面在第二象限之投影
(第三象限投影法規則之右側視)

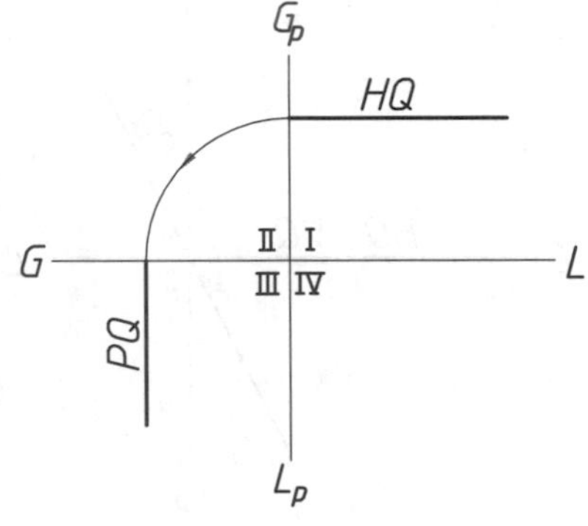

圖 9.25 平面 Q 平行 V 面在第三象限之投影
(第三象限投影法規則之左側視)

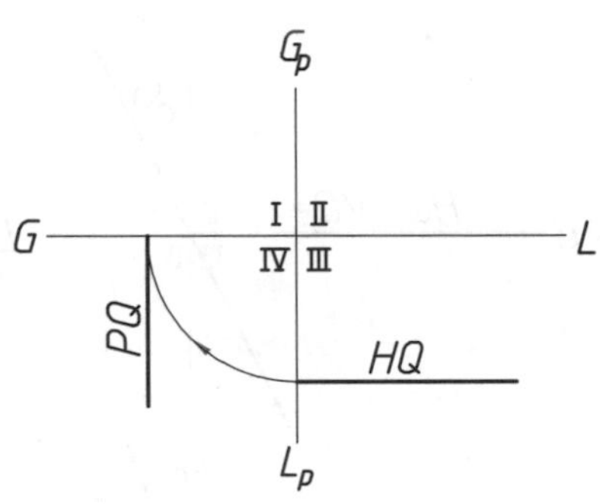

圖 9.26 平面 Q 平行 V 面在第四象限之投影
(第一象限投影法規則之右側視)

(g) 平面 Q 平行 H 面：與 H 面永不相交，平面 Q 將同時垂直 V 面及 P 面，故只有 VQ 及 PQ 無 HQ，如圖 9.27 及圖 9.28 所示，分別爲平面 Q 在第一象限、第二象限以及第三象限、第四象限部份之投影。根據側投影面 P 之旋轉，直立跡 HQ 與側面跡 PQ 重疊成一直線恆平行基線 GL。

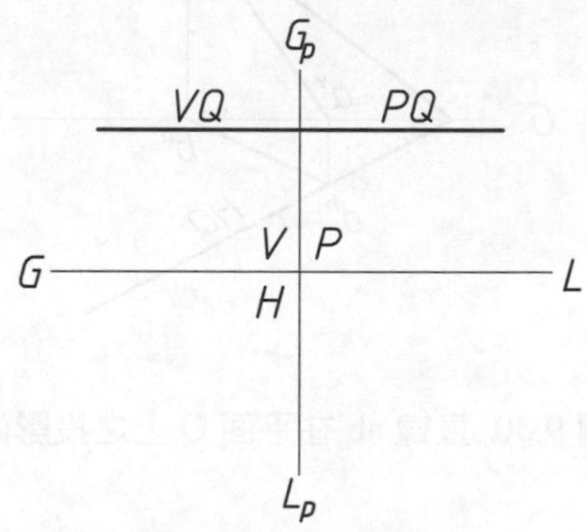

圖 9.27 平面 Q 平行 H 面在第一或第二象限之投影

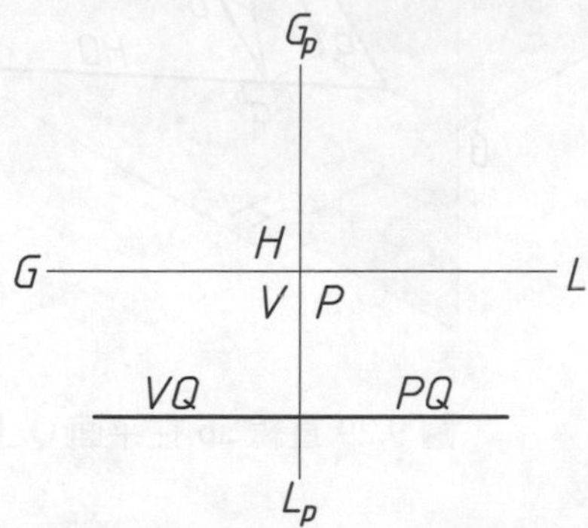

圖 9.28 平面 Q 平行 H 面在第三或第四象限之投影

9.3 平面上之線及點

無限大平面上之直線應爲無限長，平面上之任意直線若將其延長，通常都會與平面之水平跡及直立跡相交，除非直線剛好爲水平跡或直立跡本身，或是與水平跡或直立跡平行。故求平面上之直線，只要在水平跡或直立跡上各任取一點連接，該直線即在平面上。

設直線 ab 之點 a 在平面 Q 之水平跡 HQ 上任一點，點 b 在直立跡 VQ 上任一點，如圖 9.29 所示。因點 a 在水平跡 HQ 上，故 a^v 應在 GL 上，a^h 應在 HQ 上；因點 b 在直立跡 VQ 上，故 b^h 應在 GL 上，b^v 應在 VQ 上。直線 ab 在平面 Q 上之投影，如圖 9.30 所示，此為直線(包括直線之某線段或其延長)剛好在平面 Q 上之條件。

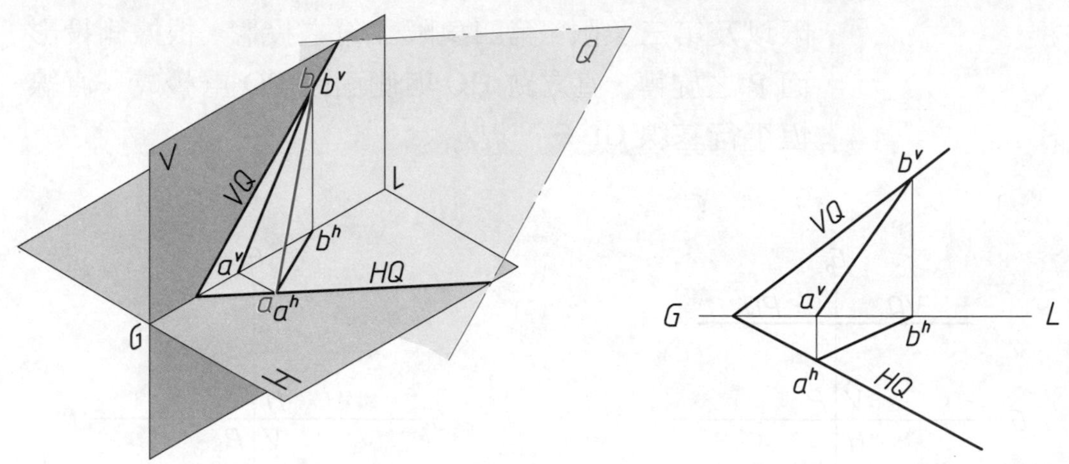

圖 9.29 直線 ab 在平面 Q 上

圖 9.30 直線 ab 在平面 Q 上之投影條件

當平面 Q 垂直 H 面時，無限長直線 A 在平面 Q 上之條件，如圖 9.31 所示，VQ 垂直 GL，A^h則與 HQ 重疊。同理當平面 Q 垂直 V 面時，直線 A 在平面 Q 上之條件，如圖 9.32 所示，HQ 垂直 GL，A^v則與 VQ 重疊。

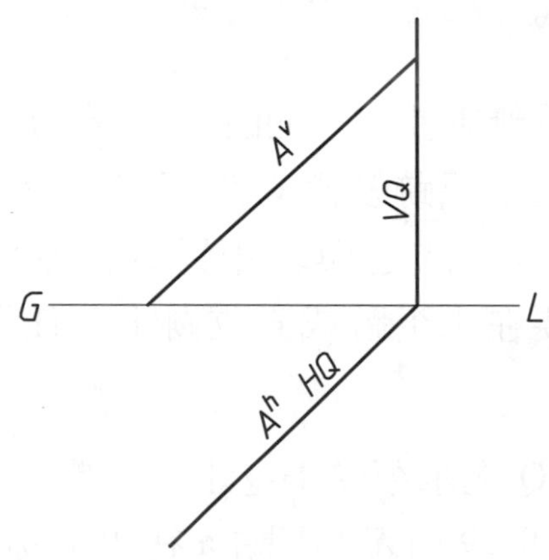

圖 9.31 直線 A 在平面 Q 上
平面 Q 垂直 H 面

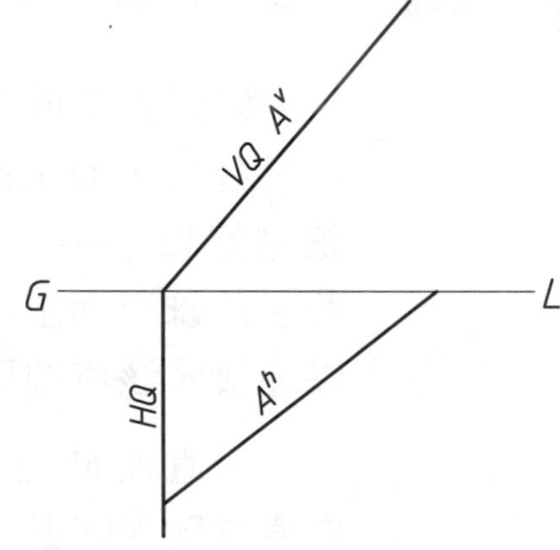

圖 9.32 直線 A 在平面 Q 上
平面 Q 垂直 V 面

9.3.1 水平主線與直立主線

凡直線在平面上且平行 H 面時，稱爲該平面之水平主線(Horizontal Principal Lines)；凡直線在平面上且平行 V 面時，稱爲該平面之直立主線(Vertical Principal Lines)。水平主線因平行 H 面又在平面上，故必平行平面之水平跡，其直立投影必平行 GL；同理直立主線因平行 V 面又在平面上，故必平行平面之直立跡，其水平投影必平行 GL。一般有限平面(如三角形等)上之水平主線與直立主線，請參閱前面第 6.6 節所述。

設直線 A 爲平面 Q 之水平主線，如圖 9.33 所示，A^h 應與水平跡 HQ 平行，A^v 應與基線 GL 平行。同理若設直線 B 爲平面 Q 之直立主線，如圖 9.34 所示，B^v 應與直立跡 VQ 平行，B^h 應與基線 GL 平行。

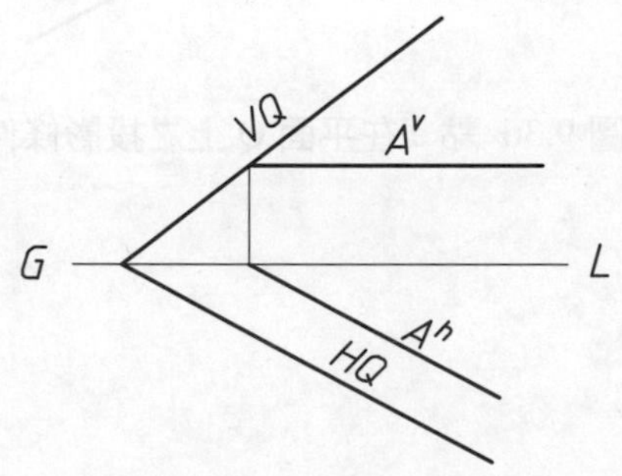

圖 9.33 直線 A 為平面 Q 之水平主線

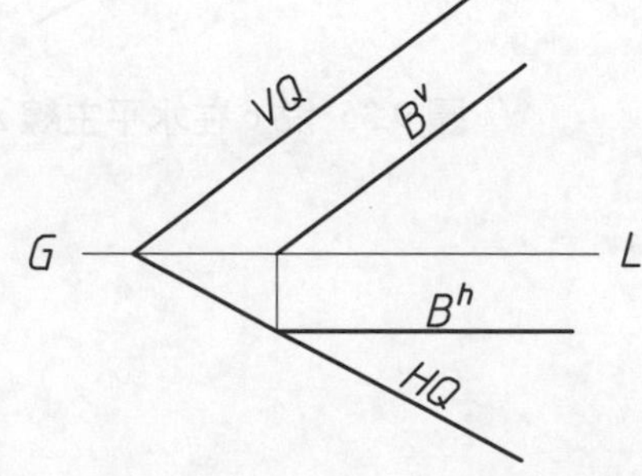

圖 9.34 直線 B 為平面 Q 之直立主線

9.3.2 平面上之點

若點在平面之水平主線或直立主線上之時，則點必在平面上。設直線 A 為平面 Q 之水平主線，當點 c 在直線 A 上時，如圖 9.35 所示，則點 c 必在平面 Q 上，此時將水平主線 A 移除，點 c 在平面 Q 上之投影條件，可沿水平主線 A 之投影路徑而得，如圖 9.36 所示。

同理點 c 在平面 Q 上之投影條件，亦可沿直立主線之投影路徑而得，如圖 9.37 所示。

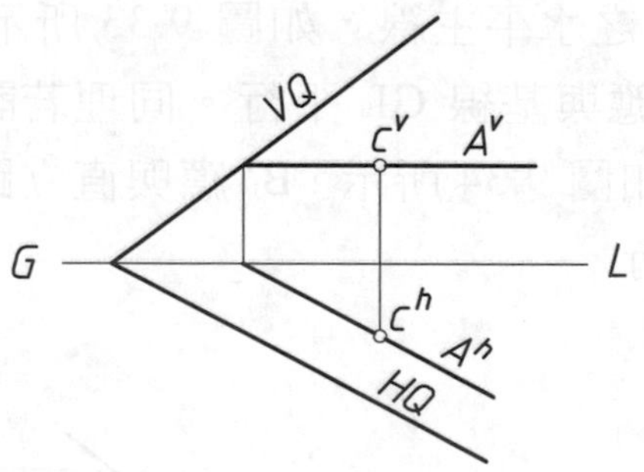

圖 9.35 點 c 在水平主線 A 上

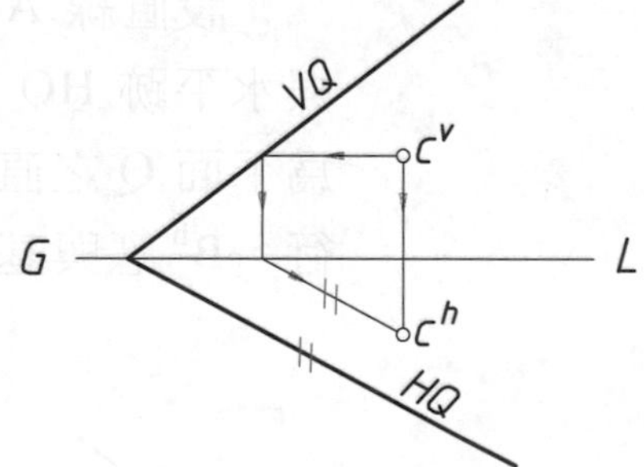

圖 9.36 點 c 在平面 Q 上之投影條件(一)

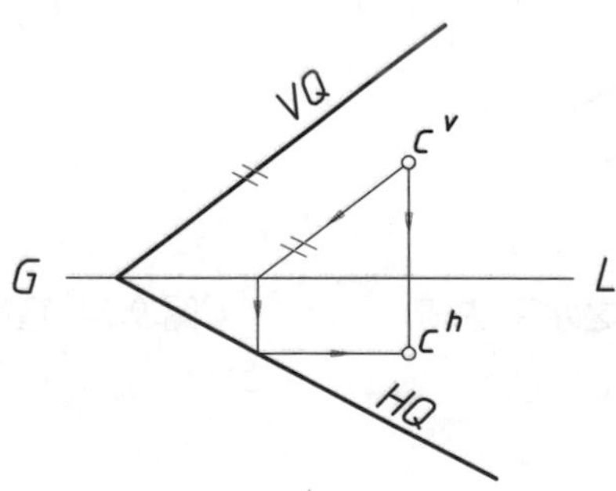

圖 9.37 點 c 在平面 Q 上之投影條件(二)

9.3.3 最大傾斜線

當平面上之直線與水平跡垂直時，使得該直線成爲平面上之直線中與 H 面成最大角度者，此角即爲平面與 H 面之夾角，此直線稱爲最大水平傾斜線(Lines of Maximum Inclination to H)；當平面上之直線與直立跡垂直時，使得該直線成爲平面上之直線中與 V 面成最大角度者，此角即爲平面與 V 面之夾角，此直線稱爲最大直立傾斜線(Lines of Maximum Inclination to V)。

設直線 A 在平面 Q 上，如圖 9.38 所示，當 A^h 垂直 HQ 時，得知直線 A 爲平面 Q 上之最大水平傾斜線。同理當直線 B 之直立投影 B^v 垂直 VQ 時，如圖 9.39 所示，得知直線 B 爲平面 Q 上之最大直立傾斜線。一般有限平面上之最大水平傾斜線與最大直立傾斜線，請參閱前面第 6.7 節所述。

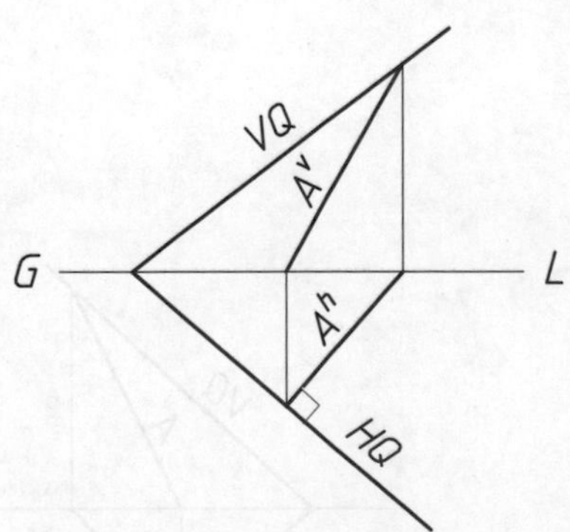

圖 9.38 直線 A 為平面 Q 上之最大水平傾斜線

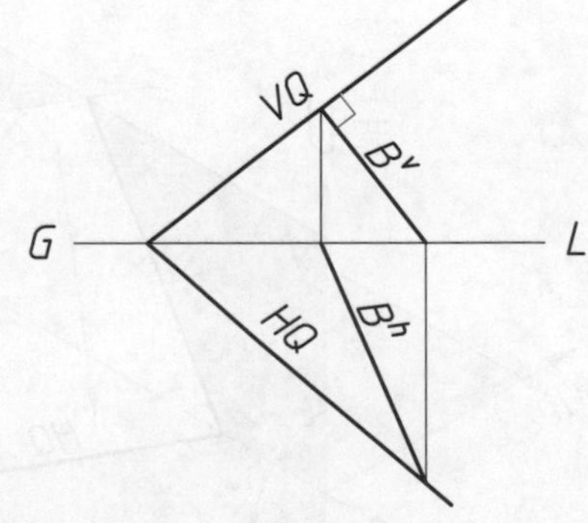

圖 9.39 直線 B 為平面 Q 上之最大直立傾斜線

9.4 平面之斜度

當平面在某象限空間之任意方位時，若將平面無限擴張，判斷平面之走向順序爲朝上(Up)下(Down)，朝前(Front)後(Back)及朝左(Left)右(Right)等之方向，稱爲平面之斜度。其規則與前面第 3.8 節所述直線之斜度一致。

判斷平面之斜度可從前視之方向，並取平面在第一象限部份之投影，如圖 9.40 所示，平面 Q 在第一象限之投影，首先以朝下(D)擴張爲開始，如圖中虛線箭頭所示，再判斷平面擴張後爲朝前或朝後，結果爲朝前(F)，最後在判斷擴張後爲朝左或右，結果爲左(L)，得平面 Q 之斜度爲 DFL。同理若以朝上(U)擴張爲開始，則每一相當之方向應與朝下擴張開始相反，故得斜度爲 UBR。因此平面之斜度爲 DFL 或爲 URB 是一樣的。

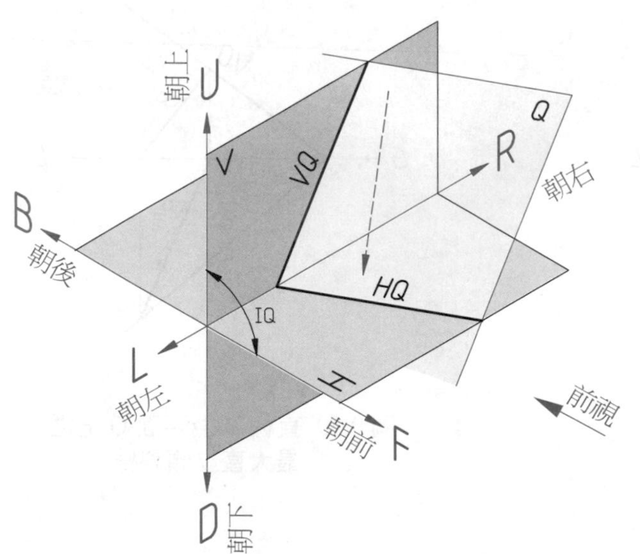

圖 9.40 判斷平面之斜度

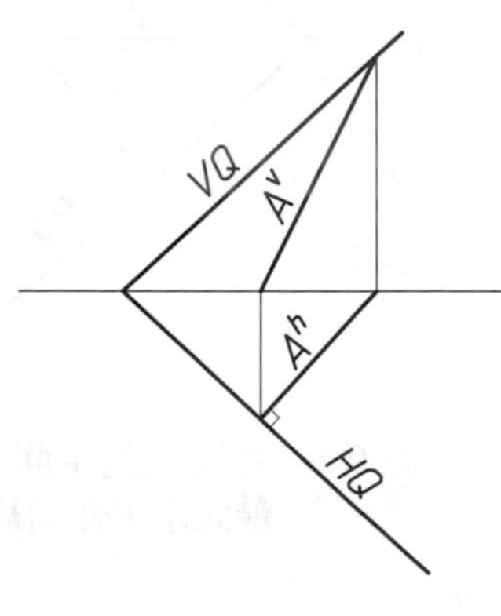

圖 9.41 最大水平傾斜線之斜度即為平面之斜度

另一判斷平面斜度之方法，可找出平面之最大水平傾斜線，該線之斜度即為平面之斜度。如圖 9.41 所示，直線 A 為平面 Q 之最大水平傾斜線，得直線 A 之斜度為 DFL 或 UBR，此斜度即為平面 Q 之斜度。

當平面與 V 面垂直傾斜 H 面時，如圖 9.42 所示，其斜度無前後，只有上下及左右；當與 H 面垂直傾斜 V 面時，如圖 9.43 所示，其斜度無上下，只有前後及左右；當平面與 H 面，V 面或 P 面平行時，如圖 9.44 所示，平面則無斜度。

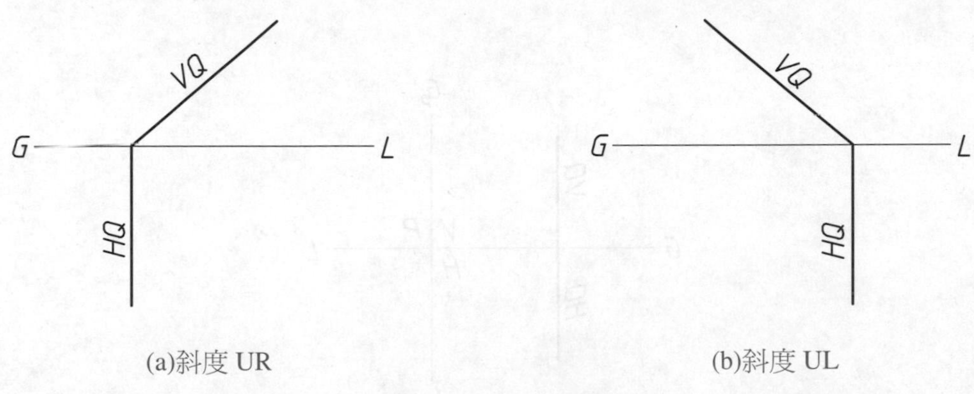

(a)斜度 UR　　(b)斜度 UL

圖 9.42 平面 Q 與 V 面垂直傾斜 H 面，斜度無前後只有上下及左右

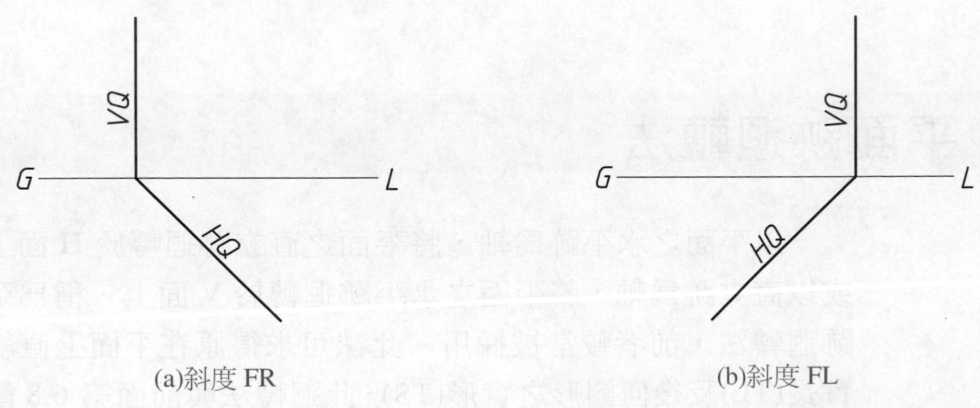

(a)斜度 FR　　(b)斜度 FL

圖 9.43 平面 Q 與 H 面垂直傾斜 V 面，斜度無上下只有前後及左右

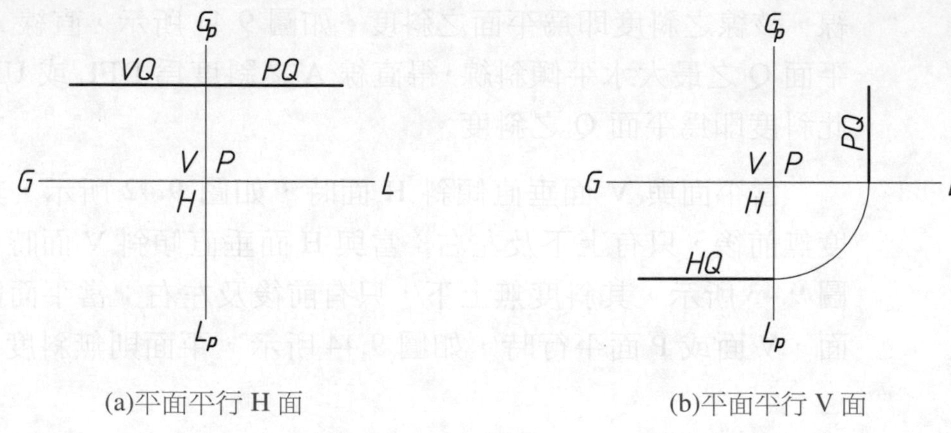

(a)平面平行 H 面　　(b)平面平行 V 面

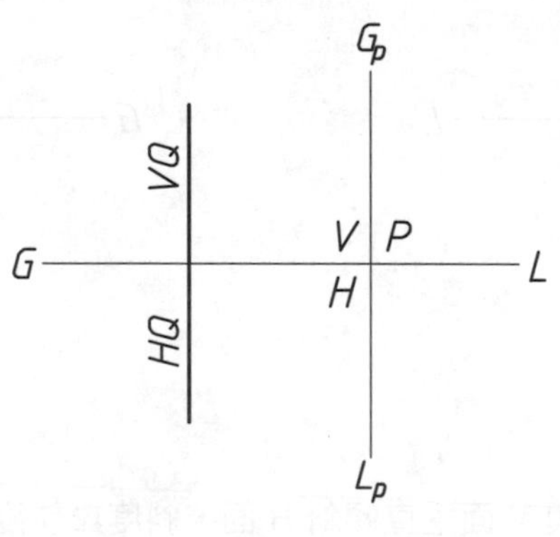

(c)平面平行 P 面

圖 9.44 平面 Q 無斜度

9.5 平面跡迴轉法

以平面之水平跡為軸，將平面之直立跡迴轉於 H 面上，或以直立跡為軸，將平面之水平跡迴轉於 V 面上，稱為平面跡迴轉法，前者較常被採用。此法可求得原在平面上直線之實長(TL)及幾何圖形之實形(TS)，此迴轉法與前面第 6.8 節之平面迴轉法原理相似。

設直線 ab 為平面 Q 上之最大水平傾斜線，如圖 9.45 所示，首先以倒轉法求直線之 TL，請參閱前面第 3.7 節(b)所述，得 a^hb^t 為 TL。當平面 Q 以 HQ 為軸，將 VQ 迴轉至 H 面上時，以 V_hQ 表之，此時直線 ab 應變成 TL。故以 a^h 為圓心，至 b^t 為半徑作圓弧，交 b^ha^h 之延長線於 b_1^h。此時 V_hQ 必經過點 b_1^h，因為圖中點 o 至 b^v 之距離應等於點 o 至 b_1^h 之距離，故以 o 為圓心，至 b^v 為半徑作圓弧，也會經過點 b_1^h。

由以上之分析結果，如圖 9.46 所示，得 V_hQ 必經過點 3，圖中直線 12 須垂直 GL，直線 23 須垂直 HQ，點 o 至點 1 與至點 3 之距離等長，此為平面 Q 迴轉在 H 面上之規則。

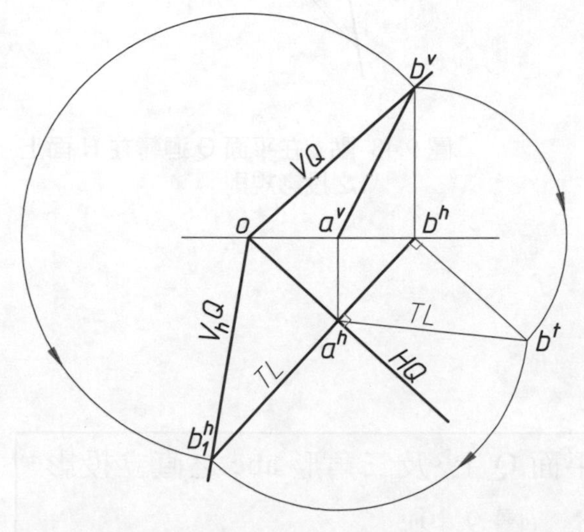

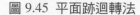

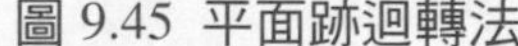
圖 9.45 平面跡迴轉法

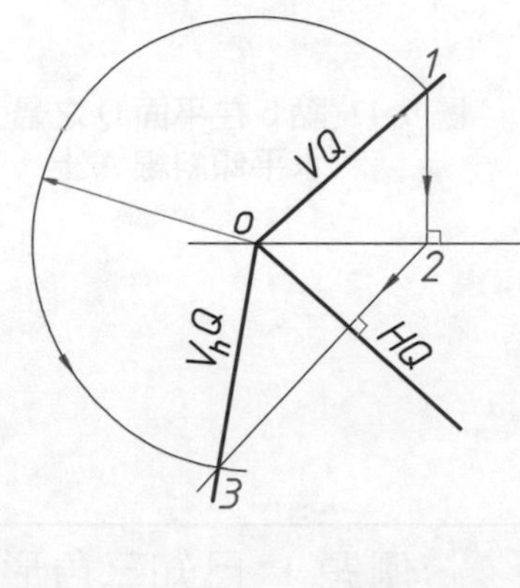

圖 9.46 平面 Q 迴轉在 H 面上之規則

設點 c 在直線 A 上，直線 A 為平面 Q 之最大水平傾斜線，如圖 9.47 所示，從 $c^h \rightarrow m \rightarrow n \rightarrow c^v$ 為點 c 在平面 Q 上之條件(參閱圖 9.36)，由圖 9.46 之平面迴轉規則，得 V_hQ 必經過 n_h，最後因點 c 在直線 A 上，故得 c_1^h 為平面 Q 迴轉在 H 面上後點 c 的位置。移除直線 A，得點 c 在平面 Q 迴轉在 H 面上之投影規則為：$c^h \to m \to n_h \to c_1^h$，如圖 9.48 所示。

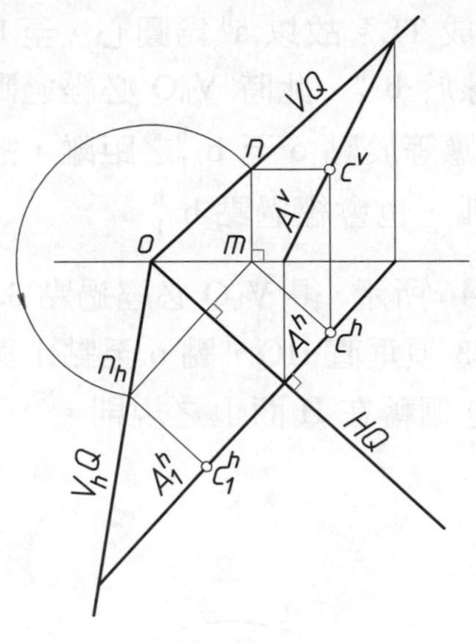

圖 9.47 點 c 在平面 Q 之最大水平傾斜線 A 上

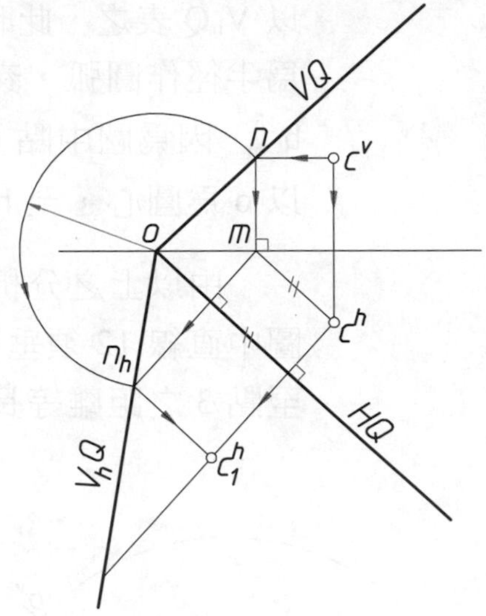

圖 9.48 點 c 在平面 Q 迴轉在 H 面上之投影規則

例題 1：已知三角形 abc 在平面 Q 上，及三角形 abc 之直立投影，求其水平投影及 TS。(圖 9.49)

分析：

1. 將三角形 abc 視為三條在平面 Q 上之直線。
2. 以直線在平面上之條件，求其水平投影(參閱圖 9.30)。
3. 將 VQ 迴轉在 H 面上，即可得三角形 abc 之 TS。

作圖：(圖 9.50)

1. 由點 b^v 向 GL 作垂線，得點 b^h。
2. 由點 c^v 作線垂直 GL，交 HQ 於點 c^h。
3. 延長直線 b^va^v 交 GL 於點 m^v。
4. 由 m^v 作線垂直 GL，交 HQ 於點 m^h。
5. 連接 m^hb^h，投影點 a^v 得點 a^h，連接三角形之水平投影 $a^hb^hc^h$。
6. 以 o 爲圓心至 b^v 爲半徑作圓弧，得點 b_1^h，必須使 $b^hb_1^h$ 垂直 HQ。
7. 連接 $b_1^hm^h$，投影 a^h 得 a_1^h 點，連接三角形 $a_1^hb_1^hc^h$ 即爲所求三角形 abc 之 TS。

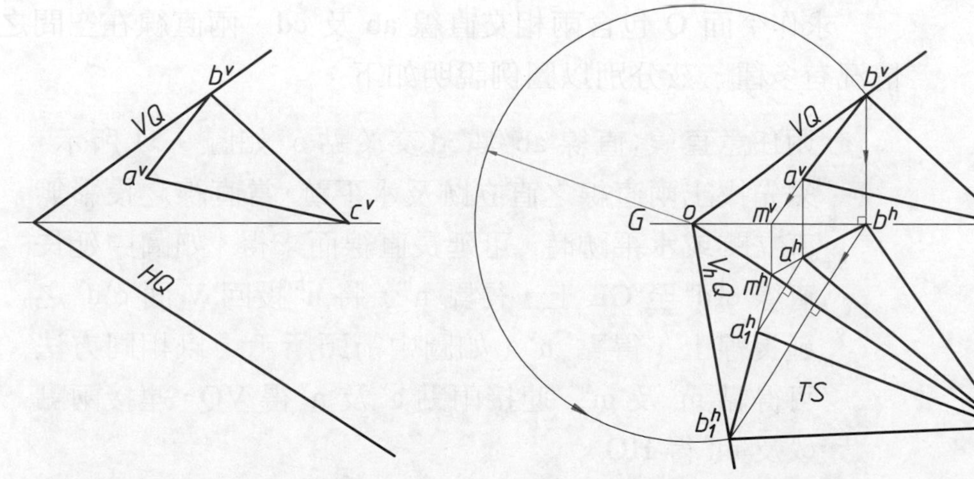

圖 9.49 已知三角形 abc 在平面 Q 上

圖 9.50 求三角形 abc 之水平投影及 TS (平面跡迴轉法)

9.6 平面之求作

當任意直線在平面上時，直線之直立跡及水平跡，必分別在平面之直立跡及水平跡上，平面之直立跡與水平跡必相交於 GL 上。決定一平面的條件雖有四種，參閱第 6.1 節所述，但以直線做爲條件時則只有兩種，即兩相交直線與兩平行直線，以此兩種決定平面的條件求作平面，分別說明於下面兩小節。

9.6.1 兩相交直線求作平面

當兩直線相交，且在平面上時，兩直線之直立跡必皆在平面之直立跡上，兩直線之水平跡必皆在平面之水平跡上。直線之直立跡與水平跡，請參閱前面第 3.5 節所述。

求作平面 Q 包含兩相交直線 ab 及 cd，兩直線在空間之情況有多種，茲分別以圖例說明如下：

(a) 兩任意直線：直線 ab 與 cd 交於點 o，如圖 9.51 所示，須先找出兩直線之直立跡及水平跡，當直線之投影無直立跡或水平跡時，可延長直線而求得。如圖中延長直線 c^hd^h 至 GL 上，得點 n^h，將 n^h 投回 V 面 c^vd^v 之延長線上，得點 n^v，如圖中箭頭所示，以相同方法可得點 m^v 及 m^h，連接兩點 a^v 及 n^v 得 VQ，連接兩點 c^h 及 m^h 得 HQ。

(b) 任一線平行 H 面：直線 cd 平行 H 面，如圖 9.52 所示，爲平面 Q 之水平主線，平面 Q 之水平跡 HQ 必平行於 c^hd^h，連接 c^vb^v 得 VQ，VQ 與 HQ 則必相交於 GL 上。

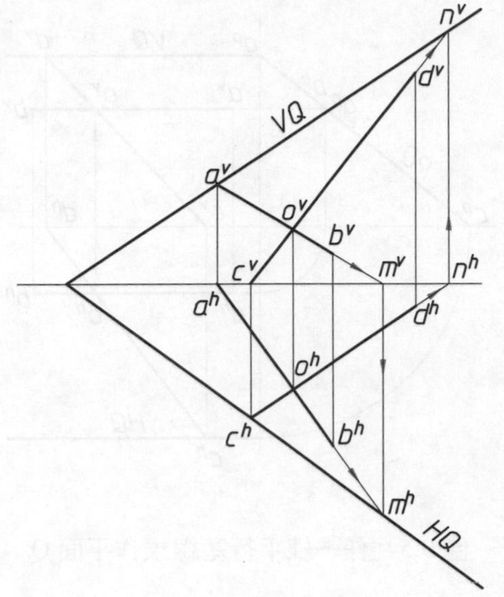

圖 9.51 兩任意直線求作平面 Q

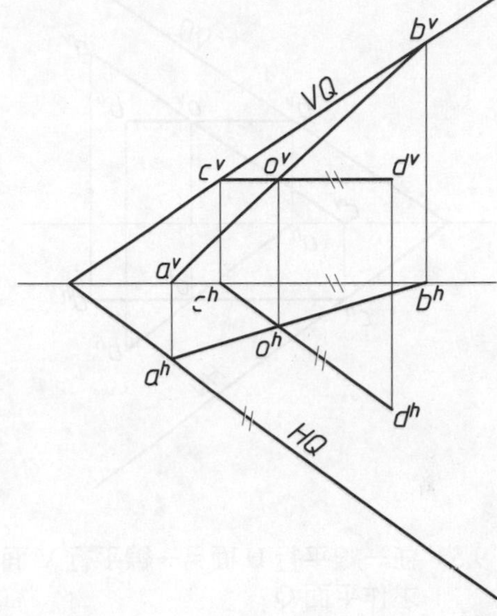

圖 9.52 任一線平行 H 面求作平面 Q

(c) 任一線平行 H 面，另一線平行 V 面：直線 ab 及 cd 分別為平面 Q 之水平主線及直立主線，如圖 9.53 所示，取 VQ 平行於 c^vd^v 且經過點 a^v，HQ 平行於 a^hb^h 且經過點 c^h。

(d) 任一線平行基線：直線 ab 平行 GL，如圖 9.54 所示，經直線 cd 之兩跡 d^v 及 c^h 分別作 VQ 及 HQ 平行 GL，投影側面跡 PQ，可清晰瞭解平面 Q 包含兩直線之情況。

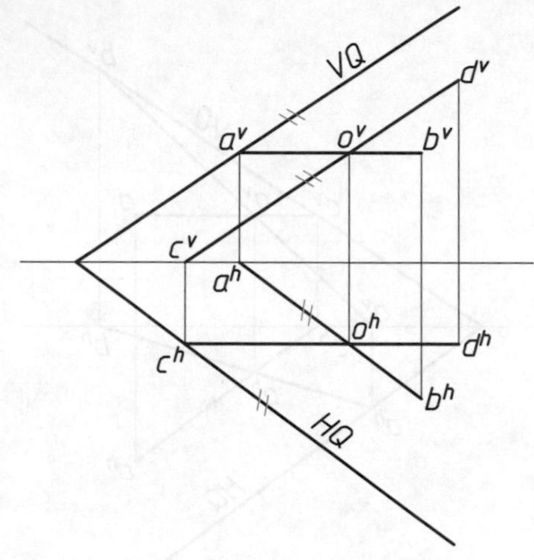

圖 9.53 任一線平行 H 面另一線平行 V 面求作平面 Q

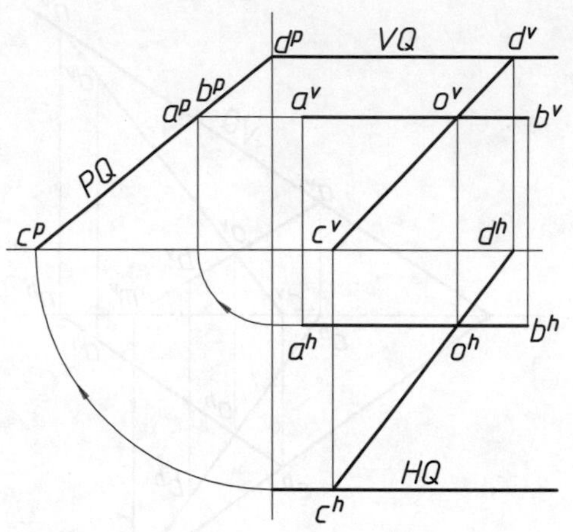

圖 9.54 任一線平行基線求作平面 Q

9.6.2 兩平行直線求作平面

求作平面 Q 包含兩平行直線 A 及 B，其方法與兩相交直線大致相同，茲分別以圖例說明如下：

(a) 兩任意平行直線：先求兩直線 A 及 B 之直立跡與水平跡，如圖 9.55 所示，連接兩直線之直立跡得 VQ，連接兩水平跡得 HQ。

(b) 兩線平行 H 面：直線 A 及 B 爲水平主線，如圖 9.56 所示，連接兩直線之直立跡得 VQ，由 VQ 與 GL 之交點取 HQ 平行於 A^h 及 B^h。

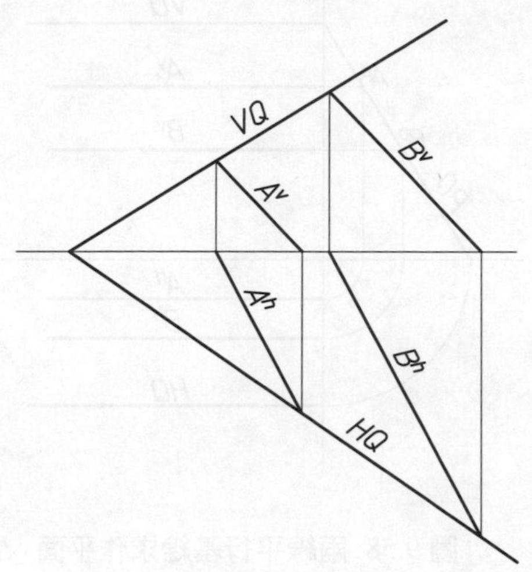

圖 9.55　兩任意平行直線求作平面

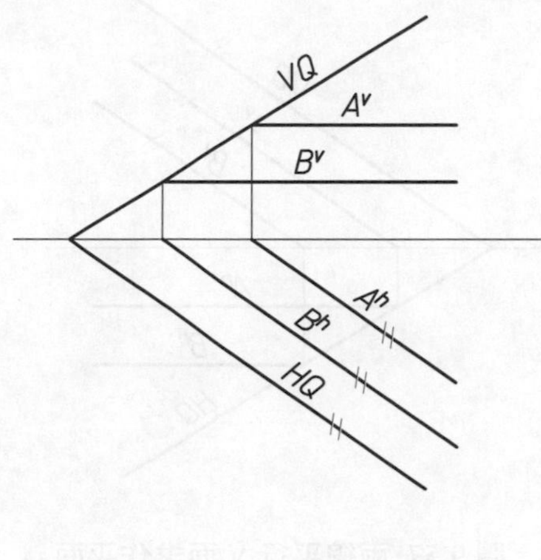

圖 9.56　兩線平行 H 面求作平面

(c) 兩線平行 V 面：直線 A 及 B 為直立主線，如圖 9.57 所示，連接兩直線之水平跡得 HQ，由 HQ 與 GL 之交點取 VQ 平行於 A^v 及 B^v。

(d) 兩線平行基線：先求兩平行線 A 及 B 之側面投影，如圖 9.58 所示，得點 A^p 及點 B^p 皆為端視圖，連接兩點得平面之側面跡 PQ，因平面 Q 垂直 P 面，即可得 VQ 及 HQ 皆平行於 GL。

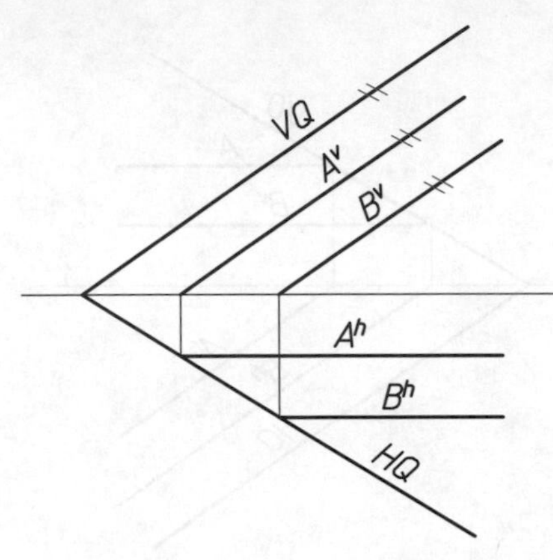

圖 9.57 兩線平行 V 面求作平面

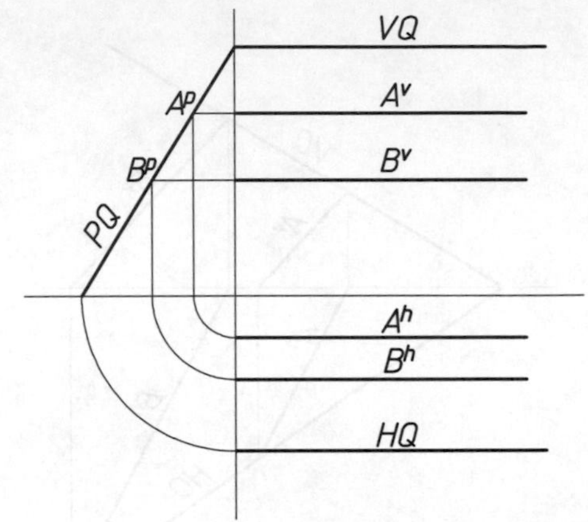

圖 9.58 兩線平行基線求作平面

9.7 兩平面相交

平面與平面之交線，即爲同時在兩平面上之直線，當兩任意平面相交時，其交線必爲兩平面之直立跡交點與水平跡交點之連線。

例題 2：已知兩任意平面 Q 及 R，求其交線。

分析：

1. 同時被兩平面包含之直線，即爲兩平面之交線。
2. 找出兩平面之直立跡交點及水平跡之交點，連接兩交點即爲兩平面之交線。

作圖：(圖 9.59)

1. 設 VQ 與 VR 之交點爲 m^v。
2. 由 m^v 向 GL 作垂線，得點 m^h。
3. 設 HQ 與 HR 之交點爲 n^h。
4. 由 n^h 向 GL 作垂線，得點 n^v。
5. 連接 m^vn^v 及 m^hn^h 即爲所求平面 Q 及 R 交線之投影。

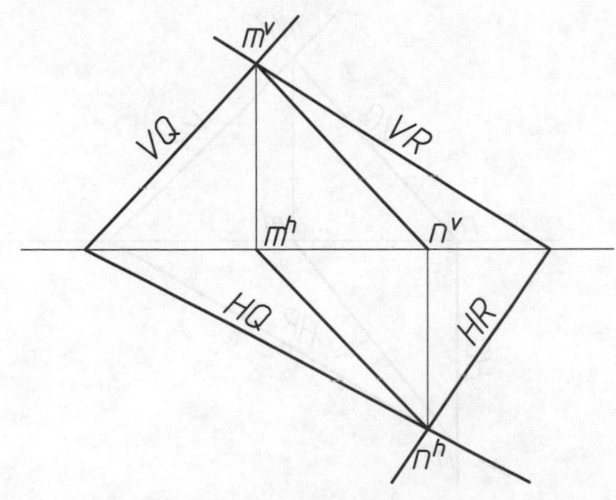

圖 9.59 已知兩任意平面 Q 及 R 求其交線

例題 3：已知垂直 V 面之平面 Q 及任意平面 R，求其交線。

分析：

1. 當平面垂直 V 面，平面上直線之直立投影必與平面之直立跡重疊。
2. 同理當垂直 H 面時，直線之水平投影必與平面之水平跡重疊。

作圖：(圖 9.60)

1. 設 VQ 與 VR 之交點爲 m^v。
2. 由 m^v 向 GL 作垂線，得點 m^h。
3. 設 HQ 與 HR 之交點爲 n^h，得 VQ 與 HQ 之交點爲 n^v。
4. 連接 m^hn^h，此時 n^vm^v 必與 VQ 重疊。直線 mn 即爲所求之交線。

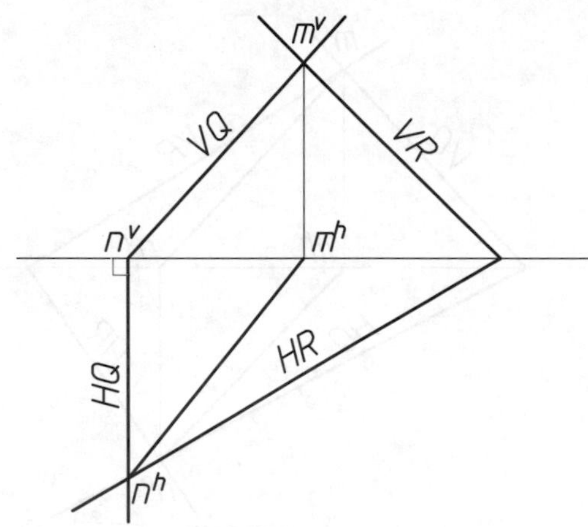

圖 9.60 已知垂直 V 面之平面 Q 及任意平面 R 求其交線

9.8 直線與平面之穿點

求直線與平面之穿點，或稱爲貫穿點，可另作一平面包含直線，此時兩平面之交線與直線必皆在所作之平面上，兩線之交點即爲直線與平面之穿點。

設直線 A 與平面 Q 相交，如圖 9.61 所示，作一平面 R 包含直線 A，平面 R 與平面 Q 之交線爲 B，此時直線 A 與 B 之交點 c，即爲直線 A 穿過平面 Q 之穿點。

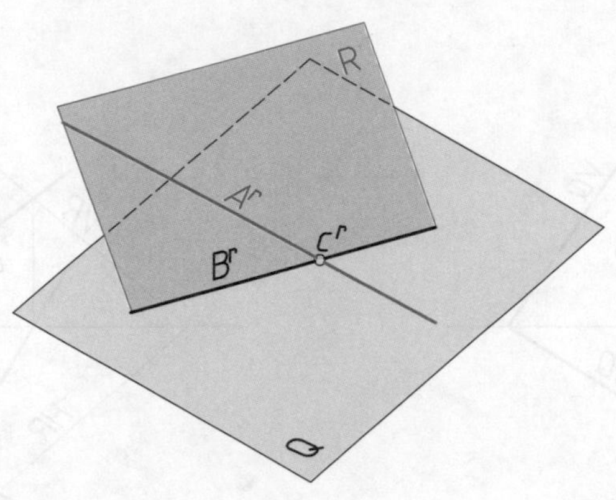

圖 9.61　作平面 R 包含直線 A，直線 B 為平面 Q 與 R 之交線，c 為直線 A 穿過平面 Q 之穿點

已知直線 A 及平面 Q，如圖 9.62 所示，求其穿點 c，求作過程說明如下：(圖 9.63)

(1) 作任意平面 R 包含直線 A，參閱圖 9.30 所示，直線在平面上之條件。平面 R 爲作圖平面，以細實線表之即可。

(2) 求作平面 R 與 Q 之交線，參閱圖 9.59 所示，得直線 B 爲交線。直線 B 爲作圖線，以細實線表之即可。

(3) 設直線 A 與 B 之交點爲 c，即爲所求之穿點。

(4) 圖中直線 A 穿過平面 Q 之部份，在此情況下皆以粗實線表之，即在無限大平面或無限長直線情況下，投影面及無限大平面皆假設爲透明，故通常不探討其可見性判別。

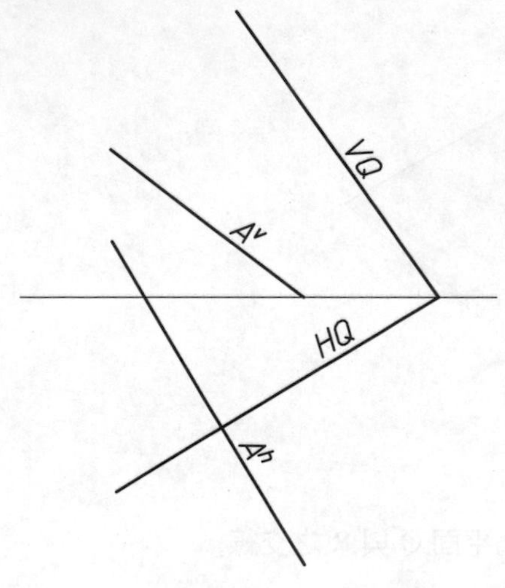

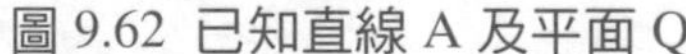

圖 9.62 已知直線 A 及平面 Q

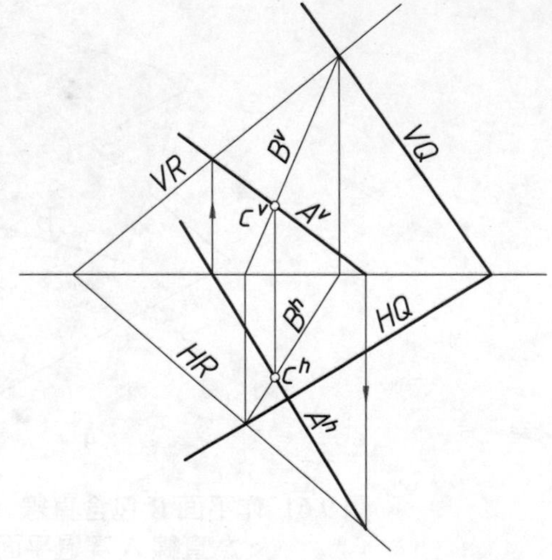

圖 9.63 求直線 A 與平面 Q 之穿點

例題 4：已知直線 A 與平面 Q，求其穿點。(圖 9.64)

分析：

1. 作一平面 R，使任一平面跡與直線 A 重疊，另一平面跡則垂直 GL。
2. 平面 R 與 Q 之交線投影之一，亦會重疊在平面 R 之某平面跡上。

作圖：(圖 9.65)

1. 作平面 R 包含直線 A，使 VR 與 A^v 重疊，HR 則垂直 GL。
2. 得平面 Q 與 R 之交線爲 B，此時 VR 即 B^v。
3. 設 B^h 與 A^h 之交點爲 c^h。
4. 將 c^h 投回 V 面得 c^v，點 c 即爲所求之穿點。其求法比圖 9.63 更快捷。

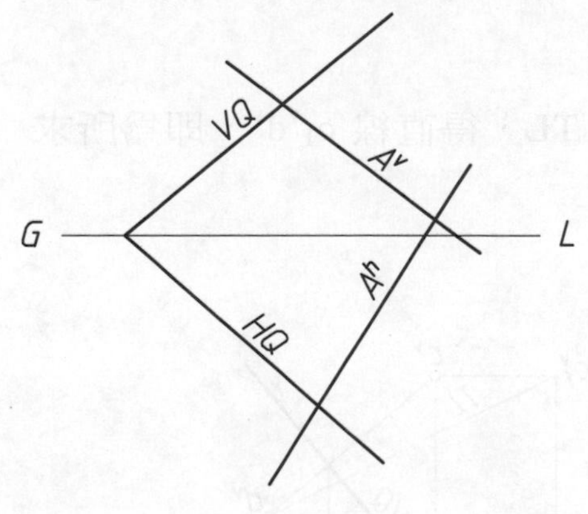

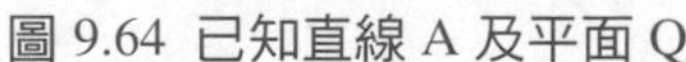
圖 9.64 已知直線 A 及平面 Q

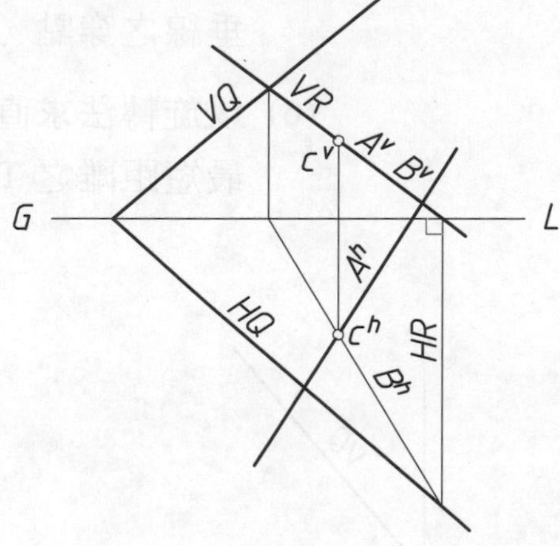

圖 9.65 求直線 A 與平面 Q 之穿點(快捷法)

9.9 點至平面之最短距離

若作一平面包含已知點，垂直已知平面，且垂直 V 面或 H 面。所作平面與已知平面之交線必垂直於由點向已知面所作之垂線。點至平面之最短距離，即爲由點向平面作垂線之穿點至點之距離。

設已知點 c 及平面 Q，如圖 9.66 所示，求點 c 至平面 Q 之最短距離，求作過程說明如下：(圖 9.67)

(1) 作一平面 R 包含點 c，須垂直 V 面且垂直平面 Q。

(2) 經點 c^v 作 VR 垂直 VQ，使 HR 垂直 GL，此時平面 R 包含點 c 垂直 V 面且垂直平面 Q。

(3) 得直線 B 爲平面 Q 及 R 之交線。

(4) 由點 c^h 向 HQ 作垂線，交直線 B^h 於點 d^h。

(5) 將 d^h 投回 V 面得點 d^v，點 d 即爲由點 c 向平面 Q 作垂線之穿點。

(6) 以旋轉法求直線 cd 之 TL，得直線 $c_1{}^v d^v$，即爲所求最短距離之 TL。

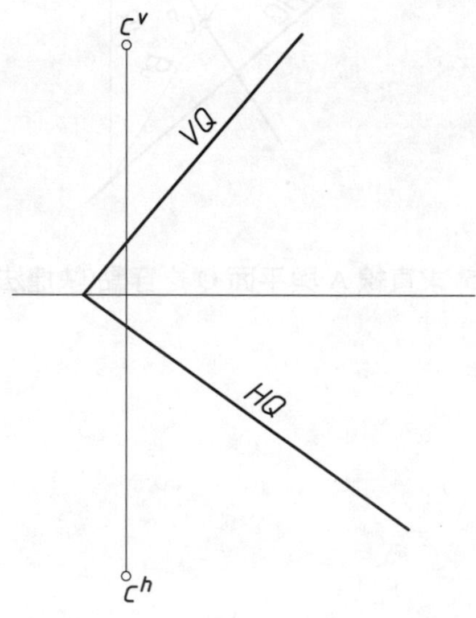

圖 9.66 已知點 c 及平面 Q

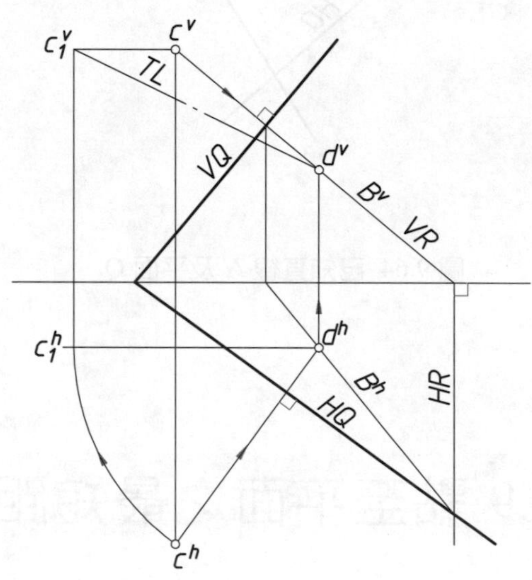

圖 9.67 求點 c 至平面 Q 之最短距離

❖ 習 題 九 ❖

一、選擇題

1. (　　) 無限大平面與投影面之交線，稱為 (A)交線 (B)平面跡 (C)投影線 (D)面線。

2. (　　) 平面 R 與直立投影面之交線，應表為 (A)VR (B)RV (C)HR (D)RH。

3. (　　) 當平面 Q 平行基線時，則 (A)VQ 與 HQ 必垂直基線 (B)VQ 與 HQ 必平行基線 (C)VQ 與 HQ 必平行側基線 (D)VQ 平行基線 HQ 平行側基線。

4. (　　) 當平面 Q 垂直 V 面時，則 (A)HQ 必垂直基線且 PQ 垂直側基線 (B)VQ 必垂直基線且 PQ 垂直側基線 (C)HQ 與 PQ 皆平行基線 (D)VQ 與 HQ 皆垂直基線。

5. (　　) 當平面 Q 垂直 GL 時，則 (A)HQ 必垂直基線且 PQ 垂直側基線 (B)VQ 必垂直基線且 PQ 垂直側基線 (C)HQ 與 PQ 皆平行基線 (D)VQ 與 HQ 皆垂直基線。

6. (　　) 當平面 Q 平行 V 面時，則 (A)VQ 平行 GL (B)HQ 垂直 GL (C)PQ 平行 GL (D)HQ 平行 GL。

7. (　　) 當平面 Q 垂直 H 面時，則 (A)HQ 必垂直基線且 PQ 垂直側基線 (B)VQ 垂直基線 PQ 平行側基線 (C)VQ 必垂直基線且 PQ 垂直側基線 (D)VQ 與 HQ 皆垂直基線。

二、填空題

1. 平面 S 與水平投影面的交線稱為__________，以______表之；與直立投影面的交線稱為__________，以______表之；與側投影面的交線稱為__________，以______表之。

2. 直線 A 在平面 Q 上，當 A^h 平行 GL 時，直線 A 爲平面 Q 之________主線，當 A^v 平行 GL 時，直線 A 爲平面 Q 之________主線。

三、作圖題

1. 按下列各斜度作平面 Q，各平面跡長 40mm，有傾斜時皆爲 45 度。

(1) UBL	(2) UFR	(3) DBR	(4) UBR	(5) DFR
(6) DFL	(7) DBL	(8) UFL	(9) UB	(10) DR
(11) UF	(12) DB	(13) UR	(14) UL	(15) DL
(16) DF	(17) BL	(18) FL	(19) FR	(20) BR

2. 點 a 及 b 位平面 Q 上，已知 a^h 及 b^v，求 a^v 及 b^h。(每格 5mm)

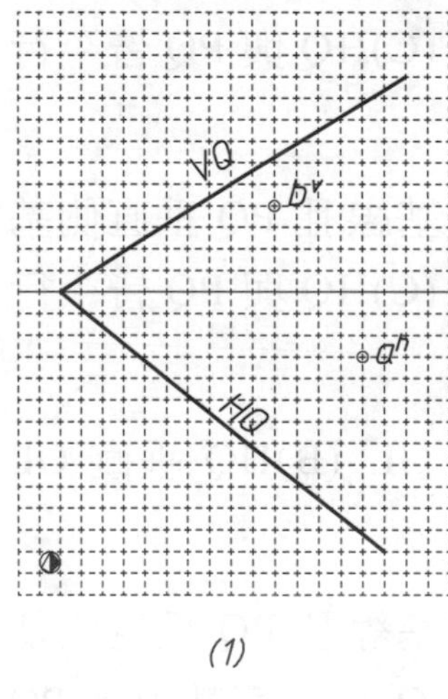

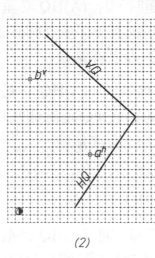

(1)

(2)

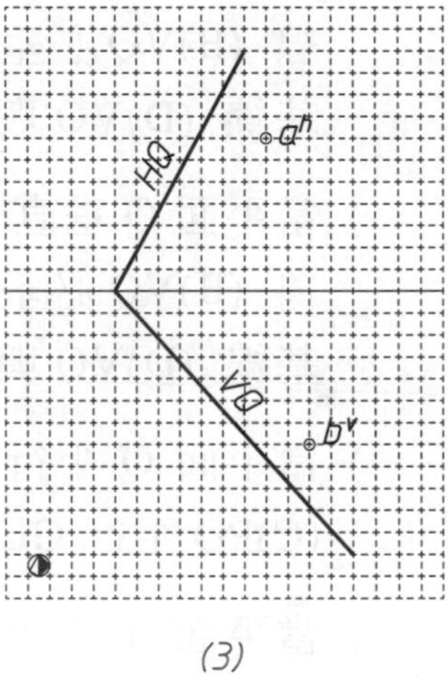

(3)

3. 直線 ab 在平面 Q 上，完成直線 ab 之水平及直立投影。(每格 5mm)

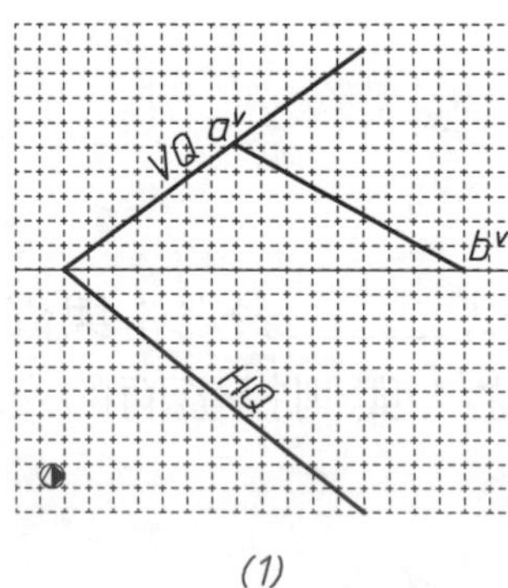

(1)

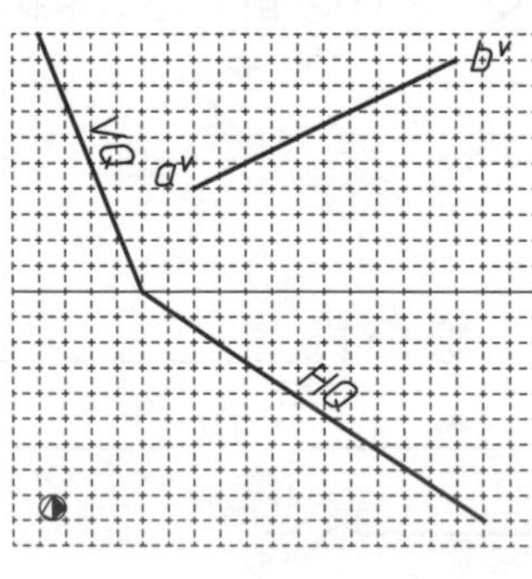

(2)

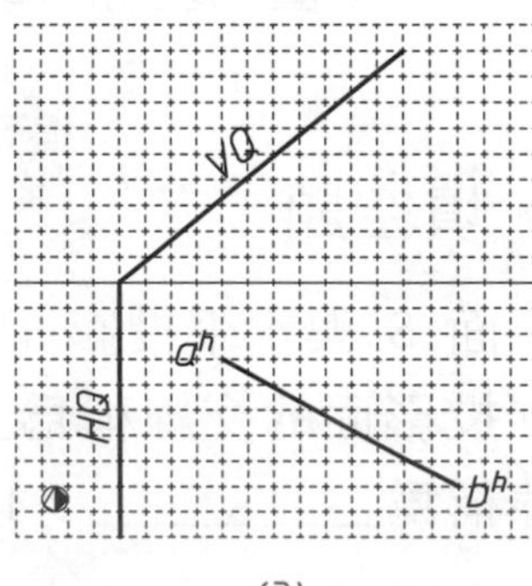

(3)

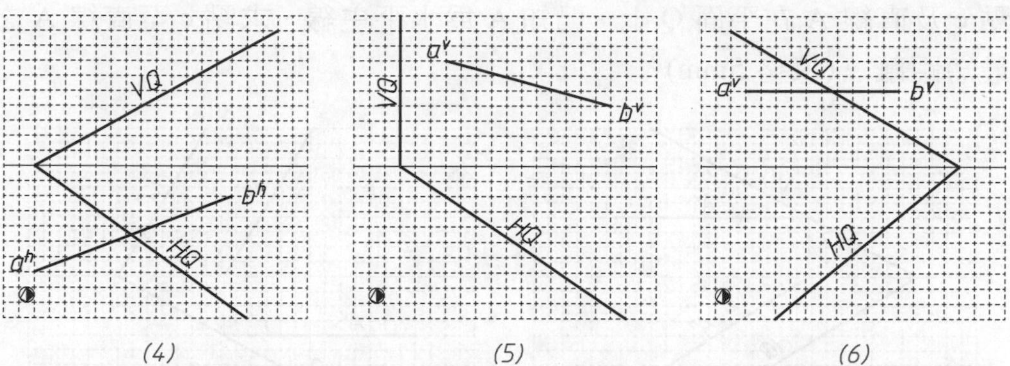

(4)　(5)　(6)

4. 已知三角形 abc 在平面 Q 上，求其水平投影及 TS。(每格 5mm)

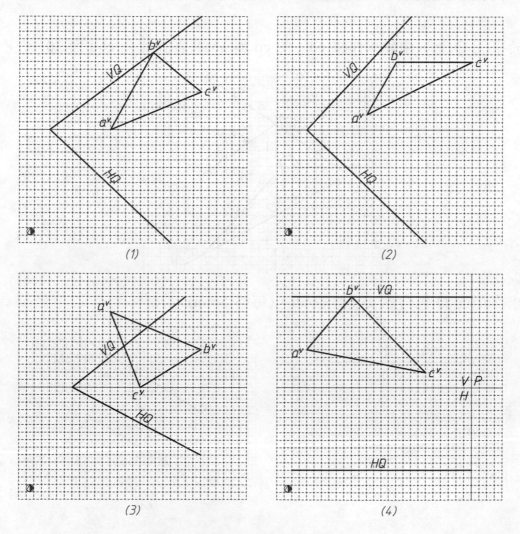

b^v　VQ　c^v　a^v　HQ

(1)

VQ　b^v　c^v　a^v　HQ

(2)

a^v　VQ　b^v　c^v　HQ

(3)

b^v　VQ　a^v　c^v　V　P　H　HQ

(4)

5. 點 c 及直線 A 在平面 Q 上，已知 A 爲水平主線，求點 c 至直線 A 之最短距離。(每格 5mm)

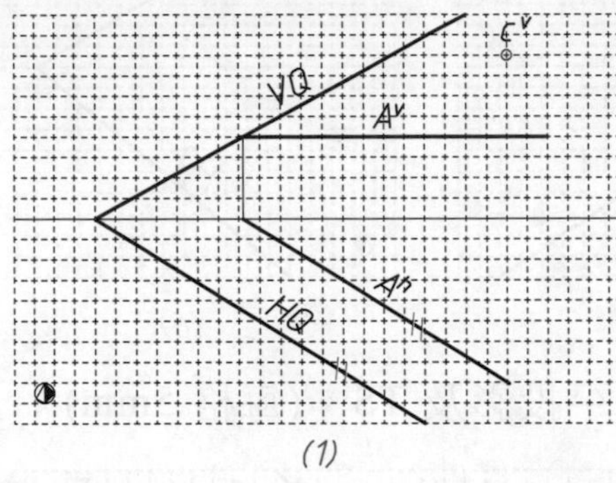

(1)

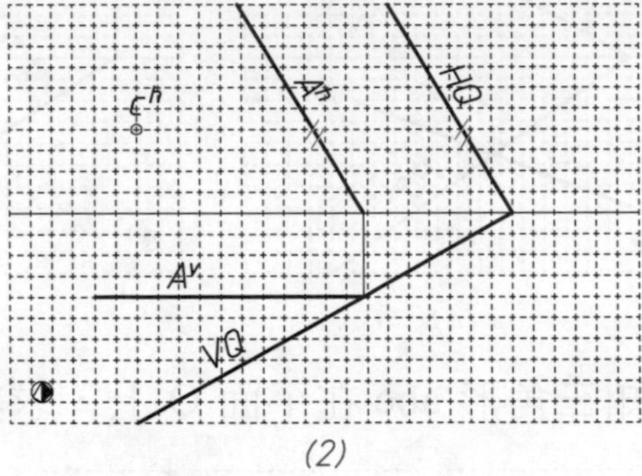

(2)

6. 於平面 Q 上，由點 c 作線 cd，使 cd 與 ab 垂直且使角 cbd 爲 30°。

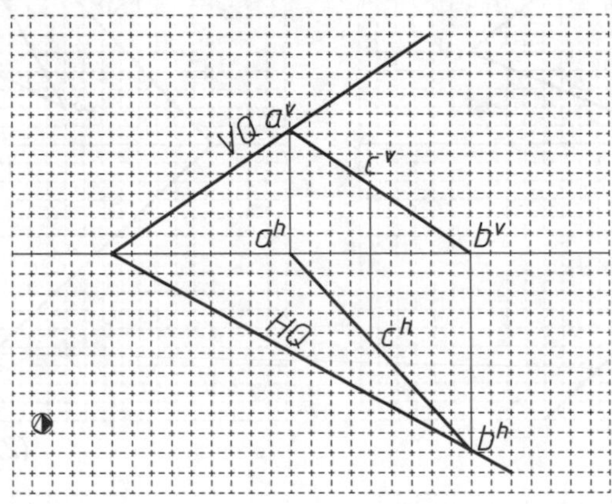

7. 求作平面 Q 包含點 c 及直線 ab。(每格 5mm)

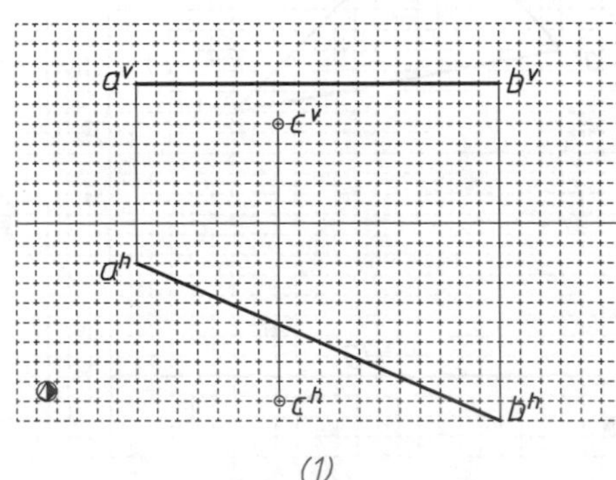

(1)

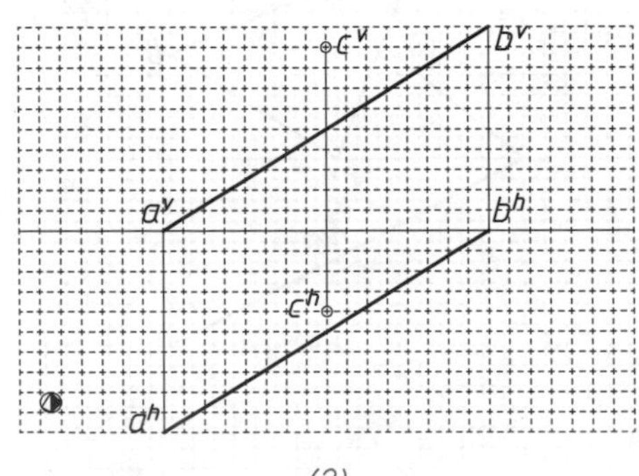

(2)

8. 求作平面 Q 包含已知兩直線 ab 及 cd。(每格 5mm)

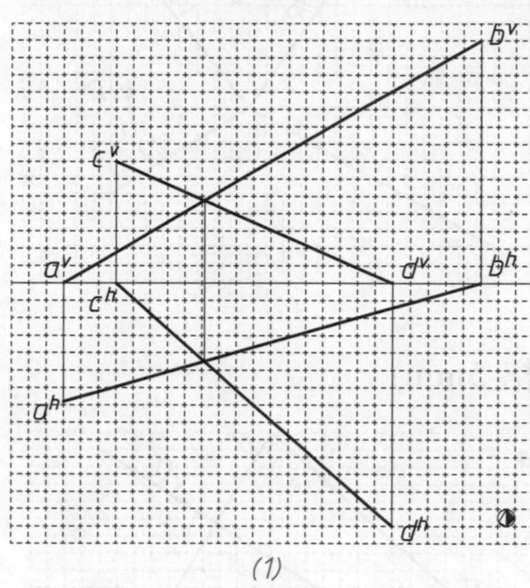

(1)

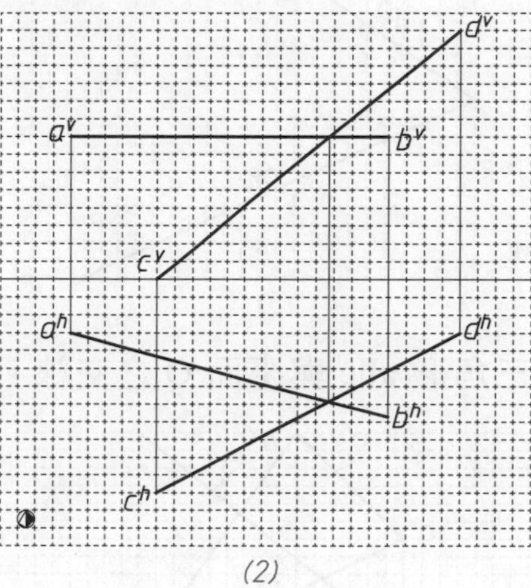

(2)

9. 三角形 abc 在平面 Q 上，求平面 Q。(每格 5mm)

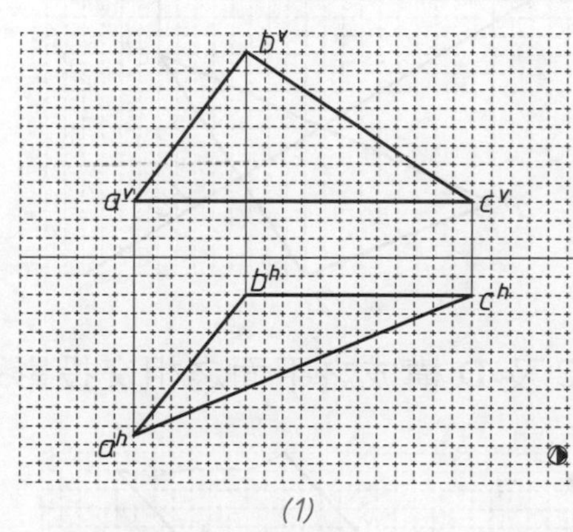

(1)

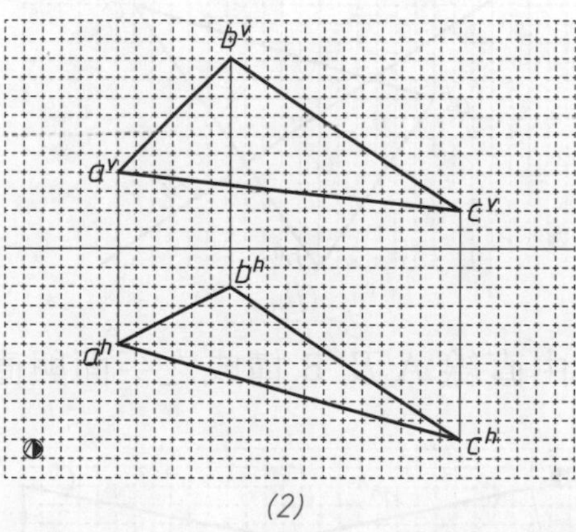

(2)

10.求已知兩平面之交線 A。(每格 5mm)

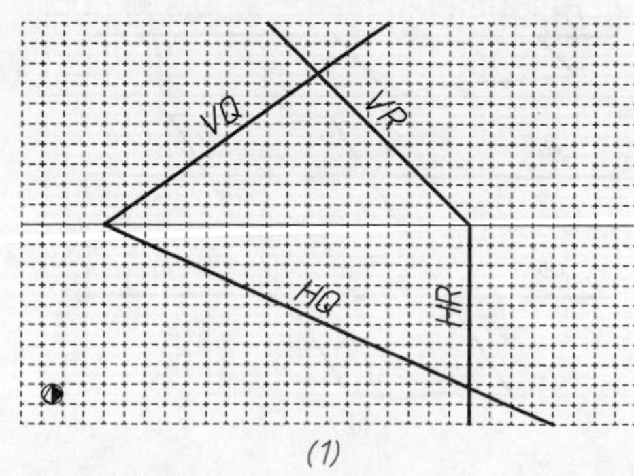

(1)

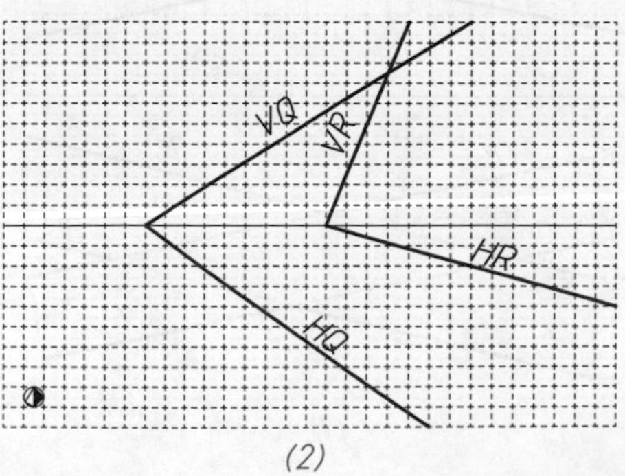

(2)

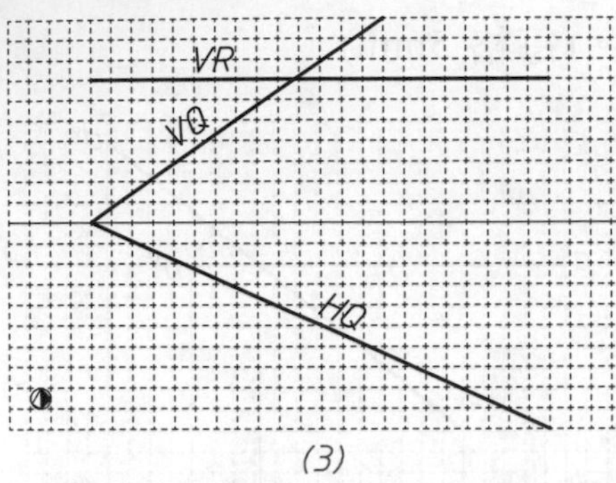

(3)

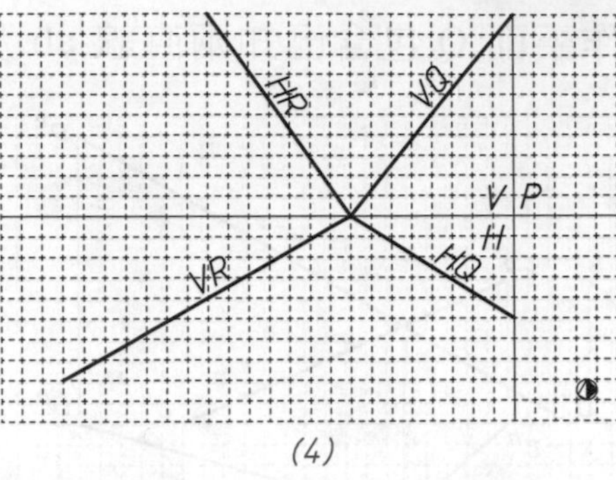

(4)

11.求三角形 abc 與平面 Q 之交線。(每格 5mm)

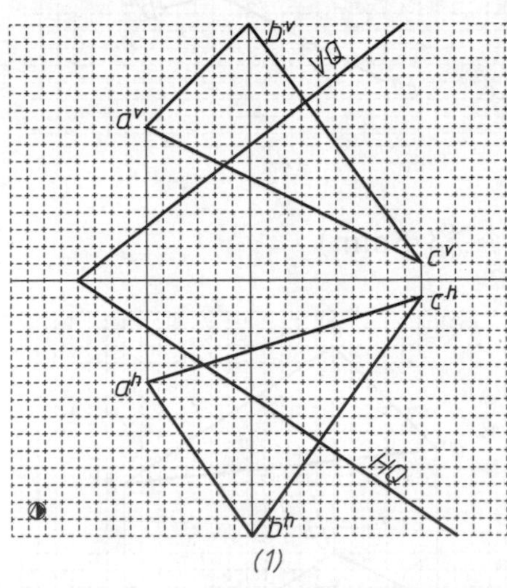

(1)

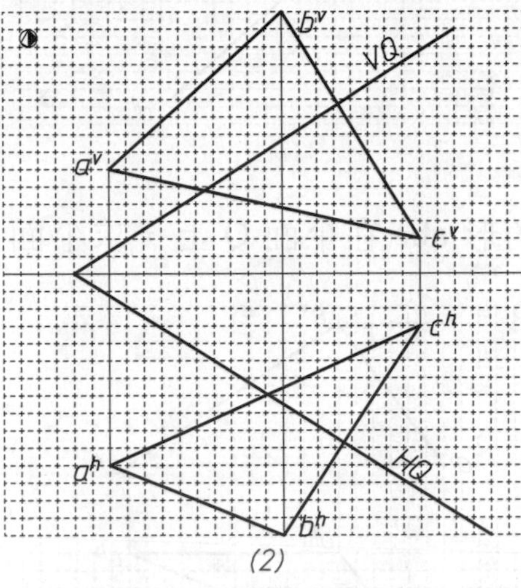

(2)

12.求由直線 A 及 B 構成之平面與直線 C 及 D 構成之平面之相交投影。

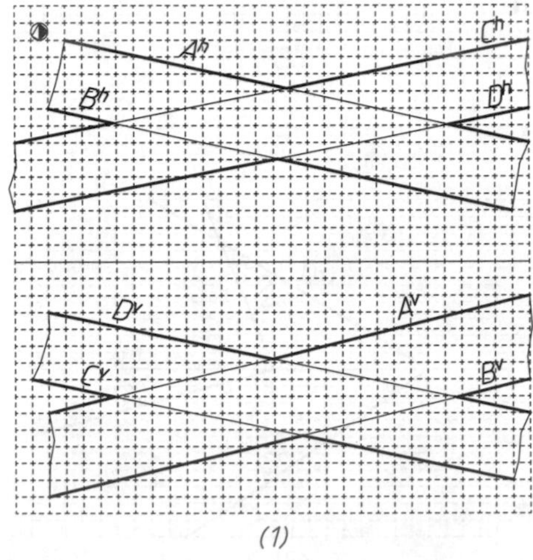

(1)

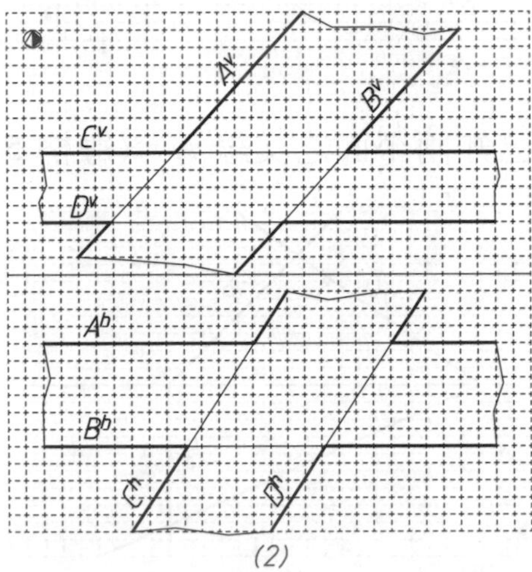

(2)

13.求直線 A 與平面 Q 之相交投影。(每格 5mm)

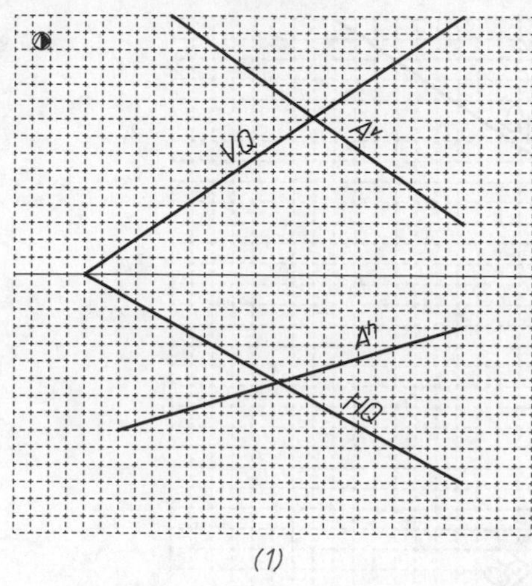

(1)

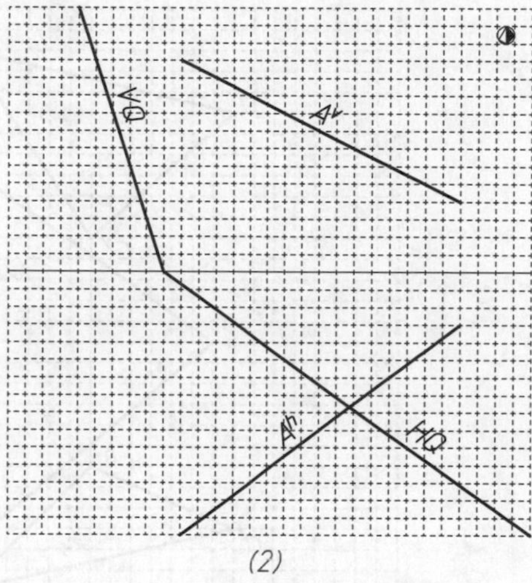

(2)

14.求點 c 至平面 Q 之最短距離。(每格 5mm)

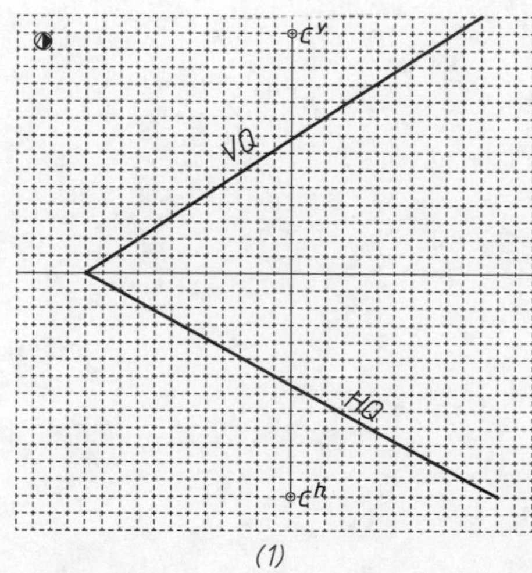

(1)

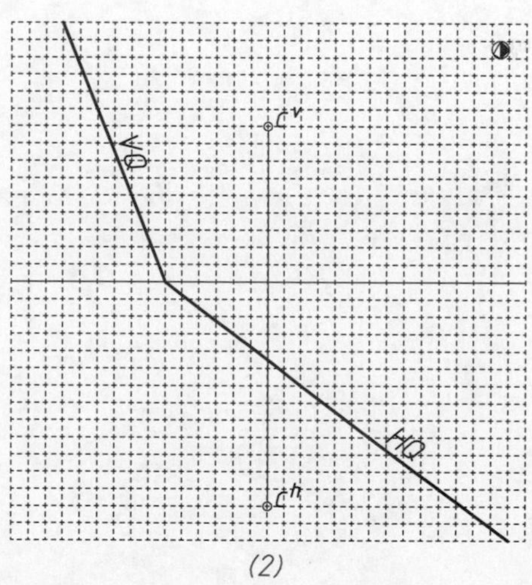

(2)

15.求已知三角形 abc 在平面 Q 上之投影(垂直方向)。(每格 5mm)

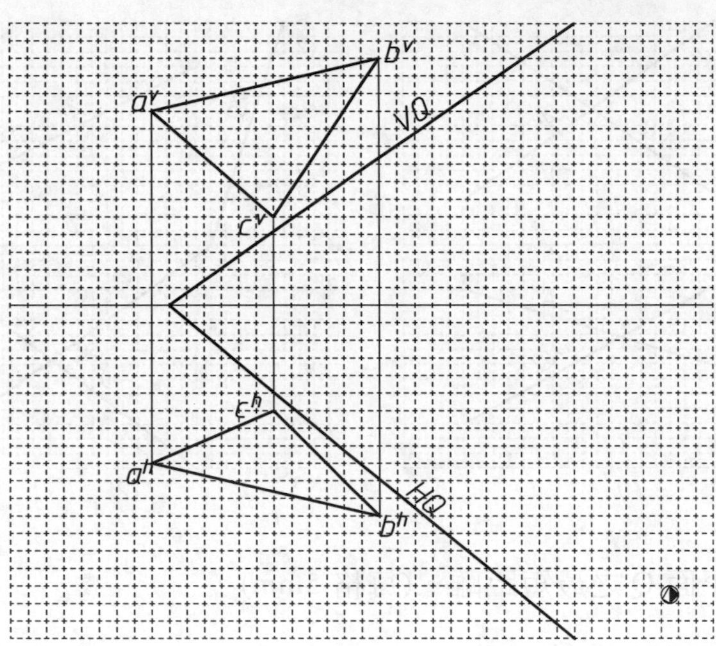

平面跡『工作單一』

工作名稱	平面跡(一)	使用圖紙	A3	工作編號	DG0901
學習目標	利用物體在平面上及平面跡之迴轉，能深入了解平面跡之投影	參閱章節	第 9.1 節至第 9.6 節	操作時間	1-2 小時
				題目比例	-

說明：
1. (a)已知三角形 abc 在平面 Q 上，求平面 Q 之投影。
2. (b)已知三角形 abc 在平面 R 上，求三角形 abc 之 H 面投影，及利用平面跡迴轉法求 TS。
3. 網格免畫。
4. 以每小格 3 mm 比例繪製。
5. 投影線剛好即可。
6. 須標註代號。

評量重點：
1. 平面 Q 是否正確。
2. 三角形 H 面投影是否正確。
3. 平面跡迴轉法及 TS 求作是否正確。
4. 線條粗細是否正確。
5. 尺度是否正確。
6. 多餘投影線是否擦淨。
7. 應標註代號是否遺漏。
8. 佈圖是否適當。

題目：

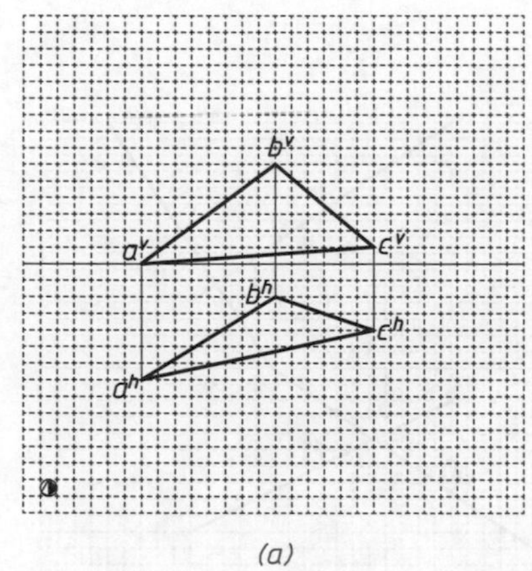

(a)

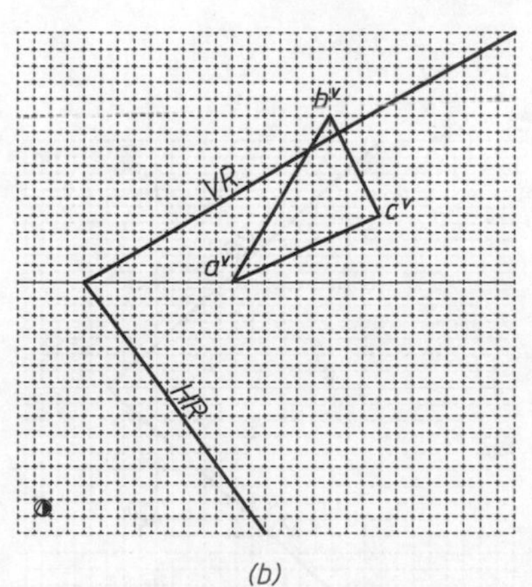

(b)

單　位	mm	數 量		比 例	1:1	
材　料		日期	yy - mm - dd			
班　級	&&	座號	**	(學校名稱)	課程	投影幾何學
姓　名						
教　師				圖名 平面跡(一)	圖號	yy##&&**
得　分						

平面跡『工作單二』

工作名稱	平面跡(二)	使用圖紙	A3	工作編號	DG0902
學習目標	利用物體與平面之距離及相交，能了解平面跡與物體投影之關係	參閱章節	第 9.8 節至第 9.9 節	操作時間	1-2 小時
				題目比例	-

說明：
1. (a)求點 c 與平面 Q 之距離 cd，包括距離之 TL。
2. (b)求直線 A 與平面 Q 之貫穿點 c。
3. 網格免畫。
4. 以每小格 5 mm 比例繪製。
5. 投影線剛好即可。
6. 須標註代號。

評量重點：
1. 距離及 TL 求作是否正確。
2. 貫穿點 c 求作是否正確。
3. 線條粗細是否正確。
4. 尺度是否正確。
5. 多餘投影線是否擦淨。
6. 應標註代號是否遺漏。
7. 佈圖是否適當。

題目：

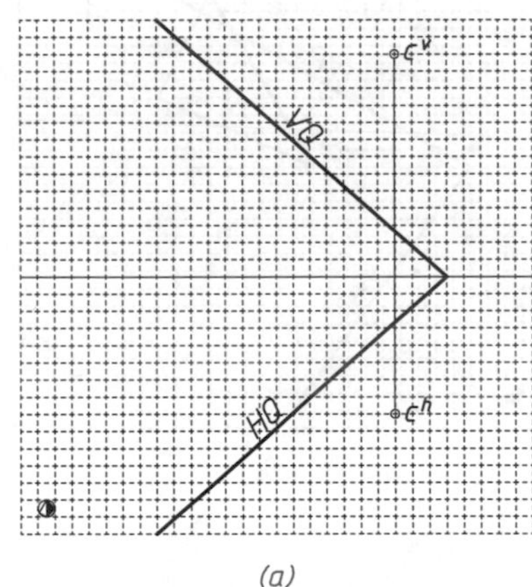

(a)

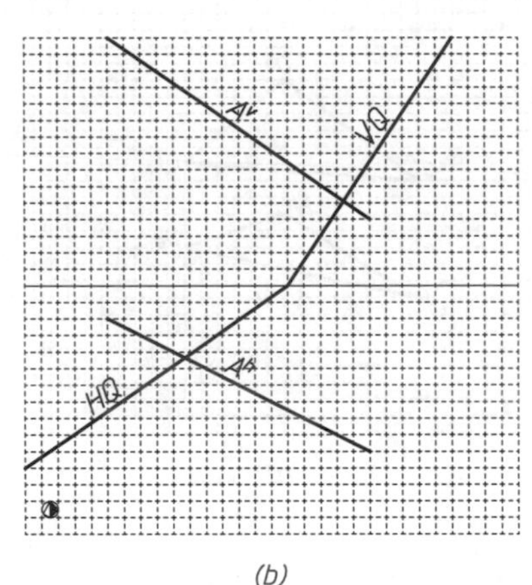

(b)

單位	mm	數量		比例	1 : 1		
材料		日期	yy - mm - dd				
班級	&&	座號	**	(學校名稱)		課程	投影幾何學
姓名							
教師				圖名	平面跡(二)	圖號	yy##&&**
得分							

平面跡『工作單三』

工作名稱	平面跡(三)	使用圖紙	A3	工作編號	DG0903
學習目標	利用三角形與平面之相交及垂直距離，深入了解平面跡之投影	參閱章節	第 9.8 節至第 9.9 節	操作時間	1-2 小時
				題目比例	-

說明：
1. (a)求三角形 abc 與平面 Q 之相交投影，交線爲 mn。
2. (b)求三角形 abc 在平面 Q 上之垂直投影(垂直距離)$a_qb_qc_q$。
3. 網格免畫。
4. 以每小格 5 mm 比例繪製。
5. 投影線剛好即可。
6. 須標註代號。

評量重點：
1. 交線 mn 求作是否正確。
2. 投影三角形 $a_qb_qc_q$ 是否正確。
3. 線條粗細是否正確。
4. 尺度是否正確。
5. 多餘投影線是否擦淨。
6. 應標註代號是否遺漏。
7. 佈圖是否適當。

題目：

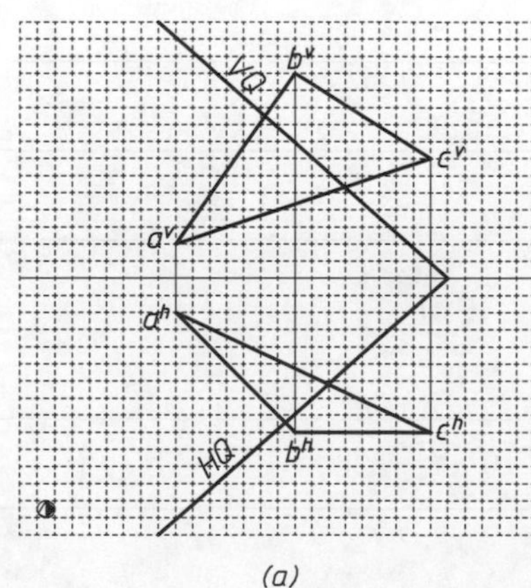

(a)

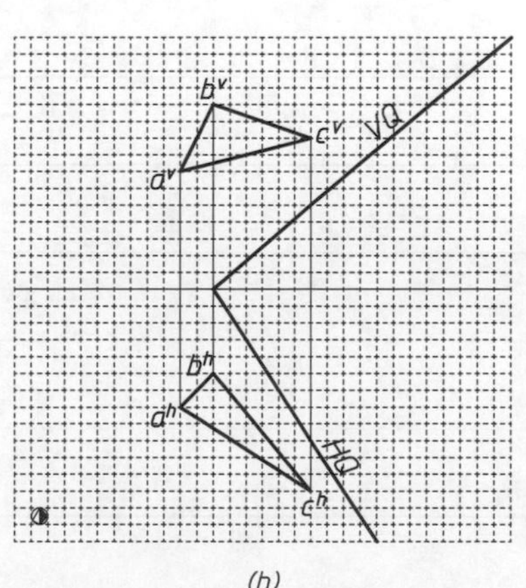

(b)

單　位	mm	數 量		比 例	1：1	
材　料		日 期	yy - mm - dd			
班　級	&&　座號　**	(學校名稱)		課程	投影幾何學	
姓　名						
教　師		圖名	平面跡(三)	圖號	yy##&&**	
得　分						

心得小記：　　　　年　月　日

任何平面跡都在投影面上！且都是實長喔！

10 立體

10.1 概 說

立體又稱爲體(Solid)，是一種有體積的實物，不像平面，只有面積沒有厚度，真實自然界之東西應皆爲體。連續之點形成線，面由無數條線所構成，立體則由面所組合而成。立體與組成立體之表面關係極爲密切，可視爲由表面所圍成，因立體之形狀變化繁多，其分類將可由表面之不同來區分之。立體之繪製可採用潤飾(Render)或線架構(Wireframe)兩種方式表示，分別如圖 10.1 及圖 10.2 所示，在投影幾何中通常採用線架構方式表示。

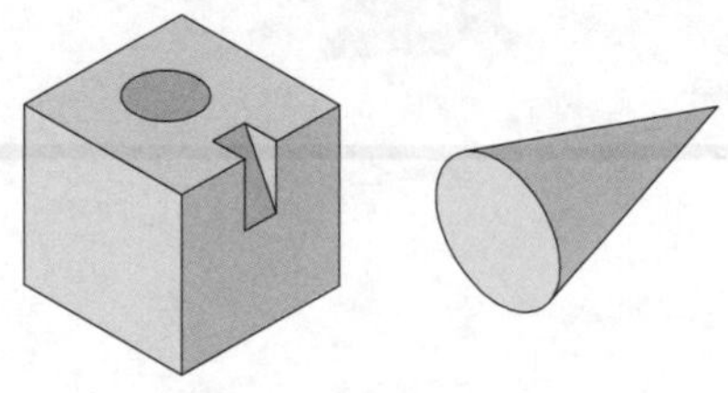

圖 10.1 立體之潤飾

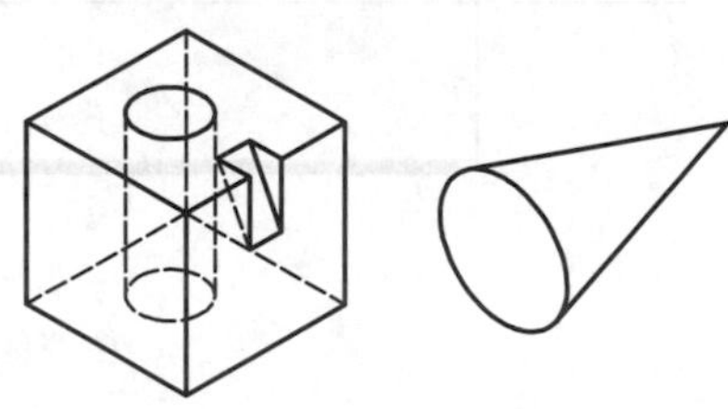

圖 10.2 立體之線架構

10.2 立體之投影

立體投影時均假定爲不透明，而投影面因無厚度，原本即假定爲透明，因此立體之投影，依工程圖線法之規定，可見之外形輪廓線，以粗實線表示，被遮蓋之外形輪廓線，以虛線表示，另有中心線等。工程圖線法之詳細規定，請參閱拙著『圖學』。

立體之投影由線之投影所組成，立體之線包括直線和曲線，依立體表面上線之特性，可分爲稜線、極限線及素線等三種，另有一種屬於作圖求解所需之假想線，稱為虛凝視圖，共有四種，茲分別說明如下：

(a) 稜線：表面與表面相交之線，稱為稜線，通常為立體外圍之線，又可稱為邊線，如圖 10.3 所示，平面體上任何輪廓線皆為稜線。

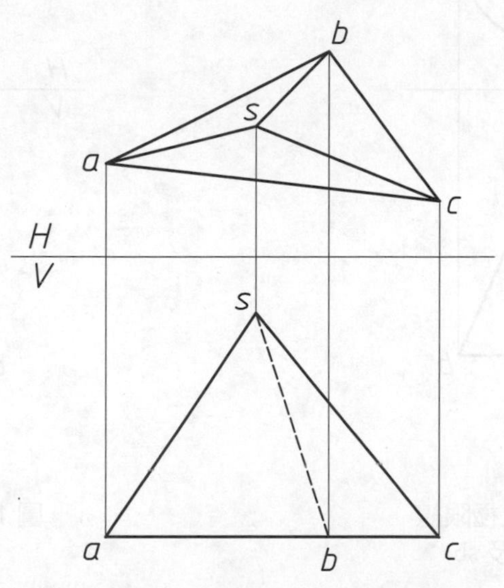

圖 10.3 立體表面與表面相交之稜線

(b) 極限線：曲面投影時，最外側之極限邊之線，稱為極限線，通常只存在某一投影方向。如圖 10.4 所示，圖中 H 面之直線 sa 或 sb 等為極限線。極限線乃由投影產生之物體外圍的邊線，亦屬立體之外形輪廓線，須以粗實線表之。但 V 面中之 sa 或 sb 之間為曲面，則無任何輪廓存在，不可繪製線條。

(c) 素線：物體表面上之線，稱為素線，在實物表面上無此線存在，通常為作圖求解時所需之作圖線。如圖

10.5 所示，直線 sc 爲圓錐面上線，即爲素線，素線須以細實線表之。

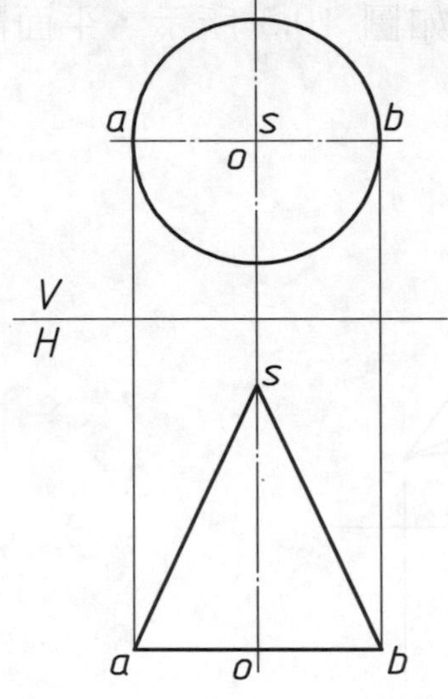

圖 10.4 立體表面之極限線
(H 面之 sa 及 sb)

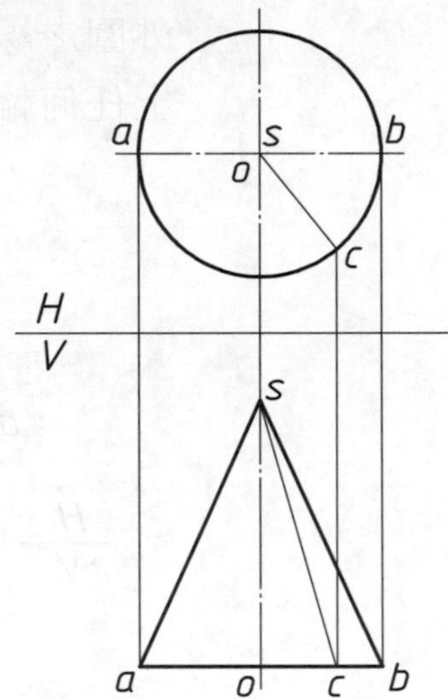

圖 10.5 立體表面之素線
(圖中直線 sc)

(d) 假想線：以中心線式樣採虛擬視圖方式表示物體之特徵。如圖 10.6 所示，圖中以半圓假想線(中心線式樣者)表示該物體爲圓柱，可省略側視圖，爲求解作圖所需。

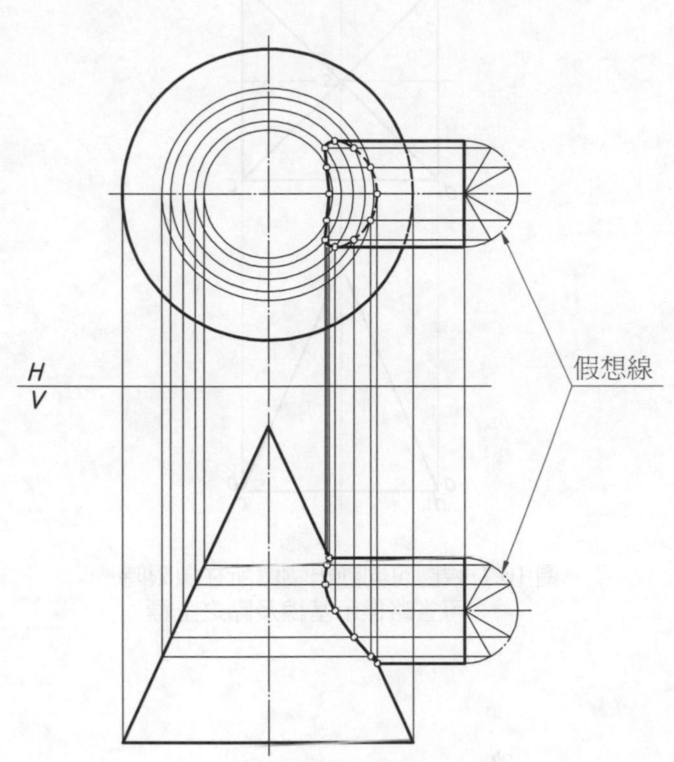

圖 10.6 求解作圖所需之虛擬視圖(假想線)

習慣上立體之投影，皆保持在一個象限內，且通常只將物體放置於第一象限投影(第一角法)或第三象限投影(第三角法)，因第二及四象限的投影畫面會重疊，將使立體之視圖無法清晰表達。由於大部份立體本身即有投影時之前後、上下及左右之異，通常可省略標示基線 GL(或稱 H/V 線)以及點之小寫上標，如 h、v 等，如圖 10.7 所示，即可判斷視圖為 V 面或 H 面之投影。除非是立體形狀對稱、簡單或與直線、平面同時投影時，無法判斷其所在象限時才需標示，如圖 10.8 所示。

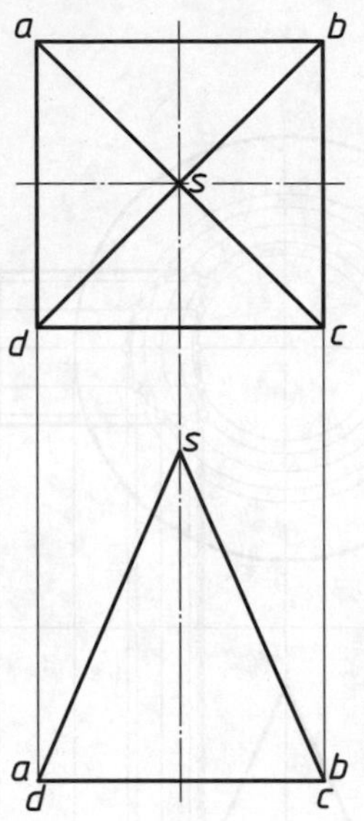

圖 10.7 視圖可判斷出物體所在象限時
可省略標示基線及點之上標

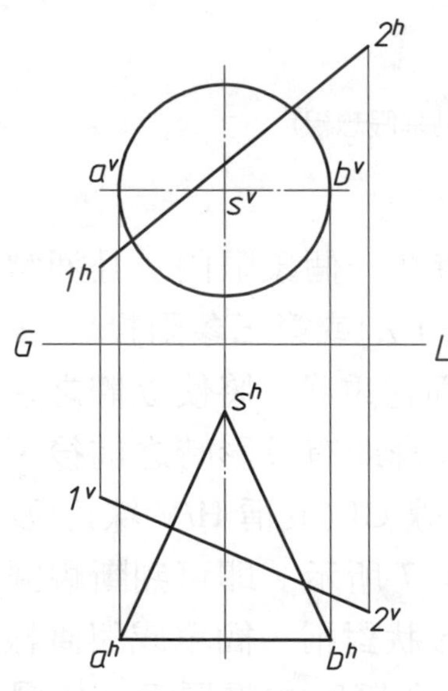

(a)須標註基線和點之上標 v 及 h
(物體在不同象限)

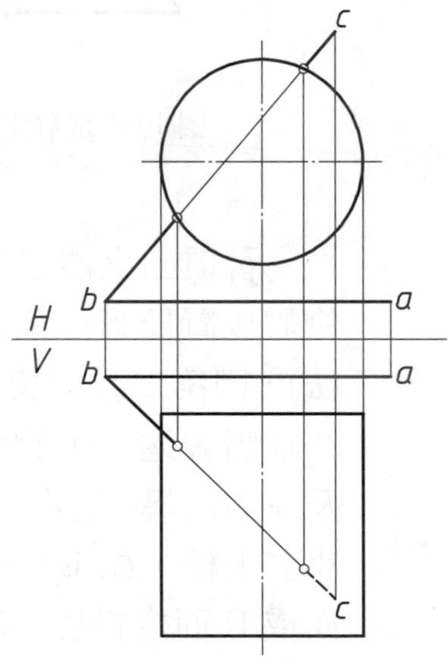

(b)以 H/V 線標示 H 面及 V 面之投影
(物體在同一象限)

圖 10.8 無法判斷物體所在象限時

10.3 立體之分類

立體之形狀，皆由各種表面所構成，表面之形成可由直紋面(Ruled Plane)及複曲面(Double-curved)兩大類來區分之。直紋面所屬之表面，可由直線在某種規則之移動所形成，說明如下：

(a) 直線之兩端分別在兩平行線或兩相交線上移動，可形成平面。

(b) 直線平行繞一直線(中心軸)旋轉，如圖 10.9 所示，可形成一圓柱面。

(c) 直線傾斜繞一中心軸旋轉，如圖 10.10 所示，可形成一圓錐面。

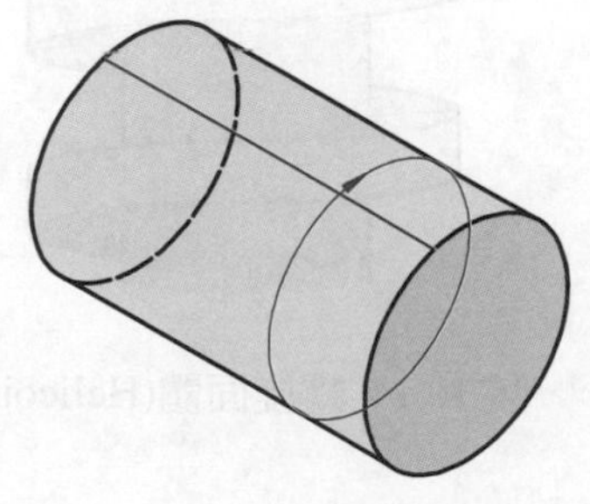

圖 10.9 直線平行繞一中心軸旋轉

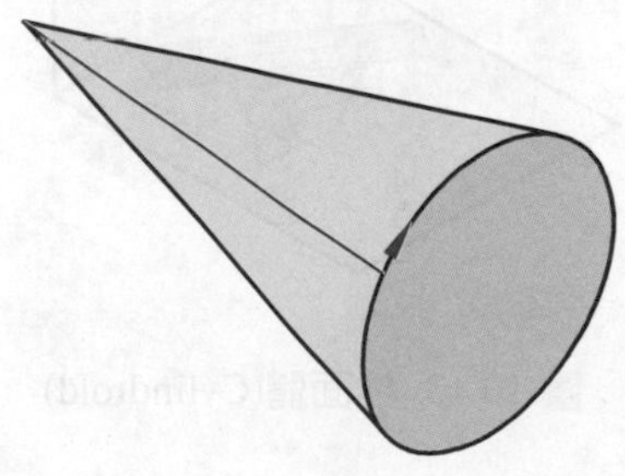

圖 10.10 直線傾斜繞一中心軸旋轉

(d) 直線之兩端分別在不平行之直線上或圓弧上移動，或不平行之直線上及圓弧上移動，其所形成之表面，稱爲翘曲面(Warped Surfaces)，各種翘曲面形成之體，如圖 10.11 至圖 10.15 所示。

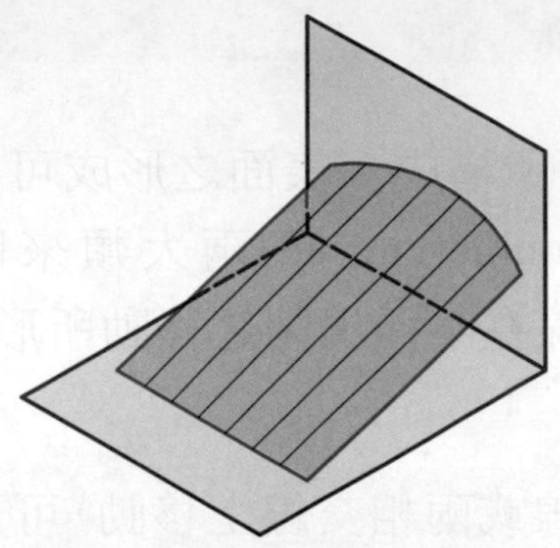

圖 10.11 錐面體(Conoid)

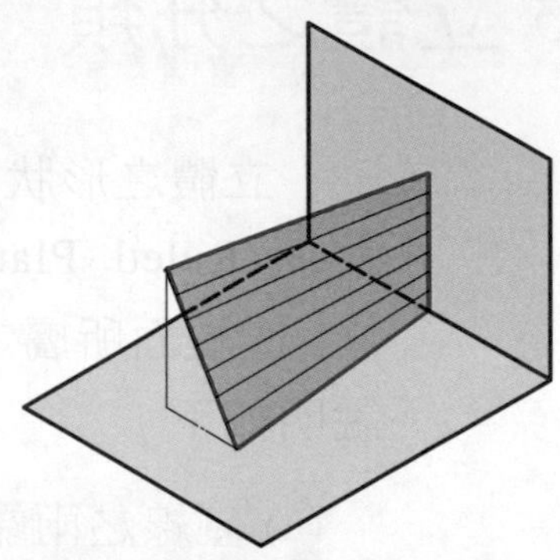

圖 10.12 雙曲拋物線體(Hyperbolic Paraboloid)

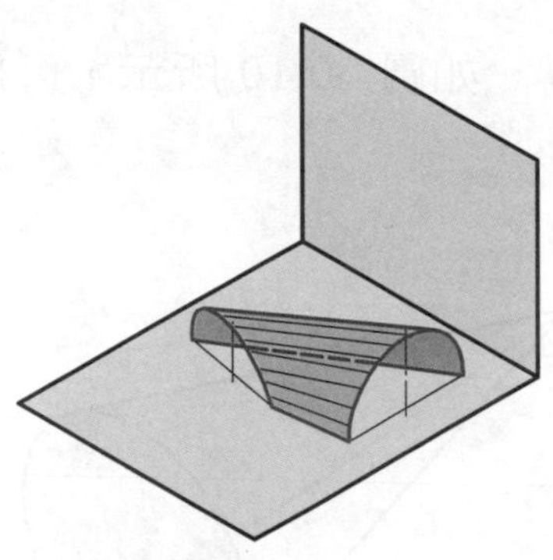

圖 10.13 柱面體(Cylindroid)

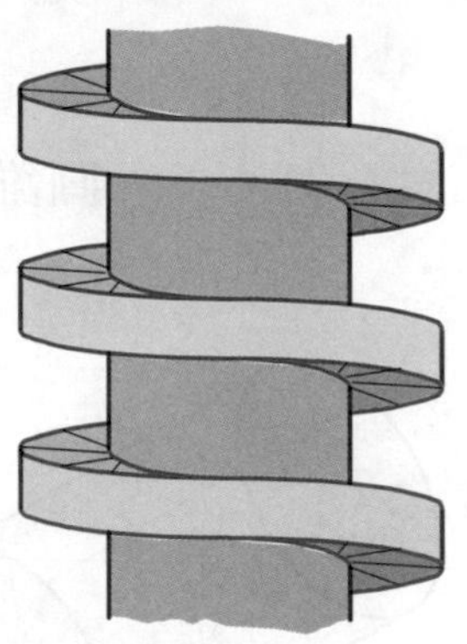

圖 10.14 螺旋面體(Helicoid)

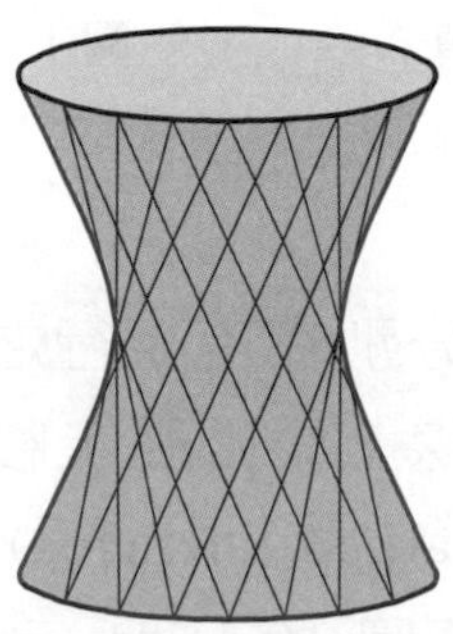

圖 10.15 迴轉雙曲線體(Hyperboloid of Revolution)

(e) 設有一紙製成之直角三角形 abc，如圖 10.16 所示，把三角形 abc 緊貼在圓柱面上，使 bc 邊靠在圓柱之底圓上，ab 邊不動，由點 c 將三角形紙片，沿圓柱之底圓平面拉開，點 c 保持在圓柱之底圓平面上，點 c 所移動之路徑爲一漸開線，此時三角形 ac 邊所形成之表面，即爲回旋線體(Convolutes)，亦屬翹曲面。

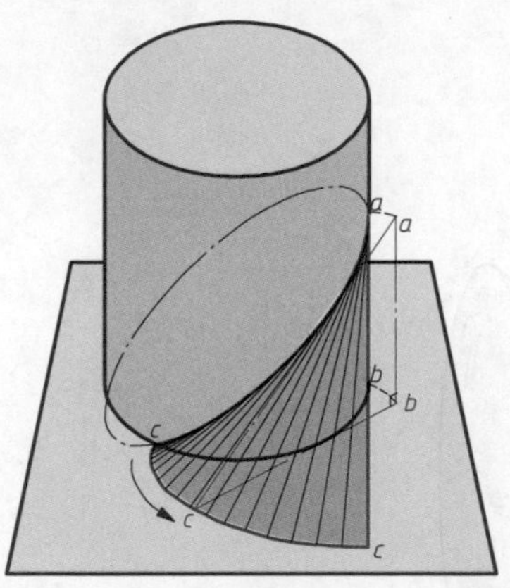

圖 10.16 回旋線體(Convolutes)

無法由直線移動產生之面，屬於複曲面，常見包括有球、橢圓球、圓環、拋物線體、雙曲線體及蛇狀體等，分別如圖 10.17 至圖 10.22 所示。

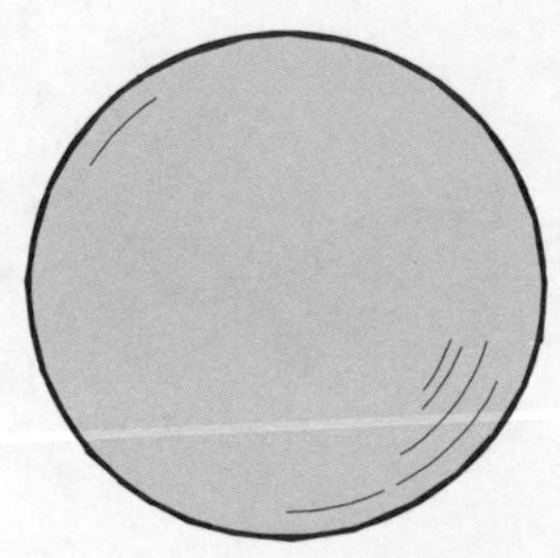

圖 10.17 球(Sphere)

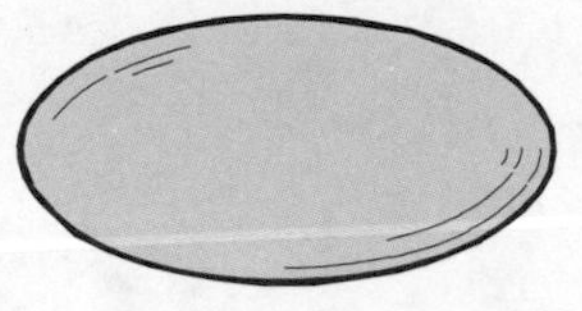

圖 10.18 橢圓球(Ellipsoid)

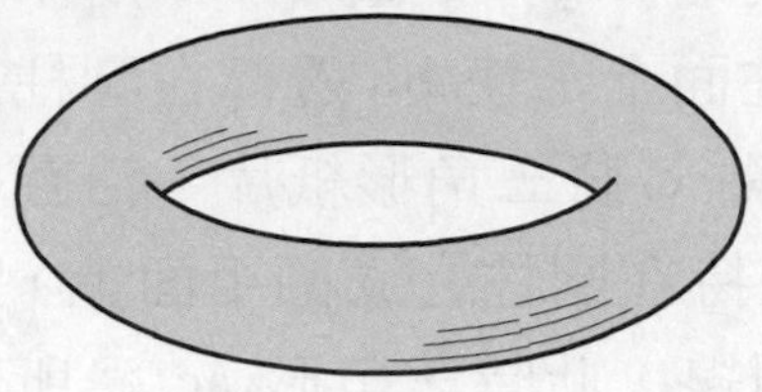

圖 10.19 圓環(Torus)

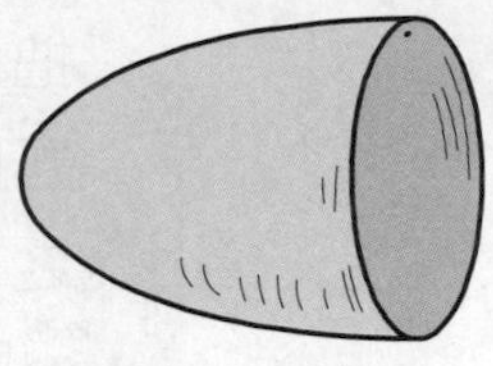

圖 10.20 拋物線體(Paraboloid)

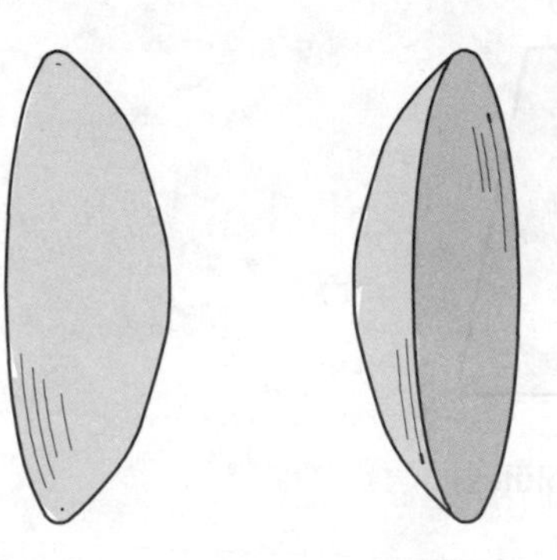

圖 10.21 雙曲線體(Hyperboloid)

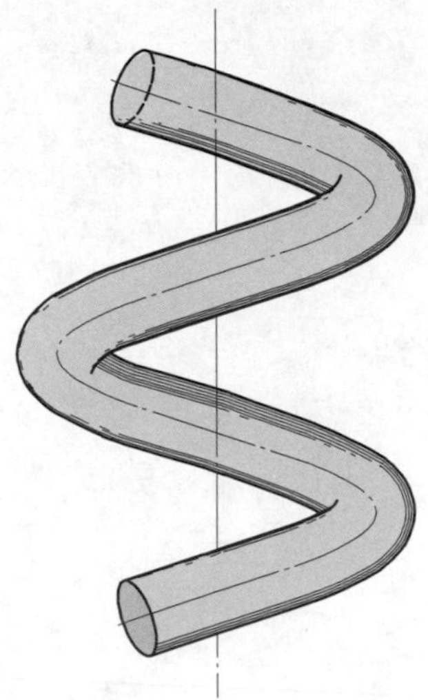

圖 10.22 蛇狀體(Serpentine)

立體之分類，從圍成立體之表面來區分，如表 10.1 所示。

表 10.1 立體(表面)之分類

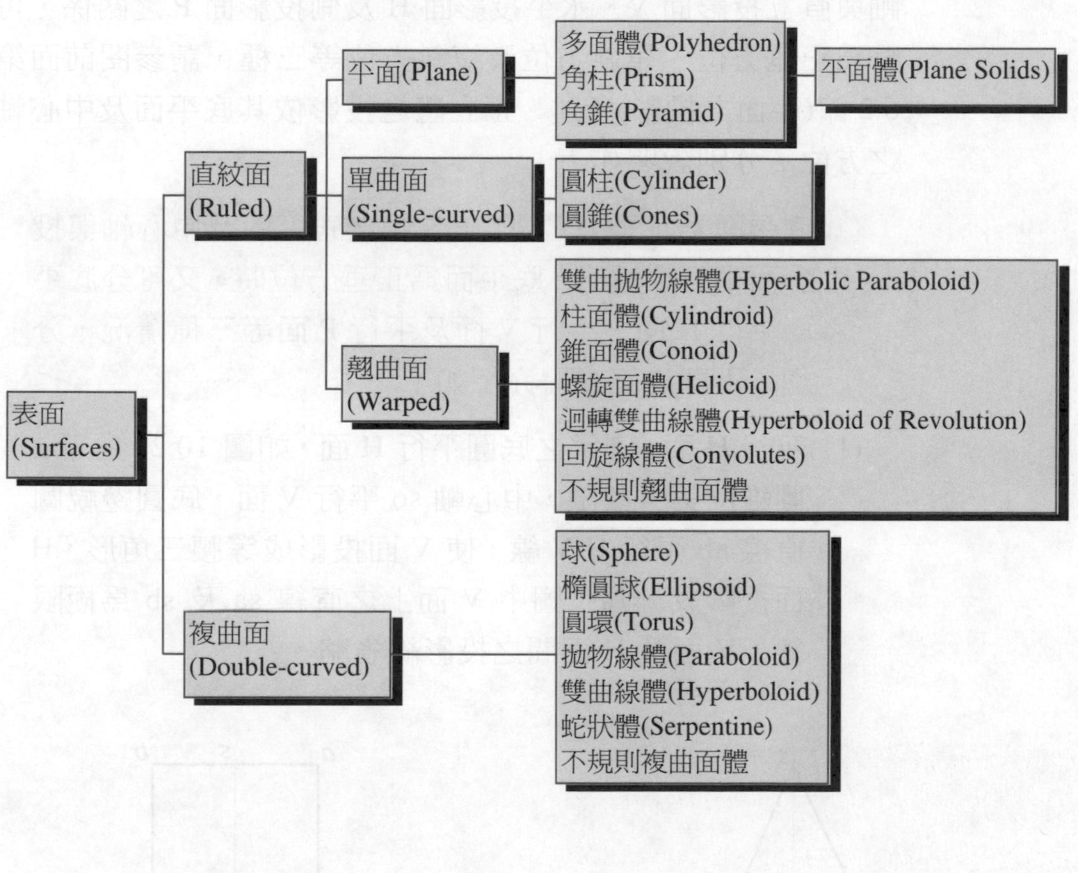

10.4 立體之方位

立體之外形及其放置之方位，即立體與投影面之位置關係，將影響立體投影時及問題求解時之困難度。常見之立體多數皆有底平面及中心軸，如圓錐、圓柱及角錐等；亦有只有底平面而無中心軸者，如多面體等；也有只有中心軸而無平面者，如球狀及環狀體等。

一般常見形狀規則之立體，其中心軸與底平面垂直，稱爲正立體，如正圓錐、正圓柱及各種正角錐等，當立體之中心軸與底平面不垂直時，稱爲斜立體。立體之底平面或中心軸與直立投影面 V、水平投影面 H 及側投影面 P 之關係，可分爲正垂方位、單斜方位及複斜方位等三種，請參閱前面第 6.2 節(平面之投影)所述。正立體之投影依其底平面及中心軸之方位，分別說明如下：

(a) 底平面為正垂方位：即正立體之底平面及中心軸與投影面平行或垂直。底平面爲正垂方位時，又可分底平面平行 H 面、平行 V 面及平行 P 面等三種情況，分別以不同之正立體介紹如下：

(1) 平行 H 面：圓錐之底圓平行 H 面，如圖 10.23 所示，圓錐位第一象限，中心軸 so 平行 V 面，底圓邊視圖直線 ab 平行 H/V 線，使 V 面投影成等腰三角形，H 面投影成一圓，圖中 V 面上之直線 sa 及 sb 爲極限線，V 面及 H 面間之投影線省略。

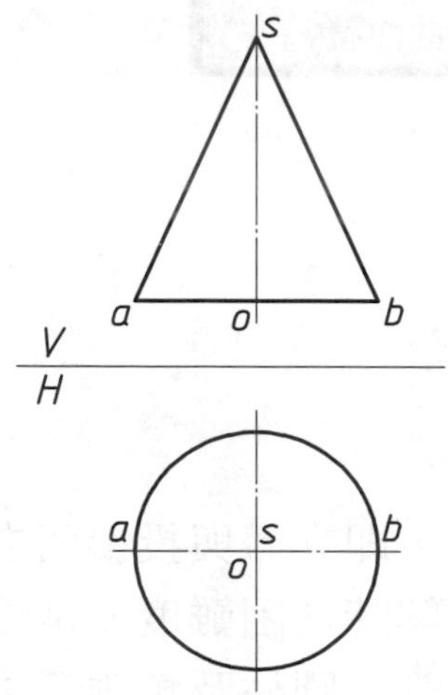

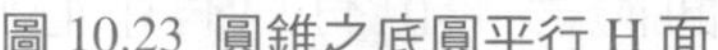

圖 10.23 圓錐之底圓平行 H 面

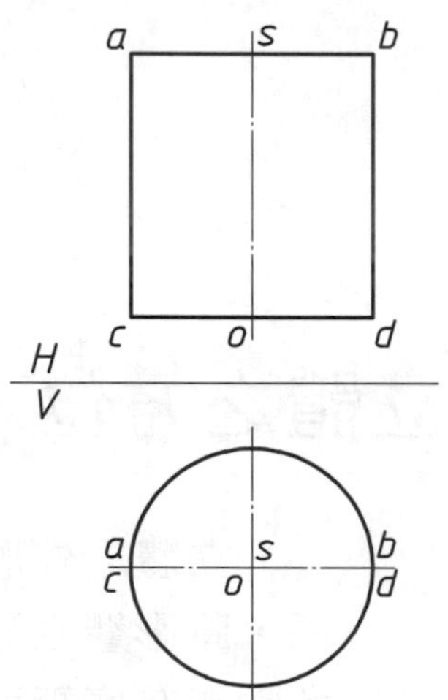

圖 10.24 圓柱之端面平行 V 面

(2) 平行 V 面：圓柱之端面平行 V 面，如圖 10.24 所示，圓柱位第三象限，中心軸 so 垂直 V 面，圓柱之兩個端面平行 V 面，使 H 面投影成矩形，V 面投影成一圓，圖中 H 面投影中之直線 ac 及 bd 為極限線。

(3) 平行 P 面：方錐之底平面 abcd 平行 P 面，如圖 10.25 所示，省略 H/V 線(GL)及 V/P 線(G_PL_P)，由右邊側視圖中直線 ac 及 bd 為實線，可判別得知正方錐位第一象限，因右邊側視圖為正方錐之左側視圖。當繪製正方錐位第三象限時，如圖 10.26 所示，其右邊側視圖為正方錐之右側視圖。比較兩者不同之處，圖中外形輪廓線皆為稜線。正方錐位第一象限時，所投影之方法稱為第一角法；位第三象限時，所投影之方法稱為第三角法。

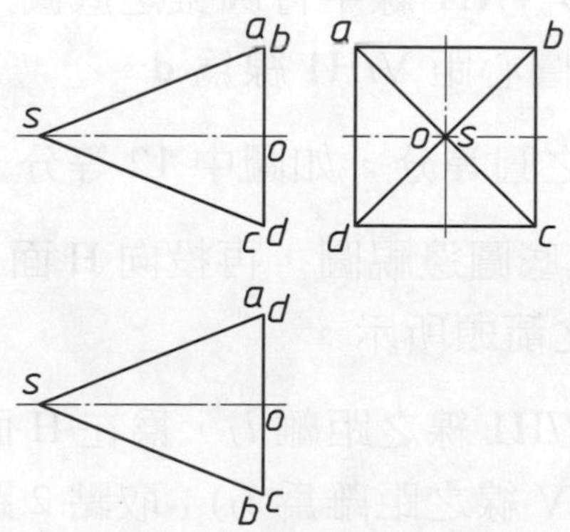

圖 10.25　方錐之底平面平行 P 面位第一象限(第一角法)

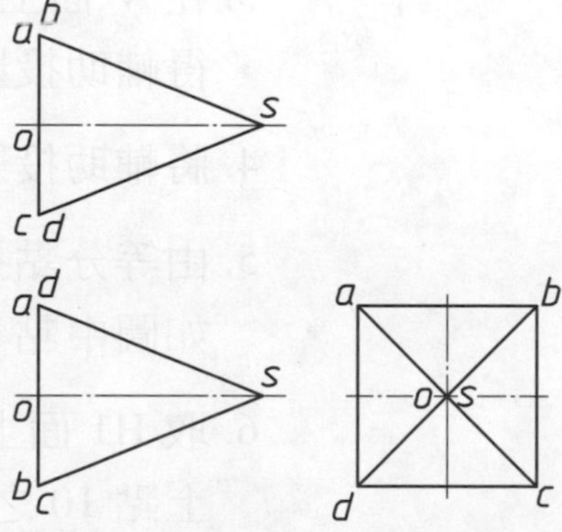

圖 10.26　方錐之底平面平行 P 面位第三象限(第三角法)

(b) 底平面為單斜方位：即正立體之底平面與任一主投影面垂直，但與其他主投影面傾斜。當底平面與投影面傾斜時，底平面在該投影面上之投影將會變形，通常有某些邊會縮短，底平面為圓時則投影成橢圓。若已知立體底平面之尺度，可採用輔助投影法繪製物體底平面之正垂視圖，即底平面之實形(TS)，再投影回主投影面上。以下將以圖例分別介紹立體之底平面為單斜方位時之投影過程：

(1) 垂直 V 面：圓錐之底圓傾斜 H 面垂直 V 面，如圖 10.27 所示，中心軸 sc 平行 V 面。已知中心軸 sc 方位及底圓，以輔助投影法求圓錐底圓在 H 面上之投影，過程說明如下：

1. 中心軸 sc 為已知，中心軸 sc 屬單斜方位，在 H 面上畫 sc 平行 GL 距離 d，按已知 α 角畫 sc 在 V 面之投影。

2. 圓錐底圓直徑為已知，畫 V 面上圓錐之投影為一等腰三角形。

3. 在 V 面上作輔助投影 V/H1 線平行圓錐之底圓，得輔助投影為一圓，圓心距 V/H1 線為 d。

4. 將輔助投影 H1 面上之圓等分，如圖中 12 等分。

5. 由等分點投向 V 面之底圓邊視圖，再投向 H 面，如圖中點 2 及點 10 之箭頭所示。

6. 取 H1 面上點 10 距 V/H1 線之距離 l_1，為在 H 面上點 10 之位置(距 H/V 線之距離為 l_1)；取點 2 距 V/H1 線之距離 l_2，為在 H 面上點 2 之位置(距 H/V 線之距離為 l_2)。

7. 因等分圓關係，圖中點 4 與點 2 之深度相同皆為 l_2，點 8 與點 10 之深度相同皆為 l_1。

8. 以上述相同之方法，求得各等分點在 H 面上之投影，連接各等分點得一橢圓。

9. 由 H 面上圓錐之頂點 s 向所求之橢圓引兩切線，即得圓錐在 H 面上之投影。

10. 因圓錐位第一象限，使得圓錐底圓在 H 面上之投影爲實線。

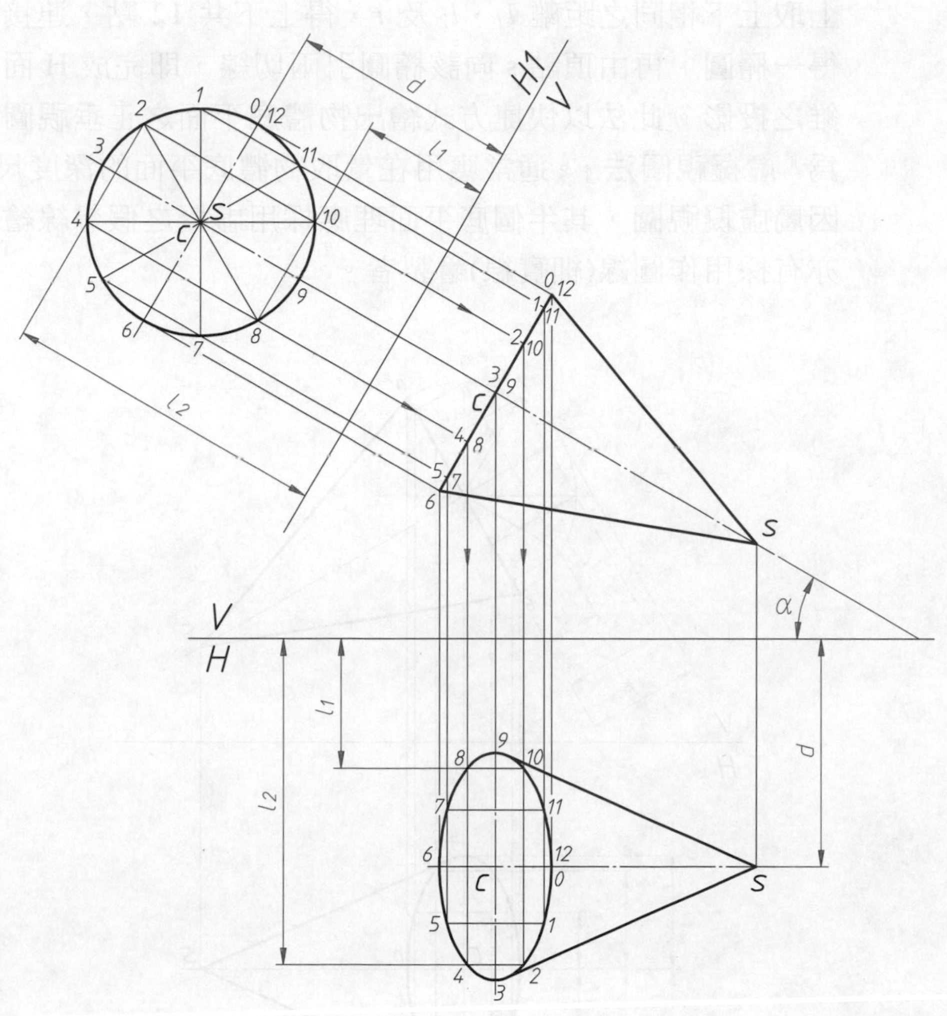

圖 10.27 圓錐之底圓垂直 V 面傾斜 H 面為單斜方位
(以輔助視圖取圓錐底圓之深度尺度)

上述繪製圓錐底圓的過程中，以輔助投影法使圓錐投影成一圓(即圓錐之底圓)，可採用簡化輔助投影法的方式，直接以 V 面上圓錐底圓邊視圖爲直徑畫假想半圓，稱爲虛擬視圖，如圖 10.28 所示，將半圓六等分，取各等分點至圓錐底邊視圖之距離，圖中 V 面上之 l_1、l_2 及 r (底圓半徑)，以和輔助投影相同之投影法及深度量取方向，在 H 面之中心軸 sc 上取上下相同之距離 l_1、l_2 及 r，得上下共 12 點，連接各點得一橢圓，再由頂點 s 向該橢圓引兩切線，即完成 H 面上圓錐之投影。此法以快捷方式繪出物體底平面之正垂視圖，稱爲『虛擬視圖法』。通常應用在量取物體底平面的深度尺度，因屬虛擬視圖，其半個底平面理應採用虛擬之假想線繪製，亦有採用作圖線(細實線)繪製者。

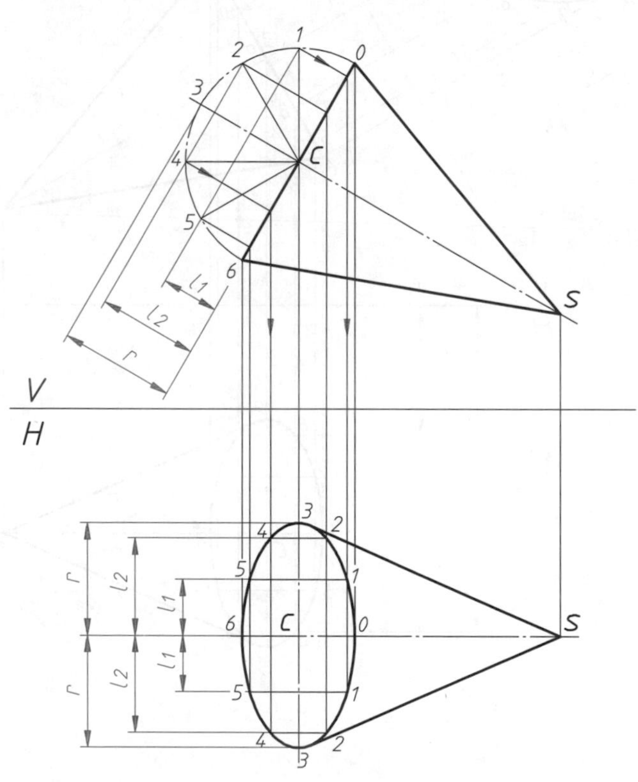

圖 10.28 以虛擬視圖取圓錐底圓之深度尺度

(2) 垂直 H 面：圓柱之端面傾斜 V 面垂直 H 面，如圖 10.29 所示，中心軸 ab 平行 H 面。已知圓柱中心軸 ab 方位及圓柱直徑，圓柱在 H 面上之投影爲一矩形，在 V 面上之投影，以上述圖 10.28 相同之虛擬視圖法，在圓柱端面邊視圖上畫半圓，等分六等分，取各等分至端面邊視圖之距離，如圖中所示之 l_1、l_2 及 r 等，在 V 面上以中心軸 ab 爲中心，上下取相同之 l_1、l_2 及 r，得投影等分點共 12 個，連接各點即爲橢圓。圓柱的另一端面，延伸虛擬視圖法之投影尺度，可在 V 面上圓柱右側得相同的橢圓，因圓柱位第三象限，經可見性判別，右側端面之橢圓一半爲虛線。

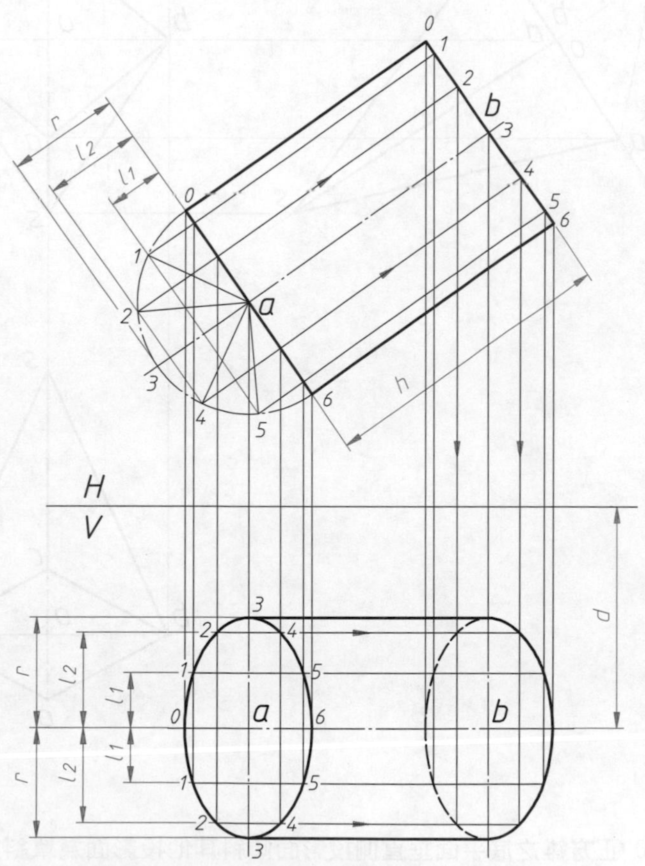

圖 10.29 以虛擬視圖取圓柱端面之深度尺度

(3) 垂直 P 面：正方錐之底平面垂直 P 面傾斜 V 及 H 面，如圖 10.30 所示，已知正方錐中心軸 so 方位及底平面 abcd 尺度，以虛擬視圖法得方錐底平面之深度尺度 l 後，得正方錐底平面在 H 面及 V 面上的點 b 及 d 深度，如圖中之尺度 l，連接各點即得方錐在 H 面及 V 面上之投影，從圖中可見性判別，得知正方錐位第一象限。

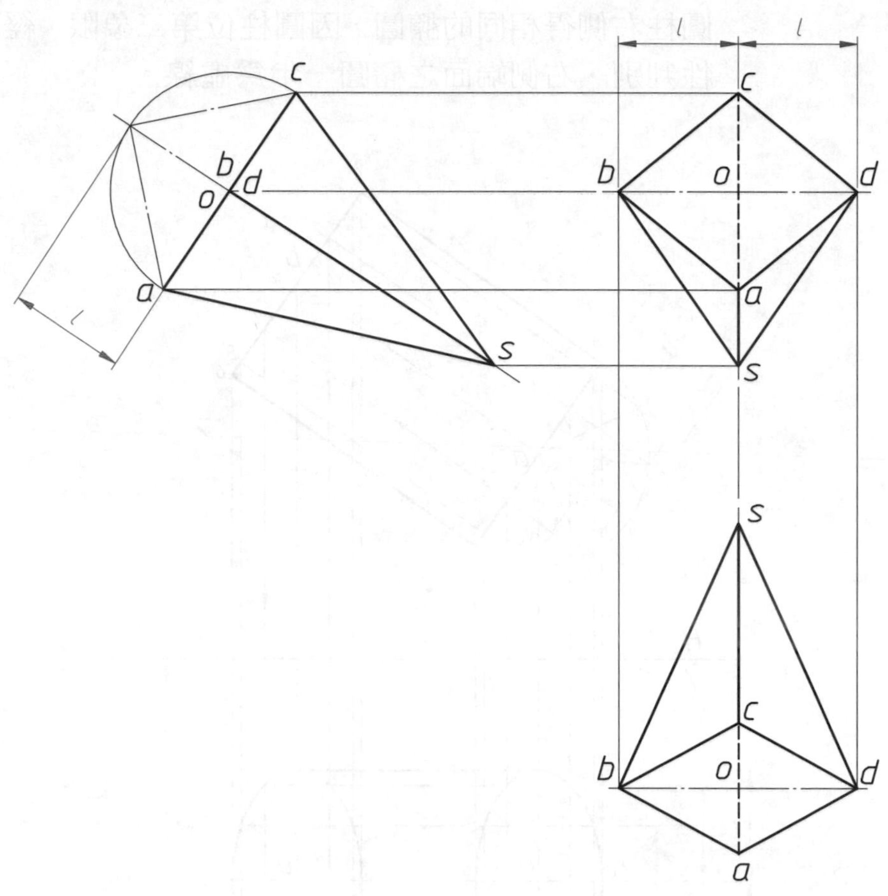

圖 10.30 正方錐之底平面垂直側投影面傾斜其他投影面為單斜方位
(以虛擬視圖取底平面之深度尺度)

(c) 底平面為複斜方位：即正立體之底平面或中心軸與投影面 V、H 及 P 皆傾斜，雖已知立體中心軸方位及底平面尺度，仍無法以前述之虛擬視圖法直接作圖，必須以複輔助投影原理，先求出立體之邊視圖，再求底平面之實形(TS)。第二次的輔助投影則可簡化過程，採用前述之虛擬視圖法求底平面之深度尺度。

設有一長方錐之底平面爲複斜方位，中心軸 so 在 H 面及 V 面之投影及底平面之尺度爲已知，如圖 10.31 所示，方錐底平面在 H 面及 V 面之投影過程如下：

(1) 作輔助投影使 V/H1 線平行 V 面上之中心軸 so，得 H1 面上方錐中心軸 so，其深度尺度 h_1 及 h_3 即爲 H 面上之 h_1 及 h_3。

(2) 利用已知底平面邊長，於 H1 面上得方錐之邊視圖。

(3) 以前述之虛擬視圖法，於方錐邊視圖平行方向繪製半個底平面之虛擬視圖。

(4) 取虛擬視圖上之深度尺度 l，由 H1 面上點 a、b、c 及 d 投向 V 面，可得底平面 abcd 在 V 面上之投影。

(5) 取 H1 面上之點 a(或 b)距 V/H1 線之距離，如圖中所示之 h_4，點 a 及 b 經由 V 面再投影至 H 面，在 H 面上取點 a 及 b 距 V/H 線之距離爲 h_4，如圖中箭頭所示之過程，得點 a 及 b 在 H 面上之投影。

(6) 點 c 及 d 之投影求作過程與點 a 及 b 相同，但其深度尺度爲 h_2。

(7) 於 H 及 V 面上，分別由頂點 S 連線至方錐底平面上之各點，即完成方錐在 V 面及 H 面上之視圖。

(8) 方錐位第一象限，判別方錐各稜線之可見性後，如圖中所示，即完成方錐在 V 面及 H 面上之投影。

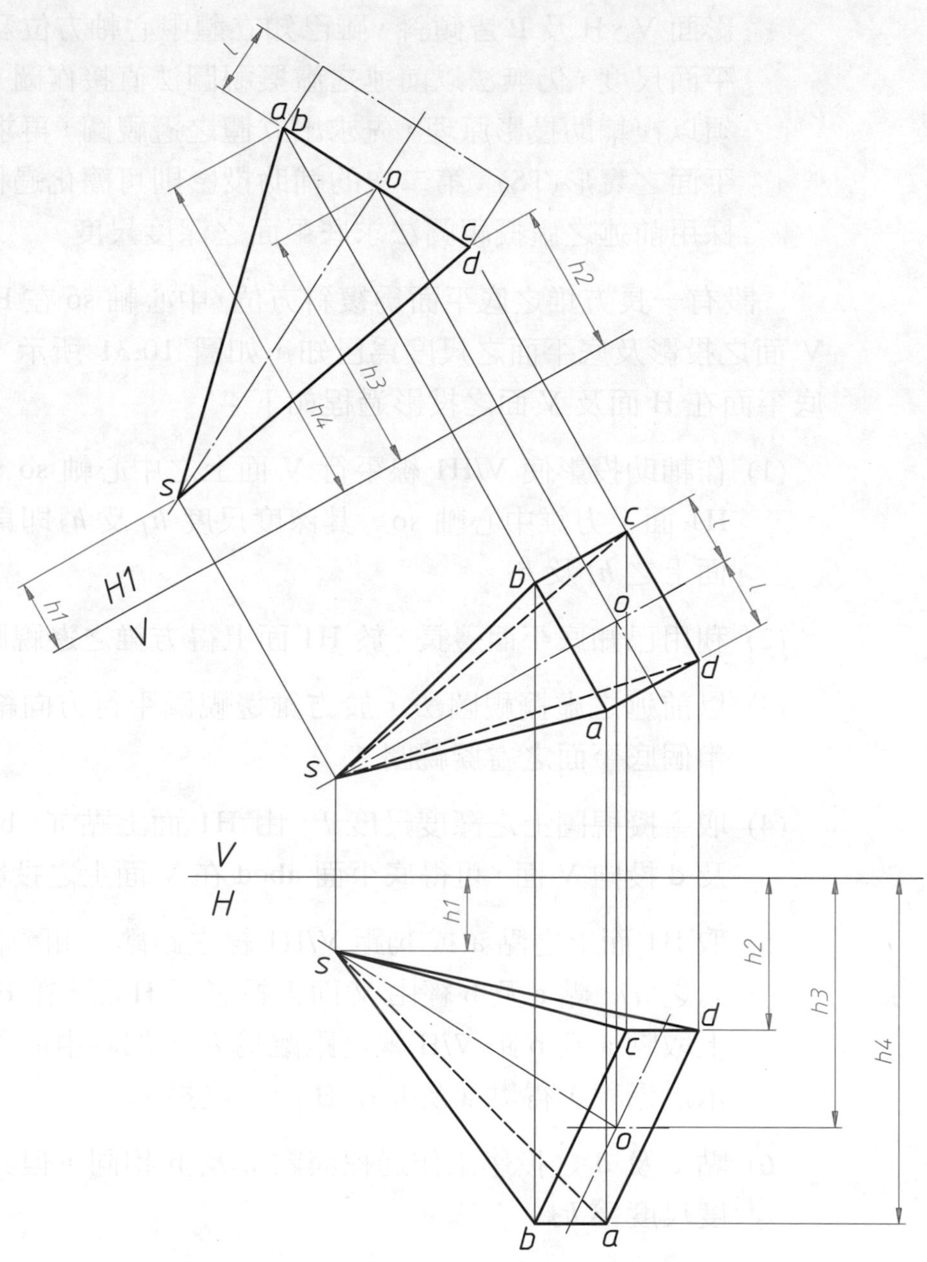

圖 10.31 方錐底平面為複斜方位之投影

當正立體之底平面有圓弧之特徵時，如圓錐等，通常將圓孤等分，取各等分點之深度尺度作圖，可得各等點在 H 面及 V 面上之投影，再經各等分點連接成橢圓或橢圓弧，即可得圓弧之投影。如圖 10.32 所示，正圓錐底圓爲複斜方位，圓錐在 V 面及 H 面之投影過程與上述之方錐(圖 10.31)相同，不同之處說明如下：

(1) 以虛擬視圖法從圓錐底圓邊視圖畫半圓即可，如 V1 面上之半圓。

(2) 將半圓等分，如圖中之六等分(即將圓 12 等分之意)。

(3) 在 V1 面上取各等分點距圓錐底圓邊視圖之距離，分別爲 l_1、l_2 及 r，其中點 1 及點 5 爲 l_1；點 2 及點 4 爲 l_2；點 3 爲 r。

(4) 在 H 面上依各等分點從 V1 面上之投影，以中心軸 so 爲對映軸，分別取 l_1、l_2 及 r 深度，兩邊共可得 12 個等分點，連接各等分點成一橢圓。

(5) H 面上之 12 個等分點當投影至 V 面時，依輔助投影深度之量取規則，可得各等分點在 V 面上的投影，如圖中所示之點 3 深度爲 d_3，投影過程如圖中箭頭所示。

(6) 圖中所示之深度 r 爲正圓錐底圓半徑。

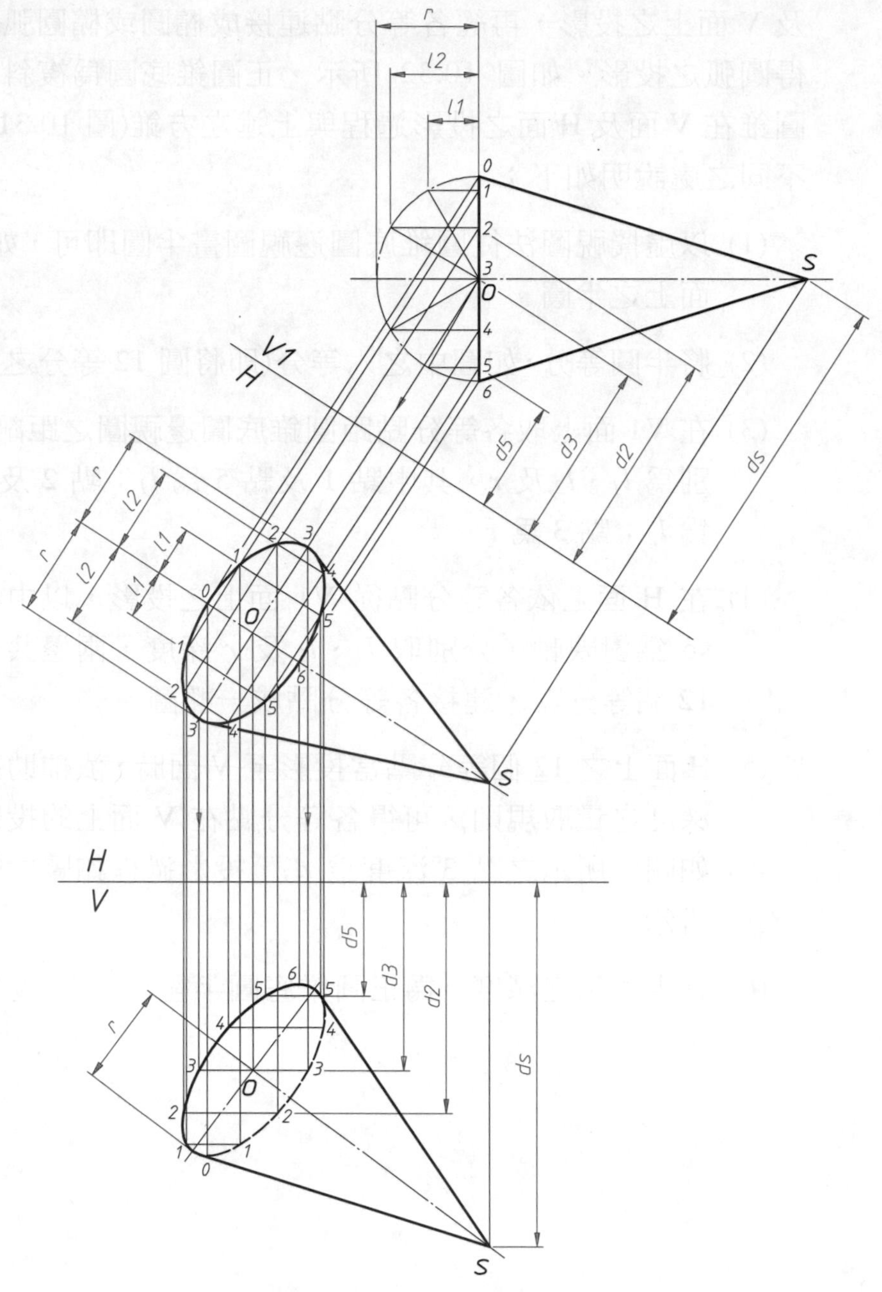

圖 10.32 正圓錐底圓為複斜方位之投影

10.5 斜立體

立體之中心軸與底平面呈傾斜時，稱爲斜立體，常見如斜(橢)圓錐、斜(橢)圓柱及斜角錐等。斜立體之底平面爲正垂方位時，其中心軸可爲單斜或複斜方位，如圖 10.33 所示，爲各種常見斜立體其底平面爲正垂方位之投影。

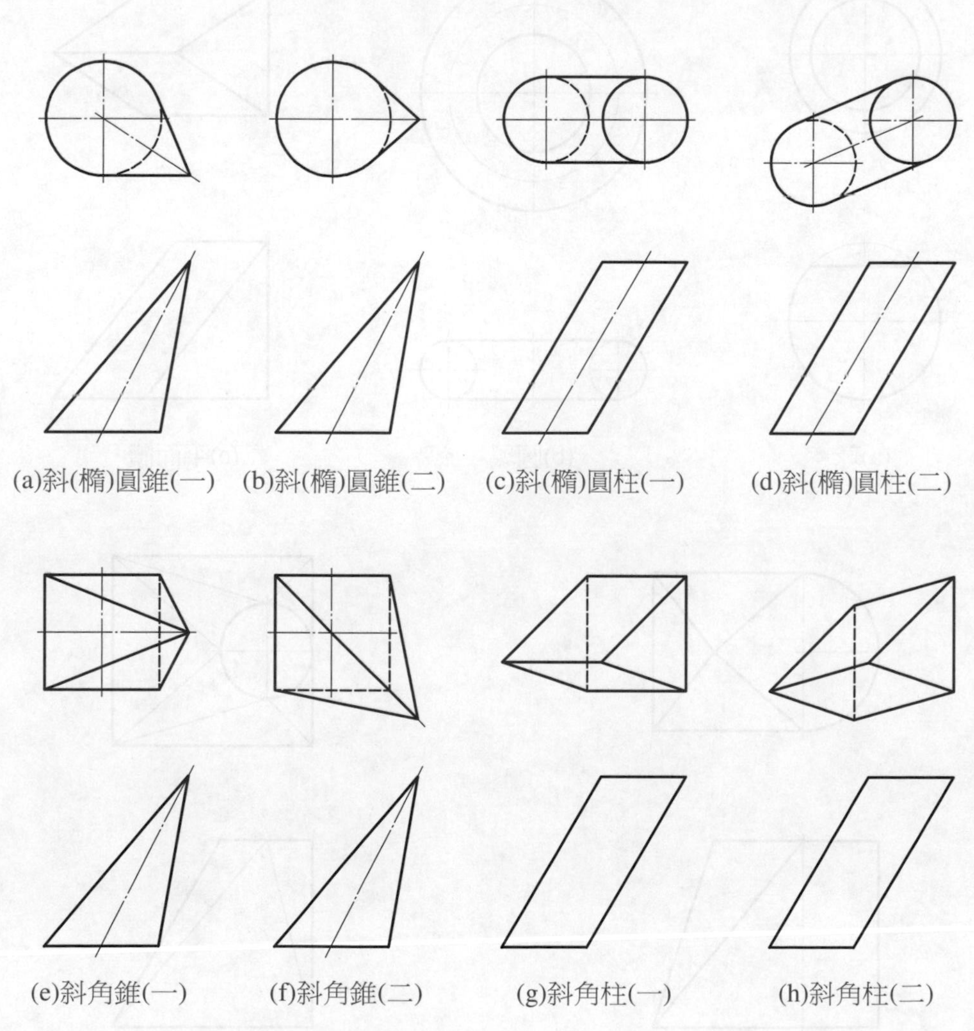

圖 10.33 各種常見斜立體之投影(底平面為正垂方位)

10.6 其他立體

其他立體種類及變化繁多，常見之立體如球、圓環、平面體、多面體及變口體等，通常投影時使其底平面或中心軸爲正垂方位。如圖 10.34 所示，爲各種其他常見立體之投影。

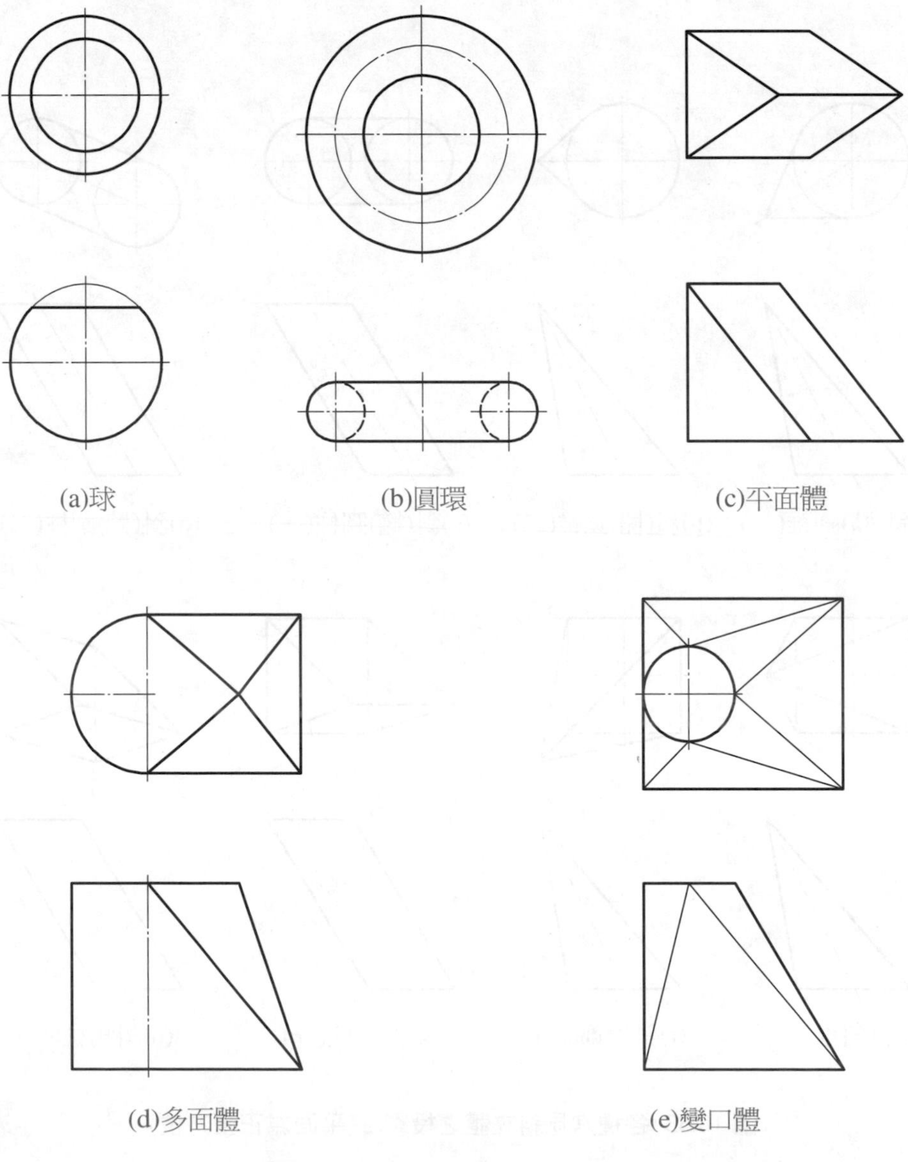

圖 10.34 各種其他常見立體之投影

10.7 立體表面上之點

點在立體表面上時，乃代表立體表面上之某位置而已，立體表面上之點，應在立體表面之某線上，立體表面上點之投影，可經過該點在表面上作素線，通常爲直線或圓弧，然後在所作之素線上求該點之投影，即可得點在立體表面上之投影，亦可釋爲立體表面上某位置之投影。能投影立體表面上之任意位置，將可更深入瞭解立體之投影以及立體表面之特性。

立體之形狀及立體之表面種類甚多，不同之立體其表面上點之投影求作方法一致，常見立體表面上點之投影，以圖例說明如下：

(a) 角柱體表面上之點：有一點 p 在三角柱之表面上，已知點 p 在俯視圖之位置，如圖 10.35 所示，當點 p 在 abed 平面上時，必須在 abed 平面上經點 p 作素線 mn，將點 p 投在素線 mn 上，即可得點 p 之投影，如圖中箭頭所示。

當點 p 在 acfd 平面上時，如圖 10.36 所示，改在 acfd 平面上作素線 mn，方法相同但點 p 之位置不同，因點 p 在不同表面上之故。

又如圖 10.37 所示，點 p 在 abed 平面上，若從點 b 經點 p 作素線 bm，使點 m 在稜線 ad 上，亦可得點 p 之投影。比較圖 10.35 及圖 10.37 點 p 之位置應相同。

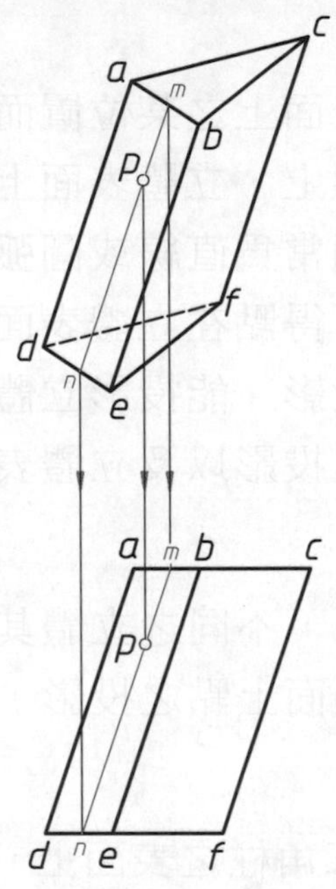

圖 10.35 點 p 在 abed 平面上 (作素線 mn)

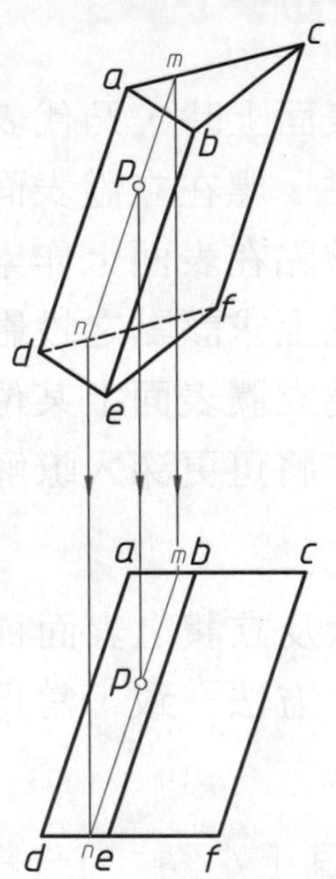

圖 10.36 點 p 在 acfd 平面上 (作素線 mn)

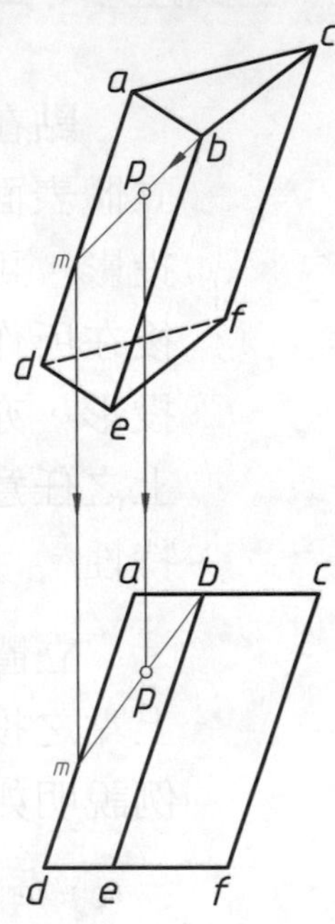

圖 10.37 點 p 在 abed 平面上 (作素線 bm)

(b) 角錐體表面上之點：有一點 p 在三角錐之表面上，已知點 p 在俯視圖之位置，如圖 10.38 所示，當點 p 在 sac 平面上時，通常由頂點 s 在 sac 平面上經點 p 作素線 sm，將點 p 投在素線 sm 上，即可得點 p 在前視圖之投影，如圖中箭頭所示。

若點 p 恰在稜線 sa 上時，如圖 10.39 所示，免作素線可直接將點 p 投影在稜線 sa 上即可。

又如圖 10.40 所示，點 p 在稜線 sc 上，因稜線 sc 爲直立線無法直接投影，雖可由側投影取得，但亦可採用旋轉法，將稜線 sc 連同點 p 旋轉至 sc_1，再投影即得點 p 在前視圖之位置，如圖中箭頭所示。

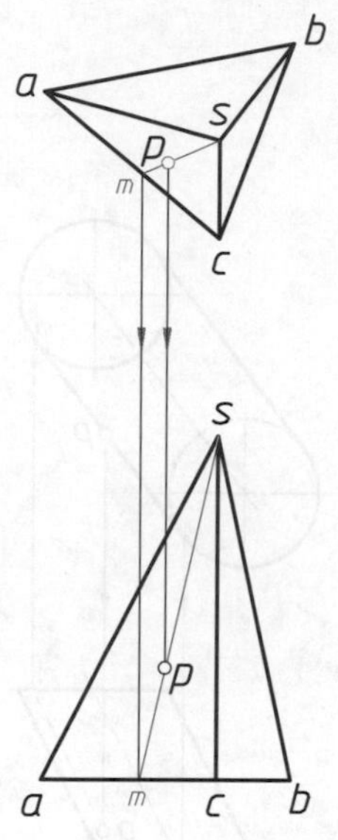

圖 10.38 點 p 在 sac 平面上
(作素線 sm)

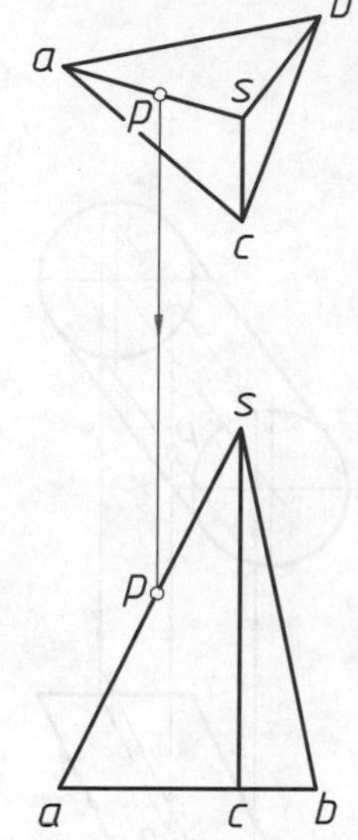

圖 10.39 點 p 恰在稜線 sa 上

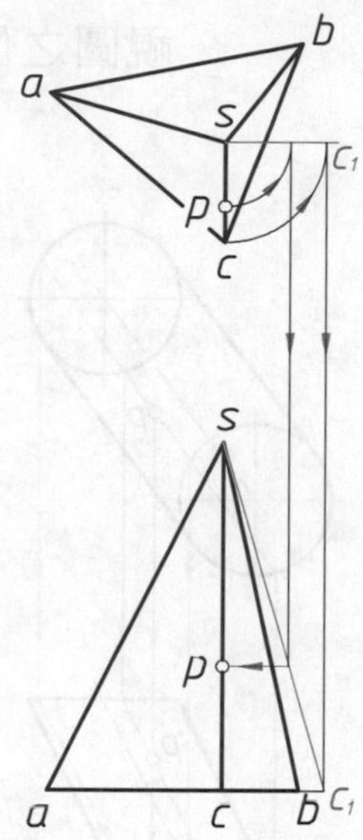

圖 10.40 點 p 在稜線 sc 上
(旋轉稜線 sc)

(c) 圓柱體表面上之點：有一點 p 在圓柱之表面上，已知點 p 在俯視圖之位置，如圖 10.41 所示，因體有前面及後面表面之可能性，當點 p 在前面之表面上時，必須由前面之表面上經點 p 作素線平行極限線，當點 p 在後面之表面上時，必須由後面之表面上經點 p 作素線，分別可得不同點 p 之位置，如圖中彩色投影線所示爲後面表面上點 p 之位置。

若已知點 p 在前視圖之位置，如圖 10.42 所示，同樣有前面及後面表面之可能性，與前述相同之情況，分別可得不同點 p 之位置，如圖中彩色投影線所示爲後面表面上點 p 之位置。

又如圖 10.43 所示，已知點 p 在俯視圖之極限線 mn 上，因上下兩視圖之極限線並不是同一線條，須將經點 p 之極限線 mn，投影至前視圖中連成素線 mn，再投影即得點 p 在前視圖之位置。

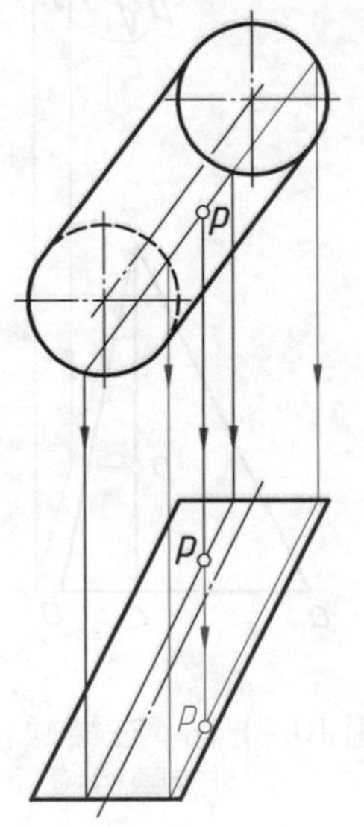

圖 10.41 已知點 p 在俯視圖（彩色為點 p 在後面）

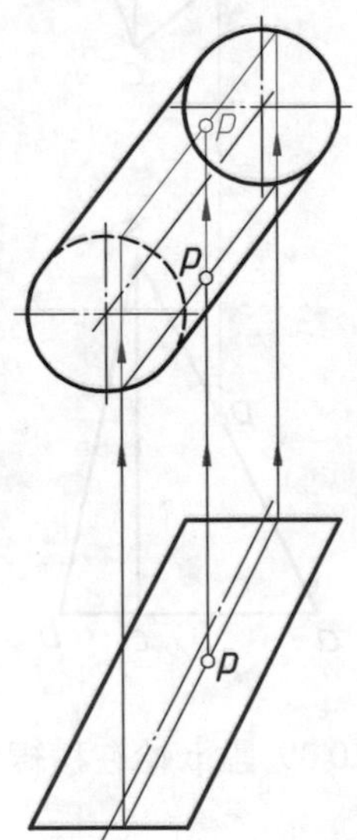

圖 10.42 已知點 p 在前視圖（彩色為點 p 在後面）

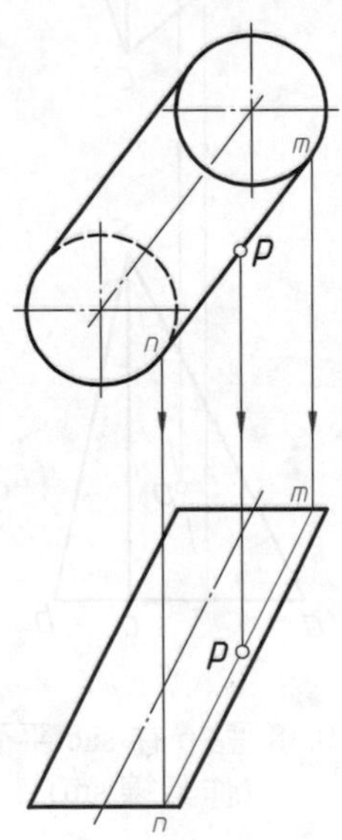

圖 10.43 已知點 p 在極限線 mn 上（兩視圖之極限線不同）

(d) 圓錐體表面上之點：有一點 p 在圓錐之表面上，已知點 p 在俯視圖之位置，如圖 10.44(a)所示，由頂點 s 經點 p 作素線 sm，將點 p 投影在前視圖之素線 sm 上，即得點 p 之投影位置。

另一求法，以頂點 s 為圓心至點 p 為半徑作一圓形素線，如圖 10.44(b)所示，該圓投影在前視圖時，得一直線(素線)ab，點 p 必在素線 ab 上。兩者所得點 p 在前視圖之投影位置理應相同，圖中灰色線所示為(a)圖之作法。

若已知點 p 在前視圖之位置，如圖 10.45(a)所示，此時點 p 之位置有前面及後面表面之可能性，由頂點 s 經點 p 作素線 sn，將素線 sn 投影至俯視圖時，分別可得前後兩個點 p 之位置，如圖中灰色投影線所示爲後面表面上點 p 之位置。

另一求法，經點 p 作水平素線 ab，如圖 10.45(b)所示，素線 ab 投影在俯視圖時，得一圓形素線，點 p 必在圓形素線上。兩者所得點 p 在前視圖之投影位置理應相同，圖中灰色線所示爲(a)圖之作法。

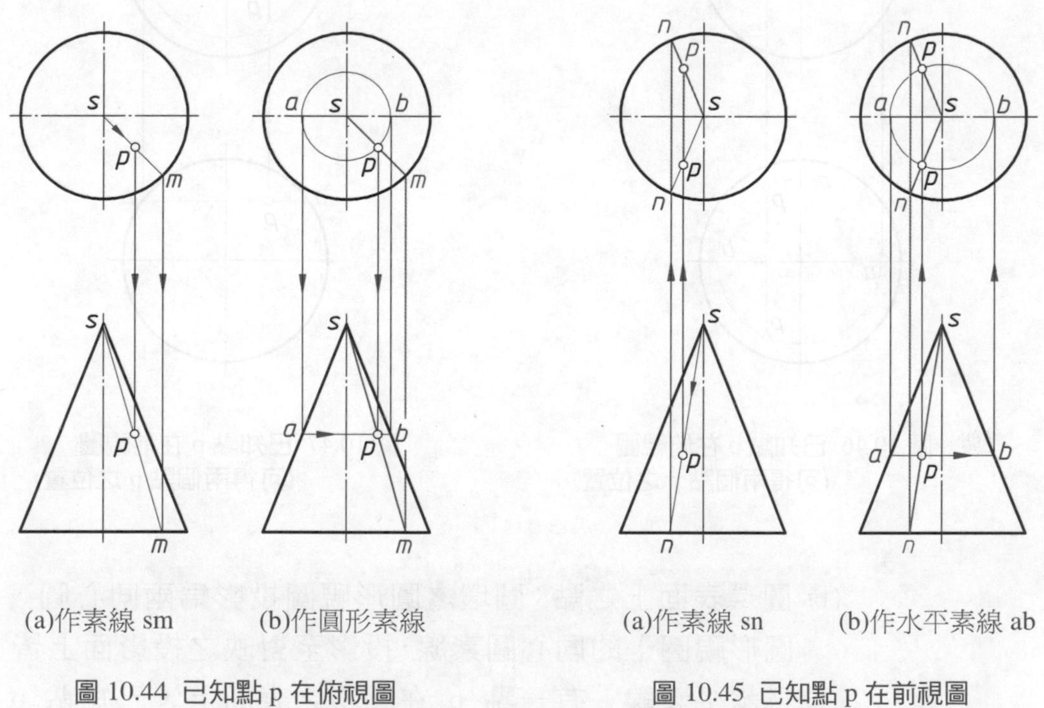

(a)作素線 sm　(b)作圓形素線

圖 10.44 已知點 p 在俯視圖

(a)作素線 sn　(b)作水平素線 ab

圖 10.45 已知點 p 在前視圖

(e) 球表面上之點：球在任何投影面上之投影皆爲圓，將球上的水平素線，投影至對映之投影面上皆爲圓形素線。有一點 p 在球之表面上，已知點 p 在俯視圖之位置，如圖 10.46 所示，經點 p 作水平素線 ab，素線 ab 投影在前視圖時，得一圓形素線，點 p 必在圓形素線上，可得前後兩個點 p 之位置。

已知點 p 在前視圖之位置，如圖 10.47 所示，經點 p 作水平素線 ab，與圖 10.46 情況相同，素線 ab 投影在俯視圖時，得一圓形素線，亦可得前後兩個點 p 之位置。

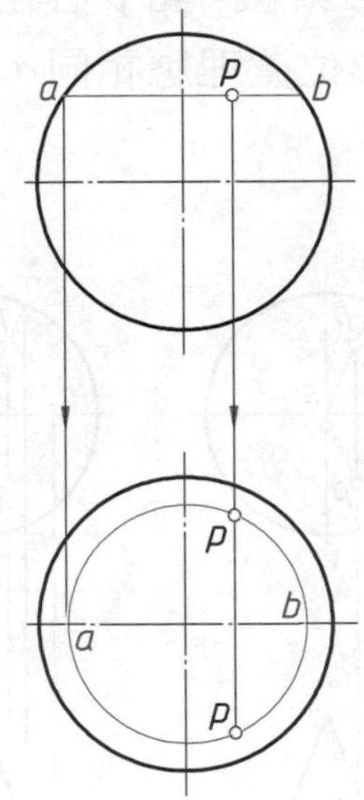

圖 10.46 已知點 p 在俯視圖
(可得兩個點 p 之位置)

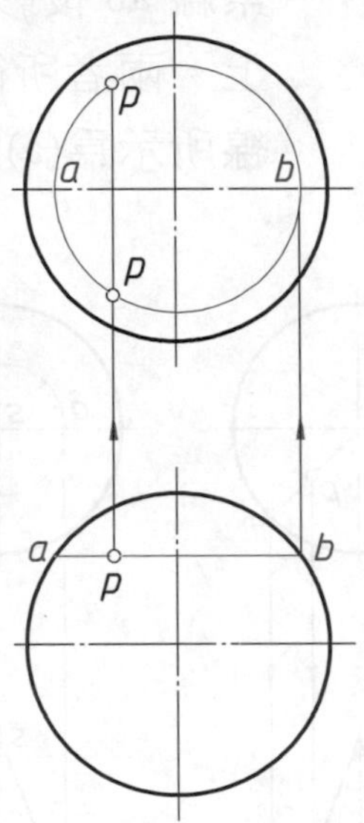

圖 10.47 已知點 p 在前視圖
(可得兩個點 p 之位置)

(f) 圓環表面上之點：圓環之圓形視圖投影爲兩同心圓，圓形視圖上的同心圓素線，投影至對映之投影面上皆爲水平素線。有一點 p 在圓環之表面上，已知點 p 在圓形視圖之位置，如圖 10.48 所示，經點 p 作同心圓素線，圓素線投影在非圓形視圖時，可得上下兩素線，如圖中箭頭所示，點 p 必在素線上，可得上下兩個點 p 之位置。

若已知點 p 在非圓形視圖之位置，如圖 10.49 所示，經點 p 作水平素線 ab，素線投影在圓形視圖時，可得兩同心圓素線，如圖中箭頭所示，點 p 必在素線上，因此共可得四個點 p 之位置。

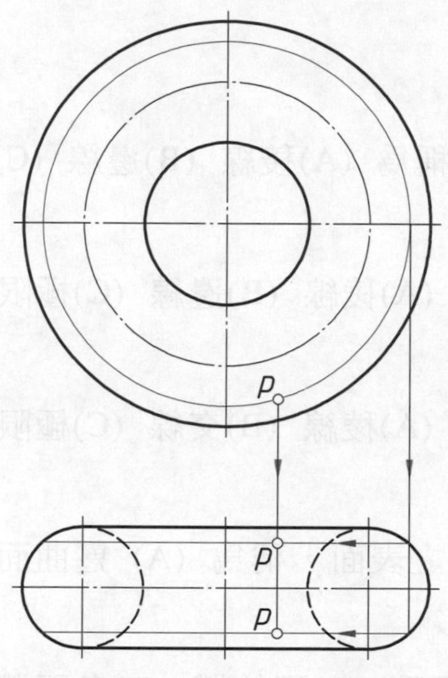

圖 10.48 已知點 p 在圓形視圖之位置
(得兩個點 p 之位置)

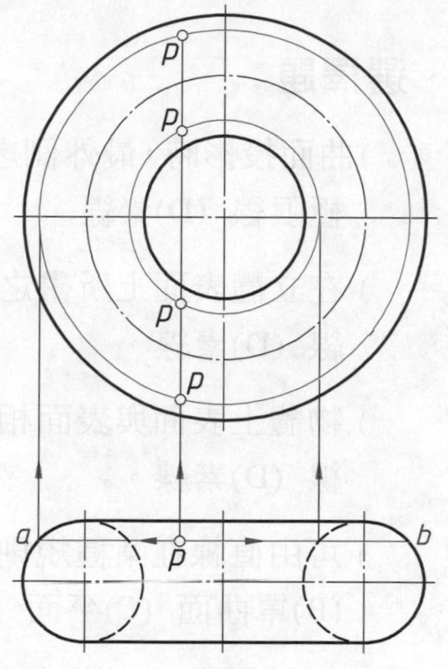

圖 10.49 已知點 p 在非圓形視圖之位置
(得四個點 p 之位置)

❖ 習　題　十 ❖

一、選擇題

1. (　　)曲面投影時，最外側之極限邊之線，稱爲 (A)稜線 (B)邊線 (C)極限線 (D)素線。

2. (　　)在立體表面上所畫之作圖線，稱爲 (A)稜線 (B)邊線 (C)極限線 (D)素線。

3. (　　)物體上表面與表面相交之線，稱爲 (A)稜線 (B)交線 (C)極限線 (D)素線。

4. (　　)可由直線在某種規則之移動所形成之表面，稱爲 (A) 翹曲面 (B)單曲面 (C)平面 (D)直紋面。

5. (　　)立體之底平面與中心軸垂直者，稱爲 (A)圓柱體 (B)多面體 (C)正立體 (D)斜立體。

二、填空題

1. 立體表面上之線，依其特性可分爲__________、__________及__________等三種。

2. 立體表面之形成，可由____________及____________兩大類來區分。

3. 立體之位置，從其底平面或中心軸與投影面之位置關係可分爲________方位、________方位及________方位等三種。

4. 單曲面，可分爲__________、__________及__________等三種。

三、作圖題

1. 以比例 1:1，補畫下列各題之立體爲完整之視圖。(尺度免標註)

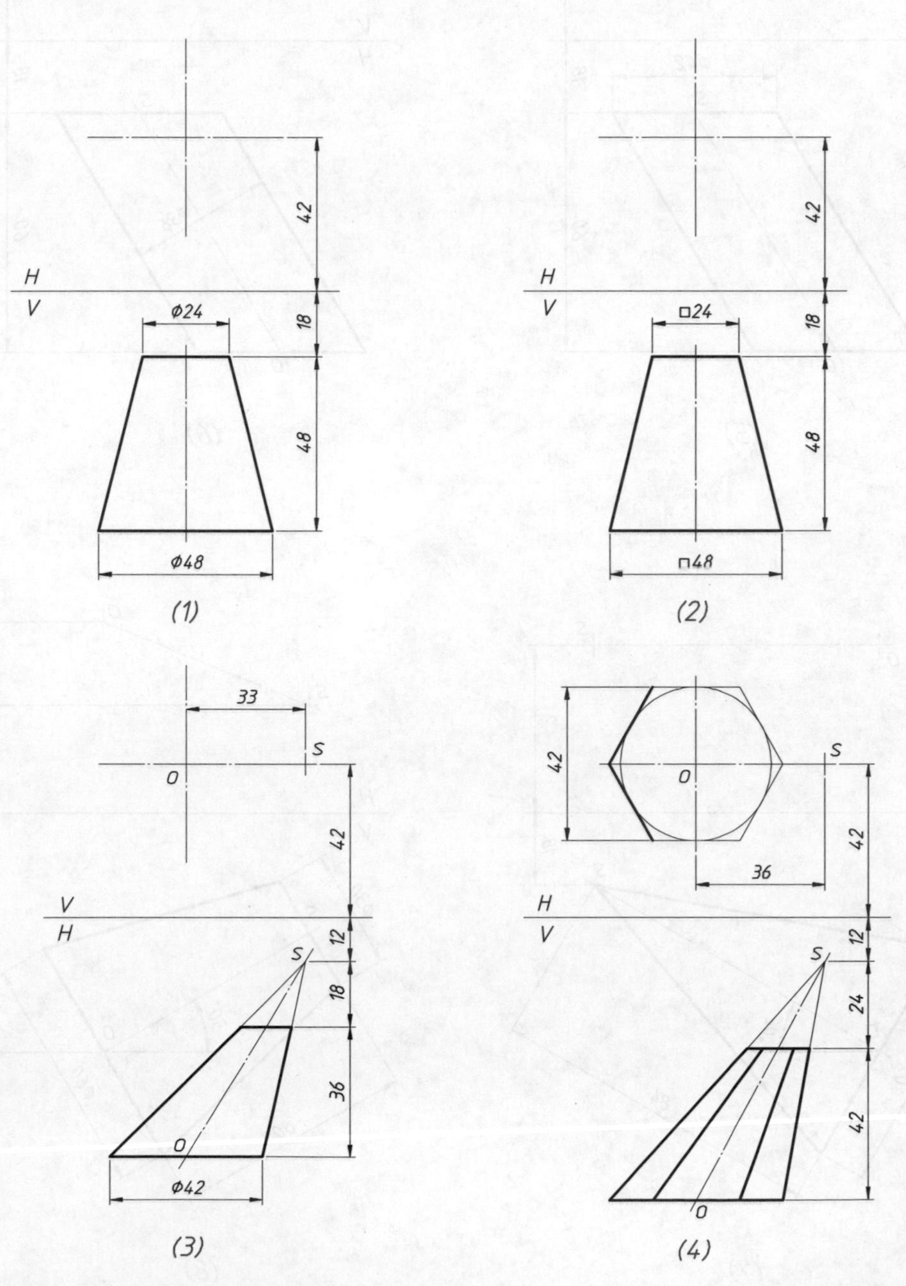

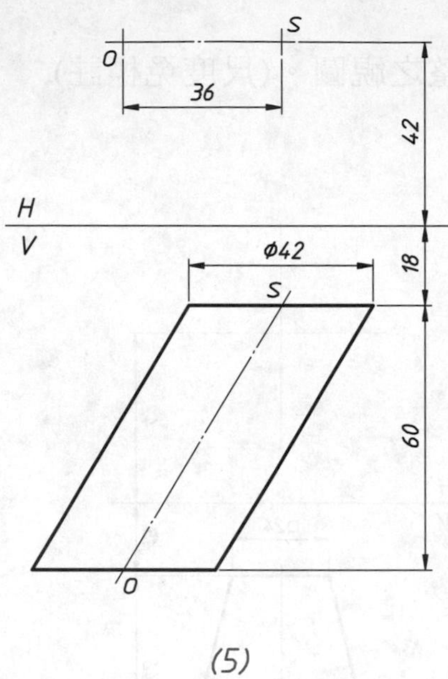
O
S
36
42
H
V
ϕ42
18
S
60
O
(5)

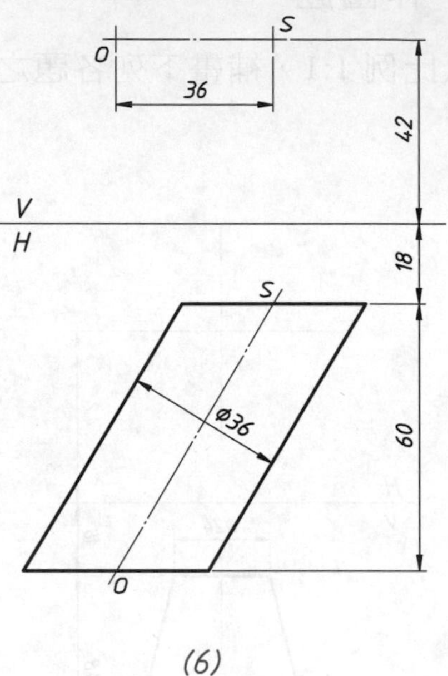
O
S
36
42
V
H
18
S
ϕ36
60
O
(6)

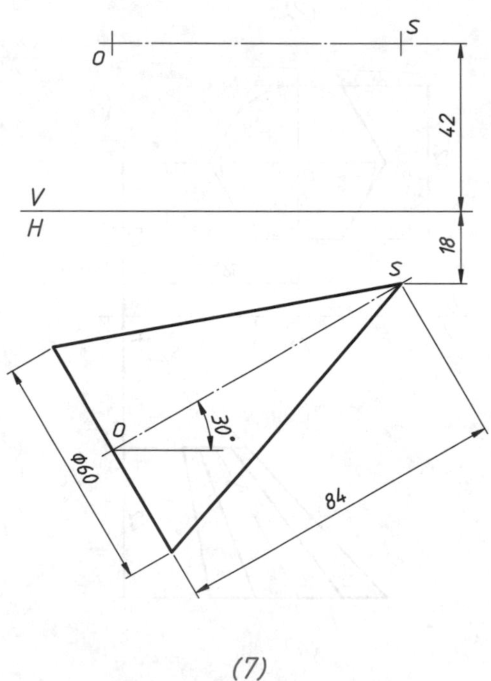
O
S
42
V
H
18
S
O
30°
ϕ60
84
(7)

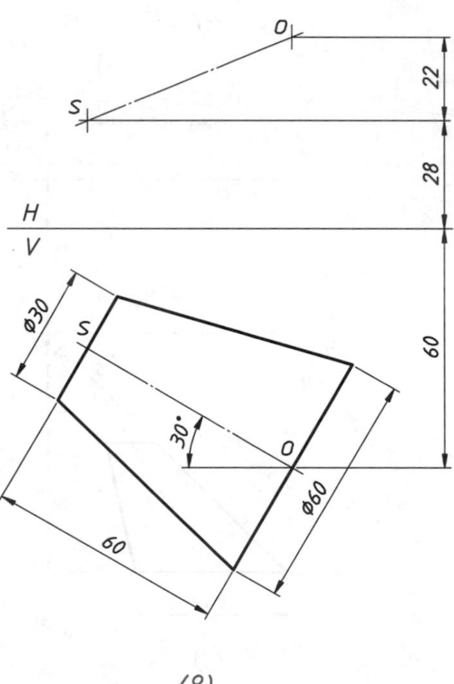
O
22
S
28
H
V
ϕ30
S
60
30°
O
ϕ60
60
(8)

2. 以第一角法，比例 1:1，補畫下列各立體為完整之視圖。(尺度免標註)

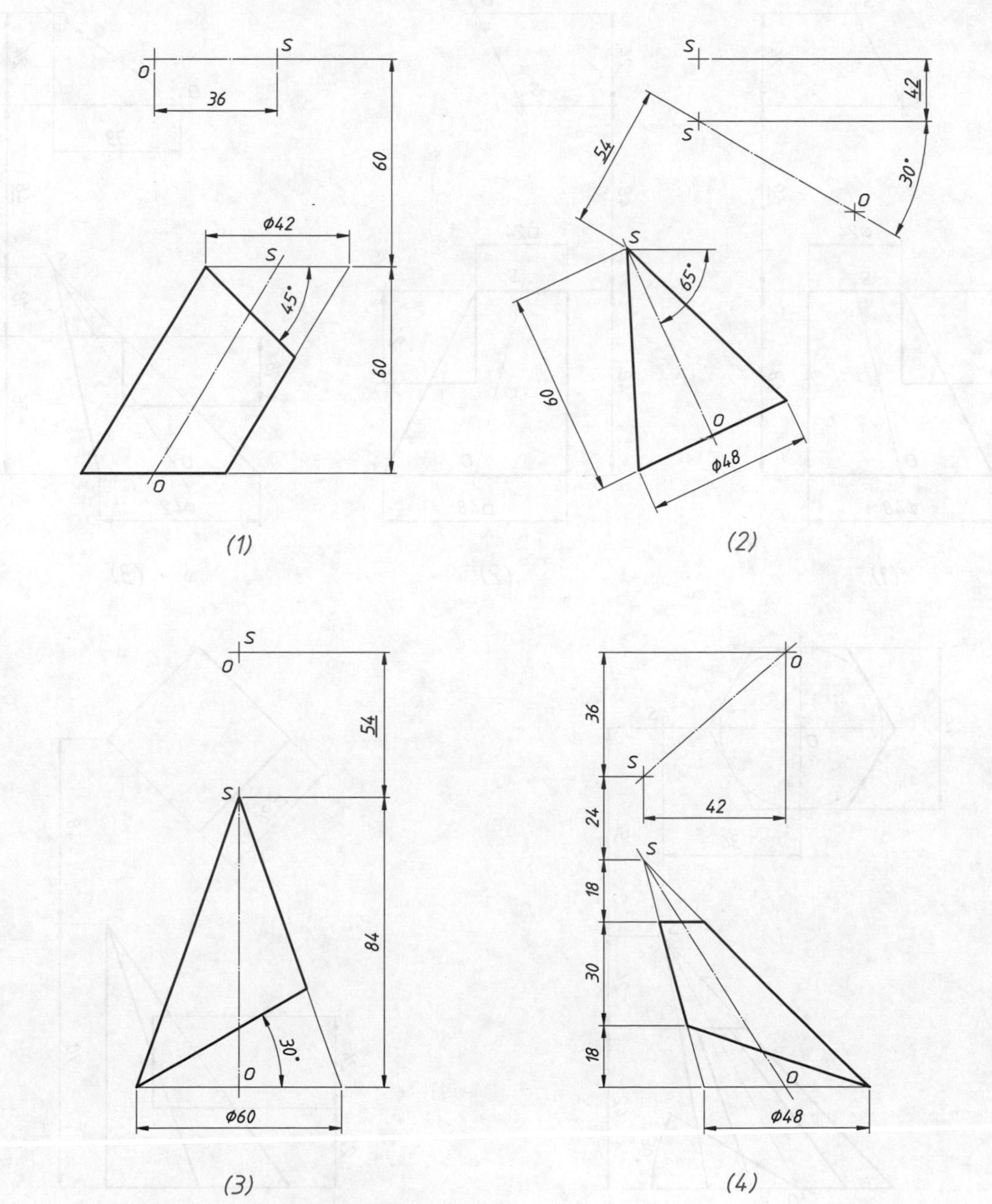

3. 以第三角法，比例 1:1，補畫下列各立體為完整之視圖。(尺度免標註)

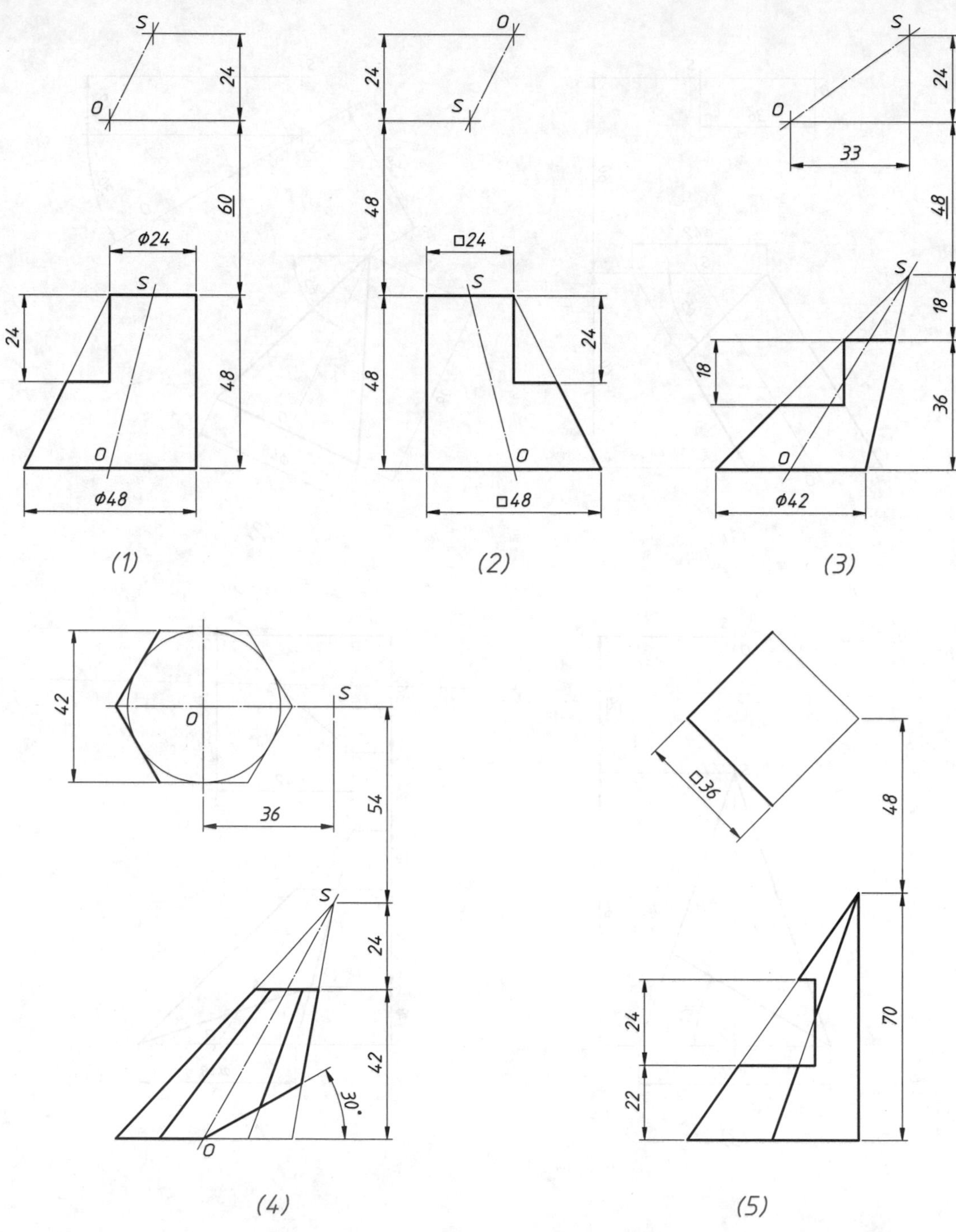

立　體『工作單一』

工作名稱	立體之投影(一)	使用圖紙	A3	工作編號	DG1001
學習目標	能了解第一角法及第三角法立體投影之異同	參閱章節	第 10.1 節至第 10.3 節	操作時間	1-2 小時
				題目比例	-

說明：
1. 補畫各題立體在 V 面及 H 面之投影視圖。
2. 以比例 1:1 繪製。
3. 尺度免標註。
4. 須繪製中心線。
5. 須繪製適當之投影線及作圖線。
6. 須標註應有之代號等。

評量重點：
1. 立體之投影視圖是否正確。
2. 中心線是否遺漏或不良。
3. 外形輪廓是否以粗實線繪製。
4. 投影及作圖線是否以細實線繪製。
5. 線條粗細及式樣是否正確。
6. 尺度是否正確。
7. 代號是否遺漏。
8. 佈圖是否適當。

題目：

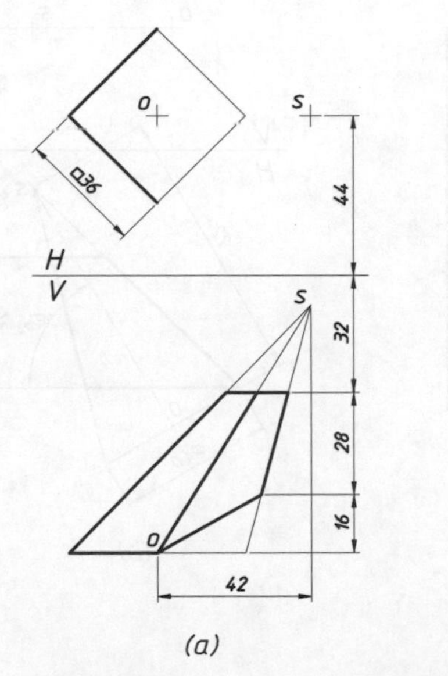

(a)

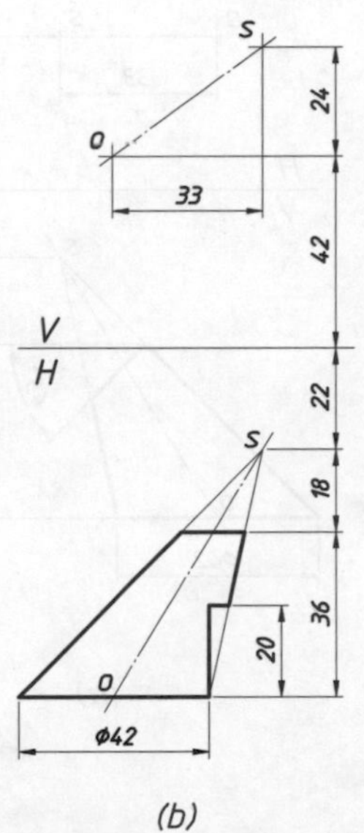

(b)

件號	圖	名	圖	號	數量	材	料	備	註
單位	mm	數量		比例	1:1				
材料		日期	yy - mm - dd						
班級	&&	座號	**	(學校名稱)		課程	投影幾何學		
姓名	-								
教師	-			圖名	立體之投影(一)	圖號	yy##&&**		
得分									

立　體『工作單二』

工作名稱	立體之投影(二)	使用圖紙	A3	工作編號	DG1002
學習目標	能了解立體中圓弧特徵投影成橢圓之過程	參閱章節	第 10.1 節至第 10.3 節	操作時間	1-2 小時
				題目比例	-

說明：
1. 補畫各題立體在 V 面及 H 面之投影視圖。
2. 以比例 1:1 繪製。
3. 尺度免標註。
4. 須繪製中心線。
5. 須繪製適當之投影線及作圖線。
6. 須標註應有之代號等。

評量重點：
1. 立體之投影視圖是否正確。
2. 線條粗細及式樣是否正確。
3. 中心線是否遺漏或不良。
4. 橢圓接線是否良好。
5. 尺度是否正確。
6. 代號是否遺漏。
7. 佈圖是否適當。

題目：

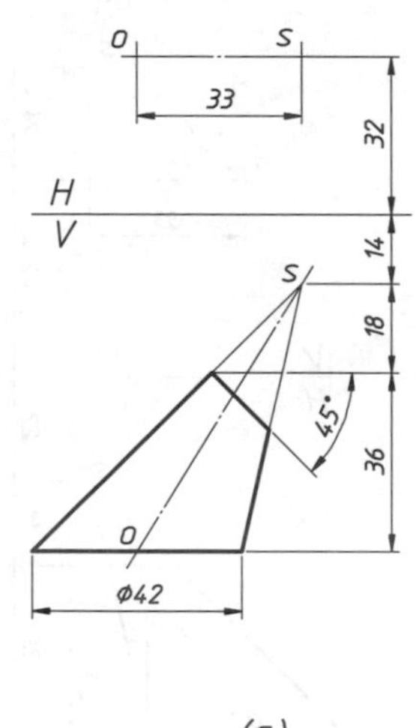

(a)

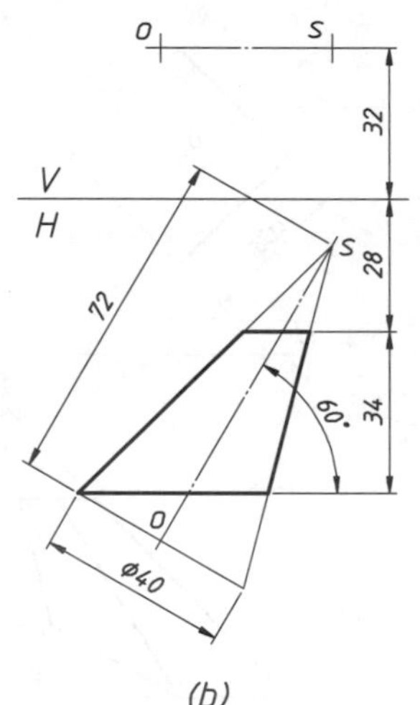

(b)

件號	圖名	圖號	數量	材料	備註

單位	mm	數量		比例	1:1
材料		日期	yy - mm - dd		
班級	&&	座號	**	(學校名稱)	課程：投影幾何學
姓名	-				
教師	-			圖名：立體之投影(二)	圖號：yy##&&**
得分					

立 體『工作單三』

工作名稱	立體之投影(三)	使用圖紙	A3	工作編號	DG1003
學習目標	能應用輔助投影求立體中圓弧特徵投影成橢圓之過程	參閱章節	第 10.1 節至第 10.3 節	操作時間	1-2 小時
				題目比例	-

說明：
1. 補畫下列各題立體之投影視圖。
2. (a)以第三角法繪製。
3. (b)以第一角法繪製。
4. 以比例 1:1 繪製。
5. 尺度免標註。
6. 須繪製中心線。
7. 須繪製適當之投影線及作圖線。
8. 須標註應有之代號等。

評量重點：
1. 立體之投影視圖是否正確。
2. 投影法是否正確。
3. 線條粗細及式樣是否正確。
4. 中心線是否遺漏或不良。
5. 橢圓接線是否良好。
6. 尺度是否正確。
7. 代號是否遺漏。
8. 佈圖是否適當。

題目：

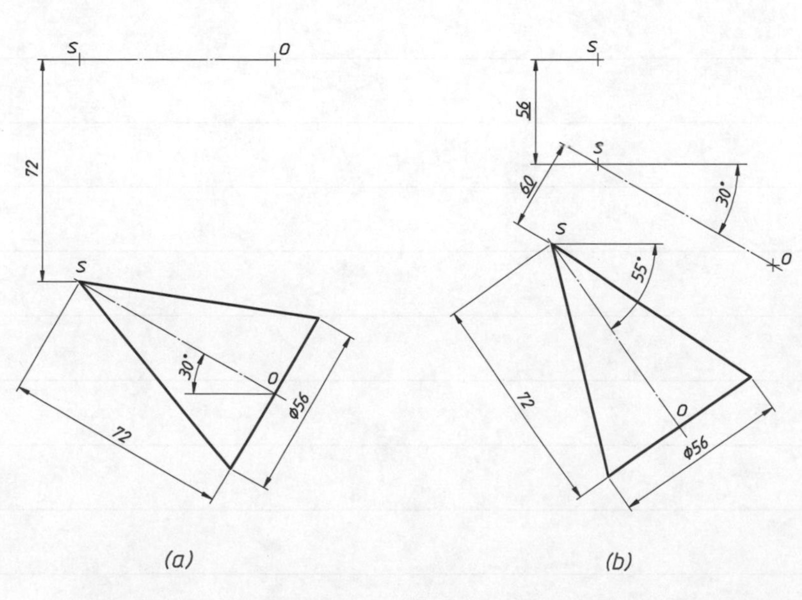

件號	圖 名	圖 號	數量	材 料	備 註
單位	mm	數量		比例	1:1
材料		日期	yy - mm - dd		
班級	&&	座號	**	課程	投影幾何學
姓名	-	(學校名稱)			
教師	-	圖名	立體之投影(三)	圖號	yy##&&**
得分					

心得小記：　　　　年　月　日

立體投影之基線及點之上標可以省略不畫了您知道嗎？！

11 交 線

11.1 概　說

物體(Objects)在空間相交時所生成之線，稱爲交線(Intersections)，物體可以爲直線(Line)、平面(Plane)或爲立體(Solid)等。當直線與平面或立體相交時，其相交點稱爲貫穿點(Pierced Point)。平面與立體以及立體與立體相交的線，稱爲交線，交線有直線、圓弧及不規則曲線等。相交之物體若皆由平面所組成，其交線爲直線；若相交物體表面有曲面組成時，則其交線爲圓弧或不規則曲線。因線由點所組成，三點可決定一曲線，故求交線首先必須求交點或稱爲貫穿點。當交線爲不規則曲線時，需適當求出至少三個交點，再以曲線板連接成不規則曲線。

物體形狀和放置之方位，即物體與投影面之位置關係，請參閱前面第 10.3 節所述，以及物體間之相互位置關係，將影響求交線之困難度。

11.2 求交線之原理

求交線首先須求交點，兩物體相交時其交點之求作原理有平面切割及輔助球切割等兩種原理，茲分別說明如下：

(a) 平面切割原理：以假想之平面同時切割相交之物體，在每個物體上可得由假想平面所切割之線，這些在同一平面上之線，只能爲圓弧或直線，其相交點即爲兩物體交線上之點。

因假想平面位置之選擇以及假想平面之求作而產生多種求交線之方法，如圖 11.1 至圖 11.4 所示，爲各種常見以平面切割原理求交線之方法。

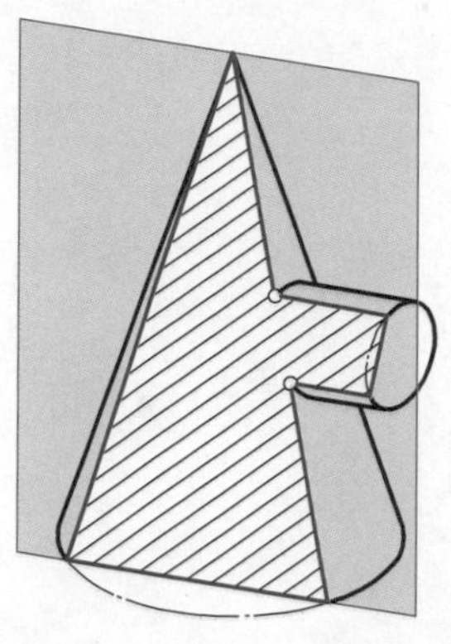

圖 11.1 平面切割原理
(邊視圖法或輔助視圖法)

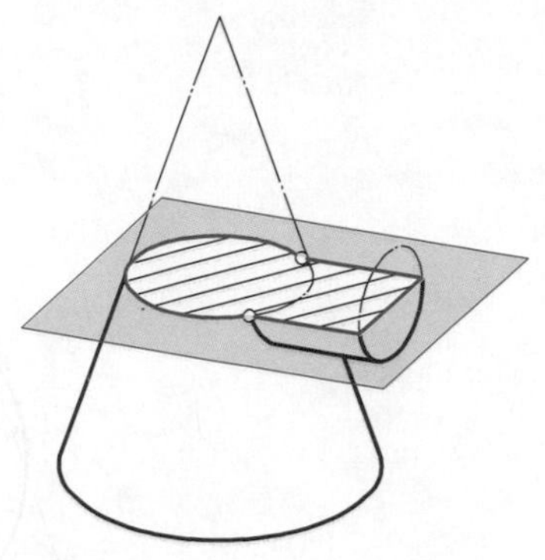

圖 11.2 平面切割原理(平切法)

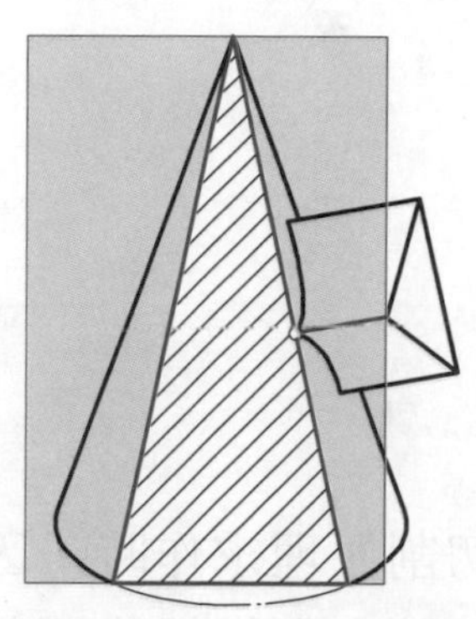

圖 11.3 平面切割原理(直線貫穿法)

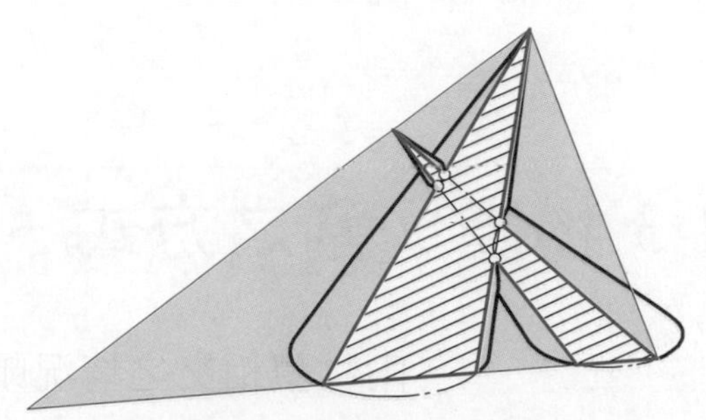

圖 11.4 平面切割原理(三角平面法)

(b) 輔助球切割原理：以假想之輔助球，放在兩物體中心軸之交點上，如圖 11.5 所示，為圓錐與圓柱其中心軸相交，當球被平面切割二次所得之兩個圓，分別與圓錐和圓柱被切割所得之圓相同，球面上兩個圓之交點(兩平面交線之兩端點)，即為圓錐與圓柱交線上之點。以此原理求作交線之方法稱為輔助球法，條件為兩物體之中心軸必須相交，且各物體與其中心軸之垂直斷面必須為圓。

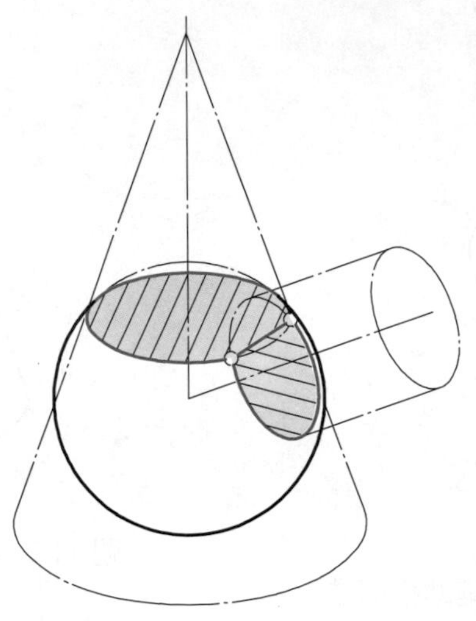

圖 11.5 輔助球切割原理

11.3 物體切割之方式

兩物體相交之情況頗多，以平面切割原理求作時，因物體被切割之線投影時只能為圓或直線，故必須根據物體幾何形體之特性及其相交之情況，尋找適當之位置或方式切割，也因選擇切割位置或方式之不同，演變出各種求交線之方法，如邊視圖法、輔助視圖法、平切法、直線貫穿法、及三角平面法等等，常見之幾何形體適合被切割之方式，茲分別說明如下：

(a) 平面體：由平面所組成的幾何形體，常見者如各種形狀之角柱、斜柱、角錐及斜角錐等。以斜三角柱為例，如圖 11.6 及圖 11.7 所示，皆可任意切之，因為平面與平面相交皆為直線之故。

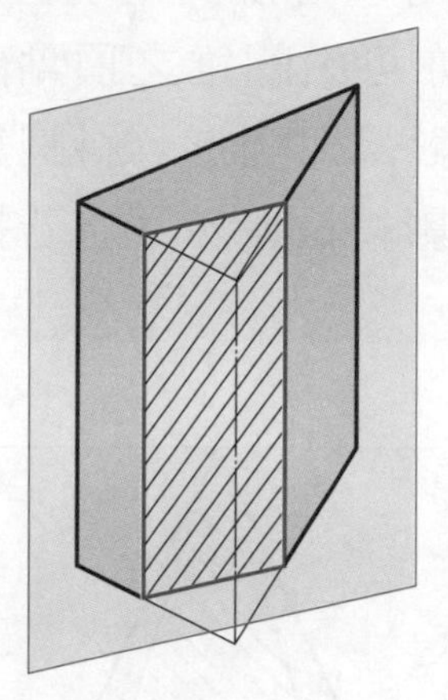

圖 11.6 平面體可任意切割(一)

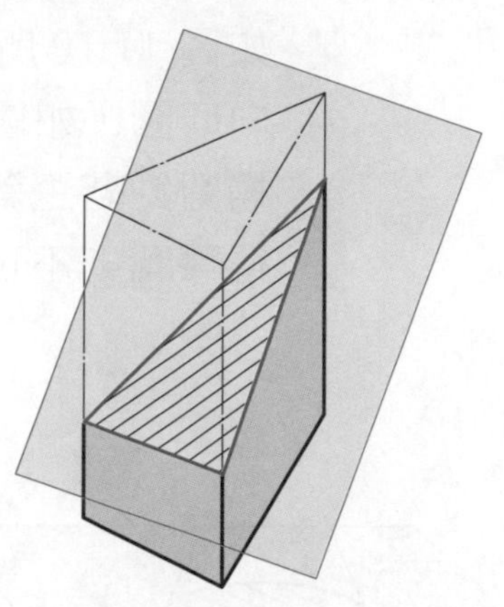

圖 11.7 平面體可任意切割(二)

(b) 圓柱體：包括斜圓柱及橢圓柱，切割後只能投影成直線或圓，可平行其中心軸切割，如圖 11.8 所示，得一四邊形；亦可由橫向平切，如圖 11.9 所示，得一圓。斜圓柱及橢圓柱若歪斜放置，平切仍投影得圓時亦可，若投影得橢圓則不可。

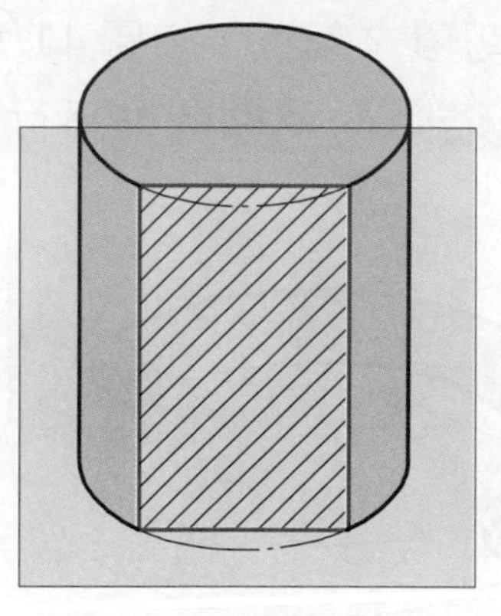

圖 11.8 圓柱體可平行其中心軸直切
(投影得直線)

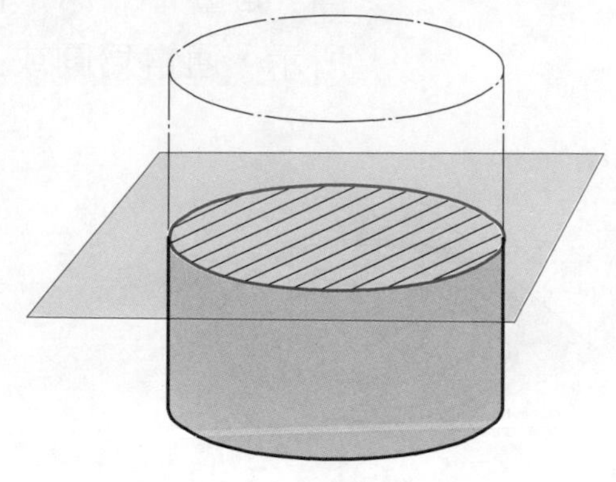

圖 11.9 圓柱體可橫向平切
(投影得圓)

(c) 圓錐體：包括斜圓錐及橢圓錐等，可橫向平切圓錐，如圖 11.10 所示，投影得圓，亦可由圓錐之頂點直切向底圓，如圖 11.11 所示，投影得三角形。斜圓錐或橢圓錐若歪斜放置，橫切仍投影得圓時亦可，若投影得橢圓則不可。

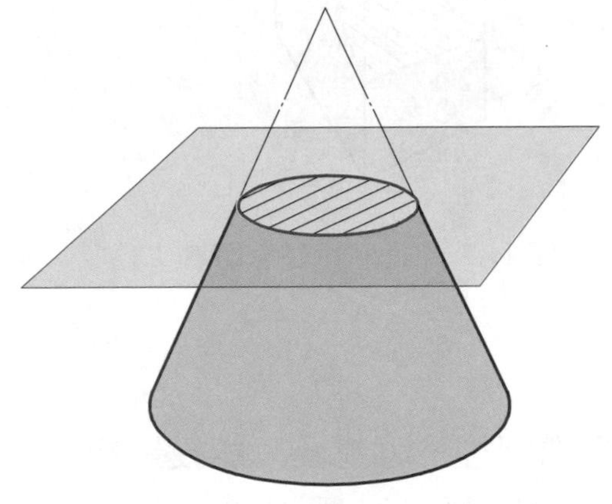

圖 11.10 圓錐體可橫向平切
(投影得圓)

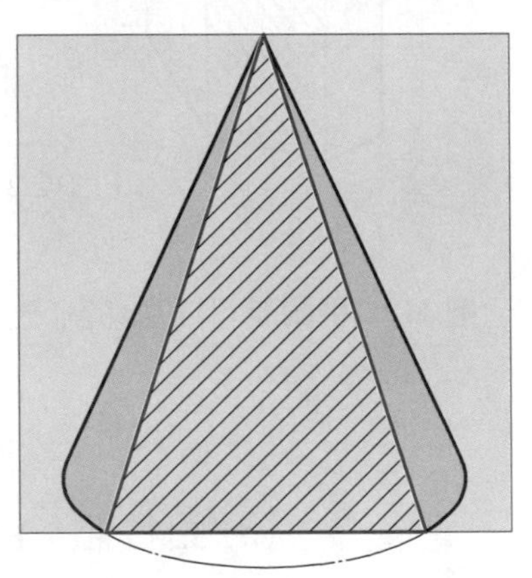

圖 11.11 圓錐體可由頂點切向底圓
(投影得直線)

(d) 環狀體：可由環之圓形中心線沿直徑方向平切得兩圓，如圖 11.12 所示。亦可正切環之斷面，如圖 11.13 所示，通常爲圓或正多邊形，若斷面爲橢圓則不行。

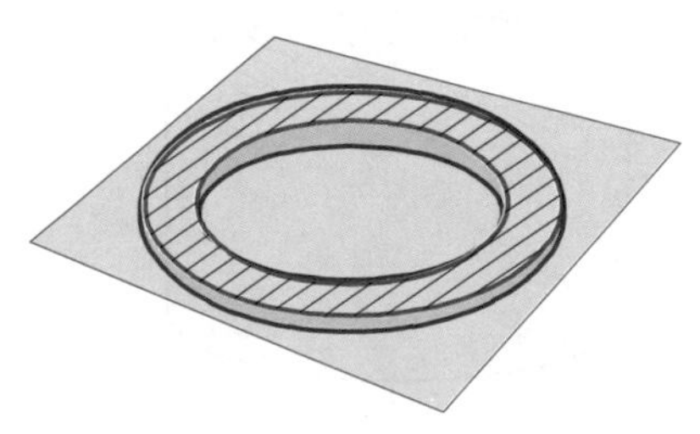

圖 11.12 環可由環之圓形中心線
沿直徑方向平切

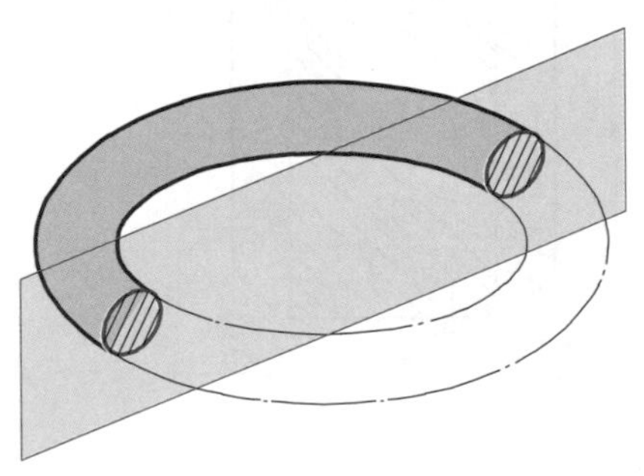

圖 11.13 可垂直切環之斷面

(e) 球體：可任意平切得一圓，如圖 11.14 所示。

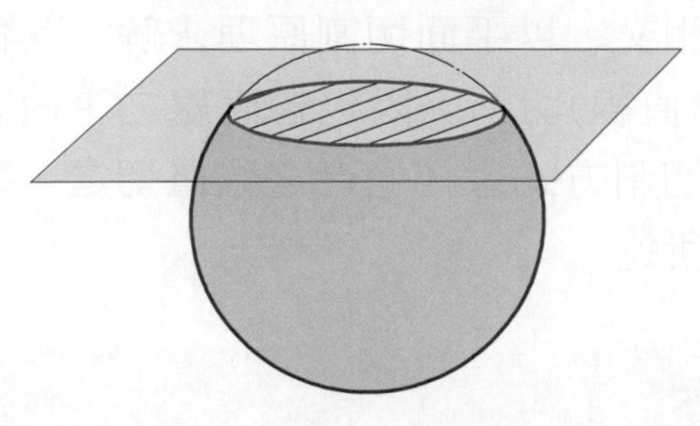

圖 11.14 球可任意平切得一圓

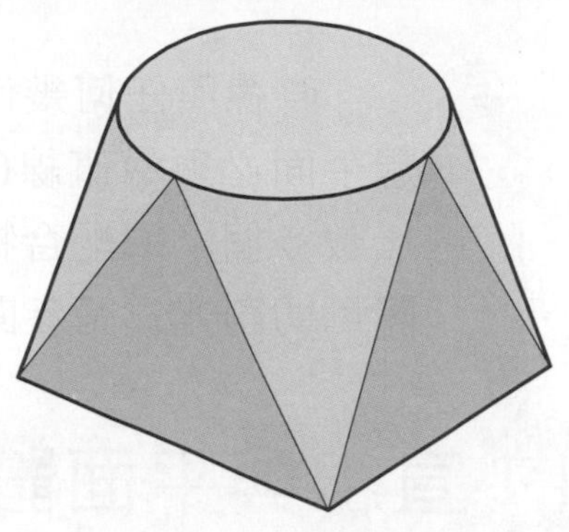

圖 11.15 變形體

(f) 變口體：變口體通常由三角形平面及部份之斜圓錐面所組成，如圖 11.15 所示。需按平面及圓錐之切割方式切之，其切割線爲直線或直線與圓弧之組合，如圖 11.16 及圖 11.17 所示。

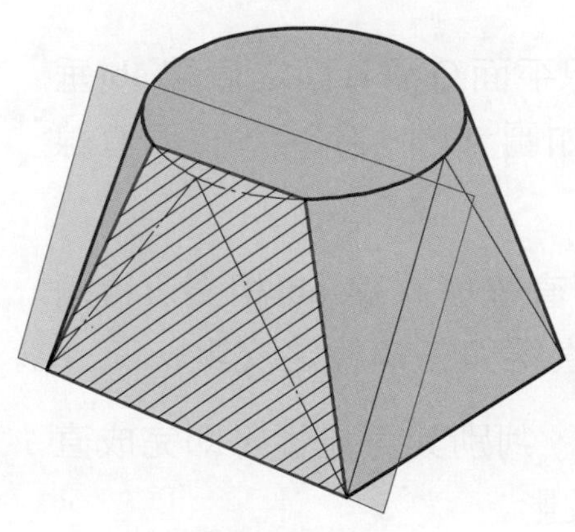

圖 11.16 變口體需按圓錐之切割方式
(由頂點切向底圓)

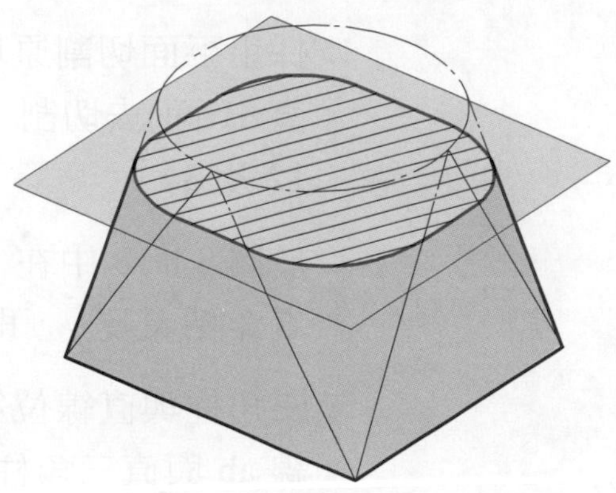

圖 11.17 變口體需按圓錐之切割方式
(平切)

11.4 直線與物體相交

直線與任何幾何形體相交，以平面切割原理求解，其假想平面必須沿直線(即包含直線)切割，因包含直線之平面有無數多個，須配合物體可切割方式選擇適合之位置切之，物體可切割方式請參閱上節所述。

11.4.1 直線與平面體相交

平面體可任意切割，平面切割原理之假想平面可只考慮沿直線去切割平面體，即可求得直線通過平面體之貫穿點，再經可見性判別，即完成直線與平面體之相交投影。

例題 1：求直線 ab 與直三角柱之相交投影。(圖 11.18)

解：

1. 採用平面切割原理，以假想平面 Q 沿 H 面之直線 ab(垂直 H 面)去切割三角柱，如圖 11.19 所示，得兩直線 12 及 34。
2. 於圖 11.18 中在 V 面該兩直線與直線 ab 相交，得兩貫穿點 x 及 y，即爲所求直線與三角柱之交點。
3. 三角柱與直線位第三象限，判別其可見性，即完成直線 ab 與直三角柱之相交投影。
4. 此法由 H 面之直線與三角柱之交點投影(三角柱之邊視圖)，可直接求得交點，可稱爲邊視圖法或直線貫穿法。

5. 注意：圖中直線在三角柱體中之範圍，已屬三角柱之一部份不可繪製直線之投影，即粗實線或虛線，只能以作圖細線或假想線繪製。

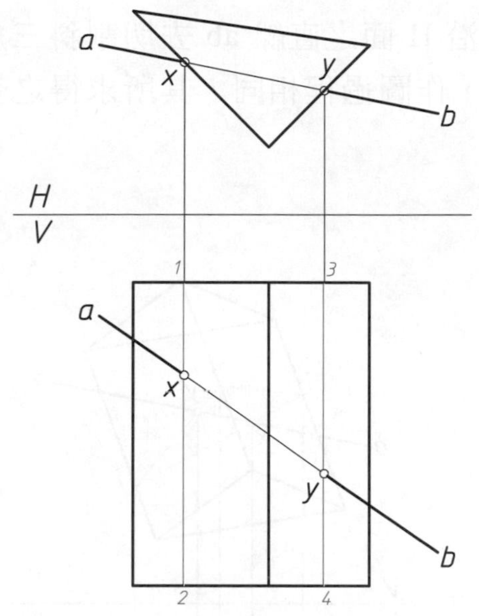

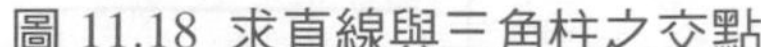

圖 11.18 求直線與三角柱之交點

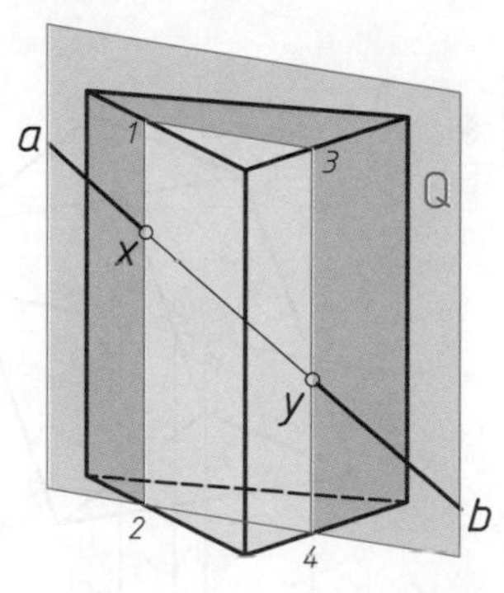

圖 11.19 平面 Q 沿直線 ab 去切割三角柱

例題 2：求直線 ab 與斜三角柱之相交投影。(圖 11.20)

解：

1. 亦採用平面切割原理，以假想平面沿 V 面之直線 ab 去切割斜三角柱，投影至 H 面得三角形 123，如圖中箭頭所示。

2. 在 H 面之該三角形 123 與直線 ab 相交，得兩貫穿點 x 及 y。

3. 將兩貫穿點 x 及 y，再投回 V 面，即爲所求直線與斜三角柱之交點。

4. 斜三角柱與直線位第一象限，判別其可見性，即完成直線與斜三角柱之相交投影。

5. 本題之假想平面亦可沿 H 面之直線 ab 去切割斜三角柱，如圖 11.21 所示，作圖過程相同，其所求得之交點理應相同。

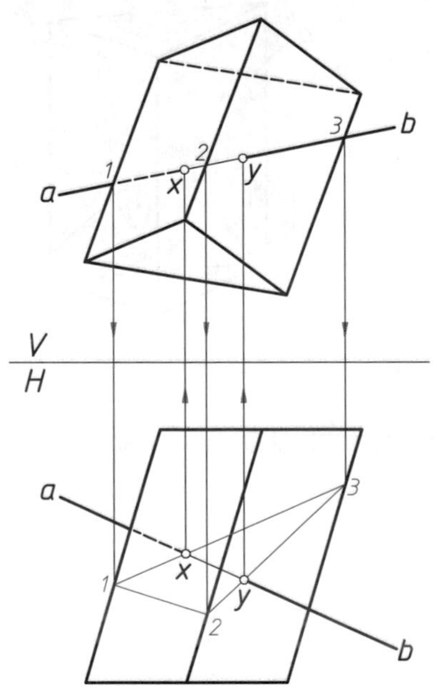

圖 11.20 求直線 ab 與斜三角柱之交點 (沿 V 面直線 ab 去切三角柱)

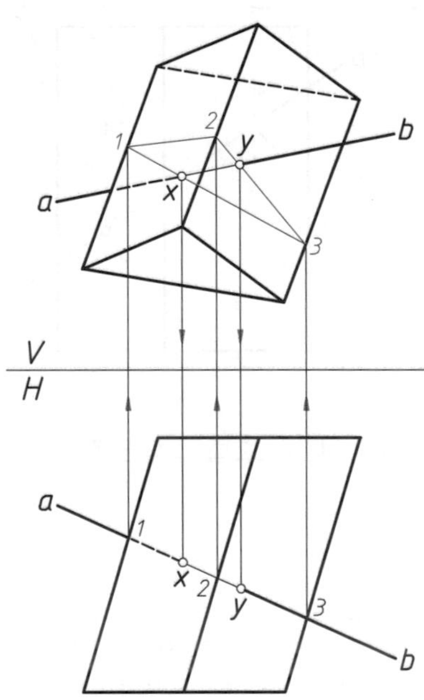

圖 11.21 求直線 ab 與斜三角柱之交點 (沿 H 面直線 ab 去切三角柱)

例題 3：求直線 ab 與三角錐之相交投影。(圖 11.22)

解：

1. 採用平面切割原理，以假想平面沿 H 面之直線 ab 或沿 V 面之直線 ab 去切割三角錐皆可，分別如圖 11.22 及圖 11.23 所示。
2. 切割三角錐後投影得三角形 123，過程如圖中箭頭所示。
3. 該三角形 123 與直線 ab 相交，得兩貫穿點 x 及 y。
4. 將兩貫穿點 x 及 y，再投回另一投影面，即為所求直線與三角錐之交點。
5. 三角錐與直線位第三象限，判別其可見性，即完成直線與三角錐之相交投影。

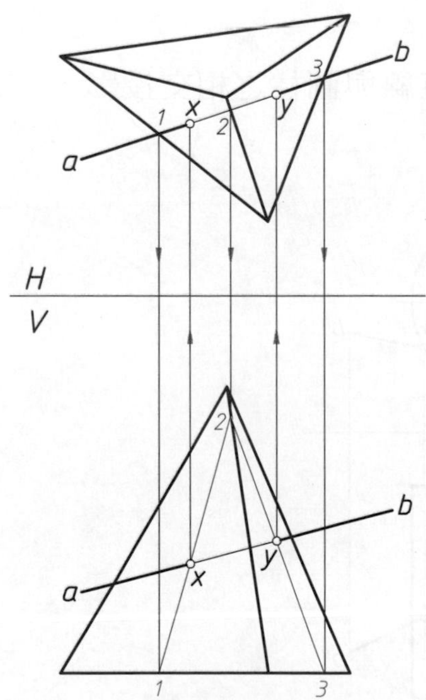

圖 11.22 求直線 ab 與三角錐之交點
(沿 H 面直線 ab 去切三角錐)

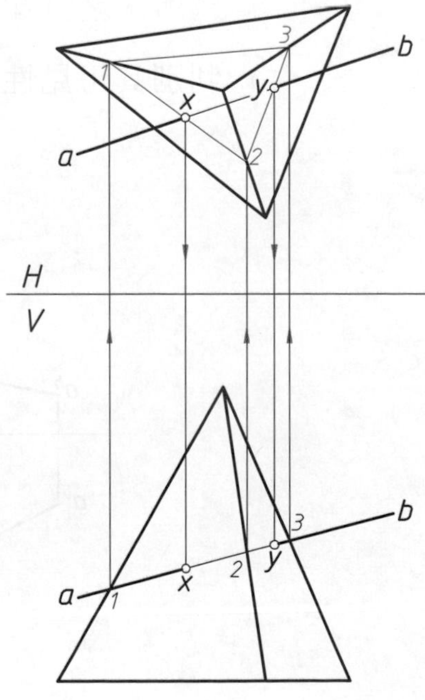

圖 11.23 求直線 ab 與三角錐之交點
(沿 V 面直線 ab 去切三角錐)

11.4.2 直線與圓柱相交

當假想平面沿直線切割圓柱時，須同時考慮切割圓柱時只能投影成圓或直線(矩形)兩種情況，如前面圖 11.8 及圖 11.9 所示，其他如果切割圓柱時投影成橢圓，理論上雖可但作圖須畫橢圓則不適當。

例題 4：求直線 ab 與圓柱之相交投影。(圖 11.24)

解：

1. 假想平面可沿直線 a^hb^h 切割圓柱，得兩直線 12 及 34。
2. 直線 a^vb^v 與直線 12 及 34 之交點分別爲點 x 及 y，即爲所求之貫穿點。
3. 判別其可見性，即完成直線與圓柱之相交投影。

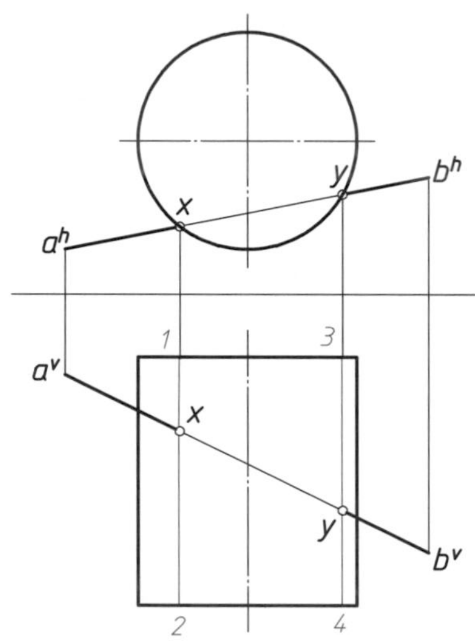

圖 11.24 求直線與圓柱之交點(沿直線 a^hb^h 切割圓柱)

例題 5：求直線 ab 與傾斜圓柱之相交投影。(圖 11.25)

解：

1. 圓柱位單斜方位，假想平面不可在俯視圖或前視圖沿直線 ab 切割圓柱，因其投影得橢圓。
2. 作輔助投影求圓柱之端視圖。假想平面可在輔助視圖沿直線 ab 切割圓柱，得兩直線 12 及 34。
3. 直線 ab 與直線 12 及 34 之交點分別爲點 x 及 y，即爲所求之貫穿點。
4. 判別其可見性，即完成直線與傾斜圓柱之相交投影。
5. 圖中灰色投影線可印證所求之貫穿點是否正確。

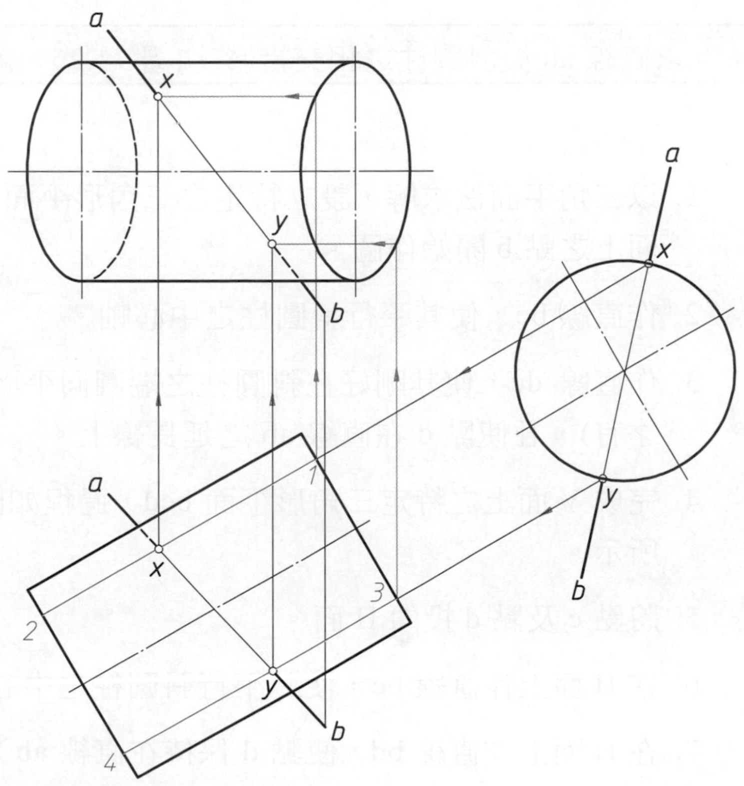

圖 11.25 求直線與傾斜圓柱之交點(從圓柱之端視圖沿直線 ab 切割圓柱)

11.4.3 直線與斜圓柱相交

直線與斜(橢)圓柱皆位複斜方位時，以假想平面沿直線切割斜圓柱時，須同時考慮切割斜圓柱只能為直線(矩形)之情況。因此必須設立特定之假想平面，使其平行斜圓柱之中心軸，一邊剛好與斜圓柱端圓同一平面，且包含直線。此特定之假想平面通常為三角形，即第一邊平行斜圓柱之中心軸，第二邊剛好與斜圓柱端圓同一平面，第三邊包含該直線，此種設立特定之假想三角形平面稱為『**三角平面法**』。此法常被應用在求兩複斜方位物體相交之交線。

例題 6：求直線 ab 與斜圓柱之相交投影。(圖 11.26，圖 11.27)

解：

1. 以三角平面法求解，設立特定之三角形平面，選擇 V 面上之點 b 開始作圖。
2. 作直線 bc，使其平行斜圓柱之中心軸。
3. 作直線 dc，使其剛好在斜圓柱之端圓同平面上(V 面才有)，且使點 d 在直線 ab 之延長線上。
4. 完成 V 面上之特定三角形平面 bcd，過程如圖中箭頭所示。
5. 將點 c 及點 d 投向 H 面。
6. 在 H 面上作直線 bc，使其平行斜圓柱之中心軸。
7. 在 H 面上作直線 bd，使點 d 保持在直線 ab 之延長線上。

8. 連線 H 面上之直線 dc，完成 H 面上之特定三角形平面 bcd。

9. 此時 H 面上之直線 dc 若與斜圓柱之端圓，有相交即表直線與斜圓柱有交點，不相交即無交點。得兩交點 1 及 3。

10. 由點 1 及 3 作素線平行斜圓柱之中心軸，如圖中之素線 12 及 34。

11. 素線 12 及 34 與直線 ab 相交於點 x 及 y，爲直線 ab 與斜圓柱之兩貫穿點。

12. 將直線 ab 上之點 x 及 y 投回 V 面，即爲所求直線與斜圓柱之交點，如圖中箭頭所示。

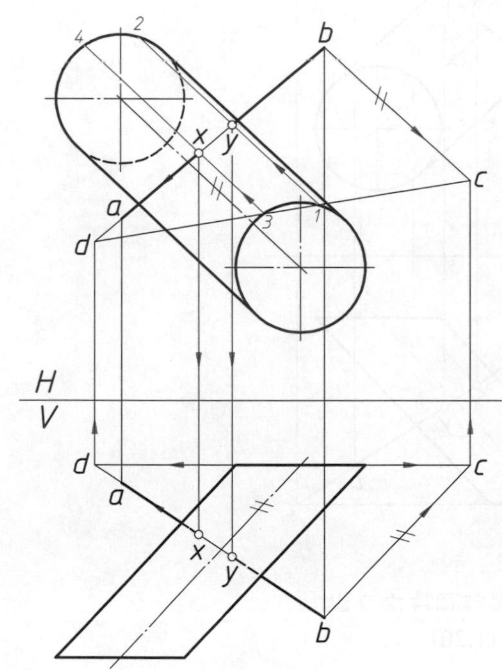

圖 11.26 求直線與斜圓柱之交點 (三角平面法)

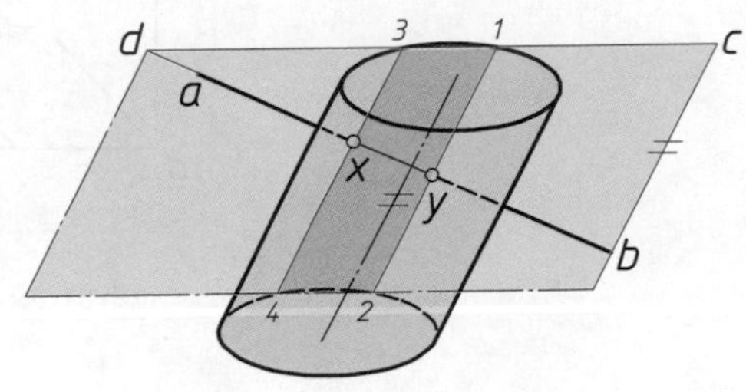

圖 11.27 假想平面 bcd 平行斜圓柱之中心軸

以上之求作過程選擇由 V 面上之點 b 開始，亦可選擇由 V 面上之點 a 開始作圖，如圖 11.28 所示，作特定三角形平面 acd，使直線 ad 平行斜圓柱之中心軸，且使直線 dc 剛好在斜圓柱之端圓平面上，其過程與前面圖 11.26 相同，如圖中箭頭所示。所求得之直線 ab 與斜圓柱之兩貫穿點 x 及 y 理應一致。

另外圖中 V 面上之兩貫穿點 x 及 y，亦可由素線 12 及素線 34 之投影求得，此法可印證所求之交點是否正確，如圖中彩色投影線所示。

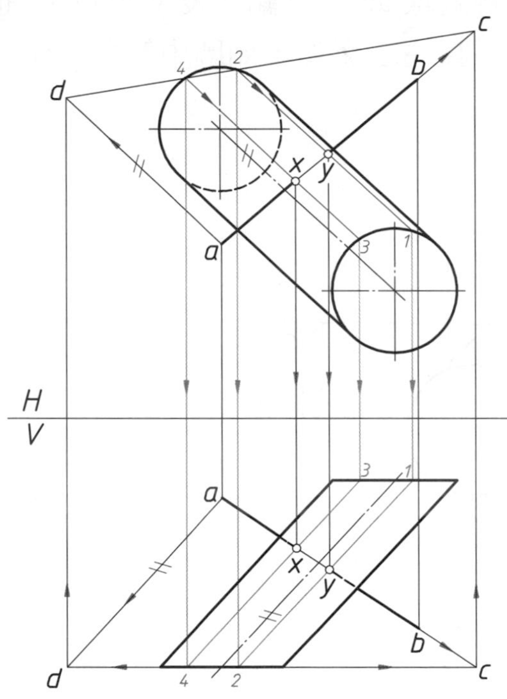

圖 11.28 求直線與斜圓柱之交點
(比較圖 11.26)

11.4.4 直線與圓錐相交

直線與圓錐或斜(橢)圓錐相交時，以假想平面沿直線切割圓錐時，須同時考慮切割(斜/橢)圓錐只能投影為直線(三角形)或圓兩種情況，即由圓錐頂切向底圓或平切圓錐投影得一圓，請參閱前面圖 11.10 及圖 11.11 所示。因此必須採用三角平面法，設立特定三角形平面之某端點剛好為圓錐之頂點，使其一邊剛好與圓錐底圓同一平面，且包含直線。

例題 7：求直線 ab 與圓錐之相交投影。(圖 11.29)

解：

1. 選擇有圓錐底圓邊視圖之投影面開始作圖，設立特定之三角形平面。得 V 面上有圓錐底圓為一直線。
2. 在 V 面上作任意三角形 123，使點 1^v 剛好為圓錐頂，使直線 2^v3^v 與圓錐底圓同一平面(同一直線上)。
3. 得三角形 $1^v2^v3^v$ 與直線 a^vb^v 之兩交點 m^v 及 n^v。
4. 將點 m^v 及 n^v 投回俯視圖(H 面)之直線 a^hb^h 上。
5. 因點 m 在直線 12 上及點 n 在直線 13 上，配合點 2 及點 3 投影得三角形 $1^h2^h3^h$，即完成假想平面三角形 123 作圖。
6. 當 H 面上之直線 2^h3^h 與圓錐底圓有相交時，即有貫穿點，不相交時，即無貫穿點。得兩交點 4^h 及 5^h。
7. 連接 H 面上之素線 1^h4^h 及 1^h5^h，與直線 a^hb^h 交於點 x 及 y，即為直線 ab 與圓錐之交點。

8. 將 H 面上之點 x 及 y 投回 V 面，即完成所求直線 ab 與圓錐之交點投影。

9. 亦可將第 6 項之點 1^h 及 5^h 投回 V 面，連接 V 面上之素線 1^v4^v 及 1^v5^v，與直線 a^vb^v 交於點 x 及 y，亦爲直線 ab 與圓錐之交點。此法可印證所求直線 ab 與圓錐之交點 x 及 y 是否正確，如圖中灰色投影線所示。

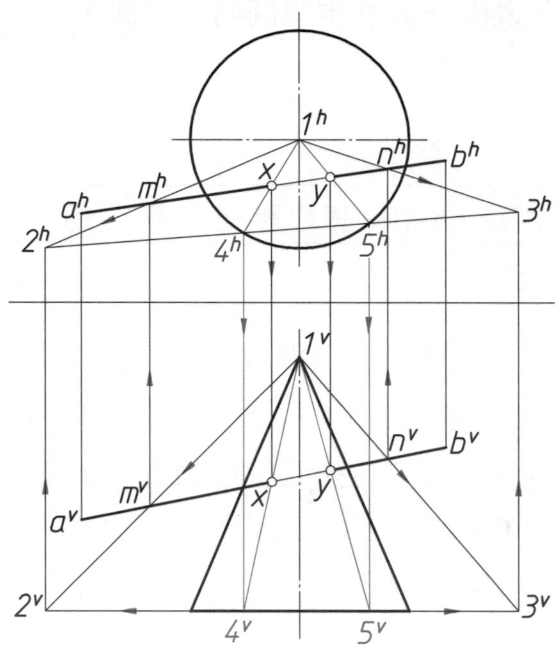

圖 11.29 求直線 ab 與圓錐之交點(三角平面法)

11.4.5 直線與球相交

直線與球相交時，以假想平面沿直線切割球時，須同時考慮切割球只能爲平切，即切割球投影得一圓，如前面圖 11.14 所示。

例題 8：求直線 ab 與球之相交投影。(圖 11.30)

解：

1. 作輔助投影 V/H1 線平行直線 a^vb^v，使球被平面切割在 H1 面能投影得圓。
2. 假想平面沿直線 a^vb^v 切割球，在輔助投影 H1 面上得一圓 C 與 $a^{h1}b^{h1}$ 交於點 x 及 y。
3. 將點 x 及 y 投回 V 面及 H 面，即為所求之貫穿點。
4. 判別直線之可見性(第一象限)。
5. 此法以輔助視圖求貫穿點，稱為輔助視圖法。

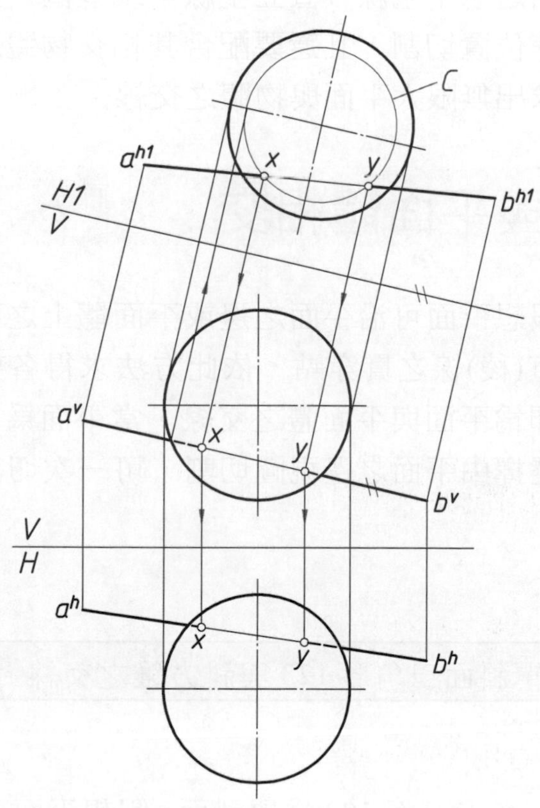

圖 11.30 求直線 ab 與球之交點(輔助視圖法)

11.5 平面與物體相交

平面與平面體相交，其交線恆爲直線，平面與有曲面之立體相交，其交線爲曲線，平面包括一般有限平面及無限大平面，求解過程不相同。

有限平面通常可採用假想平面沿某直線切割的方法求解，因有限平面平面可任意切割得直線，故只要適當選擇其相交物體可切割之方式及位置，參閱第 11.3 節所述，即可求出平面與物體之交線。

無限大平面亦可採用假想平面切割，通常必須沿著無限大平面之水平主線、直立主線、或垂直一投影面傾斜其他投影面等位置切割，且還要配合其相交物體適合切割之方式，才可求出無限大平面與物體之交線。

11.5.1 平面與平面體相交

假想平面可沿平面之邊或平面體上之稜線切割，即可求得該直(稜)線之貫穿點，依此方法求得各貫穿點後，連接成直線即爲平面與平面體之交線。當平面爲單斜面時，假想平面可選擇由平面之邊視圖切割，可一次切割得其交線。

例題 9：求單斜面三角形 123 與斜方錐之交線。(圖 11.31)

解：

1. 三角形平面 123 爲單斜面，假想平面可由 V 面上三角形平面 123 之邊視圖切割斜方錐。

2. 假想平面切割斜方錐，依斜方錐上之各稜線投影回 H 面上，如圖中箭頭所示。
3. H 面上得四個貫穿點，如圖中之點 a'、點 b'、點 c' 及點 d'等。
4. 連接四個貫穿點成四邊形，即為所求之交線。
5. 依第三角法投影性判圖中各線之可見性，即完成單斜面三角形 123 與斜方錐之相交投影。
6. V 面上之貫穿點皆重疊在三角形 123 之邊視圖上。
7. 此法以 V 面上斜方錐之稜線貫穿三角形之邊視圖，直接求得貫穿點，類似直線貫穿法。

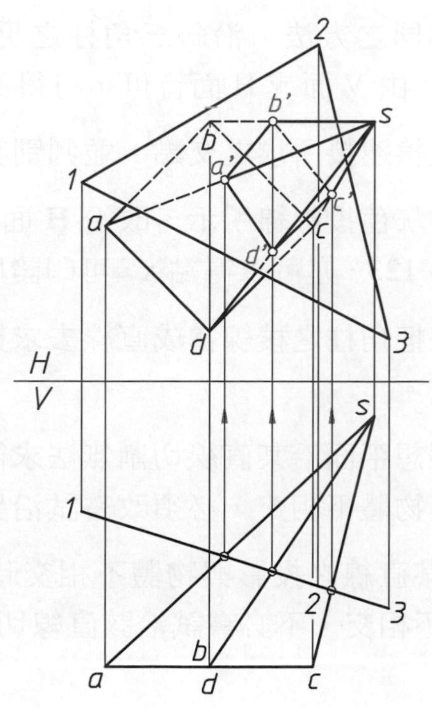

圖 11.31 求單斜面 123 與斜方錐之交線

例題 10：求複斜面三角形 123 與斜三角柱之交線。(圖 11.32)

解：

1. 三角形平面 123 爲複斜面，假想平面可沿斜三角柱之任何稜線或三角形 123 之任何邊切割皆可。
2. 選擇沿 V 面之稜線 be 去切割三角形 123，分別交三角形邊線 13 及 12 於點 m 及 n。
3. 將點 m 及 n 投回 H 面並連線，交 H 面之稜線 be 於點 x。
4. 將 H 面之點 x 投回 V 面之稜線 be 上，如圖中箭頭所示。點 x 即爲斜三角柱之稜線 be 與三角形平面 123 之貫穿點。
5. 以相同之方法，沿斜三角柱之另二稜線切割三角形 123，由 V 面或 H 面皆可，可得另二個交點。
6. 以直線連接所求之交點，並判別其可見性。
7. 圖中灰色投影線所示，改沿 H 面之稜線 be 去切割三角形 123，亦可求得點 x，可印證所求交點是否正確。
8. 此法把角柱之稜線當成直線去求貫穿點，稱爲直線貫穿法。
9. 當假想平面沿某直線切割無法求得交點時，即表該直線與物體不相交，必須改嘗試沿另一直線切割。
10. 當某直線之投影與物體不相交時，即表該直線與物體不相交，不必嘗試沿該直線切割。

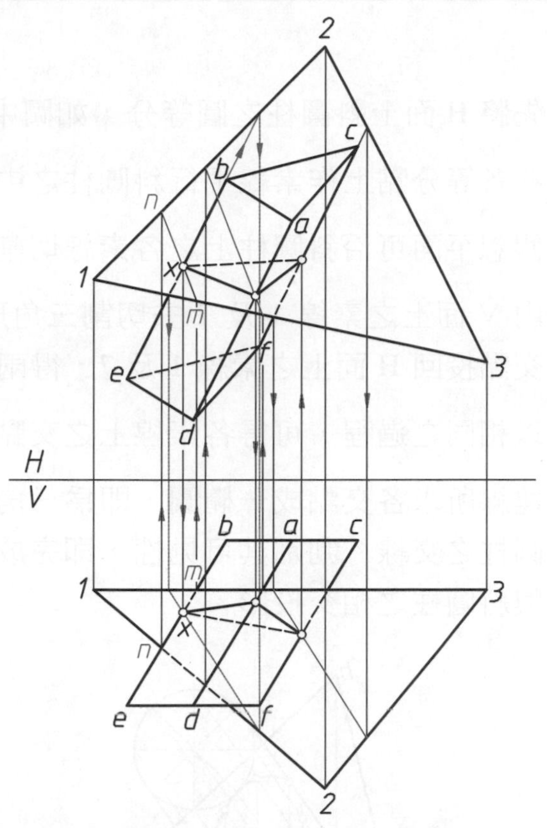

圖 11.32 求複斜面 123 與斜三角柱之交線

11.5.2 平面與圓柱相交

圓柱體切割方式，請參閱前面第 11.3 節所述，假想平面必須平行圓柱之中心軸切割，但通常先將圓等份，然後在等分點上作素線，從素線位置平行圓柱之中心軸去切割平面。一般每一次切割可求得兩個交點，依次沿圓柱等分點上之素線切割平面，求得各交點後，連接各交點成橢圓，即爲平面與圓柱之交線。

例題 11：求單斜面三角形 abc 與斜圓柱之交線。(圖 11.33)

解：

1. 先將 H 面上斜圓柱之圓等分，如圖中之 8 等分。
2. 在各等分點上作素線平行斜圓柱之中心軸。
3. 假想平面可沿斜圓柱上之各素線切割三角形 abc。
4. 由 V 面上之素線 1 及 7 去切割三角形 abc(邊視圖)，交點投回 H 面上之素線 1 及 7，得兩交點 m 及 n。
5. 以相同之過程，可得各素線上之交點。
6. 連線所求各交點成一橢圓，即為三角形平面 abc 與斜圓柱之交線。判別其可見性，即完成三角形平面 abc 與斜圓柱之相交投影。

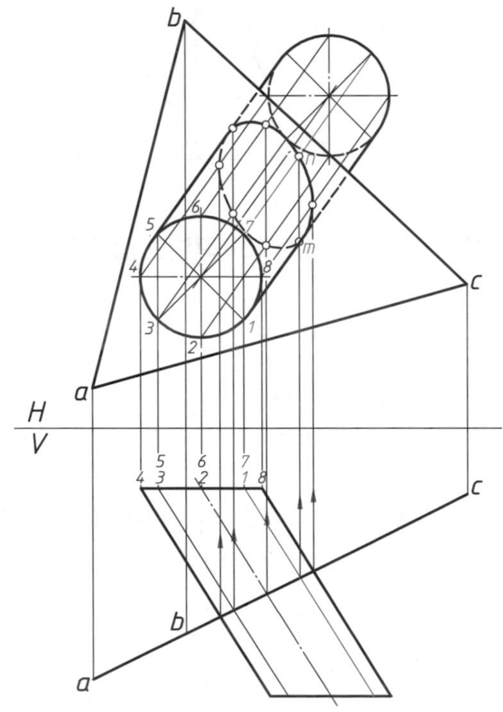

圖 11.33 求三角形平面 abc 與斜圓柱之交線

例題 12：求複斜面三角形 abc 與斜圓柱之交線。(圖 11.34)

解：

1. 先將 V 面上斜圓柱之圓等分，如圖中之 8 等分。
2. 在各等分點上作素線平行斜圓柱之中心軸。
3. 假想平面可沿斜圓柱上之各素線切割三角形平面 abc。
4. 由 V 面上之素線 2 及 4 去切割三角形 abc，得直線 pq。
5. 將直線 pq 投回 H 面之三角形 abc 上，與素線 2 及 4 相交得兩交點，如圖中素線 4 所求得之交點 u。
6. 以相同之過程，可得各素線上之交點。
7. 連線所求各交點成一橢圓，即爲複斜面三角形 abc 與斜圓柱之交線。
8. 依第一角法投影判別其可見性，即完成複斜面三角形 abc 與斜圓柱之相交投影。
9. 圖中 V 面上之素線 3 及 7 恰爲極限線，所求得之兩交點爲 m 及 n，屬實線與虛線之重要轉折點。
10. 圖中 H 面上之素線 4 及 8 亦恰爲極限線，所求得之兩交點爲 u 及 v，亦屬實線與虛線之重要轉折點。

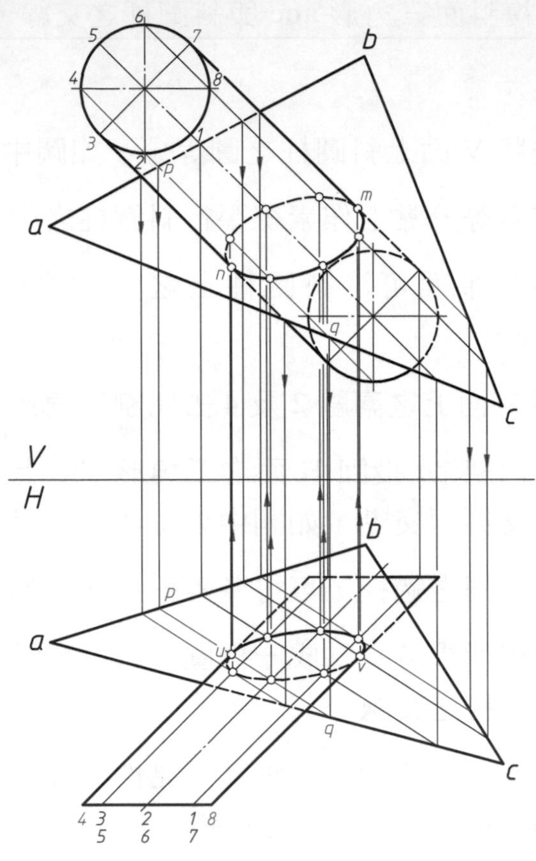

圖 11.34 求複斜面三角形 abc 與斜圓柱之交線

11.5.3 平面與圓錐相交

圓錐體切割方式，請參閱前面第 11.3 節所述，假想平面可採用水平切或由圓錐之頂點切向底圓。若由頂點切向底圓時，通常先將圓等分，然後在等分點上作素線至圓錐之頂點。從素線位置經圓錐之頂點切割時，必須同時去切割平面，一般每一次切割可求得兩個交點，依次沿圓錐等分點上之素線切割平面，求得各交點後，連接各交點成不規則曲線，即爲平面與圓錐之交線。

假想平面以水平切圓錐的方法，可與頂點切向底圓的方法共用，通常特殊或重要轉折點等，有時須以水平切圓錐的方法才能求得。

例題 13：求單斜面三角形 abc 與圓錐之交線。(圖 11.35)

解：

1. 先將 H 面上圓錐之圓等分，如圖中之 12 等分。
2. 在各等分點上作素線引向圓錐之頂點 s。
3. 假想平面可沿圓錐上之各素線，經圓錐之頂點切割三角形平面 abc。
4. 圓錐在 V 面上之素線因等分關係，除極限邊外皆有兩條重疊。
5. 切割過程：從 V 面上之素線 1 及 11 與三角形 abc 邊視圖之交點投回 H 面上之相同素線 1 及 11，得兩交點如圖中之點 m 及 n。
6. 以相同之過程，可得各素線上之交點。
7. 圖中等份點 3 及 9 之素線，因垂直 H/V 線，無法投影，可改以水平切圓錐的方法求作。
8. 從 V 面上圓錐之中心軸與三角形 abc 邊視圖之交點，水平切割圓錐，在 H 面上可得一圓，如圖中點 u 之投影。

9. H 面上該圓與素線 3 及 9 之相交點，如圖中之點 x 及 y，即為所求素線 3 及 9 上之交點。

10. 連線所求各交點成一橢圓，即為平面 abc 與圓錐之交線。

11. 依第三角法投影判別其可見性，即完成三角形平面 abc 與圓錐之相交投影。

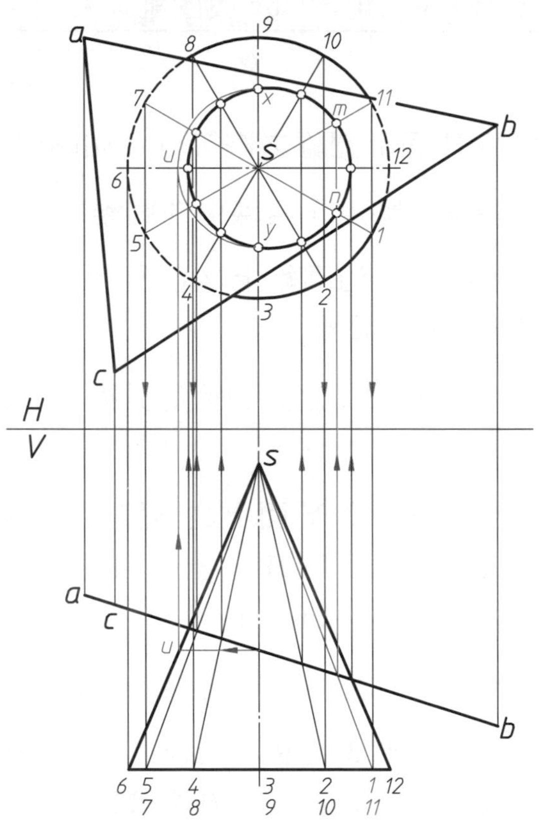

圖 11.35 求單斜面三角形平面 abc 與圓錐之交線

例題 14：求複斜面三角形 abc 與圓錐之交線。(圖 11.36)

解：

1. 先將 H 面上圓錐之圓等分，如圖中之 8 等分。
2. 在各等分點上作素線引向圓錐之頂點 s。
3. 假想平面可沿圓錐上之各素線，經圓錐之頂點切割三角形平面 abc。
4. 切割過程沿 H 面上之素線 1 及 5 切割三角形平面 abc，得三角形平面上之直線 uv。
5. 將直線 uv 投回 V 面與原來之素線 1 及 5 相交得兩點，再將兩交點投回 H 面上之素線 1 及 5，即完成素線 1 及 5 之交點投影。
6. 以相同之過程，可得各素線上之交點。
7. 圖中 H 面上等分點 4 及 8 之素線，恰爲平行 H/V 線之中心線，沿此素線切割三角形平面 abc，所求得之交點在 V 面上爲重要之轉折點，如圖中三角形 abc 上之直線 mn 所求得之交點。
8. 圖中等分點 2 及 6 之素線，因垂直 H/V 線，無法直接投影，可先將切割三角形 abc 之直線 pq，以旋轉法求其實長，如圖中 V 面上之直線 p_1q_1，直線 p_1q_1 與兩極限線 s8 及 s4 之交點高度 x_1 及 y_1，即爲素線 2 及 6 上交點之高度，如圖中 V 面上之點 x 及 y。
9. 將 V 面上之點 x 及 y，分別以點之旋轉法反求，亦即水平切圓錐的方法求作，可得點 x 及 y 在 H 面上之位置，如圖中箭頭所示。
10. 分別在 V 面上及 H 面上連線所求各交點成一橢圓，即爲平面 abc 與圓錐之交線。

11. 依第三角法投影判別其可見性，即完成複斜面三角形平面 abc 與圓錐之相交投影。

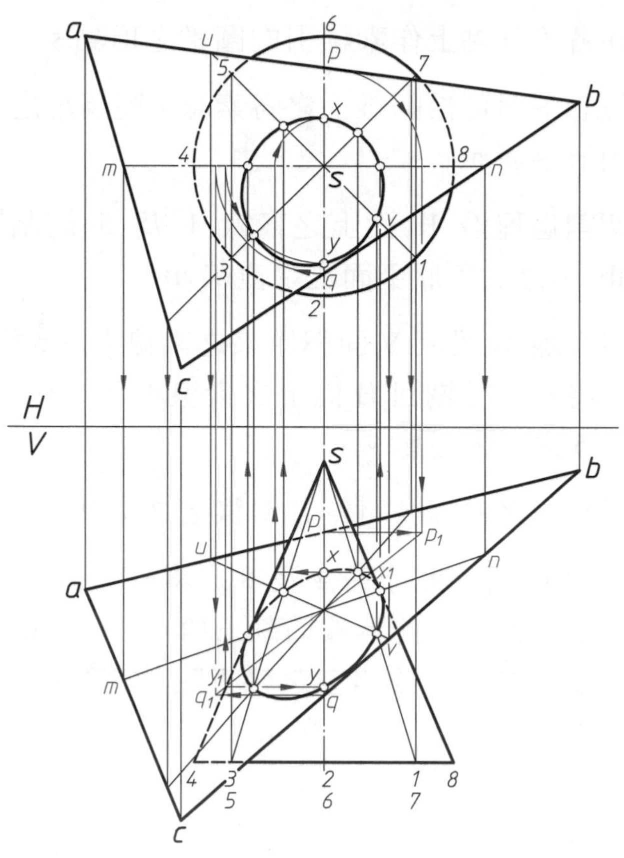

圖 11.36 求複斜面三角形平面 abc 與圓錐之交線

11.5.4 無限大平面與物體相交

無限大平面因以平面跡的方式投影，故與有限平面之求作截然不同，必須根據平面跡之投影基礎求作。無限大平面與物體相交亦可採用假想平面切割，通常必須沿著無限大平面之水平主線、直立主線或垂直一投影面傾斜其他投影面等位置切割，且還要配合相交物體適合切割之方式，以及平面相交的幾何觀念等，才可求出無限大平面與物體之交線。

無限大平面與物體相交時，通常皆位第一象限，無限大平面假設爲透明，即物體被無限大平面遮蓋時仍以粗實線繪製。物體爲不透明，即被物體遮蓋時必須以虛線繪製。

例題 15：求平面 Q 與直三角柱之交線。(圖 11.37)

解：

1. 平面 Q 爲複斜面，直三角柱直立於 H 面上。
2. 假想平面可沿著直三角柱之稜線且配合平面 Q 之水平主線或直立主線切割。
3. 以水平主線切割，經 H 面上之點 1 作平面 Q 之水平主線，與 V 面上之稜線(點 1)相交，得 V 面上之點 1，如圖中點 1 之彩色投影線及箭頭所示。
4. 其餘點 2 及點 3 求法，與點 1 過程相同。
5. 本題亦可配合直立主線切割，如圖中點 2 之灰色投影線及箭頭所示，可印證點 2 之求作是否正確。
6. 連線 V 面上之點 1、2 及 3，即爲平面 Q 與直三角柱之交線。
7. 以平面 Q 爲透明，依第一角法投影判別其可見性，即完成平面 Q 與直三角柱之相交投影。
8. 此法以水平主線或直立主線切割，稱爲主線法 (Principal Line Method)。

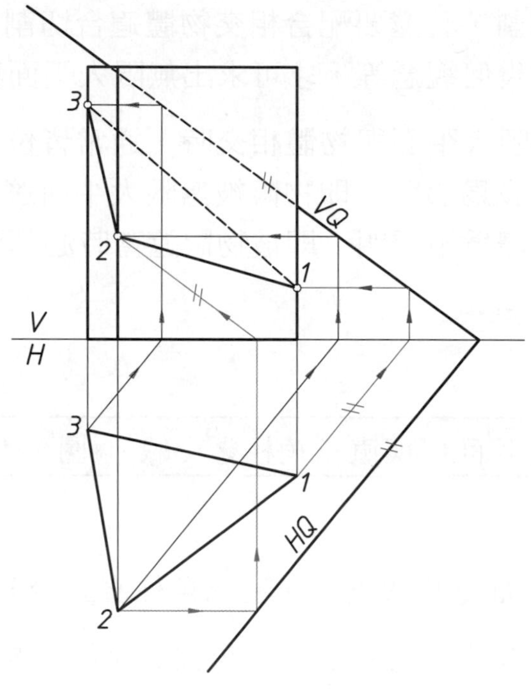

圖 11.37 求平面 Q 與直三角柱之交線

例題 16：求平面 Q 與直三角錐之相交投影。(圖 11.38)

解：

1. 平面 Q 為複斜面，直三角錐直立於 H 面上。
2. 假想平面可沿著直三角錐之稜線切割平面 Q，在 V 面上或 H 面上皆可。
3. 在 H 面投影沿著直三角錐之稜線 sa 作假想平面 R(垂直 H 面)，去切割平面 Q，得平面 R 與平面 Q 之相交線 A。

4. 得直線 A^V 與 V 面之稜線 sa 之交點 1，將點 1 投回 H 面之稜線 sa 上，即完成點 1 之投影。

5. 延長 H 面上之直線 ab 及 ac，分別交水平跡 HQ 於點 m 及 n。

6. 於 H 面上連線點 1 點 m 及點 1 點 n，分別交稜線 sb 及稜線 sc 於點 2 及點 3。

7. 將點 2 及 3 投向 V 面所屬之稜線上，即完成點 2 及 3 之投影。

8. 以上點 2 及 3 之求法(第 5 至第 7 項)，乃根據三平面相交其三條交線必相交在同一點上之幾何觀念而得，如圖中之點 1 點 m 及點 n 等皆是，此法稱爲三交線法(Three Intersecting Line Method)，適用於與平面體相交時採用。

9. 以點 1 相同的方法亦可求得點 2 及點 3。如圖中灰色投影線沿著直三角錐之稜線 sb 作假想平面 S，所求得之交點，可印證點 2 之求作是否正確。

10. 連線 V 面上及 H 面上之點 1、2 及 3，即爲平面 Q 與直三角錐之交線。

11. 以平面 Q 爲透明，依第一角法投影判別其可見性，即完成平面 Q 與直三角錐之相交投影。

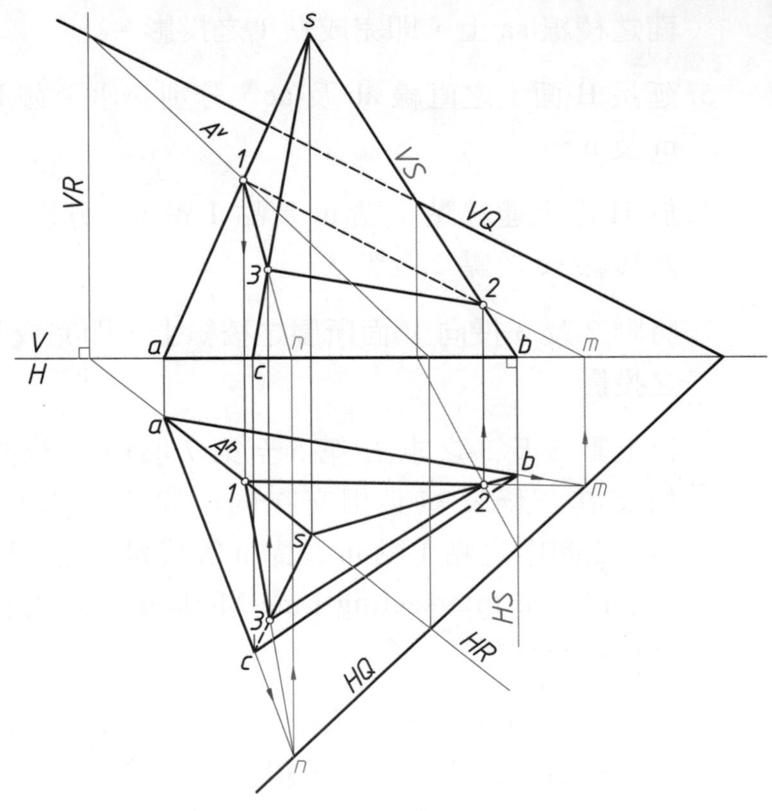

圖 11.38 求平面 Q 與直三角錐之交線

例題 17：求平面 Q 與圓錐之交線。(圖 11.39)

解：

1. 平切圓錐可得一圓，同時在平面 Q 上可得一水平主線。
2. 圓錐之底圓在 H 面上，因與 HQ 相交，可得兩相交點爲 x 及 y。
3. 當假想平面沿平面 Q 之最大水平傾斜線 B，且經圓錐頂點切割時，圓錐與平面 Q 相交之最高點 o，應在平面 Q 之最大水平傾斜線 B 上。

4. 從 H 面上圓錐之中心線求平面 Q 之直立主線 C，經圓錐頂垂直切割圓錐時，可得重要之轉折點 w。
5. 經點 w 平切圓錐與平面 Q 之水平主線，得另一交點 w_1。
6. 可在最高點 o 及 H 面之間，任意以水平切割求交點，稱為平切法，所求之交線應屬於割錐線中的橢圓弧。
7. 平切法無法精確求得圖中之最高點 o 及轉折點 w。

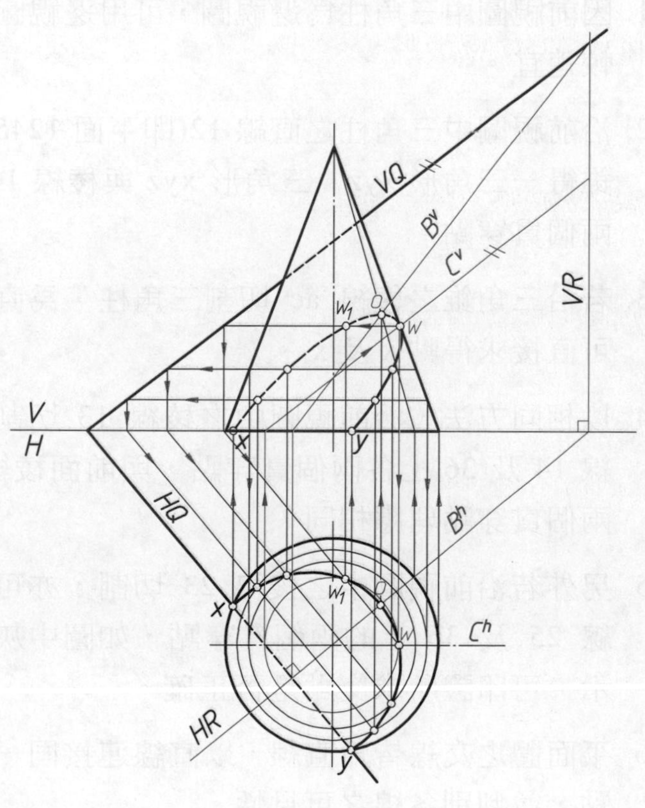

圖 11.39 求平面 Q 與圓錐之交線

11.6 平面體相交

雖然平面體可以以假想平面任意切割得直線，但必須選擇有用之位置切割，即沿任一物體之邊線(稜線)或平面切割另一物體。當同一平面上，即假想切割平面上所得之線，若相交即為交點，若無相交點則物體此部份不相交。

例題 18：求三角錐與三角柱之交線。(圖 11.40)

解：

1. 因前視圖中三角柱為邊視圖，可用邊視圖法由此切割較適宜。
2. 沿前視圖中三角柱之直線 12(即平面 1245)，切割三角錐得一三角形 xyz。三角形 xyz 與稜線 14 及 25 各得兩個貫穿點。
3. 若沿三角錐之稜線 ac 切割三角柱，為直線貫穿法，可直接求得點 x 及 x_1。
4. 以相同方法，沿前視圖中之稜線 13 切割，可求得稜線 14 及 36 上各兩個貫穿點，與前面稜線 14 上所得兩個貫穿點理應相同。
5. 另外若沿前視圖中之稜線 23 切割，亦可分別求得稜線 25 及 36 上的兩個貫穿點，如圖中灰色投影線所示，可印證所求交點是否正確。
6. 平面體之交線皆為直線，以直線連接同一平面上之交點，並判別各線之可見性。

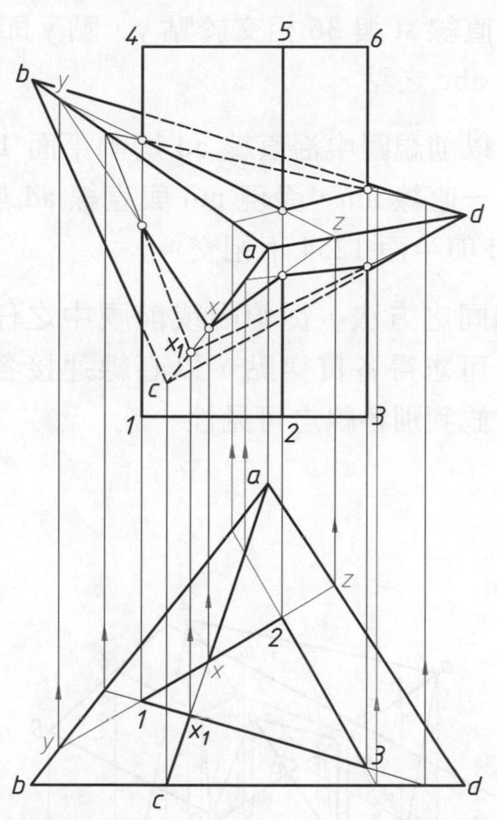

圖 11.40 求三角錐與三角柱之交線

例題 19：求三角錐與三角柱之交線。(圖 11.41)

解：

1. 假想切割平面可沿三角柱之稜線或四角錐之稜線切割另一物體之平面。
2. 首先在前視圖中沿 ac 切割平面 1254，在俯視圖中得一直線 pq 與 ac 相交於點 x，將 x 投回前視圖中之 ac 線上，點 x 即爲直線 ac 貫穿平面 1254 之點。

3. 若改以前視圖中沿直線 36 切割平面 abc，在俯視圖中得一直線 st 與 36 相交於點 y，點 y 即爲直線 36 貫穿平面 abc 之點。

4. 若再以前視圖中沿直線 ad 切割平面 1254，在俯視圖中得一直線 mn，發現 mn 與直線 ad 無交點，得知直線 ad 與平面 1254 不相交。

5. 以相同之方法，從俯視或前視中之任意直線切割皆可，可求得各貫穿點，以直線連接各平面上之貫穿點，並判別各線之可見性。

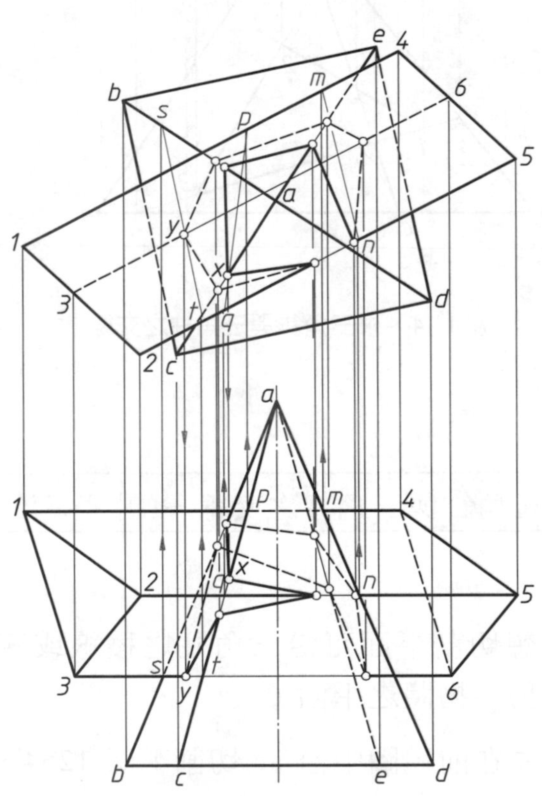

圖 11.41 求三角柱與四角錐之交線

例題 20：求正五角柱與斜三角柱之交線。(圖 11.42)

解：

1. 因俯視圖有五角柱之邊視圖，可以直線貫穿法，沿直線 25 切割，可在前視圖中切五角柱得兩直線，與前視圖之直線 25 相交得貫穿點 x 及 y。

2. 從五角柱邊視圖(俯視圖)中之點 d(即沿直線 dd_1)切三角柱時，與直線 12 交於點 m，因直線 23 為直立線(垂直基線)，與直線 23 相交時無法投影至前視圖上，可將點 2 順著三角柱任意延長至點 2'位置，使直線 2'3 與假想切割平面交於點 n，此時點 n 即可投影至前視圖上。

3. 以上點 n 之投影法，乃將柱體上某點延長，使柱體端面擴張，稱為平面擴張法。若不用此法則必須加繪三角柱端面之輔助視圖，才能求得前視圖上投影點 n(參閱圖 11.44)。

4. 由前視圖中所求得之點 m 及 n，作線平行三角柱方向(如前視圖中之直線 63)，與直線 dd_1 相交，分別得點 p 及 q。

5. 直線 14 之貫穿點求法與直線 25 相同，如圖中箭頭所示。

6. 由五角柱邊視圖(俯視圖)中之點 a、b 及 e 切三角柱之方法，與由點 d 切割相同。

7. 圖中點 5 延長至點 5'，將端面 456 擴張成 45'6，與點 2 延長至點 2'之平面擴張法相同。

8. 以直線連接各平面之貫穿點，並判別各線之可見性。

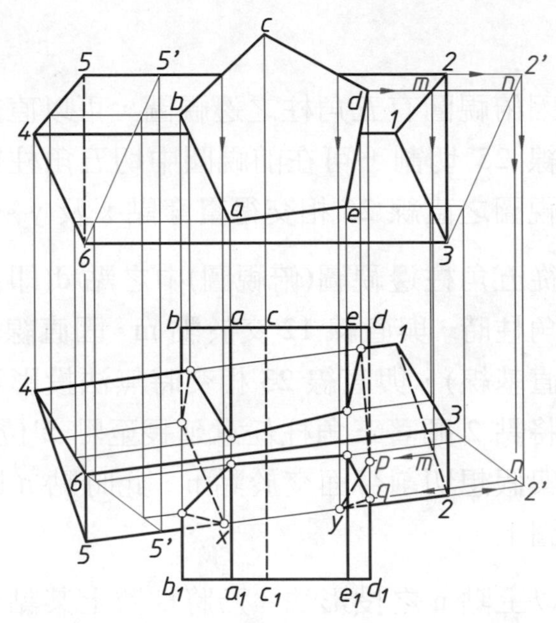

圖 11.42 求正五角柱與斜三角柱之交線

11.7 圓柱體與物體相交

圓柱有兩種切割方式，一爲沿徑向切割得圓，另一方式爲沿圓柱之軸向平行中心軸切割可得兩直線，請參閱前面第 11.3 節所述。

當以圓柱爲主沿軸向切割時，通常可將圓作等分後，再沿等分點切割，其目的除了方便作圖求交點外，若須求圓柱之展開圖時(參閱第十二章)，可因等分點間之弦長皆相同，較方便求作。若有重要交點不在等分點上時，可另外多加一刀切割，即可求得。物體與圓柱相交之線，大部份爲不規則曲線，各交點求出後以曲線板連接。

例題 21：求三角柱與圓柱之交線(一)。(圖 11.43)

解：

1. 因左側視圖有圓柱之邊視圖，可從此視圖以圓柱為主，將圓柱平行中心軸切割，為了等分圓可加繪一作圖圓(輔助視圖)，將圓作 12 等分後切割。
2. 按圓上之等分點切割，以點 5 及 7 為例，沿圓柱之軸向平行切割，以直線貫穿法在與三角柱之邊視圖接觸後投回前視圖之中，可得點 5 及 7 兩個貫穿點，如圖中彩色投影線及箭頭所示。
3. 前視圖中點 5 及 7 與圓柱中心軸之距離 h，必須與輔助視圖上之 h 相同。或直接以投影線與橢圓接觸後投影亦可，但橢圓必須繪製精確。
4. 左側視圖中之點 a(稜線 ad)因不在等分點上，可在點 a 位置增加一刀切割圓柱，可求得三角柱稜線 ad 貫穿圓柱之重要轉折點 x 及 y(與點 5 及點 7 兩個交點求法相同)。
5. 本題重要轉折點尚有點 3、6、9 及 12 等。
6. 各交點求出後，在轉折點 x 及 y 之間分別連接各點成不規則連續線，並判別其可見性，其中點 3 及 9 為實線與虛線之轉折點。
7. 前視圖之橢圓為已知之圓柱投影，必須繪製精確，以確保求得正確之交線。

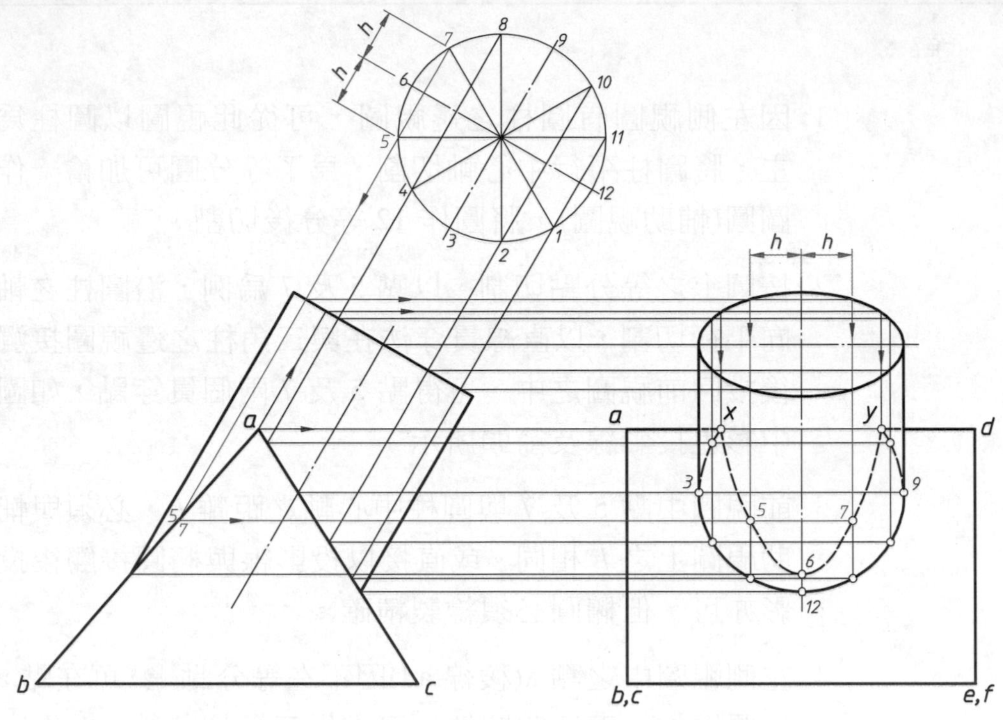

圖 11.43 求三角柱與圓柱之交線(一)

例題 22：求三角柱與圓柱之交線(二)。(圖 11.44)

解：

1. 與上題比較，本題適合以三角柱爲主從圓柱之軸向垂直切割。
2. 因三角柱稜線(端面)abc 爲垂直線，無法上下投影，可採用前述之平面擴張法，將點 c 及 a 延長，使三角形 abc 擴張爲 a’bc’，如圖中彩色投影線所示。
3. 可在俯視圖中之稜線 a 及 c 之間任意切割，其中重要之轉折點除點 a 及 c 外，尚有點 b 及圓柱之中心線位置 x，因稜線 b 及點 x 剛好位置一樣，可以省下一刀。從稜線 b 位置切割，可投影得兩個貫穿點 x_1 及 x_2。

4. 本題亦可採用輔助視圖法，如圖中灰色投影線所示，從三角柱之邊視圖切割，輔助視圖中 *d* 方向之各切割位置，必須與俯視圖中之 *d* 方向各距離一致，圖中可印證兩種作法所求交點相同。

5. 前視圖中之各交點求出後，在稜線 a、b 及 c 之間分別連接各點成不規則連續線，並判別其可見性，其中點 x_1 及 x_2 爲實線與虛線之轉折點。

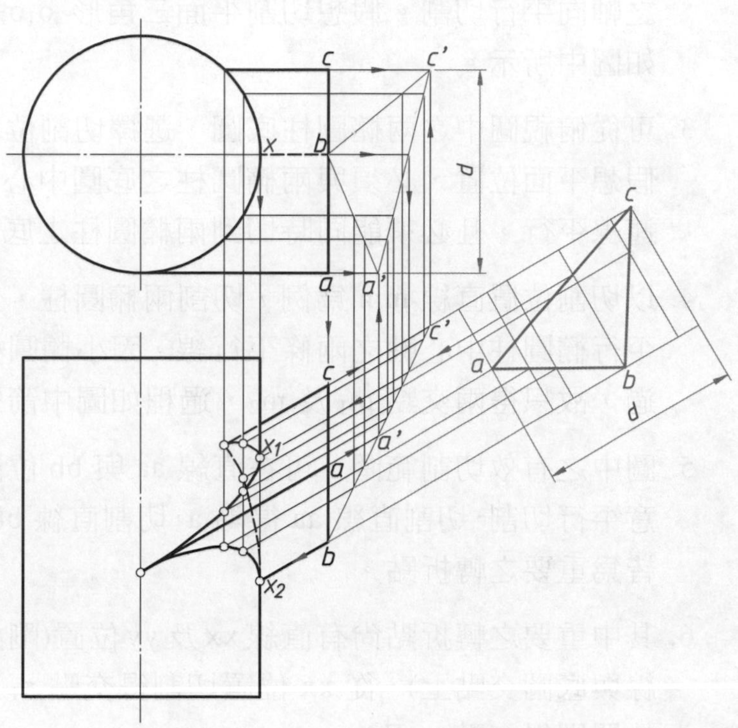

圖 11.44 求三角柱與圓柱之交線(二)

例題 23：求兩斜交橢圓柱之交線。(圖 11.45)

解：

1. 橢圓柱之切割方式，只能由軸向平行直切，因由徑向切時，得斷面為橢圓。本題但因橢圓柱斜放，使得由水平面方向橫切時仍為圓。以平切兩橢圓柱雖可求其交線，但無法求得重要轉折點，故本題仍以沿軸向平行切割較為恰當。
2. 兩橢圓柱以複斜方位相交，其兩中心軸交於點 t，以假想平面由軸向切割時，假想平面必須與兩橢圓柱之底圓中心點 o_1 及 o_2，以及兩中心軸交點 t，所形成之三角形平面 o_1o_2t 方位一致(平行)，才能同時由兩橢圓之軸向平行切割。假想切割平面三角形 o_1o_2t 之方位如圖中所示。
3. 可從俯視圖中之兩橢圓柱底圓，選擇切割位置，每一假想平面位置，必須與兩橢圓柱之底圓中心 o_1 及 o_2 連線平行，且必須能同時切到兩橢圓柱之底圓。
4. 以切割位置直線 mm 為例，切割兩橢圓柱，分別可得平行橢圓柱中心軸之兩條平行線，因小橢圓柱沒有穿過，故只得兩交點 m_1 及 m_2，過程如圖中箭頭所示。
5. 圖中之有效切割範圍，可在直線 aa 與 bb 位置之間任意平行切割，切割直線 aa 得點 a，切割直線 bb 得點 b，皆為重要之轉折點。
6. 其中重要之轉折點尚有直線 xx 及 yy 位置(剛好為極限線與底圓交點上)，從 xx 位置切割得交點 x_1 及 x_2，yy 位置則得交點 y_1 及 y_2。

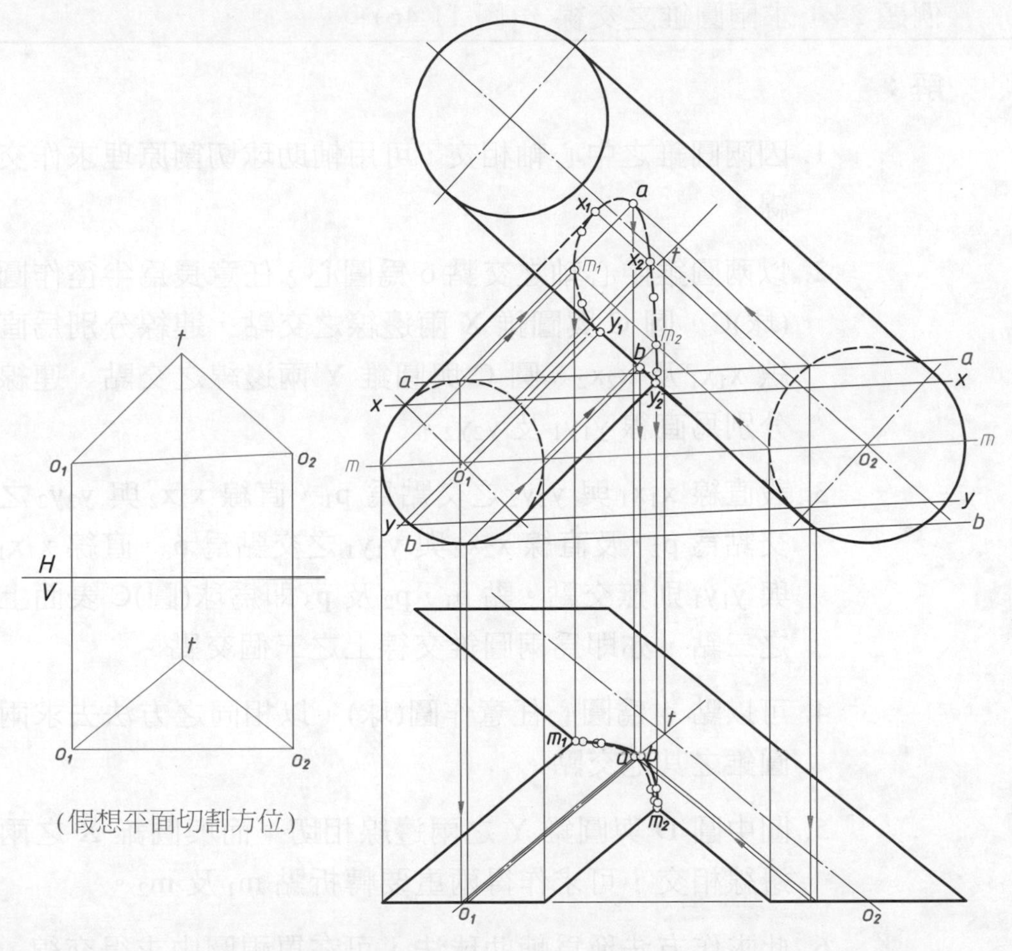

圖 11.45 求兩斜交橢圓柱之交線

11.8 圓錐體與物體相交

切圓錐之方式除了平切得圓外，由圓錐之頂切向底圓可得兩直線，此爲切割圓錐之兩種方法，參閱第 11.3 節(c)所述。當圓錐之中心軸與相交物體之中心軸相交，且該物體之徑向斷面爲圓時，可改用輔助球切割原理，求作較簡單，參閱第 11.2 節(b)所述。

例題 24：求兩圓錐之交線。(圖 11.46)

解：

1. 因兩圓錐之中心軸相交，可用輔助球切割原理求作交線。
2. 以兩圓錐中心軸之交點 o 爲圓心，任意長爲半徑作圓(球)C，圓 C 與圓錐 X 兩邊線之交點，連線分別爲直線 x_1x_1 及 x_2x_2，圓 C 與圓錐 Y 兩邊線之交點，連線分別爲直線 y_1y_1 及 y_2y_2。
3. 設直線 x_1x_1 與 y_2y_2 之交點爲 p_1，直線 x_2x_2 與 y_2y_2 之交點爲 p_2，及直線 x_2x_2 與 y_1y_1 之交點爲 p_3，直線 x_1x_1 與 y_1y_1 則無交點。點 p_1，p_2 及 p_3 即爲球(圓)C 表面上之三點，亦即爲兩圓錐交線上之三個交點。
4. 可以點 o 爲圓心任意作圓(球)，以相同之方法去求兩圓錐之其他交點。
5. 圖中圓 D 與圓錐 Y 之兩邊線相切，而與圓錐 X 之兩邊線相交，可求作得兩重要轉折點 m_1 及 m_2。
6. 此求作方法稱爲輔助球法，可在單視圖中求得交線。
7. 當兩圓錐中心軸相交，且輔助球(圓)剛好能同時與兩圓錐之邊線相切時，爲特殊情況，此時其交線爲兩直線，如圖 11.47 所示。

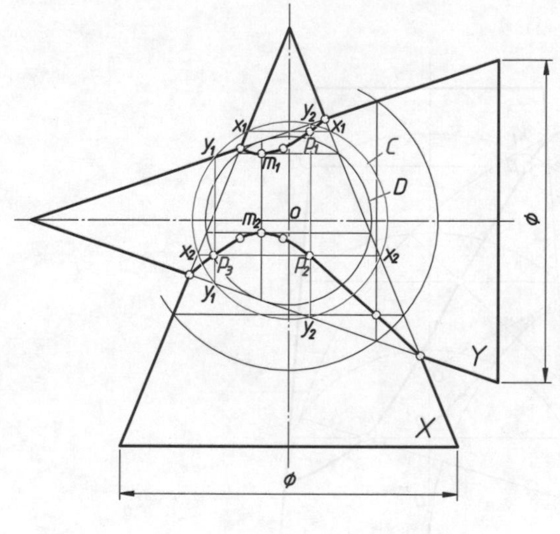

圖 11.46 求兩圓錐之交線

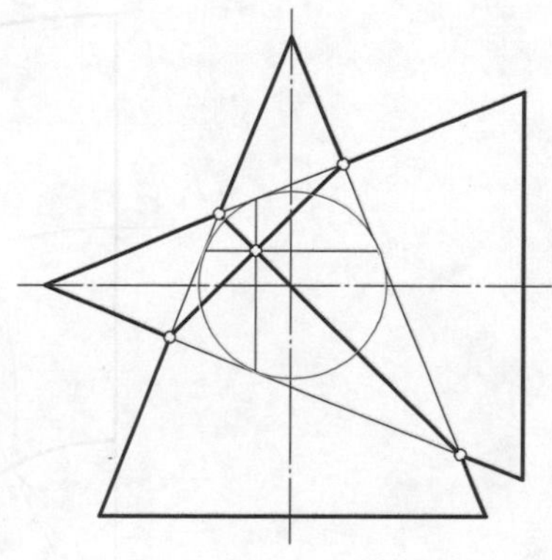

圖 11.47 兩圓錐之交線為直線

例題 25：求截圓錐與環之交線。(圖 11.48)

解：

1. 因環之斷面為圓，當圓錐之中心軸與環之圓形中心軸相切時，可採用輔助球法求交線。

2. 輔助球之圓心必須在環之圓形中心線切線與截圓錐之中心線交點上。可任意作圓形中心線之切線，如圖中之直線 to 與圓錐之中心線相交於點 o，以點 o 為圓心，圓弧則必須通過圖中之點 x_1 及 x_2，同時交圓錐之兩邊線得點 y_1 及 y_2，連接直線 x_1x_2 及 y_1y_2 得交點 p，即為圓錐與環交線上之一點。

3. 以相同之方法可求得其他交點。

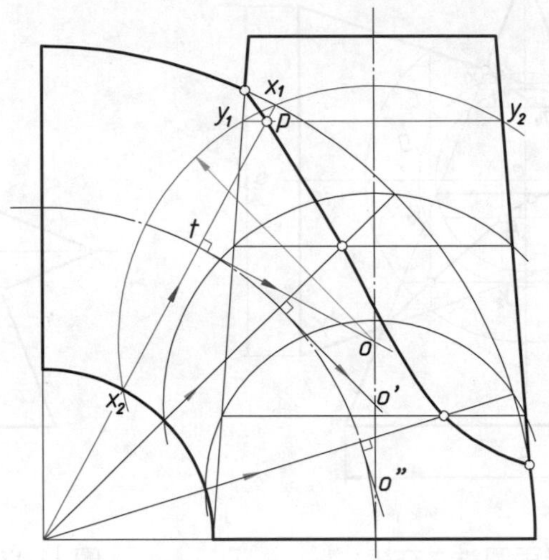

圖 11.48 求截圓錐與環之交線

例題 26：求圓錐與圓柱之交線。(圖 11.49)

解：

1. 可沿圓柱之軸向平切圓錐，圓柱上得兩直線，圓錐得一圓。
2. 在右側視圖之圓柱邊視圖上，將圓等分爲 12 等分。
3. 以從等分點 3 及 11 水平切割爲例，切割圓錐得作圖圓 C，與切割圓柱點 3 位置之直線相交得點 x 及 y，因等分點 11 之位置在圓錐外，故無交點。
4. 重要之轉折點除從等分點 1、4、及 7 切割外，尚有圓錐邊線貫穿圓柱之點 p 與 q，此兩點可以投影直接求得交點。

5. 本題之另一種切割方式，可從右側視圖中之圓錐頂 o，經圓柱之範圍切向底圓。如圖中之 oa 爲例，使 oa 剛好通過圓柱等分點 3 之位置，其所求得之兩交點即爲點 x 及 y。可印證兩種切割方式皆由點 3 位置切割時，其所求得之交點一致。

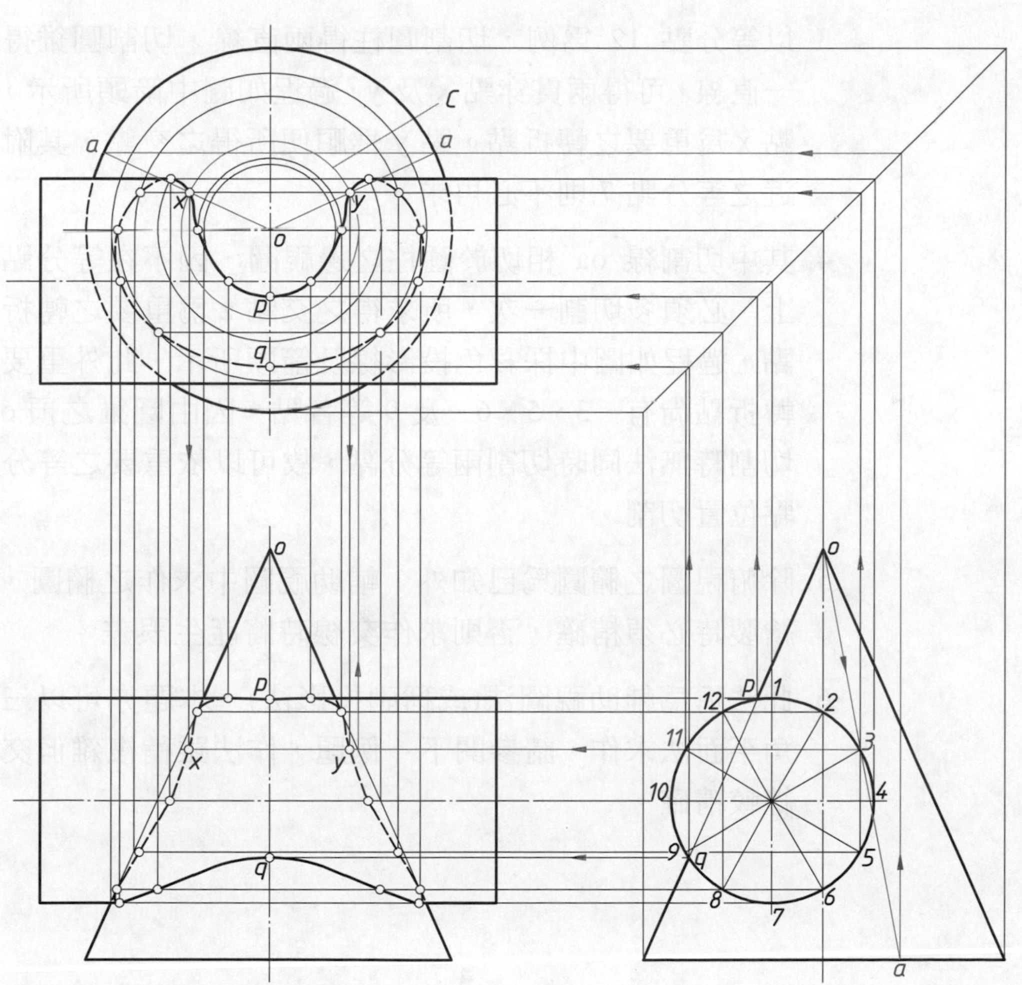

圖 11.49 求圓錐與圓柱之交線

例題 27：求圓錐與圓柱傾斜相交之交線。(輔助視圖法，圖 11.50)

解：

1. 因圓柱爲單斜方位，故可在前視圖作輔助投影得圓柱之邊視圖，但使得圓錐之底圓投影成爲一橢圓。
2. 將輔助視圖中之圓作 12 等分，由圓錐之頂 o 經等分點切向底圓。
3. 以等分點 12 爲例，切割圓柱得兩直線，切割圓錐得一直線，可得兩貫穿點 x 及 y，過程如圖中箭頭所示，點 x 爲重要之轉折點，點 y 爲順便所得之交點，其附近之等分點 7 則不必再求。
4. 其中切割線 oa 相切於圓柱之邊視圖，因不在等分點上，必須多切割一次，所求得之交點 z 爲重要之轉折點，過程如圖中採彩色投影線及箭頭所示，此外重要轉折點尚有、3、5、6、及 9 等各點。因由圓錐之頂 o 切割時無法同時切割兩等分點，故可以依重要之等分點位置切割。
5. 除俯視圖之橢圓爲已知外，輔助視圖中求作之橢圓，繪製時必須精確，否則求作交線時將產生誤差。
6. 此法稱爲輔助視圖法(或稱副投影法)。本題亦可以三角平面法求作，請參閱下一例題，作法雖稍複雜但交線較精確。

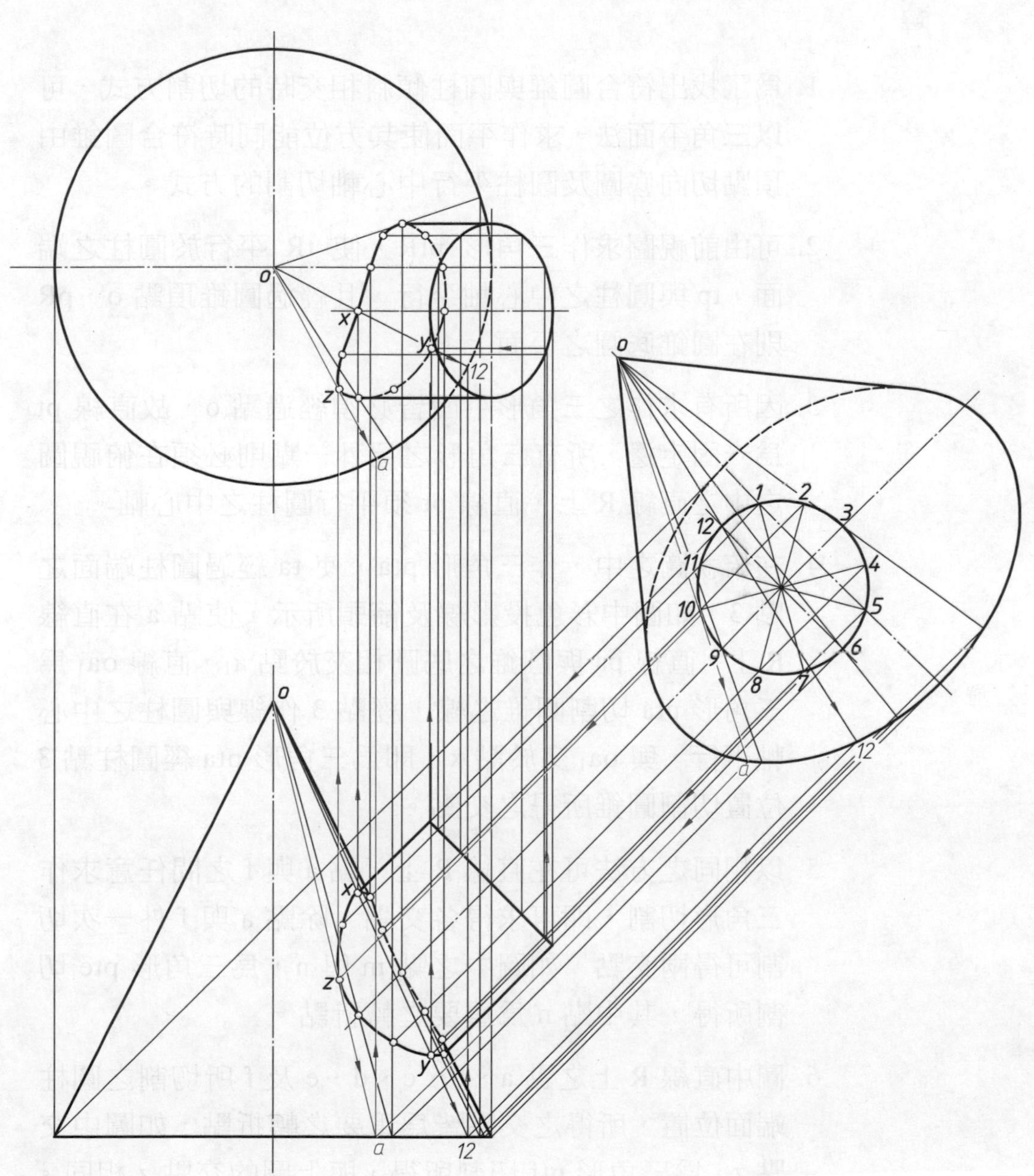

圖 11.50 求圓錐與圓柱傾斜相交之交線(輔助視圖法)

例題 28：求圓錐與圓柱傾斜相交之交線。(三角平面法，圖 11.51)

解：

1. 爲了找出符合圓錐與圓柱傾斜相交時的切割方式，可以三角平面法，求作平面使其方位能同時符合圓錐由頂點切向底圖及圓柱平行中心軸切割的方式。
2. 可由前視圖求作三角形 ptR，使 tR 平行於圓柱之端面，tp 與圓柱之中心軸平行，且經過圓錐頂點 o，pR 則在圓錐底圓之平面上。
3. 因所有求作之三角形平面皆必須經過點 o，故直線 pt 爲一固定邊，所有三角形之另外一點則必須在俯視圖之中之直線 R 上，直線 pt 須平行圓柱之中心軸。
4. 在俯視圖之中，作三角形 pta，使 ta 經過圓柱端面之點 3，如圖中彩色投影線及箭頭所示，使點 a 在直線 R 上，直線 pa 與圓錐之底圓相交於點 a_1，直線 oa_1 爲三角形 pta 切割圓錐之線，經點 3 作線與圓柱之中心軸平行，與 oa_1 交於點 x，即爲三角形 pta 經圓柱點 3 位置切割圓錐所得之交點。
5. 以相同之方法可在直線 R 上，點 a 與 f 之間任意求作三角形切割，即可求得各交點。除點 a 與 f 外一次切割可得兩交點，如圖中之點 m 與 n，爲三角形 pte 切割所得，其中點 n 爲重要之轉折點。
6. 圖中直線 R 上之點 a、b、c、d、e 及 f 所切割之圓柱端面位置，所得之交點皆爲重要之轉折點，如圖中交點 z，爲三角形 ptf 切割所得，與上圖的交點 z 相同。
7. 與上一例題求作方法做比較，此法亦可求圓柱與圓錐歪斜相交之交線。

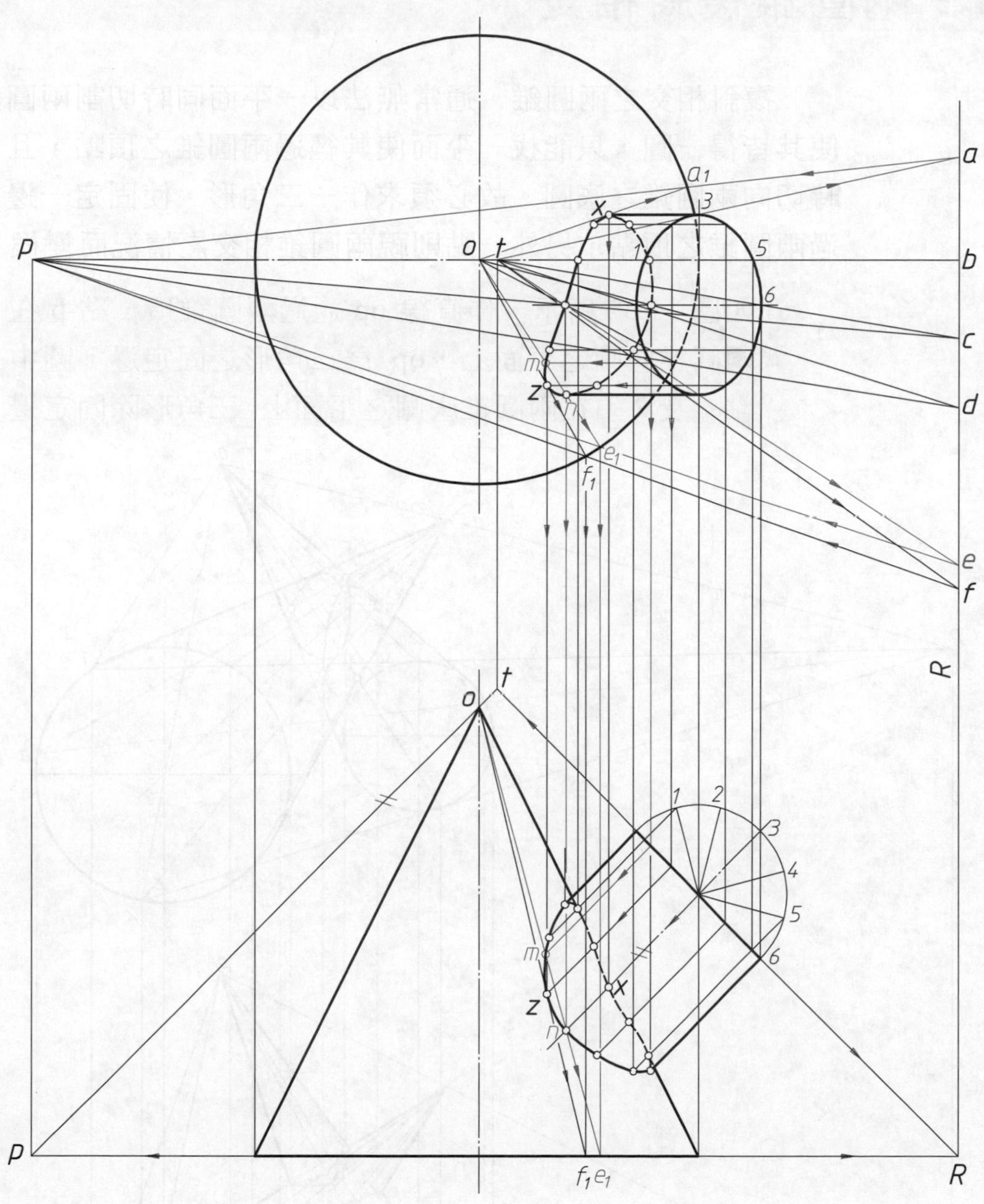

圖 11.51 求圓錐與圓柱傾斜相交之交線(三角平面法)

11.9 兩圓錐複斜相交

複斜相交之兩圓錐，通常無法以一平面同時切割兩圓錐使其皆得一圓，只能找一平面使其經過兩圓錐之頂點，且同時切向兩圓錐之底圓。故必須求作一三角形，使固定一邊通過兩圓錐之頂點，另外一點則視兩圓錐相交之情況而變換。

(a) 如圖 11.52 所示，作直線 op 通過兩圓錐頂，點 p 在兩圓錐底圓之平面上，op 爲三角形之固定邊，圖中點 1 及 2 須在兩圓錐底圓之平面上。三角形除固定邊

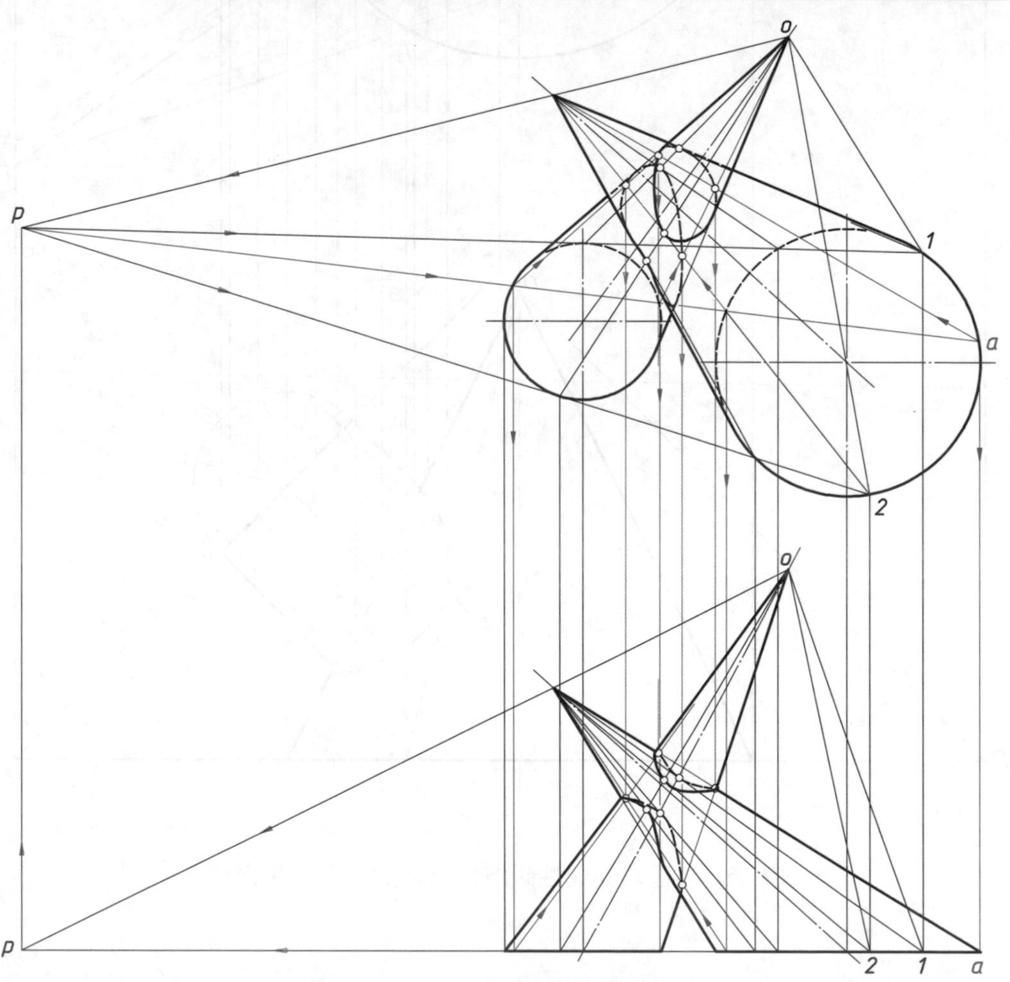

圖 11.52 複斜相交圓錐之交線(一)

外，第三點須在點 1 與 2 之間，才能求得交點，如圖中所示之點 a (三角形 opa) 可得四個交點。

(b) 如圖 11.53 所示，經兩圓錐頂作直線 op 為三角形之固定邊，另兩邊須分別維持在兩圓錐底圓之平面上，

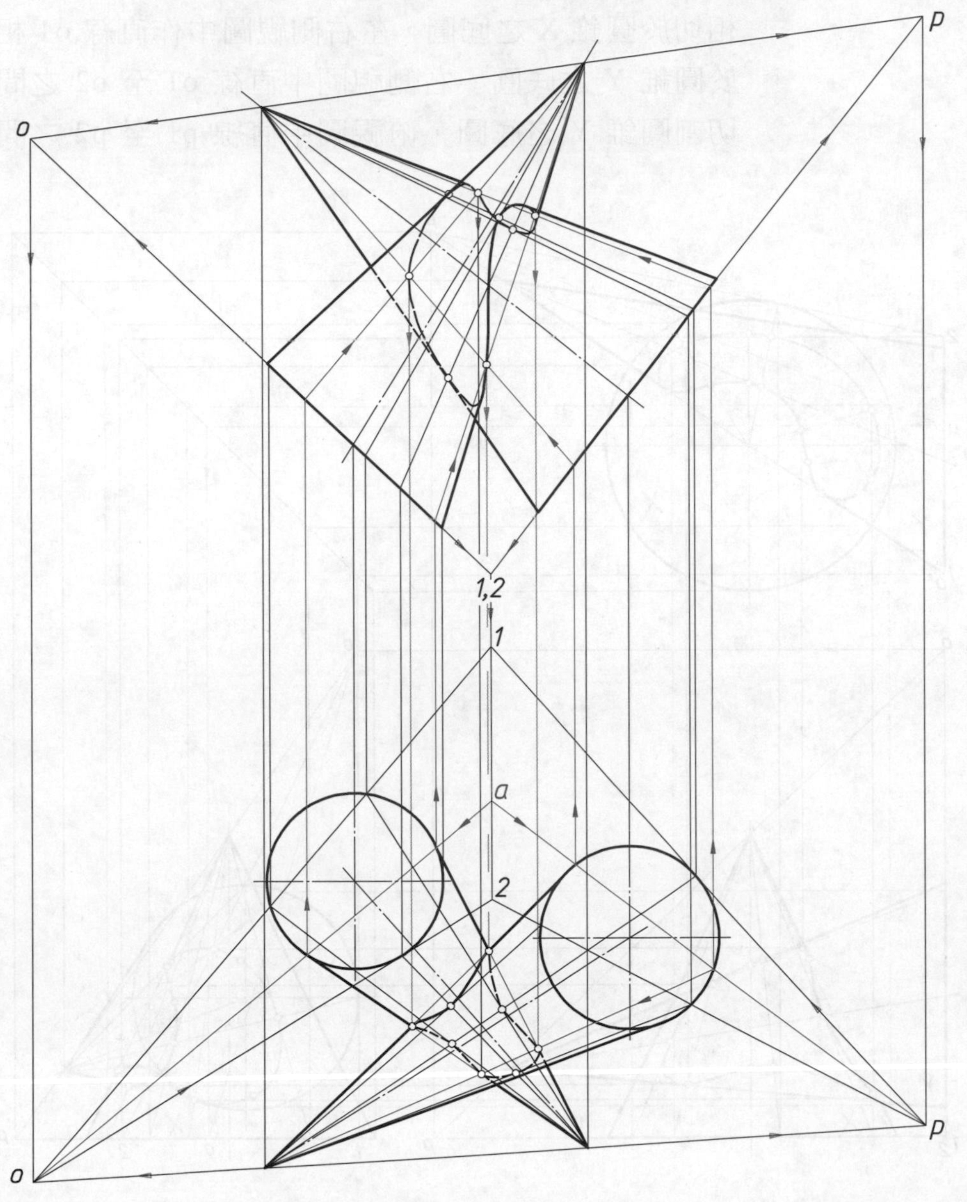

圖 11.53 複斜相交圓錐之交線(二)

三角形除點 o 及 p 外之第三點，須在圖中點 1 與 2 之連線上才能求得交點，如圖中所示之點 a (三角形 opa) 可得四個交點。

(c) 如圖 11.54 所示，設兩圓錐為 X 及 Y，經兩圓錐頂作直線 op 為三角形之固定邊，在俯視圖中作直線 p2 相切於圓錐 X 之底圓，在右側視圖中作直線 o1 相切於圓錐 Y 之底圓。右側視圖中直線 o1 至 o2 之間為切割圓錐 Y 之底圓，俯視圖中直線 p1 至 p2 之間為

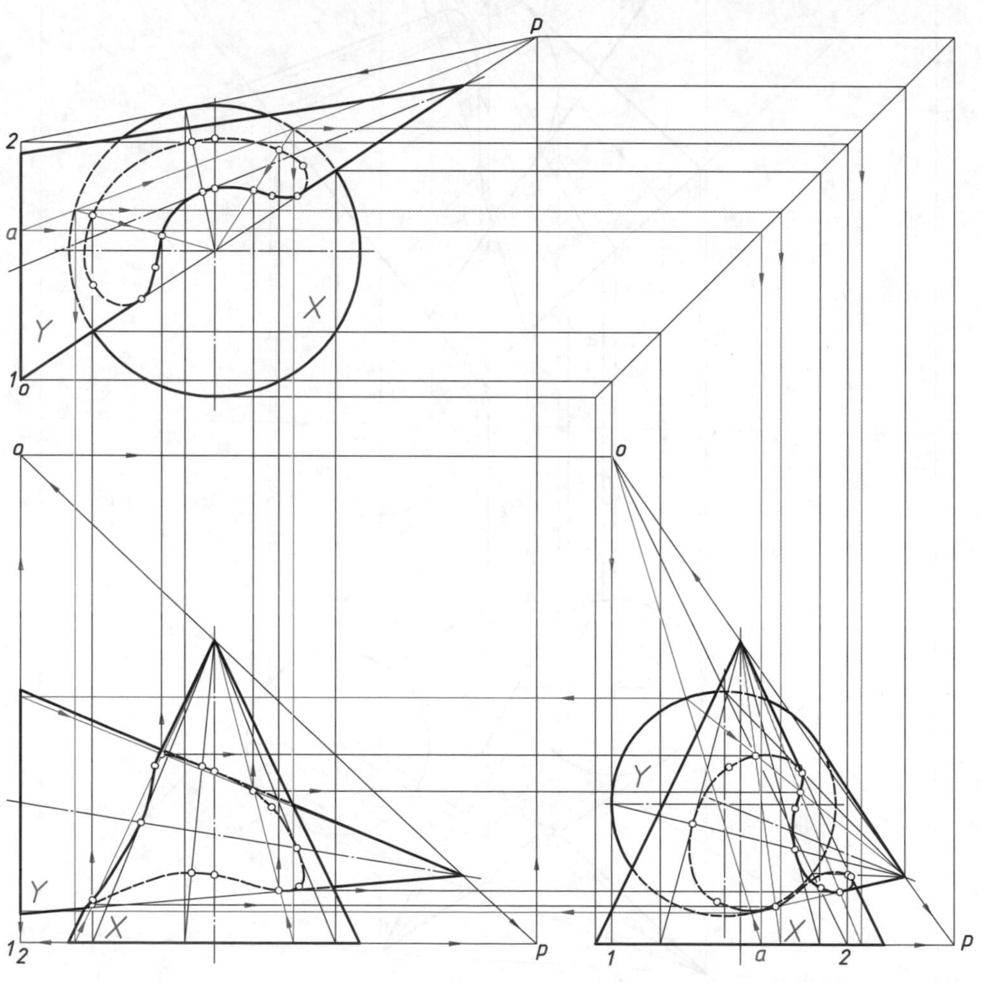

圖 11.54 複斜相交圓錐之交線(三)

切割圓錐 X 之底圓，除固定邊為 op 外，三角形之另外一點須在點 1 與 2 之間才能求得交點，如圖中所示之點 a (三角形 opa) 可得四個交點。

(d) 如圖 11.55 所示，圓錐 X 及 Y 分別在兩視圖中投影其底圓為一圓，直線 op 經兩圓錐頂為三角形之固定邊，使直線 o1 及 o2 在圓錐 X 之底圓平面上，使直線 p1 及 p2 在圓錐 Y 之底圓平面上。在前視圖中由

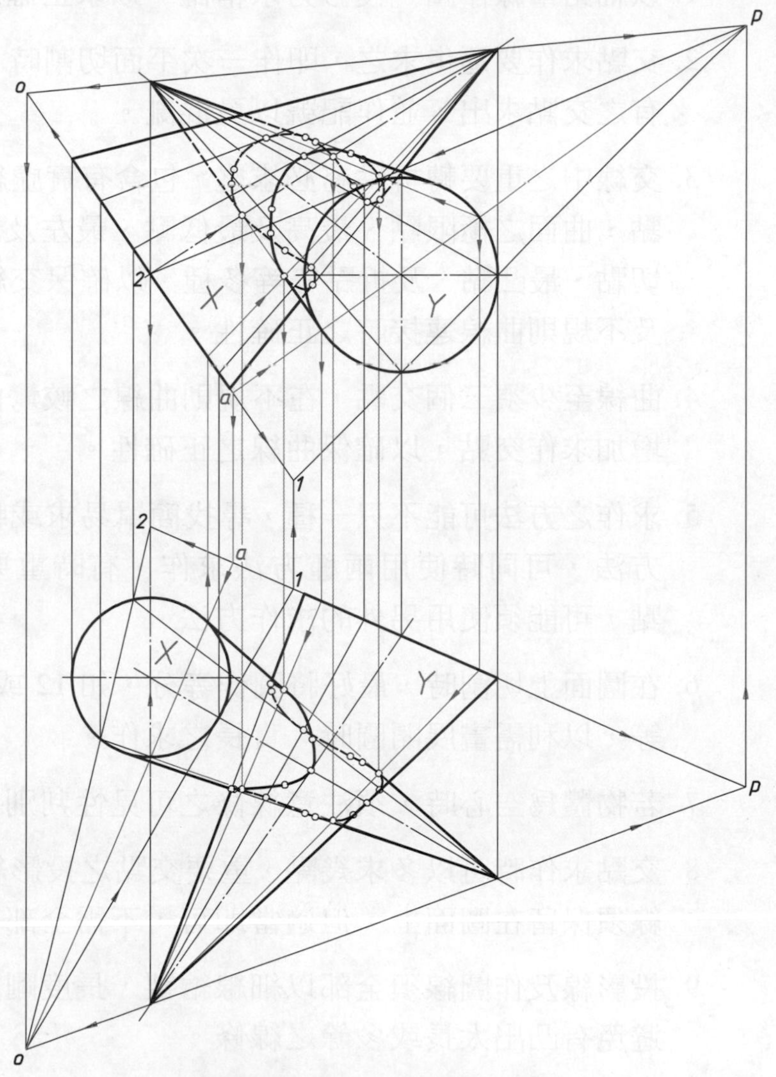

圖 11.55 複斜相交圓錐之交線(四)

點 o 向圓錐 X 底圓作相切線，得點 1，在俯視圖中由點 p 向圓錐 Y 底圓作相切線，得點 2，除固定邊 op 外，三角形之另外一點須在點 1 與 2 之間才能求得交點，如圖中所示之點 a (三角形 opa) 可得四個交點。

11.10 求作交線之注意事項

1. 以細鉛筆線作圖，投影力求精確，以求正確之交線。
2. 交點求作要逐步求之，即作一次平面切割時，須將所有之交點求出，並作記號以免混亂。
3. 交線中之重要轉折點務必求之，包含有實虛線之轉換點、曲面之極限點、最高及最低點、最左及最右點、切點、最凸點、及折點等等多種，以確保交線求作以及不規則曲線連接時之正確性。
4. 曲線至少須三個交點，在不規則曲線之較彎曲處，可增加求作交點，以確保曲線之正確性。
5. 求作之方法可能不只一種，尋找簡單易求或較精確之方法，可同時使用兩種方法求作，有時重要之轉折點，可能須使用另外的求作方法。
6. 在圓面上切割時，最好將圓作等分，如 12 或 16 等分等，以利需畫展開圖時，實長之求作。
7. 若物體爲空心時，須注意線條之可見性判別。
8. 交點求作時可以多求幾點，重要交點之投影線及作圖線須保留在圖面上，但適當即可，不需全部畫出。
9. 投影線及作圖線須全部以細線繪製，長度剛好即可，避免有凸出太長或多餘之線條。

❖ 習 題 十一 ❖

一、問答題

1. 交線求作之原理有那兩種，詳述之。
2. 試寫出至少六種求作交線方法之名稱。
3. 輔助球法之相交物體條件如何？
4. 圓柱體求交線之適合切割方式有那幾種？詳述之。
5. 圓錐體求交線之適合切割方式有那幾種？詳述之。
6. 何謂三角平面法，詳述其求作過程及原理。
7. 默寫出至少五個求作交線的注意事項。

二、求下列各題之交線

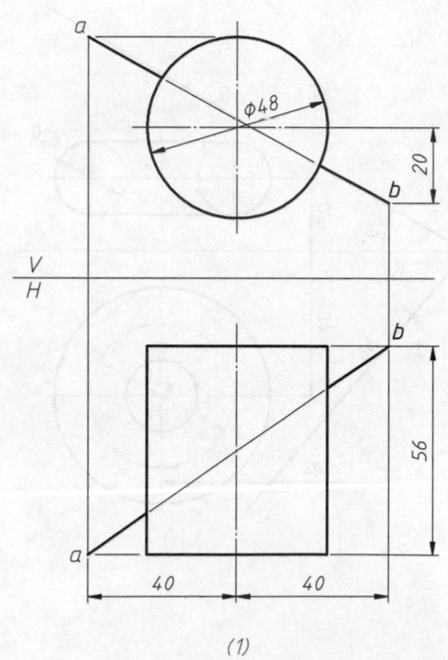

(1)

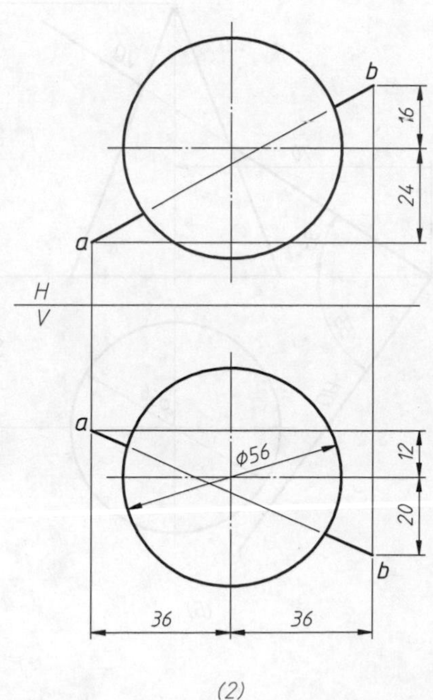

(2)

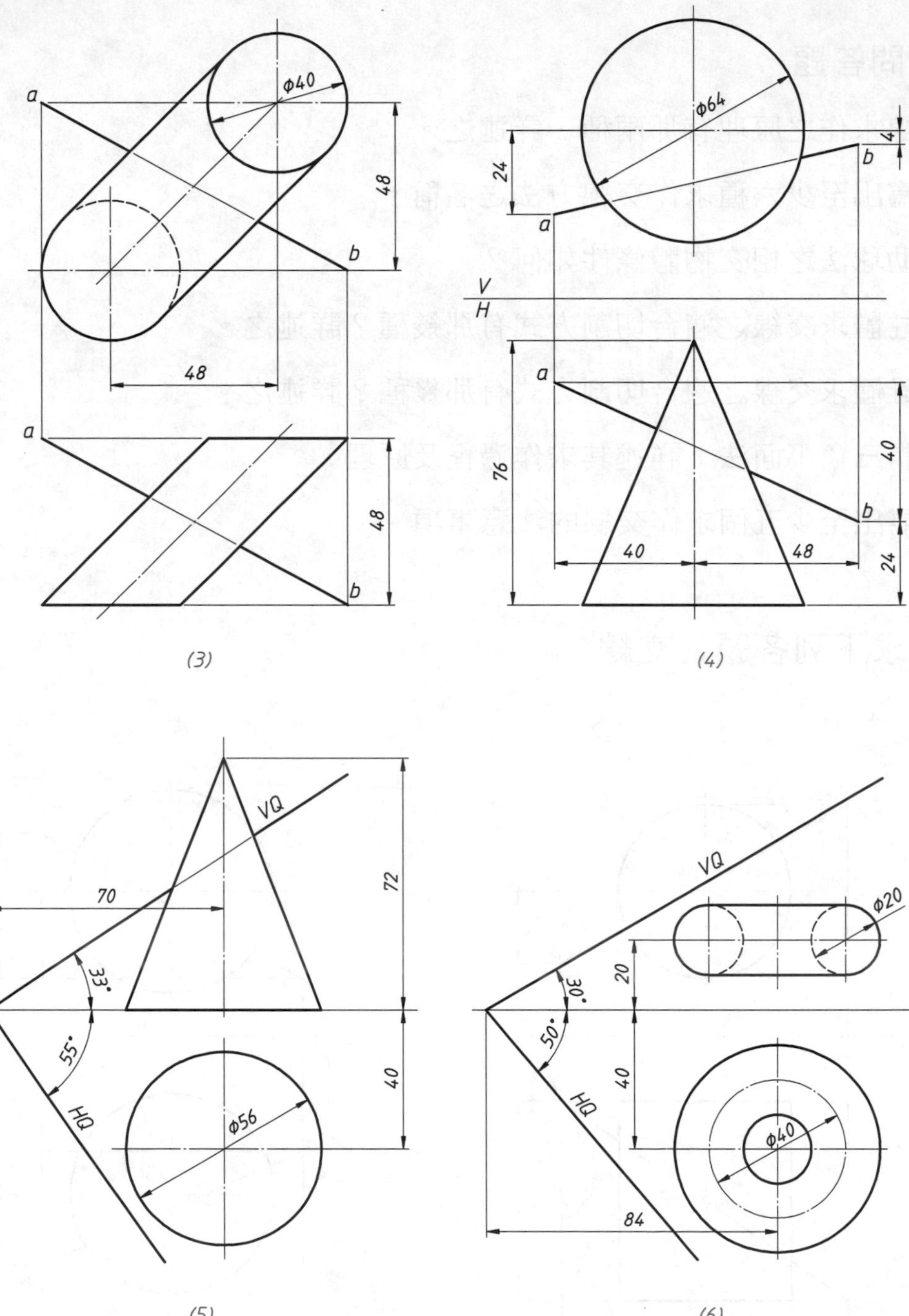

a
b
Φ40
48
48
a
b
48
(3)
Φ64
4
24
a
b
V
H
a
40
76
40
48
b
24
(4)
VQ
70
72
33°
55°
40
HQ
Φ56
(5)
VQ
Φ20
20
30°
50°
40
HQ
Φ40
84
(6)

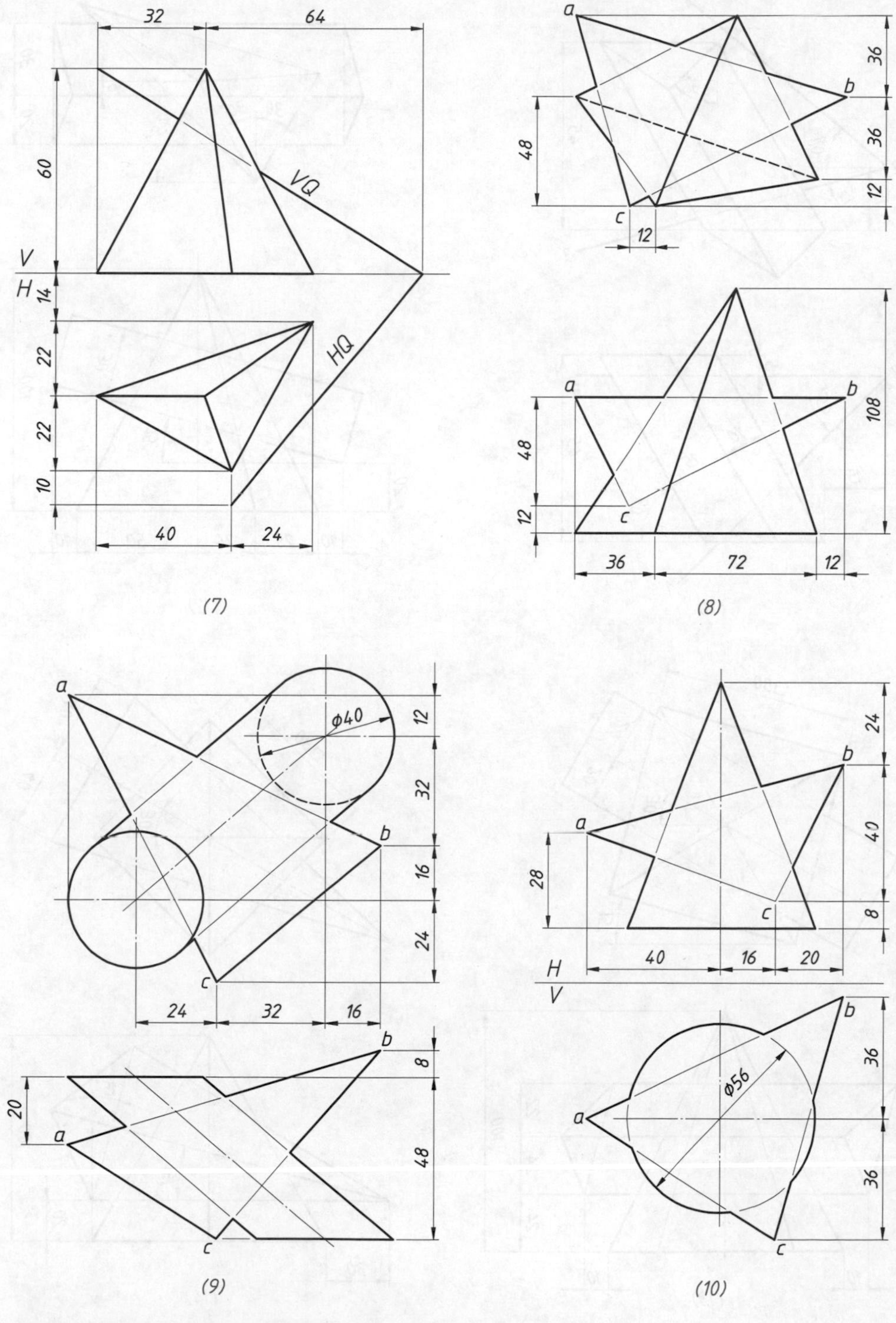
32
64
60
VQ
V
H
14
22
22
10
HQ
40
24
a
b
c
36
36
12
48
12
108
36
72
12
ϕ40
12
32
16
24
24
32
16
8
20
48
24
40
28
8
40
16
20
H
V
ϕ56
36
36

(7)

(8)

(9)

(10)

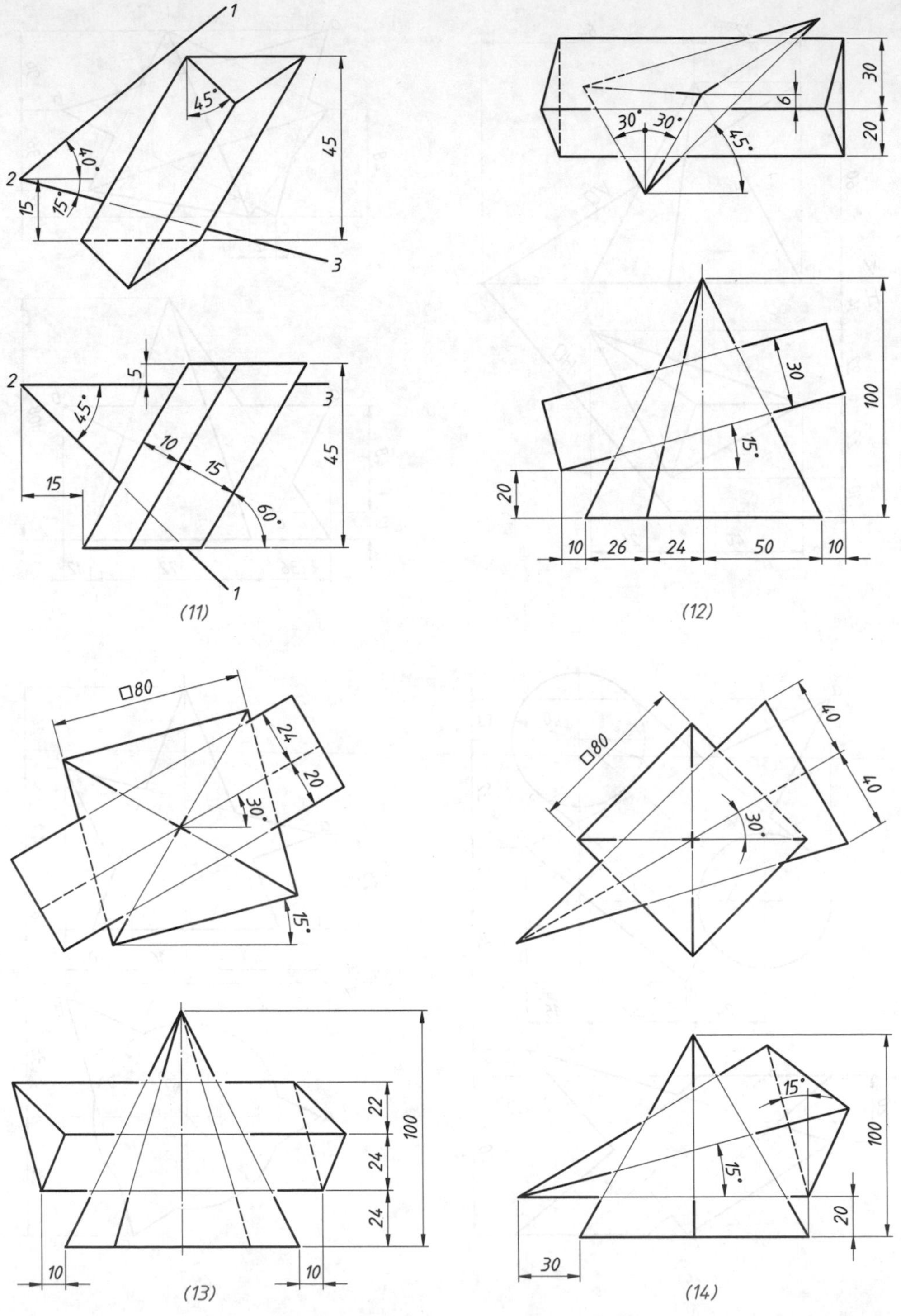
1
2
3
45°
40°
15°
15
45
5
10
15
60°
(11)
30°
30°
6
45°
30
20
100
15°
10
26
24
50
(12)
□80
24
20
30°
22
100
(13)
40
40
(14)

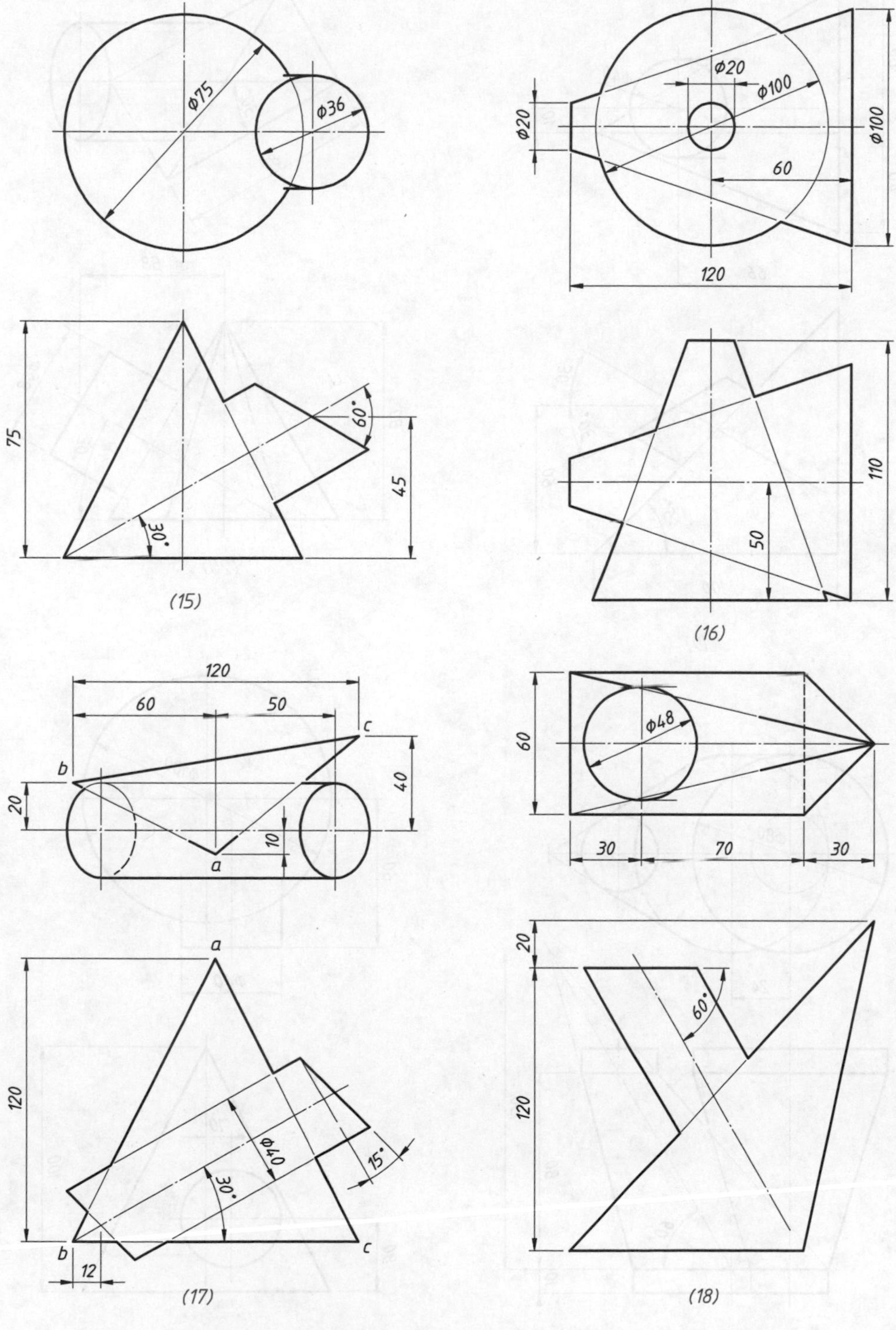
Φ75
Φ36
75
60°
45
30°
(15)
Φ20
Φ100
Φ20
Φ100
60
120
110
50
(16)
120
60
50
c
b
40
20
10
a
a
120
Φ40
30°
15°
b
c
12
(17)
Φ48
60
30
70
30
20
60°
120
(18)

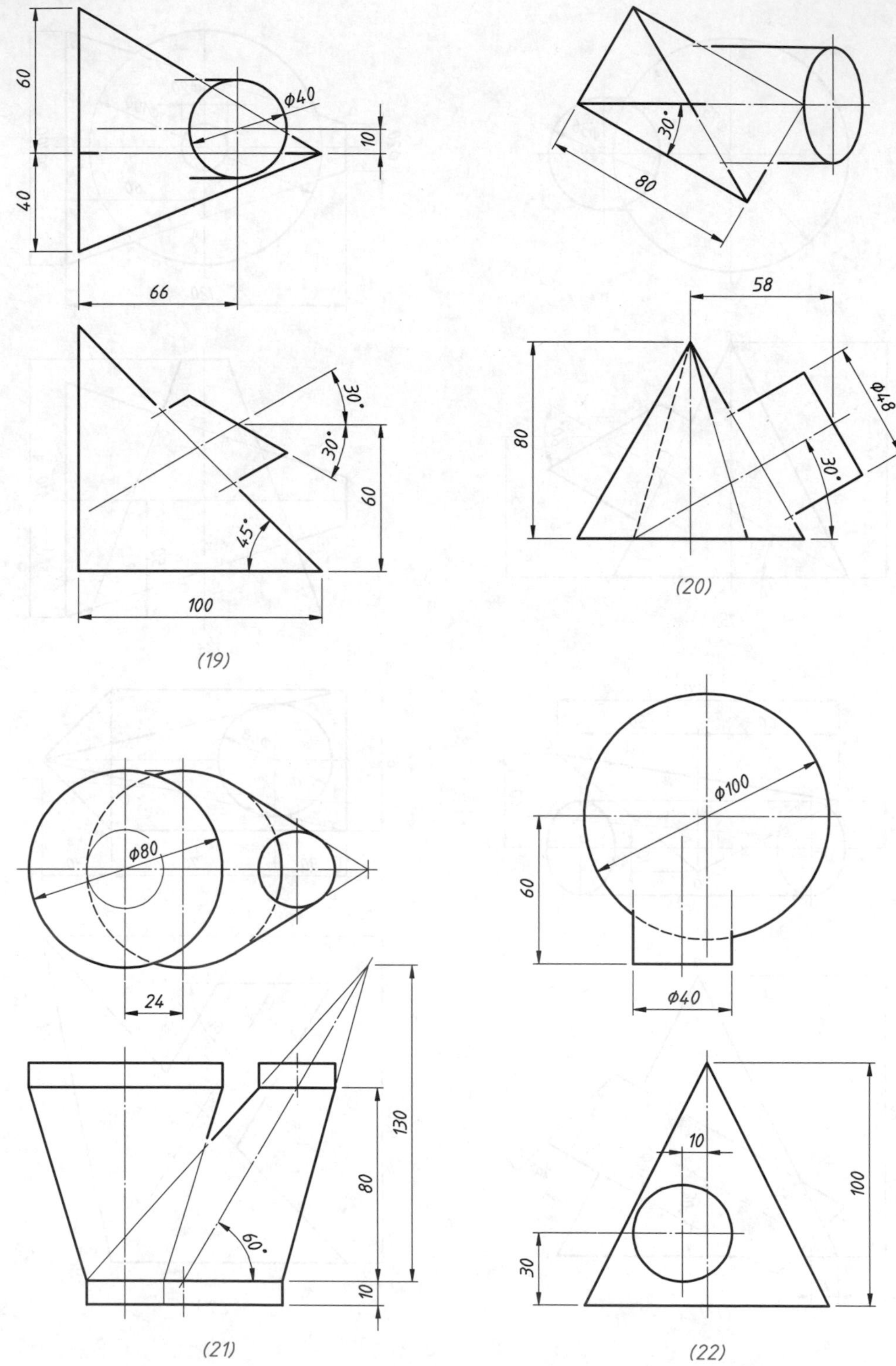
60
40
Φ40
10
66
30°
30°
60
45°
100
(19)
30°
80
58
Φ48
80
30°
(20)
Φ80
24
130
80
60°
10
(21)
Φ100
60
Φ40
10
100
30
(22)

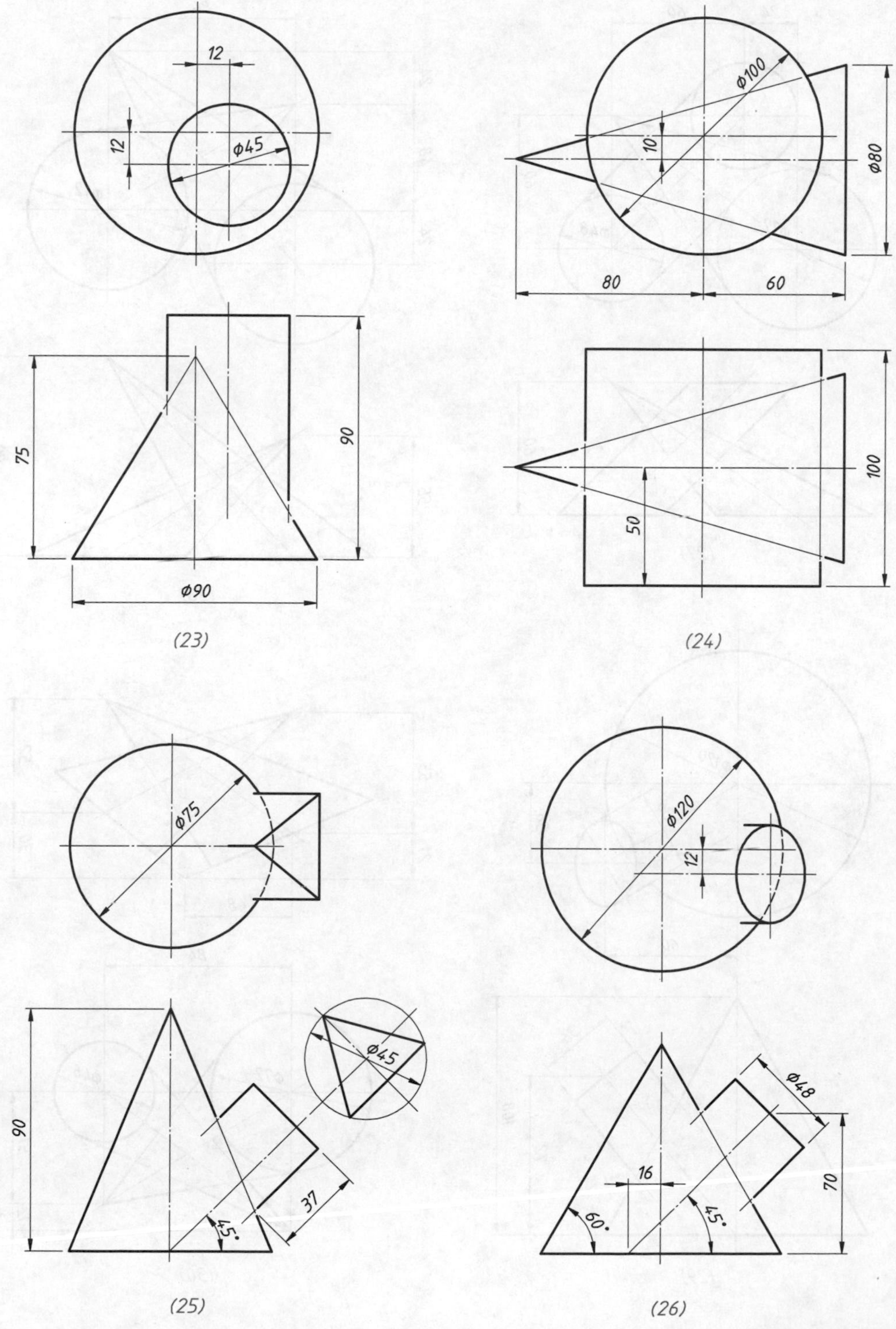
12
12
Φ45
75
90
Φ90
(23)
Φ100
10
Φ80
80
60
100
50
(24)
Φ75
90
Φ45
37
45°
(25)
Φ120
12
Φ48
16
60°
45°
70
(26)

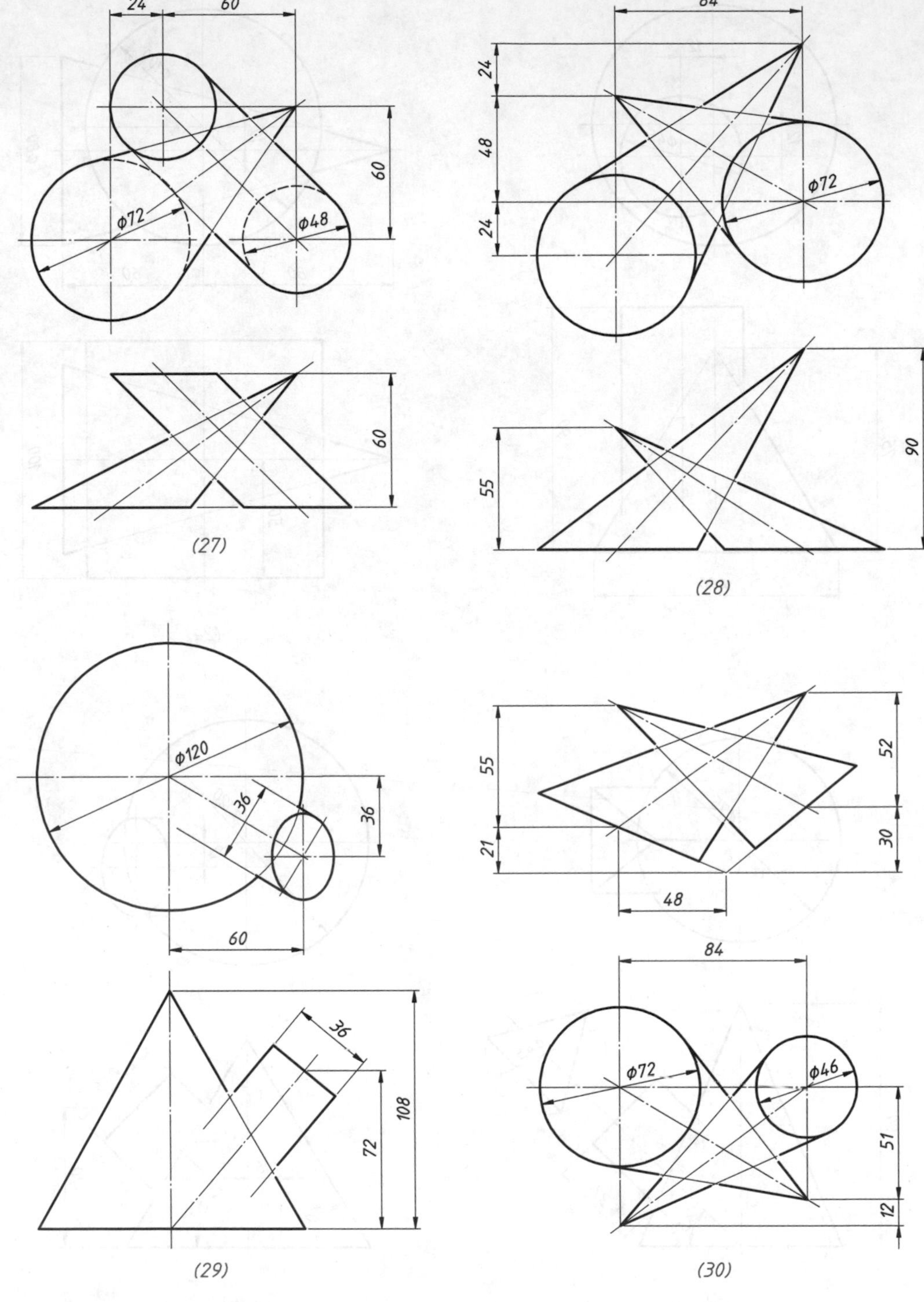
24
60
60
Φ72
Φ48
60
84
24
48
24
Φ72
55
90
Φ120
36
36
60
36
72
108
55
21
52
30
48
84
Φ72
Φ46
51
12
(27)

(28)

(29)

(30)

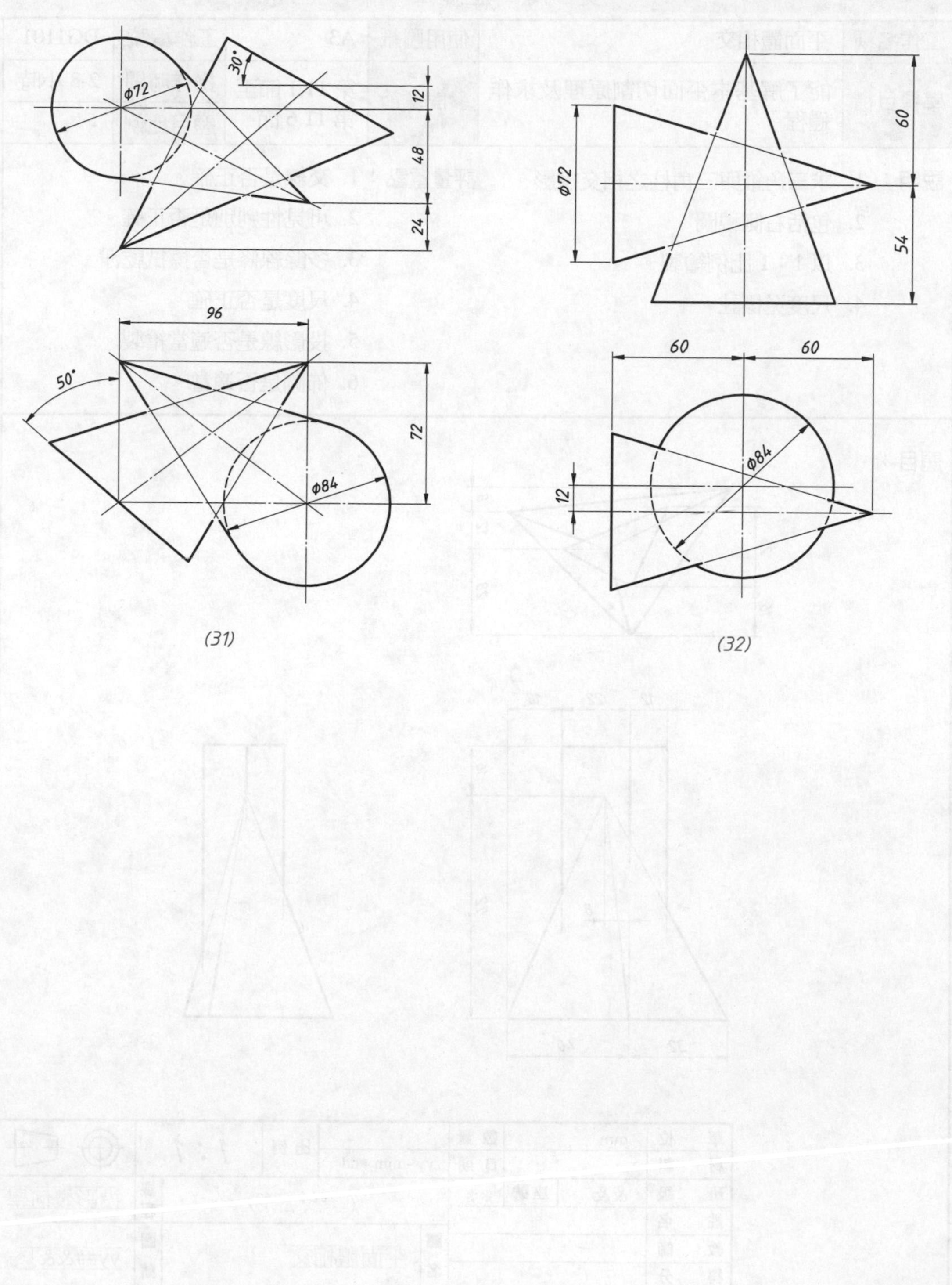
30°
Φ72
12
48
24
96
50°
72
Φ84
(31)
60
Φ72
54
60
60
Φ84
12
(32)

交　線『工作單一』

工作名稱	平面體相交	使用圖紙	A3	工作編號	DG1101
學習目標	能了解基本平面切割原理及求作過程	參閱章節	第 11.1 節至第 11.6 節	操作時間	2-3 小時
				題目比例	-

說明：
1. 求三角錐與三角柱之相交投影。
2. 包括右側視圖。
3. 以 1：1 比例繪製。
4. 尺度免標註。

評量重點：
1. 交線是否正確。
2. 可見性判別是否正確。
3. 多餘線條是否擦拭乾淨。
4. 尺度是否正確。
5. 投影線是否適當繪製。
6. 佈圖是否適當。

題目：

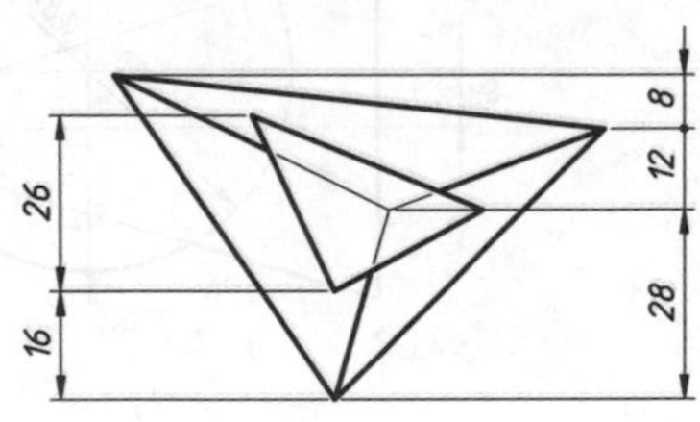

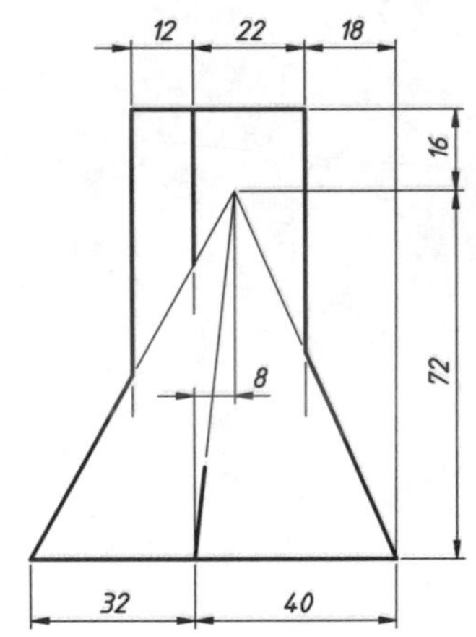

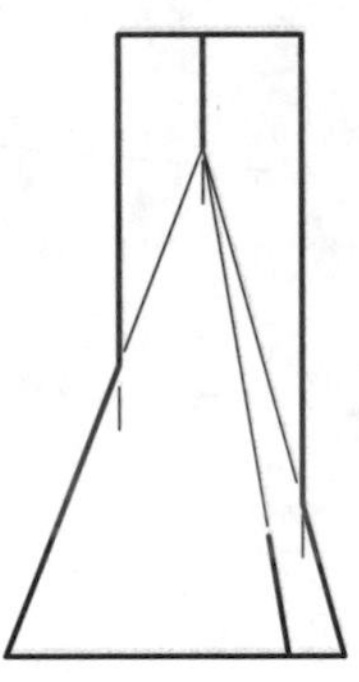

單　位	mm	數 量		比 例	1：1	
材　料		日 期	yy - mm - dd			
班　級	&&　座號 **	(學校名稱)			課程	投影幾何學
姓　名	-					
教　師	-	圖名	平面體相交		圖號	yy##&&**
得　分						

交 線『工作單二』

工作名稱	圓錐與圓柱相交	使用圖紙	A3	工作編號	DG1102
學習目標	能了解圓錐與圓柱相交及不規則曲線求作過程	參閱章節	第11.1節至第11.7節	操作時間	2-3小時
				題目比例	-

說明：
1. 求下列圓錐與圓柱之相交投影。
2. 以1：1比例繪製。
3. 尺度免標註。

評量重點：
1. 交線是否正確。
2. 重要轉折點是否求出。
3. 可見性判別是否正確。
4. 尺度是否正確。
5. 投影線是否適當繪製。
6. 佈圖是否適當。

題目：

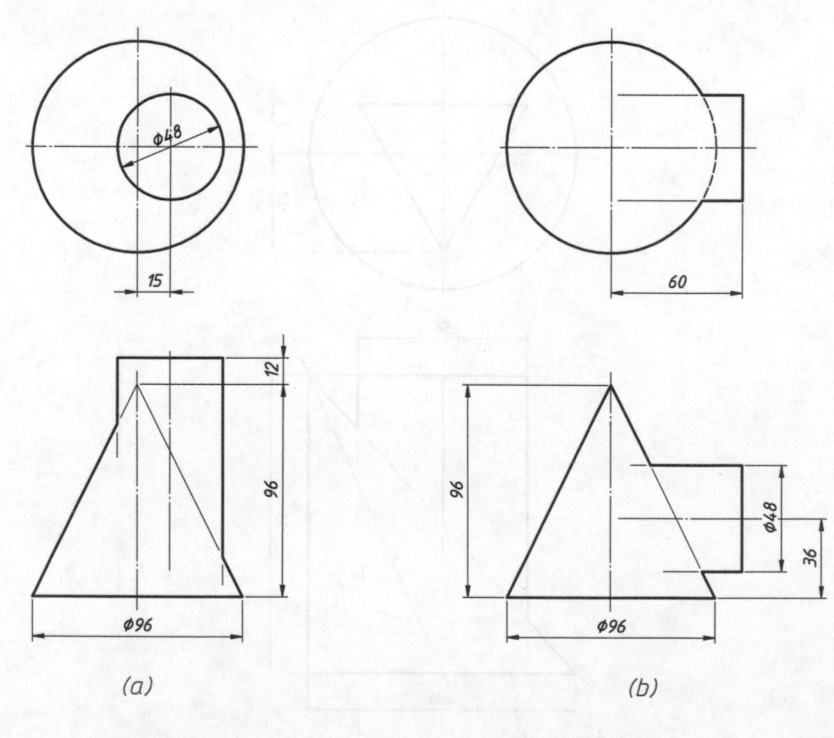

(a) (b)

單位	mm	數量		比例	1：1	
材料		日期	yy - mm - dd			
班級	&&	座號	**	(學校名稱)	課程	投影幾何學
姓名	-					
教師	-	圖名	圓錐與圓柱相交		圖號	yy##&&**
得分						

交　線『工作單三』

工作名稱	斜圓錐與三角柱相交	使用圖紙	A3	工作編號	DG1103
學習目標	能了解圓錐與平面體相交及求作過程	參閱章節	第 11.1 節至第 11.8 節	操作時間	2-3 小時
				題目比例	-

說明：
1. 求斜圓錐與三角柱之相交投影。
2. 以 1：1 比例繪製。
3. 尺度免標註。

評量重點：
1. 交線是否正確。
2. 重要轉折點是否求出。
3. 可見性判別是否正確。
4. 尺度是否正確。
5. 投影線是否適當繪製。
6. 佈圖是否適當。

題目：

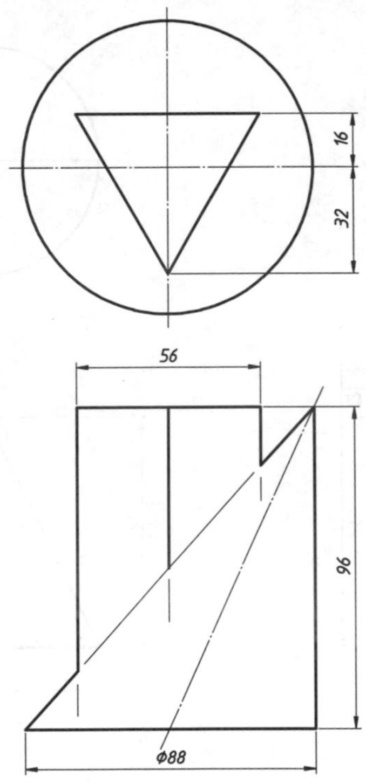

單　位	mm		數 量		比 例	1：1	
材　料			日 期	yy - mm - dd			
班　級	&&	座號	**	(學校名稱)		課程	投影幾何學
姓　名	-						
教　師	-			圖名	斜圓錐與三角柱相交	圖號	yy##&&**
得　分							

交　線『工作單四』

工作名稱	圓錐與圓錐相交	使用圖紙	A3	工作編號	DG1104
學習目標	能了解圓錐與圓錐相交及基本求作過程	參閱章節	第 11.1 節至第 11.8 節	操作時間	2-3 小時
				題目比例	-

說明：
1. 求圓錐與圓錐之相交投影。
2. 以 1：1 比例繪製。
3. 尺度免標註。

評量重點：
1. 交線是否正確。
2. 重要轉折點是否求出。
3. 可見性判別是否正確。
4. 尺度是否正確。
5. 投影線是否適當繪製。
6. 佈圖是否適當。

題目：

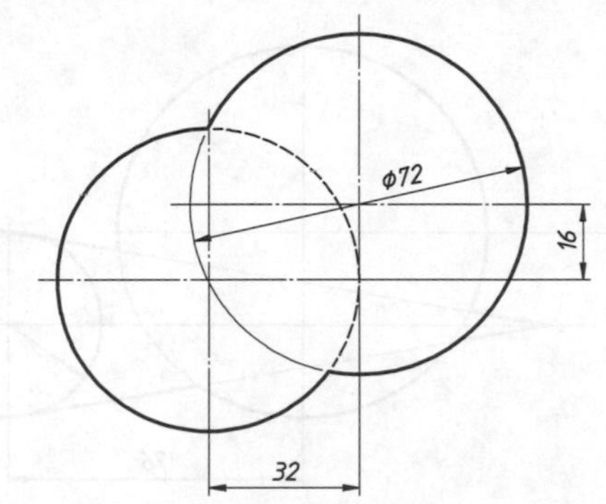

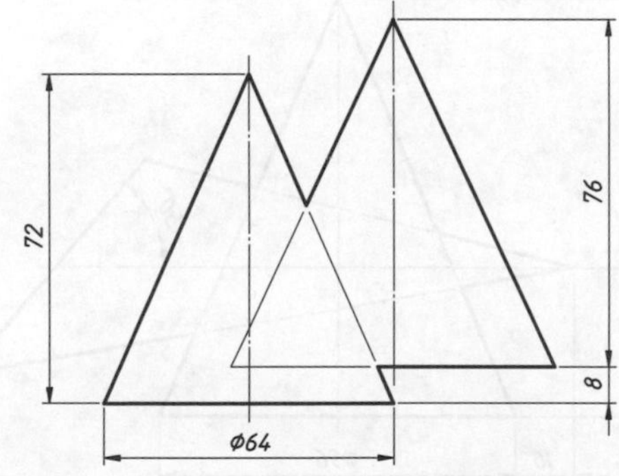

單　位	mm	數 量		比 例	1：1	
材　料		日 期	yy - mm - dd			
班　級	&&	座號	**	(學校名稱)	課程	投影幾何學
姓　名	-					
教　師	-			圖名	圓錐與圓錐相交	圖號 yy##&&**
得　分						

交　線『工作單五』

工作名稱	圓錐與斜圓錐相交	使用圖紙	A3	工作編號	DG1105
學習目標	利用圓錐與圓錐傾斜相交，了解三角平面法之求作過程	參閱章節	第 11.1 節至第 11.9 節	操作時間	3-4 小時
				題目比例	-

說明：
1. 求圓錐與斜圓錐之相交投影。
2. 以 1：1 比例繪製。
3. 尺度免標註。

評量重點：
1. 交線是否正確。
2. 重要轉折點是否求出。
3. 可見性判別是否正確。
4. 尺度是否正確。
5. 投影線是否適當繪製。
6. 佈圖是否適當。

題目：

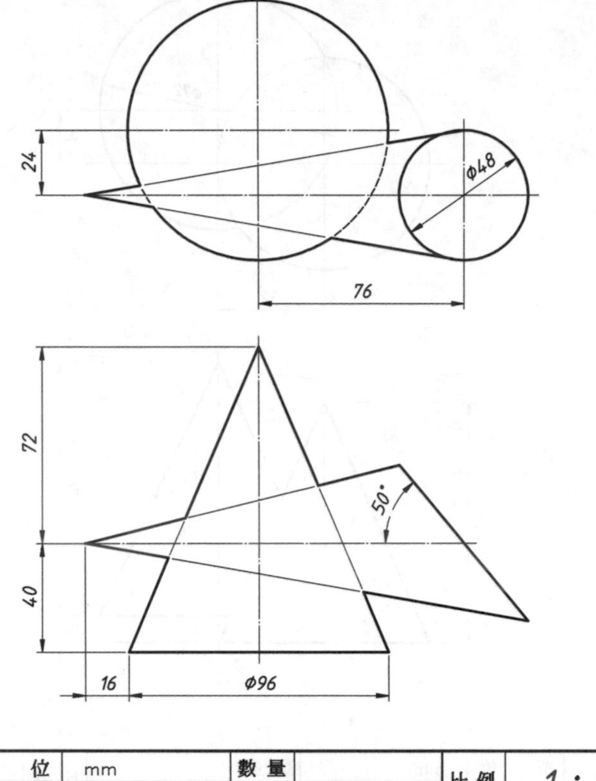

單位	mm	數量		比例	1：1	
材料		日期	yy - mm - dd			
班級	&&	座號	**	(學校名稱)	課程	投影幾何學
姓名	-					
教師	-			圖名	圓錐與斜圓錐相交	圖號 yy##&&**
得分						

12

展 開

實長圖

12.1 概 說

將物體之表面展平在平面上稱為展開(Developments)，其目的乃在以薄板狀的材料切成物體展開後之圖樣，可彎曲折成物體之立體形狀。展開為工業中板金製作使用之方法，在實際工作中必須預留其收邊(又稱摺邊)及接合(又稱接縫)用之材料。常見之板金摺邊及接縫之方式，如圖 12.1 所示，(a)及(b)圖分別為收邊及角邊之方式，(c)圖為面接合之方式。

將物體之表面以實際形狀大小(TS)繪製在圖面上，稱為展開圖。實際形狀大小之每一邊則應皆為實長(TL)，因此表面之 TS 及直線之 TL 求法在展開圖中成為重要之基本求作過程。若物體之表面為複曲面者，如球、環等，其表面無法以實際之形狀展平，只能以近似平面之方法展開。

繪製展開圖時，須先選某邊線為接縫邊，可指定或選較短直線為接縫邊，從接縫邊處切開繪製展開圖，未特別註明時不預留摺邊及接縫之材料，以及接縫方法，如熔接(Welding)及鉚接(Riveting)等，本章將只介紹如何繪製物體表面之展開圖。另外在展開圖中須彎折處，將直接以作圖細實線繪製，不特別註明。

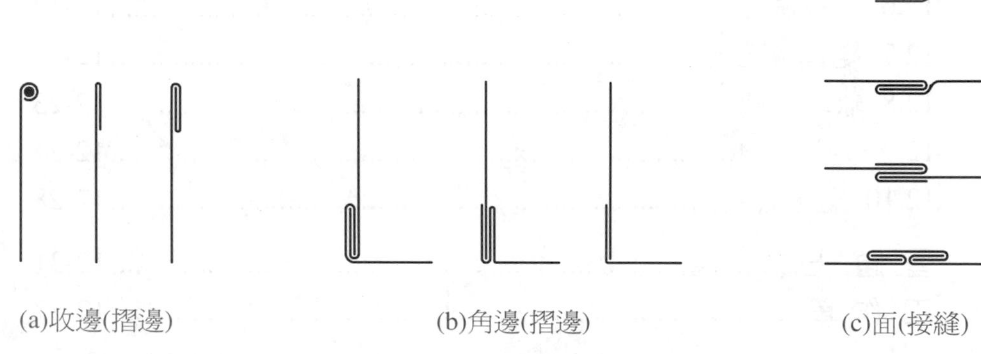

圖 12.1 板金摺邊及接縫之方式

12.2 實形與實長之求法

欲求物體表面之實形(TS)，首先須求表面各邊爲實長(TL)，當物體之表面爲三角形平面時，則可直接以三邊之實長連接即可得實形，如圖 12.2 所示，已知三角形各邊之實長，先畫任一邊之直線，以直線之兩端點爲圓心，其餘兩邊爲半徑，分別作圓弧相交，以交點連接直線之兩端即得三角形之實形。以此方法連續畫物體表面之展開圖，稱爲三角形展開法，甚多物體之展開皆採用此法。

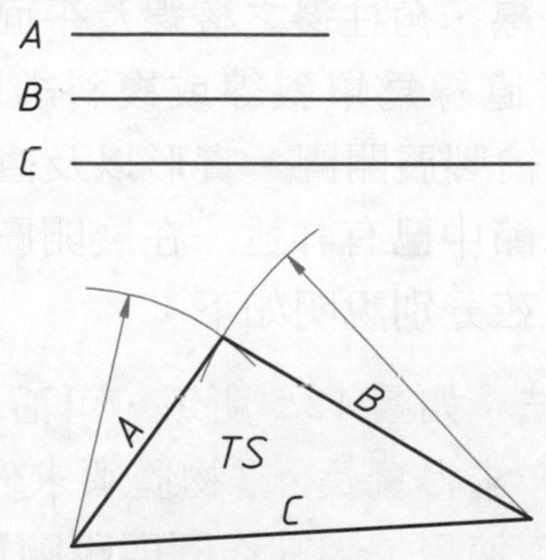

圖 12.2 已知三角形各邊之實長可畫三角形
(三角形展開法)

但物體表面若爲三角形以上之多邊形時，雖有各邊之實長 TL，形狀仍無法確定，如圖 12.3 所示，四邊形各邊等長，因夾角不同形狀無法固定。因此遇物體表面爲三邊形以上狀況時，可直接以輔助投影法、平面旋轉法等直接求平面之實形，或採用三角形遷移法，如圖 12.4 所示，將一多邊形之圖形，任意分成多個三角形，連續以前面圖 12.2 之三角形畫法，即三角形展開法，可將多邊形遷移(包括旋轉)。

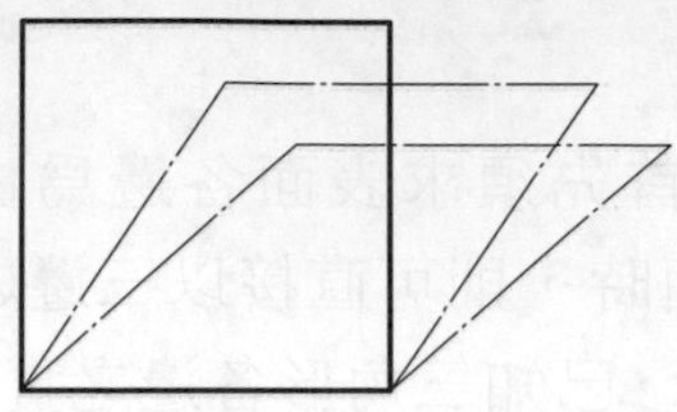

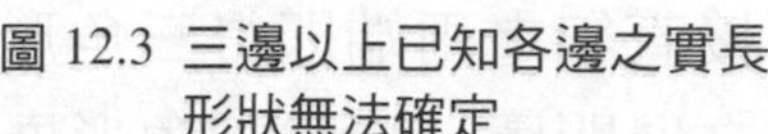

圖 12.3 三邊以上已知各邊之實長形狀無法確定

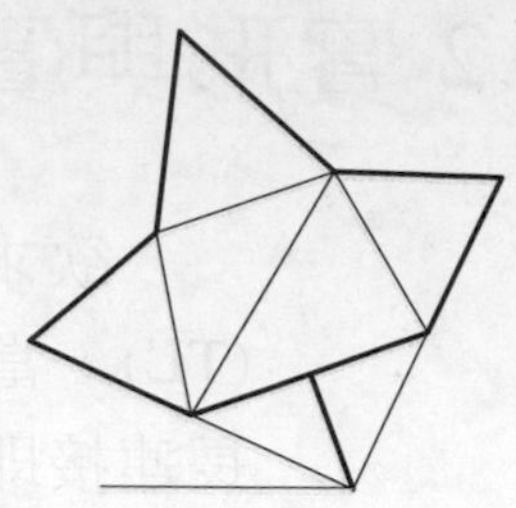

圖 12.4 多邊形採用三角形遷移法(三角形展開法)

物體表面上之直線種類甚多，常見的有圓弧極限面之邊線稱為極限線、角柱邊之稜線及平面或曲面上之作圖線稱為素線等。當直線為單斜線或複斜線時，皆必須先求其實長(TL)，才能繪製展開圖。實形以及直線實長之求法及原理，在前面各章節中已有詳述。在展開圖中適合使用之實形以及實長求法，茲分別說明如下：

(a) 旋轉法：如圖 12.5 所示，可沿 H 面或 V 面旋轉，任選其一求得實長。當物體須求作實長之直線較多時，此法不適用，因其作圖與視圖重疊之故。

(b) 倒轉法：如圖 12.6 所示，可將直線倒轉在 H 面上或 V 面上，任選其一求得實長。與旋轉法情況一樣，當須求作之直線很少時才適用。

(c) 三角作圖法：如圖 12.7 所示，以另外作圖方式，利用直角三角形邊長之幾何關係求實長。此法可同時求作多條直線之實長，所作之圖稱為實長圖，不會與視圖重疊，展開圖中大部份實長求作皆採用此法。

(d) 輔助投影法：如圖 12.8 所示，通常用輔助投影法可直接求出平面之實形，及物體之端視圖等，很少用來只求一條直線之實長。

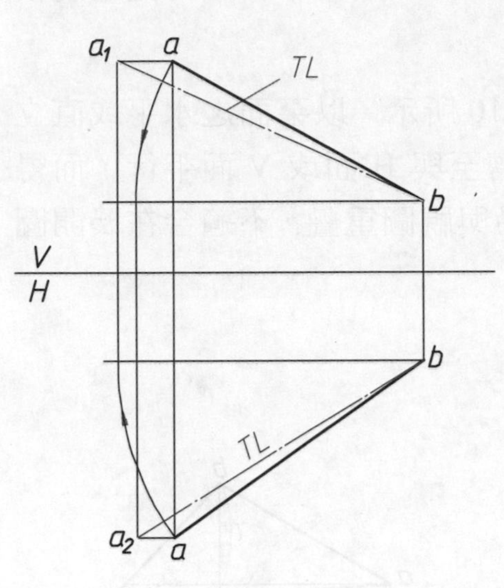

圖 12.5 旋轉法求實長

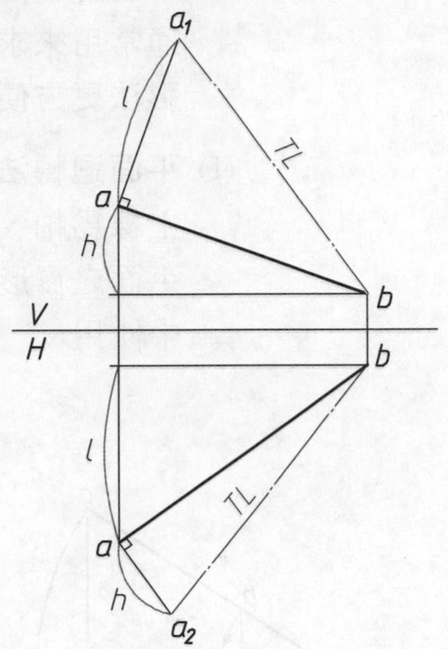

圖 12.6 倒轉法求實長

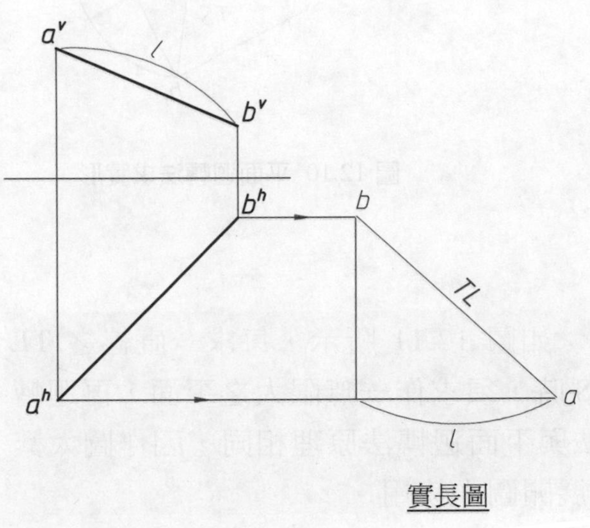

圖 12.7 三角作圖法求實長

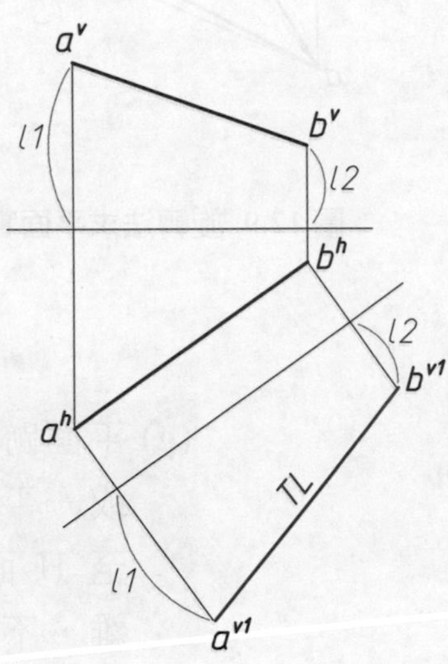

圖 12.8 輔助投影法求實長

(e) 平面旋轉法：如圖 12.9 所示，與輔助投影法一樣，通常用來求平面之實形，當平面為單斜面時比輔助投影法更方便。

(f) 平面迴轉法：如圖 12.10 所示，以平面之水平或直立主線為軸，將平面迴轉至與 H 面或 V 面平行，而得平面之實形。作圖因易與視圖重疊，不適合在展開圖中使用。

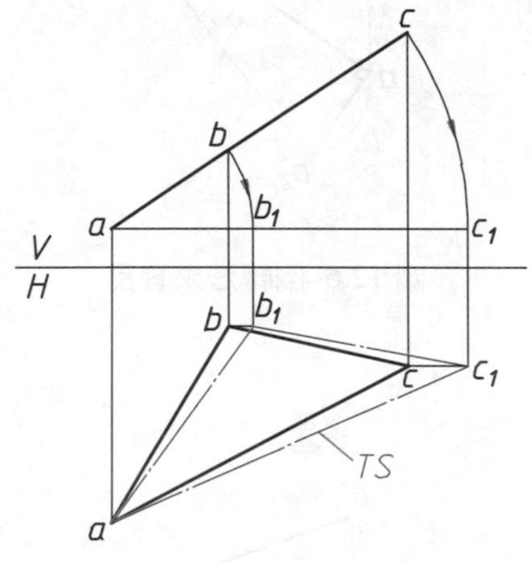

圖 12.9 旋轉法求平面實形

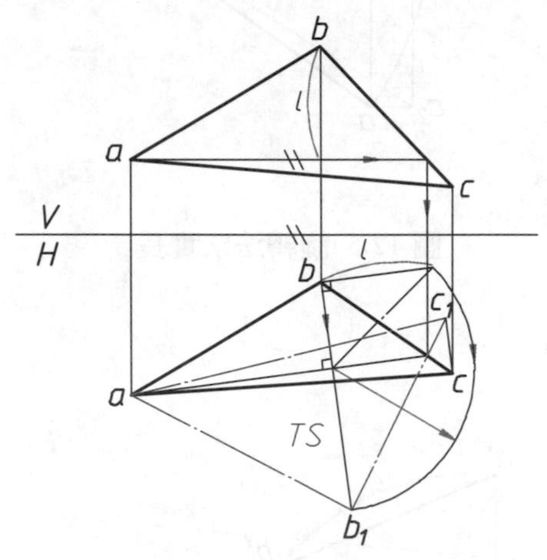

圖 12.10 平面迴轉法求實形

(g) 平面跡迴轉法：如圖 12.11 所示，每求一直線之 TL 或一平面之 TS 時，須求作一無限大之平面，再迴轉至 H 面，此法與平面迴轉法原理相同，因作圖太繁雜，不適合在展開圖中使用。

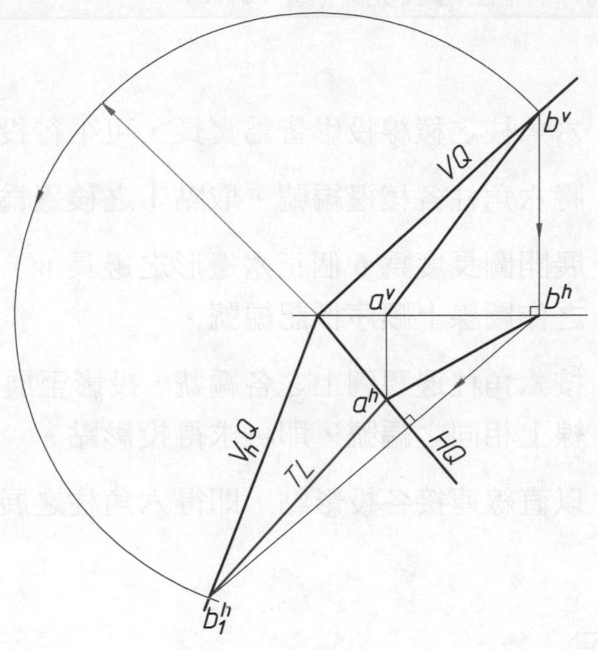

圖 12.11 平面跡迴轉法求實長

12.3 角柱之展開

角柱體其柱邊之稜線皆互相平行，通常在視圖中可直接得其實長，因此可將稜線直接平行投影繪製展開圖，稱爲平行線展開法，角柱之端面投影若非爲實形時，可以平面旋轉法或輔助投影法求其實形。

若角柱體柱邊之稜線位複斜方位時，須先作輔助投影求柱邊之稜線爲實長，再以上述方法將稜線直接平行投影繪製展開圖。

例題 1：求六角柱之展開。(圖 12.12)

解：

1. 六角柱之稜線投影皆為實長，可平行投影求展開圖。
2. 將六角柱各稜邊編號，取點 1 之稜邊為接縫邊。
3. 展開圖長度為 6 個正六邊形之邊長 *w*，在每個寬度 *w* 之作圖線上順序標記編號。
4. 按六角柱邊視圖上之各編號，投影至展開圖中各作圖線上相同之編號，即可求得投影點。
5. 以直線連接各投影點，即得六角柱之展開圖。

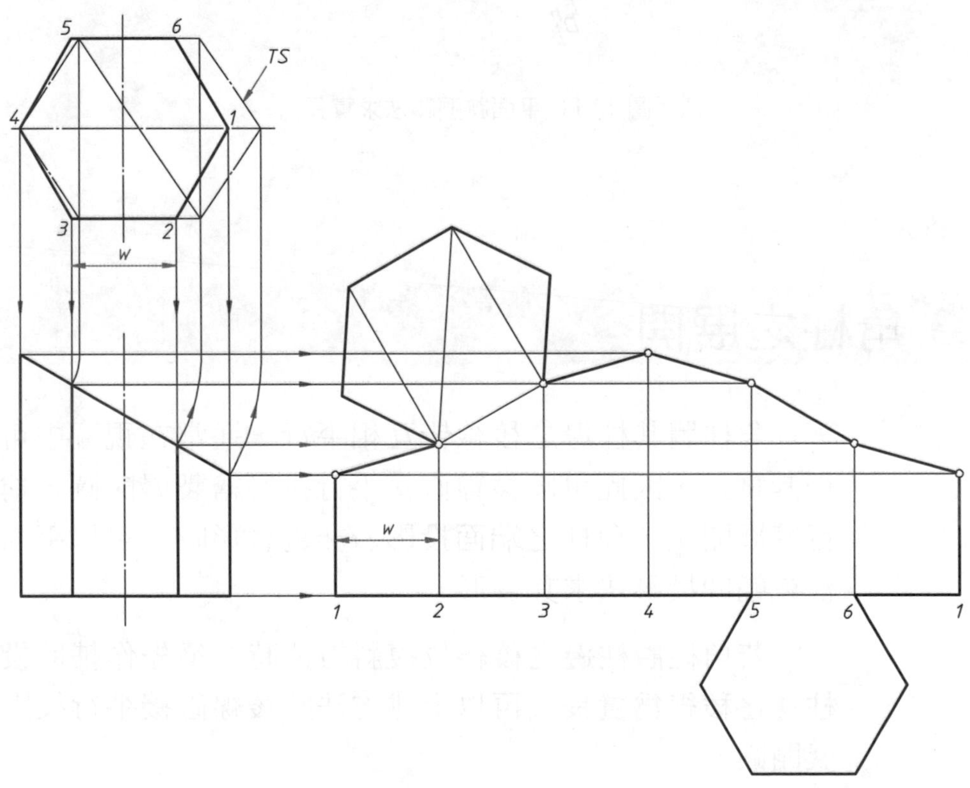

圖 12.12 求六角柱之展開

6. 此法以平行投影求展開圖，稱爲平行線展開法。
7. 若需求六角柱之上下端面時，以節省材料爲原則，可任意連接在適當之位置。
8. 因六角柱之端視圖(俯視圖)非爲斜切面之實形，可以平面旋轉法或其他如輔助投影法等，求六角柱斜切面之實形(TS)，再以圖形遷移之方法(參閱圖 12.4)，將斜切面之實形依稜邊編號連接在六角柱展開圖上，如圖中點 2、3 及點 5、6。

例題 2：求缺口斜六角柱之展開。(圖 12.13)

解：

1. 將各稜邊編號，取號碼 1 稜邊爲接縫邊。
2. 六角柱上有圓弧缺口，因三點可決定一圓弧，故必須至少在各稜面上之加一素線投影(取在中間位置)，以求稜面上之圓弧。
3. 六角柱之稜邊雖傾斜，但仍爲實長，可直接平行角柱之稜邊投影求展開圖。
4. 展開之長度應爲角柱垂直斷面之各邊長之和，以輔助投影法求六角柱之端視圖，並按編號取其邊長爲展開圖之長度。
5. 圖中點 a 之素線與圓弧相切，不在稜面之中間位置，距點 4 稜線之距離爲 l，得投影點 x 及 y。
6. 圓弧缺口之展開部份，各稜面須分別以至少三個投影點繪製一不規則曲線方式完成，如圖中之點 b 及 c。

7. 除了圓弧缺口之展開部份，其餘以直線連接各稜邊。

8. 俯視圖之交線，可直接按各稜邊編號，投影得交點。

9. 六角柱假設為中空，注意俯視圖之可見性判別。

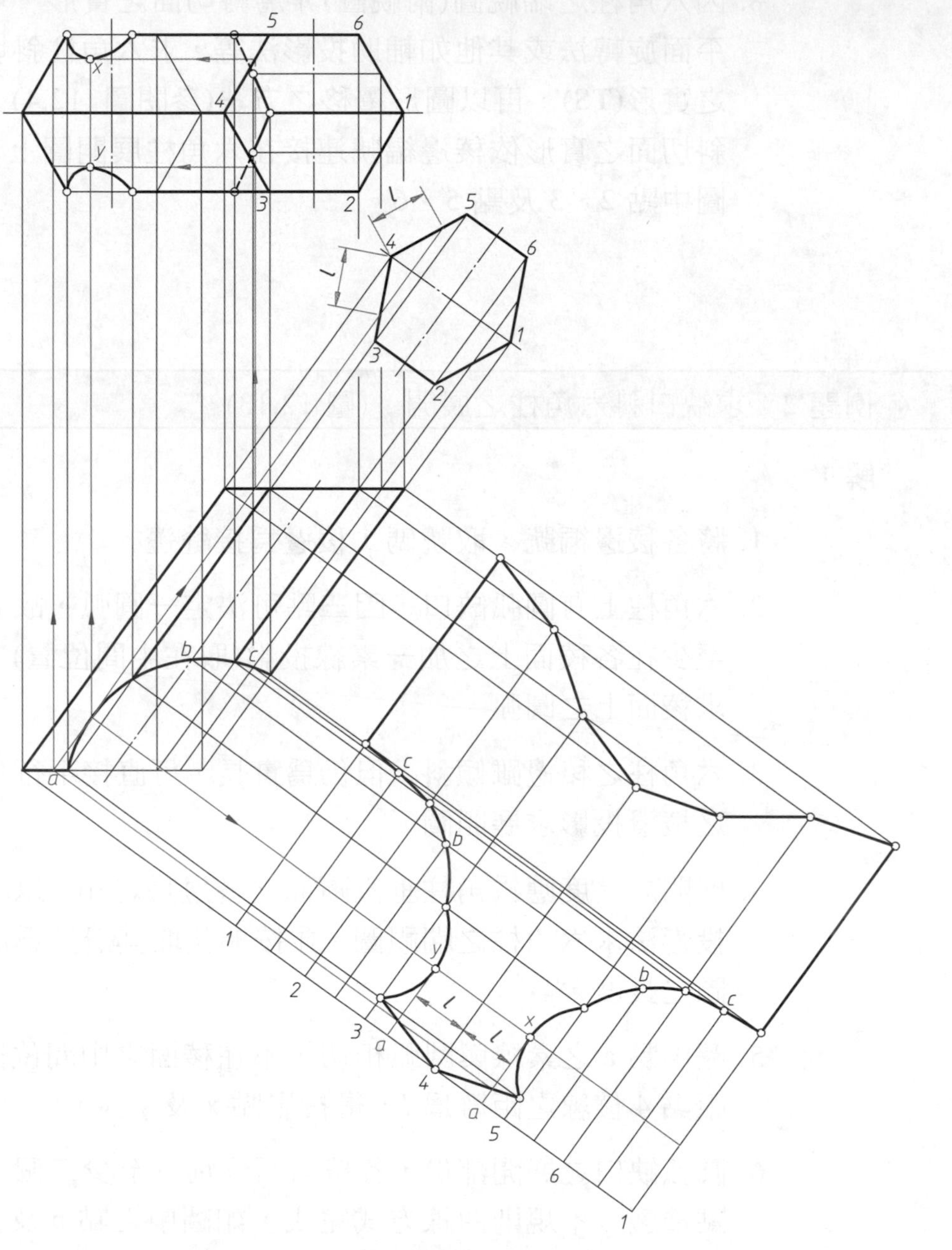

圖 12.13 求缺口斜六角柱之展開

12.4 圓柱體之展開

圓柱體與角柱體之展開類似，可平行投影求展開圖，其長度即為圓柱之圓周長(直徑 D× π)，展開時通常將圓作等分，如 12 等分等，再將周長分成相同等分，按編號投影相對之位置；或以 12 個等分點間之弦長做為其圓周長，總長度約短少百分之 1.1384，但作圖較方便。

例題 3：求截圓柱之展開。(圖 12.14)

解：

1. 將圓作 12 等分並編號，取號碼 1 極限邊為接縫邊。
2. 圓柱上之各等分點之素線皆為 TL，可直接平行投影，取圓周 D× π為總長，並作 12 等分，或以 12 個等分點間之弦長取代，如圖中之 *l* 長度。

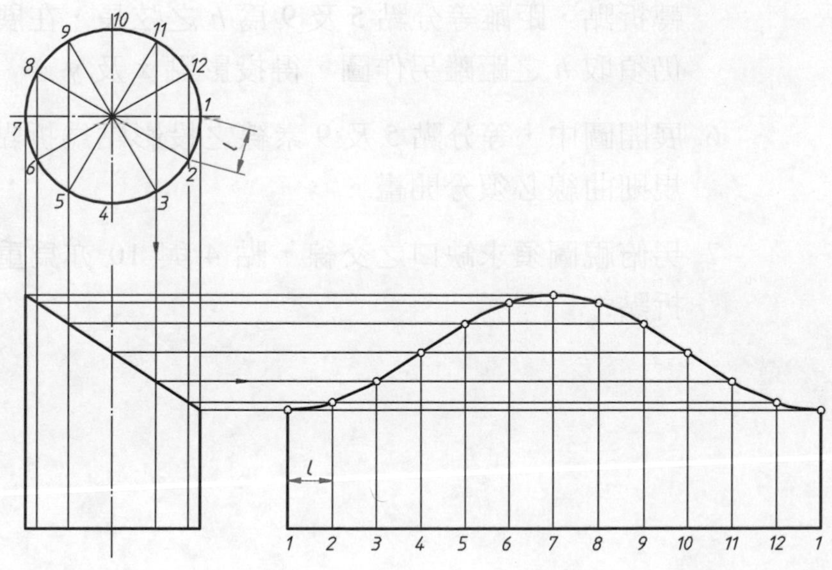

圖 12.14 求截圓柱之展開

3. 按各等分點之編號投影得各投影點，以不規則曲線畫法連接各點。

例題 4：求缺口斜橢圓柱之展開。(圖 12.15)

解：

1. 先將俯視圖圓作 12 等分，取號碼 1 極限邊為接縫邊。
2. 斜橢圓柱之素線仍為 TL，可平行投影求展開圖。
3. 因展開之長度應為橢圓柱垂直斷面之周長，故以輔助投影面法求橢圓柱之端視圖為一橢圓，將等分點投影至橢圓上作相對之編號。
4. 以橢圓上之 12 個弦長為展開之長度，按編號及弦長畫作圖線。
5. 圖中素線 a 與缺口之圓弧相切，所投影之點為重要之轉折點，距離等分點 5 及 9 為 h 之弦長，在展開圖中仍須取 h 之距離另作圖，得投影點 x 及 y。
6. 展開圖中，等分點 5 及 9 素線之投影點為折點，各不規則曲線必須分開畫。
7. 另俯視圖須求缺口之交線，點 4 與 10 亦為重要之轉折點。

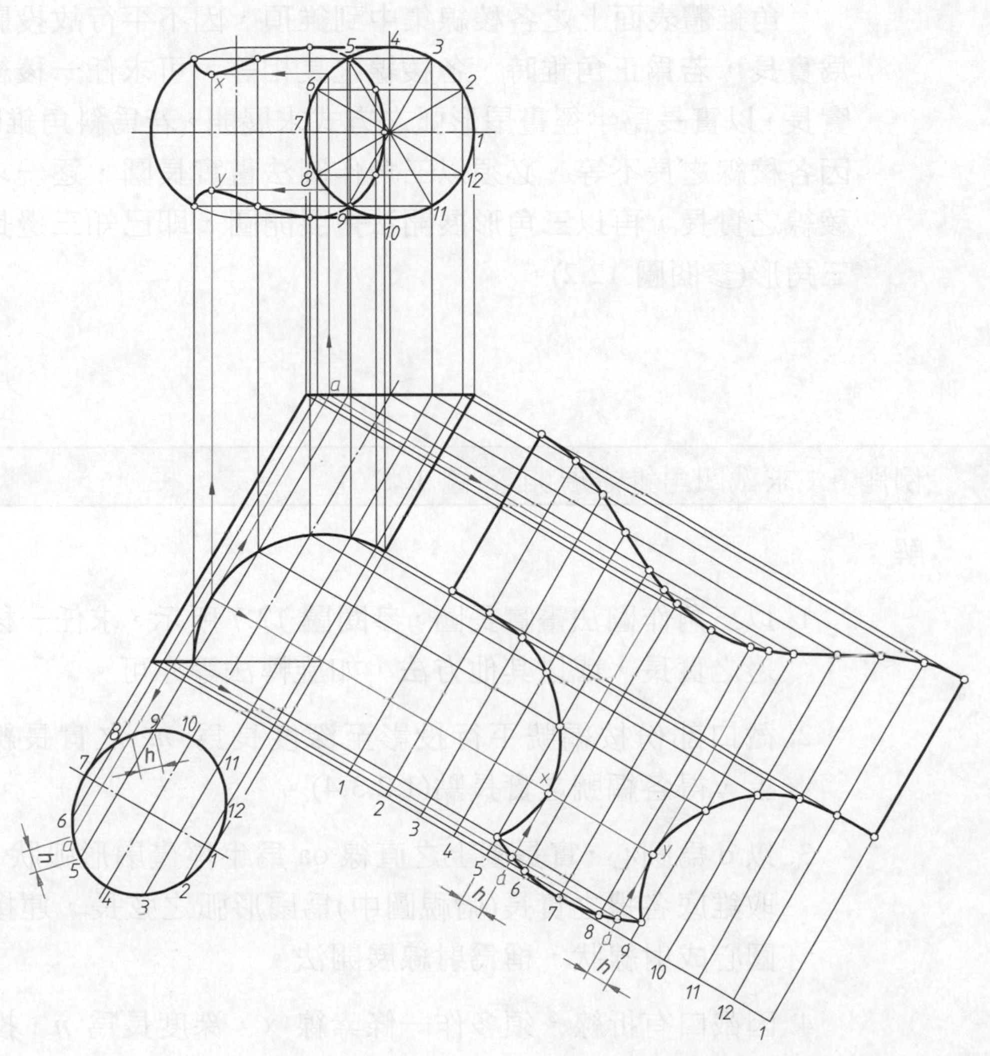

圖 12.15 求缺口斜橢圓柱之展開

12.5 角錐體之展開

角錐體表面上之各稜線集中到錐頂，因不平行故投影非爲實長，若爲正角錐時，各稜線之長相等，可求任一稜線之實長，以實長爲半徑畫扇形弧之方式求展開。若爲斜角錐時，因各稜線之長不等，必須以三角作圖法畫實長圖，逐一求各稜線之實長，再以三角形展開法畫展開圖，即已知三邊長畫三角形(參閱圖 12.2)。

例題 5：求截四角錐之展開。(圖 12.16)

解：

1. 以三角作圖法畫實長圖，參閱圖 12.7 所示，求任一稜邊之實長，或以其他方法，如旋轉法等亦可。
2. 截口部份按編號平行投影至深度長爲 *m* 之實長線上，得各編號之實長點(1,2,3,4)。
3. 以 o 爲圓心，實長圖上之直線 oa 爲半徑畫扇形弧狀，取錐底各邊之實長(俯視圖中)爲扇形弧之弦長，連接圓心成射線狀，稱爲射線展開法。
4. 因截口有折線，須多作一條素線 x，深度長爲 *n*，投影得實長點 z。
5. 按各實長點所在之稜邊及長度，在扇形弧中畫弧得各投影點。
6. 以直線連接各投影點即得展開圖。

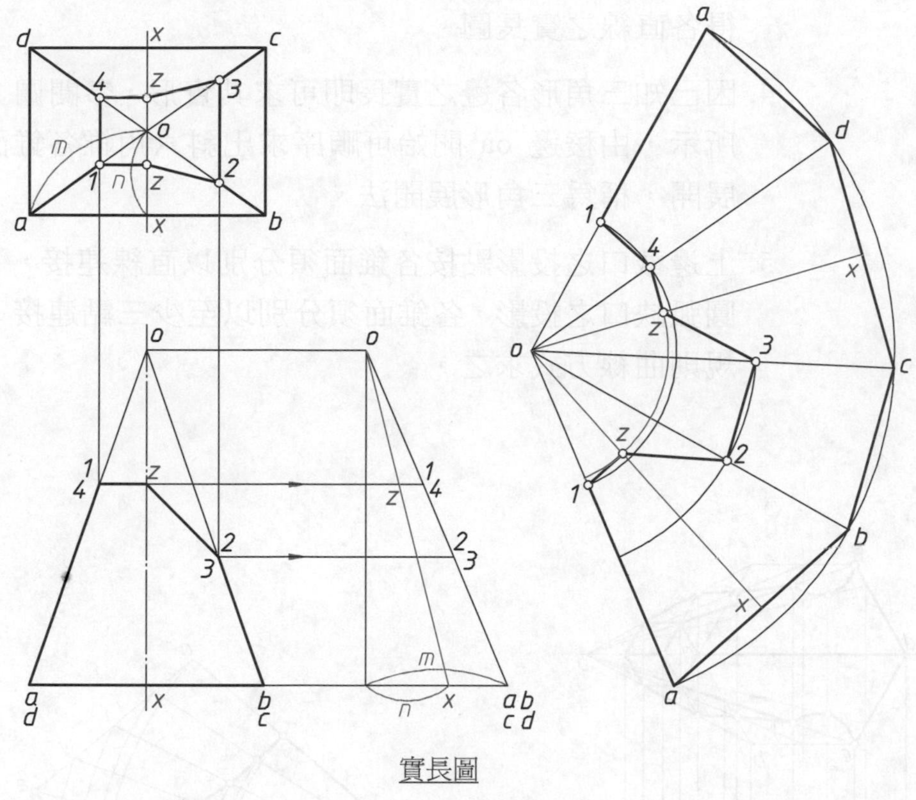

圖 12.16　求截四角錐之展開

例題 6：求缺口斜六角錐之展開。(圖 12.17)

解：

1. 在前視圖中除稜邊 oa 及 od 爲實長外，其餘稜邊皆須另外求之。
2. 因缺口爲圓弧，必須在其所在之錐面上各多作一條素線，共有 x，y 及 z 兩邊共六條素線，其中點 x 及 y 在錐面之中間，點 z 則與缺口圓弧相切，點 z 位置求作過程如圖中彩色作圖線及箭頭所示。

3. 採用三角作圖法求各直線之實長，參閱圖 12.7 所示，得各直線之實長圖。

4. 因已知三角形各邊之實長即可求其實形，參閱圖 12.2 所示，由稜邊 oa 開始可順序求出斜六角錐各錐面之展開，稱為三角形展開法。

5. 上邊截口之投影點按各錐面須分別以直線連接，下邊圓弧缺口之投影，各錐面須分別以至少三點連接一不規則曲線方式求之。

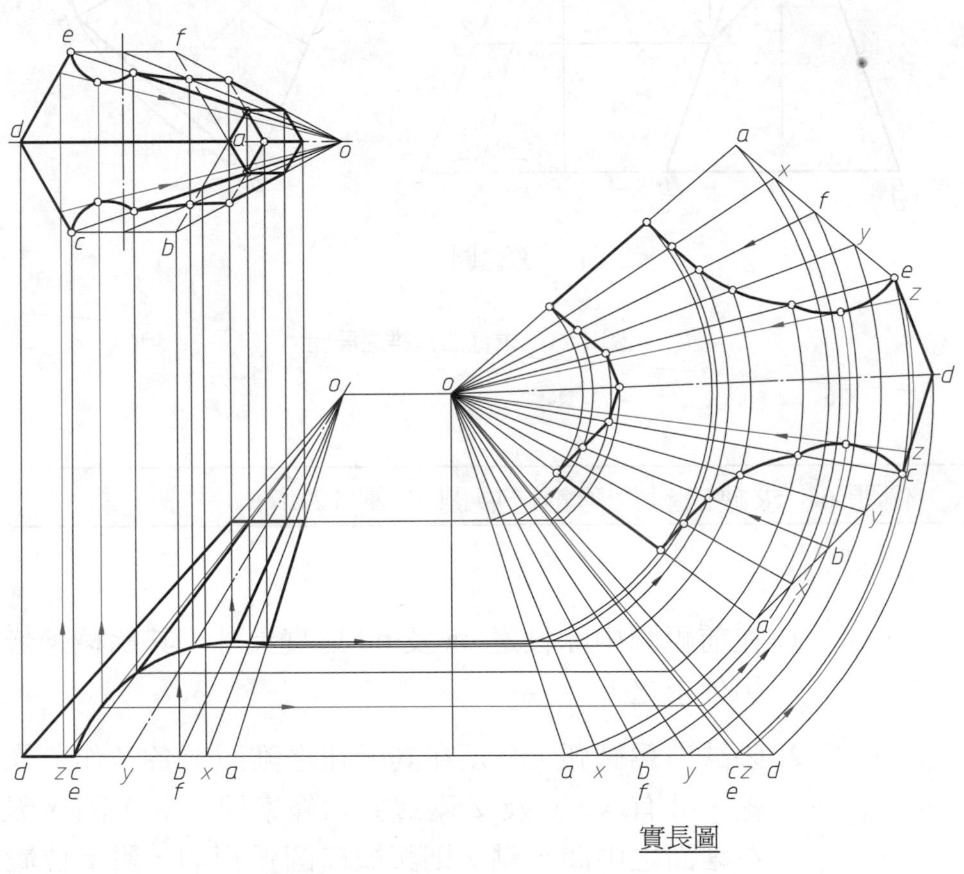

圖 12.17 求缺口斜六角錐之展開

12.6 圓錐體之展開

正圓錐之展開爲一扇形，可以射線展開法求之，半徑爲邊線之實長，扇形之弧長通常以圓錐底圓等分後之弦長直接量取較方便。若按數學計算：扇形之夾角＝底圓之半徑÷ 邊線實長× 360°，再將該扇形之圓弧等分，此法雖可但較麻煩。若爲斜圓錐或橢圓錐時，各素線必須逐一求其實長，配合底圓等分後之弦長，以三角形展開法求作。

例題 7：求截錐之展開。(圖 12.18)

解：

1. 因圓錐之邊線爲實長，可直接取圓錐之邊線爲半徑畫扇形弧，以射線展開法求之。
2. 將底圓作 12 等分並編號，取兩等分點間之弦長，分 12 次量取扇形弧之長度，編號並連線至圓心 o。
3. 截缺口部份按各等分點之素線位置投影至邊線上，可得各實長點。
4. 以 o 爲圓心至各實長點爲半徑，畫弧與扇形弧上之相同編號之素線相交，可得投影點，以不規則曲線連接各投影點，即得展開圖。
5. 圖中彩色投影線及箭頭所示，爲等分點 3 及 11 之投影及展開圖求作過程。
6. 注意缺口部份點 4 及 10 所求得之投影點應爲折點，且點 4 至 10 之間應爲同半徑之圓弧。

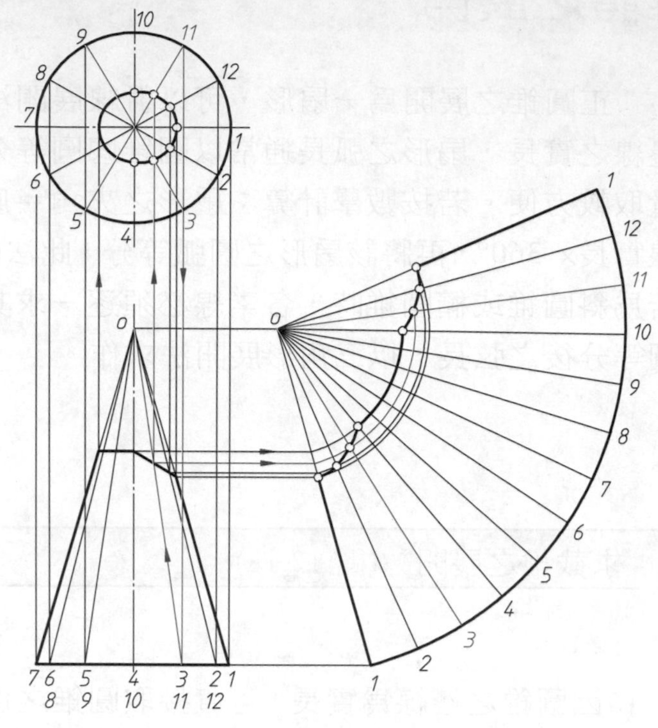

圖 12.18 求截錐之展開

例題 8：求缺口斜圓錐之展開。(圖 12.19)

解：

1. 將底圓 12 等分並編號，斜圓錐各等分點上之素線不等長，必須分別求其實長。

2. 以三角作圖法，畫實長圖，求出各素線之實長，分別將各素線編上相同號碼。

3. 圓弧缺口部份按各等分點之素線位置投影至編號相同之實長線上，分別求其實長點。

4. 另作一條素線 oa，使 oa 與缺口圓弧相切，分別在點 4、5 及點 9、10 之間。oa 素線所求之投影點 z 爲重要之轉折點，如圖中彩色作圖線及箭頭所示。
5. 各素線之實長及缺口之實長點皆求出之後，以三角形展開法，由 o1 素線開始可順序求出各投影點，以不規則曲線連接上下缺口之投影點，即得展開圖。
6. 注意底圓上點 4 及 10 爲折點，不規則曲線要分開畫。
7. 俯視圖按各素線之編號，可直接投影得缺口之交線。

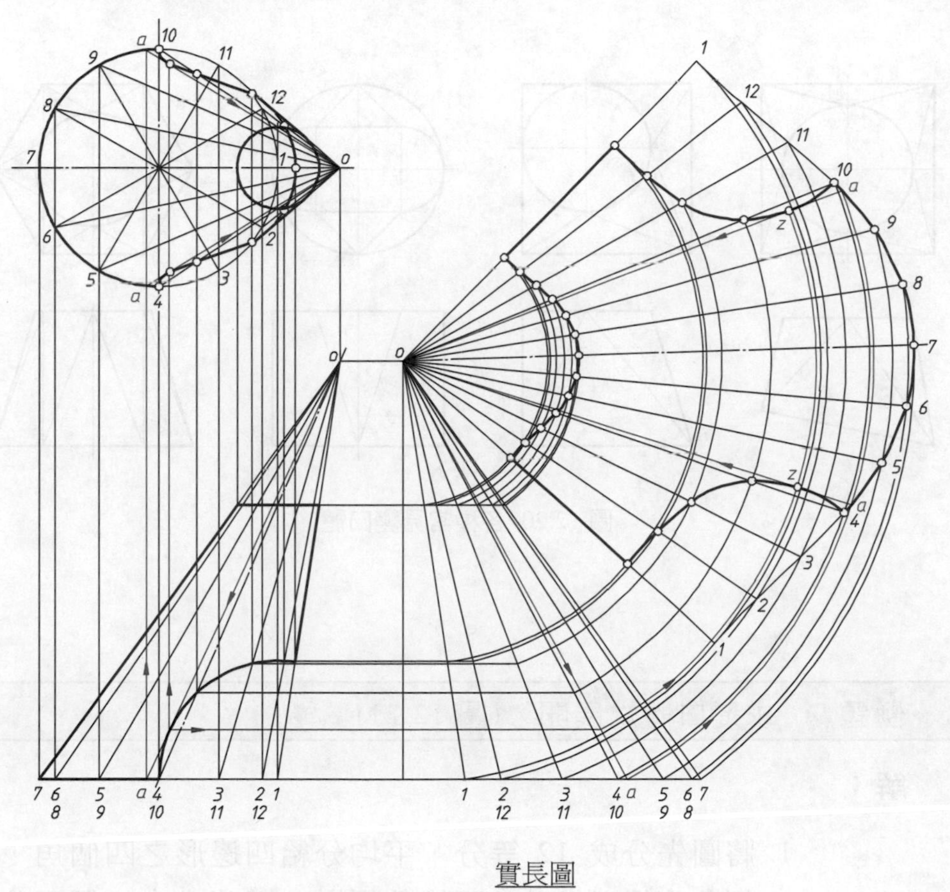

圖 12.19 求缺口斜圓錐之展開

12.7 變口體之展開

物體形狀千變萬化，通常物體表面由平面轉成曲面，即物體之兩邊形狀不一，常見者例如一邊爲多邊形一邊爲圓形，稱之爲變口體。其表面可由三角形平面及部份斜圓錐體所組成，舉例各種常見變口體，如圖 12.20 所示。變口體表面不可使直線直接變成圓弧，必須由直線邊先連接成三角形平面，再以圓錐面銜接成整個表面。變口體之展開圖，須先分配好三角形平面與圓錐面之銜接，再以斜圓錐之展開求作方法一樣，參閱上節例題所述，即三角形展開法求之即可。

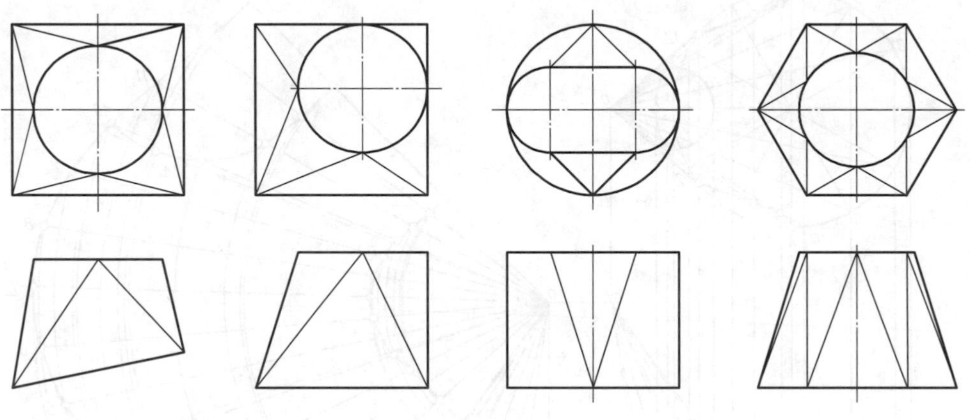

圖 12.20 各種常見變口體

例題 9：求變口體之展開。(圖 12.21)

解：

1. 將圓先分成 12 等分，平均分給四邊形之四個角，每個角分得三等分，可使整個變口體分成由 4 個四分之一斜圓錐與 4 個三角形所組成。

2. 以求斜圓錐展開圖之方法，先以三角作圖法畫出實長圖，得各圓錐面上之素線及三角形各邊之實長。

3. 除四邊形之四個邊長可直接得實長外，即俯視圖中之直線 bc、ad 及前視圖中之直線 ab、cd，其餘斜圓錐上各素線及各三角形邊皆非實長。

4. 以三角作圖法作實長圖，並編上所求得該直線之號碼，為避免實長線重疊或太多，考慮將集中至點 a、b、c 及 d 之實長線分開畫，如圖中所示。

5. 從直線 a12 開始，以三角形展開法，可順序求得整個變口體之展開圖。

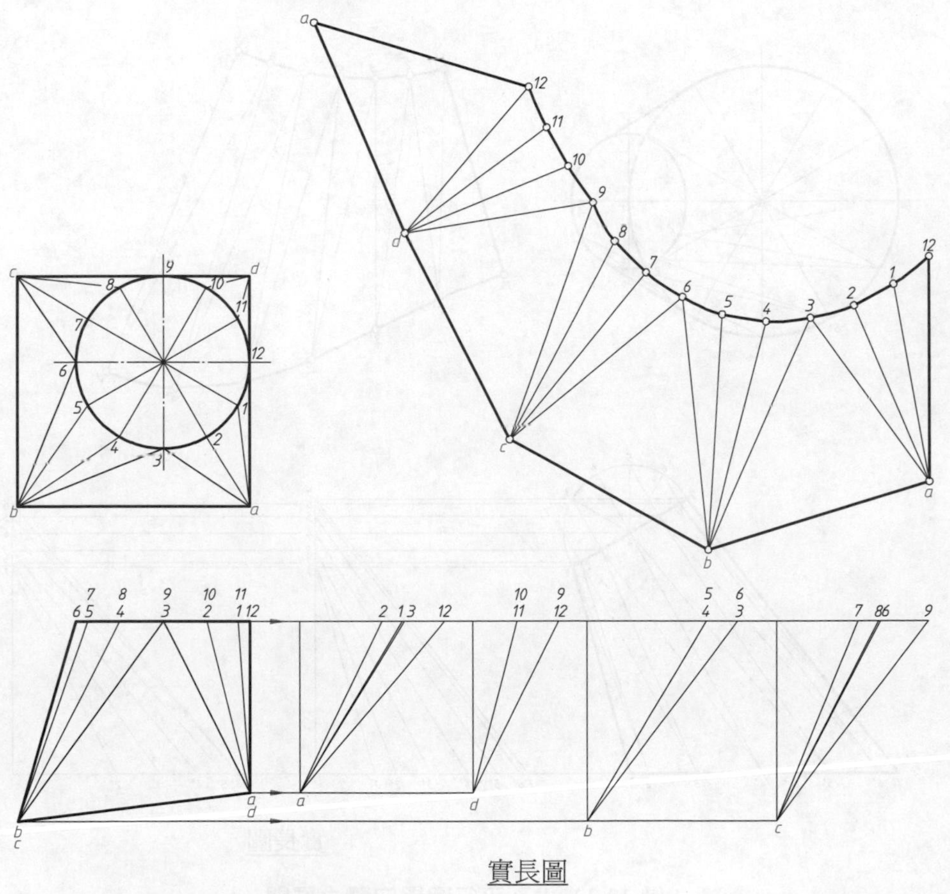

圖 12.21　求變口體之展開

例題 10：求不平行圓變口體之展開。(圖 12.22)

解：

1. 兩邊出口雖皆為圓但不平行，屬於撓曲面(Warped Surface)分類中的柱面體(Cylindroid)，亦歸納為變口體之一。
2. 將上下兩圓皆等分 12 等分並編號，上下各等分點對等連接成一四邊形，再將各四邊形以任一對角線連接成二個三角形，使其表面成為 24 個三角形平面所組成，圖中連接對角線為12'、23'、...、67'等。

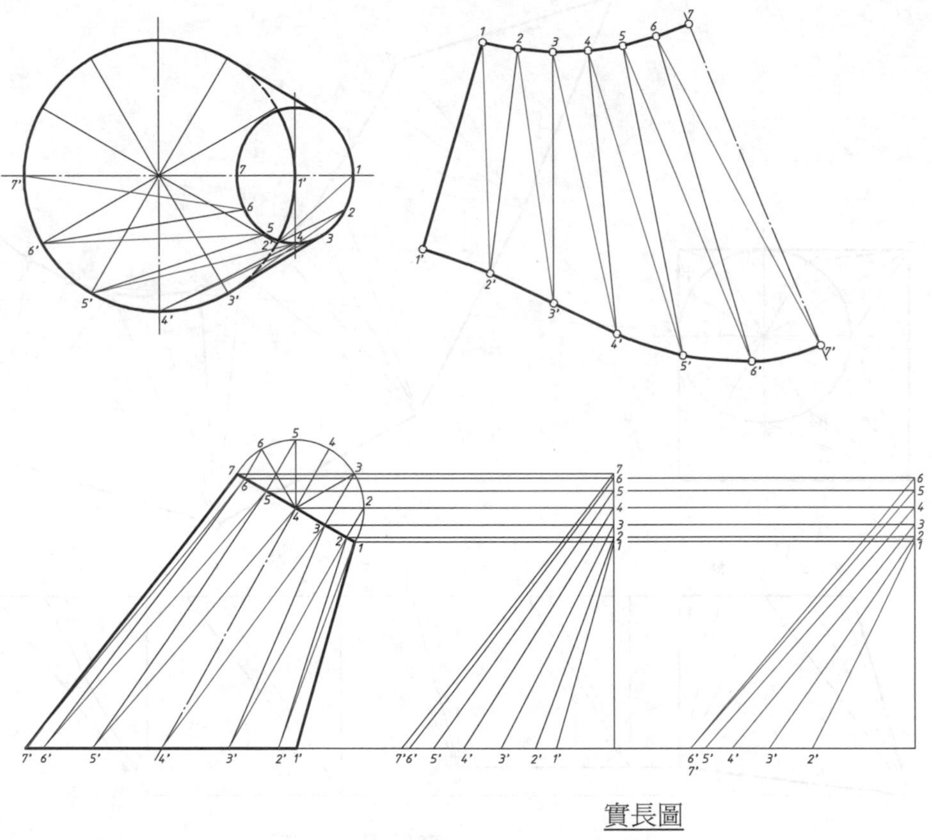

圖 12.22 求不平行圓變口體之展開

3. 以三角作圖法畫實長圖，可將對等號碼之素線如 11'、22'、...等及對角線連接之素線如 12'、23'、...等，分開作實長圖以免線條太多混亂。

4. 以三角形展開法，以兩個圓之等分弦長配合實長圖，由素線 11'開始，按順序求展開圖，圖中所示為對稱一半之變口體展開圖。

12.8 球之展開

球之表面為複曲面(Double Curved)，只能以近似平面之方法，將球(圓)視為一正多邊形方式切開成片狀，可用直切方式切成各片皆相等之平面或用平切方式切成為數個由小至大銜接在一起之截圓錐。求作方法分別說明如下：

(a) 直切球之展開：首先將圓分成 12 等分或更多，如圖 12.23 所示將球切成 12 片相等之表面，形如切開之西瓜片。將左邊之圓亦分成 12 等分，取三個弦長(圖中

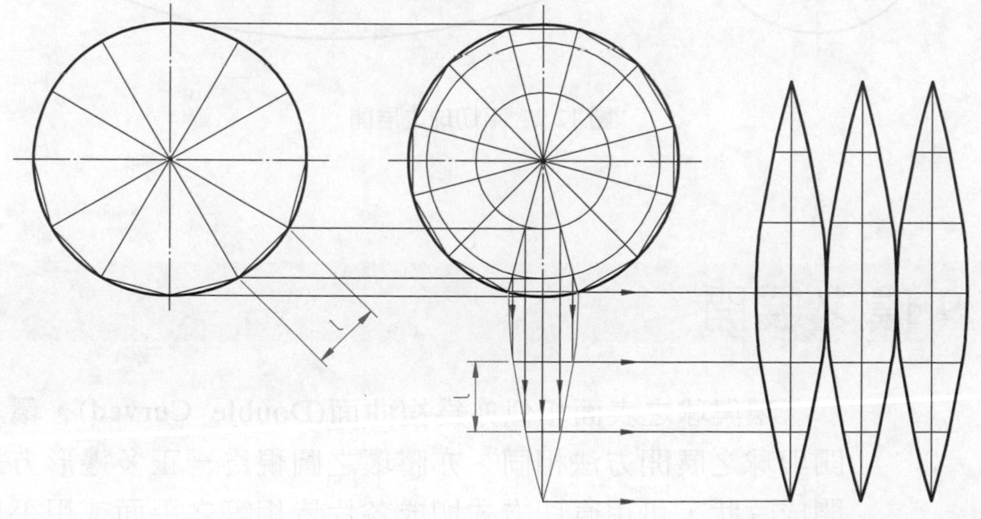

圖 12.23 直切球之展開

之 *l*)作為半片西瓜之長度，並投影其實長寬度，交點連接可得半片西瓜之形狀。整個球面之展開共有如 12 片相同連在一起之西瓜片，圖中以三片代表四分之一球之展開。

(b) 平切球之展開：將圓分成 16 等分或更多，水平連接各等分點，如圖 12.24 所示，半個球可水平切成四片，將各片兩邊之等分點連接並延長相交，即弦之延長。此平切法可將複曲面展成近似之正圓錐面。按正截圓錐之展開法求作，請參閱前面第 12.6 節例題 7 所述，將四片截圓錐之展開靠在一起，如圖中所示，即半個球之展開。

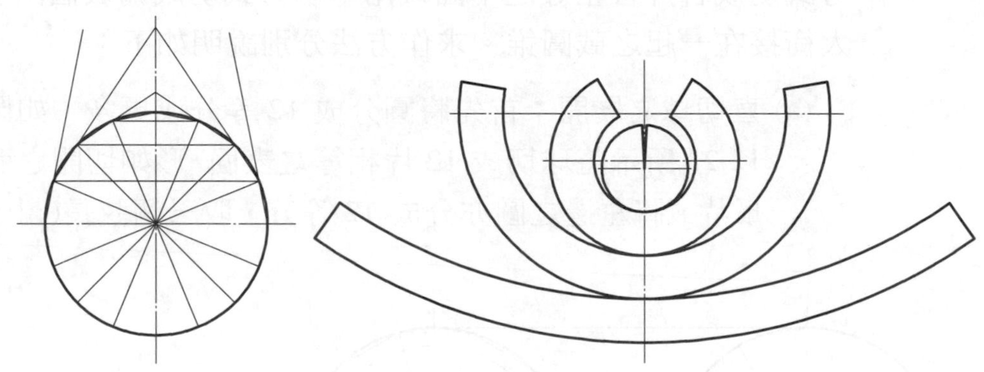

圖 12.24 平切球之展開

12.9 環之展開

環與球之表面相似亦為複曲面(Double Curved)，環之展開與球之展開方法相同，亦將環之圓視為一正多邊形方式切開成片狀，可用直切方式切成各片皆相等之平面或用平切方式切成為數個截圓錐。直切方式求作簡單且可節省材料，平切方式則熔接較容易，求作方法分別說明如下：

(a) 直切環之展開：首先將環之圓等分，如圖 12.25 所示，經環之中心切成 16 片相等之表面，將環之斷面亦分成 12 等分，如圖中之數字 1 至 12，取斷面等分點間弦之長(圖中之 l)，並投影其實長寬度，交點連接可得第一片 16 分之一之表面，接縫邊為斷面等分點 6 對映之弦長，第二片可改接縫邊為斷面等分點 12 對映之弦長，兩片之曲面恰可互相銜接。整個環面之展開共有如 16 片相同連在一起之表面，圖中以四片代表四分之一環之展開。

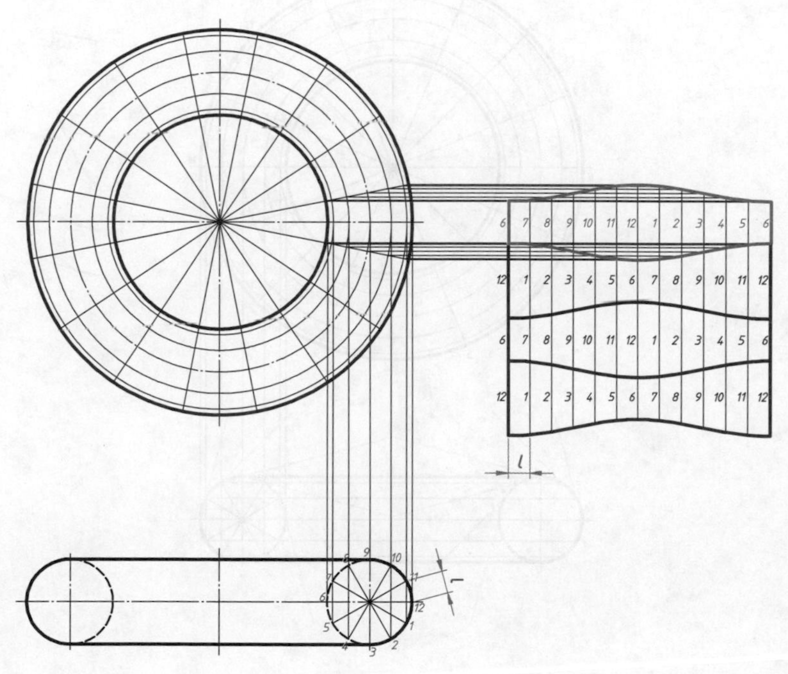

圖 12.25　直切環之展開

(b) 平切環之展開：亦將環之圓及環之斷面等分，如圖 12.26 所示，環之圓 16 等分，環之斷面 12 等分。水平連接環之斷面各等分點，半個環可水平切成六片，如圖中彩色數字 1 至 6，將各片兩邊之等分點連接並延長相交，即弦之延長。此平切法可將複曲面展成近似之正圓錐面。按正截圓錐之展開法求作，如圖 12.27 所示，將六片截圓錐分別展開之，其中第 1、2 及第 5、6 成對，第 3、4 則相連，六片截圓錐即半個環之展開。

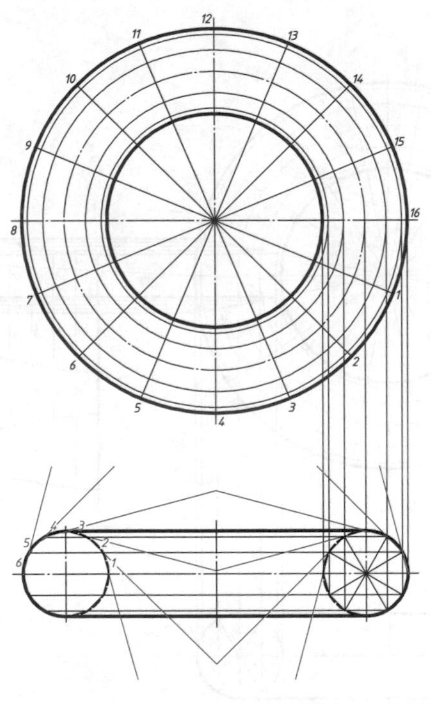

圖 12.26 平切環

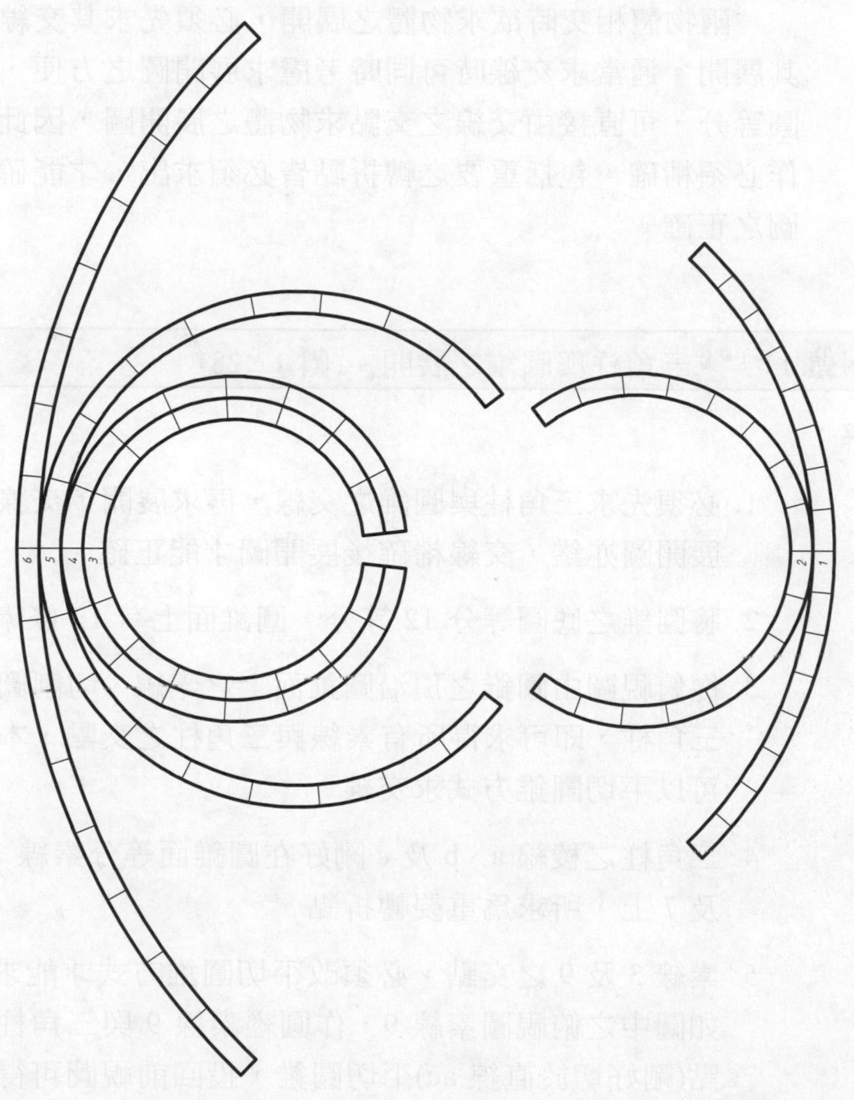

圖 12.27 平切環之展開

12.10 交線與展開

兩物體相交時欲求物體之展開，必須先求其交線，再求其展開。通常求交線時可同時考慮求展開圖之方便，例如將圓等分，可直接由交線之交點求物體之展開圖，因此交線求作必須精確，包括重要之轉折點皆必須求出，才能確保展開圖之正確。

例題 11：求三角柱與圓錐之展開。(圖 12.28)

解：

1. 必須先求三角柱與圓錐之交線，再求展開，交線錯時展開圖亦錯，交線精確後展開圖才能正確。
2. 將圓錐之底圓等分 12 等分，圓錐面上有 12 條素線。
3. 從俯視圖由圓錐之頂沿圓錐面上之素線，切割圓錐及三角柱，即可求得所有素線與三角柱之交點，本題亦可以平切圓錐方式求交線。
4. 三角柱之稜線 a、b 及 c 剛好在圓錐面等分素線 11、2 及 7 上，所求為重要轉折點。
5. 素線 3 及 9 之交點，必須改平切圓錐方式才能求得，如圖中之俯視圖素線 9，作圓經素線 9 與三角柱之交點(剛好切於直線 ac)平切圓錐，投回前視圖可得交點 x。素線 3 交點之求法相同，得交點 y。
6. 因素線 9 之切圓剛好相切於直線 ac，故所求點 x 為 ac 稜面交線之最高點，此法可用來求其它兩稜面交線之最高點，如圖中 ab 稜面交線之最高點 y 剛好在素線 1 上，bc 稜面交線之最高點剛好在素線 4 上。

7. 圖中重要轉折點，尚有素線 6 及 12 之交點。

8. 交線完成後，三角柱可依素線上之交點平行(稜線)投影求展開圖，請參閱前面第 12.3 節圖 12.12 所示。

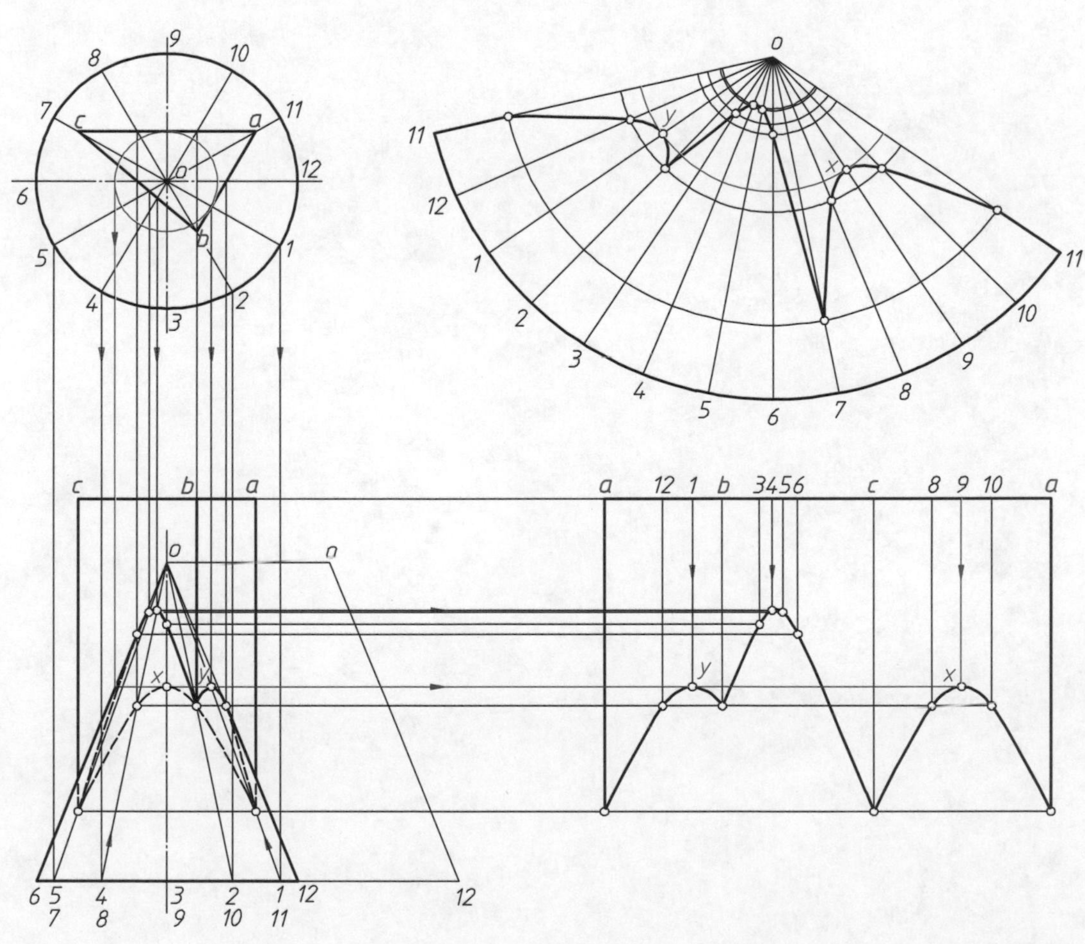

圖 12.28 求三角柱與圓錐之展開

9. 圓錐則先投影各交點至實長線上(邊線)求各實長點，再以射線展開法求展開圖，以稜線 a 爲接縫邊，請參閱前面第 12.6 節例題 7 所述。

10. 配合三角柱之稜線 a，圓錐的展開圖可考慮從等分素線 11 開始作圖，所求不規則連續線才能完整正確。

❖ 習　題　十二 ❖

一、問答題

1. 直線實長 TL 之求法共有幾種？詳述之。

2. 平面實形 TS 之求法共有幾種？詳述之。

3. 何謂平行線展開法、射線展開法及三角形展開法？詳述之。

4. 三角作圖法有何優點？何謂實長圖？有何作用？

5. 交線與展開之關係如何？

二、求下列各題之展開(有“w”者為接縫邊)

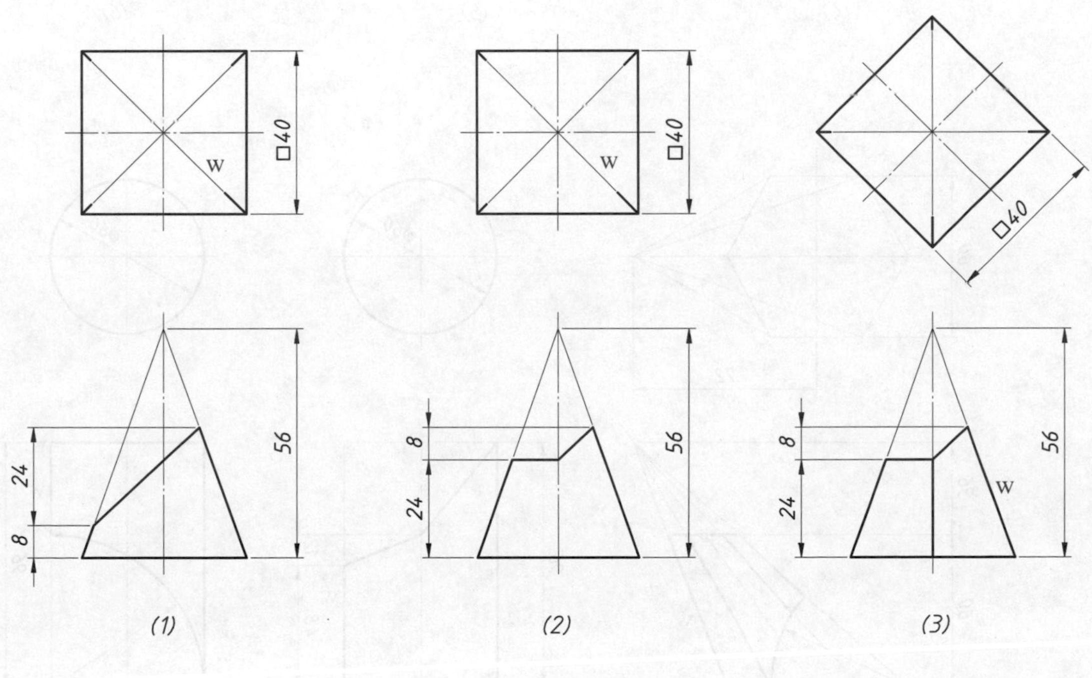

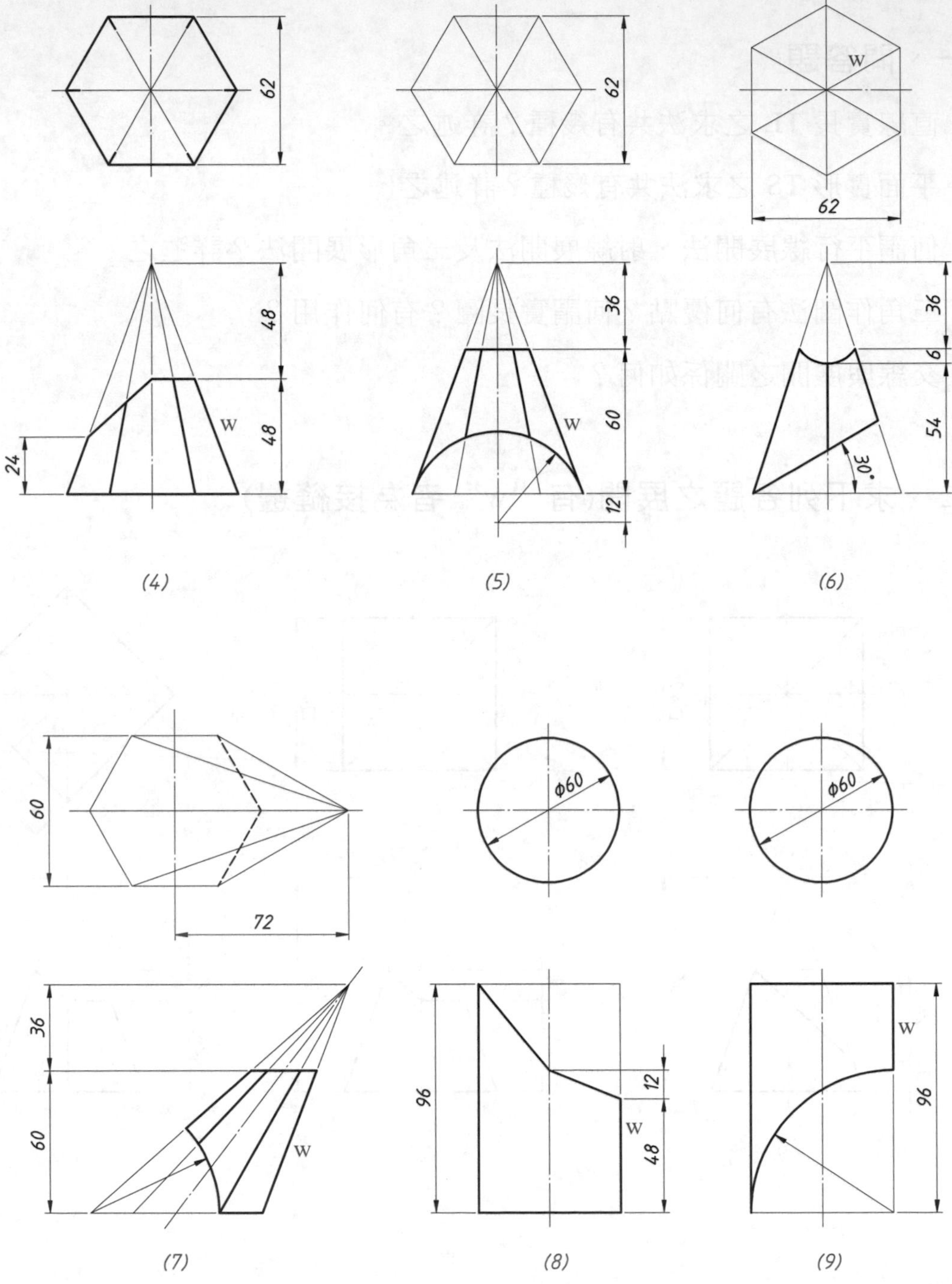
62
62
W
62
62
48
48
24
W
36
60
12
W
36
6
54
30°
W
(4)
(5)
(6)
60
72
φ60
φ60
36
60
W
96
12
48
W
W
96
(7)
(8)
(9)

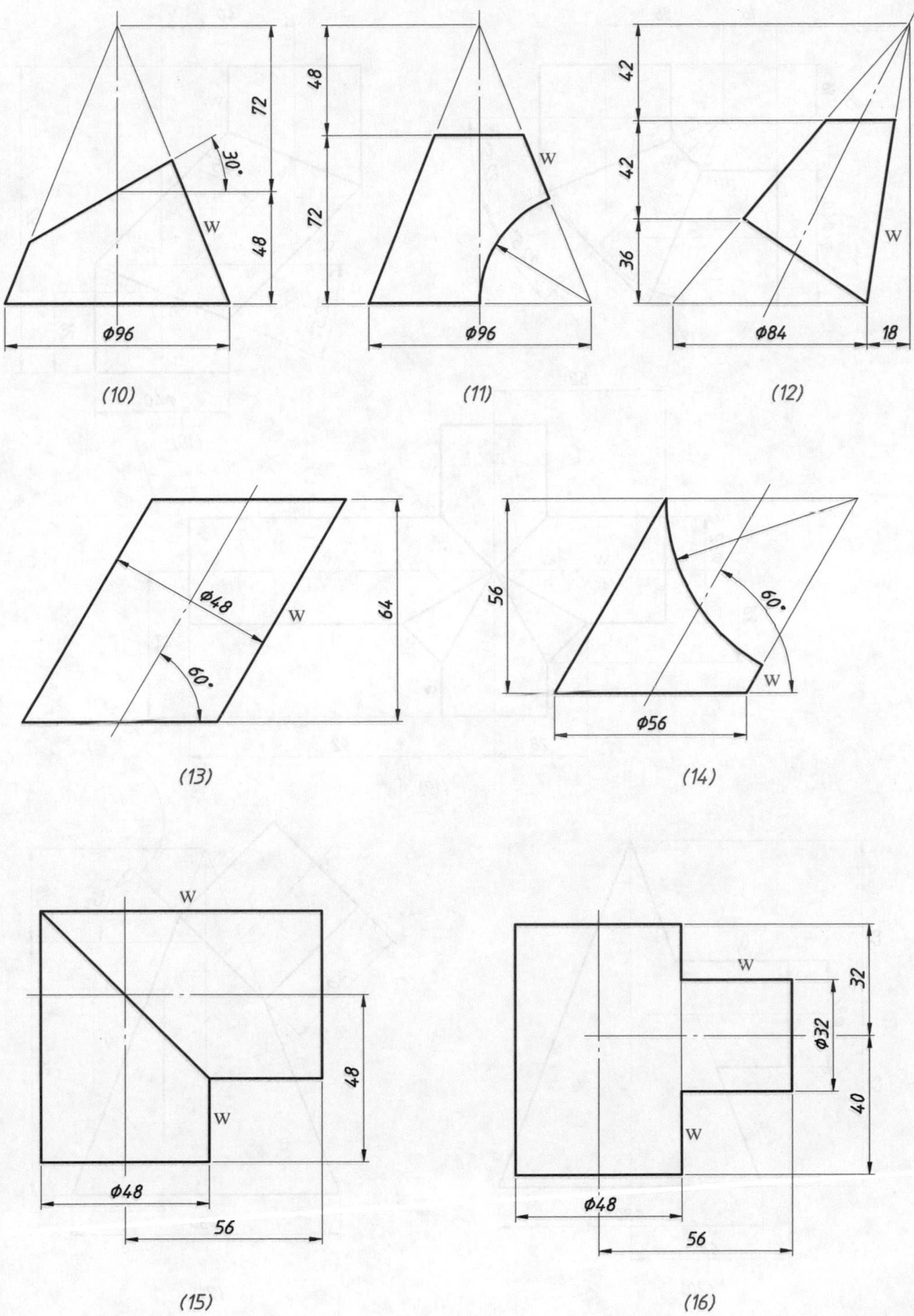
72
30°
W
48
Φ96
(10)
48
72
W
Φ96
(11)
42
42
36
W
Φ84
18
(12)
Φ48
W
64
60°
(13)
56
60°
W
Φ56
(14)
W
48
W
Φ48
56
(15)
W
32
Φ32
40
W
Φ48
56
(16)

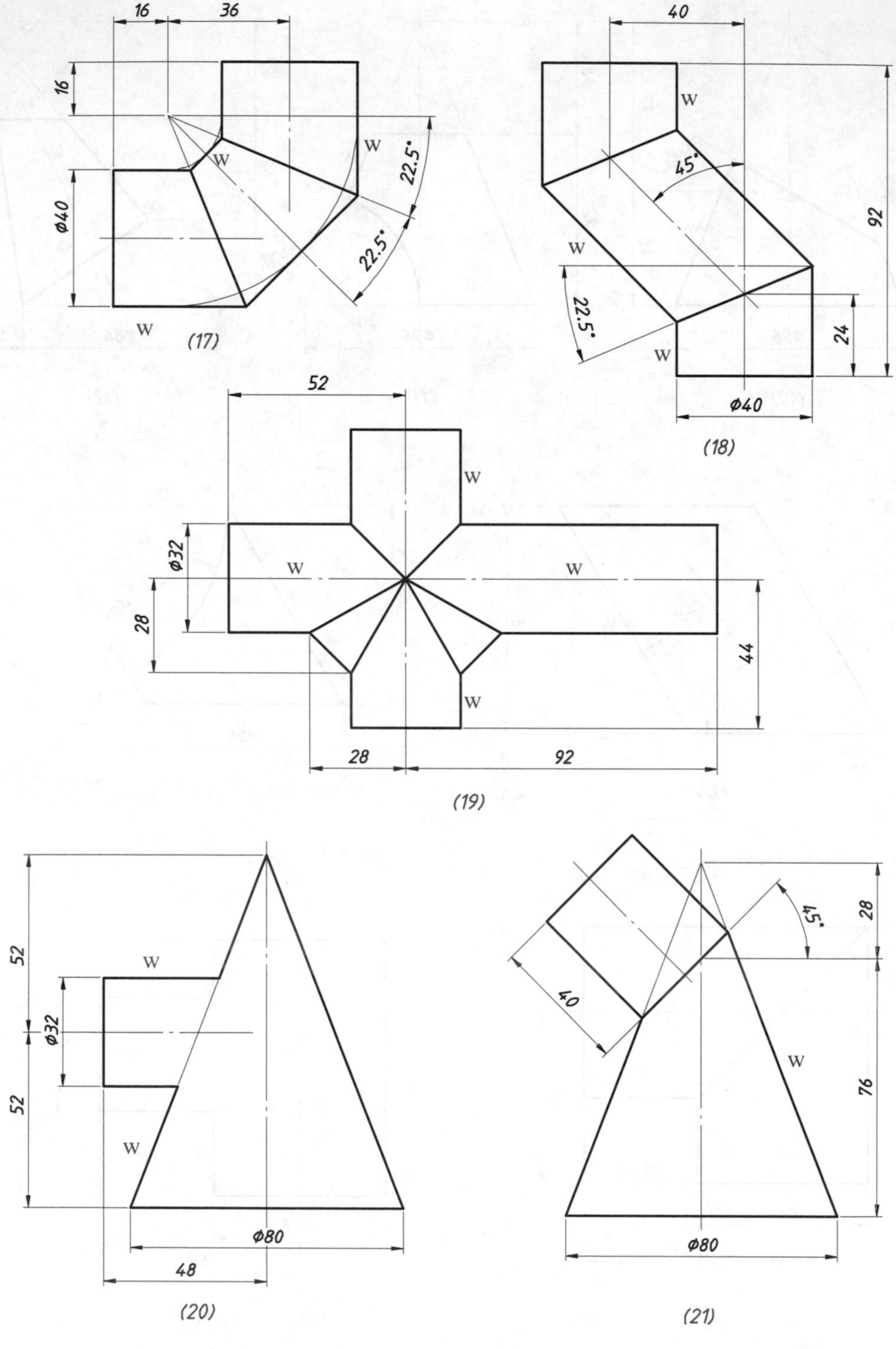
16
36
16
Φ40
W
W
W
22.5°
22.5°
(17)
40
W
45°
W
22.5°
W
92
24
Φ40
(18)
52
W
Φ32
W
W
28
44
W
28
92
(19)
52
W
Φ32
52
W
Φ80
48
(20)
45°
28
40
W
76
Φ80
(21)

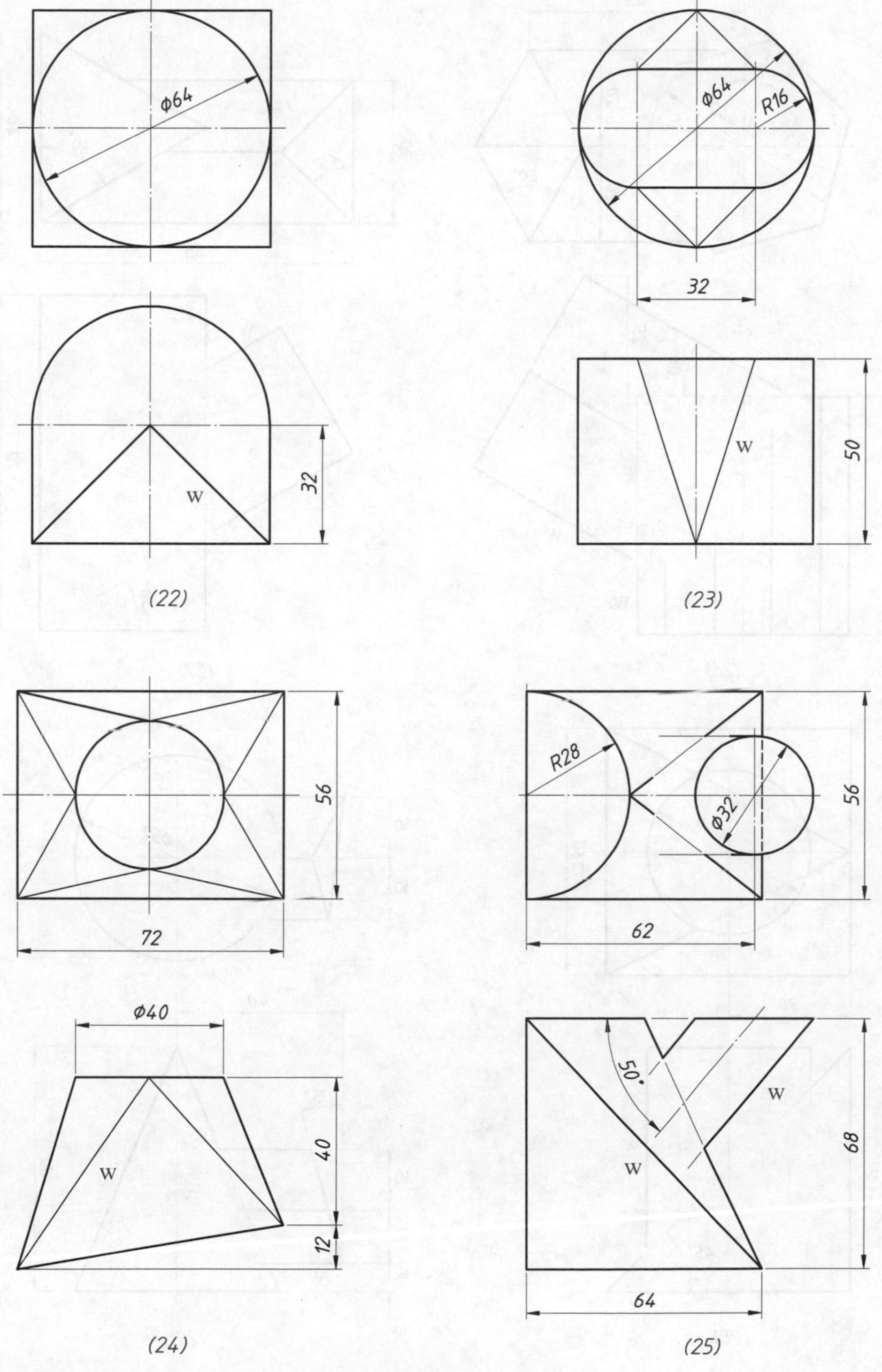
Φ64
Φ64
R16
32
32
W
W
50
(22)
(23)
56
72
R28
Φ32
56
62
Φ40
40
12
W
50°
W
W
68
64
(24)
(25)

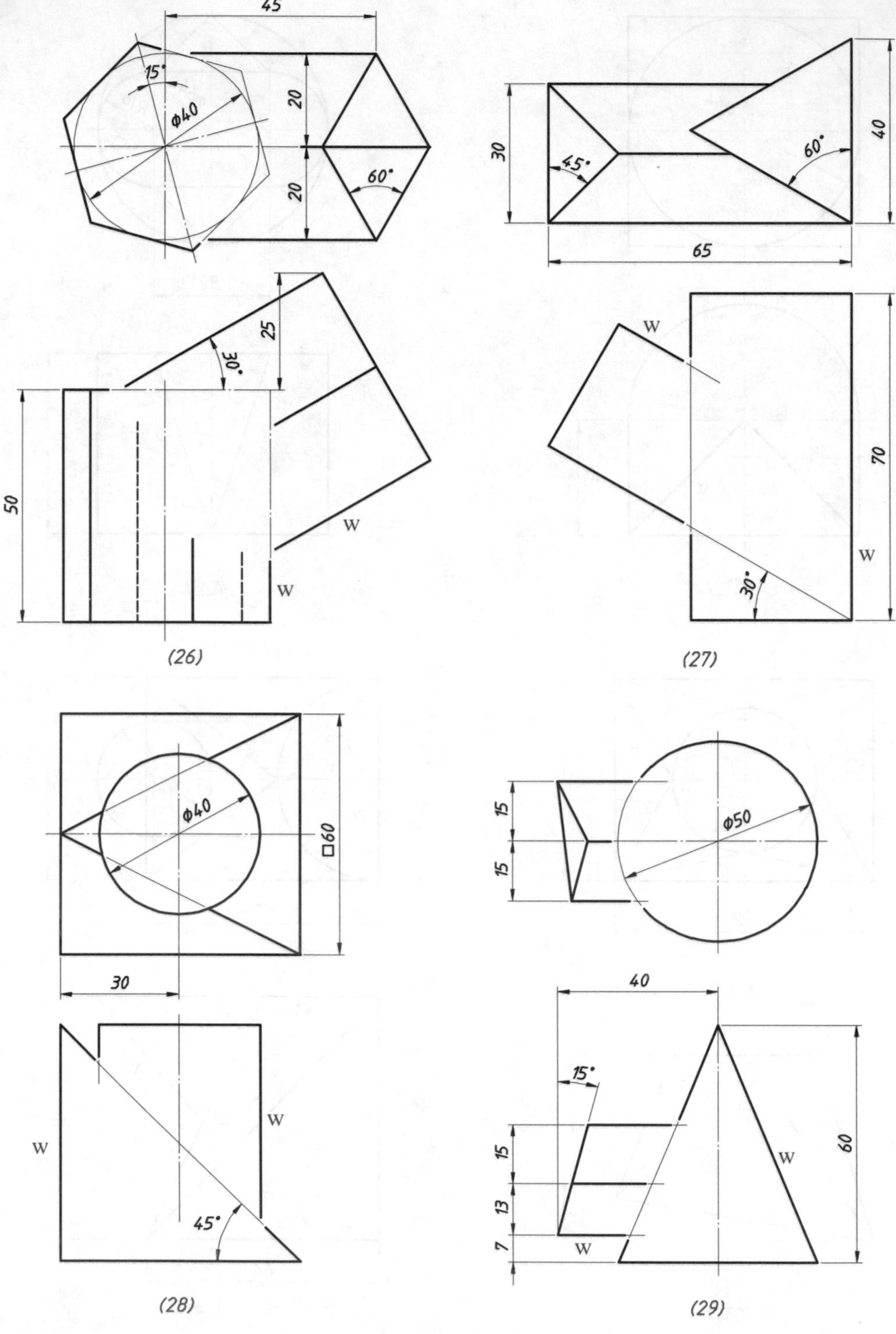
45
15°
Φ40
20
20
60°
25
30°
50
W
W
(26)
30
45°
60°
40
65
W
70
W
30°
(27)
Φ40
□60
30
W
W
45°
(28)
15
15
Φ50
40
15°
15
13
7
60
W
W
(29)

展 開『工作單一』

工作名稱	平面體展開	使用圖紙	A3	工作編號	DG1201
學習目標	利用求方錐及六角柱展開，了解平行線及射線展開法之基本過程	參閱章節	第12.1節至 第12.5節	操作時間	2-3小時
				題目比例	-

說明：
1. 求各題之展開圖。
2. 以“w”爲接縫邊。
3. 物體爲中空。
4. 補全(a)題之俯視圖。
5. 以1：1比例繪製。
6. 尺度免標註。

評量重點：
1. 展開是否正確。
2. (a)題之俯視圖是否正確。
3. 是否以“w”爲接縫邊展開。
4. 不規則曲線是否正確。
5. 尺度是否正確。
6. 投影線是否適當繪製。
7. 佈圖是否適當。

題目：

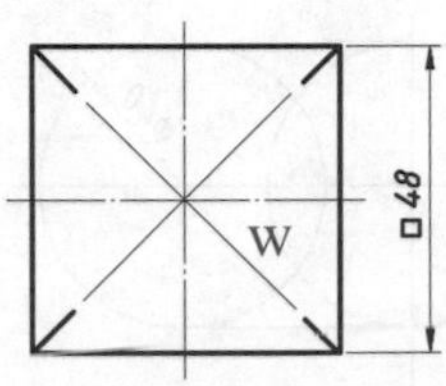

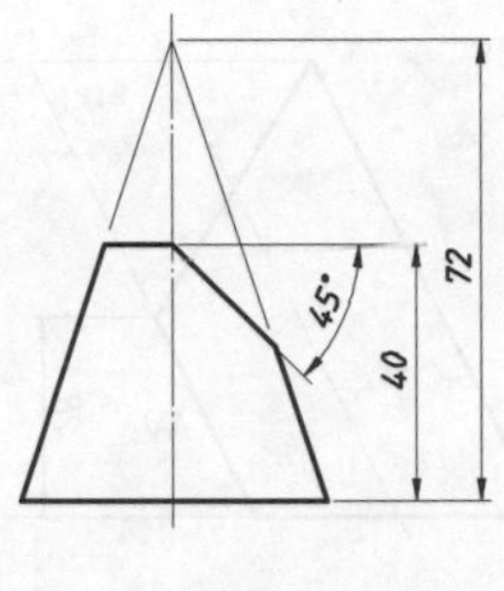

(a)

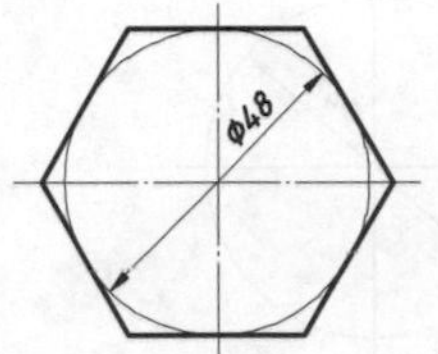

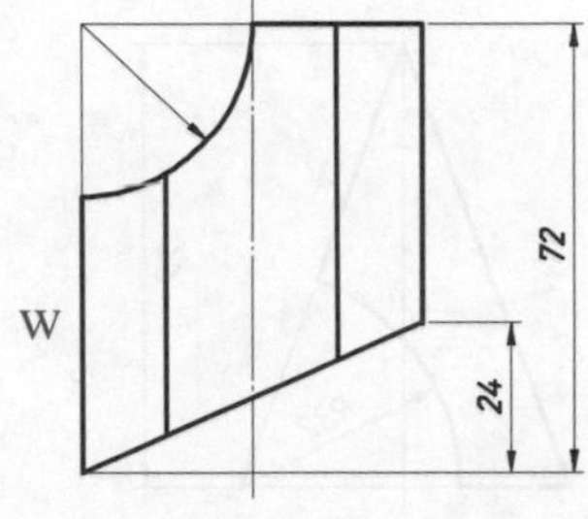

(b)

單 位	mm	數 量		比 例	1：1	
材 料		日 期	yy - mm - dd			
班 級	&&	座號	**	(學校名稱)	課程	投影幾何學
姓 名	-					
教 師	-		圖名	平面體展開	圖號	yy##&&**
得 分						

展　開『工作單二』

工作名稱	圓錐及圓柱展開	使用圖紙	A3	工作編號	DG1202
學習目標	利用求圓錐及圓柱展開，了解圓等分及曲面展開之求作過程	參閱章節	第 12.1 節至第 12.6 節	操作時間	2-3 小時
				題目比例	-

說明：
1. 求各題之展開圖。
2. 以“w”為接縫邊。
3. 物體為中空。
4. 補全各題之俯視圖交線。
5. 以 1：1 比例繪製。
6. 尺度免標註。

評量重點：
1. 展開是否正確。
2. (a)題之俯視圖是否正確。
3. 重要轉折點是否求出。
4. 不規則曲線是否正確。
5. 是否以“w”為接縫邊展開。
6. 尺度是否正確。
7. 投影線是否適當繪製。
8. 佈圖是否適當。

題目：

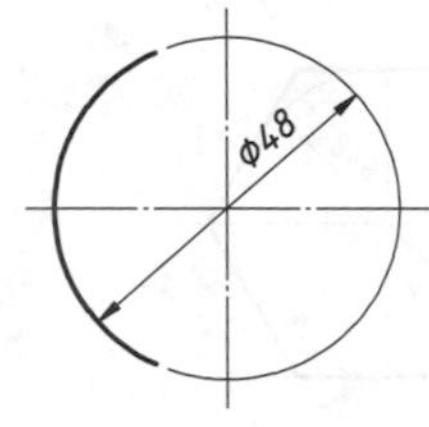

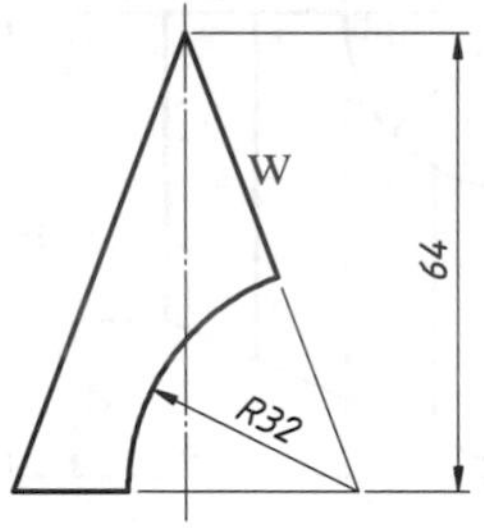

(a)

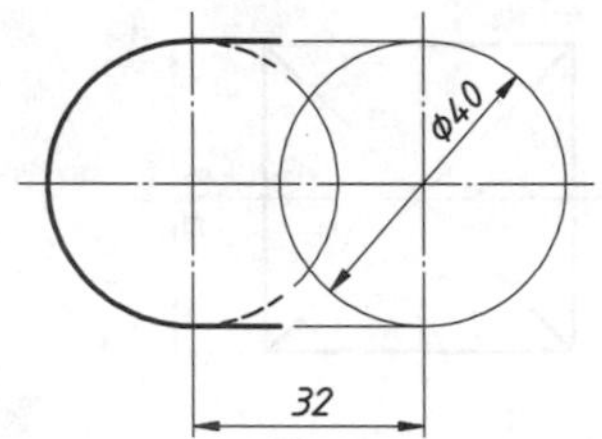

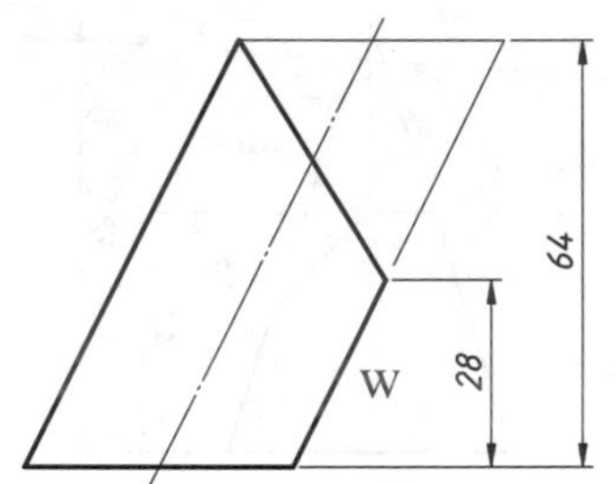

(b)

單位	mm	數量		比例	1：1	
材料		日期	yy - mm - dd			
班級	&&	座號	**	(學校名稱)	課程	投影幾何學
姓名	-					
教師	-			圖名 圓錐及圓柱展開	圖號	yy##&&**
得分						

展 開『工作單三』

工作名稱	橢圓錐之展開	使用圖紙	A3	工作編號	DG1203
學習目標	利用求橢圓錐之展開，了解三角形展開法之求作過程	參閱章節	第 12.1 節至第 12.6 節	操作時間	2-3 小時
				題目比例	-

說明：
1. 求缺口橢圓錐之展開。
2. 以“w”爲接縫邊。
3. 物體爲中空。
4. 補全俯視圖交線。
5. 以 1：1 比例繪製。
6. 尺度免標註。

評量重點：
1. 展開是否正確。
2. 俯視圖是否正確。
3. 不規則曲線是否正確。
4. 是否以“w”爲接縫邊展開。
5. 尺度是否正確。
6. 投影線是否適當繪製。
7. 佈圖是否適當。

題目：

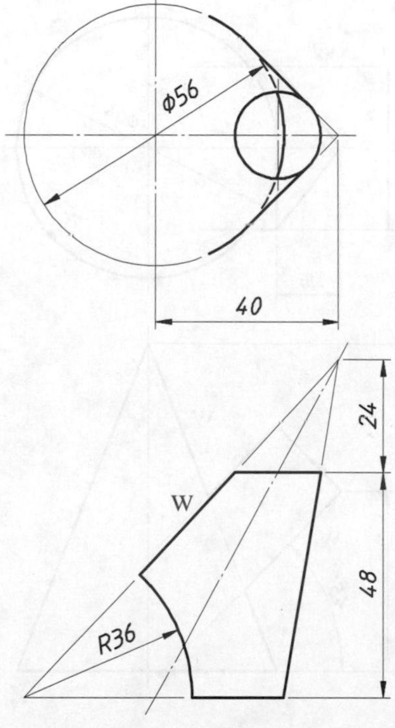

單 位	mm	數 量		比 例	1：1	
材 料		日 期	yy - mm - dd			
班 級	&&	座號	**	(學校名稱)	課程	投影幾何學
姓 名	-					
教 師	-			圖名	橢圓錐之展開	圖號 yy##&&**
得 分						

展 開『工作單四』

工作名稱	交線與展開	使用圖紙	A3	工作編號	DG1204
學習目標	先求交線再求展開，以了解物體展開之實際求作過程	參閱章節	第 12.1 節至第 12.9 節	操作時間	3-4 小時
				題目比例	-

說明：
1. 求交線及展開圖。
2. 先求交線再求展開。
3. 分別畫三角柱與圓錐之展開圖。
4. 以“w”爲接縫邊。
5. 以 1：1 比例繪製。
6. 尺度免標註。

評量重點：
1. 交線與展開是否正確。
2. 重要轉折點是否求出。
3. 不規則曲線是否正確。
4. 是否以“w”爲接縫邊展開。
5. 尺度是否正確。
6. 投影線是否適當繪製。
7. 佈圖是否適當。

題目：

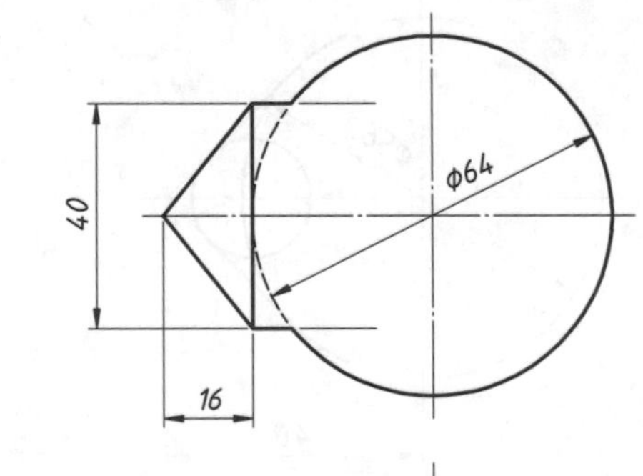

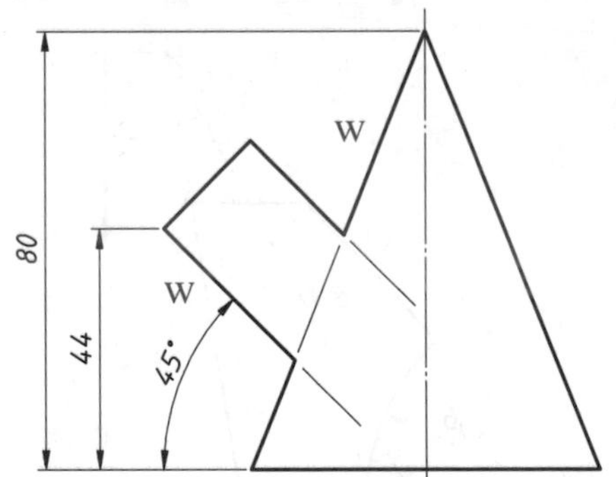

單 位	mm	數 量		比 例	1：1	
材 料		日 期	yy - mm - dd			
班 級	&&	座 號	**	(學校名稱)	課程	投影幾何學
姓 名	-					
教 師	-			圖名 交線與展開	圖號	yy##&&**
得 分						

13

陰 影

13.1 陰影之原理

在自然的情況下，當光照射物體時，假設物體爲不透明，如圖 13.1 所示，物體背光面較暗稱爲陰(Shade)，光照射物體在平面上所形成之暗處稱爲影(Shadow)。物體被光照射到之表面範圍稱爲光面，照不到之表面範圍稱爲陰面。光面與陰面之分界線稱爲陰線，影之輪廓線稱爲影線。

物體因光線的照射物形成陰和影，光線的來源稱爲光源，有自然光源及人工光源兩種，不同的光源及光線照射方向將形成不同的陰和影，不同的光源使光線分成兩種：

(a) 平行光線：由自然光源產生，即太陽光，如圖 13.1 所示，因在無窮遠處，光線呈平行投射，稱爲平行光線。其所投射成的陰和影乃根據平行投影中之斜投影(Oblique Projection)原理所投射而成，與前述之正投影不同。

(b) 幅射光線：由人工光源產生，如燈光，如圖 13.2 所示，因光源較近，光線呈幅射投射，稱爲幅射光線。其所投射成的陰和影乃根據透視投影(Perspective Projection)原理所投射而成，亦與正投影不同。

在物體完成直立投影面 V 及水平投影面 H 之投影後，在平行光線投射時，須先設定光線之方向，在幅射光線投射時，須先設定光源之位置，然後加繪其陰和影，稱爲陰影。配合自然的現象，光照射物體時，影應投射在物體後面的平面上，若投影面恰好在物體與光源之間時，必須在物體之後再設立一平行投影面之平面，以得物體之影，此平行投影面之平面在 H 面之後者以 H1 面表之在 V 面之後者，以 V1 面表之，P 面因左右皆有，皆表爲 P 面即可。光照射時物體之影通常只投射在同一投影面上。

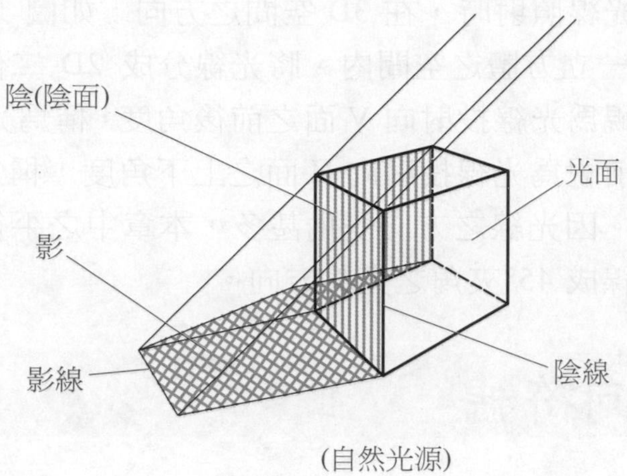

(自然光源)

圖 13.1 陰影(平行光線)

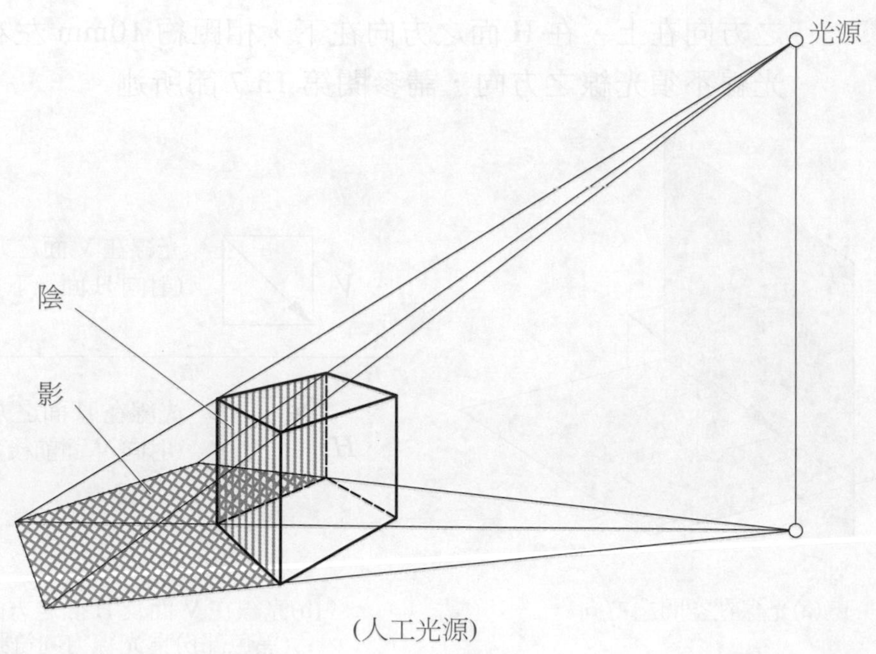

(人工光源)

圖 13.2 陰影(幅射光線)

13.2 平行光線

平行光線照射時，在 3D 空間之方向，如圖 13.3 所示，(a)圖中在一立方體之空間內，將光線分成 2D 二個方向，如(b)圖，俯視爲光線投射向 V 面之前後角度，稱爲光線在 H 面之方向；前視爲光線投射向 H 面之上下角度，稱爲光線在 V 面之方向。因光線之方向變化甚多，本章中之平行光線將只介紹與基線成 45°夾角之光線方向。

13.2.1 光線方向符號

如圖 13.3 之(b)所示黑色部份稱爲光線方向符號，平行光線求作陰影時必須事先設立，以做爲物體形成陰影之依據。光線方向符號可畫在視圖側邊適當位置，如後續之各圖中所示，以細實線繪製兩個約 10mm 左右之正方形，光線在 V 面之方向在上，在 H 面之方向在下，相距約 10mm 左右。幅射光線不須光線之方向，請參閱第 13.7 節所述。

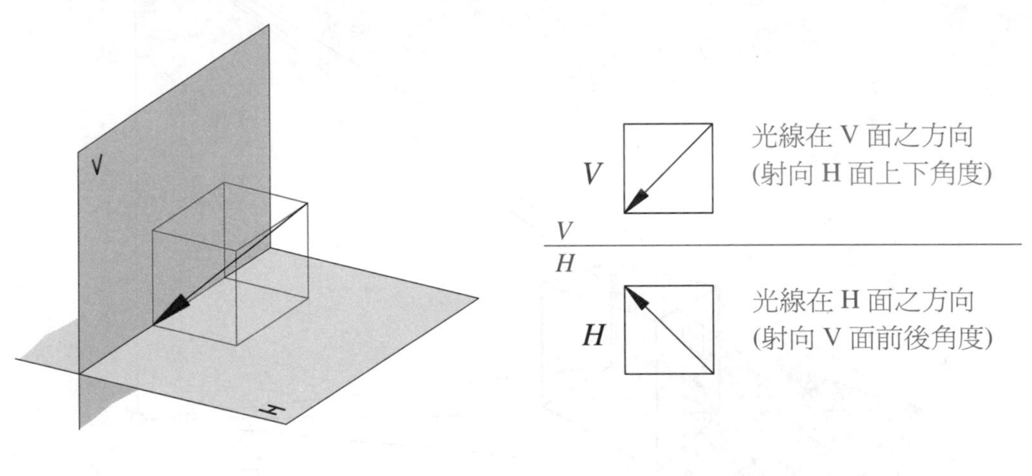

(a)光線在空間之方向

(b)光線在 V 面及 H 面之方向
(黑色部份爲光線方向符號)

圖 13.3 平行光線之方向及符號

13.3 點之陰影

點之影仍為點，影應落在點後之水平投影面 H 上、直立投影面 V 上或側投影面 P 上。點 a 之影投射在 H 面上，稱為點 a 在 H 面上之影，以 a_s^h 表之；點 a 之影投射在 V 面上，稱為點 a 在 V 面上之影，以 a_s^v 表之；點 a 之影投射在 P 面上，稱為點 a 在 P 面上之影，以 a_s^p 表之。在平行光線投射下，影之求作時必須先設立光線在 V 面及 H 面之方向。

設點 a 在第一象限，如圖 13.4 所示，依光線之方向，(a)圖為點 a 在 V 面上之影，(b)圖為點 a 在 H1 面上之影，因影理應落在物體之後，故設立 H1 面與 H 面平行，圖中 H1 面與 H 面之距離可任意設立，適當即可，但 H1 面必須平行 H 面，點 a 在 H1 面上之影，以 a_s^{h1} 表之。圖中投射線上之灰色箭頭為投射方向，在本書中乃說明之用無需標註。

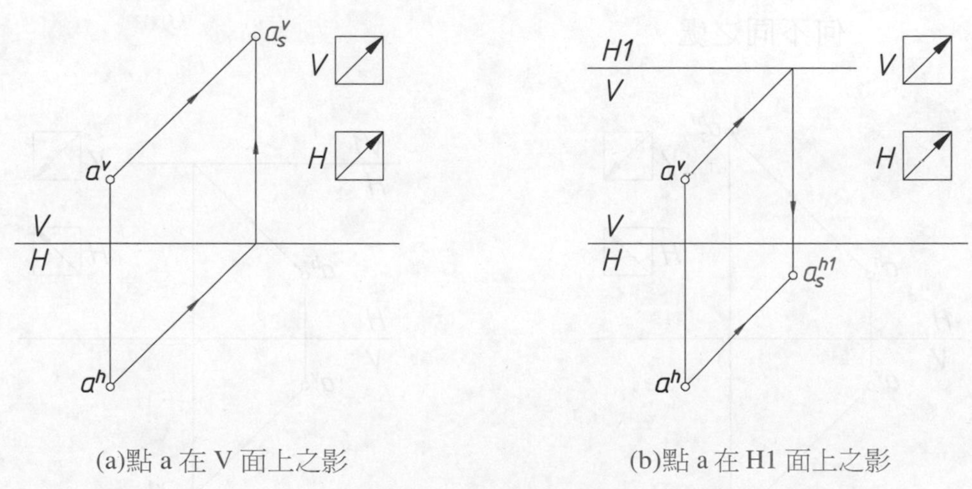

(a)點 a 在 V 面上之影　　(b)點 a 在 H1 面上之影

圖 13.4 點 a 之影(第一象限)

光線之方向不變，當點 a 位第三象限時，如圖 13.5 所示，(a)圖為點 a 在 H 面上之影，(b)圖為點 a 在 V1 面上之影。

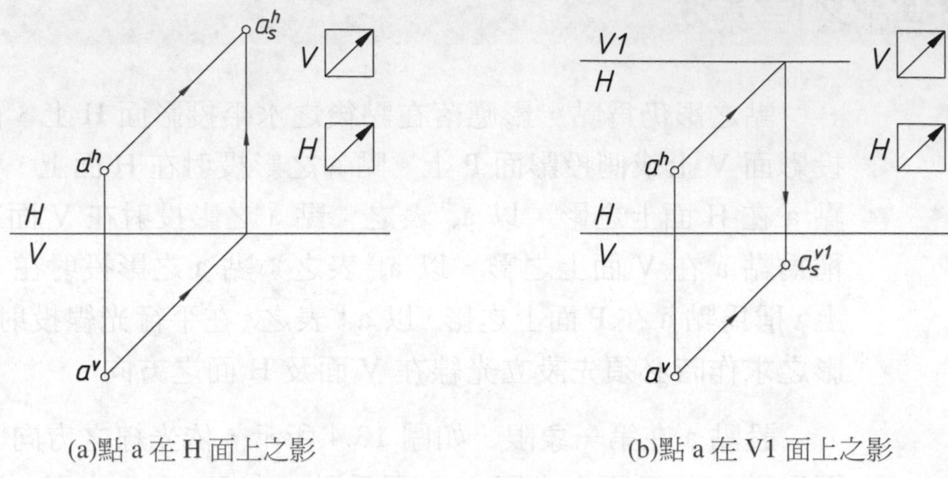

(a)點 a 在 H 面上之影　　(b)點 a 在 V1 面上之影

圖 13.5 點 a 之影(第三象限)

假設光線在 H 面及 V 面之方向改變時，相同之點 a 位第三象限，依光線之方向，如圖 13.6 所示，(a)圖為點 a 在 H1 面上之影，(b)圖為點 a 在 V1 面上之影，請與圖 13.5 比較有何不同之處。

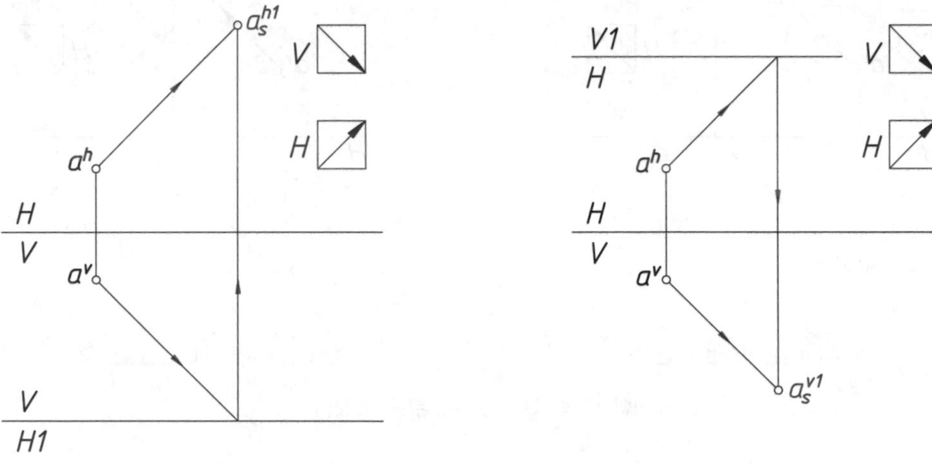

(a)點 a 在 H1 面上之影　　(b)點 a 在 V1 面上之影

圖 13.6 點 a 之影

13.3.1 點在 P 面之陰影

求側投影面 P 之陰影，可先從平行光線在 V 面之方向及在 H 面之方向，求平行光線在 P 面之方向，必須根據 P 面之第一象限投影法或第三象限投影法規則繪製光線在 P 面之方向，如圖 13.7 所示，光線方向符號之箭頭在第一象限，(a)圖爲第一象限投影法之左側視，光線在 P 面之方向，(b)圖爲第一象限投影法之右側視，光線在 P 面之方向，(c)圖爲第三象限投影法之右側視，光線在 P 面之方向，(d)圖爲第三象限投影法之左側視，光線在 P 面之方向。P 面之方向求作時需要但符號可省略。

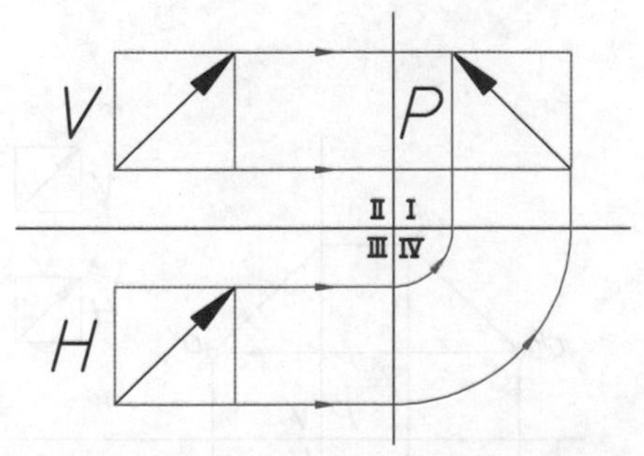

(a)第一象限投影法之左側視

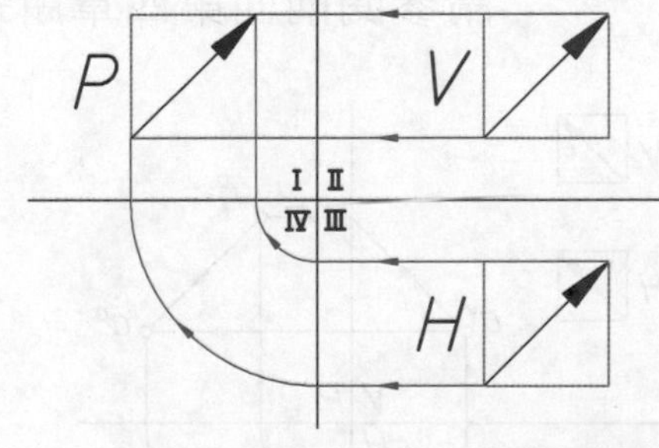

(b)第一象限投影法之右側視

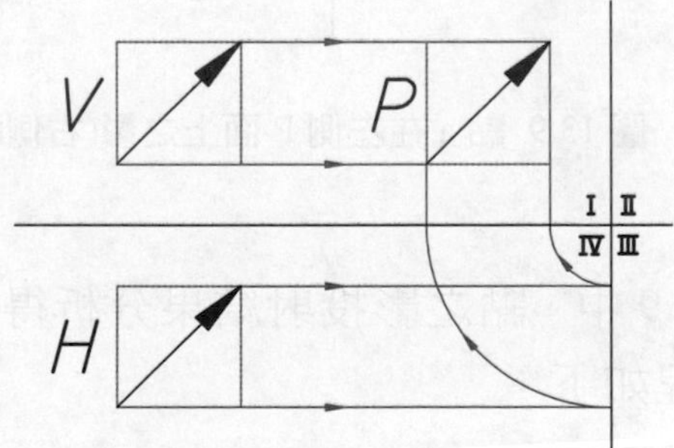

(c)第三象限投影法之右側視

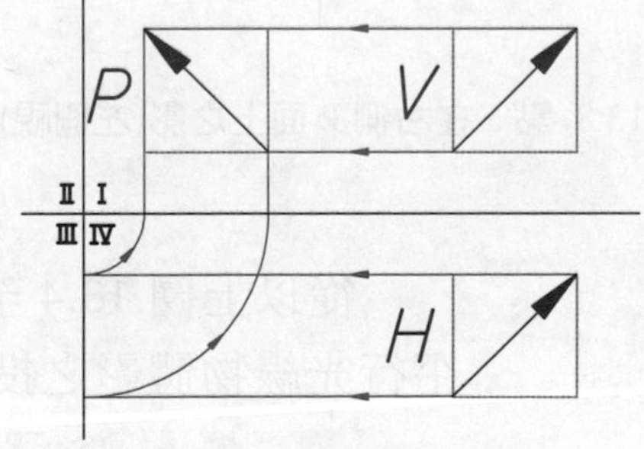

(d)第三象限投影法之左側視

圖 13.7 求平行光線在 P 面之方向

設點 a 在第一象限，求點 a 在 P 面上之影，如圖 13.8 所示，依光線之方向，只能得點 a 在右側 P 面上之影，即採用第一象限投影法之左側視，可先求點 a 在 P 面上之投影 a^p，再求光線在 P 面上之方向(參閱圖 13.7)，由 V 面開始投射，即得點 a 在 P 面之影 a_s^p。若直接由 V 面及 H 面投射，亦可直接得點 a 在 P 面之影 a_s^p，可免求點 a 在 P 面上之投影 a^p 及光線在 P 面之方向，如圖中彩色線及箭頭所示，可印證所求點 a_s^p 是否正確。

相同的點 a，若改變光線之方向，求點 a 在 P 面上之影，如圖 13.9 所示，求作過程與上述相同，只能得點 a 在左側 P 面上之影 a_s^p，即採用第一象限投影法之右側視。圖中側基線(V/P 線)之位置為已知，或取適當之位置，側投影面 P 之投影請參閱前面第四章所述。

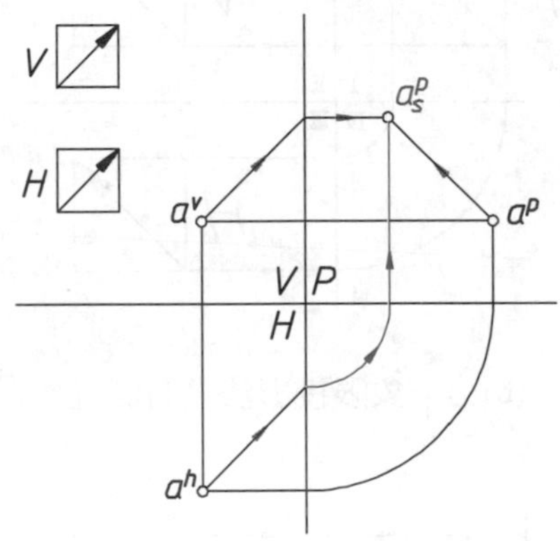

圖 13.8 點 a 在右側 P 面上之影(左側視)

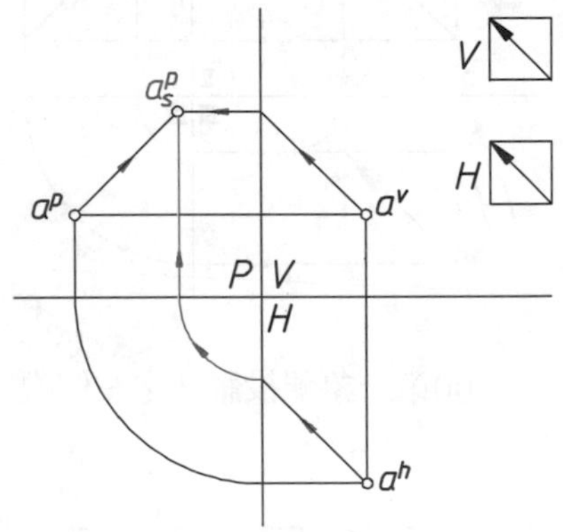

圖 13.9 點 a 在左側 P 面上之影(右側視)

從以上圖 13.4 至圖 13.9 中，點之影投射結果分析得知，平行光線物體影之投射過程如下：

(a) 求物體在 H 面上之影：由 V 面投影開始投射，依平行光線在 V 面之方向，若投射不到 H 面(GL 或 H/V 線)時，則設立 H1 面投射之。

(b) 求物體在 V 面上之影：由 H 面投影開始投射，依平行光線在 H 面之方向，若投射不到 V 面(GL 或 H/V 線)時，則設立 V1 面投射之。

(c) 求物體在 P 面上之影：由 V 面投影開始投射至左側或右側之 P 面(G_pL_p 或 V/P 線)，或直接由 V 面及 H 面投影開始投射至左側或右側之 P 面。可根據第一象限投影法或第三象限投影法規則繪製。

13.4 直線之陰影

直線之影通常仍爲直線，求直線之影，可依點之影投射方法，先求直線兩端點之影，再連接成直線即可。當直線與光線投射方向平行或一致時，直線之影最短爲點，最長則可能比直線之實際長度還長。

設直線 ab 在第一象限，在平行光線投射下，如圖 13.10 所示，依光線在 H 面及 V 面之方向及物體影之投射過程，(a)圖爲直線 ab 在 V 面上之影，(b)圖爲直線 ab 在 H1 面上之影。

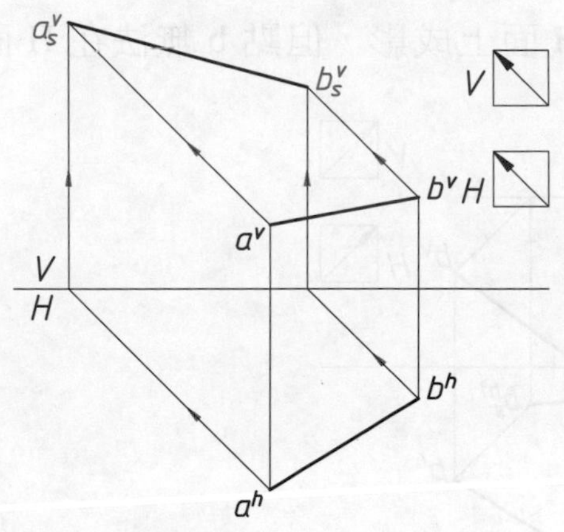

(a) 直線 ab 在 V 面上之影

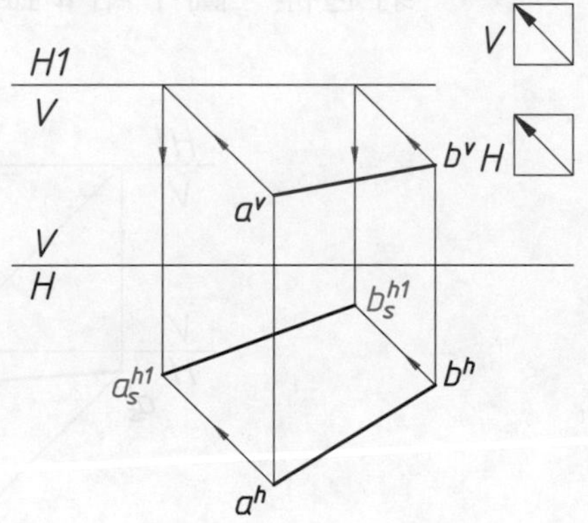

(b)直線 ab 在 H1 面上之影

圖 13.10 直線 ab 之影

上述之直線 ab 及光線之方向無法得直線 ab 在 H 面上之影，若欲求直線 ab 在 H 面之影，必須改變平行光線在 V 面之方向，如圖 13.11 所示，使光線在 V 面之方向可投射在 H/V 線上，即可得直線在 H 面上之影。同理當無法得物體在 V 面之影時，可改變平行光線在 H 面之方向，使光線能投射在 H/V 線上，即可得物體在 V 面上之影。

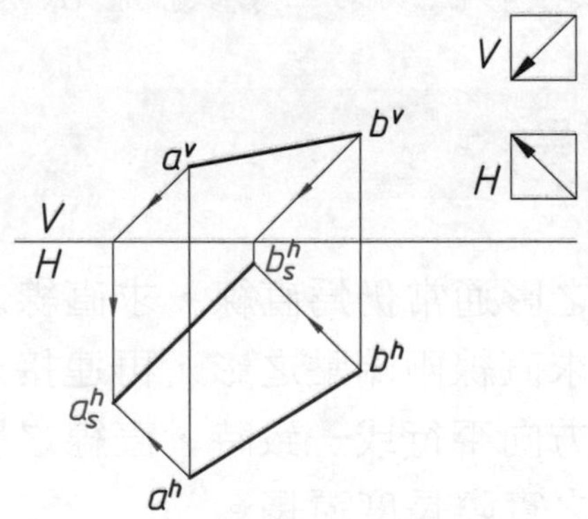

圖 13.11 直線 ab 在 H 面上之影

設直線 ab 之兩端點在不同象限，求直線 ab 在 H 面之影，如圖 13.12 所示，依光線在 H 面及 V 面之方向及物體影之投射過程，圖中點 a 雖可在 H 面上成影，但點 b 無法在 H 面上

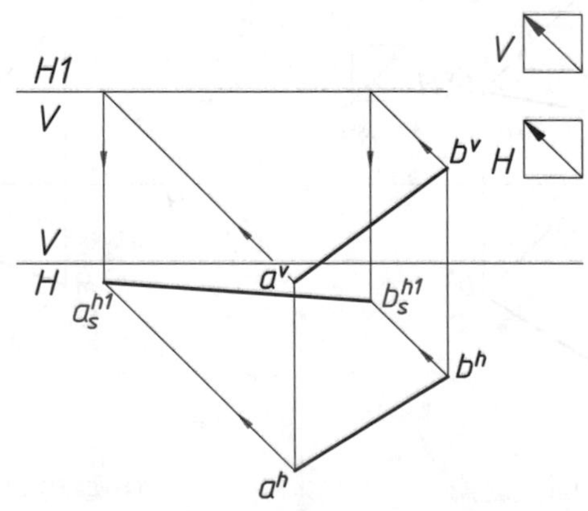

圖 13.12 直線之兩端點在不同象限

成影，為了讓物體能成影在同一平面上，必須設立 H1 面使點 a 及點 b 能成影在同一平面上。

13.4.1 直線在 P 面之陰影

直線在側投影面 P 之陰影，可先從直線之兩端點分別求點在 P 面上之影，再連線即可。當直線之兩端點在不同象限時，可根據側投影面 P 之第一象限投影法或第三象限投影法規則繪製 P 面之影。

設直線 ab 之點 a 在第一象限點 b 在第二象限，求直線 ab 在 P 面之影，依光線在 H 面及 V 面之方向及物體影之投射過程，只能成影在左側之 P 面上，但可採用第一象限投影法或第三象限投影法規則繪製，分別如圖 13.13 及圖 13.14 所示，為第一象限投影法以及第三象限投影法規則所繪製直線 ab 在 P 面之影 $a_s^p b_s^p$。

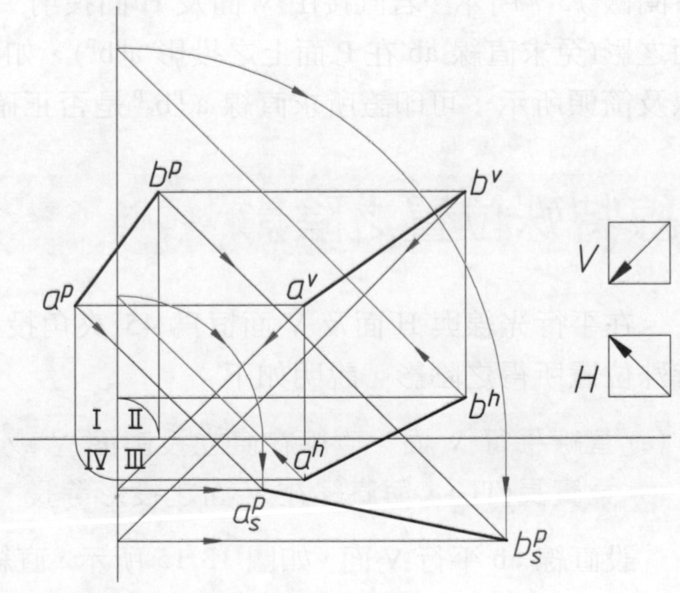

圖 13.13 直線 ab 在 P 面之影(第一象限投影法)

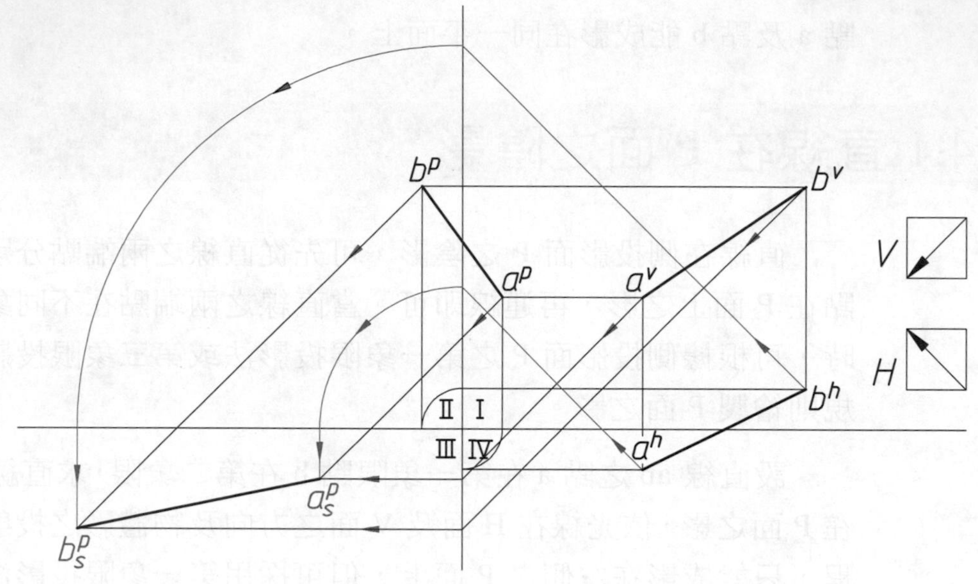

圖 13.14 直線 ab 在 P 面之影(第三象限投影法)

在圖 13.13 及圖 13.14 中，光線在 P 面之方向的求法，請參閱圖 13.7 所示。若直接由 V 面及 H 面投射，亦可直接得 P 面之影(免求直線 ab 在 P 面上之投影 a^pb^p)，如圖中彩色投射線及箭頭所示，可印證所求直線 $a_s^pb_s^p$ 是否正確。

13.4.2 直線特殊位置之陰影

在平行光線與 H 面及 V 面恒爲 45°夾角投射下，直線在特殊位置所得之陰影，說明如下：

(a) 直線平行 V 面：直線在直立投影面 V 或 V1 上之影爲實長(TL)，與直線在 V 面之投影等長。

設直線 ab 平行 V 面，如圖 13.15 所示，直線 a^vb^v 爲 TL，(a)圖直線 ab 在 V 面上之影 $a_s^vb_s^v$ 與 a^vb^v 平行等長且爲 TL， (b)圖直線 ab 在 V1 面之影 $a_s^{v1}b_s^{v1}$ 與 a^vb^v 平行等長且為 TL。

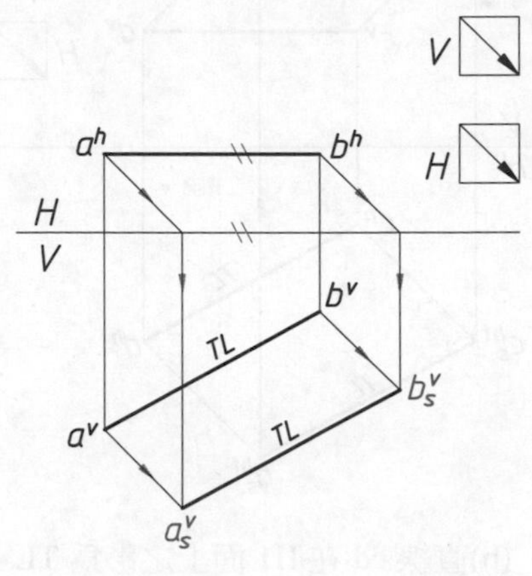

(a)直線 ab 在 V 面上之影為 TL

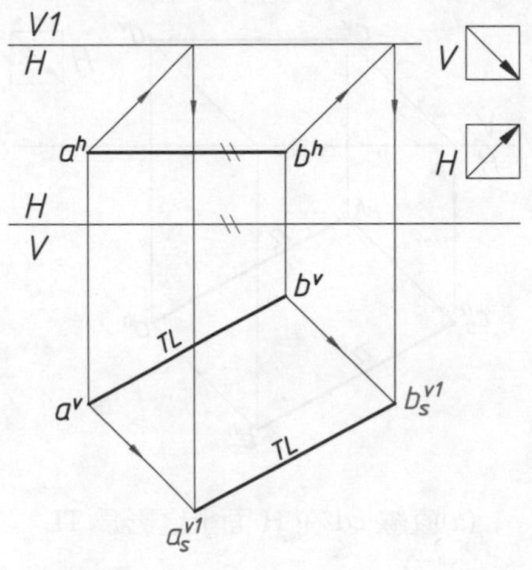

(b)直線 ab 在 V1 面上之影為 TL

圖 13.15 直線 ab 平行 V 面之影

(b)　直線平行 H 面：直線在水平投影面 H 或 H1 上之影為實長(TL)，與直線在 H 面之投影等長。

設直線 cd 平行 H 面，如圖 13.16 所示，直線 c^hd^h 為 TL，(a)圖直線 cd 在 H 面上之影 $c_s^hd_s^h$ 與直線 c^hd^h 平行等長且為 TL，(b)圖直線 cd 在 H1 面上之影 $c_s^{h1}d_s^{h1}$ 與直線 c^hd^h 平行等長且為 TL。

(c)　直線與光線在 H 面方向平行：即直線在 H 面之投影與 H/V 線之夾角成 45°且與平行光線在 H 面方向平行，直線在 V 或 V1 面上之影將與 H/V 線垂直。

設直線 ab 與平行光線在 H 面方向平行，如圖 13.17 所示，直線 a^hb^h 與 H/V 線成 45°夾角，(a)圖直線 ab 在 V 面之影 $a_s^vb_s^v$ 與 H/V 線垂直，(b)圖直線 ab 在 V1 面上之影 $a_s^{v1}b_s^{v1}$ 與 H/V 線垂直。

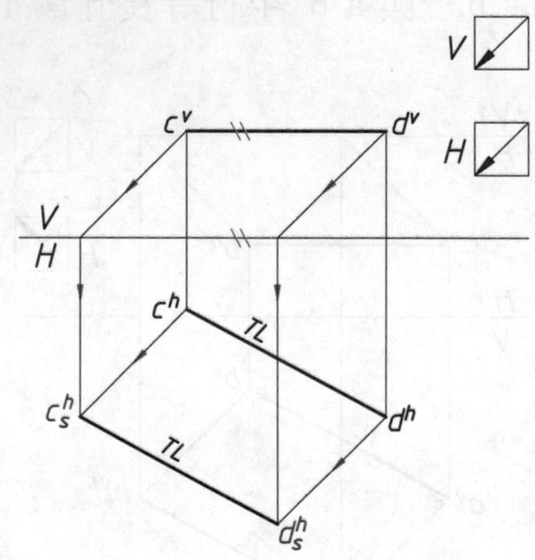

(a)直線 cd 在 H 面上之影為 TL

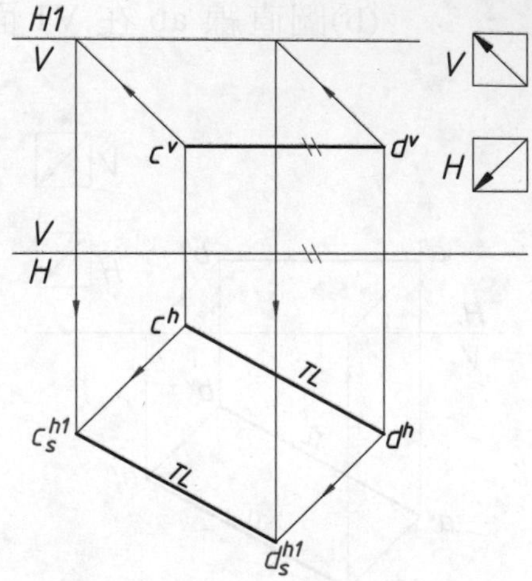

(b)直線 cd 在 H1 面上之影為 TL

圖 13.16 直線 cd 平行 H 面之影

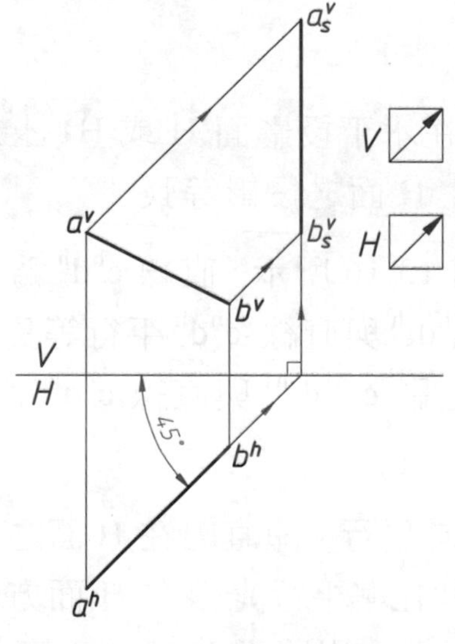

(a)直線 ab 在 V 面上之影垂直 H/V 線

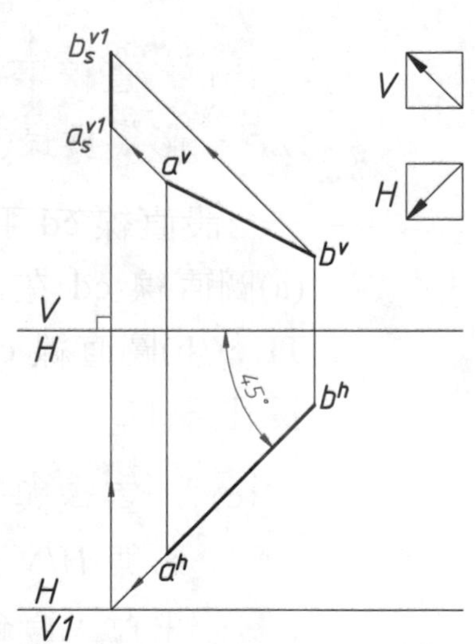

(b)直線 ab 在 V1 面上之影垂直 H/V 線

圖 13.17 直線 ab 與光線在 H 面方向平行

(d) 直線與光線在 V 面方向平行：即直線在 V 面之投影與平行光線在 V 面之方向平行，直線在 H 面或 H1 面上之影將與 H/V 線垂直。

設直線 cd 與平行光線在 V 面方向平行，如圖 13.18 所示，直線 c^vd^v 與 H/V 線成 45°夾角，(a)圖得直線 cd 在 H 面上之影 $c_s{}^hd_s{}^h$ 與 H/V 線垂直，(b)圖得直線 cd 在 H1 面上之影 $c_s{}^{h1}d_s{}^{h1}$ 與 H/V 線垂直。

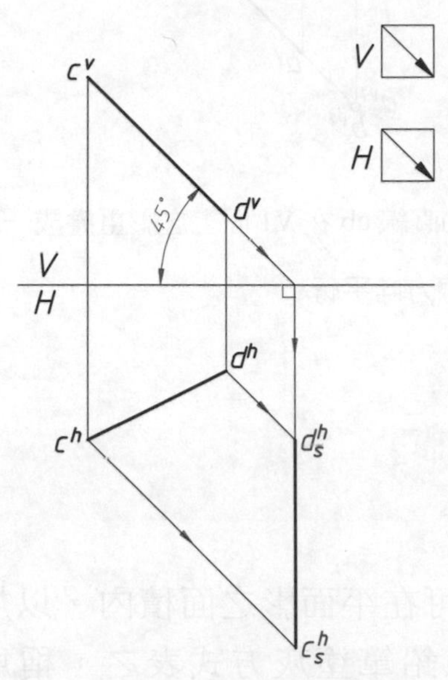

(a)直線 cd 在 H 面上之影垂直 H/V 線

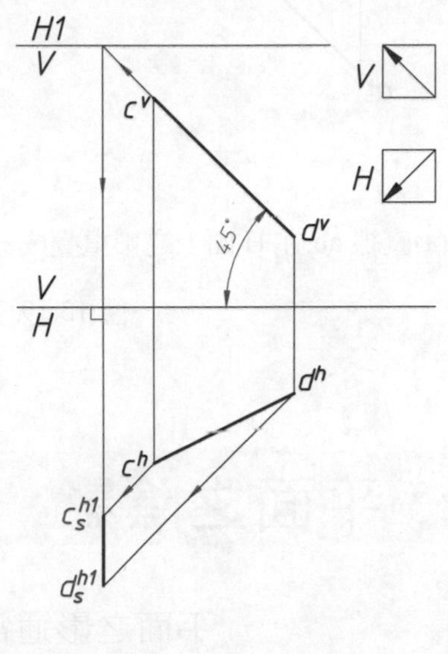

(b)直線 cd 在 H1 面上之影垂直 H/V 線

圖 13.18　直線 cd 與光線在 V 面方向平行

(e) 直線與光線平行：即直線之投影與平行光線在 H 面及 V 面方向皆平行，此時直線之影將重疊成一點。

設直線 ab 與平行光線平行，如圖 13.19 所示，直線之投影 a^hb^h 及 a^vb^v 與 H/V 線皆成 45°夾角且與光線方向皆平行，在(a)及(b)圖中直線在投影面上之影皆成一點。

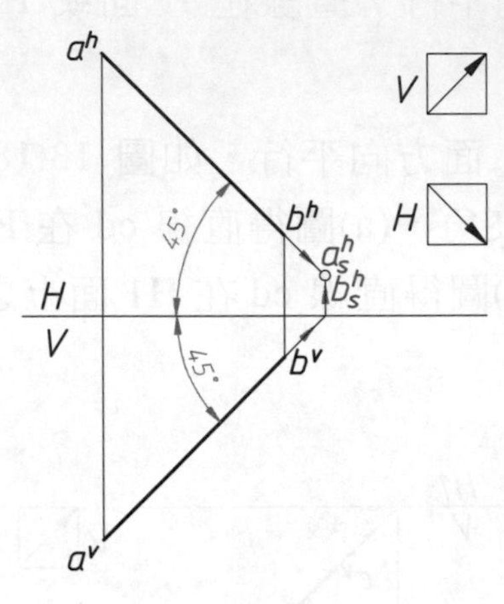

(a)直線 ab 在 H 面上之影重疊成一點

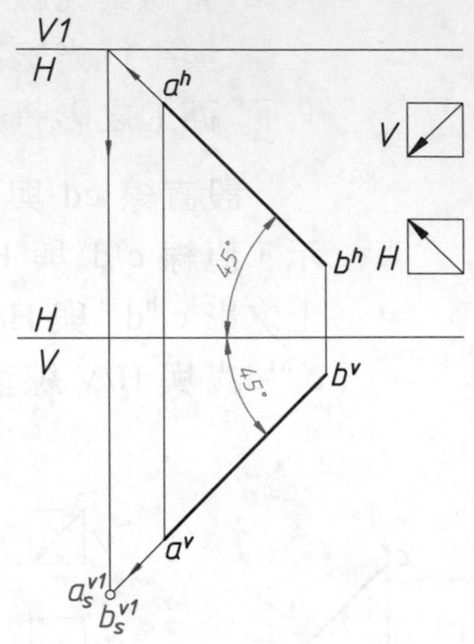

(b)直線 ab 在 V1 面上之影重疊成一點

圖 13.19 直線 ab 與平行光線方向平行

13.5 平面之陰影

平面之影通常仍爲平面，可在平面影之面積內，以加繪適當間距之傾斜交叉細線或以鉛筆塗灰方式表之，稱爲描陰，其影線以粗實線表之。平面之影求法與點及直線之影求法相同，把三角形平面當成三條相連接之直線，按前面所述平行光線直線之陰影求法，即可得平面之影。平面上之陰面及光面之判別，因平面無厚度，將保留至立體中討論。

設三角形平面 abc 在第一象限，如圖 13.20 所示，依光線之方向，(a)圖爲求三角形在 H 面上之影，按物體影之投射過程，應由 V 面之投影 $a^vb^vc^v$ 開始，依光線在 V 面之方向，投向 H/V 線，再投向 H 面，與光線在H面之方向相交，即可得三角形 abc 在 H 面上之影 $a_s^hb_s^hc_s^h$。(b)圖依相同之方法，得

$a_s^{v1}b_s^{v1}c_s^{v1}$ 爲三角形在 V1 面上之影。(c)圖爲三角形在 P 面上之影 $a_s^pb_s^pc_s^p$，求作方法與點及直線相同，只能成影在右側之 P 面上，即採用第一象限投影法之左側視。各圖中平面影之面積以鉛筆塗灰方式表之。

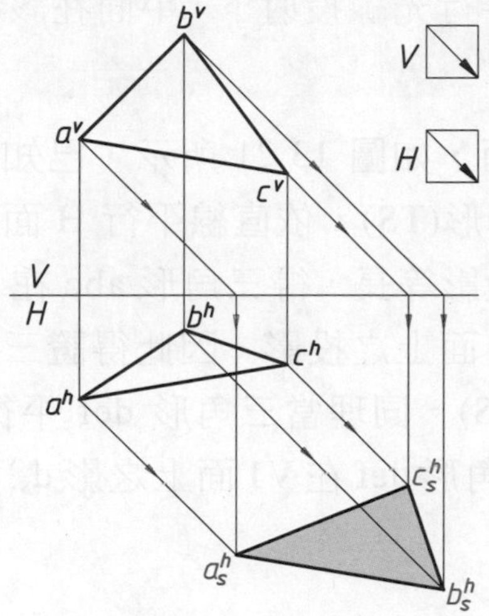

(a)三角形 abc 在 H 面上之影

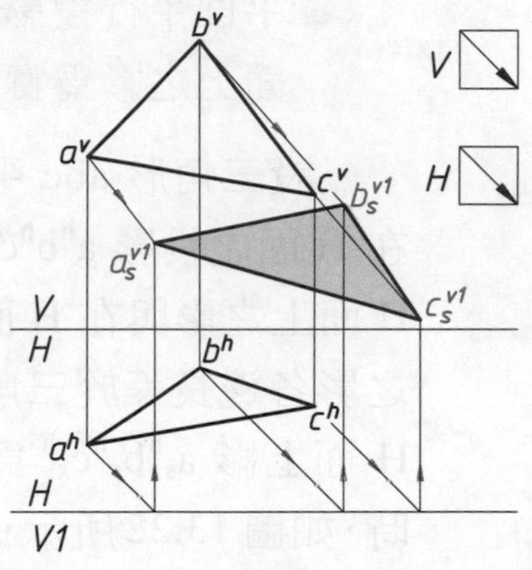

(b)三角形 abc 在 V1 面上之影

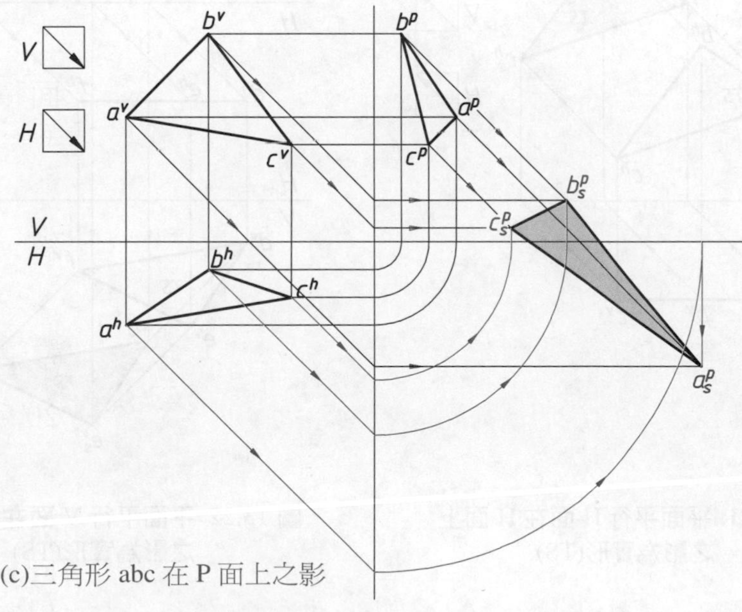

(c)三角形 abc 在 P 面上之影

圖 13.20 三角形平面 abc 之影

13.5.1 平面特殊位置之影

平行光線在 H 面及 V 面之方向皆與基線成 45°夾角投射下，平面在特殊位置所得之影，說明如下：

(a) 平面平行投影面：在平行光線投射下，平面在該投影面上之影爲實形(TS)。

設三角形 abc 平行 H 面，如圖 13.21 所示，已知三角形在 H 面之投影 $a^hb^hc^h$ 應爲實形(TS)，依直線平行 H 面時，在 H 面上之影與在 H 面上之投影等長，得三角形 abc 在 H 面上之影各邊長等於三角形在 H 面上之投影，因此得證三角形在 H 面上影 $a_s^hb_s^hc_s^h$ 爲實形(TS)。同理當三角形 def 平行 V 面時，如圖 13.22 所示，可得三角形 def 在 V1 面上之影 $d_s^{v1}e_s^{v1}f_s^{v1}$ 爲實形(TS)。

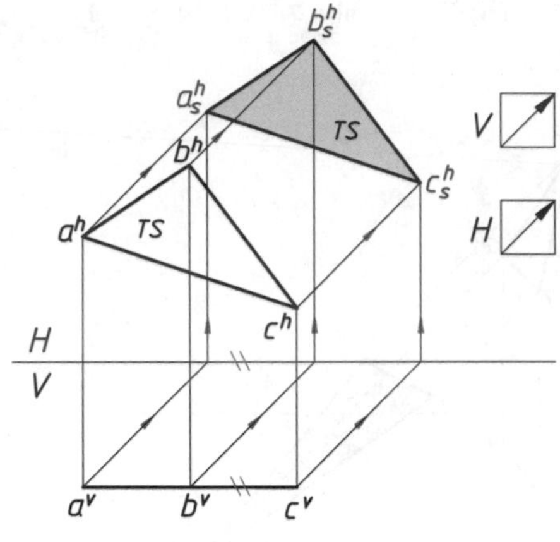

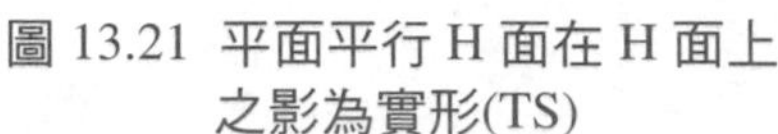
圖 13.21 平面平行 H 面在 H 面上之影為實形(TS)

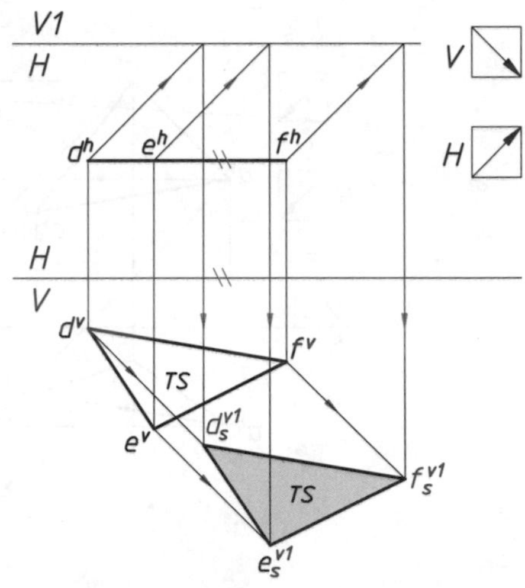

圖 13.22 平面平行 V 面在 V1 面上之影為實形(TS)

(b) 平面邊視圖與光線方向平行：即平面之投影成邊視圖，且與平行光線在該投影面上之方向平行。

設三角形 abc 在 H 面上之投影爲一直線，且與光線在H面之方向平行，如圖 13.23 所示，得三角形 abc 在 V 面上之影 $a_s^v b_s^v c_s^v$ 爲一直線，且與 H/V 線垂直。

相同情況之三角形 abc 在 H(或 H1)面之影亦爲一直線，將與三角形在 H 面上之投影(邊視圖)等長且平行，如圖 13.24 所示，依光線方向，得在 H1 面之影 $a_s^{h1} b_s^{h1} c_s^{h1}$ 爲一直線且平行三角形 abc 在 H 面上之投影。

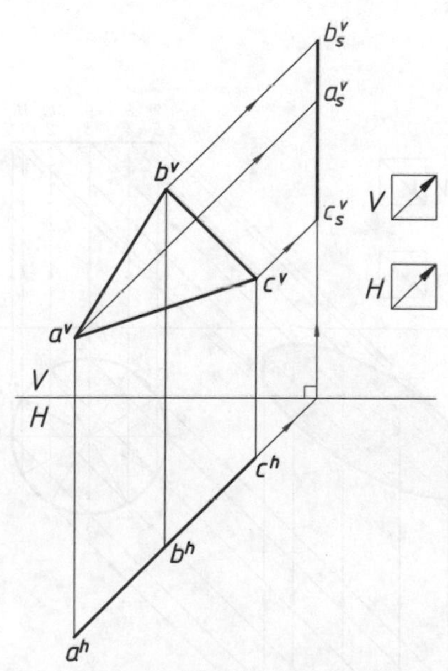

圖 13.23 平面邊視圖與光線平行(一)
在 V 面上之影為直線
且垂直 H/V 線

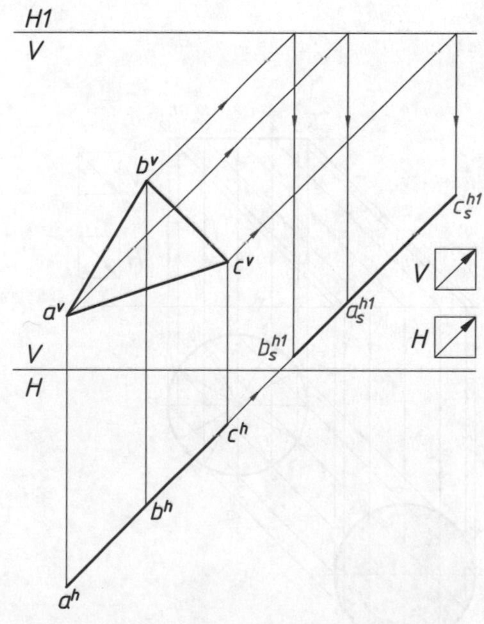

圖 13.24 平面邊視圖與光線平行(二)
在 H1 面之影為直線
且與邊視圖平行等長

13.5.2 圓弧平面之影

圓弧線之影投射時，可先將圓弧等分，再將各等分點依平行光線點之陰影求作方法，得各等分點在投影面上之影後，再連接成光滑曲線，即可得圓弧線之影。

設有一圓形平面平行 V 面，已知光線之方向，求其影，如圖 13.25 所示，將 V 面上之圓等分，如 12 等分，依點之陰影求作，(a)圖求各等分點在 V 面上之影，連接各等分點仍爲一圓，因圓平行 V 面之故，(b)圖求各等分點在 H1 面上之影，連接各等分點之影爲一橢圓。

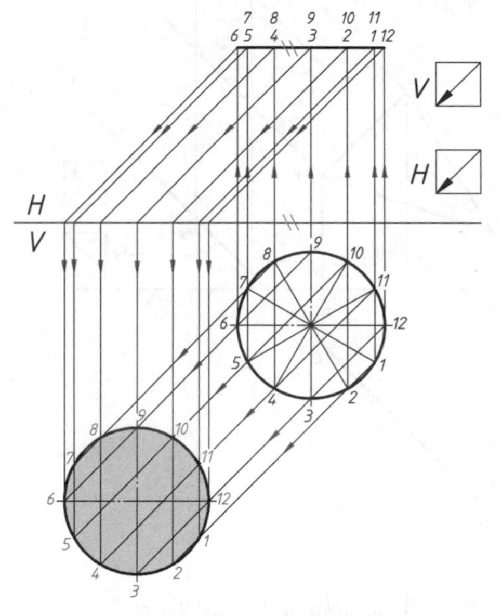

(a)圓平面平行 V 面在 V 面之影爲圓(實形)

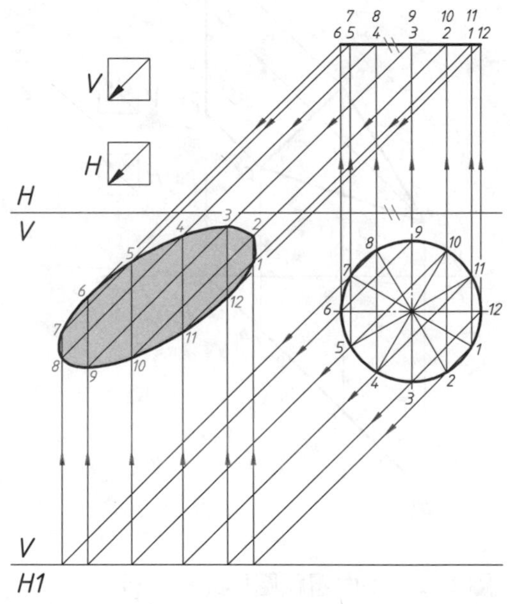

(b)圓平面平行 V 面在 H1 面之影爲橢圓

圖 13.25 圓弧平面之影

13.6 立體之陰影

立體在投影面上之影，可投射立體上各點之影，如圖 13.26 所示，將立體上各點依點與點之間連線而成，取其外圍封閉之面積即爲立體之影，影線以粗實線繪製，影之面積通常以加繪適當間距之交叉細線或以鉛筆塗灰方式表之。立體較暗處即被光線照射不到之面積爲陰，或稱陰面，可依光線之方向判別立體之表面爲陰面或光面，陰線以細實線繪製即可。陰面和影之面積類似，通常以加繪適當間距之平行細線或以鉛筆塗灰方式表之。在實際應用時，立體之影通常只投射在立體後之水平面上。

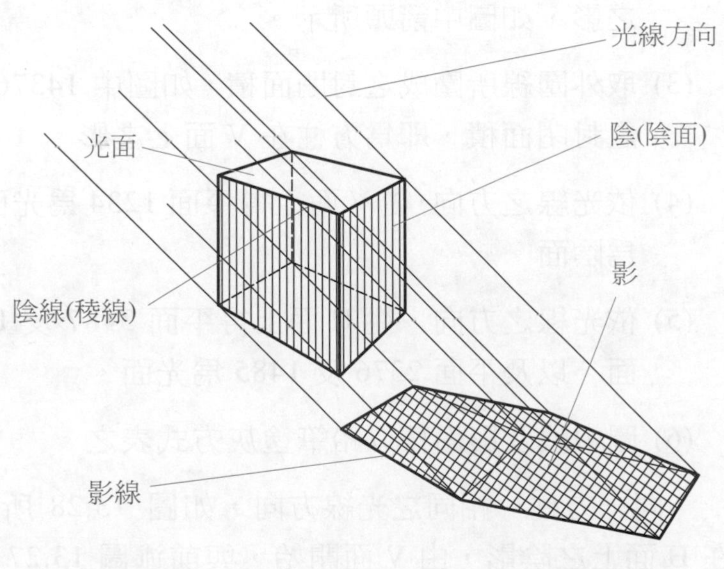

圖 13.26 平行光線立體之陰和影(以細線繪製)

在平行光線投射下，一般常見立體之陰和影介紹如下：

(a) 柱體：柱體兩側端面為平面，先求兩端平面之影，再依兩個端面間之稜線連線，最後取外圍連線之封閉面積，即可得柱體之影。若為圓柱時，可依前面第 13.5.2 節所述圓弧平面之影之求作，將圓弧等分，即可得圓弧平面之影，最後相切兩圓之影，即得圓柱之影。分別以圖例說明如下：

設一方柱位第三象限，已知光線之方向，如圖 13.27 所示，求方柱在 V 面上之影，求作過程說明如下：

(1) 先將方柱上各點(角落)編號，各點之號碼填於已知之 H 面及 V 面投影上。

(2) 按直線之陰影求作方法，依平行光線物體影之投射過程，從 H 面之投影開始，分別求各稜邊在 V 面上之影，如圖中箭頭所示。

(3) 取外圍線所圍成之封閉面積，如圖中 143765 所圍成之封閉面積，即為方柱在 V 面上之影。

(4) 依光線之方向，從 V 面上得平面 1234 為光面及 5678 為陰面。

(5) 依光線之方向，從 H 面上得平面 3487 及 1485 為陰面，以及平面 2376 及 1485 為光面。

(6) 圖中陰及影面積以鉛筆塗灰方式表之。

同一方柱，相同之光線方向，如圖 13.28 所示，為方柱在 H 面上之陰影，由 V 面開始，與前述圖 13.27 求作方法相同，依光線之方向只能得方柱在 H1 面上之影。另如圖 13.29 所示，為方柱在 P 面上之陰影，求作方法與點、平面在 P 面上之陰影相同，依光線之方向只能採用第三象限投影法之右側視。因方柱及光線方向相同，圖 13.27、圖 13.28 及圖 13.29 中方柱上之陰面理應相同。

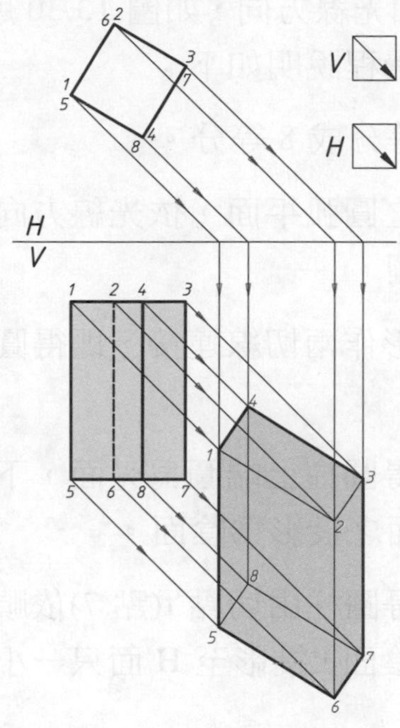

圖 13.27 方柱在 V 面上之陰影

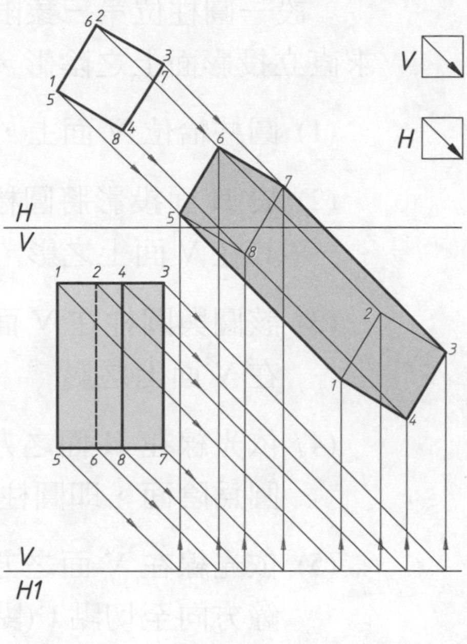

圖 13.28 方柱在 H1 面上之陰影

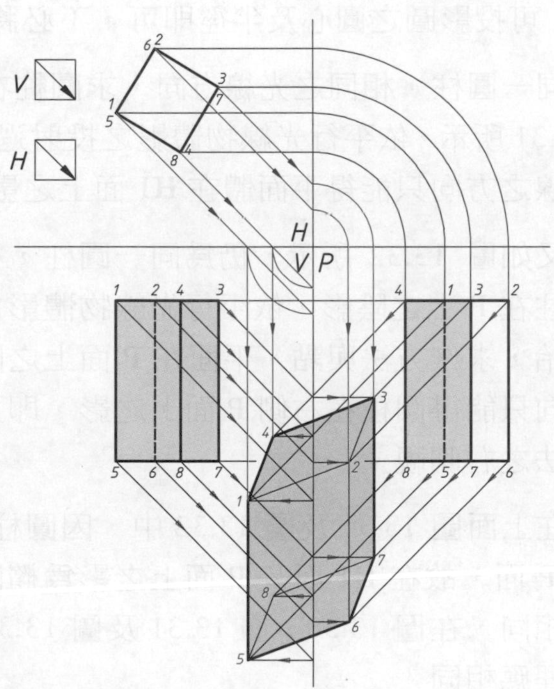

圖 13.29 方柱在 P 面上之陰影

設一圓柱位第三象限，已知光線方向，如圖 13.30 所示，求直立投影面上之陰影，求作過程說明如下：

(1) 圓柱恰位 V 面上，將圓等分成 8 等分。

(2) 於 H 面投影將圓柱上端之圓弧平面，依光線方向求其在 V 面上之影，得一圓，

(3) 該圓與圓柱在 V 面之投影作兩切線連接，即得圓柱在 V 面上之影。

(4) 依光線在 H 面之方向，得圓柱上端圓爲光面，下端圓爲陰面，即圓柱在 V 面之投影爲陰面。

(5) 依光線在 V 面之方向，得圓柱由切點 t(點 7)依順時鐘方向至切點 t'(點 3)爲陰面，投影至 H 面只一小部份爲陰面。

(6) 得知：圓平行投影面時，在該投影面上之影仍爲圓，可投影圓之圓心及半徑即可，不必將圓等分。

同一圓柱，相同之光線方向，求圓柱在 H 上之陰影，如圖 13.31 所示，依平行光線物體影之投射過程，由 V 面開始，依光線之方向只能得平面體在 H1 面上之影。

又如圖 13.32 所示，仍爲同一圓柱，相同之光線方向，求圓柱在 P 上之陰影，依平行光線物體影之投射過程，由 V 面開始，求作方法與點、平面在 P 面上之陰影相同，依光線之方向只能得圓柱在右側 P 面上之影，即只能採用第三象限投影法之右側視。

在上面圖 13.31 及圖 13.32 中，因圓柱之端面不平行 H1 面及 P 面，故在 H1 面及 P 面上之影爲橢圓。因圓柱及光線方向相同，在圖 13.30、圖 13.31 及圖 13.32 中圓柱上之陰面範圍理應相同。

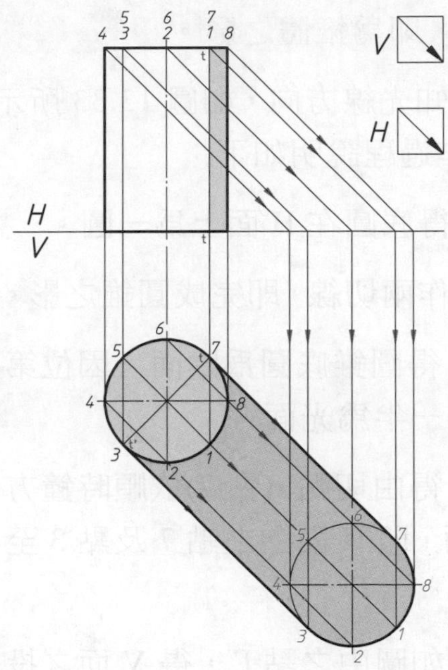

圖 13.30 圓柱在 V 面上之陰影

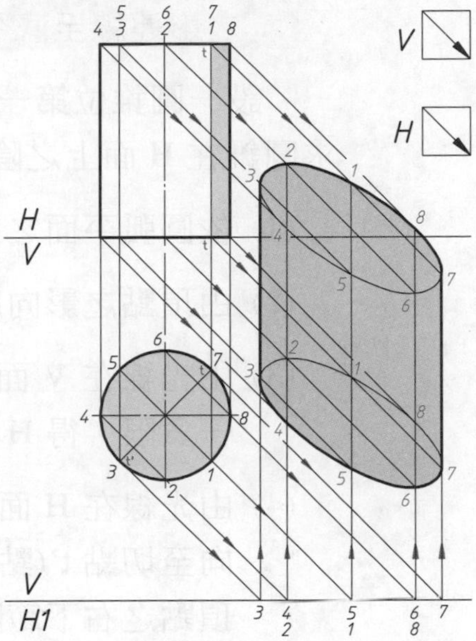

圖 13.31 圓柱在 H1 面上之陰影

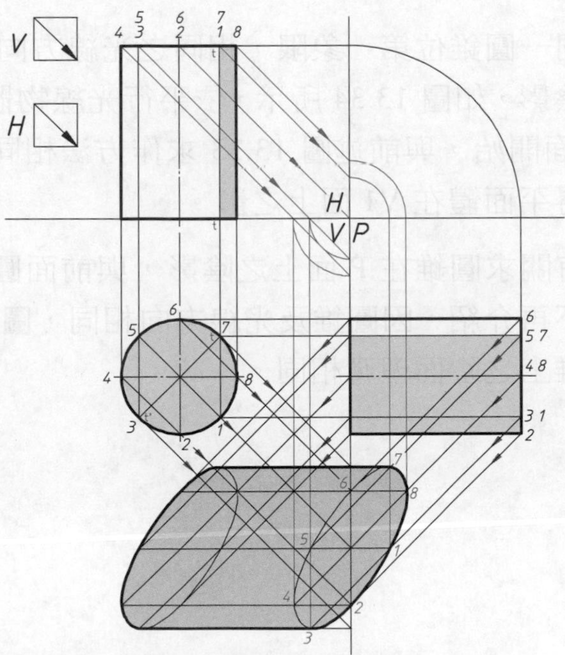

圖 13.32 圓柱在 P 面上之陰影

(b) 錐體：先求錐體底平面之影，再求頂點之影，由頂點之影連線至底平面之影，即為錐體之影。

設一圓錐位第一象限，已知光線方向，如圖 13.33 所示，求圓錐在 H 面上之陰影，求作過程說明如下：

(1) 依圓弧平面之影求法，得底圓在 H 面上為一圓。

(2) 由頂點之影向底圓之影作兩切線，即完成圓錐之影。

(3) 由光線在 V 面之方向，得圓錐底圓為陰面，因位第一象限，得 H 面之投影一半為光面。

(4) 由光線在 H 面之方向，得由切點 t(點 7)依順時鐘方向至切點 t'(點 3)為陰面，即 H 面上之點 7 及點 3 至頂點之右下範圍為陰面。

(5) 陰面範圍投影至 V 面，如圖中之點 t'，得 V 面之投影大部份為陰面。

(6) 圖中陰及影面積以鉛筆塗灰方式表之。

同一圓錐位第一象限，相同之光線方向，求圓錐在 V 面上之陰影，如圖 13.34 所示，依平行光線物體影之投射過程，由 H 面開始，與前述圖 13.33 求作方法相同，依光線之方向只能得平面體在 V1 面上之影。

有關求圓錐在 P 面上之陰影，與前面圓柱之求法相同，在此不再介紹，因圓錐及光線方向相同，圖 13.33 及圖 13.34 中圓錐上之陰面理應相同。

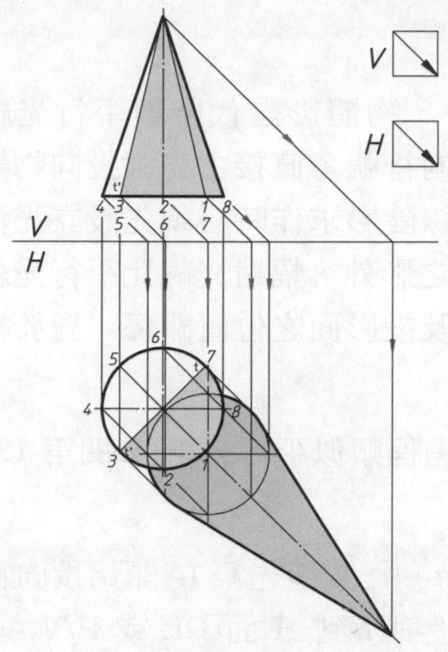

圖 13.33　圓錐在 H 面上之陰影

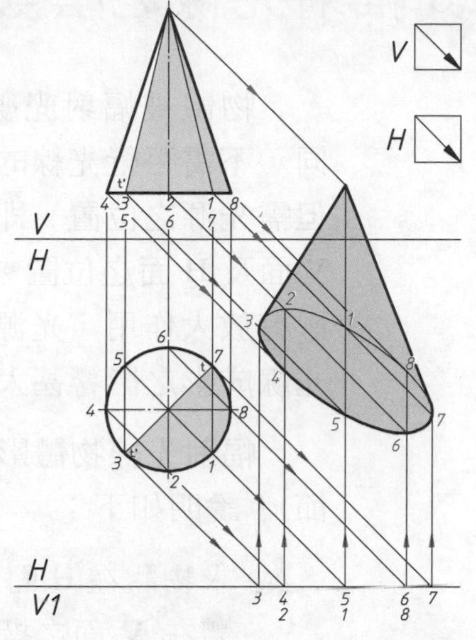

圖 13.34　圓錐在 V1 面上之陰影

13.7 幅射光線

幅射光線的投射線成幅射狀與平行光線不同，但過程與平行光線相同，幅射光線必須有光源，光線由光源發出投向物體，即為幅射方向，投射線集中在光源位置。幅射光線投射方式與透視投影(Perspective Projection)之投影過程相似，光源即透視投影中之視點(Sight Point)。光源如同一個點的位置，以大寫字母 L 表之，光源在 V 面之投影表為 L^v，在 H 面之投影表為 L^h，在 P 面之投影表為 L^p。

13.8 幅射光線之陰影

物體被幅射光線投射時，物體影之代號與平行光線相同，不需平行光線的光線方向符號，直接由光源投向物體，但需光源之位置，即幅射光線陰影求作時必須先設立光源在 V 面及 H 面之位置。除了點之影外，幅射光線比平行光線之影有放大作用，光源、物體及投影面之位置關係，對於幅射光線成影之影響甚大。

幅射光線物體影之投射過程類似平行光線(參閱第 13.3.1 節)，說明如下：

(a) 求物體在 H 面上之影時，由 V 面光源 L^v 開始投向物體在 V 面之投影，若投射不到 H 面(GL 或 H/V 線)時，則設立 H1 面投射之。

(b) 求物體在 V 面上之影時，由 H 面光源 L^h 開始投向物體在 H 面之投影，若投射不到 V 面(GL 或 H/V 線)時，則設立 V1 面投射之。

(c) 求物體在 P 面上之影時，由 V 面投影開始投射至左側或右側之 P 面(G_pL_p 或 V/P 線)，或直接由 V 面及 H 面投影開始投射至左側或右側之 P 面。可根據第一象限投影法或第三象限投影法規則繪製。

13.8.1 點之陰影

點之影恆為點，幅射光線繪製點之影與前面平行光線過程相同，其幅射方向即由光源投向點之角度。

設點 a 及光源 L 皆在第一象限，如圖 13.35 所示，按光源之位置，依幅射光線物體影之投射過程，(a)圖為點 a 在 V

面上之影，由光源 L^h 投向點 a^h 碰到基線後作直立線，與由光源 L^v 投向點 a^v 之線相交，得點 a 在 V 面上之影 a_s^v。(b)圖為點 a 在 H1 面上之影，過程與上述相似。(c)圖為點 a 在 P 面上之影，由光源 L^v 投向點 a^v 碰到側基線後作水平線，與由光源 L^p 投向點 a^p 之線相交，得點 a 在 P 面上之影 a_s^p。圖中彩色投射線及箭頭所示，可印證所求點 a_s^p 是否正確。幅射光線點之影與平行光線在非 45 度之光線方向投射時之影相同。

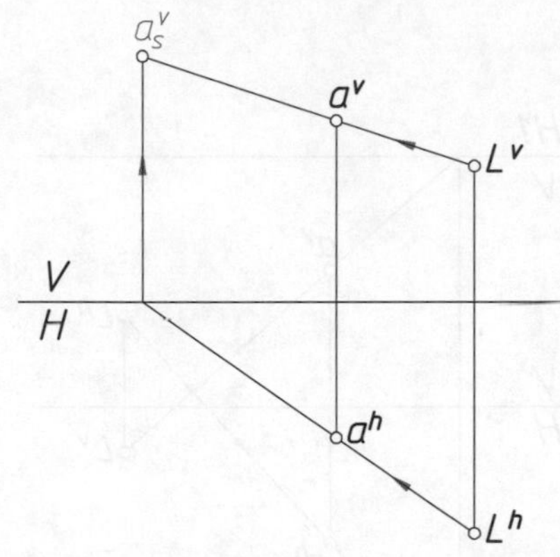

(a)點 a 在 V 面上之影

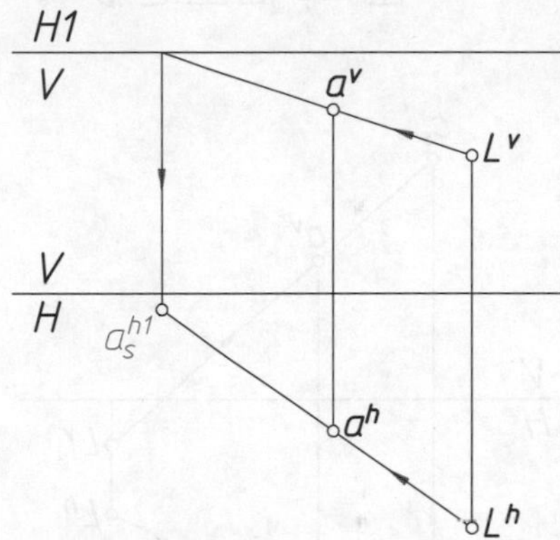

(b)點 a 在 H1 面上之影

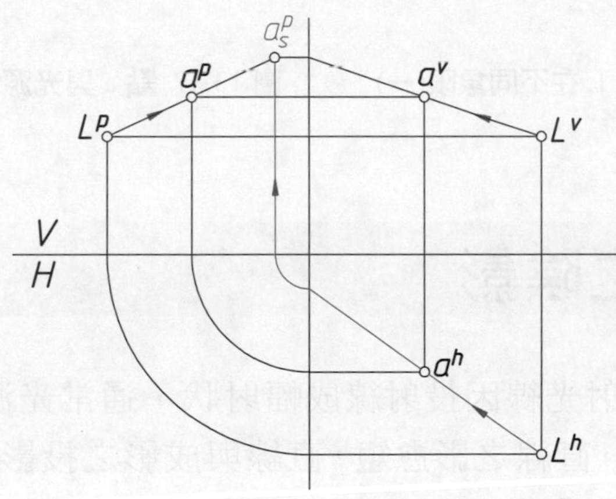

(c)點 a 在 P 面上之影

圖 13.35 點 a 之陰影(幅射光線)

當點與光源在不同象限時，求點 a 在 V 面上之影，如圖 13.36 所示，爲點 a 在第一象限，光源 L 在第四象限，依幅射光線物體影之投射過程，即位在 V 面之光源 L^v 須投向物體在 V 面之投影，位在 H 面之光源 L^h 須投向物體在 H 面之投影，因光源位置關係只能得點 a 在 V1 面上之影 a_s^{v1}。

又如圖 13.37 所示，求點 a 在 H 面上之影，當點 a 在第一象限光源 L 在第三象限時，過程與上圖相同，所得爲點 a 在 H1 面上之影 a_s^{h1}。

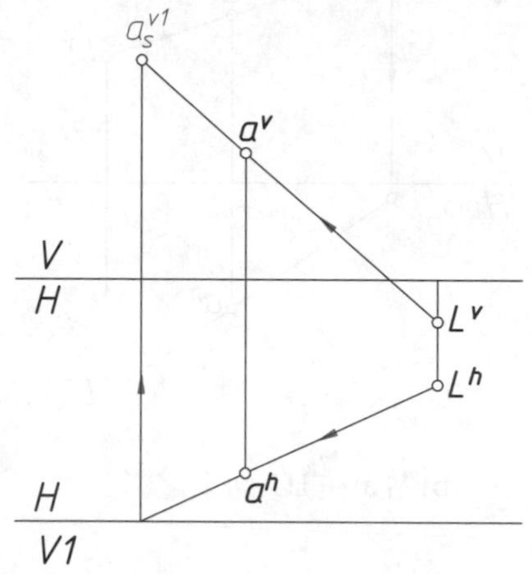

圖 13.36 點 a 與光源 L 在不同象限(一)

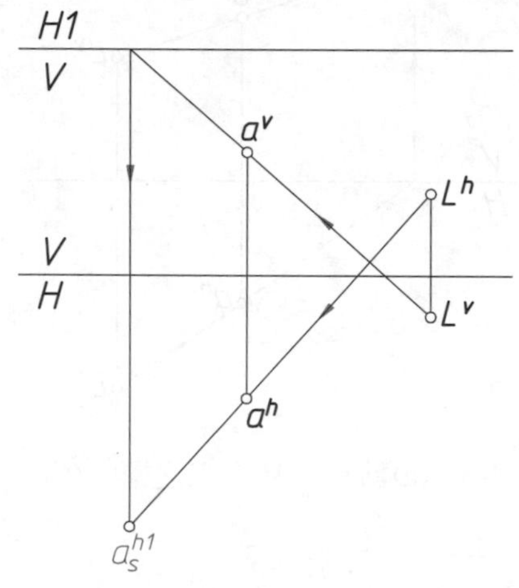

圖 13.37 點 a 與光源 L 在不同象限(二)

13.8.2 直線之陰影

幅射光線因投射線成幅射狀，通常光源 L 與直線之距離愈遠時，直線之影愈短，直線與成影之投影面之距離愈遠時，直線之影愈長。

設直線 ab 及光源 L 皆在第一象限，求直線 ab 在 V 面上上之影，如圖 13.38 所示，按光源 L 之位置，依點之幅射光線投射過程，如前面圖 13.35 之(a)所示，分別求點 a 在 V 面上之影 a_s^v 及點 b 在 V 面上之影 b_s^v，連線點 a_s^v 及點 b_s^v，即爲直線 ab 在 V 面上之影。

與上述相同之直線 ab，使光源 L 離直線之距離較遠時，如圖 13.39 所示，依點之幅射光線投射過程，直線 ab 在 V 面上之影 $a_s^v b_s^v$，將變短，請與圖 13.38 做比較。

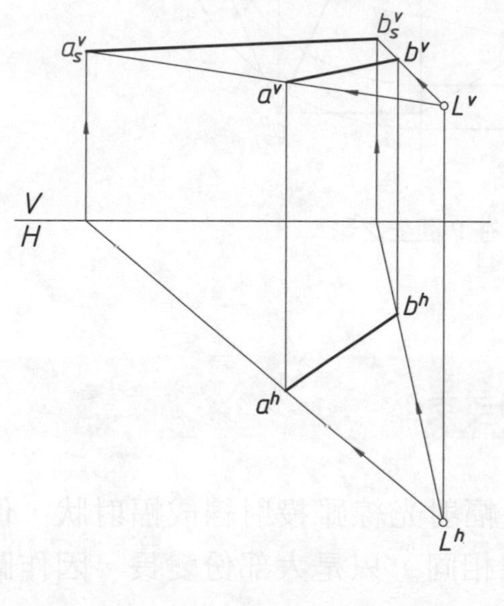

圖 13.38 直線 ab 之影

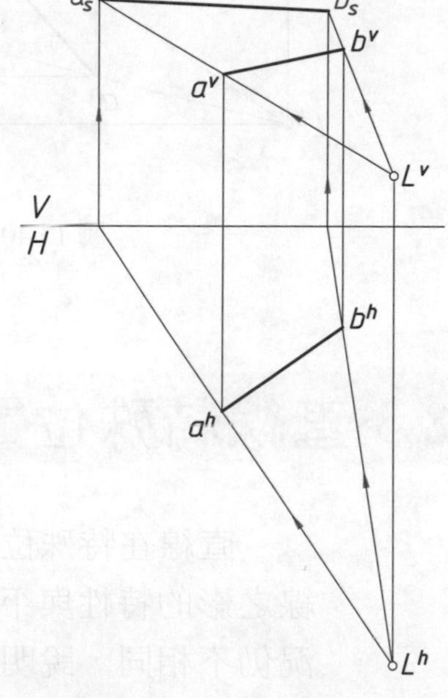

圖 13.39 光源 L 與直線愈遠影愈短

設直線 ab 之點 a 在第四象限點 b 在第一象限，光源 L 在第一象限，求直線 ab 在 P 面上之影，如圖 13.40 所示，按光源 L 之位置，依點之幅射光線投射過程，直線 ab 成影在右側之 P 面上，因直線 ab 位第一及第四象限，宜採用第一象限投影法之左側視，除投射線呈幅射狀外過程與平行光線相同，得直線在 P 面上之影 $a_s^p b_s^p$ 通過第四、第一及第二象限。

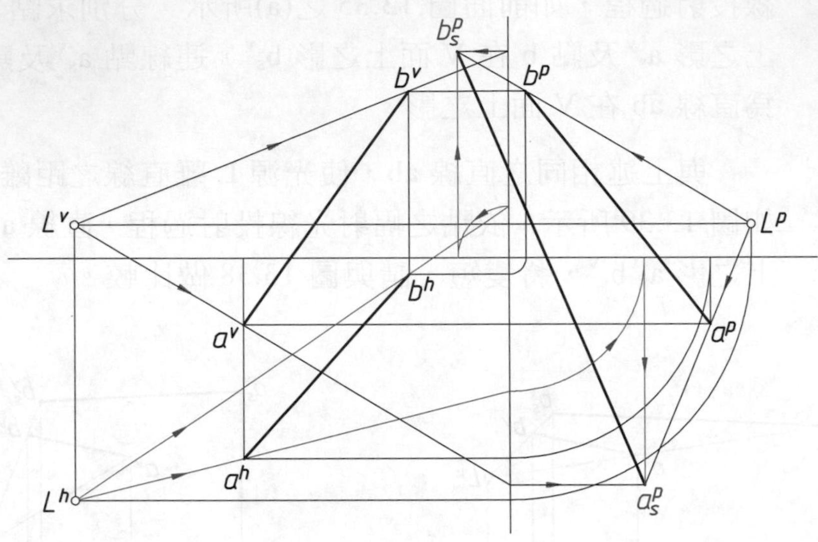

圖 13.40 直線 ab 在 P 面上之影

13.8.3 直線特殊位置之陰影

直線在特殊位置時，幅射光線雖投射線成幅射狀，但直線之影的特性與平行光線相同，只是大部份變長。因作圖情況仍不相同，說明如下：

(a) 直線平行投影面：直線在該投影面之影與直線平行，即與直線在該投影面之投影平行。

設直線 ab 平行 V 面，求直線 ab 在直立投影面上之影，如圖 13.41 所示，此時直線 a^hb^h 平行 H/V 線，直線 a^vb^v 為 TL，得直線 ab 在 V 面上之影 $a_s^vb_s^v$ 與在 V 面上之投影 a^vb^v 平行。

與上述相同之直線 ab，若改求直線 ab 在水平投影面上之影時，如圖 13.42 所示，得直線 ab 在 H 面上之影 $a_s^hb_s^h$，不與直線 ab 在 V 面或 H 面之投影平行。

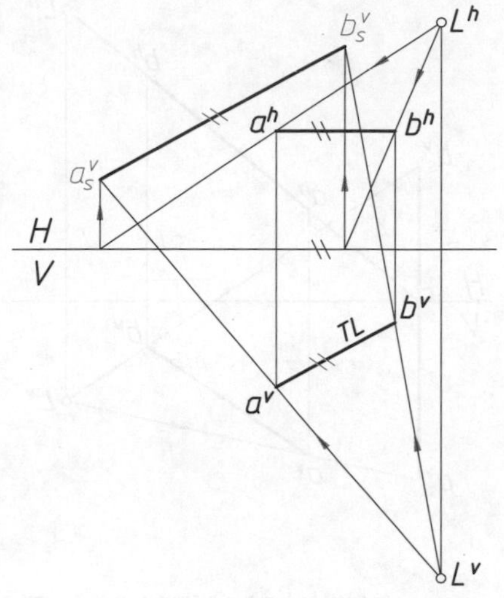

圖 13.41　直線 ab 平行 V 面時 V 面之影 $a_s^v b_s^v$ 與 V 面投影 $a^v b^v$ 平行

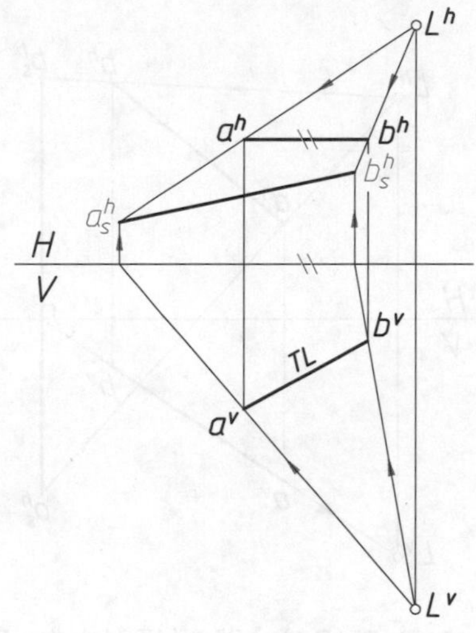

圖 13.42　直線 ab 平行 V 面時 H 面之影 $a_s^h b_s^h$ 不與 V 面或 H 面投影平行

(b) 直線與幅射方向在某投影面上一致：直線在另一投影面之影垂直基線，即與 V 面一致時 H 面之影垂直基線，與 H 面一致時 V 面之影垂直基線。

設直線 ab 在第三象限，求直線 ab 在水平投影面上之影，當 V 面之光源 L^v 投射時恰與直線 $a^v b^v$ 一致，如圖 13.43 所示，依幅射光線物體影之投射過程，得直線 ab 在 H 面上之影 $a_s^h b_s^h$ 與基線垂直。

與上述相同之直線 ab，若改變光源之位置，使 H 面之光源 L^h 投射時恰與直線 $a^h b^h$ 一致，如圖 13.44 所示，求直線 ab 在 V 面之影時，依幅射光線物體影之投射過程，得直線 $a_s^v b_s^v$ 與基線垂直。

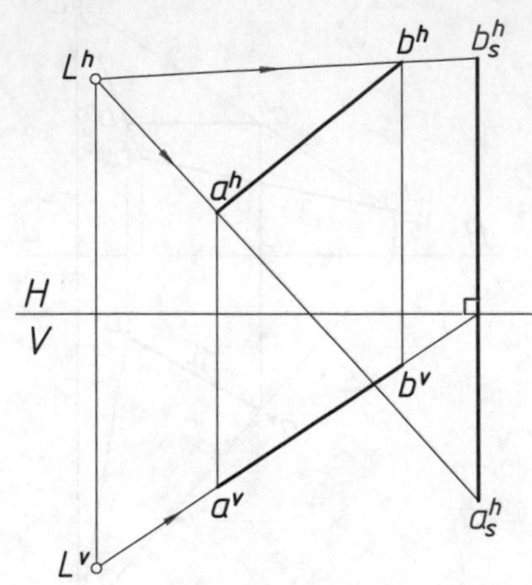

圖 13.43 直線 $a^v b^v$ 與 L^v 幅射方向一致得 H 面之影 $a_s^h b_s^h$ 垂直基線

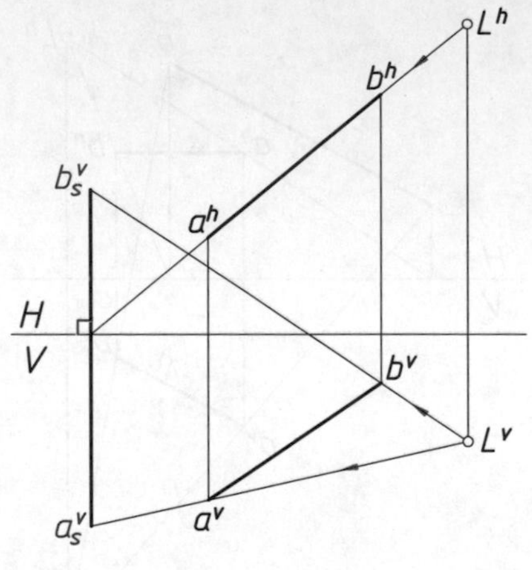

圖 13.44 直線 $a^h b^h$ 與 L^h 幅射方向一致得 V 面之影 $a_s^v b_s^v$ 垂直基線

(c) 直線與幅射方向一致：直線在投影面之影爲點，即直線之投影恰與 H 面及 V 面之幅射方向一致時，直線之影重疊成一點。

設直線 ab 與光源在特殊情況下，使光源 L 投射時恰與直線 ab 在 H 面及 V 面之投影一致，此時直線 ab 在 H 面及 V 面上之影皆重疊成一點，分別如圖 13.44 及圖 13.45 所示。

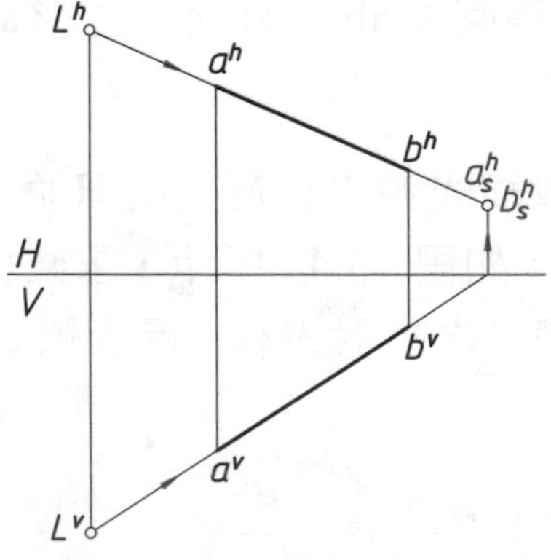

圖 13.45 直線與 H 面幅射方向一致，影為點

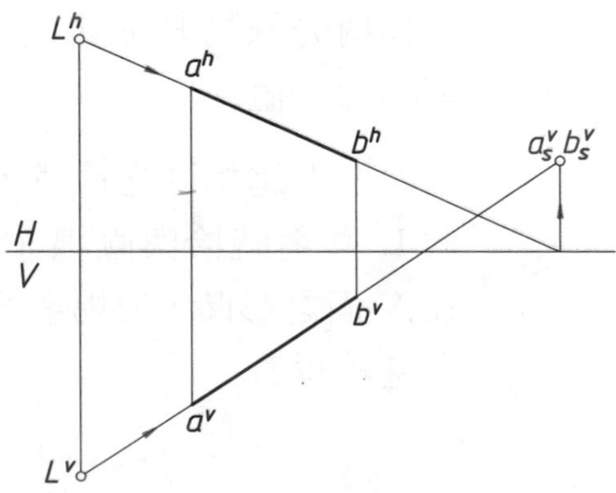

圖 13.46 直線與 V 面幅射方向一致，影為點

13.8.4 平面之陰影

平面之影與點及直線之影求法相同，按前面幅射光線點之陰影求法，先求三角形平面之三個點，再以直線連接，即為平面之影。

設三角形平面 abc 在第三象限，在幅射光線投射下，求三角形 abc 在 V 面上之影，如圖 13.47 所示，依光源 L 之位置，按點之投射過程，應由 H 面之光源 L^h 開始投向三角形之三點 a^h、b^h 及 c^h，分別得三個點在 V 面上之影 a_s^v、b_s^v 及 c_s^v，連線此三點即得三角形在 V 面上之影 $a_s^v b_s^v c_s^v$。

圖中三角形之 ab 邊因平行 V 面，ab 在 V 面之影 $a_s^v b_s^v$ 與 ab 在 V 面之投影 $a^v b^v$ 平行，此特性與前面直線平行投影面(參閱圖 13.41)之結果“直線在投影面之影與直線在投影面之投影平行”一致。此外幅射光線投射下平面特殊位置之影的特性，除平面之影放大外與平行光線相同。

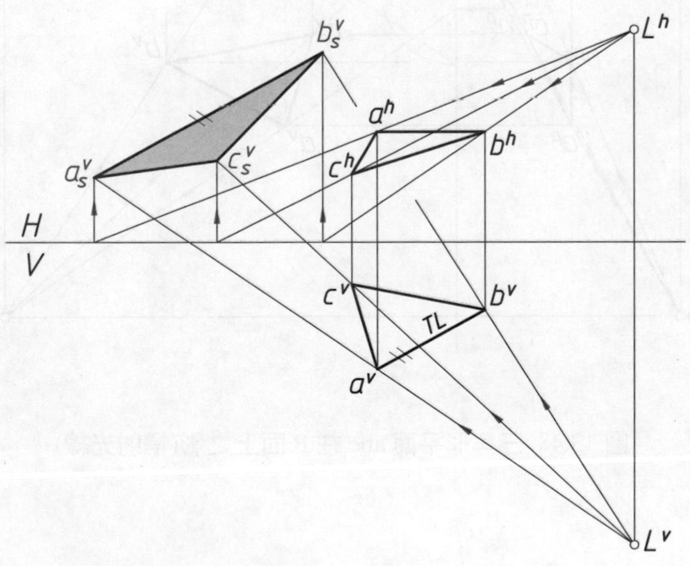

圖 13.47 三角形平面 abc 在 V 面上之影(幅射光線)

設與上圖相同之三角形平面 abc 及光源 L，求三角形平面 abc 在 P 面上之影，如圖 13.48 所示，按光源 L 之位置，依點之幅射光線投射過程，三角形 abc 只能成影在左側之 P 面上，因三角形平面 abc 位第三象限，即只能採用第三象限投影法之左側視求 P 面上之影，除投射線呈幅射狀外過程與平行光線相同，得三角形在 P 面上之影 $a_s^p b_s^p c_s^p$ 通過第三、第二及第一象限。

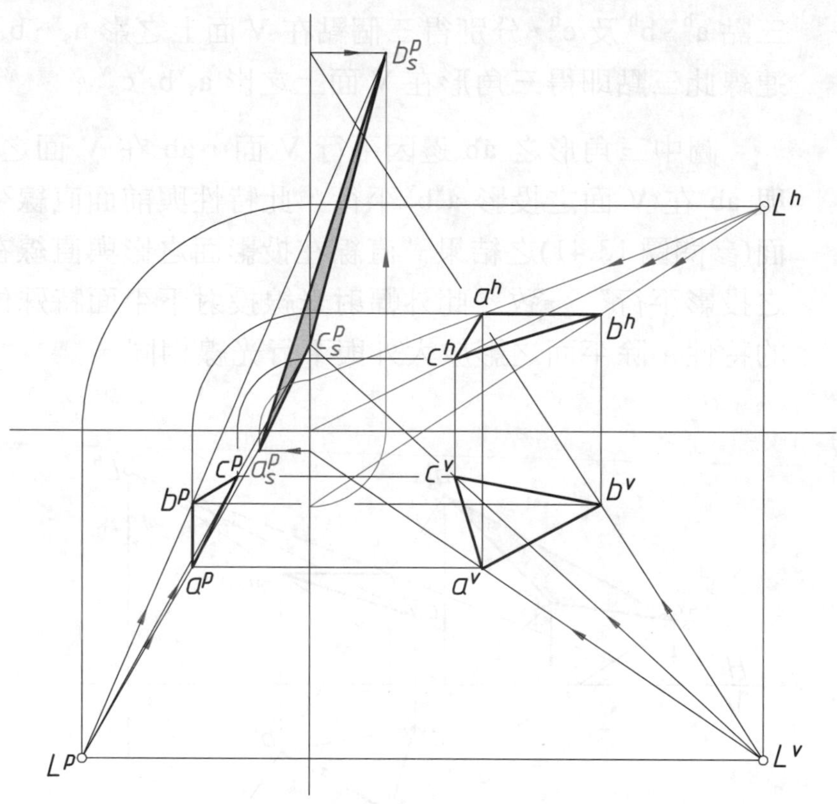

圖 13.48 三角形平面 abc 在 P 面上之影(幅射光線)

13.8.5 立體之陰影

在幅射光線投射下，立體之影比平行光線投射時放大，當光源與立體上表面之距離愈近時，該表面之影愈大。

以前面平行光線投射之圖 13.30 相同之圓柱，如圖 13.49 所示，已知光源 L 位置，亦求圓柱在 V 面上之陰影，求作過程說明如下：

(1) 將圓等分成 8 等分。

(2) 於 H 面投影將圓柱上端之圓弧平面，依幅射方向求其在 V 面上之影，得一較大之圓。

(3) 圓柱底圓位 V 面上，底圓之影即底圓在 V 面之投影。

(4) 較大之圓與圓柱在 V 面之投影作兩切線連接，即得圓柱在 V 面上之影。

(5) 依 H 面之幅射方向，得圓柱上端圓為光面，底圓為陰面，即圓柱在 V 面之投影為陰面。

(6) 依 V 面之幅射方向，得圓柱由切點 t 依順時鐘方向至切點 t'為陰面，投影至 H 面時一部份為陰面。

(7) 得知：在幅射光線投射下，圓平行投影面時，在該投影面上之影仍為圓，可投影圓之圓心及半徑即可，不必將圓等分，與平行光線相同。

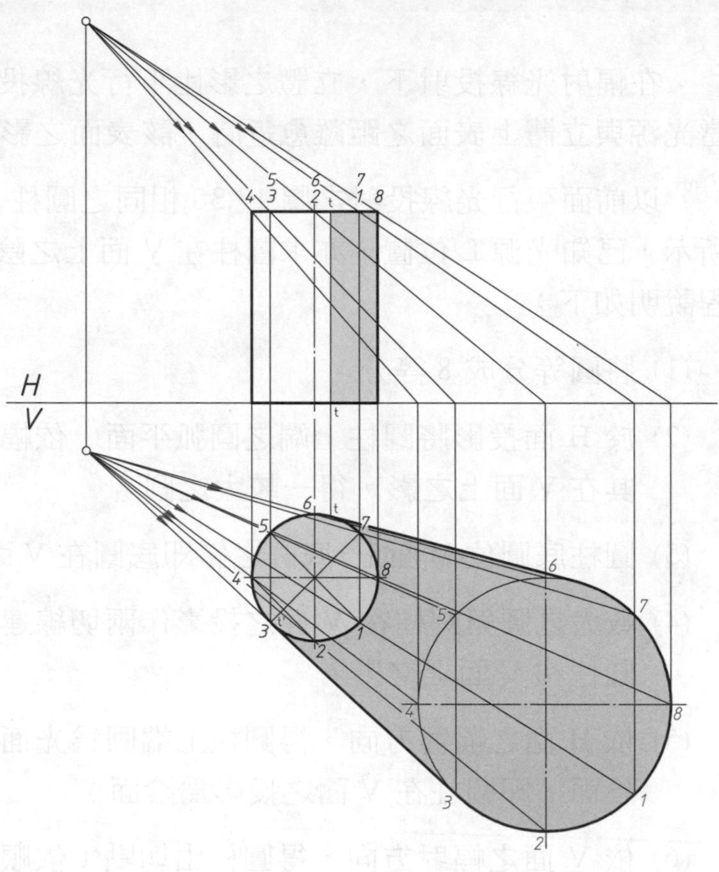

圖 13.49 圓柱在 V 面上之陰影(幅射光線)

❖ 習　題　十三 ❖

一、選擇題

1. (　　) 求直線 ab 在 V 面上之影，依平行光線之方向直線 ab 之影無法投射在 V 面時，可取何面投射之 (A)H 面 (B)P 面 (C)H1 面 (D)V1 面。

2. (　　) 平行光線時直線 ab 平行 V 面，直線 ab 之影 (A)$a_s^h b_s^h$ 與直線 $a^v b^v$ 平行且爲 TL (B)$a_s^v b_s^v$ 與直線 $a^v b^v$ 平行且爲 TL (C)$a_s^h b_s^h$ 與直線 $a^h b^h$ 平行且爲 TL (D)$a_s^v b_s^v$ 與直線 $a^h b^h$ 平行且爲 TL。

3. (　　) 直線 ab 與平行光線在 H 面方向平行時，直線 ab 之影 (A)$a_s^v b_s^v$ 與 H/V 線垂直 (B)$a_s^h b_s^h$ 與 H/V 線垂直 (C)$a_s^v b_s^v$ 與 H/V 線平行 (D)$a_s^h b_s^h$ 與 H/V 線平行。

4. (　　) 直線 ab 與平行光線平行時，直線 ab 之影 (A)$a_s^v b_s^v$ 與直線 $a^v b^v$ 平行 (B)$a_s^h b_s^h$ 與直線 $a^h b^h$ 平行 (C)$a_s^v b_s^v$ 與直線 $a^h b^h$ 平行 (D)直線在 H 面及 V 面之影皆爲一點。

5. (　　) 平行光線時三角形平面 abc 平行 H 面，abc 平面之影 (A)$a_s^h b_s^h c_s^h$ 與三角形 $a^v b^v b^v$ 各邊等長且爲 TS (B)$a_s^h b_s^h c_s^h$ 與三角形 $a^h b^h b^h$ 各邊等長且爲 TS (C)$a_s^v b_s^v c_s^v$ 與三角形 $a^v b^v b^v$ 各邊等長且爲 TS (D)$a_s^v b_s^v c_s^v$ 與三角形 $a^h b^h b^h$ 各邊等長且爲 TS。

6. (　　) 三角形 abc 在 H 面爲邊視圖，與光線在 H 面方向平行時，abc 平面之影 (A)$a_s^h b_s^h c_s^h$ 爲一直線且平行 $a^h b^h b^h$ (B)$a_s^h b_s^h c_s^h$ 爲一直線且垂直基線 (C)$a_s^v b_s^v c_s^v$ 爲一直線且平行 $a^h b^h b^h$ (D)$a_s^v b_s^v c_s^v$ 爲一直線且垂直基線。

7. (　　) 直線 ab 與 V 面平行時，直線 ab 之影 (A)$a_s^v b_s^v$ 與直線 $a^v b^v$ 平行 (B)$a_s^h b_s^h$ 與直線 $a^h b^h$ 平行 (C)$a_s^v b_s^v$ 與直線 $a^h b^h$ 平行 (D)$a_s^h b_s^h$ 與直線 $a^v b^v$ 平行。

8. (　　) 光源與點之距離愈近，影愈 (A)近 (B)遠 (C)不變 (D)無關。

9. (　　) 求直線在特殊情況之影，平行光線與幅射光線 (A)不同 (B)完全一致 (C)一致但幅射光線放大 (D)無關。

10. (　　) 幅射光線時，圓平行投影面，在該投影面上之影爲 (A)橢圓 (B)圓 (C)不規則曲線 (D)不一定。

二、填空題

1. 物體背光面較暗，稱爲_____，光照射物體在平面上所形成之暗處，稱爲_____。
2. 物體被光照射到之表面範圍，稱爲__________，照不到之表面範圍，稱爲__________。
3. 光之來源稱爲__________，因在無窮遠處，稱爲__________光線；因較近，稱爲__________光線。
4. 平行光線在空間之方向，可分成光線在_______面之方向及光線在_______面之方向兩種，稱爲____________________。
5. 求物體在 H 面上之影時，由________________開始投射；求物體在 V 面上之影時，由________________開始投射；求物體在 P 面上之影時，由________________開始投射。

三、作圖題

1. 依光線之方向，求下列各題點 a 在水平投影面 H 及直立投影面 V 上之影。(每格 5mm)

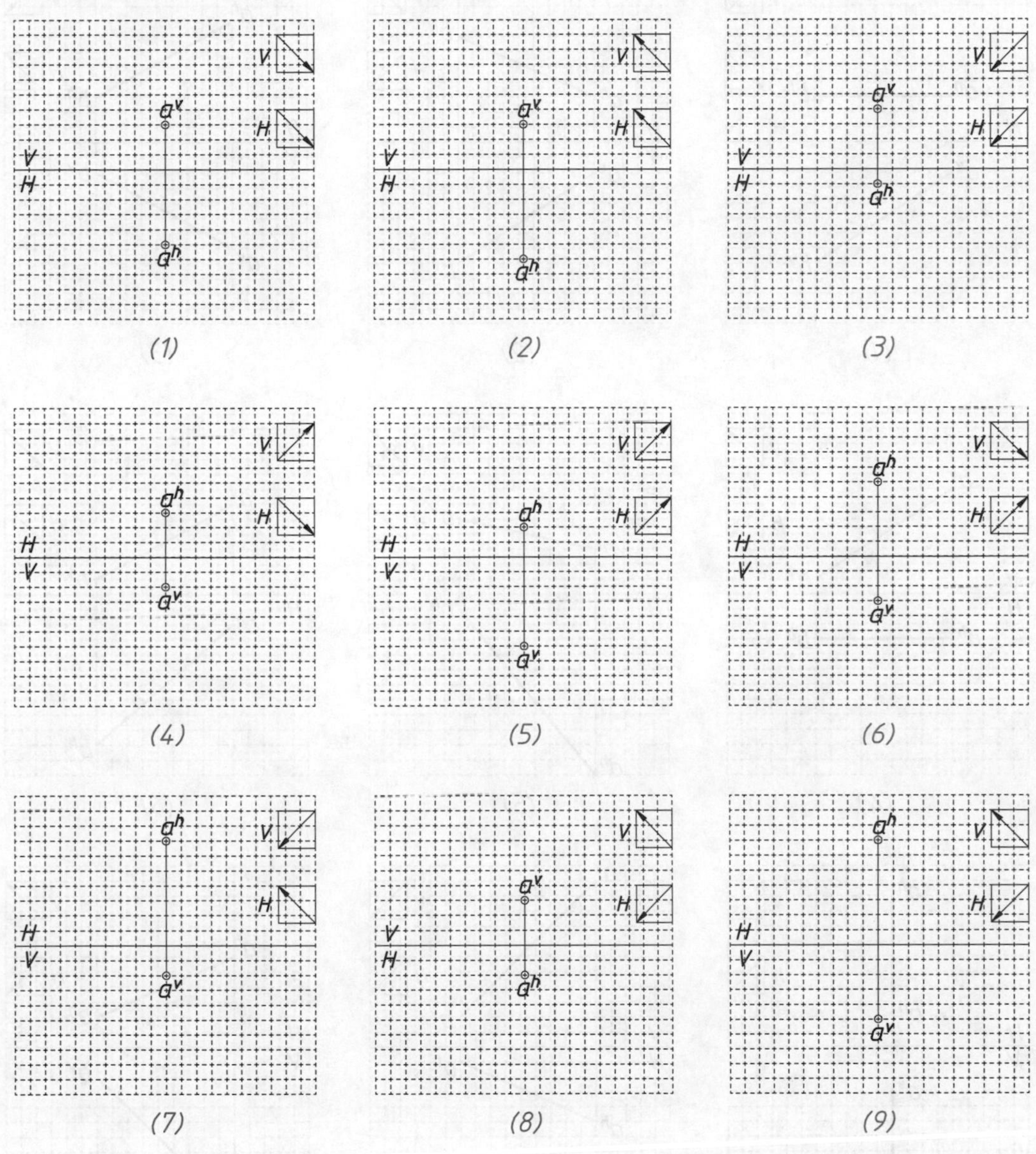

2. 依光線之方向，求上列各題點 a 在側投影面 P 上之影，側基線位網格側邊。(每格 5mm)

3. 依光線之方向，求下列各題直線 ab 在水平投影面 H、直立投影面 V 或側投影面 P 上之影，側基線位網格側邊。(每格 5mm)

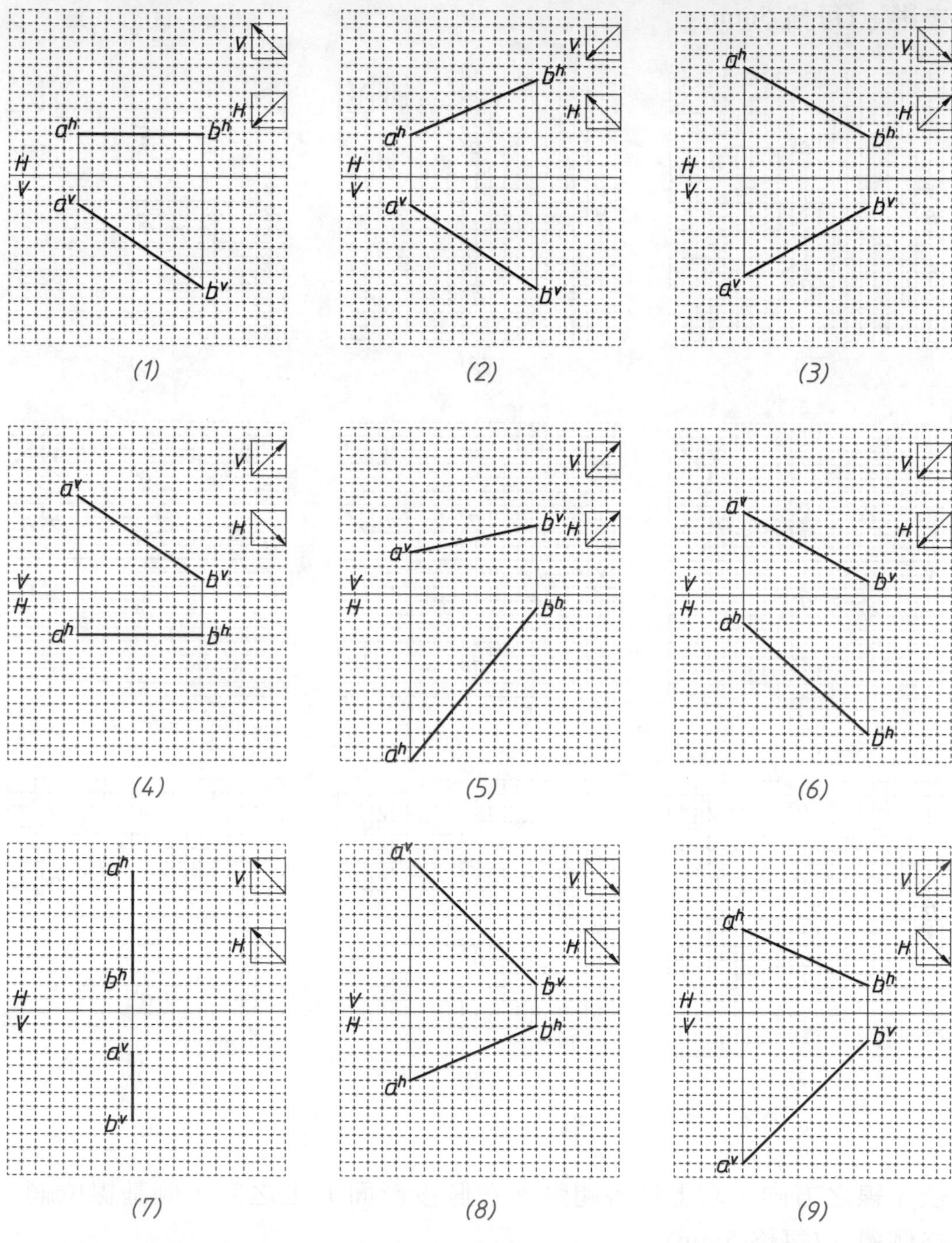

4. 依光線之方向，分別求下列各題三角形 abc 在在水平投影面 H、直立投影面 V 或側投影面 P 上之影，側基線位網格側邊。(每格 5mm)

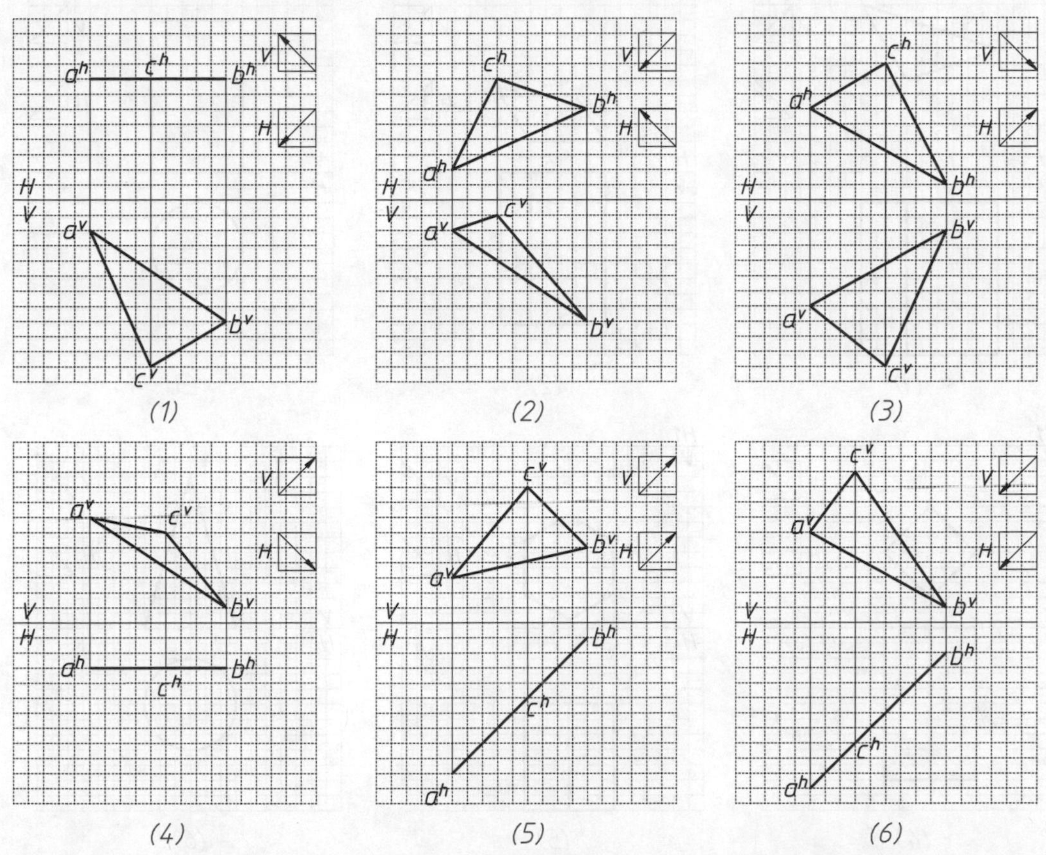

5. 依光線之方向，分別求下列各題圓形平面在水平投影面 H、直立投影面 V 或側投影面 P 上之影，側基線位網格側邊。(每格 5mm)

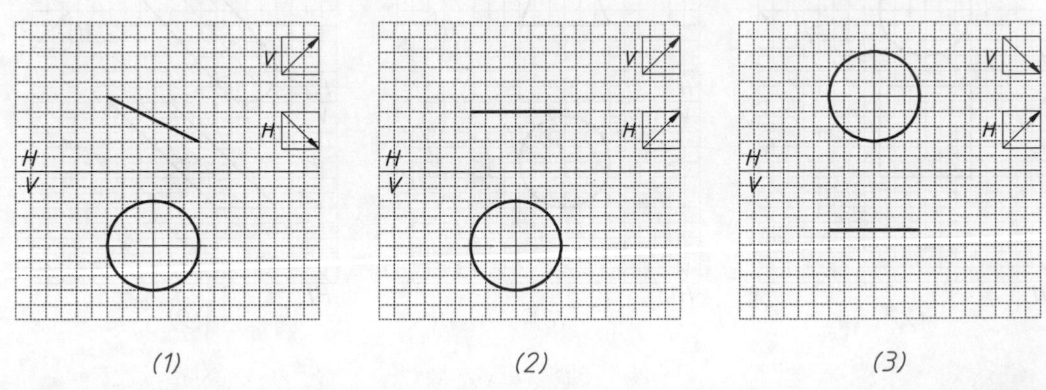

6. 依光線之方向，求下列各題立體在 H 面上之陰影。(每格 5mm)

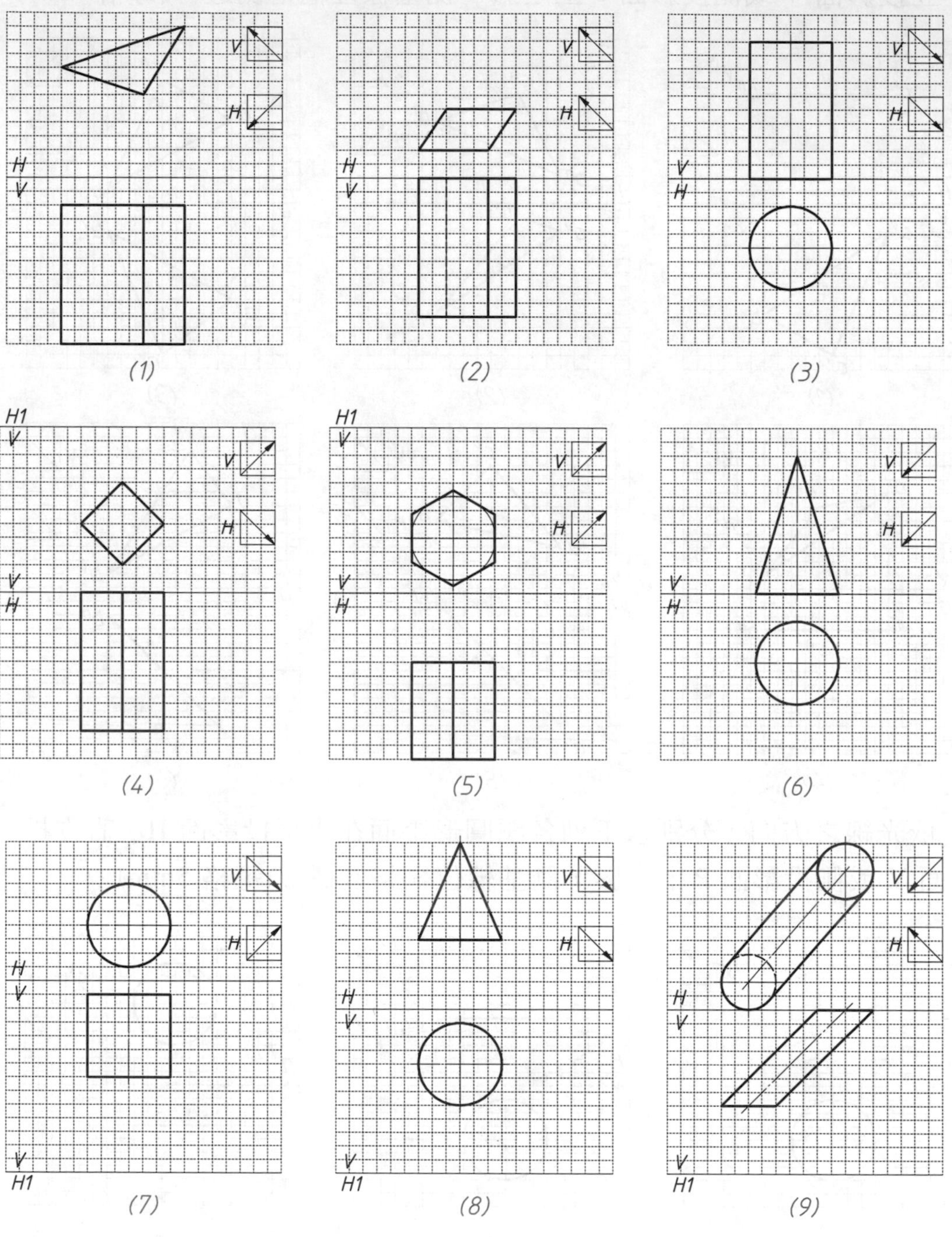

7. 依光源之位置，分別求下列各題三角形 abc 在水平投影面 H 或直立投影面 V 上之影。(每格 5mm)

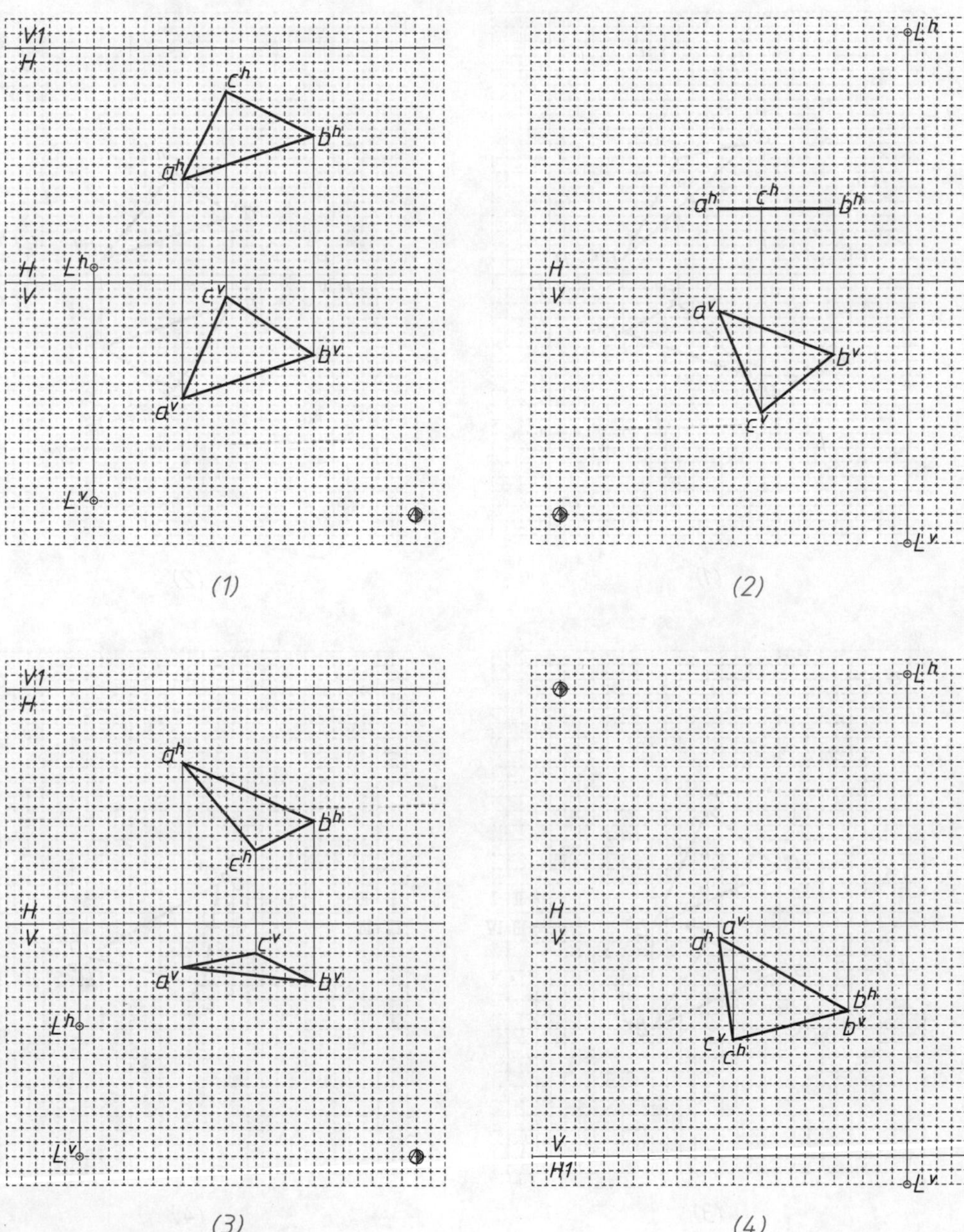

8. 依光源之位置及側基線，求下列各題三角形 abc 在側投影面 P 上之影。(每格 5mm)

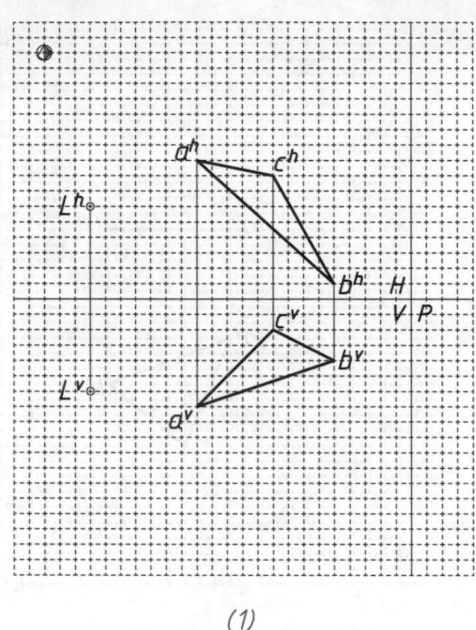

(1)

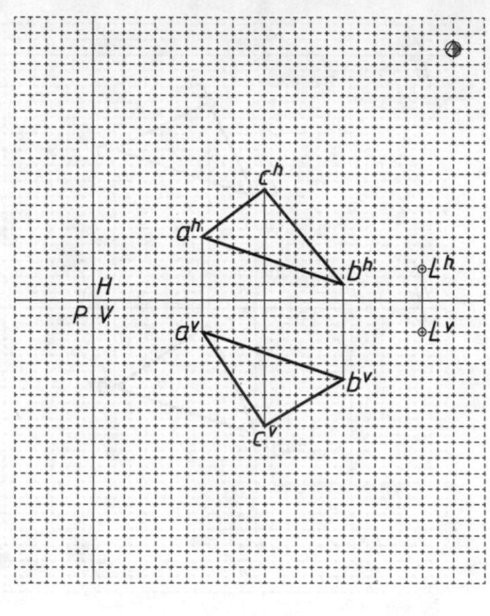

(2)

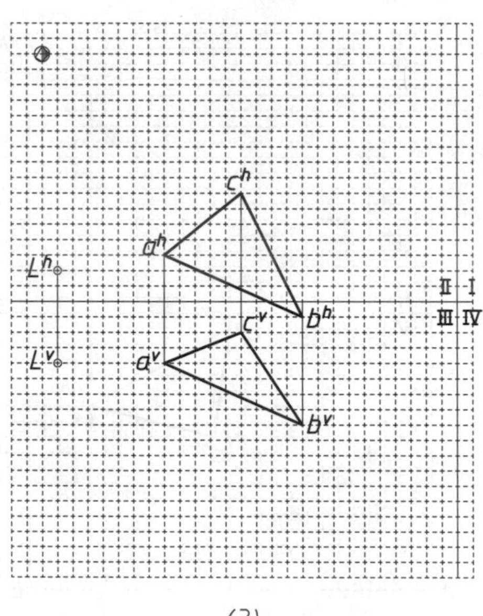

(3)

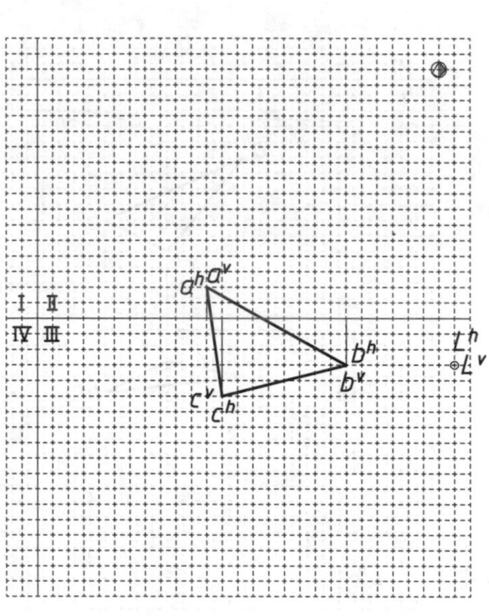

(4)

陰　影『工作單一』

工作名稱	直線之陰影	使用圖紙	A3	工作編號	DG1301
學習目標	能了解光線方向及陰影之原理及求作過程	參閱章節	第 13.1 節至第 13.4 節	操作時間	1-2 小時
				題目比例	-

說明：
1. 依光線之方向，求各題直線在水平及直立投影面上之影。
2. 以每小格 5mm 比例繪製。
3. 網格免畫。
4. 須標註應有之代號。

評量重點：
1. 水平及直立投影面上之影是否正確。
2. 線條粗細是否正確。
3. 光線方向符號是否遺漏。
4. 多餘線條是否擦拭乾淨。
5. 尺度是否正確。
6. 代號是否遺漏。
7. 佈圖是否適當。

題目：

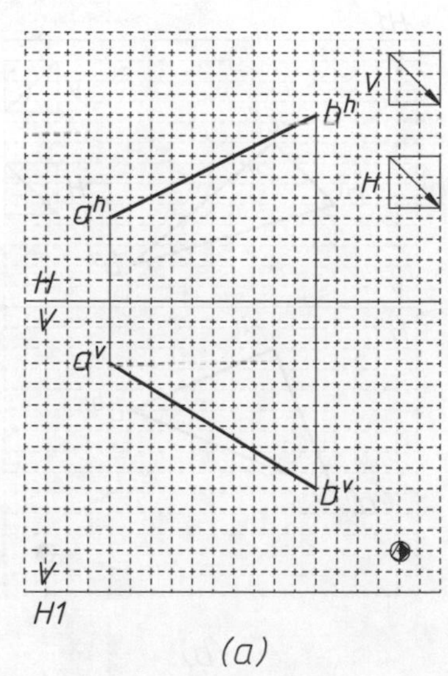

(a)

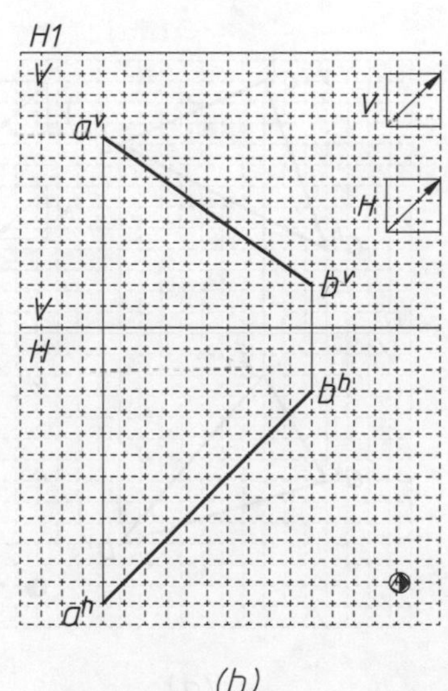

(b)

單　位	mm	數　量		比　例	1：1	
材　料		日　期	yy - mm - dd			
班　級	&&	座號	**	(學校名稱)	課程	投影幾何學
姓　名	-					
教　師	-			圖名	直線之陰影	圖號 yy##&&**
得　分						

陰　影『工作單二』

工作名稱	平面之陰影	使用圖紙	A3	工作編號	DG1302
學習目標	能了解平面之陰影求作，V 面、V1 面、H 面及 H1 面之關係	參閱章節	第 13.5 節	操作時間	1-2 小時
				題目比例	-

說明：

1. 依光線之方向，求下列三角形平面 abc 之影。
2. (a)求直立投影面上之影。
3. (b)求水平投影面上之影。
4. 以每小格 5mm 比例繪製
5. 網格免畫。
6. 陰影面積以鉛筆在圖紙反面塗灰。
7. 須標註應有之代號。

評量重點：

1. 水平及直立投影面上之影是否正確。
2. 線條粗細是否正確。
3. 光線方向符號是否遺漏。
4. 多餘線條是否擦拭乾淨。
5. 尺度是否正確。
6. 代號是否遺漏。
7. 佈圖是否適當。

題目：

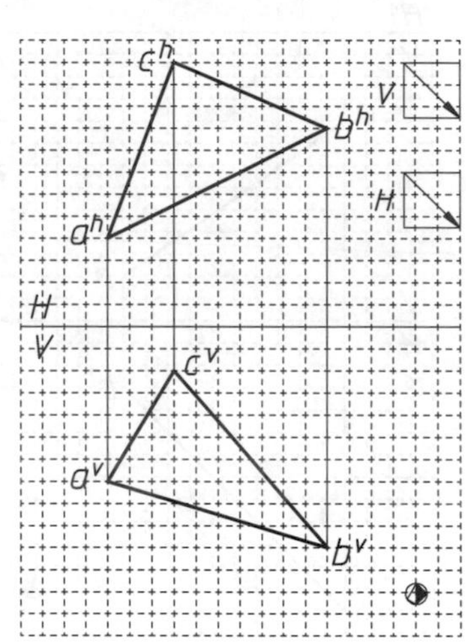

(a)

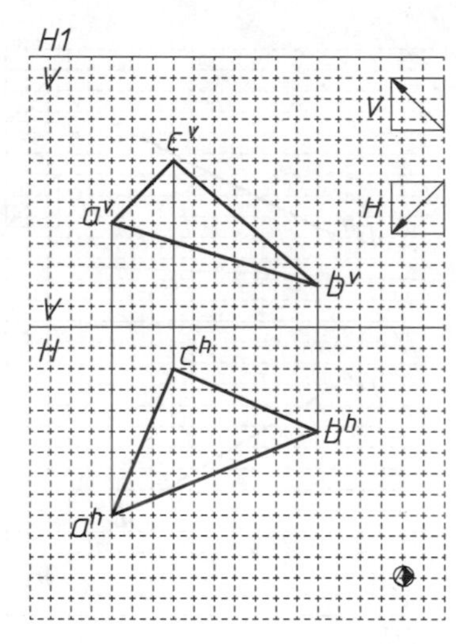

(b)

單位	mm	數量		比例	1 : 1	
材料		日期	yy - mm - dd			
班級	&&	座號	**	(學校名稱)	課程	投影幾何學
姓名	-					
教師	-			圖名 平面之陰影	圖號	yy##&&**
得分						

陰 影『工作單三』

工作名稱	立體之陰影	使用圖紙	A3	工作編號	DG1303
學習目標	能了解立體表面上之陰及投影面上之影求作過程	參閱章節	第 13.6 節	操作時間	1-2 小時
				題目比例	-

說明：
1. 依光線之方向，求下列立體之陰和影。
2. (a)求直立投影面之陰和影。
3. (b)求水平投影面之陰和影。
4. 以每小格 5mm 比例繪製。
5. 網格免畫。
6. 陰影面積以鉛筆在圖紙反面塗灰。
7. 須標註應有之代號。

評量重點：
1. 水平及直立投影面之陰和影是否正確。
2. 線條粗細是否正確。
3. 光線方向符號是否遺漏。
4. 多餘線條是否擦拭乾淨。
5. 尺度是否正確。
6. 代號是否遺漏。
7. 佈圖是否適當。

題目：

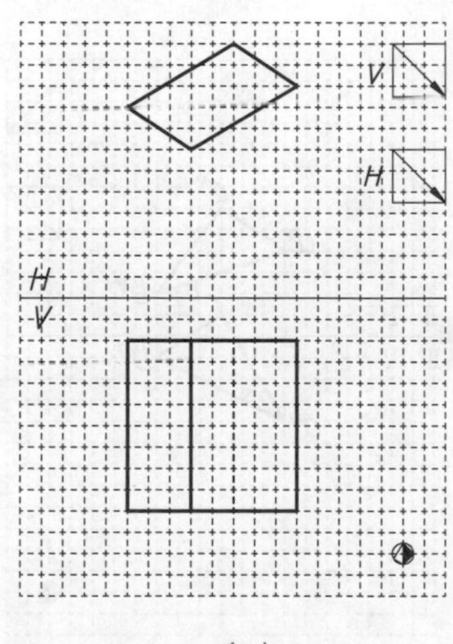

(a)

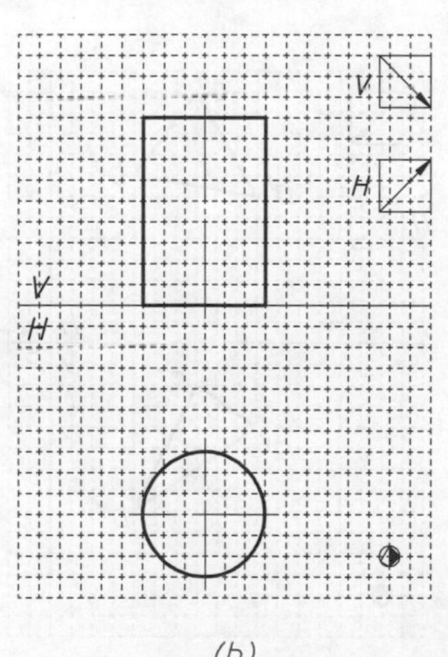

(b)

單 位	mm	數 量		比 例	1：1		
材 料		日 期	yy - mm - dd				
班 級	&&	座號	**	(學校名稱)		課程	投影幾何學
姓 名	-						
教 師	-			圖名	立體之陰影	圖號	yy##&&**
得 分							

陰　影『工作單四』

工作名稱	平行光線 P 面之影	使用圖紙	A3	工作編號	DG1304
學習目標	能了解平行光線側投影面P上之影求作過程	參閱章節	第 13.5 節	操作時間	2-3 小時
				題目比例	-

說明：
1. 依光線之方向及側基線位置，求下列各題側投影面 P 上之影。
2. 以每小格 4mm 比例繪製。
3. 網格免畫。
4. 陰影面積以鉛筆在圖紙反面塗灰。
5. 須標註應有之代號。

評量重點：
1. 側投影面 P 上之影是否正確。
2. (b)之象限位置是否正確。
3. 線條粗細是否正確。
4. 光線方向符號是否遺漏。
5. 多餘線條是否擦拭乾淨。
6. 尺度是否正確。
7. 代號是否遺漏。
8. 佈圖是否適當。

題目：

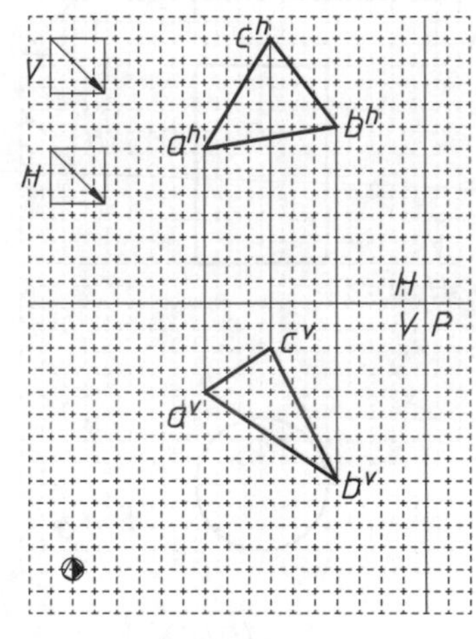

(a)

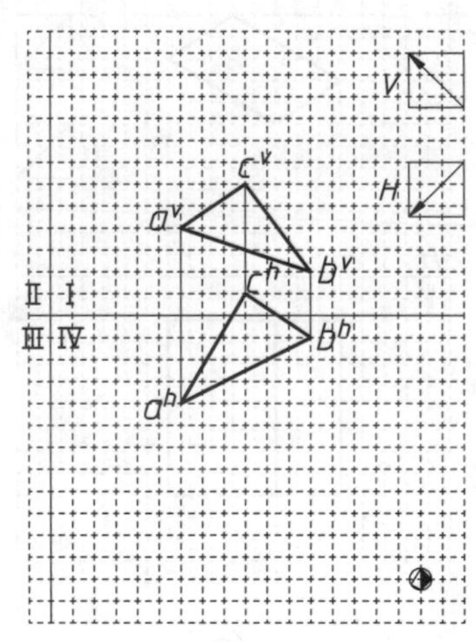

(b)

單　位	mm	數 量		比 例	1：1	
材　料		日 期	yy - mm - dd			
班　級	&&	座號	**	(學校名稱)	課程	投影幾何學
姓　名	-					
教　師	-			圖名	平行光線 P 面之影	圖號 yy##&&**
得　分						

陰　影『工作單五』

工作名稱	幅射光線 P 面之影	使用圖紙	A3	工作編號	DG1305
學習目標	能了解幅射光線側投影面P上之影求作過程	參閱章節	第 13.8 節	操作時間	2-3 小時
				題目比例	-

說明：
1. 依光源及側基線位置，求下列各題側投影面 P 上之影。
2. 以每小格 4mm 比例繪製。
3. 網格免畫。
4. 陰影面積以鉛筆在圖紙反面塗灰。
5. 須標註應有之代號。

評量重點：
1. 側投影面 P 上之影是否正確。
2. (b)投影法及象限是否正確。
3. 線條粗細是否正確。
4. 多餘線條是否擦拭乾淨。
5. 尺度是否正確。
6. 代號是否遺漏。
7. 佈圖是否適當。

題目：

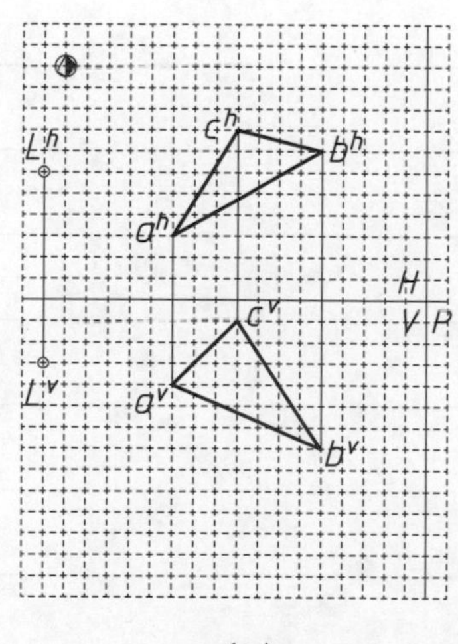

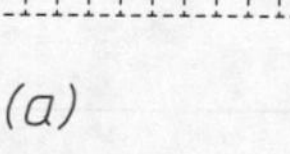
(a)

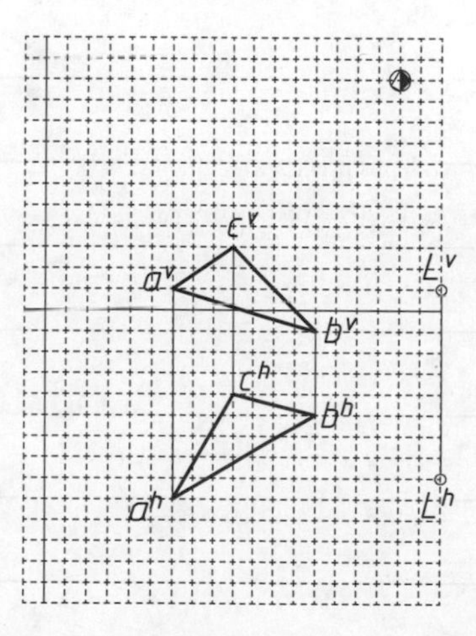

(b)

單　位	mm	數 量		比 例	1:1		
材　料		日 期	yy - mm - dd				
班　級	&&	座號	**	(學校名稱)		課程	投影幾何學
姓　名	-						
教　師	-			圖名	幅射光線 P 面之影	圖號	yy##&&**
得　分							

心得小記：

年　月　日

想想！求P面之影時H面之投射線轉向忽右忽左？！

附錄 A

交線與展開試題解析

A.1 機械製圖乙級檢定試題(一)

交線圖：求平面體與斜圓錐之相交。(圖 A.1)

試題說明：

1. 依試題所示之尺度，以 1：1 之比例繪製。
2. 以相貫體交線的求法，完成二視圖。
3. 不須標註尺度。
4. 求交點之作圖線，應擇要繪出。

分析：

1. 因平面體可任意切割，當與任何物體相交時，可只考慮所交之物體如何切割。
2. 本題看來不會太難，但與斜圓錐相交之平面多，算是複雜，且平面間之稜線將與斜圓錐貫穿，其貫穿點求作爲其困難處。
3. 斜圓錐之底圓投影成正圓，可採用平切斜圓錐或由斜圓錐頂切向底圓。
4. 平面體之稜線貫穿斜圓錐時，可採用沿稜線切斜圓錐成橢圓(只有一個尙可)或採用三角平面法求直線與斜圓錐相交。
5. 因平切斜圓錐無法得重要轉折點，如斜圓錐極限線之貫穿點等，故選擇將底圓等分由斜圓錐頂切向底圓。
6. 平面體之稜線貫穿斜圓錐，將選擇三角平面法較精確、簡單又省時。不會時才改採用沿稜線(面)切斜圓錐成橢圓。

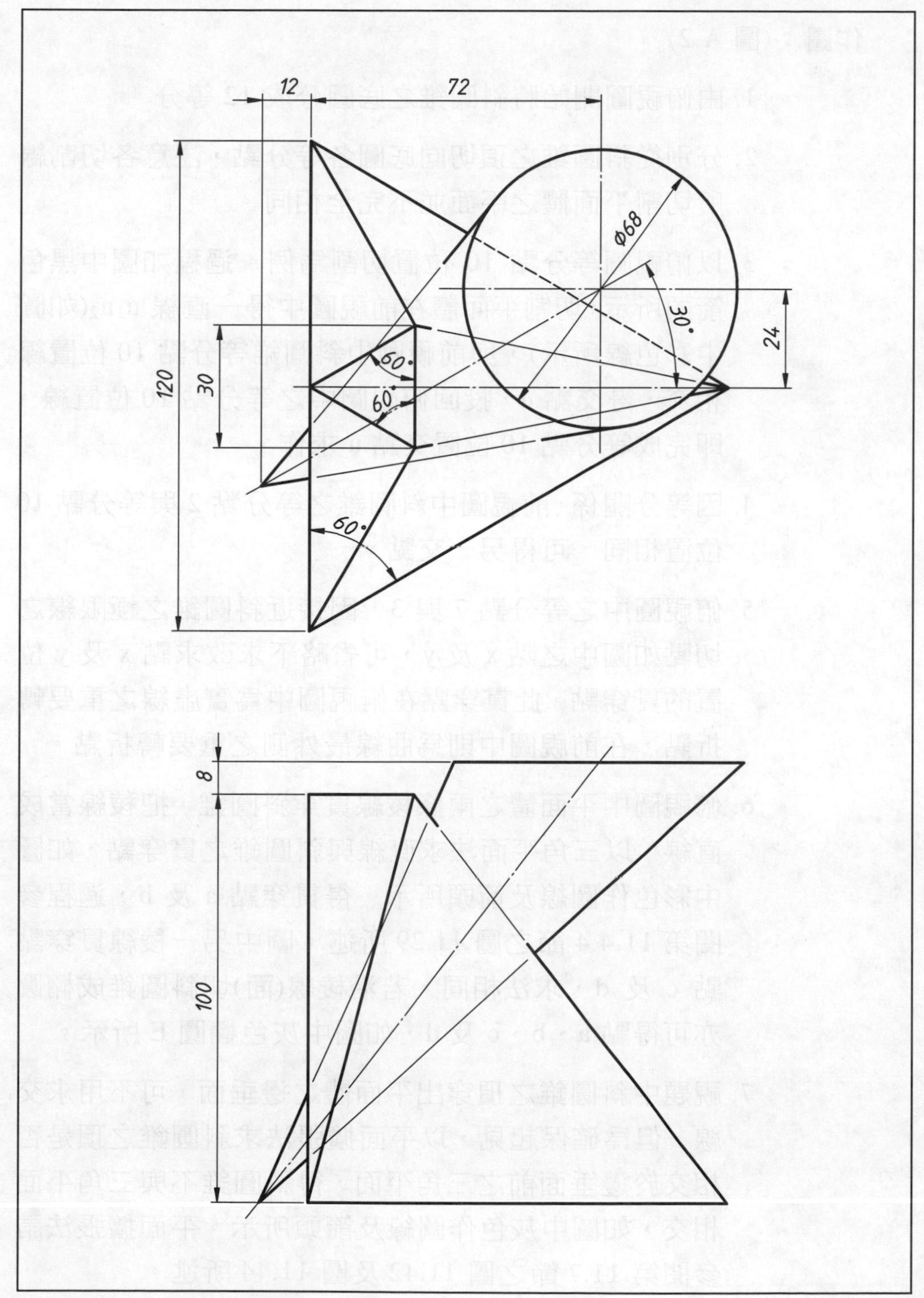

圖 A.1 機械製圖乙級檢定交線試題(一)

作圖：(圖 A.2)

1. 由俯視圖開始將斜圓錐之底圓分成 12 等分。
2. 分別從斜圓錐之頂切向底圓各等分點，注意各切割線所切割平面體之平面並不完全相同。
3. 以俯視圖等分點 10 位置切割為例，過程如圖中黑色箭頭所示，切割平面體在前視圖中得一直線 u_1u_2(如圖中彩色線所示)，與前視圖中斜圓錐等分點 10 位置線相交，得交點 u，投回俯視圖中之等分點 10 位置線，即完成等分點 10 位置交點 u 求作。
4. 因等分關係，前視圖中斜圓錐之等分點 2 與等分點 10 位置相同，可得另一交點 v。
5. 俯視圖中之等分點 7 與 3，因接近斜圓錐之極限線之切點如圖中之點 x 及 y，可省略不求改求點 x 及 y 位置的貫穿點，此貫穿點在俯視圖中為實虛線之重要轉折點，在前視圖中則為曲線最外側之重要轉折點。
6. 俯視圖中平面體之兩條稜線貫穿斜圓錐，把稜線當成直線，以三角平面法求直線與斜圓錐之貫穿點，如圖中彩色作圖線及箭頭所示，得貫穿點 a 及 b，過程參閱第 11.4.4 節之圖 11.29 所述，圖中另一稜線貫穿點點 c 及 d，求法相同。若沿稜線(面)切斜圓錐成橢圓亦可得點 a、b、c 及 d，如圖中灰色橢圓 E 所示。
7. 視題中斜圓錐之頂穿出平面體之邊垂面，可不用求交線，但為確保起見，以平面擴張法求斜圓錐之頂是否相交於邊垂面前之三角平面，得斜圓錐不與三角平面相交，如圖中灰色作圖線及箭頭所示。平面擴張法請參閱第 11.7 節之圖 11.42 及圖 11.44 所述。
8. 圖中彩色交點皆為重要之轉折點，必須求出。

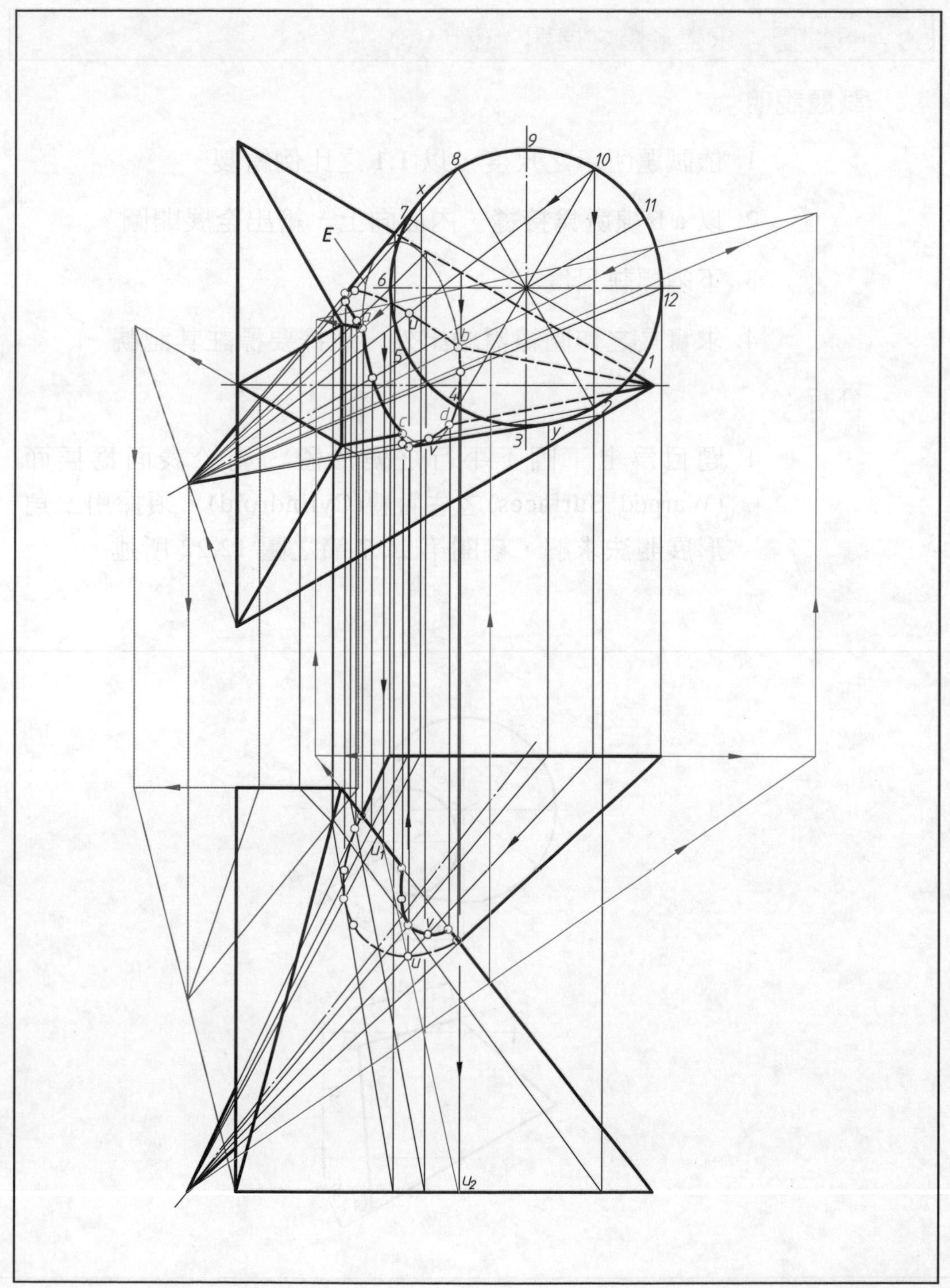

圖 A.2　機械製圖乙級檢定交線試題(一)解

展開圖：求變形體之展開。(圖 A.3)

試題說明：

1. 依試題所示之尺度，以 1:1 之比例繪製。
2. 以 a b 線處為接縫，內面向上，繪出全展開圖。
3. 不須標註尺度。
4. 求實長之作圖線需繪出外，並擇要標註其記號。

分析：

1. 題目為上下圓不平行之變形體，屬於表面為捩面(Warped Surfaces)之柱面體(Cylindroid)，須採用三角形展開法求解，參閱第 12.7 節之圖 12.22 所述。

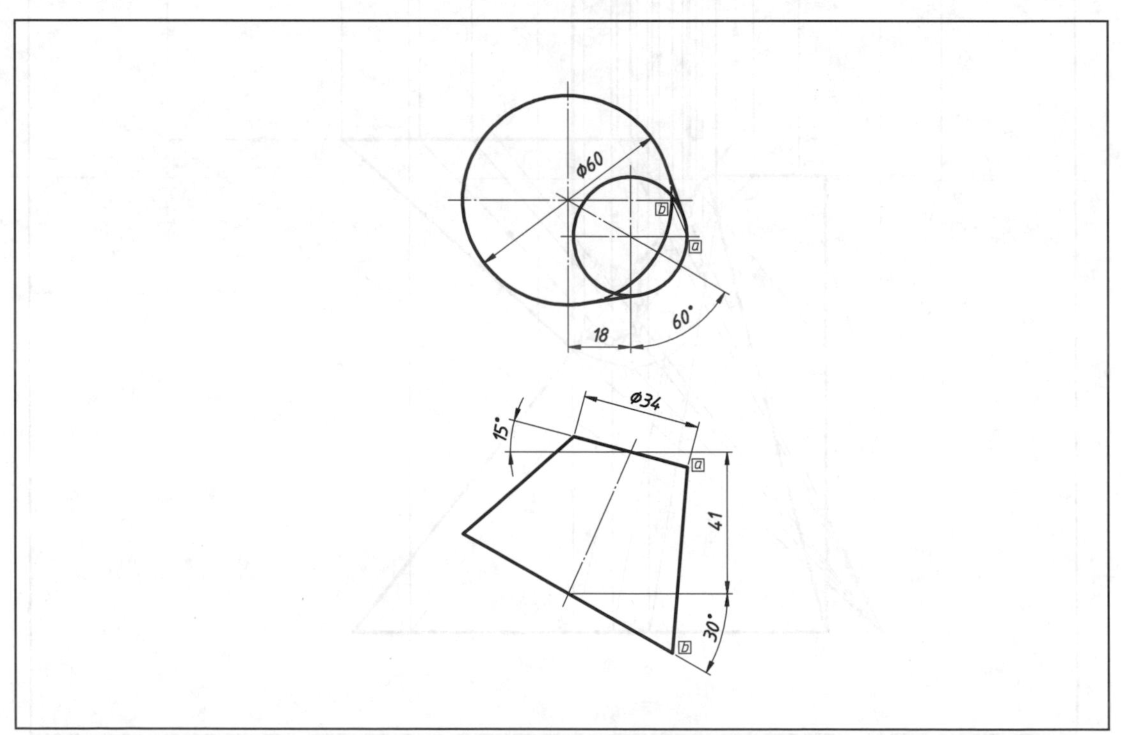

圖 A.3 機械製圖乙級檢定展開試題(一)

2. 單斜方位，使實長求作複雜化，即展開圖不對稱必須求出每一條線之實長。

3. 另須注意：須以 a 至 b 爲接縫邊，且由內面向上展開。

4. 本題之困難處爲實長圖求作複雜，但只要小心謹慎作圖應不會太難。

作圖：(圖 A.4)

1. 在俯視圖將大圓分成 12 等分，如圖中彩色數字所示，在前視圖以虛擬視圖法將小圓亦分成相同 12 等分。

2. 分別從小圓至大圓相同等分點連線得 12 條素線，編號分別爲 11、22、33、….至 1212 等。

3. 再分別從小圓至大圓加一號等分點連線得另外 12 條素線，編號分別爲 12、23、34、….至 121 等，如圖中彩色線所示，即完成變形體表面三角形作圖。(亦可從大圓至小圓加一號等分點連線)

4. 以三角作圖法求共 24 條素線之實長，因實長圖之線條太多，考慮分開成幾組，如圖中分成四組，分別按等分點編號標註，以免混亂。

5. 小圓等分點弦之實長在虛擬視圖上，大圓等分點弦之實長可以輔助投影法另外畫一橢圓，依大圓等分點投影並編號。

6. 以三角形展開法，依題目要求須由素線 1212 開始，內面向上須向右畫出依序爲素線 11、22 等，注意圖中彩色素線(如 121)是由小圓至大圓而非由大圓至小圓，小心謹慎作圖即可完成所有三角形實形作圖。

7. 分別將小圓 12 個等分點及大圓 12 個等分點，以曲線板連接即完成展開圖。

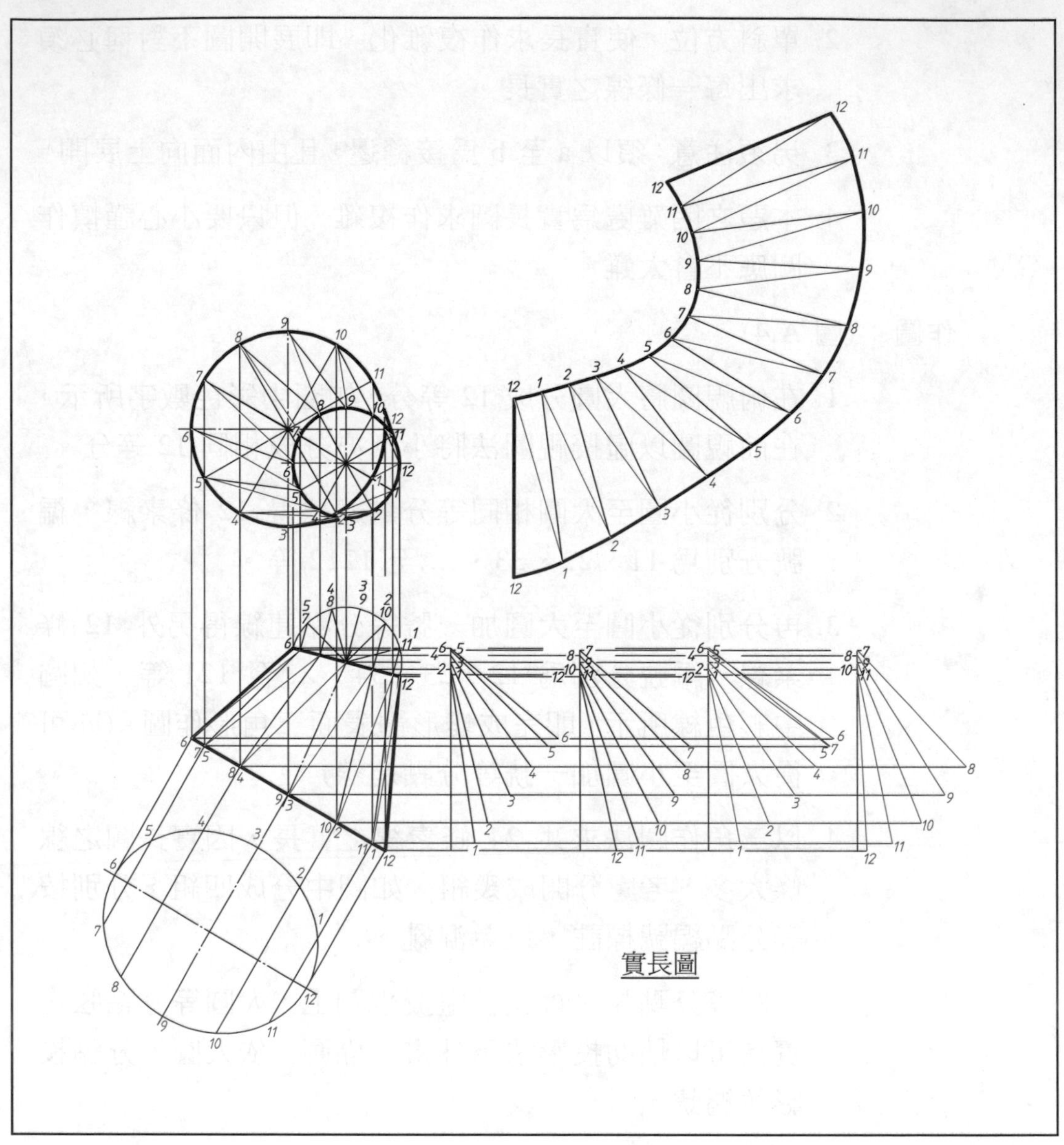

圖 A.4 機械製圖乙級檢定展開試題(一)(解)

A.2 機械製圖乙級檢定試題(二)

交線圖：求平面體與斜橢圓柱傾斜相交。(圖 A.5)

試題說明：

1. 依試題所示之尺度，以 1:1 之比例繪製。
2. 以相貫體交線的求法，完成兩視圖。
3. 不須標註尺度。
4. 求交點之作圖線，應擇要繪出。

分析：

1. 平面體與斜橢圓柱傾斜相交，因平面體可任意切割，可採平面切割原理，假想平面須平行斜橢圓柱之中心軸切割平面體。
2. 斜橢圓柱之端面在前視圖中投影成正圓，亦可考慮假想平面平行斜橢圓柱之端面切割平面體。
3. 平面體屬正立體類且底平面位垂方位，看來不會太難，但因相交面複雜，算是有一點難，且平面體之傾斜稜線將與斜橢圓柱複斜相交，其貫穿點求作爲本題之困難處，須以三角平面法求解，不會時改採嘗試方式求貫穿點。
4. 斜橢圓柱與平面體上之平面相交皆爲橢圓弧之曲線，平面體之稜線與斜橢圓柱相交之貫穿點皆爲重要轉折點，即皆爲橢圓弧曲線之起始與結尾之交點。
5. 當斜橢圓柱與平面體之正垂面相交，可直接以直線貫穿法求得。

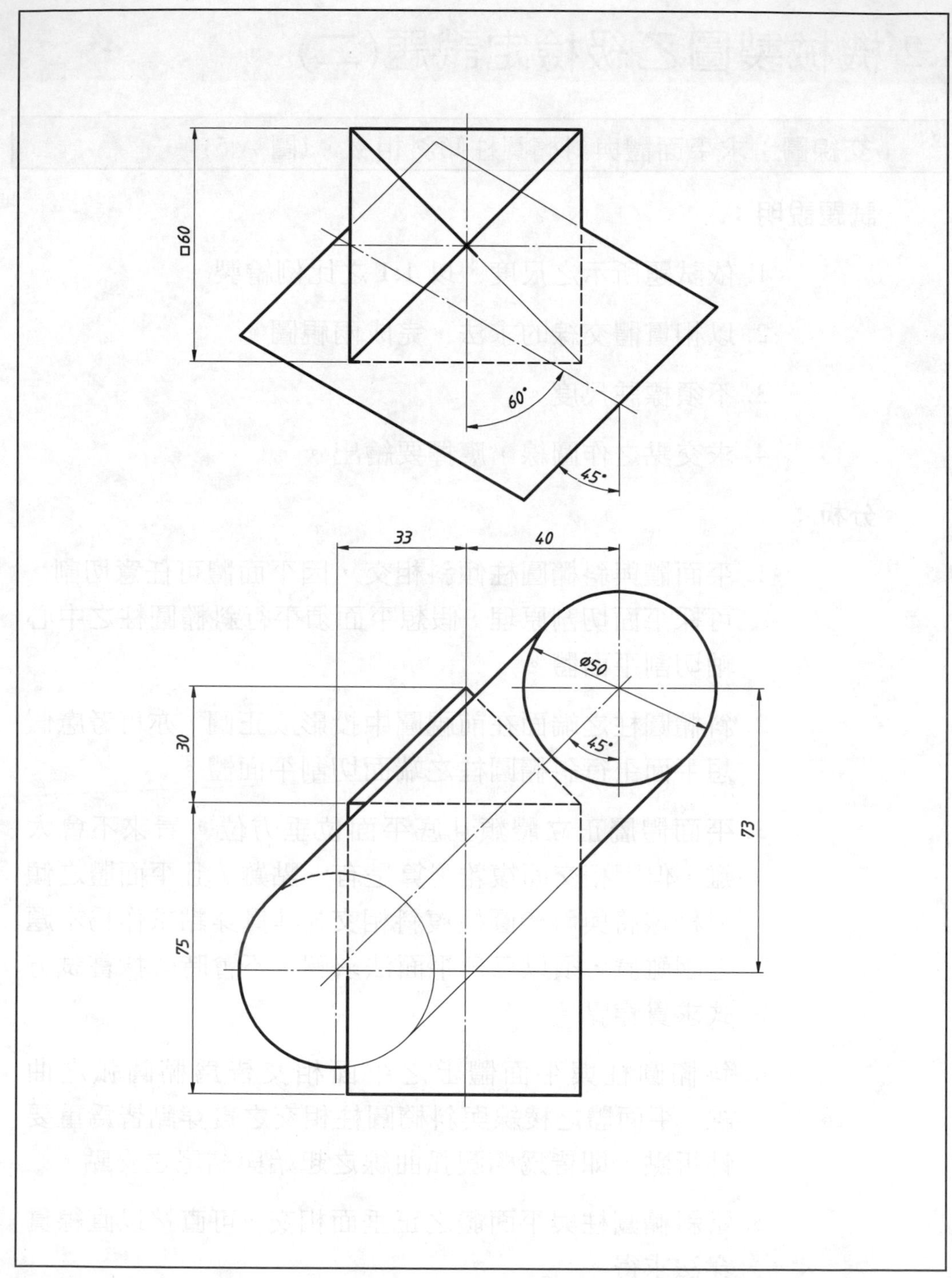

圖 A.5 機械製圖乙級檢定交線試題(二)

作圖：(圖 A.6)

1. 開始將前視圖中斜橢圓柱之端面圓等分，沿等分點位置平行斜橢圓柱之中心軸切割平面體。

2. 斜橢圓柱穿入平面體時包含多個平面，平面爲正垂面部份以直線貫穿法直接投影，如前視圖中平面體矩形平面內之交點。平面爲傾斜面部份以平行斜橢圓柱之中心軸切割平面，如前視圖中平面體三角形平面內之交點。俯視圖中平面體右側三角形平面爲單斜面，其內之交點亦以直線貫穿法直接投影可得。

3. 平面體之稜線 A 與斜橢圓柱之交點，必須採用三角平面法(圖中三角形 124)求直線與斜橢圓柱相交，如圖中彩色線及箭頭所示，參閱第 11.4.3 節之圖 11.26 至圖 11.28 所述，稜線 A 得貫穿點 a 爲重要轉折點。

4. 另平面體之稜線 B 與斜橢圓柱之交點，求法與稜線 A 相同，三角平面爲圖中三角形 234，稜線 B 得貫穿點 b，點 b 位置幾乎在前視圖中斜橢圓柱極限線上。

5. 若三角平面法不會，變通方法只能以嘗試求作方式(平行斜橢圓柱之中心軸切割平面體)，參閱第 2 項所述，一直嘗試到交點剛好在稜線 A 及 B 上爲止，此種雖非正確方法，但仍可求得稜線 A 及 B 上之交點(接近)。

6. 平面體之稜線 C 與斜橢圓柱之端面平行，即改平行斜橢圓柱之端面沿稜線 C 切割斜橢圓柱，在前視圖中爲圓 C，得左側垂直稜線上之兩個交點 c。右側垂直稜線上之交點，可分別由俯視及前視圖中點 4 位置平行斜橢圓柱之中心軸切割，或如稜線 C 之切割方法，如圖中灰色線及箭頭所示。

7. 圖中彩色交點皆爲重要轉折點，不可省略。

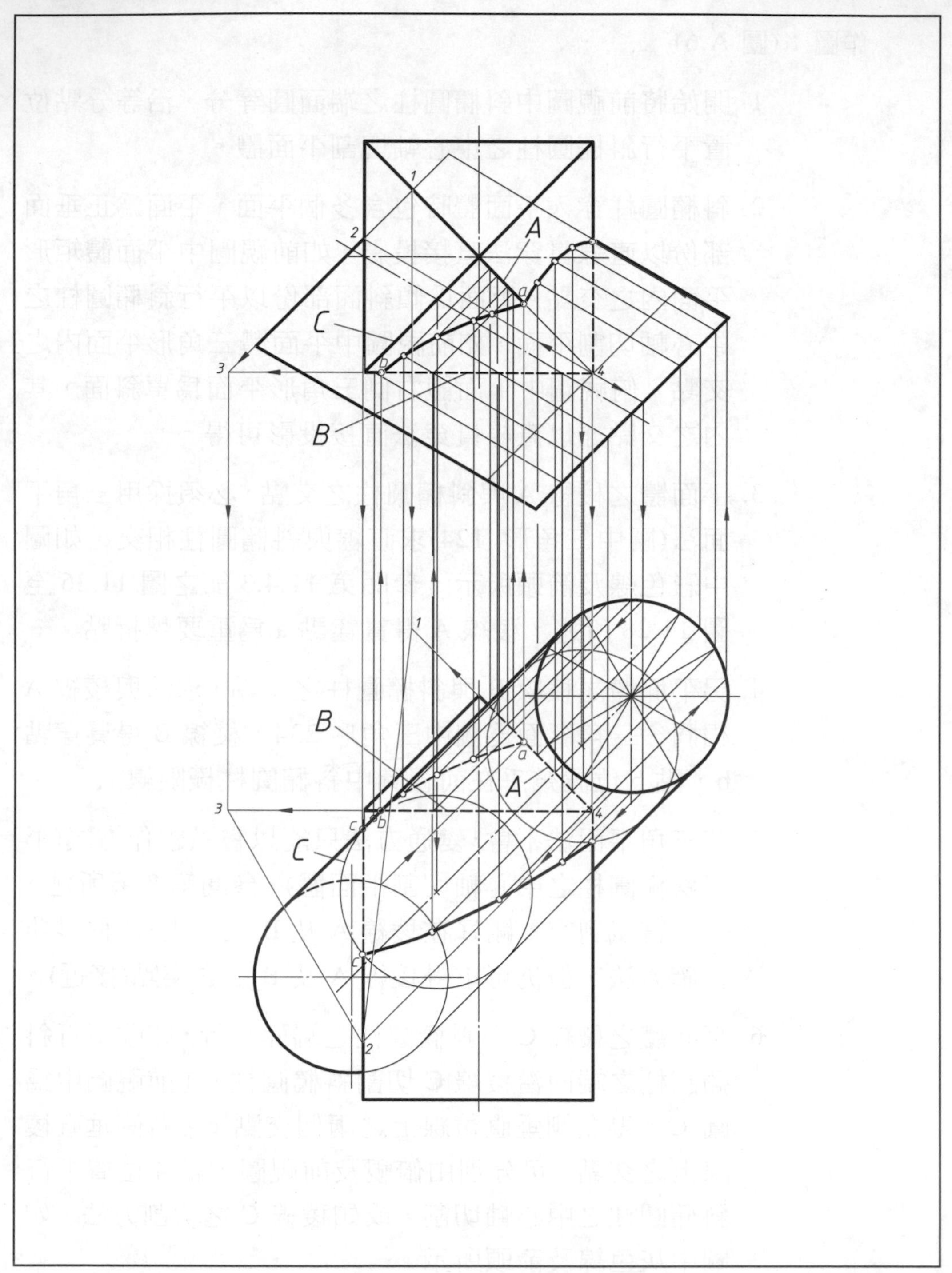

圖 A.6 機械製圖乙級檢定交線試題(二)解

展開圖：求變口體之展開。(圖 A.7)

試題說明：

1. 依試題所示之尺度，以 1:1 之比例繪製。
2. 以 a b 線處為接縫，內面向上，繪出全展開圖。
3. 不須標註尺度。
4. 求實長之作圖線需繪出外，並擇要標註其記號。

分析：

1. 本題為上下出口平行之變口體，上下出口在俯視圖之投影即為實長，算是不難。
2. 只要將圓錐面及四邊行部份，分成三角形，以三角形展開法求解，參閱第 12.7 節之圖 12.21 所述。

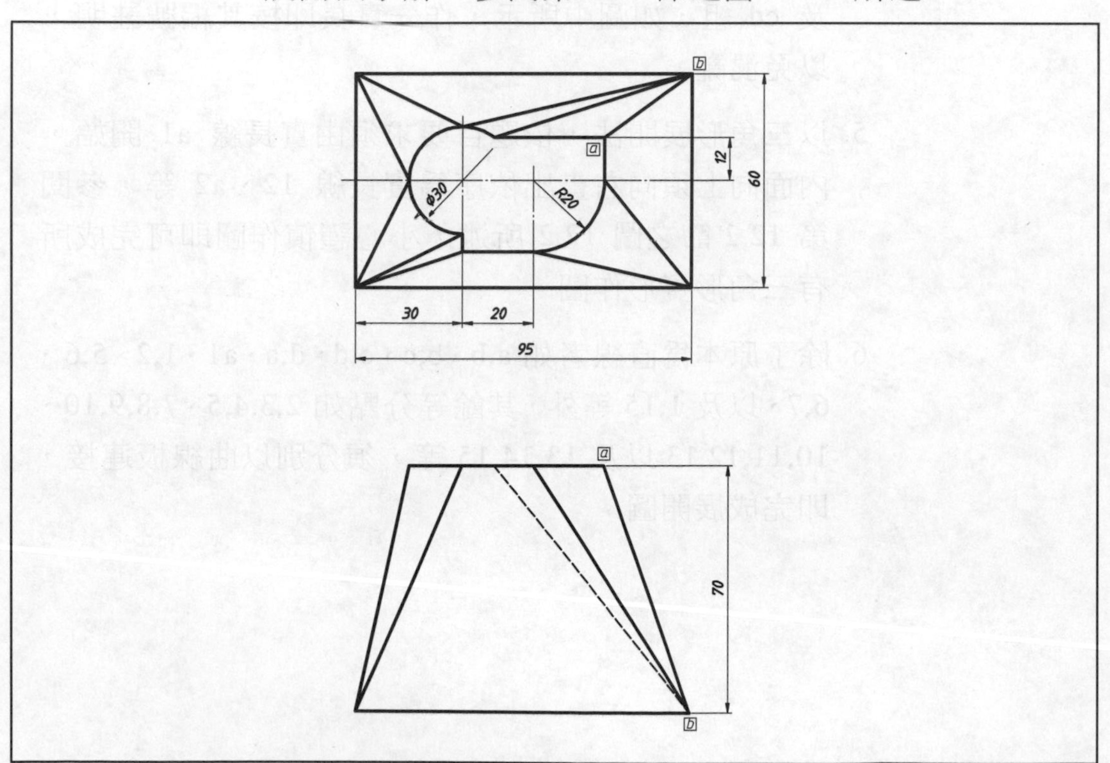

圖 A.7　機械製圖乙級檢定展開試題(二)

作圖：(圖 A.8)

1. 在俯視圖變口體之上出口將圓弧等分，考慮由接縫邊 ab 開始在各點上編號，如圖中由編號 1 至 15 等。變口體之下出口為矩形，由接縫邊 ab 開始在各點上編號，如圖中編號 a、b、c 及 d 等。

2. 分別由各圓弧等分點連線至錐頂得各素線，並將兩四邊形各加一對角線，如圖中素線 a2 及 c5 等，即完成將變口體之表面分成三角形。

3. 除了變口體之上出口及下出口端面為實長外，凡由下出口編號 a、b、c 及 d 連線至上出口編號 1 至 15 者，包括邊線及素線等，皆須求實長。

4. 以三角作圖法作實長圖求各線之實長，考慮分成 ab 及 cd 組，如圖中所示，作一實長即按其編號註明，以免混亂。

5. 以三角形展開法，依題目要求須由實長線 a1 開始，內面向上須向右畫出依序為實長線 12、a2 等，參閱第 12.2 節之圖 12.2 所述，小心謹慎作圖即可完成所有三角形實形作圖。

6. 除了原本為直線者如 a,b、b,c、c,d、d,a、a1、1,2、5,6、6,7、以及 1,15 等外，其餘等分點如 2,3,4,5、7,8,9,10、10,11,12,13 以及 13,14,15 等，須分別以曲線板連接，即完成展開圖。

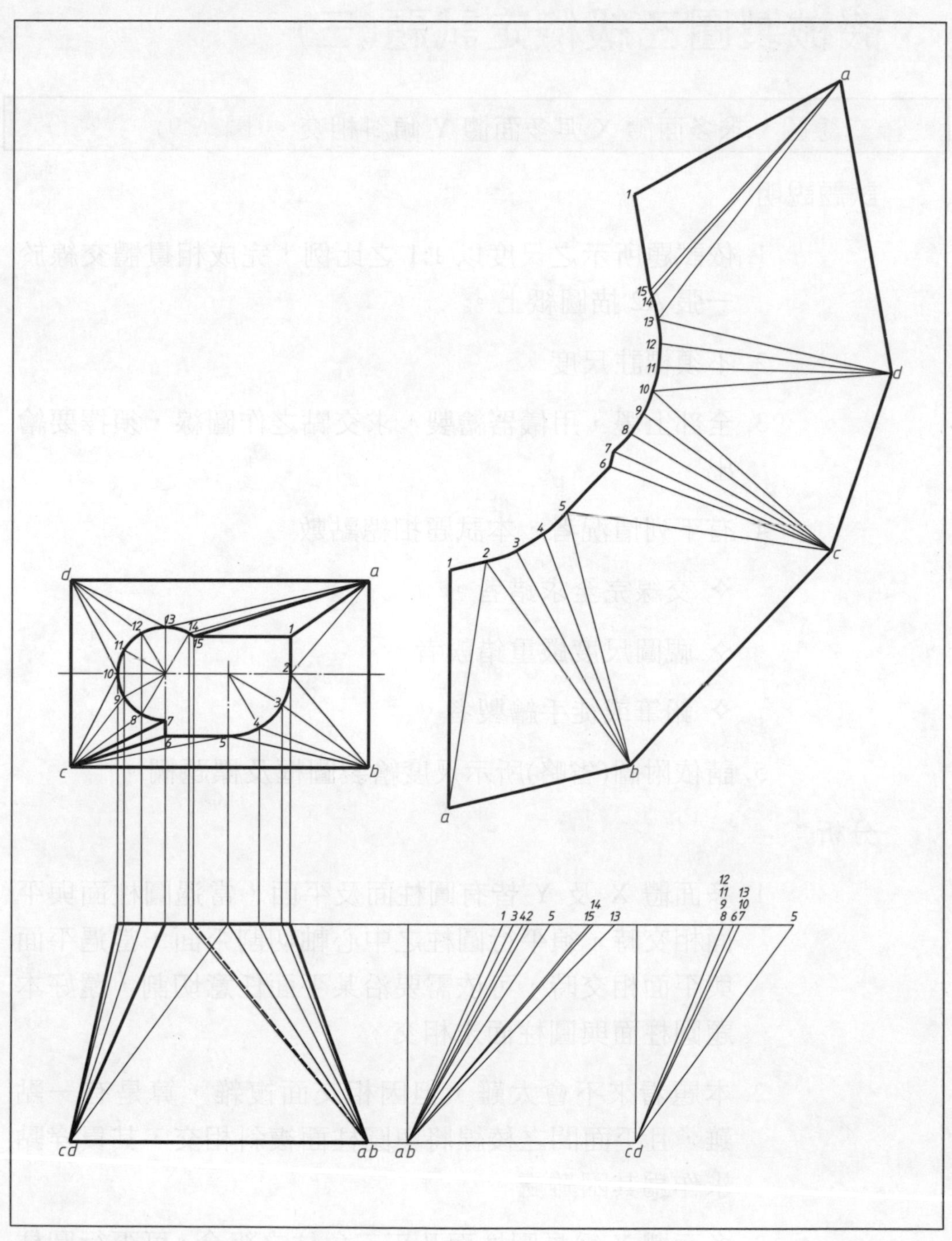

圖 A.8 機械製圖乙級檢定展開試題(二)解

A.3 機械製圖乙級檢定試題(三)

交線圖：求多面體 X 與多面體 Y 傾斜相交。(圖 A.9)

試題說明：

1. 依試題所示之尺度以 1:1 之比例，完成相貫體交線於一張 A2 描圖紙上。
2. 不須標註尺度。
3. 全部上墨，用儀器繪製，求交點之作圖線，須擇要繪出。
4. 有下列情況者，本試題扣總點數。
   - ✧ 交線完全求錯者。
   - ✧ 視圖尺度嚴重錯誤者。
   - ✧ 鉛筆或徒手繪製者。
5. 請依附圖(省略)所示尺度繪製圖框及標題欄。

分析：

1. 多面體 X 及 Y 皆有圓柱面及平面，當遇圓柱面與平面相交時，須平行圓柱之中心軸切割平面，當遇平面與平面相交時，可依需要沿某平面任意切割，還好本題圓柱面與圓柱面未相交。
2. 本題看來不會太難，但因相交面複雜，算是有一點難，且平面間之稜線將與圓柱面複斜相交，其貫穿點求作爲其困難處。
3. 多面體 X 爲長圓柱面及正三角柱之組合，可平行圓柱面軸(即正三角柱之稜邊)切割多面體 Y。

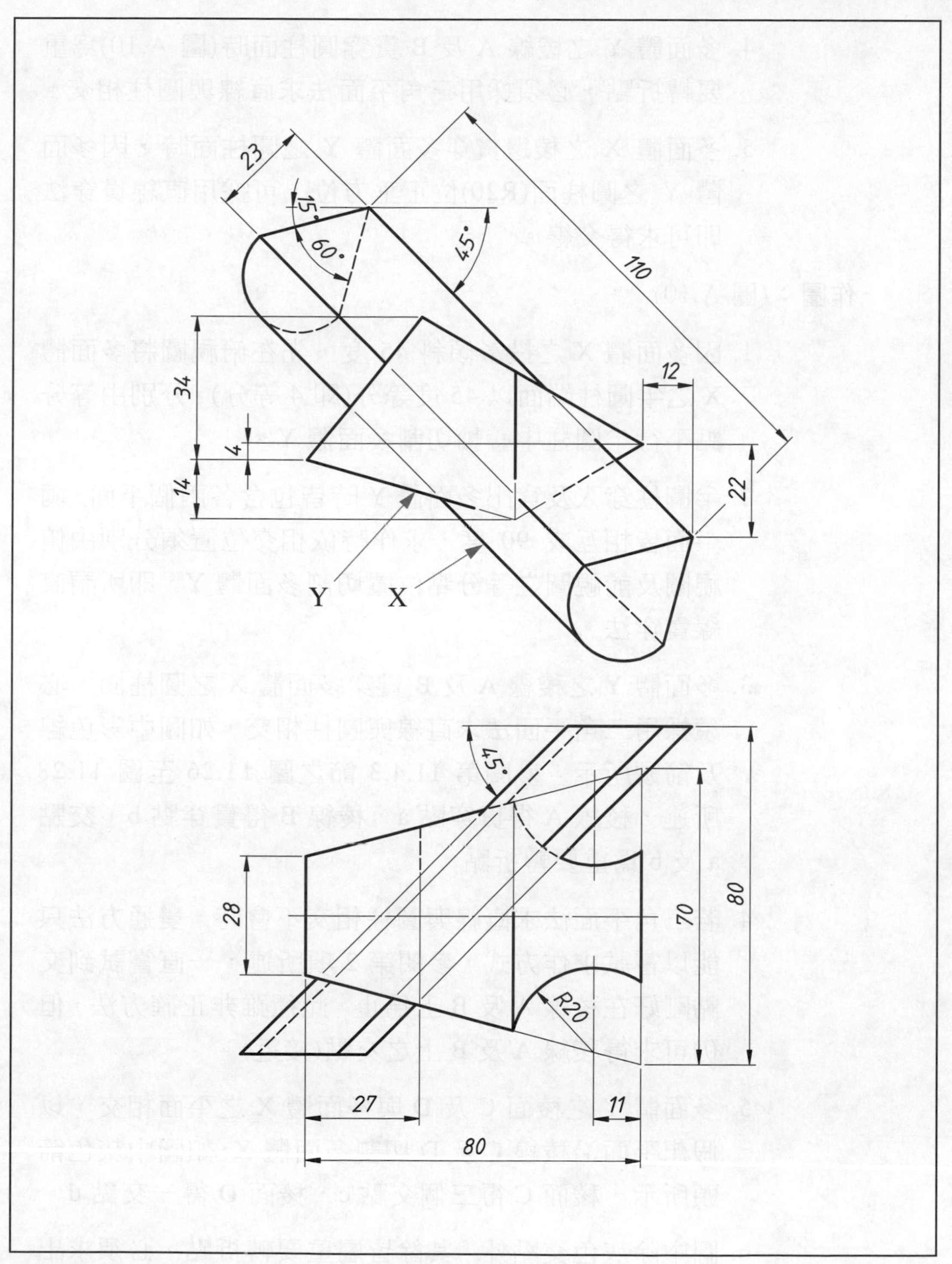

圖 A.9 機械製圖乙級檢定試題(三)

4. 多面體 Y 之稜線 A 及 B 貫穿圓柱面時(圖 A.10)為重要轉折點，必須採用三角平面法求直線與圓柱相交。

5. 多面體 X 之稜邊貫穿多面體 Y 之圓柱面時，因多面體 Y 之圓柱面(R20)位正垂方位，可採用直線貫穿法即可求得交線。

作圖：(圖 A.10)

1. 因多面體 X 之投影傾斜 45 度，先在俯視圖將多面體 X 之半圓柱端面以 45 度等分(即 4 等分)，分別由等分點平行半圓柱中心軸切割多面體 Y。

2. 半圓柱穿入及穿出多面體 Y 時皆包含各兩個平面，兩平面皆相互成 90 度，求作時依相交位置須分別由俯視圖及前視圖之等分點位置切割多面體 Y，即所謂直線貫穿法。

3. 多面體 Y 之稜線 A 及 B 貫穿多面體 X 之圓柱面，必須採用三角平面法求直線與圓柱相交，如圖中彩色線及箭頭所示，參閱第 11.4.3 節之圖 11.26 至圖 11.28 所述，稜線 A 得貫穿點 a，稜線 B 得貫穿點 b，交點 a 及 b 為重要轉折點。

4. 若三角平面法求直線與圓柱相交不會時，變通方法只能以嘗試求作方式，參閱第 2 項所述，一直嘗試到交點剛好在稜線 A 及 B 上為止，此種雖非正確方法，但仍可求得稜線 A 及 B 上之交點(接近)。

5. 多面體 Y 之稜面 C 及 D 與多面體 X 之平面相交，以假想平面沿稜線 C 及 D 切割多面體 X，如圖中灰色箭頭所示，稜面 C 得三個交點 c，稜面 D 得一交點 d。

6. 圖中除灰色交點外，其餘皆屬重要轉折點，必須求出才能得正確的交線。

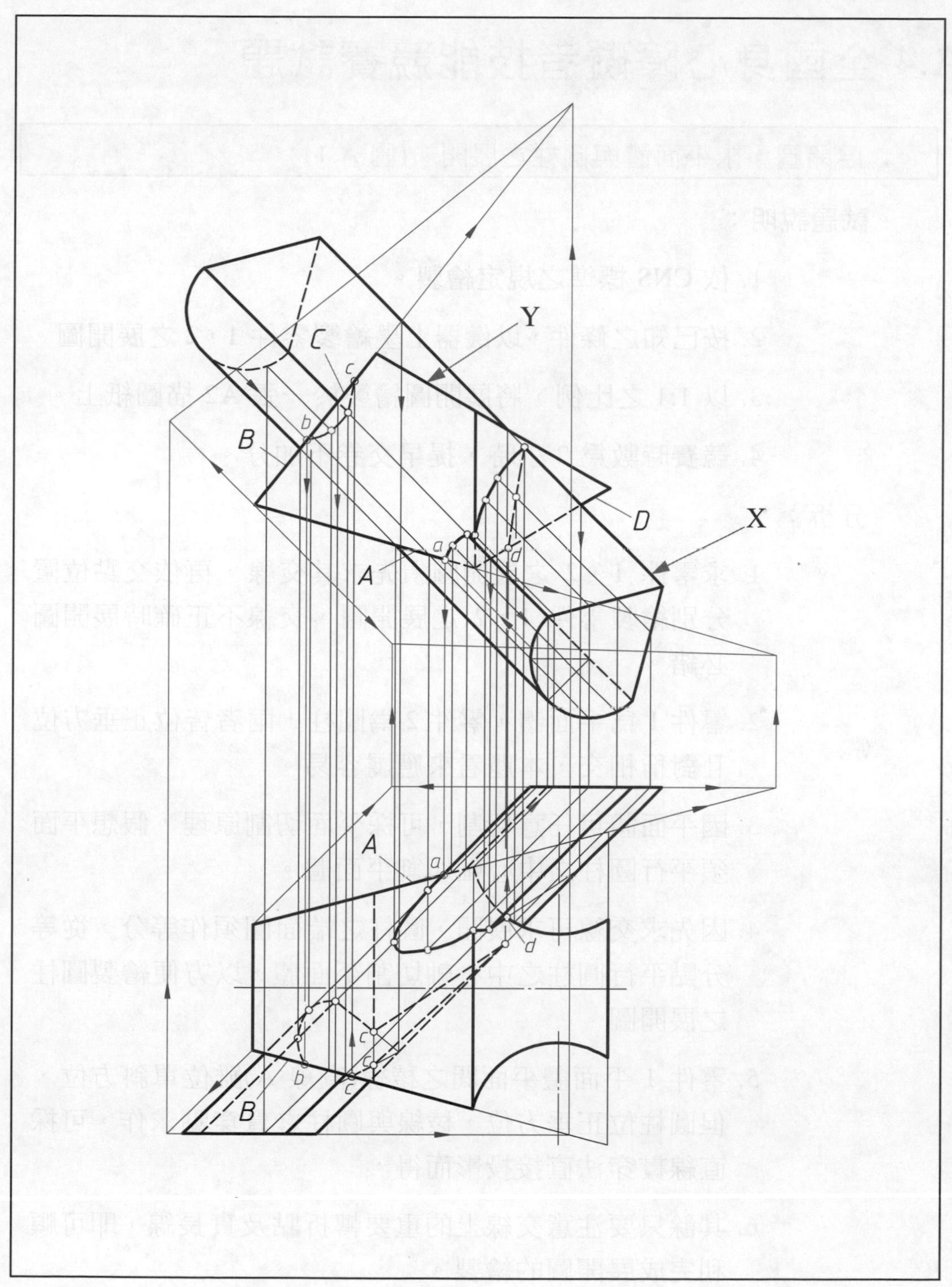

圖 A.10 機械製圖乙級檢定試題(三)解

A.4 全國身心障礙者技能競賽試題

展開圖：求平面體與圓柱之展開。(圖 A.11)

試題說明：

1. 依 CNS 標準之規定繪製。
2. 按已知之條件，以儀器上墨繪製零件 1，2 之展開圖。
3. 以 1:1 之比例，將展開圖繪製於一張 A2 描圖紙上。
4. 競賽時數爲 2 小時，提早交卷不加分。

分析：

1. 求零件 1，2 之展開圖須先求其交線，再依交點位置分別繪製零件 1，2 之展開圖，交線不正確時展開圖必錯。
2. 零件 1 爲平面體，零件 2 爲圓柱，兩者皆位正垂方位且對稱相交，本題看來應屬容易。
3. 因平面體可任意切割，可採平面切割原理，假想平面須平行圓柱之中心軸切割平面體。
4. 因先求交線再求展開，圓柱之端面圓須作等分，從等分點平行圓柱之中心軸切割平面體，以方便繪製圓柱之展開圖。
5. 零件 1 平面體平面間之稜線(直線 A)雖位單斜方位，但圓柱位正垂方位，稜線與圓柱之貫穿點求作，可採直線貫穿法直接投影而得。
6. 其餘只要注意交線上的重要轉折點及實長線，即可順利完成展開圖的繪製。

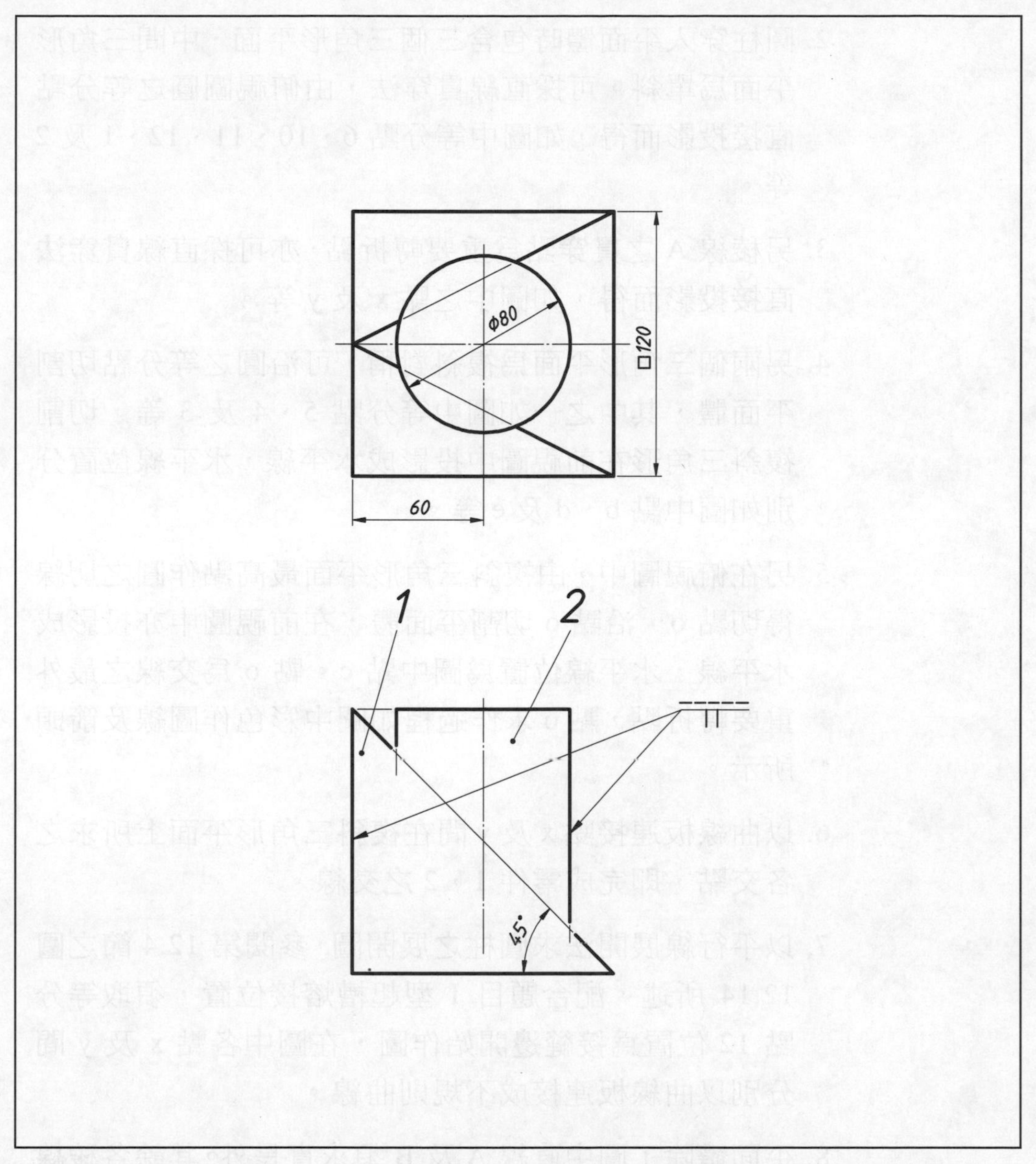

圖 A.11 全國身心障礙者技能競賽試題

作圖：(圖 A.12)

1. 將圓柱端面之圓 12 等分，並編號 1 至 12，準備由等分點平行圓柱中心軸切割平面體。

2. 圓柱穿入平面體時包含三個三角形平面，中間三角形平面為單斜，可採直線貫穿法，由俯視圖圓之等分點直接投影而得，如圖中等分點 6、10、11、12、1 及 2 等。

3. 另稜線 A 之貫穿點為重要轉折點，亦可採直線貫穿法直接投影而得，如圖中之點 x 及 y 等。

4. 另兩個三角形平面為複斜對稱，可沿圓之等分點切割平面體，其中之一如圖中等分點 5、4 及 3 等，切割複斜三角形在前視圖中投影成水平線，水平線位置分別如圖中點 b、d 及 e 等。

5. 另在俯視圖中，由複斜三角形平面最高點作圓之切線得切點 o，沿點 o 切割平面體，在前視圖中亦投影成水平線，水平線位置為圖中點 c。點 o 為交線之最外重要轉折點，點 o 求作過程如圖中彩色作圖線及箭頭所示。

6. 以曲線板連接點 x 及 y 間在複斜三角形平面上所求之各交點，即完成零件 1，2 之交線。

7. 以平行線展開法求圓柱之展開圖，參閱第 12.4 節之圖 12.14 所述，配合題目 I 型起槽熔接位置，須取等分點 12 位置為接縫邊開始作圖，在圖中各點 x 及 y 間分別以曲線板連接成不規則曲線。

8. 平面體除了圖中直線 A 及 B 須求實長外，其餘各稜線之實長可由圖中直接而得，以旋轉法求直線 A 及 B 之實長，過程如圖中灰色箭頭所示。

9. 以三角形展開法求平面體之展開圖，參閱第 12.5 節之圖 12.17 所述，圖中以交線中之點 a、b、c、d 及 e 等位置得點 x 至 y 間之不規則曲線。

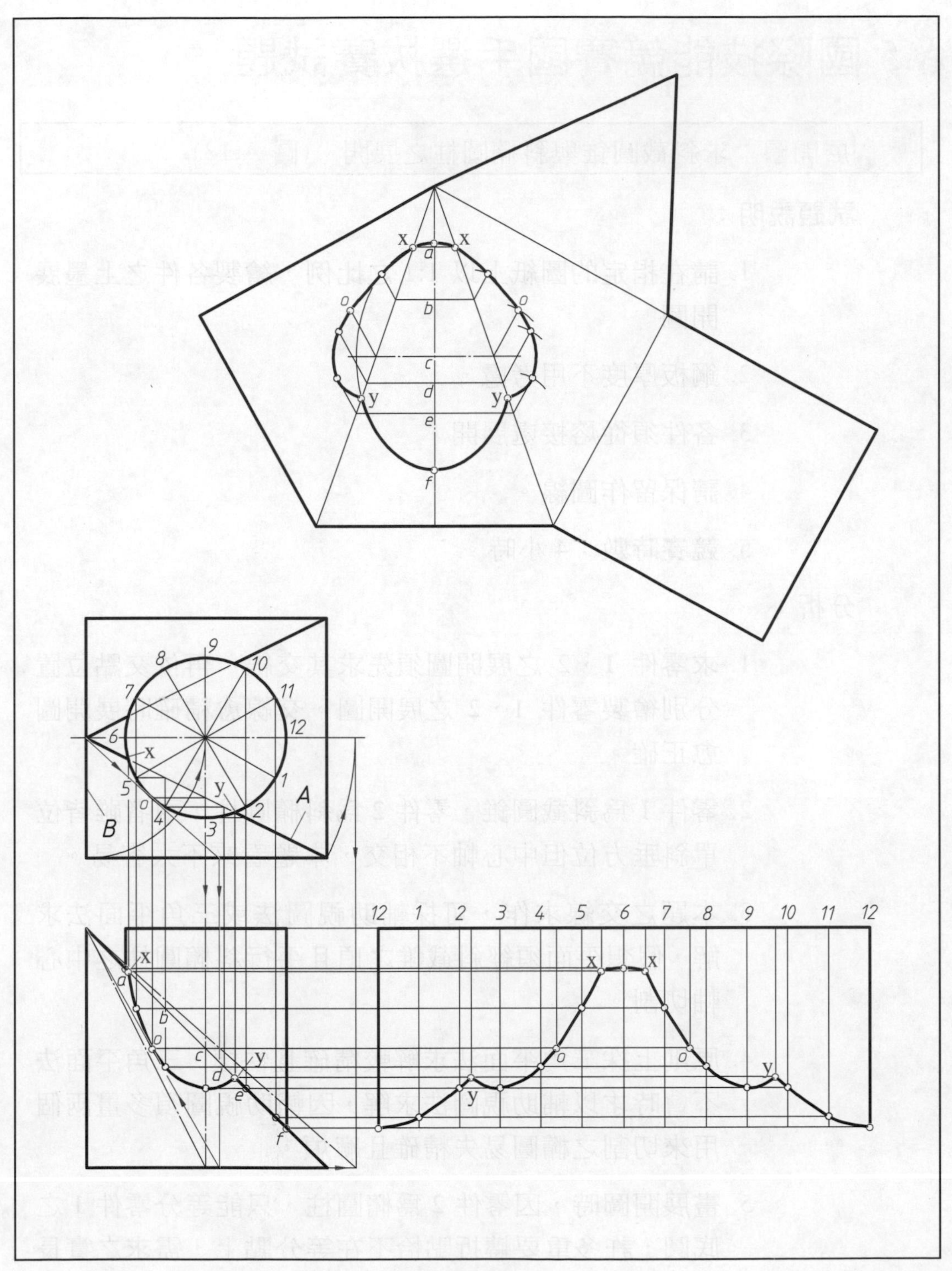

圖 A.12 全國身心障礙者技能競賽試題解

A.5 國際技能競賽國手選拔賽試題

展開圖：求斜截圓錐與斜橢圓柱之展開。(圖 A.13)

試題說明：

1. 請在指定的圖紙上以 1:1 之比例，繪製各件之上墨展開圖。
2. 鋼板厚度不用考慮。
3. 各件須從熔接處展開。
4. 請保留作圖線。
5. 競賽時數：4 小時。

分析：

1. 求零件 1，2 之展開圖須先求其交線，再依交點位置分別繪製零件 1，2 之展開圖，交線愈精確時展開圖愈正確。
2. 零件 1 爲斜截圓錐，零件 2 爲斜橢圓柱，兩者雖皆位單斜垂方位但中心軸不相交，本題看來不太容易。
3. 本題之交線求作，可採輔助視圖法或三角平面法求解，假想平面須經斜截錐之頂且平行斜橢圓柱之中心軸切割。
4. 原則上採三角平面法求解較精確且快捷，三角平面法不會時才以輔助視圖法求解，因輔助視圖須多畫兩個用來切割之橢圓易失精確且麻煩。
5. 畫展開圖時，因零件 2 爲橢圓柱，只能等分零件 1 之底圓，許多重要轉折點恰不在等分點上，需求之實長線甚多，爲其複雜困難處。

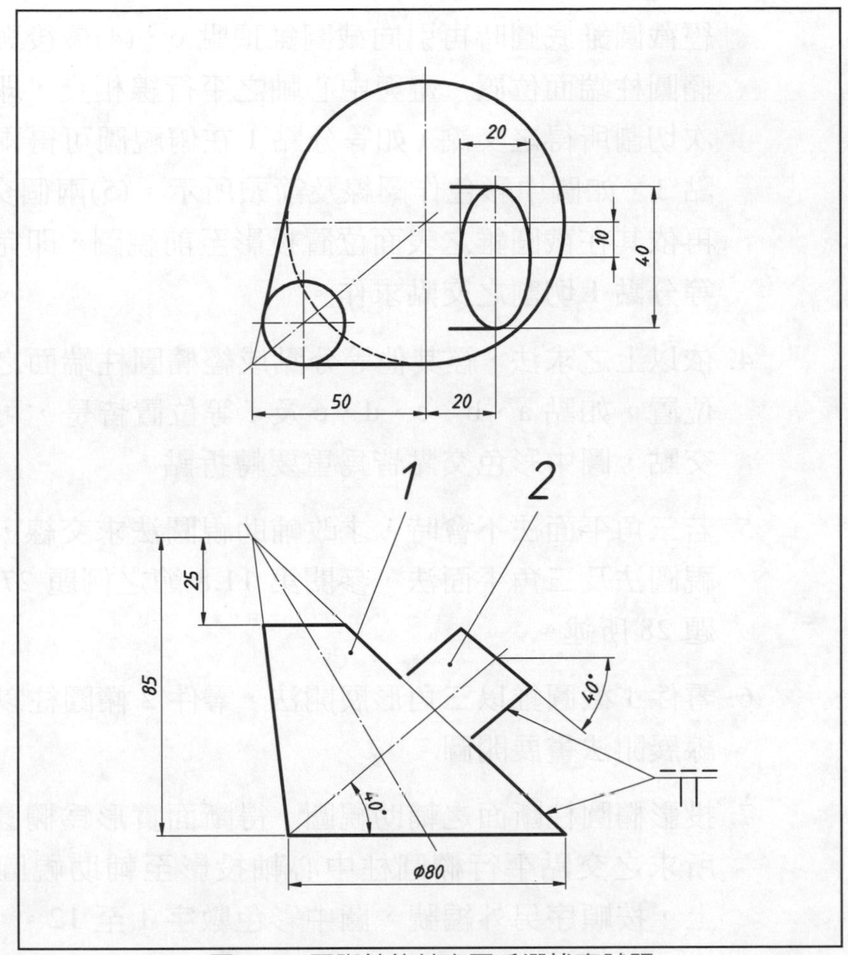

圖 A.13　國際技能競賽國手選拔賽試題

作圖：(圖 A.14)

1. 將零件 1 斜截圓錐之底圓 12 等分，並編號 1 至 12，準備由等分點經斜截圓錐之頂且平行斜橢圓柱中心軸切割。

2. 求零件 1，2 之交線，以三角平面法作特定三角形平面 ptR，過程如圖中彩色作圖線及箭頭所示。

3. 交點求作過程：(1)由俯視圖點 t 開始，須經橢圓柱端面(橢圓)畫至點 R 直立線位置，(2)再引向點 p，(3)當經截圓錐底圓時再引向截圓錐頂點 o，(4)最後與由切橢圓柱端面位置，畫與中心軸之平行線相交，即爲一次切割所得之交點，如等分點 1 在俯視圖可得兩個交點 1，如圖中彩色作圖線及箭頭所示。(5)兩個交點 1 再依其在截圓錐之表面位置投影至前視圖，即完成經等分點 1 切割之交點求作。

4. 依以上之求法，經其他等分點或經橢圓柱端面之重要位置，如點 a、b、c、d、e 及 f 等位置皆是，可得各交點，圖中彩色交點皆爲重要轉折點。
5. 若三角平面法不會時，才改輔助視圖法求交線，輔助視圖法及三角平面法，參閱第 11.8 節之例題 27 及例題 28 所述。
6. 零件 1 截圓錐以三角形展開法，零件 2 橢圓柱以平行線展開法畫展開圖。
7. 投影橢圓柱斷面之輔助視圖，得斷面實形爲橢圓，由所求之交點平行橢圓柱中心軸投影至輔助視圖橢圓上，按順序另外編號，圖中彩色數字 1 至 12。
8. 以平行線展開法求橢圓柱之展開圖，參閱第 12.4 節之圖 12.14 所述，配合試題 I 型起槽熔接位置，須取數字 12 位置爲接縫邊開始作圖，最後以曲線板連接成不規則曲線。
9. 作截圓錐表面素線之實長圖，包括各等分點和點 a、b、c、d、e 及 f 等位置上之素線，以及將各交點投影至實長圖上，須謹慎編號以免混亂，取等分點 12 位置爲接縫邊開始作圖，以扇形展開配合三角形展開法求截圓錐之展開圖，參閱第 12.6 節之圖 12.19 所述。

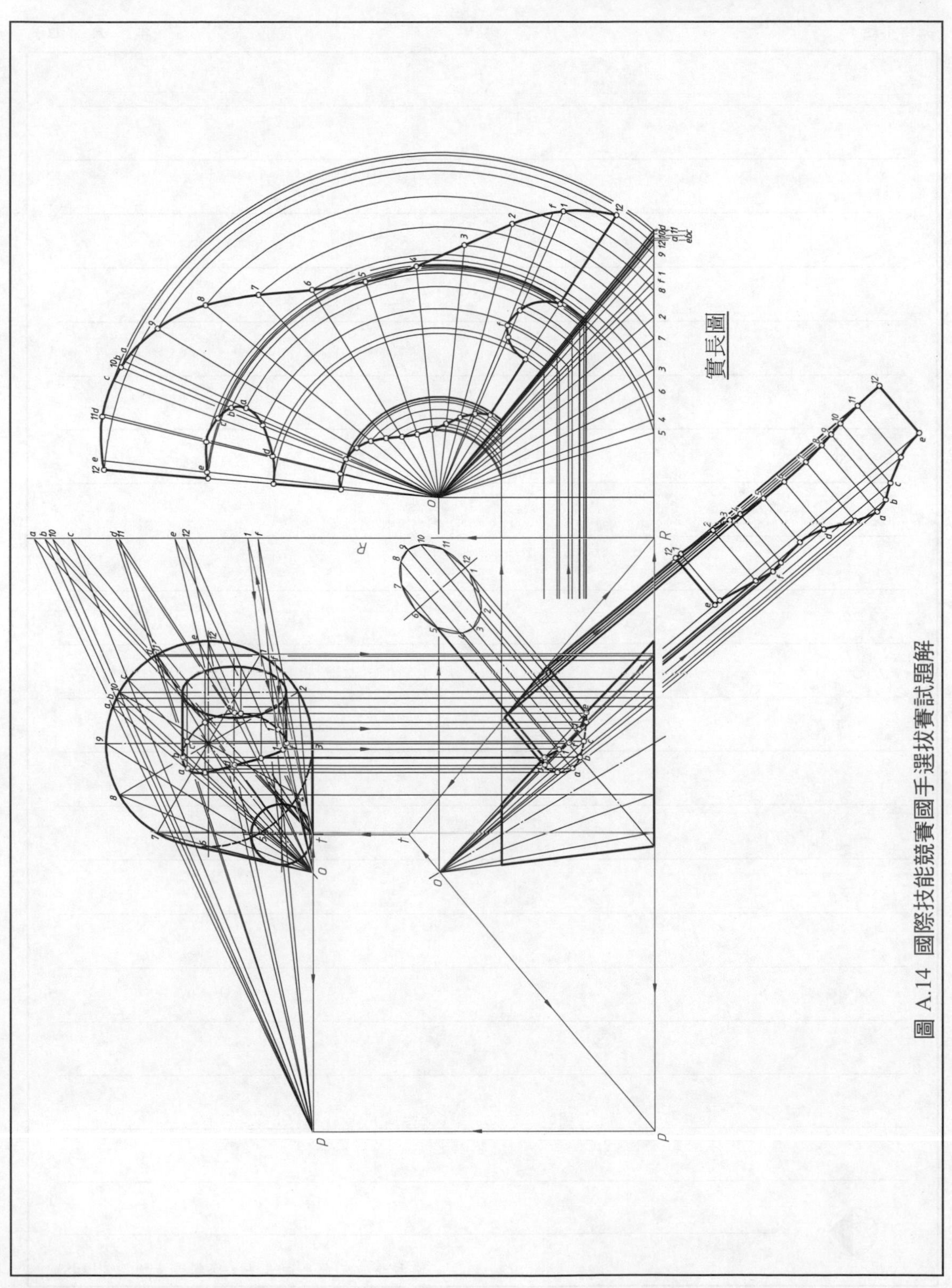

圖 A.14 國際技能競賽國手選拔賽試題解

心得小記：

年　月　日

各種特定三角平面求法，您都弄清楚了嗎!@#$%

國家圖書館出版品預行編目資料

投影幾何學 / 王照明編著. -- 二版. -- 臺北市
: 全華, 民 93

面 : 公分

ISBN 978-957-21-4654-5(平裝)

1. 投影幾何

316.7 93015026

投影幾何學(修訂版)

作 者 王照明
執行編輯 田惠敏
封面設計 傅師達
發 行 人 陳本源
出 版 者 全華科技圖書股份有限公司
地 址 104 台北市龍江路 76 巷 20 號 2 樓
電 話 (02) 2507-1300 (總機)
傳 真 (02) 2506-2993
郵政帳號 0100836-1 號
印 刷 者 宏懋打字印刷股份有限公司
圖書編號 0379901
二版一刷 2006 年 11 月
定 價 550 元
I S B N 978-957-21-4654-5 (平裝)
I S B N 957-21-4654-8 (平裝)

全華科技圖書
www.chwa.com.tw
book@ms1.chwa.com.tw

全華科技網 OpenTech
www.opentech.com.tw